一、爲了配合教學的需要(「電路學」由原定六學分精減爲三學分)，同時考慮到「電路學」內容之完整，重新篩選編排。全書計十一章，提供任課先進擇要施教，萬不可因教學時數之減半，而影響到專業課程基礎之奠定。

二、攻讀本書前須具有物理學中電學部份及基本電學(電工原理)的觀念，熟練解題技巧及計算機之操作(解交流電路時爲了節省時間，必須要借助於計算機)。

三、本書內容之編排特別注重基本物理觀念，由淺入深循序漸進，艱澀難懂之處多以例題及插圖輔助說明，期使讀者能融會貫通，以利攻讀其他專業課程之基礎，爲了增進教學效果，本書另備有重點施教投影片，供課堂上施教及學生課餘自修放映使用。習題部份另備教師手冊，供採用先進索取參考。

四、本書所用名詞，均依教育部公佈由國家教育研究院編訂之電機工程名詞爲準。

五、本書編寫，雖經多次校訂，但疏漏謬誤之處在所難免，敬祈先進與讀者惠予指正。當無任感幸！

編者謹識

編輯部序

「系統編輯」是我們的編輯方針，我們所提供給您的，絕不只是一本書，而是關這門學問的所有知識，它們由淺入深，循序漸進。

本書「電路學」融合基本電學和電路學的觀念，原理有一定的規律性，較艱深之處有例題及插圖輔助說明，容易理解。書中每章節都附有例題，可讓讀者練習，讀者可把本章所學應用在例題上加深學習印象。

另外本書後附有單位換算和函數指數的對照表，讓讀者在計算上更為方便。本書適用於大學、科大電子、電機系「電路學」之課程使用。

同時，為了使您能有系統且循序漸進研習相關方面的叢書，我們以流程圖方式，列出各相關圖書旳閱讀順序，以減少您研習此門學問的摸索時間，並能對這門學問有完整的知識。若您在這方面有任何問題，歡迎來函連繫，我們將竭誠為您服務。

目錄

相關叢書介紹

書號：06438
書名：應用電子學(精裝本)
編著：楊善國

書號：00733
書名：工業電子實習
編著：陳本源

書號：06448/06449
書名：電子學(基礎概念)/(進階分析)
編著：林奎至.阮弼群

書號：06300/06301
書名：電子學(基礎理論)/(進階應用)
編著：楊棧雲.洪國永.張耀鴻

流程圖

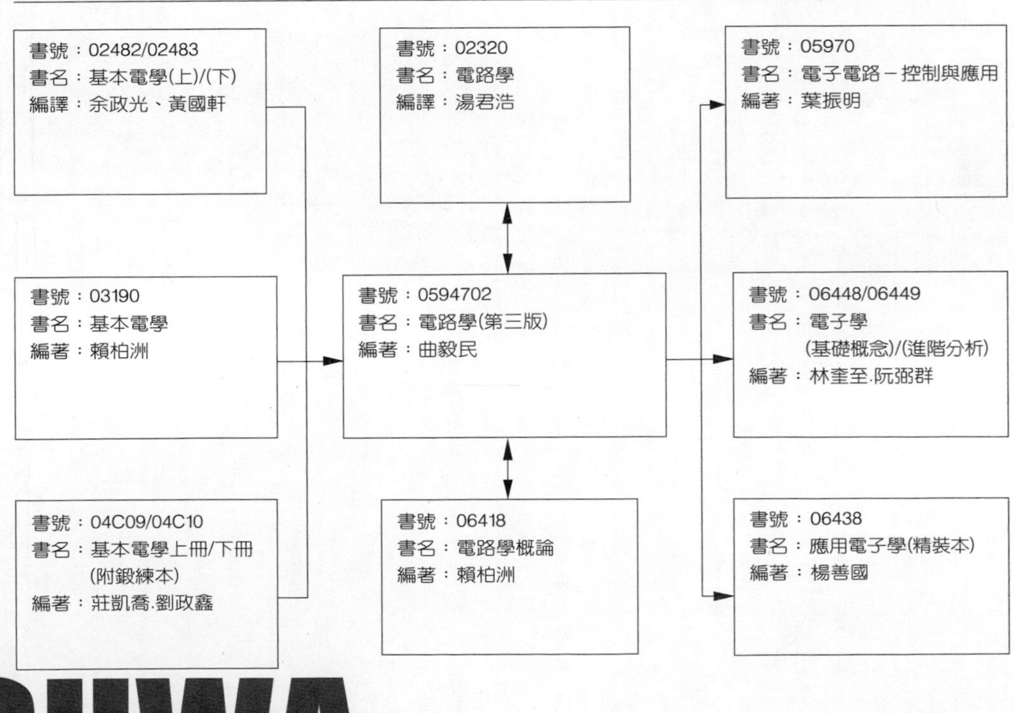

目錄

Contents

第1章 概 論

第2章 電阻電路

第 5 章　暫態與穩態響應分析

第 6 章　弦波函數與相量概念

第7章 弦波穩態電路

第 8 章　交流功率與能量

第 9 章　耦合電路

第 10 章　對稱平衡三相電路及不平衡三相電路

第 11 章　非正弦波的分析

附錄

CHAPTER 1

概論

1-1 電荷與電流

在自然界中，較易被人類發現的作用力爲萬有引力及**電磁力(electromagnetic force)**，電與磁間之現象有極密切的關係，這是因爲不論電效應或是磁效應，都肇始於**電荷(electric charge)**之分離及移動所形成的。在此，首先介紹什麼是“電”及其特性爲何？“電”是一種物理現象屬能量的一種型態，如同熱能、機械能化學能等，雖在近代才被人類廣泛的運用，但它的名稱早在西曆記元前600年已確定，那時古希臘人發現琥珀經羊毛摩擦後能吸引輕微之物體。現今對此現象的解釋爲琥珀與羊毛摩擦後帶有“電荷”或該琥珀已“帶電”。英文“Electricity”(電)，即由希臘文“Elektron”(琥珀)衍化而來。

任何物體，與他物體摩擦，就能帶電，除上述琥珀經羊毛摩擦外，玻璃棒經絲絹摩擦、塑膠棒與頭髮摩擦……亦都能帶電。摩擦及吸引的動作都是“能”的行爲。

"電荷"是一個總稱，其特性呈現於其產生的現象中，常見分為正電荷及負電荷兩類。依據盧瑟福(Rutherford)原子學論知，物質中最小而又不失物質本身特性的質點稱為**原子(Atom)**故稱原子為組成物質的基本單位。而原子是由**電子(Electron)**及**原子核(nucleus)**所構成，電子圍繞原子核旋轉，如同太陽系中諸行星環繞太陽運行一樣。原子核中含有**質子(proton)**和**中子(neutron)**，質子數與電子數相等，電子的質量遠小於質子與中子的質量，故原子的質量約等於中子與質子的質量和，即原子核的質量。

最基本的電量是電子的電荷，每個電子帶有負電荷，質子帶正電荷，中子不帶電荷。原子內所有電子總負電荷量恰好與質子的總正電荷量相等，宇宙萬物本中性，原子當不例外，故在正常狀況下，原子對外是呈電之中性。

原子內的電子依本身所具不同的能量而在不同的軌道上環繞原子核旋轉，帶正電的原子核吸引帶負電的電子與其離心力正好平衡，束縛電子不致脫離原子核。原子核對外層軌道上電子的吸引力較內層軌道上電子為小。尤其最外層的電子稍受外界作用即脫離軌道而逸出，成為**自由電子(free electron)**，內層電子則不易脫離其軌道，故稱為**束縛電子(bound electron)**。

若圍繞原子核的自由電子，受外力而逸出一個，則原子中正負電荷不能平衡，原子遂呈現出正電荷，通稱為該原子帶有一個正電；反之若圍繞原子核的電子多出一個，則稱該原子帶有一個負電。如玻璃棒經絲絹摩擦後，由摩擦之作用迫使玻璃棒上的自由電子逸出跑到絲絹上，因而玻璃棒帶正電，絲絹則帶負電。

電荷若處於靜態(static)，則其周圍將產生一**靜電場(electrostatic field)**；電荷若處於動態(dynamic)則在其移動路徑之四周產生磁場，同性電相斥，異性電相吸，此為電的明顯主要特性之一。電荷通常用符號Q表示之，其單位為**庫侖(coulomb)**。一個電子所帶的負電荷為1.602×10^{-19}庫侖。

1-1-1 庫侖定律

上述電荷間具有同性相斥、異性相吸之特性。法國物理學家庫侖(Charles. A. Coulomb)由實驗測得兩帶電體間之作用力，其結論為：「兩帶電體，若其大小與兩者間之距離相較甚小時(點電荷)，其相互之作用力(F)，與兩帶電體所帶之電荷(Q_1、Q_2)之乘積成正比，與其間之距離(r)之平方成反比，即$F \propto \frac{Q_1 \cdot Q_2}{r^2}$此關係稱為**庫侖定理(Coulomb's Law)**，若寫成等式，則為

$$F = k\,\frac{Q_1 \cdot Q_2}{r^2} \qquad (1\text{-}1)$$

式中k為**比例常數**或稱**庫侖常數(Coulomb's Constant)**，其大小與電荷所處之空間及其附近之介質有關，若在眞空或空氣中採用 C.G.S 制(電量以靜庫侖，距離以公分，力以達因為單位)則$k=1$；因 C.G.S 制中電量單位甚小，習慣上多採用 M.K.S 制，電量以庫侖(1 庫侖$=3\times10^9$靜庫侖)，距離以米、力以牛頓為單位則(1-1)式中之$k=9\times10^9$，故

$$F = 9\times10^9\,\frac{Q_1 \cdot Q_2}{r^2} \qquad (1\text{-}2)$$

例 1-1

兩帶電小球體相距 5 公分，置於眞空中，其帶電量分別為+2靜庫侖及－5靜庫侖，試求其間相互之作用力。

解 $Q_1=+2$靜庫侖，$Q_2=-5$靜庫侖，$r=5$公分，$k=1$代入(1-1)式可得

$$F = k\,\frac{Q_1 \cdot Q_2}{r^2} = \frac{2\cdot(-5)}{5^2} = -\frac{10}{25} = -0.4\text{達因}$$

(負號代表吸引力，若為正號代表斥力)

例 1-2

兩金屬球各帶有6.25×10^{13}個電子，其間之距離為 2 米，試求其作用力。

解 $Q_1=Q_2=-6.25\times10^{13}\times1.602\times10^{-19}=-10^{-5}$庫侖

$r=2\text{m}$，$k=9\times10^9$代入(1-2)式得

$$F = k\,\frac{Q_1 \cdot Q_2}{r^2} = 9\times10^9\,\frac{(-10^{-5})(-10^{-5})}{2^2}$$

$$= \frac{9\times10^9\times10^{-10}}{4} = 0.225\text{牛頓(斥力)}$$

1-1-2 電流

電荷(一群電子)在導體內移動便稱為**電流(current)**，而電流在導體內之流動情形與水在水管中之流動情形相似。水之流速，當水壓一定時，通常以單位時間內

通過某截面的水量表示之，其單位為每秒多少立方米，電流之大小通常亦以單位時間內通過導體某點之電量表示，電量之多少若用電子數目來表示，在實用事例中任何導體上流動之電子數目多至天文數值，若用電子來表示電量因其數目過大，頗不方便，故實用上則以庫侖表示電量之單位。一庫侖之電量相當於6.242×10^{18}個電子所含的電荷量。

電流通常以英文字母I表示之，其單位為**安培(Ampere-A)**，若在時間t秒內，流過某一截面積之電量為Q庫侖，則其關係式為：

$$I = \frac{Q}{t} \tag{1-3}$$

若流過電路中某點的電荷q瞬息在變，則在該點所形成的電流稱為瞬間電流i，依據(1-3)式之觀念，用微分式表示如下：

$$i = \frac{dq}{dt} \tag{1-4}$$

現在討論電流之方向，習慣上我們以正電荷移動的方向為電流之方向；但是在一般金屬導體中只有帶負電荷的自由電子移動而形成電流，故知電流之方向與電子在導體內移動之方向相反。如圖 1-1 所示。

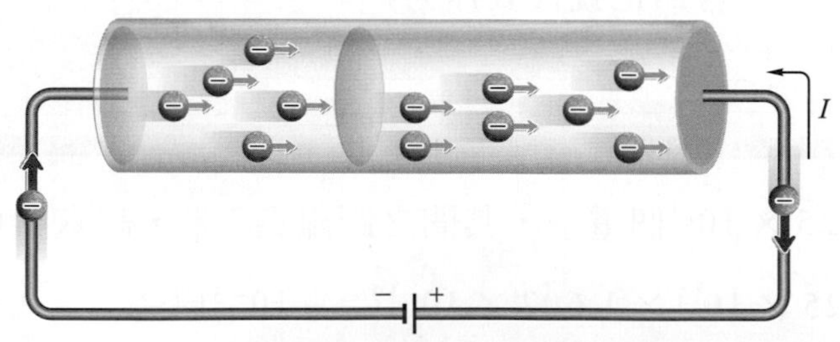

圖 1-1　電流之方向

在半導體中，電流是由帶負電荷的電子及帶正電荷的電洞(hole)之移動所形成，其電流之方向為正電荷(電洞)移動之方向，在導電之液體中，電流係由陰(負)離子和陽(正)離子之移動所形成，其電流之方向為陽離子移動之方向。

電的速度與光速相等，約為3×10^8米／秒(186,000哩／秒)，但是實際上，電子在導體內並沒有如此高的速度運動，這只是說，若有長3×10^8米的銅質導體，由其一端注入一個電子，則在 1 秒鐘內，在其另一端將有一個電子被推擠流出，而流出之電子並非原先注入之電子，由此可知，電子是由某一個電子的軌道移動到鄰近原子的軌道上，而將其鄰近軌道上的電子擠走，依此類推下去，即將銅線最末端的電子擠出來，實際上任一電子的移動速度甚慢且無一定之路徑，大約爲每秒鐘僅移動數公分而已。

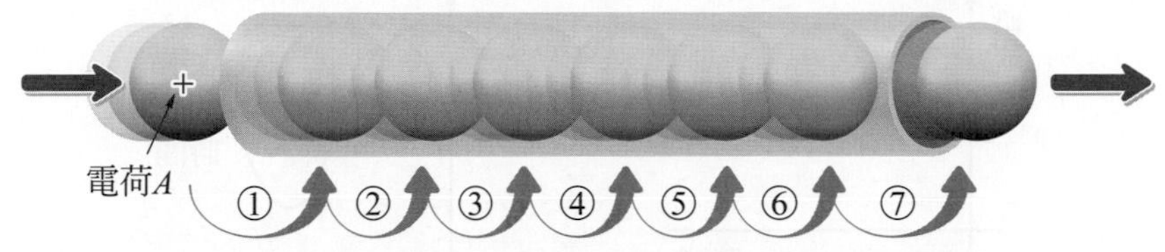

電荷A進入導線後移出導線須經過7次位移，所以移動緩慢

圖 1-2

爲何電的速度與電子之實際移動速度間有如此大之差距？茲以淺顯方法說明之，如圖 1-2 所示爲一長圓柱管，其內徑恰可容納一小彈珠通過且無任何阻力，當管內裝滿彈珠後，若在管之左端擠進一個小彈珠時，則即刻在管子的右端必同時有一個彈珠被擠出，而其他管內之彈珠僅向右移動一個彈珠之距離，若不考慮每個彈珠之移動速度，而只注意整個系統中彈珠之反應，似乎彈珠在瞬間通過整條管子，此刻管中的每個彈珠相當導線中之電子，彈珠之傳遞如同電的速度。

例 1-3

設有4.2×10^{18}個電子，經過 3 秒鐘通過導體，試求其形成之電流爲多少？

解 1 個電子之電量爲1.6×10^{-19}庫侖，

因此$Q = 4.2 \times 10^{18} \times 1.6 \times 10^{-19} = 0.672$庫侖

$\therefore I = \dfrac{Q}{t} = \dfrac{0.672}{3} = 0.224\text{A} = 224\text{mA}$

例 1-4

一導線上有 $10\mu\text{A}\ (10 \times 10^{-6}\text{A})$之電流，求每秒鐘有多少電子流動。

解 $10\mu\text{A} = 10 \times 10^{-6}\text{A} = 10 \times 10^{-6}$庫侖／秒

$= 10 \times 10^{-6} \times 6.242 \times 10^{18}$電子／秒

$= 6.242 \times 10^{13}$電子／秒

(即每秒有6.242×10^{13}個電子流動)

由於產生電流之原動力及電路條件不同，常見之電流有下列二種：

1. **直流電流(direct current-D.C)**：電流在任一時間均向同一方向流動，若電流大小保持不變，則爲一穩定電流，如圖 1-3(a)所示，此種電流有時稱爲連續電流(continuous current)。

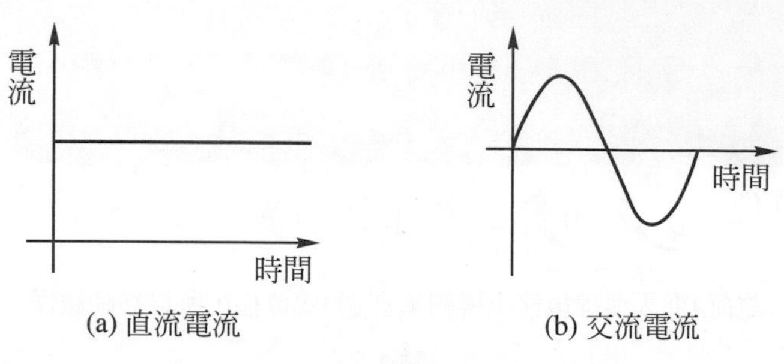

圖 1-3

2. **交流電流(alternating current-A.C)**：電流先向某一方向流動，然後再反方向流動，其變化以一定頻率週而復始的變化如圖 1-3(b)所示。

電流密度：實用上有時電流密度較電流更爲簡便，所謂電流密度爲單位面積上流過之電流，通常以J表示之，其單位爲安培／米^2。設截面積爲A之導體中有電流I通過，則其平均電流密度爲：

$$J=\frac{I}{A} \qquad (1\text{-}5)$$

如圖 1-4 所示，設在t秒內流經圖中截面積A之總電荷爲Q，則導體之體積爲AL則

$$J=\frac{I}{A}=\frac{Q}{At}=\frac{(Nq)\cdot A\cdot L}{At}=Nqv \qquad (1\text{-}6)$$

式中　N爲單位體積上之電荷密度(庫侖／米^3)。

q爲**電流載子(current carrier)**，電子或電洞之電荷值。

v爲電荷經過截面積A之速度。

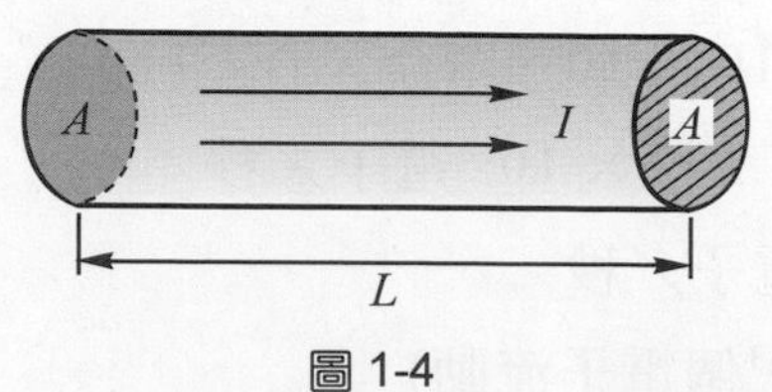

圖 1-4

例 1-5

一銅質導線之截面積爲4.2×10^{-6}米^2，銅之電子密度爲10^{29}／米^3，電流爲 1.5 安培，試求電子在該導線中之速度。

解 1.5 安培爲 1.5 庫侖／秒，1 庫侖$=6.24 \times 10^{18}$個電子，而 1.5 庫侖共有 $1.5 \times 6.24 \times 10^{18} = 9.36 \times 10^{18}$個電子，由(1-5)式得

$$v = \frac{J}{Nq} = \frac{9.36 \times 10^{18}}{10^{29} \times 4.2 \times 10^{-6}} = 2.2 \times 10^{-5} \text{m/sec}$$

1-2 電場、電位與電壓

1-2-1 電場及電場強度

凡帶電體存在空間或電力所及之空間，就形成**電場(electric field)**，在電場中，任何帶電體均將受到電場之作用力，該作用力不但具有量的大小且有方向，故知電場爲一向量，和重力場中之引力相似，故亦可認爲**超距作用(action at distance)**力之一種，欲測空間某處有否電場存在，可將一**正試驗電荷(positive test charge)**置於該處，若該試驗電荷受到力的作用，即表示該處有電場存在。(試驗電荷若被發出電場之源電荷吸引如圖 1-5(a)所示則源電荷爲負電荷；反之試驗電荷被發出電場源電荷排斥則源電荷必爲正電荷，如圖 1-5(b)所示。)

通常一帶電體置於空間某點時，有力作用該物體上，則該點有電場存在；置於某區域各點處，均有力作用時，則稱該區域有電場存在。在空間任一點處，每單位正電荷上所受到之力稱爲電場強度以E表示之，在 M.K.S 制中力以F表示單位爲牛頓，電荷Q之單位爲庫侖，則$E = \dfrac{F}{Q}$(牛頓／庫侖)。

若將一點電荷Q置於空間上某一點P處，則已測知距P點r_1、r_2處有兩帶電體其電荷分別爲q_1、q_2如圖 1-6 所示。則對點荷Q之作用力，爲q_1、q_2所施力之向量和。即

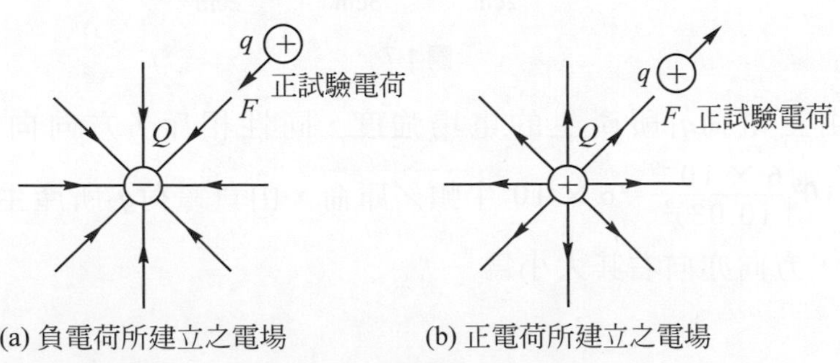

圖 1-5

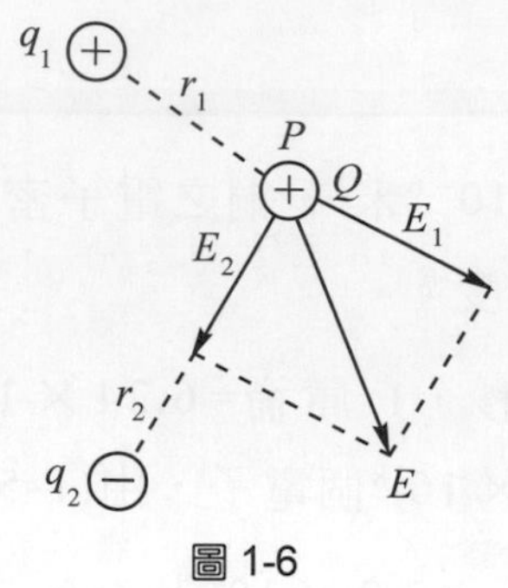

圖 1-6

$$F = F_1 + F_2 = k\frac{q_1 Q}{r_1^{\ 2}} + k\frac{q_2 Q}{r_2^{\ 2}} = k\left(\frac{q_1}{r_1^{\ 2}} + \frac{q_2}{r_2^{\ 2}}\right)Q \tag{1-7}$$

進而可獲得單位正電荷在P點所受之力，即P點之電場強度，爲

$$E = \frac{F}{Q} = \frac{k\left(\frac{q_1}{r_1^{\ 2}} + \frac{q_2}{r_2^{\ 2}}\right)Q}{Q} = k\frac{q_1}{r_1^{\ 2}} + k\frac{q_2}{r_2^{\ 2}} = \overline{E}_1 + \overline{E}_2 \tag{1-8}$$

例 1-6

q_1、q_2相距 5 公分，分別各帶電量爲$+6 \times 10^{-9}$庫侖及-6×10^{-9}庫侖之電量， 如圖 1-7 所示。求圖中a、b、c三點處之電場強度。

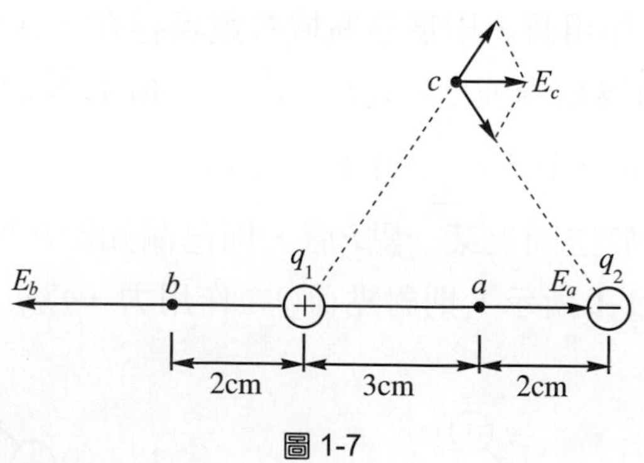

圖 1-7

解 a點處，由正電荷q_1所產生的電場強度，同性相斥，方向向右，其大小爲 $E_{a1} = 9 \times 10^9 \frac{6 \times 10^{-9}}{(0.03)^2} = 6 \times 10^4$牛頓／庫侖，由負電荷$q_2$所產生的電場強度，異性相吸，方向亦向右其大小爲

$E_{a2}=9\times 10^9\dfrac{6\times 10^{-9}}{(0.02)^2}=13.5\times 10^4$牛頓／庫侖

故在a點處總電場強度$E_a=E_{a1}+E_{a2}=6\times 10^4+13.5\times 10^4=19.5\times 10^4$牛頓／庫侖(向右)；在$b$點處，由$q_1$產生的電場強度向左；由$q_2$產生電場強度則向右，因$q_1$距$b$點較近故其總電場強度方向必向左其大小為

$$E_b=E_{b1}+E_{b2}=\frac{(9\times 10^9)(6\times 10^{-9})}{(0.02)^2}+\frac{(9\times 10^9)(-6\times 10^{-9})}{(0.07)^2}$$

$$=13.5\times 10^4-1.10\times 10^4=12.4\times 10^4\text{牛頓／庫侖(向左)}$$

在C點，因q_1、q_2與C點等距，故分別在C點所產生的電場強度大小相等。其值為

$$E_{c1}=E_{c2}=9\times 10^9\frac{6\times 10^{-9}}{(0.05)^2}=2.16\times 10^4\text{牛頓／庫侖}$$

因兩者不在一直線上，故其總電場強度當由圖1-7所示之向量相加，其大小為

$$\overline{E}_c=\overline{E}_{c1}+\overline{E}_{c2}=2.16\times 10^4\cos 60°+2.16\times 10^4\cos 60°$$

$$=(1.08+1.08)10^4=2.16\times 10^4\text{牛頓／庫侖(向右)}$$

1-2-2 電力線

電力線(electric field lines)為法拉第首創，其方法係以線條表示電力線，而使電場觀念能更具體化，圖1-8所示為各種電力線分佈的情形。

電力線之特性及電力線與電場強度之關係歸納如下：

1. 電力線從正電荷發出而止於負電荷。
2. 電力線上任何一點之切線方向，即為該點之電場方向。
3. 電力線之密疏表示電場強度大小。
4. 電力線有排拒他電力線之特性。
5. 電力線永不相交。

電力線之總數稱為**電通量(electric flux)**，常以Ψ表示之，一帶電體所發出之電通量與其所帶電荷成正比，故其 M.K.S 單位亦為庫侖，一帶電體所發出之電通量值即等於其本身所帶電荷之庫侖值，Ψ(庫侖)$=Q$(庫侖)(高斯定理)。每單位面積上垂直通過之電通量稱為**電通密度(electric fulx density)**通常以D表示之，則

$$D=\frac{\Psi}{A}\text{庫侖／米}^2 \qquad (1\text{-}9)$$

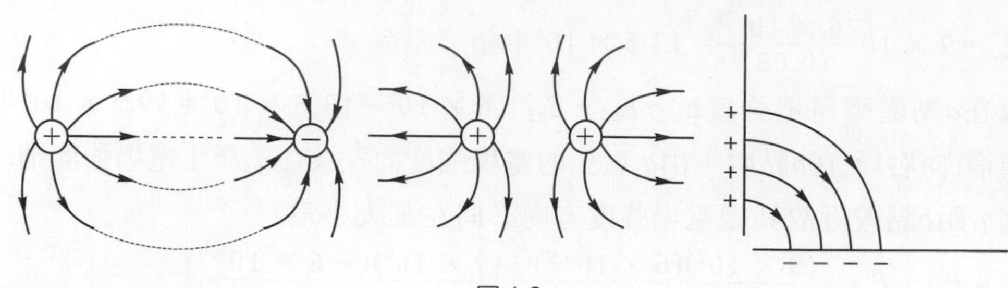

圖 1-8

1-2-3　電位與電壓

“水向低處流”是自然界中甚易見到的現象，水若不施以壓力，會由高處流向低處，亦即水從水位高之處流向水位低之處的趨勢。不僅水有此特性，宇宙間，任何物體都會往能量最小的地方移動，這種自然現象，就是著名的**最小能量原理 (minimum energy principle)**。

“落差”通常用以敘述兩處水位高低之差；同樣電位差(電位)用以表示電路中兩點之間電位高低之差。在電路中，電流是從電位高之處流向電位低之處，正如同在水管中，水流從水位高之處流向水位低之處一樣。

對水而言，在高水位處所具的位能比在低水位處所具的位能爲大，故水自然從高處流向低處；對電荷而言，因有正、負電荷之分，正電荷在高電位處的能量比在低電位處高，而負電荷恰好相反，即對負電荷而言在高電位處的能量比在低電位處低，所以正電荷會從高電位處流向低電位處，如正電荷會從+24V 處經導體流向+12V 處，會從 0V 之處經導體流向−12V 之處；負電荷會從低電位處流向高電位處，如負電荷可從+12V 經導體流向+24V，會從−12V 經導體流向 0V。

今若施壓於水，可使水從低處經管路升至高處，也就是欲將水從低處移往高處，必須對水作功，亦即使水獲得動能。同理，欲使正電荷從低電位移向高電位，必須對該正電荷作功，亦即是使正電荷獲得電能(electric energy)。

因此，我們定義某一點之電位(電壓)V，爲將單位正電荷，由無窮遠處移至該點所需之功即需施於正電荷之功，即

$$V=\frac{W}{Q}=\frac{F\cdot r}{Q}=Er=k\frac{Q}{r} \tag{1-10}$$

V：爲電位(電壓)單位伏特

W：爲功(能)單位焦爾

Q：爲電荷單位庫侖

設單位正電荷Q在電場中受力F後沿電場方向移動$\triangle l$，產生$\triangle V$之電位，則此電荷所作之功$\triangle W$爲

$$\triangle W = F \cdot \triangle l$$

$$\because \triangle V = \frac{\triangle W}{Q} \quad \therefore \triangle W = \triangle VQ \text{得}$$

$$F \cdot \triangle l = \triangle V \cdot Q \tag{1-11}$$

依據電場強度E之定義爲

$$E = \frac{F}{Q} = \frac{\triangle V}{\triangle l}(\text{伏特／米}) \tag{1-12}$$

上式表示，電場強度之定義，除可以每單位電荷所受之力表示外，亦可用單位長度之電位表示之。

若空間任一點P距離三個源電荷Q_1、Q_2、Q_3之距離分別爲r_1、r_2、r_3則P點之電位V_p爲該三個電荷對P點的電位代數和。

$$V_p = V_1 + V_2 + V_3 = k\frac{Q_1}{r_1} + k\frac{Q_2}{r_2} + k\frac{Q_3}{r_3} = k\left(\frac{Q_1}{r_1} + \frac{Q_2}{r_2} + \frac{Q_3}{r_3}\right)$$

例 1-7

使 2 庫侖之負電荷，由A點移動到B點獲得 100 焦耳之功，若已知A點之電位爲 10 伏特，求B點之電位。

解 由$W = QV$，$100 = 2V$

$\therefore V = 50$伏特

表示A、B兩點間之電位差爲 50 伏特，且知A點電位較B點高，故B點之電位爲 $10 - 50 = -40$伏特。

例 1-8

有一正電荷其電量 20 靜庫侖，試求分別距離該電荷 2 米及 4 米處兩點之電位。

解 設兩點之電位分別爲V_1及V_2則由(1-10)式得

$$V_1 = k\frac{Q}{r_1} = 9 \times 10^9 \frac{\frac{20}{3 \times 10^9}}{2} = 30\text{伏特}$$

$$V_2 = k\frac{Q}{r_2} = 9 \times 10^9 \frac{\frac{20}{3 \times 10^9}}{4} = 15\text{伏特}$$

例 1-9

Q_1爲12×10^{-9}庫侖，Q_2爲-12×10^{-9}庫侖兩者相距 6 米，如圖 1-9 所示，試求圖中A、B、C三點處之電位。

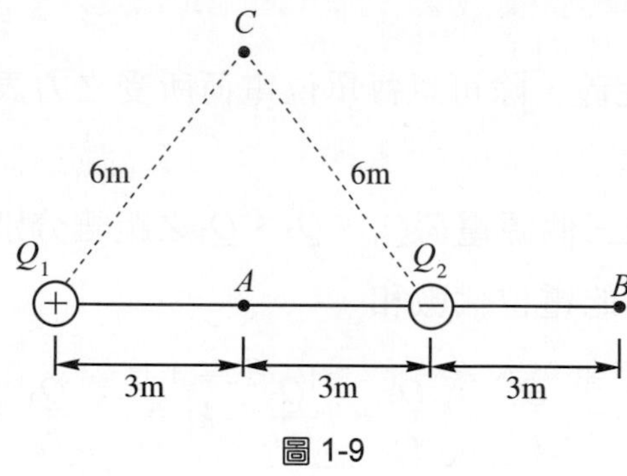

圖 1-9

解 ⑴在A點處分別由Q_1、Q_2形成之電位爲

$$V_{A1} = k\frac{Q_1}{d_1} = 9 \times 10^9\left(\frac{12 \times 10^{-9}}{3}\right) = 36\text{V}$$

$$V_{A2} = k\frac{Q_2}{d_2} = 9 \times 10^9\left(\frac{-12 \times 10^{-9}}{3}\right) = -36\text{V}$$

$$\therefore V_A = V_{A1} + V_{A2} = 36 - 36 = 0\text{V}$$

(大小相等之兩個不同性電荷，連線中點上之電位爲 0)

⑵在B點處分別由Q_1、Q_2形成之電位爲

$$V_{B1} = 9 \times 10^9\left(\frac{12 \times 10^{-9}}{9}\right) = 12\text{V}$$

$$V_{B2} = 9 \times 10^9\left(\frac{-12 \times 10^{-9}}{3}\right) = -36\text{V}$$

$$V_B = V_{B1} + V_{B2} = 12 - 36 = -24\text{V}$$

⑶在C點處分別由Q_1、Q_2所形成之電位爲

$$V_{C1} = 9 \times 10^9\left(\frac{12 \times 10^{-9}}{6}\right) = 18\text{V}$$

$V_{C2}=9\times10^{9}\left(\dfrac{-12\times10^{-9}}{6}\right)=-18\text{V}$

$\therefore V_C=V_{C1}+V_{C2}=18-18=0\text{V}$

電壓單位除了 M.K.S 制以伏特(V)外，實用上常見的尚有千伏(KV)即 1,000 伏，毫伏(mV)即$\dfrac{1}{1,000}$伏，微伏(μV)即$\dfrac{1}{1,000,000}$伏。所謂某一點的電位值，是指對一特定之參考點而言，通常該參考點爲接地點，其電位定爲 0 伏，這正如同某處之高度是以海平面爲參考一樣。

1-3 功率與能量

以上所述，欲使 1 庫侖之正電荷升高 1 伏特之電位，必須對該正電荷作 1 焦耳之功；反之，若使該正電荷降低 1 伏特之電位，則電荷必釋出 1 焦耳之能量(損失 1 焦耳之能量)，所述過程中並未考慮時間之因素，若將時間列入，即可獲得功率的定義，單位時間內所作的功或作功之速率則謂之**功率(power)**其M.K.S單位爲**瓦特(Watt)**，即將 1 庫侖之正電荷，在 1 秒鐘內升高 1 伏特之電位則須 1 瓦特之**電功率(electric power)**。在導線上 1 秒鐘有 1 庫侖之電荷流過即形成 1 安培之電流，故欲使 1 安培之電流從一點(0 伏特)流向另一點(1 伏特)必須要 1 瓦特之電功率；反之，若電流從 1 伏特處流到 0 伏特處，則將釋出(損失)1 瓦特之電功率。

設電路中兩點間之電位差(電壓)爲V，流經該電路之電流爲I，則電功率P三者間之關係式爲

$$P(\text{瓦特})=V(\text{伏特})\times I(\text{安培}) \tag{1-13}$$

而能量(功)W、電荷Q及電壓V三者間之關係爲

$$W(\text{焦耳})=Q(\text{庫侖})\times V(\text{伏特}) \tag{1-14}$$

功率P與能量W間之關係式爲

$$P=\frac{W}{t}=\left(\frac{W}{Q}\right)\left(\frac{Q}{t}\right)=VI \tag{1-15}$$

(1-15)式與(1-13)所獲結果相同。

在力學上功率為力與速度之乘積($P=Fv$)，在電學上功率為電壓與電流之乘積($P=VI$)兩者表示之形式不同但其物理觀念是一致的，即電壓(電動勢)，相當於力學上的作用力；電流為單位時間通過的電量相當於一種速度，唯習慣上機械功率單位採用**馬力(horse power-HP)**；電功率單位採用瓦特或瓩(仟瓦特)。前者由F.P.S制導出；後者由M.K.S制導出兩者換算關係。

1馬力(HP) = 550 呎-磅／秒 = 746 焦耳／秒 =746 瓦特=0.746 瓩 (1-16)

電能之單位與功相同，唯採用M.K.S制為焦耳，或瓦特-秒，實用上為了方便普通的採用**瓩-小時(KW-hr)**，1瓩-小時定義為1度電，由此而知1度電之能量為 1000 瓦 $\times 3600$ 秒 $=3.6\times10^6$ 焦耳。

例 1-10

一只6伏特之電池，供應0.3安培之電流，求該電池之功率為多少？

解 $P=VI=6\times0.3=1.8$ 瓦特

例 1-11

60瓦特之燈泡，使用110伏特之電源，流經燈泡之電流為多少？

解 $I=\dfrac{P}{V}=\dfrac{60}{110}=0.545$ 安培

例 1-12

一直流馬達，效率為90%，輸入端接220伏特之電源，其電流為12安培，求該馬達輸出馬力為多少？

解 輸入電功率 $P_e=VI=220\times12=2640$ 瓦特

輸出機械功率 $P_m=\dfrac{P_e\times0.9}{746}=\dfrac{2640\times0.9}{746}=\dfrac{2376}{746}=3.18$ 馬力

例 1-13

60瓦特之燈泡，使用多久才耗用1度電？

解 耗用之電能

$W=1$ 度電 $=$ 瓩-小時 $=1000$ 瓦-小時 $=P\cdot t$

$\therefore t=\dfrac{W}{P}=\dfrac{1000}{60}=16.67$ 小時

例 1-14

100 瓦特燈泡，每天平均使用 6 小時，問一個月(30)天之電費爲多少(設 1 度電爲 5 元)

解 $W = \dfrac{100 \times 6 \times 30}{1000} = 18$瓩-小時 $= 18$ 度電

$\therefore$每月之電費爲$18 \times 5 = 90$元

1-4 基本電路元件之型式與規格

在研討本課程“電路學”前，首先要介紹的是構成電路的基本元件－電壓源、電流源、電阻器、電感器及電容器五種。電壓源及電流源將於下節評述，茲分別將電阻器、電感器及電容器分別引介如下：

1-4-1 電阻器

電子在物體中受外力作用而脫離其軌道移動，與鄰近其他電子相碰撞，而產生溫度消耗能量，因此電子在物體中流動時會遭到或多或少的阻力，其阻力之大小當視物質之不同而有所區別，因電流本身是由物質內自由電子移動所形成，故物質單位體積內所含自由電子之多寡可決定對電流阻力的程度。凡物質內的原子不易束縛其最外層電子，或易失去電子者，對電流之阻力小；反之，則必對電流的阻力大，這種對電流產生的阻力，稱爲**電阻(resistance-R)**，具有電阻性質之電路元件則稱爲**電阻器(resistor)**。

電阻小的物體易於導電者稱爲導體；反之，電阻大的物體不易導電者稱爲絕緣體。但是世間沒有電阻爲零的導體，也不可能有完全不導電的絕緣體。在導體中，以銀導電性最佳，其次爲銅，其他的合金各具有不同之導電性，較次一等的導體如炭，酸，鹼性溶液及人體等；最好的絕緣體爲石英晶體、雲母、玻璃及陶瓷等。

電阻之M.K.S單位爲**歐姆(ohm)**，簡稱歐，通常以希臘字母Ω表示，1Ω即1歐姆其輔助單位爲kΩ($1k\Omega = 10^3\Omega$)，MΩ($1M\Omega = 10^6\Omega$)。

實用電阻器及其色碼

1. 實用電阻器

   製成具有電阻性質之元件，稱爲電阻器，將其置於電路中，用以控制電流之大小，調節電壓之高低，轉換電能爲熱能及電儀表中之分流、倍壓等功用。

實用電阻器類型繁多，常因使用目的及場所而異，通常依其特性分為固定及可變兩大類，前者電阻值固定不變只有兩個接點；後者又稱**變阻器** **(rheostat)**，其電阻值可隨意變更，故有三個接點，各類型電阻器之外形及其符號如圖 1-10 所示。

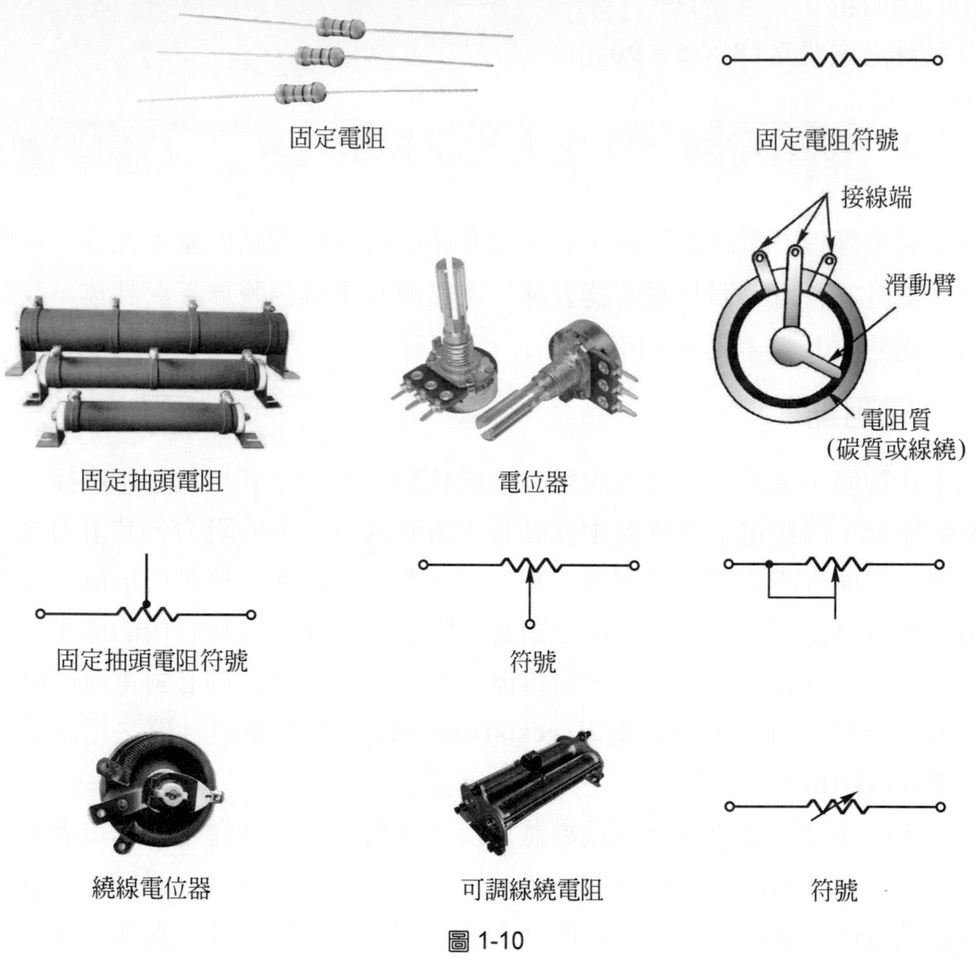

圖 1-10

常見電阻器中，尚有一種可變電阻器稱為電位器，其構造分線繞及碳質兩種，線繞者是以電阻線繞在一個圓形瓷質或膠木板上，在中間旋軸上裝一個滑動接觸臂而成。接觸臂可變更圓盤板上電阻線的位置，在可變動的接觸點引出一導線，則此導線與電阻線的任一端間的電阻值可藉滑動接觸點改變之；碳質電位器係由碳化物敷在一個纖維圓盤上製成，將一個可滑動的接觸彈片壓在碳盤上，轉動旋軸，接觸片即隨著滑動，而達成電阻值變更之目的。

2. 電阻器的色碼

任何電阻器之電阻值，可藉三用電表或歐姆表測得，多數線繞體形較大者及電位器，其電阻值直接標示在電阻器上，如 100Ω、50kΩ、1MΩ等，但對小型固定碳質電阻，因其體積較小，將數值標出及閱讀均感不易，實用上都採用**色碼(color code)**表示，即在電阻器上以不同的**色帶(colored bands)**來表示電阻之數值及允許之誤差，有時亦標出電阻器之損壞率。一般電阻器上最少有三條色帶，最通用者爲四條色帶，偶而亦可見到有五條色帶者，其讀法是由有色帶最靠近的一端開始，以圖 1-11 所示的四條色帶說明之，最左端一條爲電阻值的第一位有效值，第二條帶爲電阻值第二位有效數，第三條爲10之乘方(冪)數，第四條爲誤差值；若無第四條色帶或色帶爲無色則表示誤差爲20%，若有第五條色帶則表示每千小時之損壞率，茲將各種顏色所代表之數值、10之乘方數、誤差及損壞率，列於表 1-1 供讀者熟練使用。

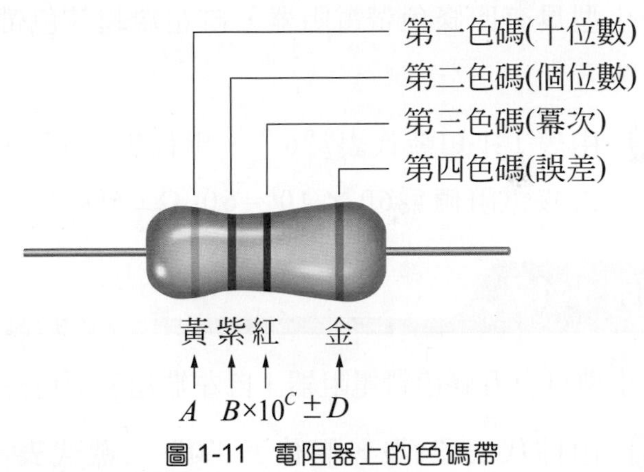

圖 1-11 電阻器上的色碼帶

表 1-1 電阻色碼表

色別	第一色帶 (第一位數)	第二色帶 (第二位數)	第三色帶 (10 乘冪之倍數)	第四色帶 %誤差	第五色帶 (%損壞率)
黑	0	0	$10^0=1$	–	–
棕	1	1	10^1	1%	1%
紅	2	2	10^2	2%	1%
橙	3	3	10^3	3%	0.01%
黃	4	4	10^4	4%	0.001%
綠	5	5	10^5	–	–
藍	6	6	10^6	–	–
紫	7	7	10^7	–	–
灰	8	8	10^8	–	–
白	9	9	10^9	–	–
金	–	–	10^{-1}	5%	–
銀	–	–	10^{-2}	10%	–
無色	–	–	–	20%	–

例 1-15

一碳質小型電阻器，其上標有三條色帶，自左端起分別爲紅、綠、黃，其電阻值爲多少？

解 由表1-1知，紅代表“2”、綠代表“5”，黃爲“10^4”。

∴該電阻值爲$25 \times 10^4 = 250000\Omega = 250k\Omega$，誤差20%。

例 1-16

一小型具有四條色帶電阻器，自左端起其色帶分別爲藍、黑、棕、金，其電阻值爲多少？

解 由表1-1知藍代表“6”，黑代表“0”，棕代表“10^1”金色代表5%誤差。

∴該電阻值爲$60 \times 10^1 = 600\Omega \pm 5\%$

例 1-17

一小型具有五條色帶電阻器，自左端起分別爲棕、黑、藍、銀、紅。其電阻值爲多少？

解 由棕代表“1”，黑代表“0”，藍代表“10^6”、銀色代表“10%”誤差，紅色代表每仟小時損壞率爲“0.1%”。

∴該電阻值爲$10 \times 10^6 = 10M\Omega \pm 10\%$其損壞率爲仟小時爲0.1%

線繞或體形較大之電阻器除了標示電阻電阻值外並標有瓦特值；碳質或體形小的電阻器而以體積之大小表示瓦特值，常用者如$\frac{1}{4}$瓦，$\frac{1}{2}$瓦及 1 瓦其體形分小、中、大，該瓦特值表示當電流通過電阻時，在電阻上產生之功率(I^2R)最大限額使用時不可超過此限度，否則該電阻器必將燒壞。

1-4-2 電感器

電感器(inductor)是依據磁場之現象所製成的電路元件，其中磁場的建立導源於電荷之移動(電流)。當電流在導線內隨時間變動時，磁場亦跟著時間變動，因而這個變動磁場割切(交鏈)的導線中感應產生電動勢(電壓)出來。電感器這個電路元件，就是表示感應電壓與電流間的關係。

最常見的電感器就是一個**線圈(coil)**，以L表示之，M.K.S 制中電感之單位爲**亨利(henry-H)**，輔助單位爲毫亨(mH)，$1\text{mH} = 10^{-3}\text{H}$；微亨(μH)、$1\mu\text{H} = 10^{-6}\text{H}$。圖 1-12 所示爲電感器之符號。依其構造分爲空氣芯、鐵粉芯、鐵芯及固定，可調等形式，**電感(inductance)**是導體與電場交鏈的結果，若把通過線圈的電流方向與其感應電壓之極性如圖 1-12 中之標示，則兩者間之關係爲

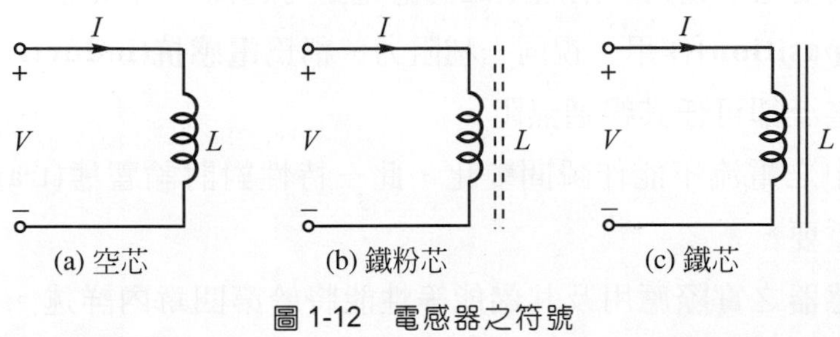

圖 1-12　電感器之符號

$$v = L\frac{di}{dt} \tag{1-17}$$

式中　v 爲感應電壓

L 爲電感

$\frac{di}{dt}$爲電流之變化率。

由上式可看出，線圈兩端之感應電壓與通過電流之變化率成正比，即電流的變化率愈大，則產生的感應電壓愈高；反之，電流的變化率越小，則產生的感應電壓越低，若電流的變化率爲零(穩定的直流電流)，則感應電壓爲零(不產生感應電壓)，所以對直流電而言，線圈視同短路；另外，從(1-17)式可以看出來通過線圈之電流不可能做瞬間變化，否則線圈兩端感應電壓將趨於無限大。這可由$L\frac{di}{dt}$項說明之，所謂瞬間電流之變化，係指$dt = 0$時di仍有所變量，因此$\frac{di}{dt} \to \infty$，此爲不可能的現象。例如，當我們操作實際電感性電路，將開關打開之瞬間，開關上就有電弧產生，證實電流不會瞬間變爲零(應用上因切換電力較大的電感電路，開關上所產生的電弧及突波電壓，必須加以控制，以免毀壞設備)。

綜合上述，可將電感器電路元件之特性歸納如下：

1. 電感器是由導線繞成，若導線內之電阻忽略不計，則純電感電路是不消耗電功率的。
2. 通過電感器中之電流大小或方向有改變，則電感器兩端會產生感應電動勢(電壓)。
3. 由於電流變化率越大，則產生之感應電動勢越高，所以電感器對交流電流有**反抗(opposition)**作用，視同一種阻力，稱爲**電感抗(inductive reactance)**；對直流電流卻可任其暢通無阻。
4. 電感器中之電流不能作瞬間變化，此一特性對討論暫態(transient state)問題甚爲重要。
5. 有關電感器之實際應用及其儲能等性能將於第四章內詳述。

1-4-3 電容器

電容器(Capacitor或Condenser)是依據電場的現象製成的電路元件，其中電場之形成導源於電荷之分離(電壓)。當兩端點間電壓隨時間變動時，電場必亦隨著時間變動，於是在電場所具有的空間內產生**位移電流(displacement current)**，電容器這個電路元件就是表示位移電流與電容間電壓之關係。因爲位移電流相當於電容器端點間的傳導電流，所可用電容來表達電路電流與電壓間之關係。

將兩導體中間隔以絕緣體即形成一個電容器。此兩導體稱爲電容器之**電極(electrode)**或**板(plate)**，其中絕緣體稱爲**介質(dielectric)**故以二片短的平行導體板作爲其電路符號如圖 1-13 所示，其形成分爲固定及可變兩種：

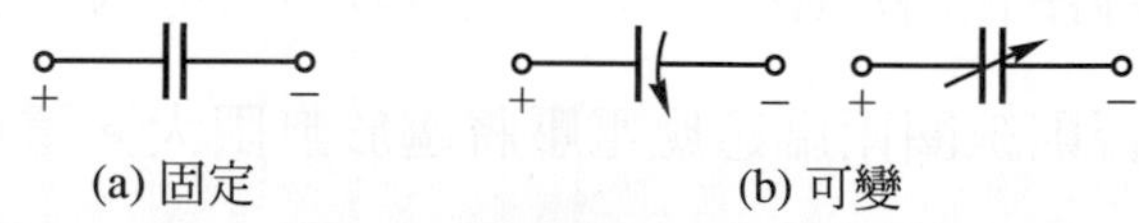

圖 1-13 電容器符號圖

電容器且有儲存電荷作用，當一電壓加於電容器之兩板時，正負電荷即分別存積於兩板上，此時稱爲**充電(charge)**；若將已充電之電容器兩板短路，則兩板上的正負電荷即行中和(產生火花)兩板間之電壓即降爲零，此時稱爲**放電(discharge)**。

用以表示電容器儲存電荷多少的量稱爲該電容器的電容(capacitance)。以C表示之，其電容之大小與兩板之面積A及介**電質係數(permittivity)**ϵ成正比；與兩板間之距離d成反比，其關係式爲：

$$C = \epsilon \frac{A}{d} \tag{1-18}$$

又知電容器兩板上儲積的電荷Q與兩板間所加之電壓V成比，而其比例常數C即爲該電容器之電容，其方程式爲：

$$Q = CV \tag{1-19}$$

上式中Q爲一板上所帶的電荷，以庫侖爲單位，因兩板上所儲存的電荷量相等正負相反。電容之M.K.S制單位爲**法拉第(Farad-F)**，V爲電壓單位爲**伏特(Voltage-V)**。當電容器兩板間加於1伏特之電壓，而兩板上儲存之電荷分別各爲1庫侖，則電容器之電容定爲1法拉第。上式可寫爲：

$$C = \frac{Q}{V} \tag{1-20}$$

實用上，電容若以法拉第(F)爲單位，常嫌其過大，通常採用微法拉第(micro farad-μF)，$1\mu F = 10^{-6}F$；及微微法拉第(micro micro farad-μμF；或 pico farad-pF)，$1pF = 1\mu\mu F = 10^{-12}F$。

例 1-18

一電容器之電容爲80μF，將其接於24V直流電源上，當充電電流爲零時(已充電完畢)求該電容器儲存的電量爲多少？

解 $80\mu F = 80 \times 10^{-6}F$

$Q = CV = 80 \times 10^{-6} \times 24 = 1.920 \times 10^{-3}$庫倫$= 1.92$毫庫

雖然電容器之兩板上加以電壓，但並不能使電荷穿過介電質而移動，但卻能在介質內的電荷產生位移，當電壓而隨時間改變時，介電質內的電荷亦隨著改變，形成位移電流。從外端的觀點來看，電容器兩板間的位移電流與導線內的傳導電流沒有什麼兩樣。唯位移電流是與電容兩板間之電壓隨時間的變化率成正比，其間之關係式爲

$$i = C\frac{dv}{dt} \tag{1-21}$$

式中位移電流i的單位爲安培(A)，電容C的單位爲法拉第(F)，電壓v的單位爲伏特(V)，時間t的單位爲秒(S)。

由上式知若加於電容器兩板上的電壓是定値的話，則電容器的位移電流必等於零。乃因電容器中的介電質無法建立傳導電流的結果。故知電容器對定値電壓(穩定之直流電壓)而言視同爲開路；唯有隨時間變動的電壓才能產生位移電流，且其大小與電壓變化率$\frac{dv}{dt}$成正比；另外，從(1-21)式可以看出來加於電容器兩板上的電壓不可能做瞬間變化，否則其產生的位移電流將趨於無限大，這可由$c\frac{dv}{dt}$項說明之，所謂瞬間電壓之變化，係指$dt=0$時dv仍有所變化量，因而$\frac{dv}{dt}\to\infty$，此爲不可能的現象。例如當我們操作實際電容性電路將開關打開之瞬間，電容器兩板上之電壓依然存在，證實電壓不會瞬間變爲零(應用上，電力較大的電容電路都有洩放裝置，檢修電器時將電源開關打開後尙須將濾波電容器兩端短路放電，以策安全)。

電容器之種類及色碼

電容器通常依其所採用之介質而分類，可分爲**空氣電容器(air capacitor)**；**紙質電容器(paper capacitor)**；**雲母電容器(mica capacitor)**、**電解電容器(electrolgtic capacitor)**及**陶質電容器(ceramic capacitor)**等。若依可調變與否而分類，可分爲**固定電容器(fixed capacitor)**及**可變電容器(Variable Capacitor)**。若依極化情形而分類，可分爲極化的(polarized)與非極化的(unpolarized)。如上述的電解電容器即屬極化電容器，這類電容器的兩端通常標有“+”、“−”號，若跨於兩端之電壓極性維持不變，電容器才能正常工作，由於電化學(electrochemical)的作用，兩極間將產生一層甚薄的介質膜藉以取代較厚的介質，因而使電容器之體積變小，由於極性對於電解電容器非常重要，故電解電容兩端之直流電壓的極性，不可接錯，否則介質膜將遭破壞而呈短路狀態，引起電路故障。

大部分電容器外殼上有顏色標記，藉以表示其電容值、誤差及耐壓，其顏色標記與電阻之色碼相同如表 1-2 所示：

表 1-2　電容器之色碼

	數值	誤差	額定耐壓(伏特)	顏色	數值	誤差	額定耐壓(伏特)
黑	0	－	－	紫	7	7%	700
棕	1	1%	100	灰	8	8%	800
紅	2	2%	200	白	9	9%	900
橙	3	3%	300	金	－	5%	1000
黃	4	4%	400	銀	－	10%	2000
綠	5	5%	500	無色	－	20%	－
藍	6	6%	600				

色碼標示方式甚多，較簡單如圖 1-14 所示，稱爲三點式色碼標示法。第一和第二點表示前兩位數學，第三點表示數字後加零的個數。若電容器上無箭頭指示讀值之順序，則自左向右讀，如圖 1-14(a)中橙(3)、藍(6)、棕(0)表示爲 360pF。若有箭頭指示時則順箭頭方向讀，如圖 1-14(b)中從右向左之順序爲紫(7)綠(5)橙(3)表示爲75×10^3pF。除此之外還有六點式色碼標記如圖 1-15 所示，其中上排代表三個有效數，自左向右讀；下排則由右向左讀，第一點表示數字後加零的個數，第二點表示誤差，第三點表示**額定耐壓(Work Voltage-WV)**值，如圖 1-15 中若六點顏色依序分別爲黃、紅、橙、藍、銀、綠，則其電容值爲423×10^6pF = 423μF，誤差爲 10%，額定耐壓(WV)爲 500 伏特。

圓柱形電容器多半以數字直接標示電容量及耐壓值，但亦有採用色環標示的如圖 1-16 各環所表示之意義與六點式相同，前三環表示三個有效數字，第四環表示數字後加零的個數，第五環表示誤差，第六環表示額定耐壓。通常一個電容器上除了標明其電容量外，尚須標示其耐壓(工作電壓Work Voltage-WV)，如WV150V，WV 350V 等，藉以說明該電容器在外加電壓下不致有介質破裂所承受之最大電壓。在低於該額定耐壓之情形下使用，電容器將具有其工作性能；但在高於耐壓之情況下使用時，電容器將遭打穿(毀壞)。

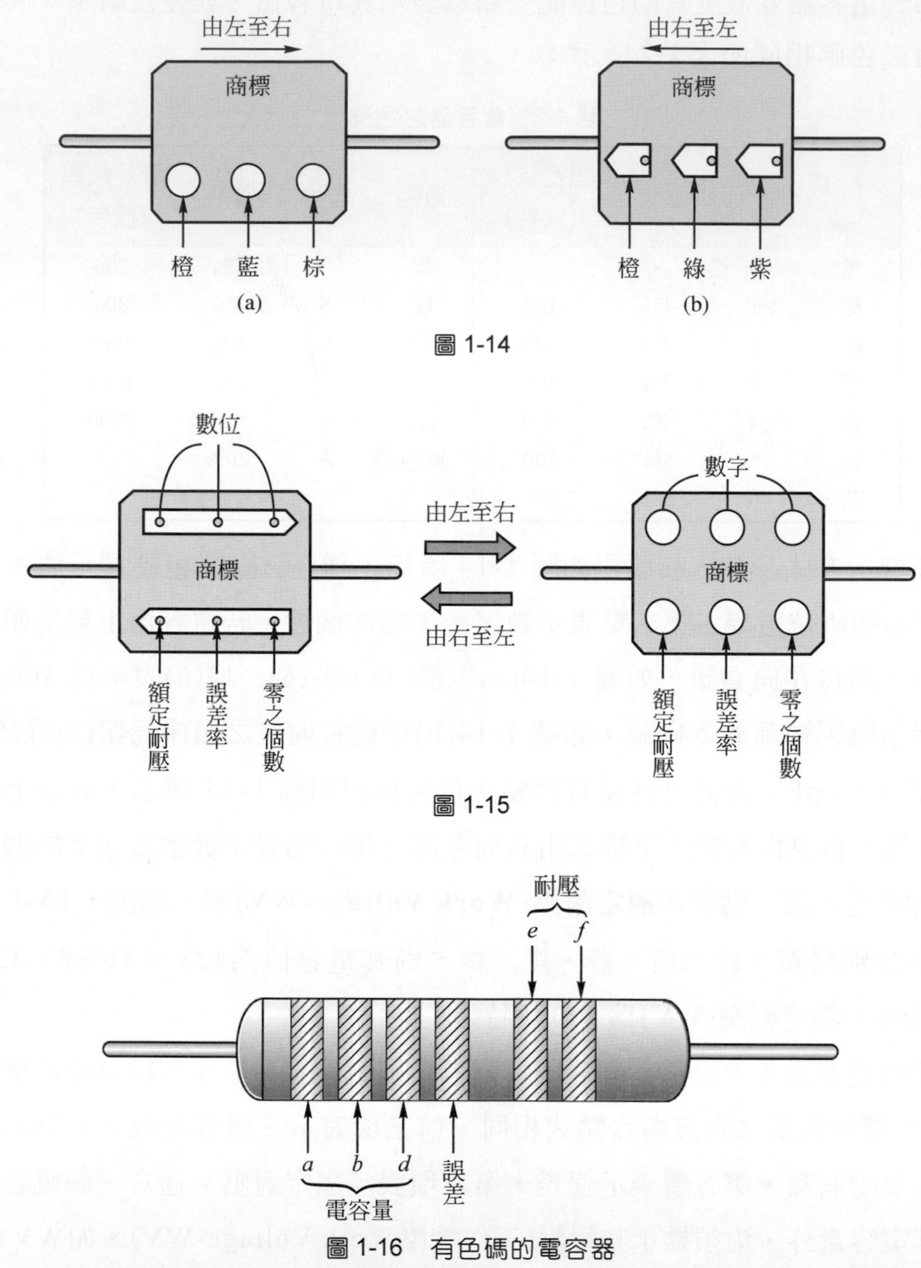

圖 1-16 有色碼的電容器

1-5 電壓源與電流源

欲使電器設備正常運作，則必須在該設備上連接適當之電源(source)，常見之電源有**電壓電源**(**voltage source**)及**電流電源**(**current source**)兩種。電壓電源簡稱電壓源，爲了討論方便分爲**理想電壓源(ideal voltage source)**(無內阻或內阻等於零)及**實際電壓源(practical voltage source)**(有內阻)。電流電源簡稱電流源，亦分爲**理想電流源(ideal current source)**(內電阻無限大)及**實際電流源(practical current source)**(內阻不爲無限大)。通常實際電源可以一理想電壓源串聯其內阻；或以一理想電流源並聯其內電阻表示之。此兩種電源之表示法且可彼此互換。當實際電壓源之電動勢爲零時以其內電阻取代電源，當理想電壓源之電動勢爲零時以短路取代；當實際電流源之電流輸出爲零時以其內阻取代，當理想電流源之電流輸出爲零時，以開路取代。世上沒有理想的事物，事實上理想電壓源及理想電流源並不存在(無法製造)，所謂實際電壓源及電流源乃爲電源之等效電路，一般內阻較小之電源以電壓源表示之；內阻較大者則以電流源表示之。

圖 1-17(a)所示爲一理想電壓源及其連接一負載電阻R_L之電路，其中 V 爲該電壓源之電動勢，a、b爲電壓源的兩端，該兩端之電壓值恆爲V，不受外接負載之影響，亦不受到其所供應電流之影響。換言之，無論電壓源所供應負載電流值大小，a、b兩端之電壓保持不變這種電壓源稱爲理想電壓源。圖 1-17(b)所示爲一實際電壓源，當電源兩端a、b不接任何負載時，(電源不供應電流)，V_{ab}即等於電壓源之電動勢V，但是當a、b兩端接上負載電阻R_L時，電壓源供應電流，此刻a、b兩端的電壓V_{ab}當隨電流I的增加而降低，其原因係由電壓源內阻r_i上分壓作用所致。圖 1-17(b)左圖爲實際電壓源之電路符號，其中r_i爲電壓源之內阻，V爲電動勢，當電壓源兩端a、b不接負載時，電壓源呈開路狀態，此刻$V_{ab}=V$，所以當電壓源不供應電流時，其兩端之電壓V_{ab}等於其電動勢V，通稱爲開路電壓。當實際電壓源兩端接上負載電阻R_L時，如圖 1-17(b)右圖所示，而形成一回路。電流自電壓源之高電位端(+端)流出，經負載R_L流回到低電位端(−端)。由於實際電壓源有內阻r_i，當電流I流過時，會產生一電壓降Ir_i，此時a、b兩端之電壓V_{ab}當不再等於V，而必爲$V-I_{r_i}$即：

$$V_{ab}=V-Ir_i \tag{1-22}$$

由上式知，當電壓源供應之電流I越大，a、b兩端之電壓V_{ab}必會越低。若$r_i=0$，則電壓源無論供給多少電流I，V_{ab}恆等於V，該電壓源即成爲上述之理想電壓源，故知較佳之電壓源其內阻越小越好。

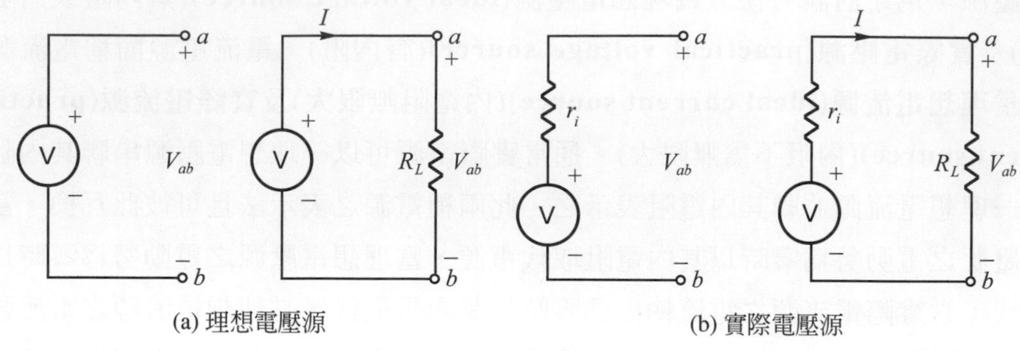

圖 1-17 電壓源

例 1-19

一電池之開路電壓為 1.5 伏，其內阻為 0.1Ω，若接一負載電阻 2Ω時求其端電壓為多少？

解 已知$V=1.5$伏，$r_i=0.1\Omega$，$R_L=2\Omega$

則$I=\dfrac{1.5}{0.1+2}=\dfrac{1.5}{2.1}=0.71\text{A}$

$V_{ab}=1.5-Ir_i=1.5-0.71\text{A}\times 0.1=1.429\text{V}$

接著我們要討論電流源：圖 1-18(a)左圖為一理想電流源之符號圖，I為該電流源所供應之電流，其值恆定不變，無論負載電阻數值之大小，電流源所供應的電流值固定為I，換言之，一理想電流源所供應之電流不受其兩端電壓之影響，此為理想電流源的特性，事實上理想電流源是不可能存在的(無法製造)，實際電流源所供應的電流不可能與其兩端之電壓無關，而必會隨其端電壓之增高漸少。其原因是電流內部有分流電阻。圖 1-18(b)左圖為一實際電流源之電路符號，其中r_i為電流源之內阻，故一實際電流源為一理想電流源與一內阻並聯而成；此處，理想電流源之電流應等於實際電流源之短路I_{sc}。

當一實際電流源兩端接上一個負載電阻R_L時，如圖 1-18(b)所示，由於內阻r_i將分走I的一部分電流i，而流經R_L上之電流I_{ab}並不等於I，而為$I-i$，若R_L兩端之電壓為V_{ab}則$i=\dfrac{V_{ab}}{r_i}$故

$$I_{ab}=I-\frac{V_{ab}}{r_i} \tag{1-23}$$

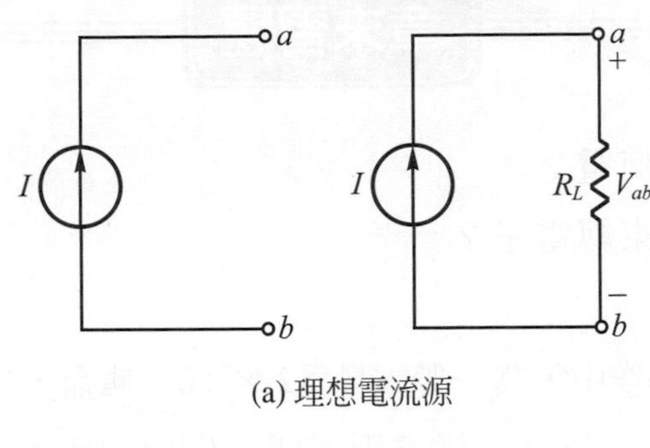

(a) 理想電流源

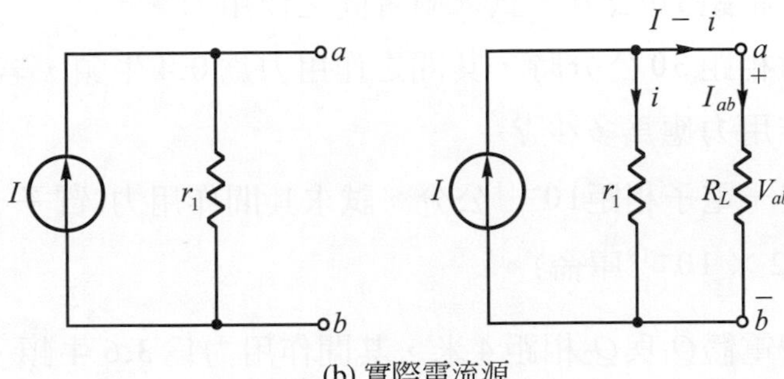

(b) 實際電流源

圖 1-18 電流源

由上式知，當電流源兩端之電壓V_{ab}越高，電流源供應負載的電流即越少，若$r_i \to \infty$時，則無論電流源兩端之電壓V_{ab}多高，供應負載的電流I_{ab}恆等於I，此即上述之理想電流源的必要條件。對照(1-22)與(1-23)式，甚易看出電壓源與電流源之對偶性；欲獲得一良好的電流源，應使其內阻值增大。

例 1-20

實際電流源其電流爲 8A，內阻爲 1Ω，若外接之負載電阻R_L爲 3Ω，試求流過負載之電流與負載兩端之電壓。

解 由如圖 1-18(b)右圖所示，$I = 8\text{A}$，$r_i = 1\Omega$，$R_L = 3\Omega$

電流與電阻成反比之分配

內阻上流過之電流爲 $i = \frac{3}{1+3}8 = 6\text{A}$

負載上之電流 $I_{ab} = \frac{1}{1+3}8 = 2\text{A}$

負載兩端之電壓 $V_{ab} = 2 \times 3 = 6\text{V}$

章末習題

1. 電子與質子各帶何電？
2. 何謂自由電子與束縛電子？
3. 試述庫侖定理。
4. 兩金屬小球置於眞空中，其一帶電量爲2×10^{-6}庫侖，另一帶電量爲-5×10^{-7}庫侖，兩球相距10公分，試求兩者間之作用力。
5. 兩個點電荷相距30公分時，其間之作用力爲0.4牛頓，若距離改爲60公分時，其間作用力應爲多少？
6. 若一質子與一電子相距10^{-11}公分。試求其間作用力(質子、電子所帶電量分別爲$\pm1.602\times10^{-19}$庫侖)。
7. 眞空中兩帶電體Q_1與Q_2相距4米，其間作用力爲3.6牛頓。已知$Q_1=\frac{1}{2}Q_2$，試求Q_1及Q_2之電荷量各爲多少？
8. 一電訊線路通過之電流爲20mA，試求每秒鐘通過之電子數爲多少？
9. 一鎢絲燈泡每秒鐘通過1.25×10^{18}個電子，求其電流爲多少安培？
10. 一個電子的電量爲1.602×10^{-19}庫侖，茲以每秒鐘1.0×10^{20}個電子的速度通過一截面積爲0.05吋×0.4吋之導體，試求電流密度爲多少？
11. 兩相距6公分之電荷，其帶電量分別爲Q及$4Q$在其連線上置一電子，若其所受之總力爲零，試問電子要置於何處？
12. 何謂電場強度？
13. 有一個$+20\times10^{-6}$庫侖之點電荷，試求距其10米遠處之電場強度。
14. 有一電荷Q爲10微庫，在電場中受力爲0.04牛頓，試述該電荷所在位之電場強度？及距該電荷30公分處之電場強度？
15. 兩電荷相距2米，Q_1在左，Q_2在右其帶電量分別爲6×10^{-8}庫侖，及-4×10^{-8}庫侖試求在兩電荷之連線上下述各點之電場強度
(a)兩電荷之中間，(b)距Q_1 3米距Q_2 1米處，(c)距Q_1 1米及Q_2 3米處。

16. 有兩帶電體，相距 6 米分別帶電量爲$Q_1 = 25 \times 10^{-8}$庫侖，$Q_2 = -25 \times 10^{-8}$庫侖如圖 1-19 所示，試求圖中A、B、C各點之電場強度。

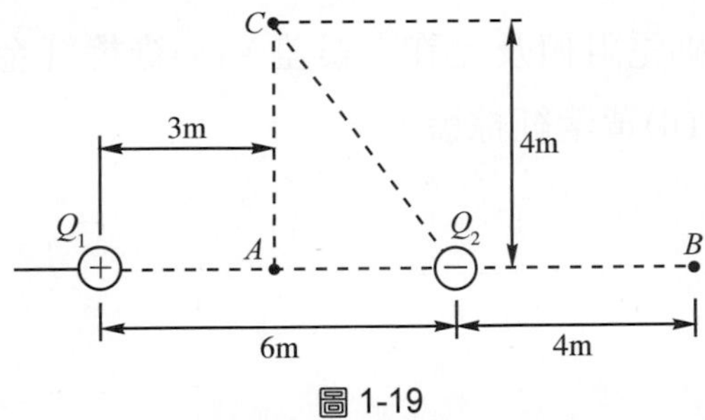

圖 1-19

17. 有兩點電荷Q_1及Q_2，各帶電量分別爲1.44×10^{-9}庫侖及-1.44×10^{-9}庫侖，置於一正三角形之兩頂點如圖 1-20 所示，試述A、B、C三點處之電場強度。

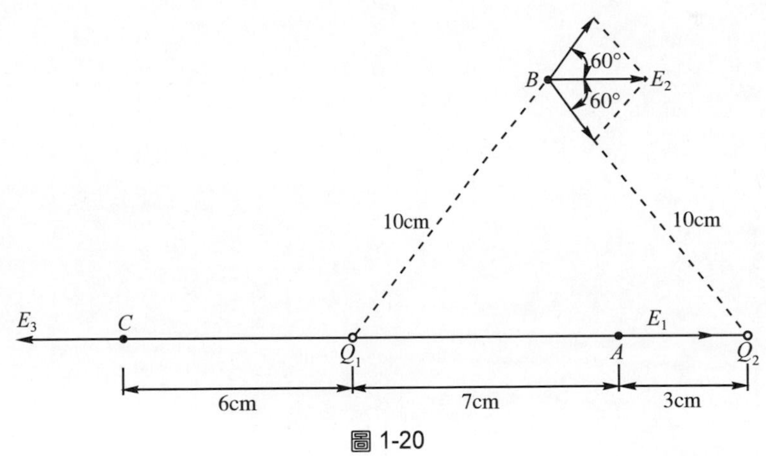

圖 1-20

18. 常見的功率單位馬力及瓦特其定義爲何，兩者間之關係爲何？

19. 設在空間中有$+4 \times 10^{-9}$庫侖之正點電荷，試求(a)距該電荷 1 米處A點之電位，(b)距該電荷 4 米處B點之電位，(c)A、B兩點間之電位差爲多少？(d)若Q改爲負電荷時又當如何？

20. 正三角形邊長爲 1 米，在其三頂點各置 1 庫侖之正電荷，試求該三角形中心點之電位爲多少？

21. 有一球形體其半徑爲 0.1 米，帶電量爲5×10^{-8}庫侖，試求(a)球心處，(b)距球心 0.05 米處，(c)球面處，(d)距球心 0.2 米處A點，(e)距球心 0.4 米處B點之電位，(f)A、B兩點間之電位差。

22. 40瓦特之燈泡，每天工作6小時，試問每月(30天)用電爲多少度？

23. 一直流馬達其輸入電壓爲100伏，電流10安若其效率爲0.85，試求其輸出功率爲多少瓦特及馬力？

24. 試寫出下列各色碼電阻值及允許之誤差。(a)綠橙紅金綠，(b)橙黃橙紅棕，(c)藍灰橙銀棕，(d)黃紫紅棕藍。

CHAPTER 2

電阻電路

2-1 電阻與電阻係數

電阻為構成電路基本元件之一，電路中電阻數值之大小當由採用材料之種類、線路之長度、線路之截面積及溫度四個因素決定之。

依據水流經水管之情況，當易瞭解，若水壓固定不變，則水管之截面積越大，水越容易通過；當水管越長，則水越難通過，即水在水管中流動受到的阻力與管長成正比與管之截面積成反比。電流在電路中通過之情況亦甚類似，由實驗得知，當溫度一定時，任一均勻截面積物體內之電阻值R與其長度L成正比，而與其截面積A成反比，以數學式表示為

$$R \propto \frac{L}{A} \quad 或 \quad R = \rho\frac{L}{A} \tag{2-1}$$

式中**比例常數**ρ**(希臘字母 Rho)**稱為物體材料之**電阻係數(resistivity or specific resistance)**，由$\rho = \dfrac{AR}{L}$之關係知，電阻係數亦可定義為單位截面積和單位長度電阻之乘積，電阻係數越小的材料，其導電性越佳。

電阻係數之單位，當視截面積A及長度L選用之單位決定之，若兩者選用 C.G.S 制則ρ的單位爲歐姆－公分(Ω-cm)；若選用 M.K.S 制，則電阻係數之單位爲歐姆－米(Ω-m)在英制中截面積A採用圓密爾(circular mil-CM)爲單位，長度L以呎爲單位，則電阻係數之單位爲歐姆－圓密爾／呎(Ω-CM/ft)，表 2-1 所示爲各種材料在 20℃時之電阻係數。

例 2-1

試求截面積爲 $4mm^2$，長 200m 鋁線在 20℃時之電阻值爲多少？

解 由(2-1)式及表(2-1)鋁之電阻係數爲2.824×10^{-6}Ω-cm 得：

$$R = \rho\frac{L}{A} = 2.824 \times 10^{-6}\frac{200 \times 10^2}{4 \times 10^{-2}} = 1.412\Omega$$

表 2-1　電阻係數及百分比導電係數(在 20℃)

材料名稱	電阻係數		導電係數%
	微歐姆-公分	歐姆-圓密爾／呎	
銀	1.63	9.8	108
韌銅	1.724	10.371	100
抽銅	1.771	10.65	97.3
金	2.44	14.7	70.7
鋁	2.824	16.99	61.05
鎂	4.6	28	37
鎢	5.6	34	31
鋅	6.0	36	30
黃銅	7.06	42	25
鎘	7.6	45.7	23
鐵	9.8	59	17.6
白金	10.0	60	17.2
錫	11.5	69.2	15
鉛	22	132	7.8
砷	33.3	200	5.18
銻	41.7	251	4.13
錳銅	44	265	3.9
康銅	49	295	3.5
水銀	95.783	576.16	1.8
鎳鉻	108	650	1.6
鉍	120	722	1.44

例 2-2

兩條同樣材料製成的導體，其一長 20m，截面積爲 $0.02cm^2$，其電阻爲 50Ω；另一長 40m，截面積爲 $0.01cm^2$，求其電阻值爲多少？

解 材料相同，電阻係數相等，則導體內部之電阻與其長度成正比，與截面積成反比即

$$\frac{R_2}{R_1}=\frac{L_2}{L_1}\cdot\frac{A_1}{A_2}=\frac{40}{20}\cdot\frac{0.02}{0.01}=4$$

$$\therefore R_2=4R_1=4\times 50=200\Omega$$

用以表示物體材料對電流傳導之特性，除上述電阻外，還有常用之**電導(conductance)**，凡一物體能允許電流通過之性質稱為電導即電阻之倒數以G表示之其單位為歐姆之倒寫，即**姆歐(mho ℧)**。電導既為電阻之倒數，故其方程式可寫為：

$$G=\frac{1}{R}=\frac{1}{\rho}\frac{A}{L}=\sigma\frac{A}{L} \tag{2-2}$$

式中希臘字母**σ(sigma)**稱為**電導係數(conductivity 或 specific conductance)**其值為電阻係數之倒數，其單位亦為電阻係數單位之倒置。

例 2-3

直徑為0.002吋，長度為100呎的韌銅線，在20℃時的電阻值為多少？又電導為多少℧？

解 由表2-1知韌銅之$\rho=10.371\Omega$-CM/ft

0.002吋=2mil

$A=2^2=4$cm

$$\therefore R=\rho\frac{L}{A}=10.371\quad\frac{100}{4}=259.28\Omega$$

$$G=\frac{1}{R}=\frac{1}{259.28}=0.00386℧$$

例 2-4

在20℃時，韌銅之電阻係數為1.724μΩ-cm，鋁為2.82μΩ-cm，試求鋁之百分導電係數為多少？

解 電導係數與電阻係數成反比，則

$$\frac{\delta_{鋁}}{\delta_{銅}}=\frac{\rho_{銅}}{\rho_{鋁}}=\frac{1.724}{2.824}=0.61$$

$$\therefore \delta_{鋁}\%=0.61\delta_{銅}=0.61\times 100\%=61\%$$

2-2 歐姆定理

電路中之電壓、電流及電阻三者間之關係，由德國科學家歐姆(George Simon Ohm)於1827年提出實驗報告：「任一電路中當穩定電流通過時，其電流之大小，與該電路上所接之電壓成正比，與電路內之電阻成反比」。而成為電學中最基本的**歐姆定理(Ohm's law)**。若電流I之單位為安培，電壓V之單位為伏特，電阻R之單位為歐姆，則歐姆定理可以下式表示之：

$$I=\frac{V}{R} \tag{2-3}$$

電路中電流、電壓及電阻三個量中，若已知其中任二者，則應用歐姆定理，可以求得第三者，即

$$R=\frac{V}{I}\text{，}V=I\cdot R \tag{2-4}$$

由上述公式，可看出電路中電流、電壓與電阻相互間之關係。歐姆定理之形式雖然簡單，但在電路運算上應用甚為廣泛，是個不可或缺的定理。

例 2-5

一電熱器已測知其電阻為10Ω，接於24V之電源上，求通過電熱器之電流為多少？

解 由歐姆定理得 $I=\frac{V}{R}=\frac{24}{10}=2.4\text{A}$

例 2-6

以100V之電源接於一電爐電路上，已測知電流為10A，試求該電爐之電阻為多少？

解 由(2-4)式得 $R=\frac{V}{I}=\frac{100}{10}=10\Omega$

例 2-7

欲使5A之電流通過電阻為50Ω之電路，問接於該電路之電壓應為多少？

解 由(2-4)式得 $V=I\cdot R=5\times 50=250\text{V}$

2-3 電阻的溫度係數

多半材料內之電阻值皆隨溫度變化而有所增減，絕緣體半導體及非金屬材料之電阻值，常隨溫度之升高而降低；而金屬導體材料，其電阻值則隨溫度之升高而增加。因溫度產生質點運動之動能，當溫度升高時，質點之動能增加，迫使質點活動加快，在絕緣、半導體中，電荷之動能大時，由於互相間碰撞之結果而產生較多的自由電子或電洞，其電阻自然就下降；在導體方面，本來就有很多的自由電子，當溫度升高時，導體內質點振動增強，電子間碰撞機會增加而阻止電荷移動之速度，因而使電流減小(相當電阻之增加)，上述溫度變化對導體電阻之影響稱為**電阻溫度係數(temperature coefficient of resistance)**，以α表示之，圖 2-1 所示為溫度對金屬內電阻之影響，可發現在一般之工作溫度範圍(0°～100℃)，其間之對應變化為一直線，若將此直線延伸，則必與溫度坐標軸相交於$-T$℃，此意並非指該金屬在此溫度時其電阻值為零。而是設電阻值若隨溫度變化之下降率與在常溫相同的話，則$-T$℃時，該金屬之電阻值必為零。故$-T$℃通稱為推測**零電阻值時之溫度(inferred zero resistance temperature)**或截點溫度。事實上，在低溫時，金屬內之電阻值與溫度間之對應變化不再保持直線關係。

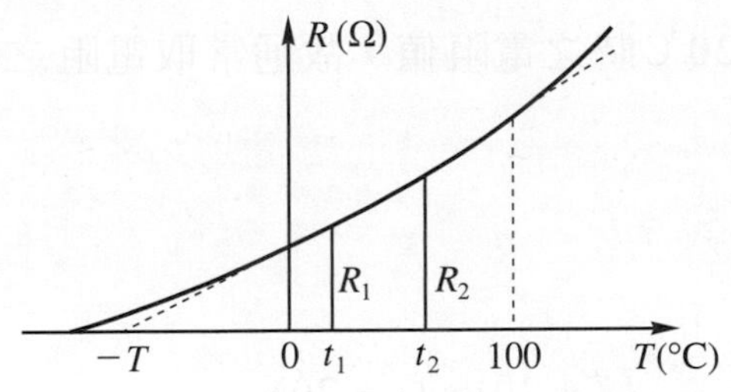

圖 2-1 溫度對金屬電阻之影響

設電阻與溫度之對應變化在直線範圍內，由圖示依相似直角三角形關係，可得：

$$\frac{R_2}{R_1}=\frac{T+t_2}{T+t_1} \quad \text{或} \quad (t_2-t_1)=\frac{R_2-R_1}{R_1}(T+t_1) \qquad (2\text{-}5)$$

式中R_1、R_2分別為溫度為t_1與t_2時金屬之電阻值，T為截點溫度，該截點溫度隨材料之不同而異。如銅為-234.5℃，鋁為-236℃，電阻值隨溫度變化之關係，通常利用求工作後之電阻值或工作後升高之溫度，茲以例題述明之：

例 2-8

一銅線電路之電阻在 18℃時為 12.7Ω，工作後測知其溫度為 50℃問此刻之電阻值為多少？

解 由(2-5)式$\frac{R_{50}}{12.7}=\frac{234.5+50}{234.5+18}$

$$R_{50}=12.7\times\frac{284.5}{252.5}=14.3\Omega$$

例 2-9

一發電機的銅質電樞線圈在19℃時電阻為35.3Ω，工作後測知其電阻為41.9Ω，試求該線圈溫度上升多少？

解 設升高之溫度為Δt，由(2-5)式知

$$\Delta t=(t_2-t_1)=\frac{R_2-R_1}{R_1}(T+t_1)$$

$$=\frac{41.9-35.3}{35.3}(234.5+19)=47.4℃$$

在測試電阻數值時，多採用20℃為參考溫度。各種工作手冊中所示之電阻值，若無特別提示，均視為 20℃時之電阻值，故通常取電阻之最初溫度t_1為 20℃，將此代入(2-5)式，得：

$$\frac{R_t}{R_{20}}=\frac{T+t}{T+20}$$

$$R_t=R_{20}\left(\frac{T+t}{T+20}\right)=R_{20}\frac{(T+20)+(t-20)}{T+20}$$

$$=R_{20}\left[1+\frac{1}{T+20}(t-20)\right]$$

$$=R_{20}\left[1+\alpha_{20}(t-20)\right] \tag{2-6}$$

式中R_t為溫度t℃時之電阻值，$\alpha_{20}=\frac{1}{T+20}$稱為該金屬導體在 20℃時的電阻溫度係數，依此 0℃時之電阻溫度係數為$\alpha_0=\frac{1}{T+0}$，50℃時之電阻溫度係數為$\alpha_{50}=\frac{1}{T+50}\cdots$由此可得電阻溫度係數之定義：溫度每升高1℃時所增加之電阻值與原溫度時電阻

值之比，稱爲原溫度時之電阻溫度係數，實用上原溫度通常視爲 20℃，表 2-2 所示，爲常見金屬材料的電阻溫度係數及推測零電阻值時之溫度。

表2-2　各種導體材料之電阻溫度係數及推測零電阻值之溫度

材料名稱	電阻溫度係數(20°C)	推測零電阻之溫度
銀	0.0038	－243
韌銅	0.00393	－234.5
硬抽銅	0.003	－242
黃銅	0.002	−480
鋁	0.0039	－236
鐵	0.005	－180
鉛	0.0041	－224
鎳	0.006	－147
白金	0.003	－310
軟鋼	0.0042	－218
錫	0.0042	－218
鎢	0.0045	－200

例 2-10

試求韌銅在 15.5°時之電阻溫度係數爲多少？

解　由(2-6)式及(2-2)表，知

$$\alpha_{15.5}=\frac{1}{234.5+15.5}=\frac{1}{250}=0.004$$

例 2-11

有一 500 匝的韌銅線圈，導線的截面積爲 1280 圓密爾，每匝平均長度爲 10 吋，求在 60℃時該線圈之電阻爲多少？

解　由表(2-1)知在 20℃時，韌銅之電阻係數 $\rho=10.371$ 歐姆-圓密爾／呎，故在 20℃時該線圈之電阻爲：

$$R_{20}=\rho\frac{L}{A}=10.371\times\frac{500\times10}{1280\times12}=3.376\Omega$$

在 60℃時該線圈之電阻由(2-6)式及表(2-2)得：

$$R_{60}=R_{20}[1+\alpha(60-20)]=3.376[1+0.00393\times40]=3.907\Omega$$

2-4 功率與電能

功率與能量之定義、名稱、單位，在第一章1-3節內討論過，以電阻電路中電壓電流來表達電阻器上之電功率及電能

$$P=VI=(IR)I=I^2R \tag{2-7}$$

表達電阻器上的功率亦可用電壓及電阻，即

$$P=VI=V\left(\frac{V}{R}\right)=\frac{V^2}{R} \tag{2-8}$$

上述(2-7)及(2-8)式，亦可用電導來表達即

$$P=\frac{I^2}{G} \tag{2-9}$$

及

$$P=V^2G \tag{2-10}$$

例 2-12

2000瓦特之電爐絲，剪去$\frac{1}{5}$後，所加電壓不變，問所消耗之功率爲多少？

解 設爐絲原長爲l，剪後長爲l'由$R\propto l$ ($\rho \cdot A$不變)則：

設爐絲原電阻爲R剪後電阻爲R'

$l'=0.8l$，$R'=0.8R$

$\because V$不變，由(2-8)式$P=\frac{V^2}{R}$知$P\propto\frac{1}{R}$

$\therefore \frac{P_1}{P_2}=\frac{R_2}{R_1}$，$\frac{2000}{P_2}=\frac{0.8}{1}$，$P_2=\frac{2000}{0.8}=2500$瓦

電爐絲剪短後(電阻値變小)因外加電壓不變，故消耗功率增加。

例 2-13

一鎢絲燈炮之額定電壓爲120V，功率爲60W，問其額定電流及電阻各爲多少？若將此燈泡接至90V之電源上則其消耗功率爲多少？

解 $I = \frac{P}{V} = \frac{60}{120} = 0.5\text{A}$

$R = \frac{V^2}{P} = \frac{120^2}{60} = 240\Omega$

若接至90V電源上，因其額定電阻值不變，故此燈泡消耗之功率爲

$P' = \frac{V^2}{R} = \frac{90^2}{240} = 33.75\text{W}$

電能之M.K.S制單位爲瓦特-秒(焦耳)，其輔助單位爲瓩-小時(kilo-watt-hour)及**電子伏特(electron-volt-eV)**1瓩-小時通稱爲1度電，電力公司以此單位爲收電費標準，詳見第一章(1-3)節，1電子伏特爲外加1伏特之電壓使1個電子(1.6×10^{-19}庫侖)移動所作之功，即1eV (1.6×10^{-19}庫侖) = 1.6×10^{-19}焦耳，電子學上多採用電子伏特爲電能之單位。

例 2-14

以2A之電流通過100Ω之電阻歷時2分鐘，試求該電阻上消耗之電能。

解 $W = P \cdot t = I^2Rt = 4 \times 100 \times 2 \times 60 = 48000$瓦特-秒(焦耳)

2-5 串聯電路

將兩個或兩個以上的電阻元件首、尾依次連接之方式稱爲串聯，如圖2-2所示，爲三個電阻串聯，若將串聯後之電阻跨接電源上，即構成一封閉電路如圖2-3所示，則稱爲**串聯電路(series circuit)**，電流由電壓源之正極出發先後經R_1、R_2及R_3三個電阻而回到電壓源之負極，若圖中$R_1 = R_2 = R_3 = 10\Omega$，其對電路產生之作用與置一個30Ω電阻是相同的，由此可知串聯電路之**等値電阻(equivalent resistance)**爲各串聯電阻值之總和，可以下式表示之。

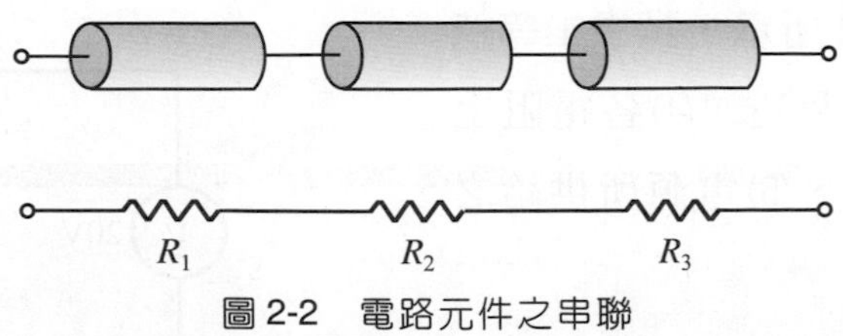

圖2-2　電路元件之串聯

$$R_{eq} = R_1 + R_2 + R_3 \tag{2-11}$$

由歐姆定理知，串聯電路運算為：

$$I = \frac{V}{R_{eq}} = \frac{V}{R_1 + R_2 + R_3}$$

$$\therefore V = IR_{eq} = I(R_1 + R_2 + R_3)$$

$$V = V_1 + V_2 + V_3 \tag{2-12}$$

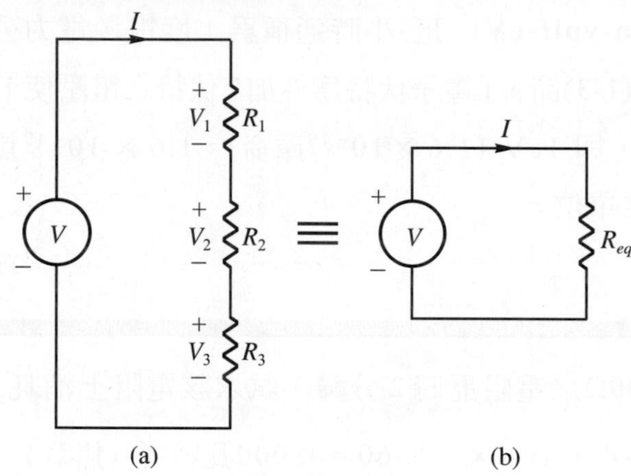

圖 2-3　串聯電路

綜合上述串聯電路具有下列特性：

1. 不論串聯電路之電壓或電阻如何改變，流經各電阻上之電流永遠相同的。
2. 電阻串聯後之等值電阻必等於各個電阻值之總和。
3. 串聯電路各電阻上電壓降(IR)之和等於外加電源電壓。
4. 串聯電路中，若任一電阻斷路，則整個電路呈現斷路所有的電阻上均無電流通過。

例 2-15

有一串聯電路如圖 2-4 所示，試求⑴等值電阻，⑵電流，⑶V_1及V_2，⑷各電阻上消耗之功率及總功率，⑸電源所供給之功率。

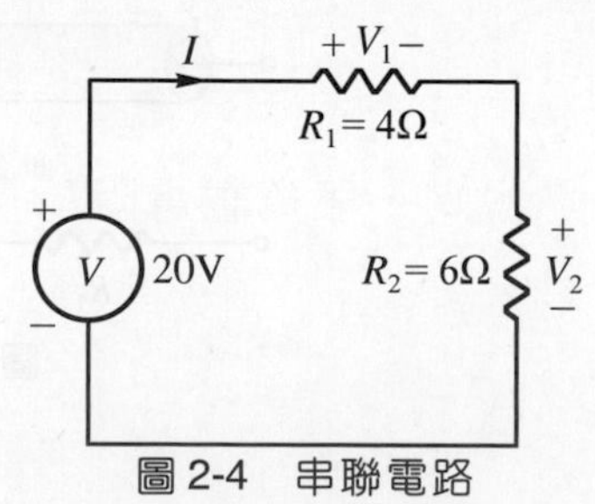

圖 2-4　串聯電路

解 (1) $R_{eq} = R_1 + R_2 = 4 + 6 = 10\Omega$

(2) $I = \dfrac{V}{R_{eq}} = \dfrac{20}{10} = 2\text{A}$

(3) $V_1 = IR_1 = 2 \times 4 = 8\text{V}$

$V_2 = IR_2 = 2 \times 6 = 12\text{V}$

(4) $P_1 = I^2R_1 = 2^2 \times 4 = 16\text{W}$

或$P_1 = \dfrac{{V_1}^2}{R_1} = \dfrac{8^2}{4} = 16\text{W}$

$P_2 = I^2R_2 = 2^2 \times 6 = 24\text{W}$

或$P_2 = \dfrac{{V_2}^2}{R_2} = \dfrac{12^2}{6} = 24\text{W}$

(5) 電源所供給之功率$P_s = VI = 20 \times 2 = 40\text{W}$

電源所供給之功率與電阻上所消耗之總功率相等。

例 2-16

如圖 2-5 所示，由電流表 Ⓐ 測知該串聯電路之電流爲 2A，試求R_2之電阻值及其兩端之電壓降。

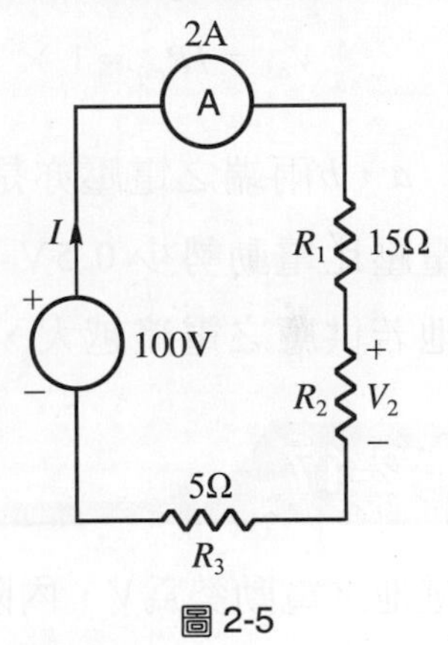

圖 2-5

解 $R_{eq} = \dfrac{V}{I} = \dfrac{100}{2} = 50\Omega$

$R_{eq} = R_1 + R_2 + R_3$

$\therefore R_2 = R_{eq} - (R_1 + R_3) = 50 - 20 = 30\Omega$

$V_2 = IR_2 = 2 \times 30 = 60\text{V}$

圖 2-6 所示爲一電池與負載電阻相串聯之電路。理想的電池其內阻爲零，故電池兩端的端電壓與電池的電動勢爲同一值。但實際的電池具有內阻，當其未接負載電阻時，電池不供應電流，端電壓等於電池之電動勢；但是當電池接上負載電阻供給電流時，由於其內阻上有電壓降，所以端電壓必較電動勢低，圖 2-6 中虛線部份所示爲一實際的電池等值電路，其中 6V爲該電池的電動勢，0.5Ω爲電池之內阻a、b爲電池之兩端，與負載電阻R_1及R_2串聯，電池所供應之電流流過負載，故該電流I爲

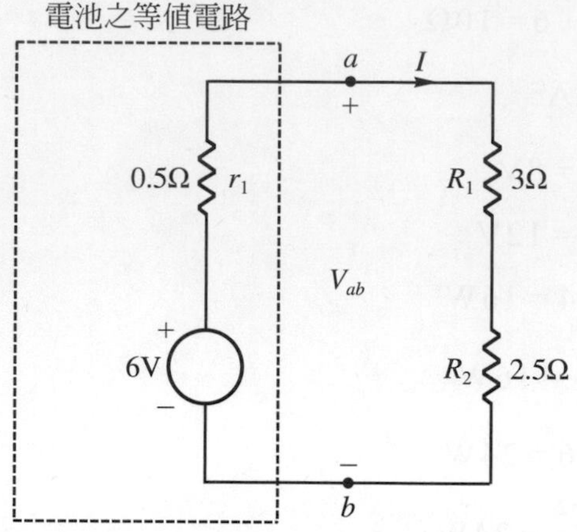

圖 2-6 電池與負載之串聯電路

$$I=\frac{V}{r_i+R_1+R_2}=\frac{6}{0.5+3+2.5}=1\text{A}$$

負載等值電阻$R_{eq}=3+2.5=5.5\Omega$，其兩端之電壓V_{ab}爲

$$V_{ab}=IR_{eq}=1\times 5.5=5.5\text{V}$$

a，b兩端之電壓亦是電池兩端的端電壓V_{ab}爲 5.5V，而電池之電動勢爲 6V，端電壓比電動勢少 0.5V，此 0.5V 之減少，正是電池內阻 0.5Ω上之電壓降。故知電池若供應之電流越大，其內阻上之電壓降亦越大，而其端電壓V_{ab}必越低。

例 2-17

一電池之電動勢爲V，內阻爲r_i如圖 2-7 所示，將其兩端接一負載電阻R_L，試求⑴R_L爲無限大(a、b間開路)，⑵$R_L=0$ (a、b間短路)時之端電壓V_{ab}。

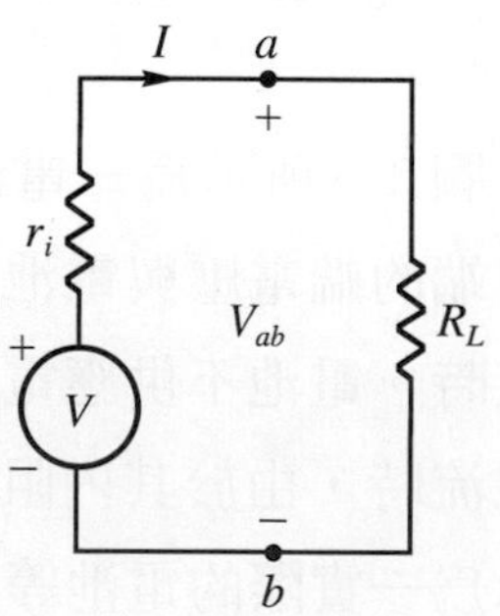

圖 2-7 串聯電路

解 $I=\dfrac{V}{r_i+R_L}$

$$V_{ab}=IR_L=\left(\frac{V}{r_i+R_L}\right)R_L$$

⑴ 當$R_L\to\infty$時，$V_{ab}=\dfrac{V}{\dfrac{r_i}{R_L}+1}=V$

⑵ 當$R_L=0$時，$V_{ab}=\left(\dfrac{V}{r_i+R_L}\right)R_L=0$

2-6 克希荷夫電壓定律

在簡單之電路中，其電壓、電流及電阻間之關係，由歐姆定理即可解決，但較繁複之電路中，若欲求各支路中的電流及某兩點之電壓，則應借助於克希荷夫電壓及電流定律。

克希荷夫電壓定律：沿任一封閉電路中，所有外加電壓之代數和必等於各電阻上電壓降之代數和，即$\Sigma V=\Sigma IR$，此觀念由克希荷夫(Gustay Robert Kirchhoff)於1849年提出，故稱爲**克希荷夫電壓定律(Kirchoff's Volltage law-KVL)**依串聯電路特性知克希荷夫電壓定律係由歐姆定理擴展而成，其原理亦可用能量不滅定律證實，於圖2-3(a)所示之封閉電路中，設電路上移動之電荷Q，每當此電荷流經電源時，電源供給電荷能量QV，當電荷每流經一電阻時，則電阻上將消耗之能量爲QV_1(QV_2，QV_3)，此電荷環此串聯封閉電路一週時，依能量不減定律知，各電阻上消耗之能量必等於該電路中電源所供給之能量，即：

$$QV=QV_1+QV_2+QV_3$$
$$V=V_1+V_2+V_3=IR_1+IR_2+IR_3$$

依次若一封閉電路中包括多個電源及多個電阻時，其方程式可寫爲：

$$\Sigma V=\Sigma IR\text{，或}\Sigma V-\Sigma IR=0 \tag{2-13}$$

例 2-18

試求圖2-8中3Ω電阻兩端之電壓降

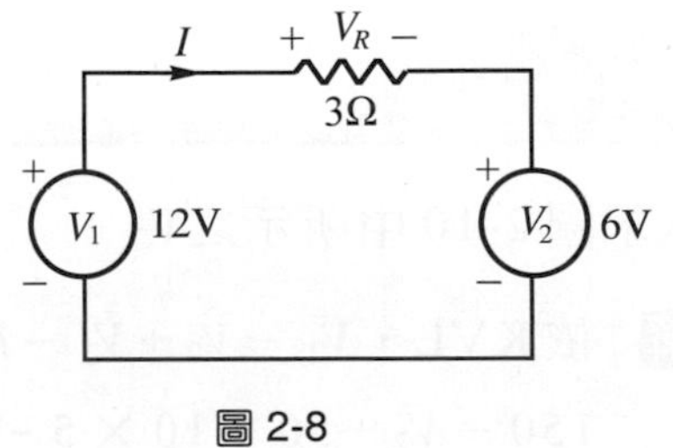

圖 2-8

解 由KVL $\Sigma V-IR=0$得

$V_1-V_2-IR=0$

$12-6-3I=0$，$I=\dfrac{12-6}{3}=2\text{A}$

$V_R=3I=6\text{V}$

例 2-19

試以KVL求圖2-9電流I

解 ⑴沿$ABCDA$環路由$\Sigma V - \Sigma IR = 0$得

$100 + 30 + 20 - 3I - 4I - 2I - I = 0$

$150 - 10I = 0$

$\therefore I = 15\text{A}$

⑵沿$ADCBA$環路，則

$-100 - 30 - 20 + 3I + 4I + I = 0$

$-150 + 10I = 0$

$\therefore I = 15\text{A}$

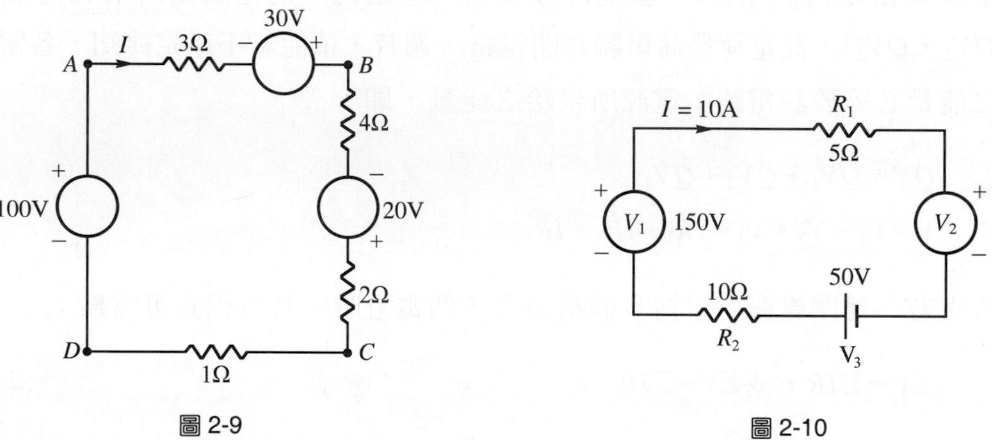

圖 2-9　　　圖 2-10

(若電流之方向設定，則電阻上壓降極性當依電流方向決定流入端爲正，流出端爲負，而不受環繞方向之影響，故本例①，②兩種解法獲得答案相同)。

例 2-20

試求圖2-10中所示之V_2

解 依KVL，$V_1 - V_2 + V_3 - IR_1 - IR_2 = 0$

$150 - V_2 + 50 - 10 \times 5 - 10 \times 10 = 0$

$\therefore V_2 = 50\text{V}$

2-7 分壓器法則

將一電壓源與數個電阻串聯，即構成一個分壓器，如圖 2-11 所示由三個電阻串聯而成之分壓器，由歐姆定理可求得串聯電路之電流$I = \dfrac{V}{R_1 + R_2 + R_3} = \dfrac{V}{R_{eq}}$，則各電阻上之壓降分別爲$V_1$、$V_2$、$V_3$。

$$\left.\begin{aligned} V_1 &= R_1 I = \frac{R_1}{R_1 + R_2 + R_3} V \\ V_2 &= R_2 I = \frac{R_2}{R_1 + R_2 + R_3} V \\ V_3 &= R_3 I = \frac{R_3}{R_1 + R_2 + R_3} V \end{aligned}\right\} \tag{2-14}$$

由上式知，電阻R_1兩端之電壓，等於其本身之電阻與串聯電路總電阻之比乘以電源電壓，同理R_2、R_3上兩端之電壓亦然，此即所謂分壓器法則。因串聯電路流經各電阻上之電流相同，故電阻上之分壓與電阻值成正比。

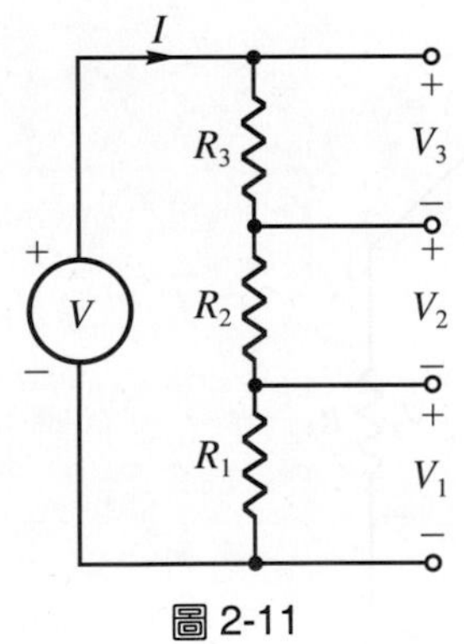

圖 2-11

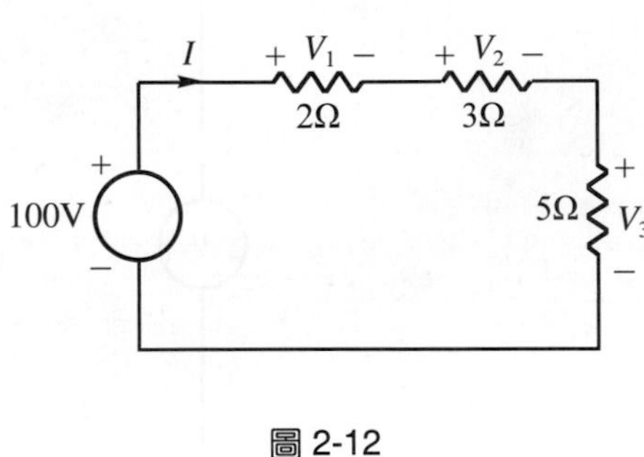

圖 2-12

例 2-21

利用分壓器定則求圖 2-12 中之V_1、V_2、V_3。

解

$$V_1 = \frac{R_1}{R_1 + R_2 + R_3} V = \frac{2}{2+3+5} 100 = \frac{2}{10} \times 100 = 20\text{V}$$

$$V_2 = \frac{R_2}{R_1 + R_2 + R_3} V = \frac{3}{10} 100 = 30\text{V}$$

$$V_3 = \frac{R_3}{R_1 + R_2 + R_3} V = \frac{5}{10} 100 = 50\text{V}$$

2-8 並聯電路

兩個或兩個以上之電阻元件，分別接於兩個共同接點間，稱為並聯。若將並聯之元件跨接於電源上，如圖 2-13(a)(b)所示。即為**並聯電路(parallel circuit)**。

並聯電路各元件上之電壓相同。由歐姆定理知，流經各電阻上之電流與電阻值成反比，如圖(a)所示

$$V = V_1 = V_2 = V_3 = I_1 R_1 = I_2 R_2 = I_3 R_3$$

由上式得

$$\left.\begin{aligned} I_1 &= \frac{V}{R_1} \\ I_2 &= \frac{V}{R_2} \\ I_3 &= \frac{V}{R_3} \end{aligned}\right\} \tag{2-15}$$

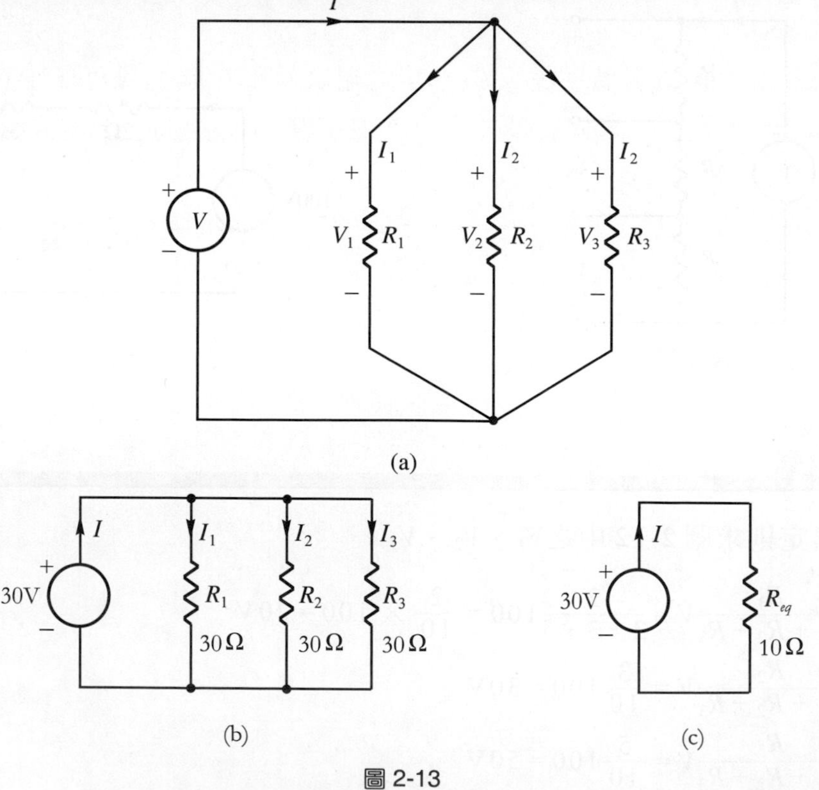

圖 2-13

若(b)圖中各並聯電阻，可以(c)圖等值電值R_{eq}取代，則對相同之電壓電源而言，其產生之電流必相等。即

$$I=\frac{V}{R_{eq}}=\frac{V}{R_1}+\frac{V}{R_2}+\frac{V}{R_3}=V\left(\frac{1}{R_1}+\frac{1}{R_2}+\frac{1}{R_3}\right)$$

$$\frac{1}{R_{eq}}=\frac{1}{R_1}+\frac{1}{R_2}+\frac{1}{R_3}$$

同理若n個電阻並聯，則並聯後之等值電阻為：

$$\frac{1}{R_{eq}}=\frac{1}{R_1}+\frac{1}{R_2}+\frac{1}{R_3}+\cdots+\frac{1}{R_n} \tag{2-16}$$

由上式知並聯電路之等值電阻之倒數，等於各並聯電阻倒數之代數和若改以電導表示，則為

$$G_{eq}=G_1+G_2+G_3+\cdots+G_n \tag{2-17}$$

由上式知並聯電路之等值電導，等於各並聯元件電導之代數和。

綜合上述知並聯電路具有下列特性

1. 並聯電路中各電阻值不論大小，其兩端之電壓相同，且等於電源電壓。
2. 並聯電路中，任一電阻斷路而不會影響其他並聯電阻上之電流，故實用上大部份之配線均採用負載並聯。
3. 並聯電路流經各電阻上電流之和，等於並聯等效電阻上之電流。
4. 並聯電路之等值電阻之倒數，為各並聯電阻倒數之代數和，若並聯電路僅含兩個電阻時，其等值電阻為兩個電阻值相乘為分子兩者相加為分母，即

$$\frac{1}{R_0q}=\frac{1}{R_1}+\frac{1}{R_2}=\frac{R_1+R_2}{R_1\cdot R_2}$$

$$\therefore R_{eq}=\frac{R_1\cdot R_2}{R_1+R_2} \tag{2-18}$$

上式較為實用，熟練後可用到多個電阻並聯，逐次化簡，以例題說明如下：

例 2-22

試求圖 2-14(a)電路中之等值電阻。

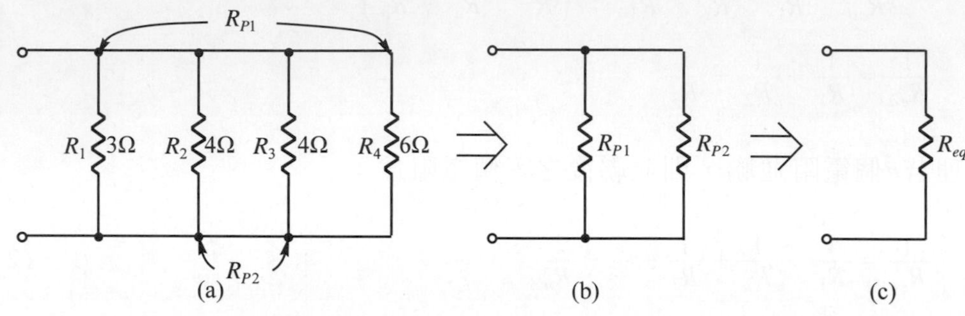

圖 2-14

解 由(2-18)式先將四個電阻化為兩個，再由兩個求得R_{eq}。

$$R_{p1}=\frac{R_1\times R_4}{R_1+R_4}=\frac{3\times 6}{3+6}=2\Omega，R_{p2}=\frac{R_2\times R_3}{R_2+R_2}=\frac{4\times 4}{4+4}=2\Omega$$

$$\therefore R_{eq}=\frac{R_{p1}\times R_{p2}}{R_{p1}+R_{p2}}=\frac{2\times 2}{2+2}=1\Omega$$

例 2-23

有等值R之電阻n個，試求其串聯時之等值電阻及並聯時等值電阻各為多少？

解 串聯時之等值電值：

$$R_{eq}=R+R+\cdots+R=nR$$

並聯時之等值電值：

$$\frac{1}{R_{eq}}=\frac{1}{R}+\frac{1}{R}+\frac{1}{R}+\cdots+\frac{1}{R}=\frac{n}{R}$$

$$\therefore R_{eq}=\frac{R}{n}$$

2-9 克希荷夫電流定律

電路中任一節點上所有的電流代數和為零，即在同一瞬間流入節點電流之總和必等於流出該節點電流之總和$\Sigma I_{入}=\Sigma I_{出}$，導源於電荷不滅定理。即電路中任一節點，電荷不會消失，亦不會增多。此觀念由克氏首先提出，故稱為**克希荷夫電流定律(kirchhoff's current law-KCL)**如圖 2-15 所示

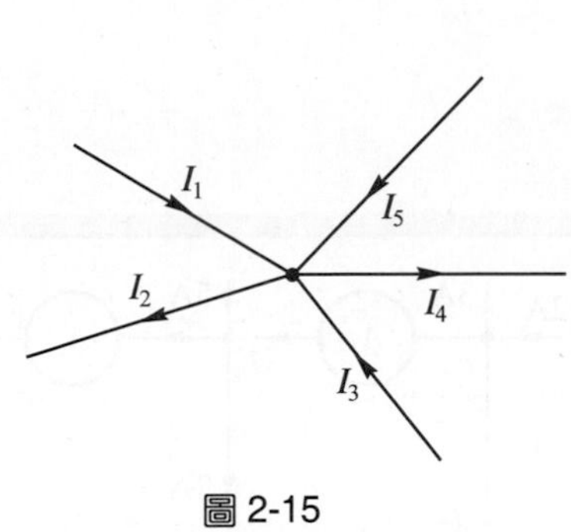

圖 2-15

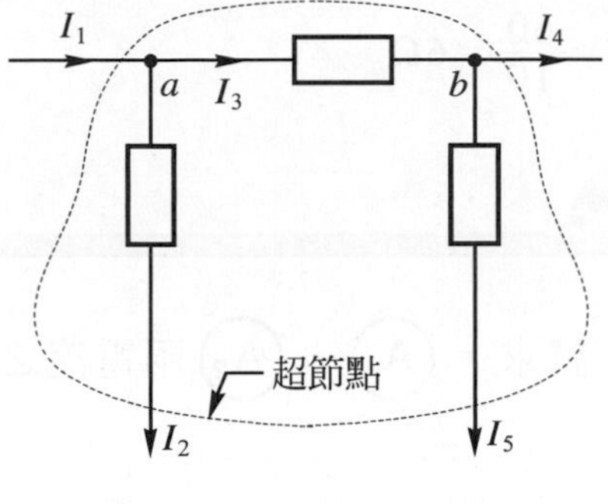

圖 2-16　超節點之應用

$$I_1 + I_3 + I_5 = I_2 + I_4$$

或　$I_1 - I_2 + I_3 - I_4 + I_5 = 0$

即　$\Sigma I = 0$　(2-19)

KCL之應用，並不僅限於某一節點，而可擴展至包括幾個節點之面，如圖 2-16 所示，內含兩個節點a、b應用 KCL 分別獲得：

節點a方程式：$I_1 = I_2 + I_3$

節點b方程式：$I_3 = I_4 + I_5$

將節點b之I_3代入節點a方程式中得$I_1 = I_2 + I_4 + I_5$。將圖示虛線內之面積視爲一節點，稱爲超節點(supper node)，利用 KCL，則知$I_1 = I_2 + I_4 + I_5$與採用a、b節點獲得結果相同，故知KCL亦適合超節點之應用。

例 2-24

圖 2-17 中，已知電流表 Ⓐ 之讀值爲 20A，試求流經電阻R_x上之電流I_3及R_x值爲多少？

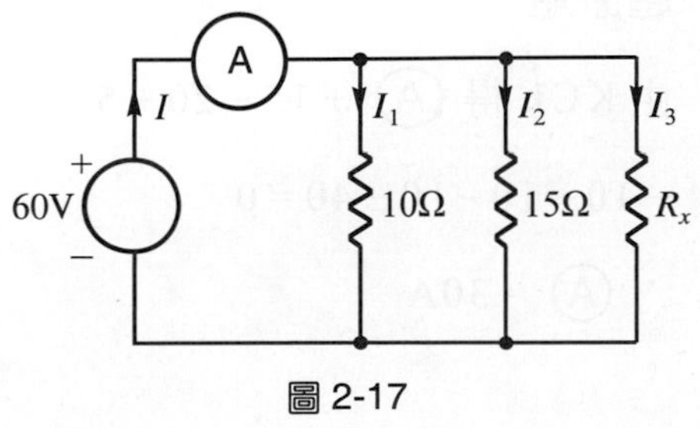

圖 2-17

解　作由歐姆定理得

$$I_1 = \frac{60}{10} = 6\text{A}，I_2 = \frac{60}{15} = 4\text{A}$$

由 KCL　$I = I_1 + I_2 + I_3$

$\therefore I_3 = I - I_1 - I_2 = 20 - 6 - 4 = 10\text{A}$

$R_x = \dfrac{V}{I_3} = \dfrac{60}{10} = 6\Omega$

例 2-25

圖 2-18 中，試求，Ⓐ$_1$，Ⓐ$_2$ 兩電流之讀數。

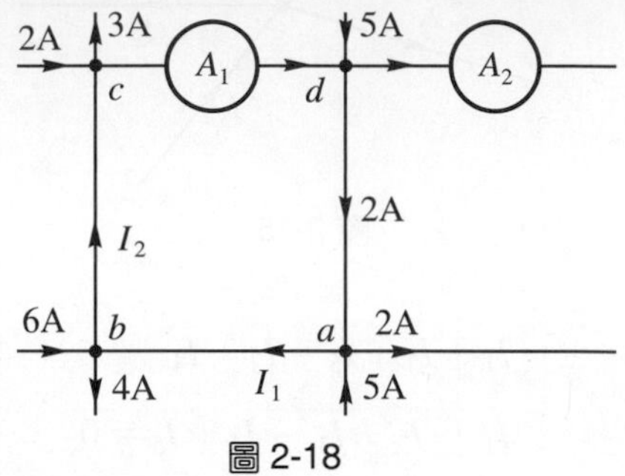

圖 2-18

解　由節點a：$2 + 5 - 2 - I_1 = 0$

$\therefore I_1 = 5\text{A}$

由節點b：$6 + I_1 - I_2 - 4 = 0$

$\therefore I_2 = 7\text{A}$

由節點c：$I_2 + 2 - 3 -$ Ⓐ$_1$ $= 0$

$\therefore$ Ⓐ$_1$ $= 6\text{A}$

由節點d：Ⓐ$_1$ $+ 5 - 2 -$ Ⓐ$_2$ $= 0$

$\therefore$ Ⓐ$_2$ $= 9\text{A}$

例 2-26

試求圖 2-19 電流表 Ⓐ 之讀數爲多少？

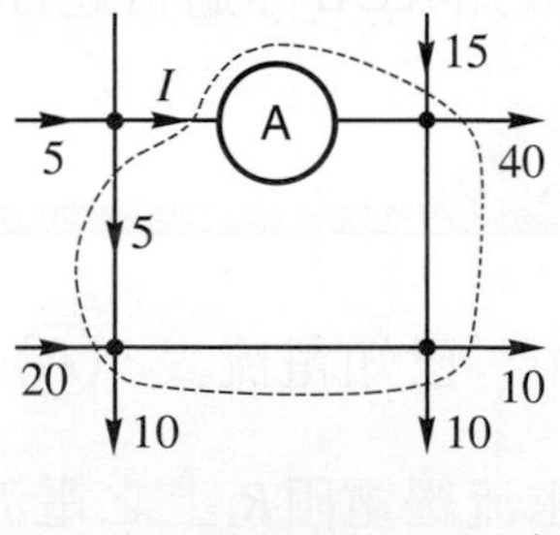

圖 2-19

解　作一封閉曲線如圖中虛線所示爲一超節點

由 KCL 得 Ⓐ $+ 15 + 20 + 5$

$-10 - 10 - 10 - 40 = 0$

$\therefore$ Ⓐ $= 30\text{A}$

2-10 分流器法則

將數個電阻並聯後跨接於電源上，即形成一分流器如圖 2-20 所示由歐姆定理

$$V = IR_{eq} = I\frac{1}{\dfrac{1}{R_1}+\dfrac{1}{R_2}+\dfrac{1}{R_3}}$$

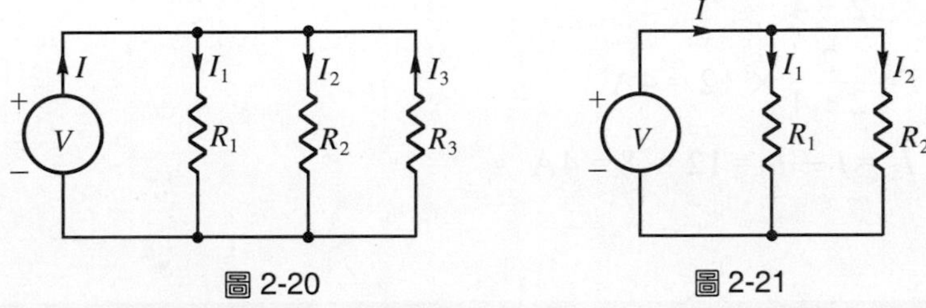

圖 2-20　　圖 2-21

並聯電路各電阻上之端壓相同且等於電源電壓於是流經各電阻上之電流分別爲：

$$\left.\begin{aligned}
I_1 &= \frac{V}{R_1} = \frac{R_{eq}}{R_1}I = \frac{\dfrac{1}{R_1}}{\dfrac{1}{R_1}+\dfrac{1}{R_2}+\dfrac{1}{R_3}}I = \frac{G_1}{G_1+G_2+G_3}I \\
I_2 &= \frac{V}{R_2} = \frac{R_{eq}}{R_2}I = \frac{\dfrac{1}{R_2}}{\dfrac{1}{R_1}+\dfrac{1}{R_2}+\dfrac{1}{R_3}}I = \frac{G_2}{G_1+G_2+G_3}I \\
I_3 &= \frac{V}{R_3} = \frac{R_{eq}}{R_3}I = \frac{\dfrac{1}{R_3}}{\dfrac{1}{R_1}+\dfrac{1}{R_2}+\dfrac{1}{R_3}}I = \frac{G_3}{G_1+G_2+G_3}I
\end{aligned}\right\} \quad (2\text{-}20)$$

上式爲各並聯電阻中電流之分配，實際應用上多爲兩個電阻並聯分流，如圖 2-21 所示，則$I_1 = \frac{V}{R_1}$，$I_2 = \frac{V}{R_2}$，$\frac{I_1}{I_2} = \frac{V/R_1}{V/R_2} = \frac{R_2}{R_1}$。即兩並聯電阻上通過電流之大小與其電阻值成反比。

$$\left.\begin{aligned}
I_1 &= \frac{R_{eq}}{R_1}I = \frac{\dfrac{R_1R_2}{R_1+R_2}}{R_1}I = \frac{R_2}{R_1+R_2}I \\
I_2 &= \frac{R_{eq}}{R_2}I = \frac{\dfrac{R_1R_2}{R_2+R_2}}{R_2}I = \frac{R_1}{R_1+R_2}I
\end{aligned}\right\} \quad (2\text{-}21)$$

上式通稱爲分流器法則，多用於直流電表內，藉以擴大測量電流之範圍。

例 2-27

圖 2-21 中設R_1爲 2Ω，R_2爲 4Ω，電源供給之電流I爲 12A，試求I_1及I_2。

解 依分流器法則得：

$$I_1=\frac{R_2}{R_1+R_2}I=\frac{4}{2+4}\times 12=8\text{A}$$

$$I_2=\frac{R_1}{R_1+R_2}I=\frac{2}{2+4}\times 12=4\text{A}$$

或由 KCL $I_2=I-I_1=12-8=4\text{A}$

例 2-28

一個 1mA 電流計如圖 2-22 所示，其內阻$R_m=50\Omega$，欲擴大其測量範圍爲 100mA，試求分流器電阻R_s值應爲多少？

解 由圖示知R_s與R_m並聯，故其端電壓V必相等，即：

$$I_mR_m=I_sR_s$$

由 KCL $I_s=I-I_m=100-1=99\text{mA}$

$$\therefore R_s=\frac{I_mR_m}{I_s}=\frac{50}{99}=0.505\Omega$$

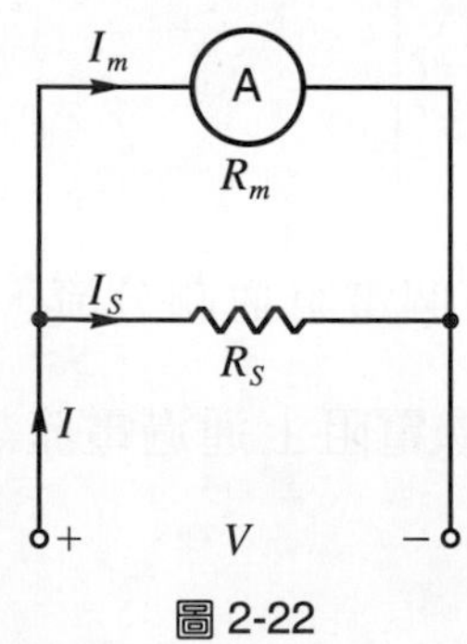

圖 2-22

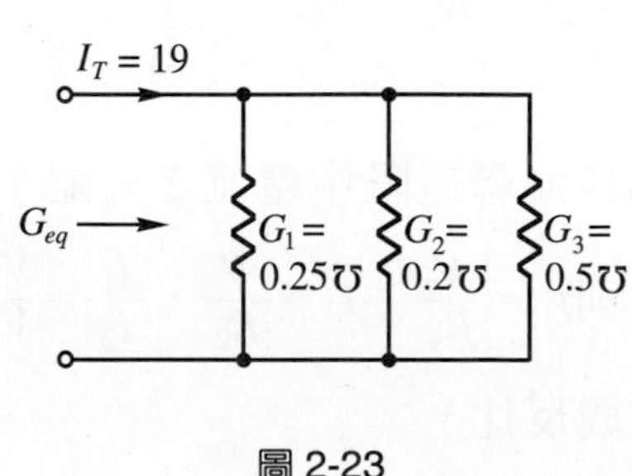

圖 2-23

例 2-29

試求圖 2-23 並聯之等值G_{eq}及流經各電導上之電流。

解 $G_{eq}=G_1+G_2+G_3=0.25+0.2+0.5=0.95\mho$

$$I_1 = \frac{G_1}{G_{eq}} I_t = \frac{0.25}{0.95} \times 19 = 5\text{A}，I_2 = \frac{G_2}{G_{eq}} I_t = \frac{0.2}{0.95} \times 19 = 4\text{A}$$

$$I_3 = \frac{G_3}{G_{eq}} I_t = \frac{0.5}{0.95} \times 19 = 10\text{A}$$

2-11 串並聯電路

電路中若包含串聯及並聯電路者，稱為串並(混)聯電路。藉以上所述之串聯電路、並聯電路、分壓、分流定則，歐姆定理及克希荷夫電壓電流定律，來解較複雜之串並聯電路。

例 2-30

圖 2-24 所示為一串並聯電路試求
⑴等值電阻；⑵流經各電阻上之電流；
⑶各電阻兩端之電壓。

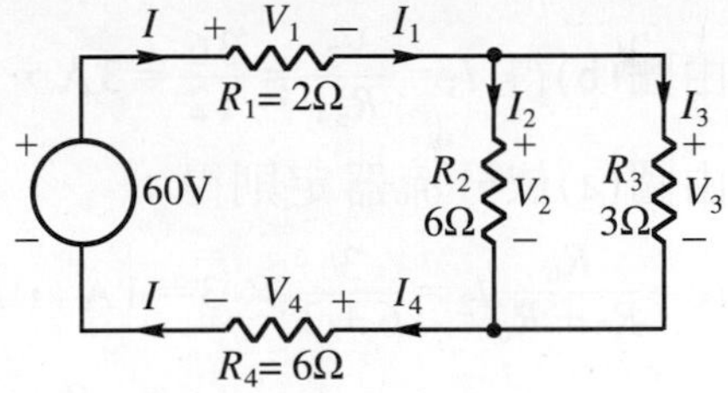

圖 2-24 串並電路解

解 ⑴先求R_2及R_3並聯之等值電阻R_{23}

$$R_{23} = \frac{R_2 R_3}{R_2 + R_3} = \frac{6 \times 3}{6 + 3} = 2\Omega$$

此刻之電路相當R_1、R_{23}及R_4三個電阻串聯其等值電阻為

$$R_{eq} = R_1 + R_{23} + R_4 = 2 + 2 + 6 = 10\Omega$$

⑵視R_{23}與R_1及R_4相串聯，則流經各串聯電阻之電流皆相等，即

$$I = I_1 = I_{23} = I_4 = \frac{V}{R_{eq}} = \frac{60}{10} = 6\text{A}$$

流經R_2上之電流I_2為：(依分流器法則)

$$I_2 = \frac{R_3}{R_2 + R_3} I = \frac{3}{9} \times 6 = 2\text{A}$$

流經R_3上之電流為：

$$I_3 = \frac{R_2}{R_2 + R_3} I = \frac{6}{9} \times 6 = 4\text{A}$$

⑶$V_1 = I_1 R_1 = 6 \times 2 = 12\text{V}$，$V_2 = V_3 = I_{23} R_{23} = 6 \times 2 = 12\text{V}$

或$V_2 = V_3 = I_2 R_2 = I_3 R_3 = 2 \times 6 = 4 \times 3 = 12\text{V}$

$V_4 = I_4 R_4 = I R_4 = 6 \times 6 = 36\text{V}$

例 2-31

試求圖 2-25(a)中之R_{eq}、I、V_3、V_1、I_3、I_2、I_5、I_6

解 先將(a)圖逐步化簡爲(b)、(c)圖。則

R_3與R_4串聯$R_{34} = R_3 + R_4 = 4 + 8 = 12\Omega$

R_5與R_6並聯$R_{56} = \dfrac{R_5 R_6}{R_5 + R_6} = \dfrac{6 \times 3}{6+3} = 2\Omega$

再將R_2與R_{56}串聯後與R_{34}並聯

由圖(c)得：$R_{eq} = 4 + 6 = 10\Omega$

依歐姆定理$I = \dfrac{V}{R_{eq}} = \dfrac{60}{10} = 6\text{A}$

$V_3 = 6 \times 6 = 36\text{V}$，$V_1 = 6 \times 4 = 24\text{V}$

由圖(b)得 $I_3 = \dfrac{V_3}{R_{34}} = \dfrac{36}{12} = 3\text{A}$，$I_2 = \dfrac{V_3}{R_2 + R_{56}} = \dfrac{36}{10+2} = 3\text{A}$

由圖(a)依分流器定則得：

$I_5 = \dfrac{R_6}{R_5 + R_6} I_2 = \dfrac{3}{6+3} \times 3 = 1\text{A}$ ，$I_6 = \dfrac{R_5}{R_5 + R_6} I_2 = \dfrac{6}{6+3} \times 3 = 2\text{A}$

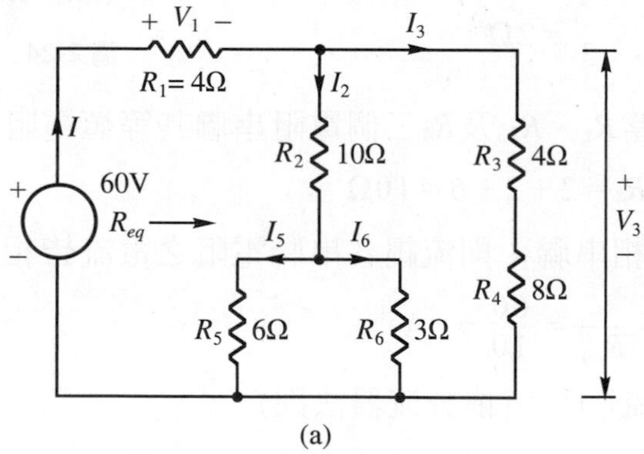

(a)

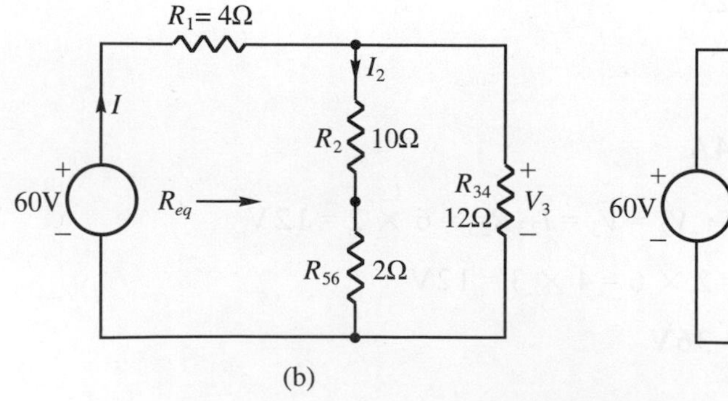

(b)

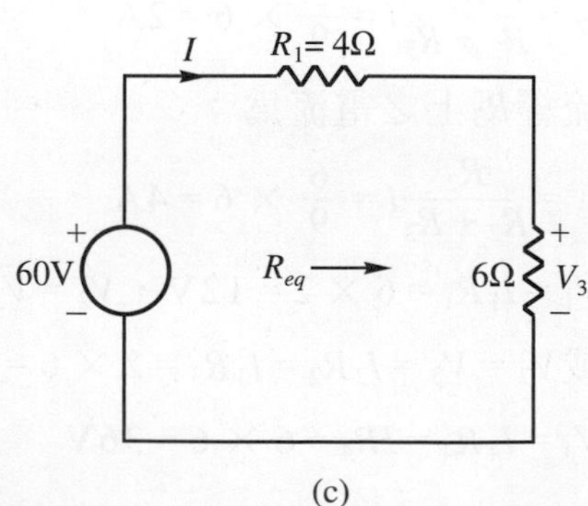

(c)

圖 2-25

例 2-32

試求圖 2-26(a)電路中之等值電阻。

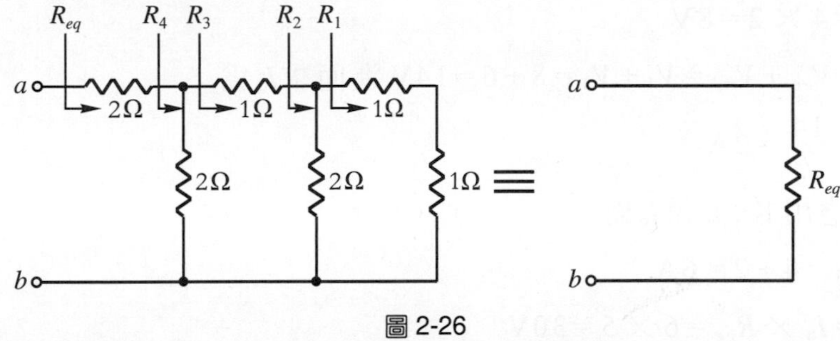

圖 2-26

解 應用串聯及並聯化簡之方法，逐步求得其等值電阻為：

$R_1 = 1 + 1 = 2\Omega$，$R_2 = \dfrac{2 \times 2}{2+2} = 1\Omega$，$R_3 = 1 + 1 = 2\Omega$

$R_4 = \dfrac{2 \times 2}{2+2} = 1\Omega$，$R_{eq} = 2 + 1 = 3\Omega$

例 2-33

圖 2-27 中若$I_1 = 2\text{A}$ 試求gh兩端之電壓 V

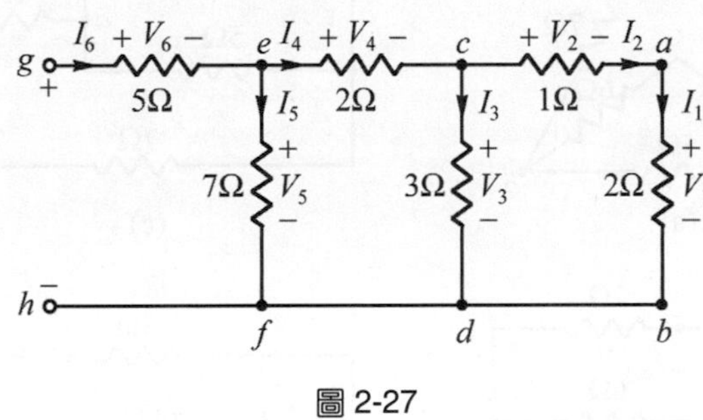

圖 2-27

解 應用歐姆定理，先求出距電源最遠端之電壓，依次漸近最後獲得答案不必將電路化簡。

R_{ab}為 2Ω有 2A 電流通過，其上之電壓降V_{ab}為

$V_{ab} = V_1 = 2 \times 2 = 4\text{V}$

R_{ca}為 1Ω係與R_{ab}串聯，故流過 1Ω電阻之電流亦為 2A 即$I_2 = 2\text{A}$，故V_{ca}為

$V_{ca} = 2 \times 1 = 2\text{V}$

$V_3 = V_{cd} = V_{cb} = V_{ca} + V_{ab} = 2 + 4 = 6\text{V}$，故$I_3$為

$I_3 = \frac{V_3}{3} = \frac{6}{3} = 2\text{A}$

同理繼續向左逐步求I_4由KCL得

$I_4 = I_2 + I_3 = 2 + 2 = 4\text{A}$

$V_4 = V_{ec} = 4 \times 2 = 8\text{V}$

$V_5 = V_{ef} = V_{ec} + V_{cd} = V_4 + V_3 = 8 + 6 = 14\text{V}$ 進而求I_5爲

$I_5 = \frac{V_5}{7} = \frac{14}{7} = 2\text{A}$

在節點e應用KCL得I_6爲

$I_6 = I_4 + I_5 = 4 + 2 = 6\text{A}$

$V_6 = V_{ge} = I_6 \times R_{ge} = 6 \times 5 = 30\text{V}$

電源端$V = V_{gh}$　即 $V = V_{gh} = V_6 + V_5 = 30 + 14 = 44\text{V}$

例 2-34

試分別求圖2-28(a)中之R_{ab}、R_{bc}、R_{ca}。

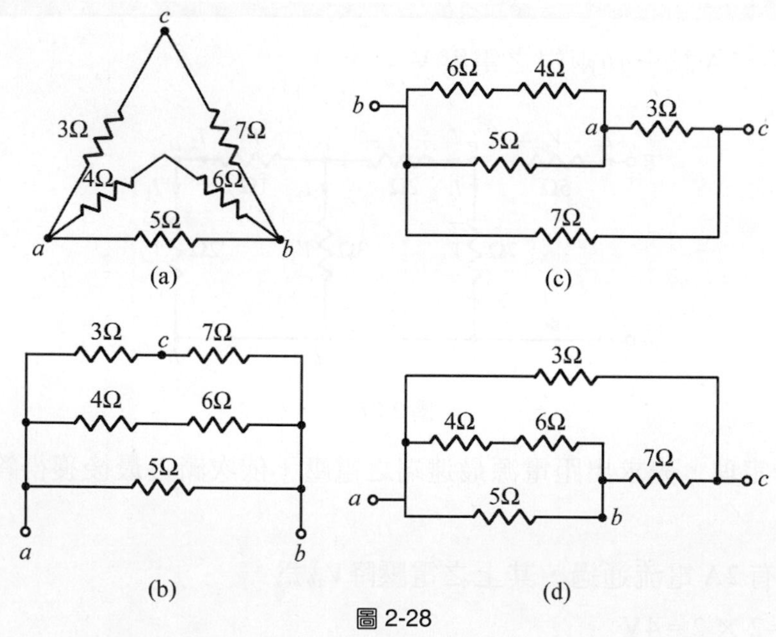

圖 2-28

解 (1)先將圖(a)重繪如圖(b)則得R_{ab}爲：

$R_{ab} = 5 \,//\, (4+6) // (3+7) = 5 // 10 // 10$

$= 5 // 5 = 2.5\Omega$(//爲並聯符號)

⑵同理將圖(a)重繪如圖(c)則得R_{bc}為：

$$R_{bc}=(R_{ab}+3)//7=\left(\frac{10}{3}+3\right)//7=\frac{\frac{19}{3}\times 7}{\frac{19}{3}+7}=\frac{133}{40}=3.325\Omega$$

⑶將圖(a)重繪如圖(d)則得R_{ca}為：

$$R_{ca}=(R_{ba}+7)//3=\frac{\left(\frac{10}{3}+7\right)\times 3}{\frac{10}{3}+7+3}=\frac{93}{40}=2.325\Omega$$

2-12 Y-△轉換

有些較為複雜的電路，用串聯或並聯無法化簡，但若採 Y-△(或△-Y)轉換，即可迎刃而解。

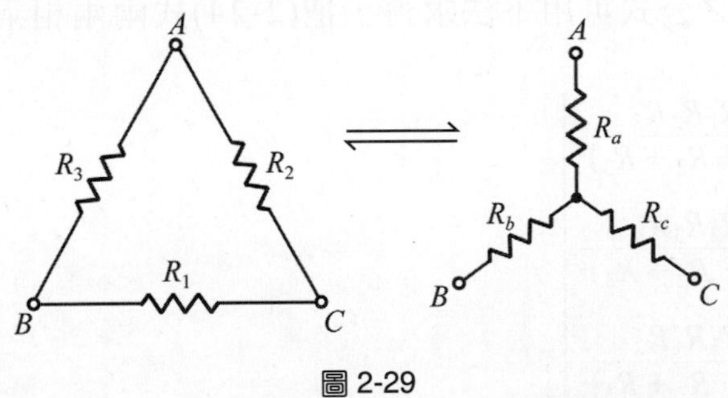

圖 2-29

圖 2-29 所示為一△及 Y 形電路，若△形中之電阻R_1、R_2、R_3已知，將其轉換為Y形，為使轉換前後的電路等值，該兩電路任意相對應兩點間的電阻必需相等，即 Y 形中A、B間之電阻為R_a+R_b；對應△形A、B間之等值電阻為$R_3//(R_1+R_2)$故

$$R_a+R_b=R_3//(R_1+R_2)=\frac{R_3(R_1+R_2)}{R_1+R_2+R_3} \quad (2\text{-}22a)$$

同理B、C及C、A兩端點間的等值電阻分別為

$$R_b+R_c=R_1//(R_2+R_3)=\frac{R_1(R_2+R_3)}{R_1+R_2+R_3} \quad (2\text{-}22b)$$

$$R_c+R_a=R_2//(R_3+R_1)=\frac{R_2(R_3+R_1)}{R_1+R_2+R_3} \quad (2\text{-}22c)$$

將以上三式相加後等號兩邊各被2除之，得△轉換Y形之公式

$$R_a + R_b + R_c = \frac{R_1R_2 + R_2R_3 + R_3R_1}{R_1 + R_2 + R_3} \tag{2-23}$$

再以(2-23)式分別減去(2-22b)、(2-22c)、(2-22a)式得：

$$R_a = \frac{R_2R_3}{R_1 + R_2 + R_3} \tag{2-24a}$$

$$R_b = \frac{R_3R_1}{R_1 + R_2 + R_3} \tag{2-24b}$$

$$R_c = \frac{R_1R_2}{R_1 + R_2 + R_3} \tag{2-24c}$$

上式宜熟記，若將Y形與△形A、B、C三點重疊，則R_a爲其兩邊包夾之電阻R_2R_3乘積除以三邊電阻之和同理R_b、R_c亦可求得：

將Y形轉換爲△形之公式可用下法求得，把(2-24)式兩兩相乘得

$$\left.\begin{aligned} R_aR_b &= \frac{R_1R_2R_3^2}{(R_1 + R_2 + R_3)^2} \\ R_bR_c &= \frac{R_2R_3R_1^2}{(R_1 + R_2 + R_3)^2} \\ R_cR_a &= \frac{R_3R_1R_2^2}{(R_1 + R_2 + R_3)^2} \end{aligned}\right\} \tag{2-25}$$

把(2-25)三式相加得：

$$R_aR_b + R_bR_c + R_cR_a = \frac{R_1R_2R_3(R_1 + R_2 + R_3)}{(R_1 + R_2 + R_3)^2} = \frac{R_1R_2R_3}{R_1 + R_2 + R_3}$$

$$= R_1 \cdot \frac{R_2 + R_3}{R_1 + R_2 + R_3} = R_1R_a$$

$$\therefore R_1 = \frac{R_aR_b + R_bR_c + R_cR_a}{R_a} \tag{2-26a}$$

同理

$$R_aR_b + R_bR_c + R_cR_a = R_2\frac{R_3R_1}{R_1 + R_2 + R_3} = R_2R_b$$

$$\therefore R_2 = \frac{R_aR_b + R_bR_c + R_cR_a}{R_b} \tag{2-26c}$$

$$R_aR_b + R_bR_c + R_cR_a = R_3\frac{R_2R_3}{R_1+R_2+R_3} = R_3R_c$$

$$\therefore R_3 = \frac{R_aR_b + R_bR_c + R_cR_a}{R_c}$$

上述三式爲Y形轉換爲△形公式亦須牢記，注意其間之轉換關係。

Y形連接電路有時繪成圖2-30(a)所示之形式，因其像英文字母"T"，故亦稱爲T形電路；△形電路有時繪成如圖2-30(b)所形之形式，因其像希臘字母"π"故亦稱爲π形電路。

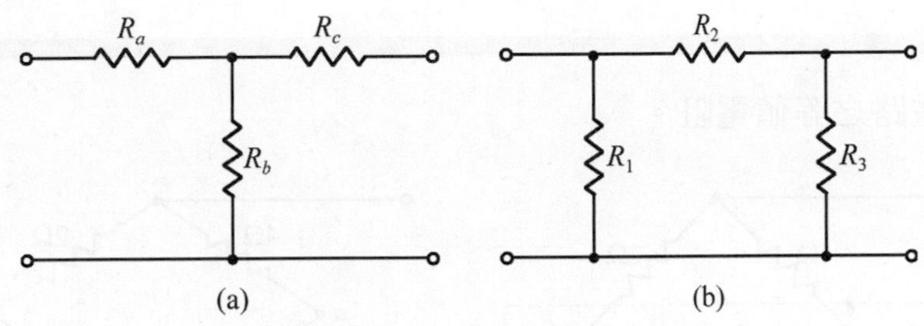

圖2-30 T形及Π形電路

在Y-△轉換中若三個電阻等值，即$R_1 = R_2 = R_3 = R_\triangle$，則由(2-24)式得：

$$R_a = R_b = R_c = \frac{1}{3}R_\Delta \quad 或 \quad R_\triangle = 3R_Y$$

以例題，說明Y-△轉換之應用。

例 2-35

試求圖2-31(a)中a、b兩端間之等值電阻。

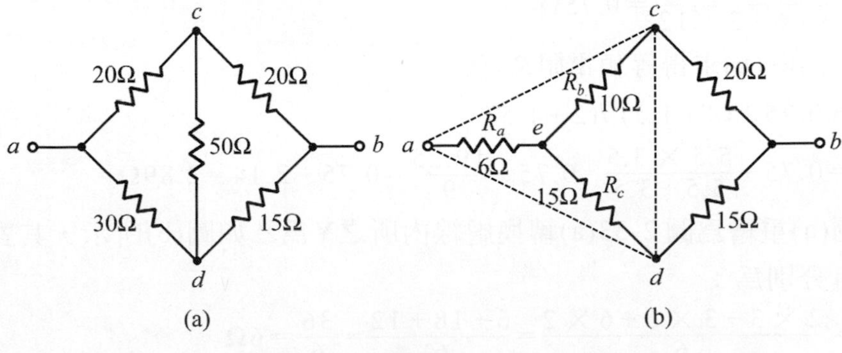

圖2-31

解 圖(a)中用串、並聯無法化簡求得R_{ab}，要將其中兩個△形任一個轉換為Y形即可化簡，將acd轉換為Y如圖(b)中所示之R_a、R_b、R_c由(2-24)式得：

$$R_a = \frac{20 \times 30}{20+30+50} = 6\Omega，R_b = \frac{20 \times 50}{20+30+50} = 10\Omega$$

$$R_c = \frac{50 \times 30}{20+30+50} = 15\Omega$$

由圖(b)用串並聯得

$$R_{ab} = R_{ae} + R_{eb} = 6 + (10+20)//(15+15) = 6 + 15 = 21\Omega$$

例 2-36

求圖 2-32(a)電路之等值電阻。

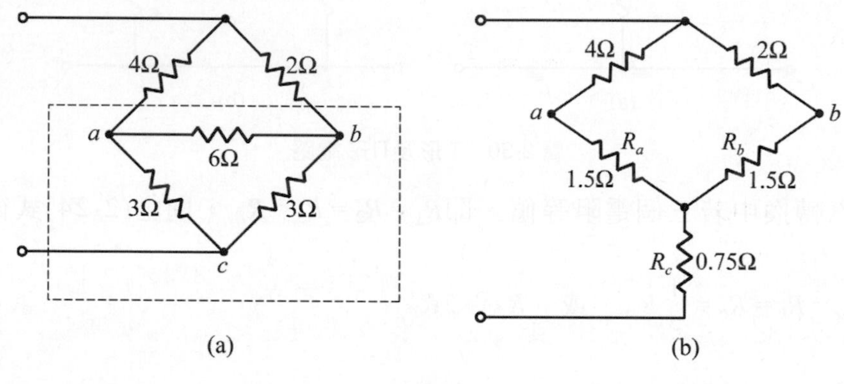

圖 2-32

解 圖以兩種不同之解法比較如下：

⑴將圖(a)中虛線所示之△轉換為Y如圖(b)，其等值電阻分別為：

$$R_a = \frac{3 \times 6}{3+6+3} = \frac{18}{12} = 1.5\Omega，R_b = \frac{6 \times 3}{3+6+3} = \frac{18}{12} = 1.5\Omega$$

$$R_c = \frac{3 \times 3}{3+6+3} = \frac{9}{12} = 0.75\Omega$$

最後由圖(b)求得等值電阻R_{eq}為：

$$R_{eq} = 0.75 + (4+1.5)//(2+1.5)$$

$$= 0.75 + \frac{5.5 \times 3.5}{5.5+3.5} = 0.75 + \frac{19.25}{9} = 0.75 + 2.14 = 2.89\Omega$$

⑵將圖(a)重繪為圖 2-33(a)轉換虛線內所之Y為△如圖(b)所示，其對應之等值電阻分別為：

$$R_{ab} = \frac{2 \times 3 + 3 \times 6 + 6 \times 2}{6} = \frac{6+18+12}{6} = \frac{36}{6} = 6\Omega$$

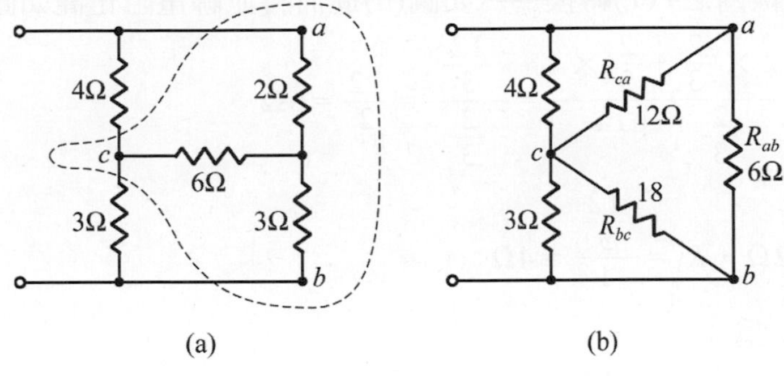

圖 2-33

$$R_{bc}=\frac{2\times 3+3\times 6+6\times 2}{2}=\frac{36}{2}=18\Omega$$

$$R_{ca}=\frac{2\times 3+3\times 6+6\times 2}{3}=\frac{36}{3}=12\Omega$$

由圖(b)經串並聯化簡得R_{eq}爲：

$$R_{eq}=6//(4//12+3//18)=6//\left(\frac{4\times 12}{4+12}+\frac{3\times 18}{3+18}\right)$$

$$=6//\left(\frac{48}{16}+\frac{54}{21}\right)=6//\frac{39}{7}=\frac{6\times\frac{39}{7}}{6+\frac{39}{7}}=\frac{6\times 39}{42+39}=2.89\Omega$$

例 2-37

求圖 2-34(a)之等值電阻

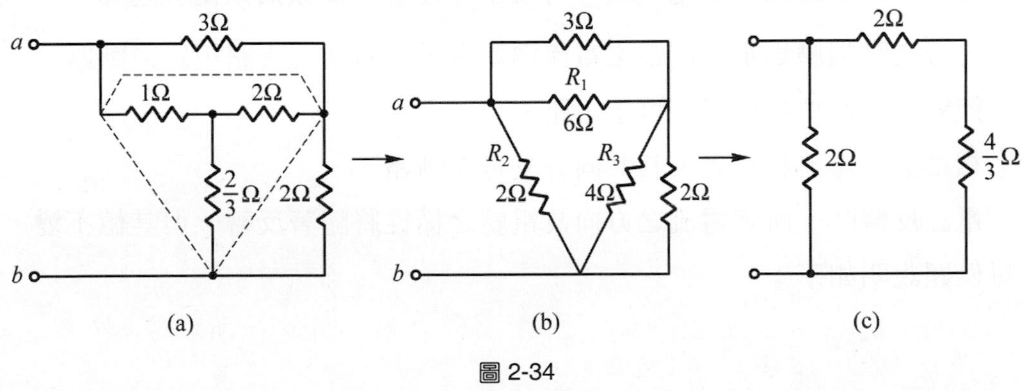

圖 2-34

解 將圖(a)中虛線內之$Y(T)$轉換爲△如圖(b)進而將並聯電阻化簡如圖(c)由圖(b)得：

$$R_1=\frac{1\times 2+2\times\frac{2}{3}+\frac{2}{3}\times 1}{\frac{2}{3}}=\frac{\frac{12}{3}}{\frac{2}{3}}=\frac{12}{2}=6\Omega$$

$$R_2=\frac{\frac{12}{3}}{2}=2\Omega\text{，}R_3=\frac{\frac{12}{3}}{1}=4\Omega$$

由圖(c)得R_{eq}爲：

$$R_{eq}=2//\left(2+\frac{4}{3}\right)=\frac{2\times\frac{10}{3}}{2+\frac{10}{3}}=1.25\Omega$$

2-13 利用網路對稱性求等效電阻

電力工程上具有自然對稱條件者很多。諸如三相電力系統(發電機及電動機內之繞組，輸電線路換位後之電感及電容)，濾波器及類比電路等較複雜部份，皆可藉其對稱性化簡減少其分析運算之步驟。

關於單電源兩端網路其對稱性之發掘，通常可將原網路重繪或適當的移動及轉換元件，使其對稱更明顯，如將一個電阻分成兩個電阻串聯或兩個電阻並聯，對電源亦然，經過此步驟後，若網路呈現上下對稱，則其橫對稱軸上各節點之電位必然相等；若網路左右對稱，則其縱軸兩半邊所通流之電流必相等。

在化簡對稱網路之等值電阻時，可應用下述各對稱原則以便於運算：

1. 凡分支路端壓爲零或流經之電流爲零者，可將該分支路短路或斷路。
2. 節點間之電位相同者，可予短路。
3. 相鄰網目電流相符者，其共同分支可予斷路。
4. 電源反轉時，所有電流之方向及電壓之極性將隨著反轉，但其值不變。

以例題說明如下：

例 2-38

圖 2-35(a)所示之平衡電橋爲一典型的兩端對稱電路，其中a、b爲一橫對稱軸，故其兩節點之電位相同，其間R分支可予移去或以短路，則將其移去，則電路之等值電阻爲

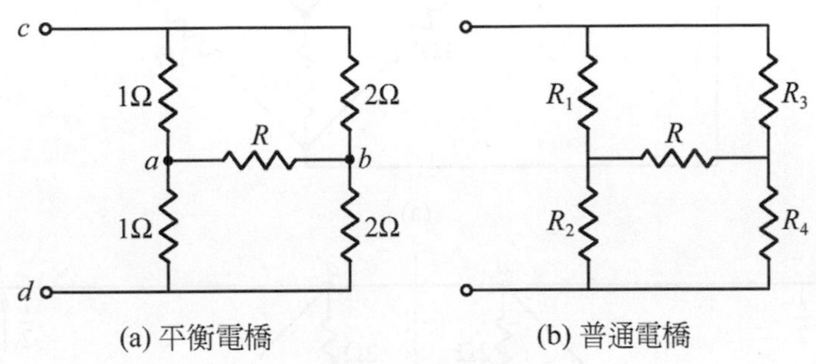

(a) 平衡電橋　(b) 普通電橋

圖 2-35　電橋電路

解 $R_{eq} = R_{cd} = \dfrac{2 \times 4}{2+4} = \dfrac{4}{3}\Omega$

若將R短路則等值電阻爲$R_{eq} = R_{cd} = \dfrac{2 \times 1}{2+1} + \dfrac{2 \times 1}{2+1} + \dfrac{4}{3}\Omega$

可見由於對稱之關係，圖中分支路上電阻R毫無作用，把它移去或短路並不影響電路其他部份，一般而言，電橋之平衡條件爲$R_1R_4 = R_2R_3$即$\dfrac{R_1}{R_2} = \dfrac{R_3}{R_4}$，反之若滿足此條件，即爲對稱網路。

例 2-39

如圖 2-36(a)所示之網路，試求其等值電阻R_{ac}。

解 由於對稱關係若將電源及適當的電阻予以分裂使網路更明顯其對稱性如圖(b)所示，其左右兩半完全相同，故aa'，ee'，gg'，與cc'各接線上均無電流通過而可予開路，網路遂一分爲二，又因其上下對稱之故，b、f，h及d節點可予短路。對於等值電阻之計算，可利用原網路之四分之一部份如圖(c)所示，欲求之等值電阻爲

$$R_{eq} = R_{ac} = R = \frac{V/2}{I/2} = \frac{V}{I} = \frac{1 \times 3}{1+3} = \frac{3}{4}\Omega$$

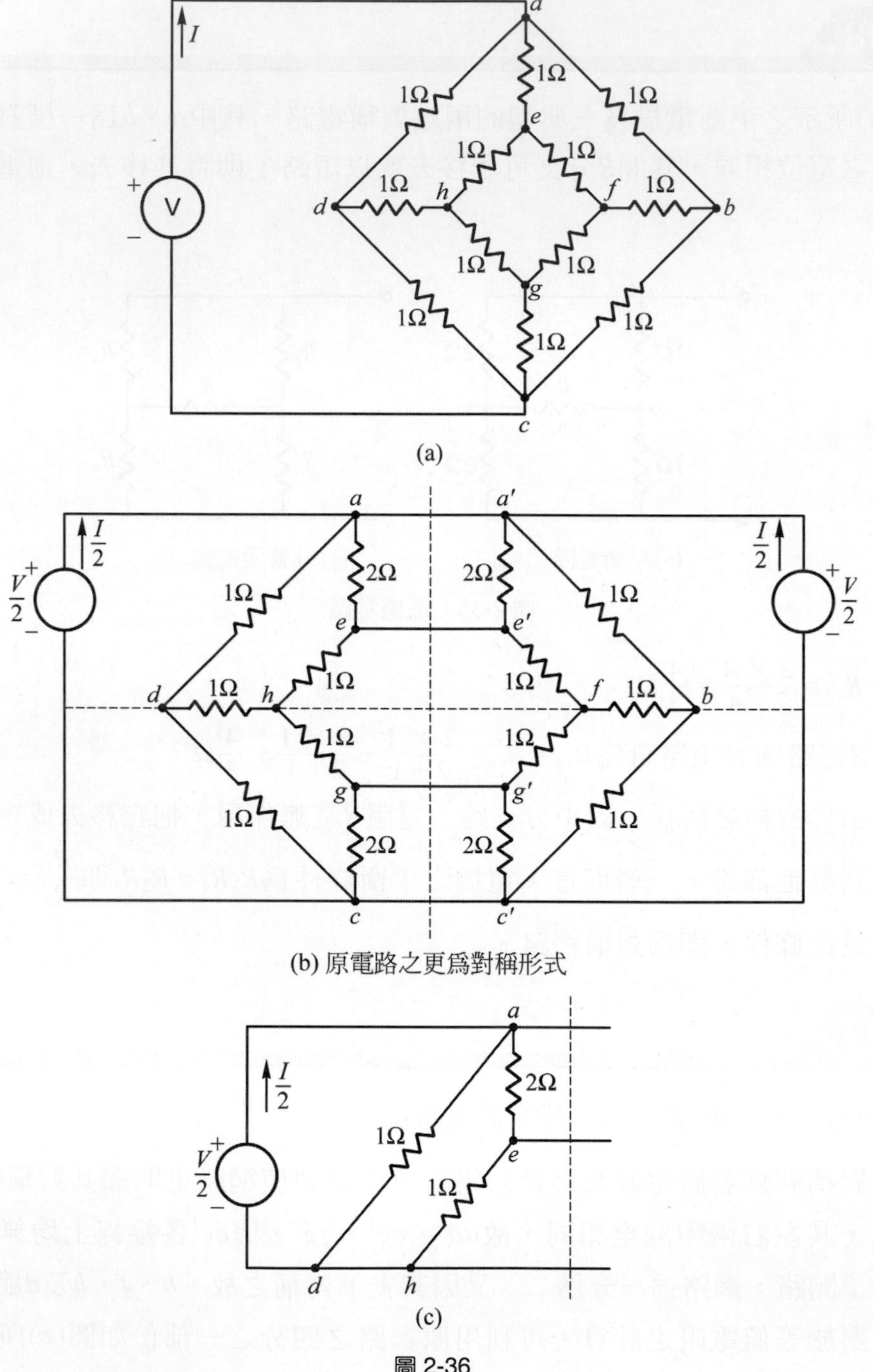
a
I
1Ω
1Ω
1Ω
e
1Ω
1Ω
+
V
−
1Ω
h
f
1Ω
d
b
1Ω
1Ω
g
1Ω
1Ω
1Ω
c
(a)
a
a'
I/2
I/2
2Ω
2Ω
V/2
V/2
1Ω
1Ω
e
e'
1Ω
1Ω
d
1Ω
h
f
1Ω
b
1Ω
1Ω
g
g'
1Ω
1Ω
2Ω
2Ω
c
c'
(b) 原電路之更為對稱形式
a
I/2
2Ω
1Ω
e
V/2
1Ω
d
h
(c)

圖 2-36

章末習題

1. a、b兩導體，由同樣材料製成，a之長度爲b之兩倍；b的直徑爲a的兩倍，若a導體之電阻爲 10Ω則b導體之電阻爲多少？
2. 一長圓柱導體其電阻爲30Ω，茲將其長度均勻拉長爲原長三倍則其電阻變爲多少？
3. 一導體長100m，直徑2mm其電阻係數ρ爲4.8×10^{-6}Ω-cm試求此導體之電阻及其電導係數爲多少？
4. 鋁之電阻係數爲17.0cm-Ω/ft，試求(a)鋁導線長780呎，電阻爲25Ω時，其面積的圓密爾數爲多少？(b)其直徑爲多少吋？
5. 一直徑爲$\frac{1}{16}$吋之銅線，其電阻爲10Ω，問其長度爲多少？($\rho=10.37$)
6. 將直徑d，長度L之導線材料，均勻延伸拉長，使其直徑爲原來的三分之一時，則其電阻爲原電阻之幾倍？
7. 直徑 2mm，長 1500m 之銅線，電阻爲 8.5Ω，如果同樣的銅線，其直徑爲3mm，長爲2000m試求其電阻爲多少？
8. 一400Ω之電阻器接至24V之電源上，求其通過之電流爲多少？
9. 一燈泡之端電壓爲110V，通過之電流2.2A，試求該燈泡之電阻及功率各爲多少？若燈泡工作20分鐘則其消耗電能爲多少？
10. 試求在安全範圍內應用1kΩ，$\frac{1}{2}$W的電阻，所允許通過的最大電流爲多少？
11. 何謂電阻係數？何謂電阻溫度係數？
12. 試述歐姆定理，並以數學式表示之。
13. 溫度60℃時，銅線之電阻爲0.54Ω，若溫度下降20℃後，則該電値應爲多少？
14. 求銅在20℃時之電阻溫度係數？
15. 將額定 200V，100W 電熱器，接於 100V 之電源，則其產生之功率應爲多少？
16. 一銅線圈在 20℃時，測知其電阻爲 16Ω，待電流通過後，再測其電阻則爲18.4Ω，試求溫度上升幾度？

17. 將 110V，110W 及 110V，60W 之燈泡各一個串聯後接於 110V 之電源上，試求各燈泡消耗之功率及兩者消耗之總功率。
18.. R_1與R_2之比為 2：4，把兩者串聯後接於電源上，若R_1上之電壓降為 20V，R_2上消耗之功率為 50W，求R_2值為多少Ω？
19. 100V，1000W 及 100V，500W 電爐絲相串聯使用，若接於 100V 電源上，此刻兩電爐絲之總功率為多少？
20. 將一未知電阻R_x與 10Ω電阻分別串聯及並聯，測知其消耗功率之比為$\frac{1}{4}$，試求R_x值為多少Ω？
21. 一實際電源接上 5Ω之負載電阻時，其端電壓為 10V，若將 5Ω之負載電阻改換為 2Ω時，則其端電壓為 6V，求該電源之內阻為多少Ω？
22. 內阻分別為 15kΩ及 10kΩ之兩個 150V電壓計若串聯使用，問可測之最高電壓為多少？
23. R_1與R_2並聯後接於電源上，分別消耗 200W 及 100W 之功率。已知$R_1 = 100$，試求R_2。
24. 一電流計其滿刻度電流為 10mA，內阻為 50Ω，茲欲測 1A 之電流，問所需並聯之分流電阻應為多少？
25. 如圖 2-37 所示電壓計 V 之讀數應為多少？

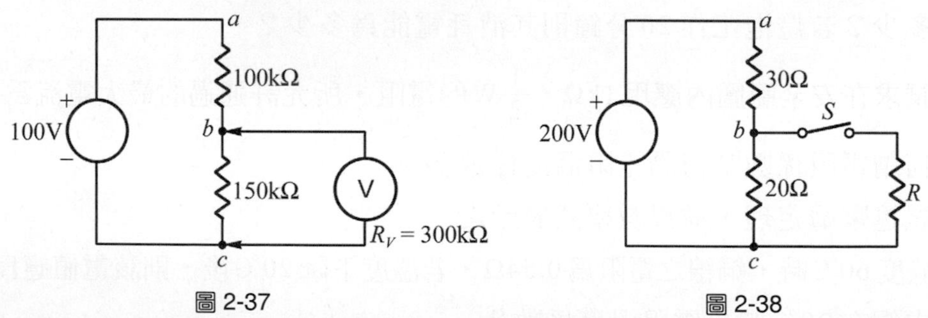

圖 2-37　　圖 2-38

26. 如圖 2-38 所示，S打開時b、c間之電壓為S關閉時之 2 倍，試求R為多少Ω？
27. 一安培計之內阻為 100Ω，其滿刻度電流為 1mA，茲以 1Ω之分流器與其並聯後，問其滿刻度電流為多少？
28. n個相等值的電阻，串聯時的總電阻為並聯時總電阻的幾倍？

29. 如圖 2-39 所示，S關閉時，安培計之電流爲S打開時的幾倍？

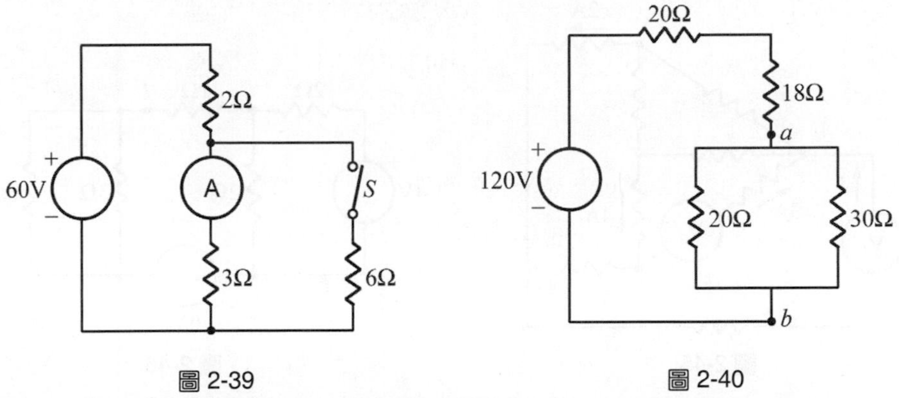

圖 2-39　　圖 2-40

30. 求圖 2-40 中之a、b兩點間之電壓。

31. 圖 2-41 中已知a、b兩端之等値電阻爲 4Ω，試求R之值。

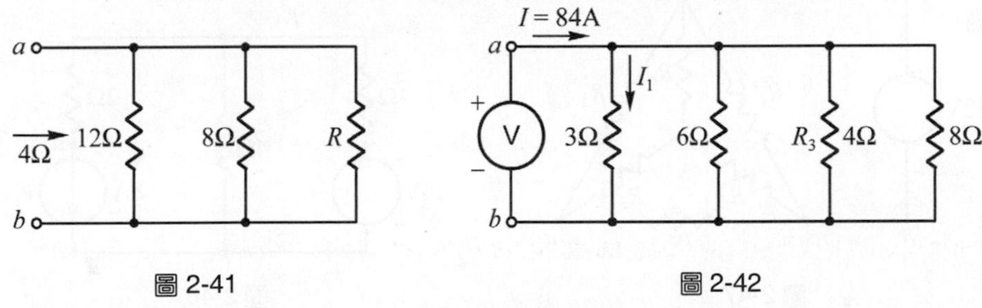

圖 2-41　　圖 2-42

32. 如圖 2-42 所示試求(a)a、b端之等值電阻，(b)I_1，(c)電源電壓 V，(d)R_3上消耗之功率。

33. 試求圖 2-43 中，(a)I_1，(b)I_2，(c)V。

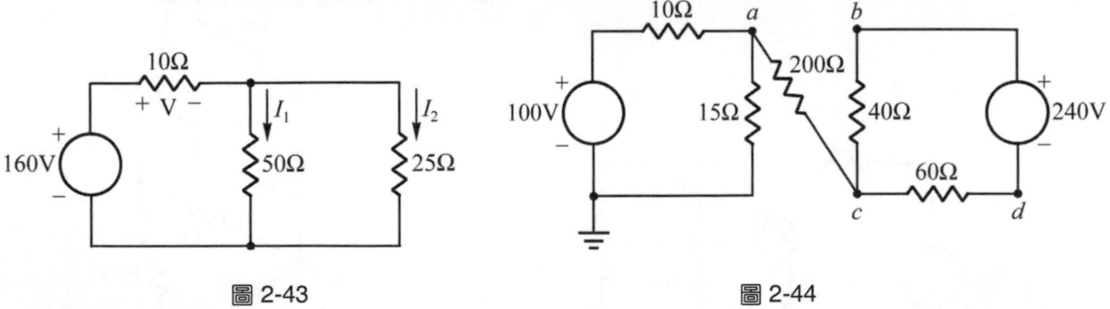

圖 2-43　　圖 2-44

34. 試求圖 2-44 中a、b、c、d各點之電位。

35. 試求圖 2-45 中之電流 I。

36. 試求圖 2-46 中流經 1Ω電阻上之電流。

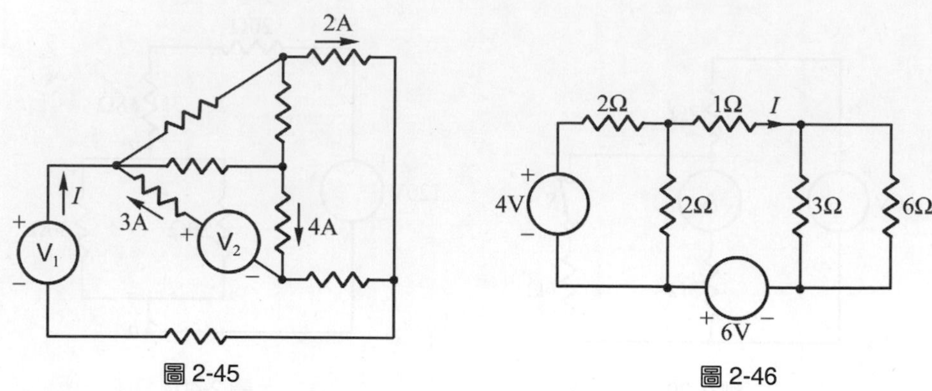

圖 2-45

圖 2-46

37. 試求圖 2-47 中流經各電阻之電流。$R_1 = R_2 = R_3 = 18\Omega$，$R_4 = R_5 = R_6 = 6\Omega$

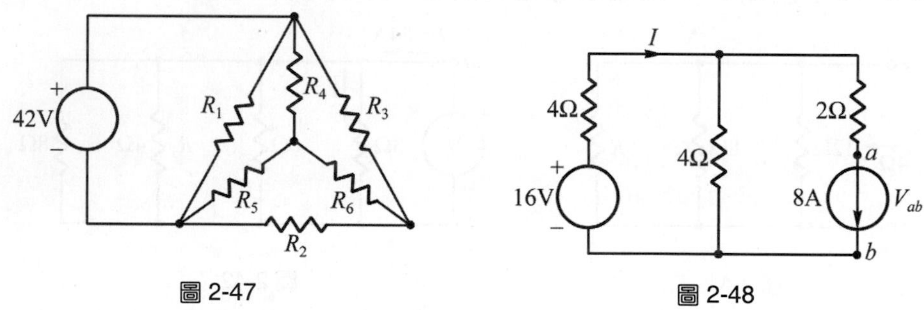

圖 2-47

圖 2-48

38. 試求圖 2-48 中所示之 I 及 V_{ab}。

39. 試求圖 2-49 中所示之 I、V_1 及 V_{ab}。

40. 試求圖 2-50 中之等值電阻 R_{ag}。

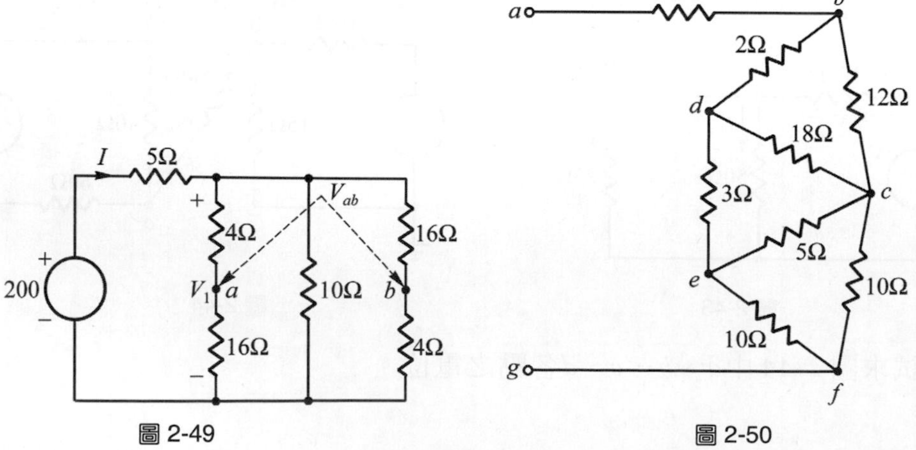

圖 2-49

圖 2-50

41. 試求圖 2-51 中之電流I、I_1及電壓V_1。

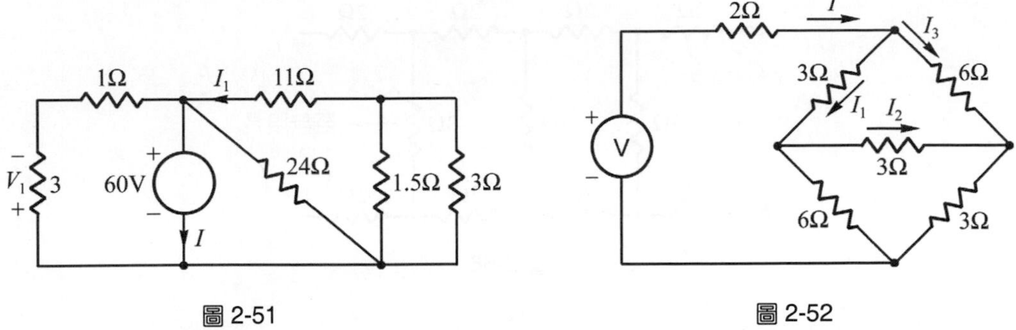

圖 2-51　　圖 2-52

42. 圖 2-52 中，若$I = 5\text{A}$，試求I_1，I_2及I_3。

43. 試圖 2-53 中，a、b兩端之等值電阻R_{ab}。

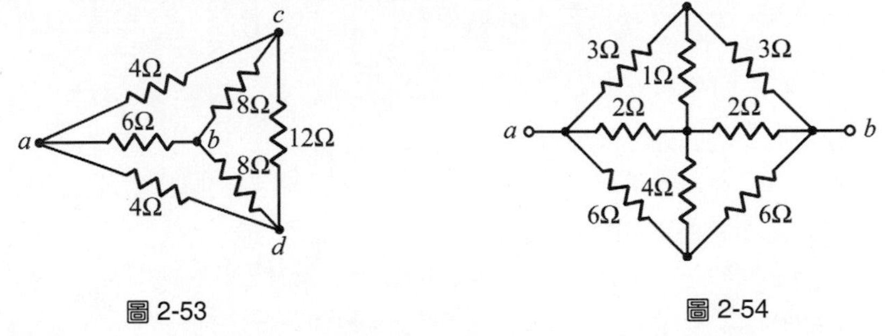

圖 2-53　　圖 2-54

44. 試圖 2-54 中，a、b兩端之等值電阻R_{ab}。

45. 試圖 2-55 中，a、b兩端之等值電阻$R_{ab}(R = 6\Omega)$。

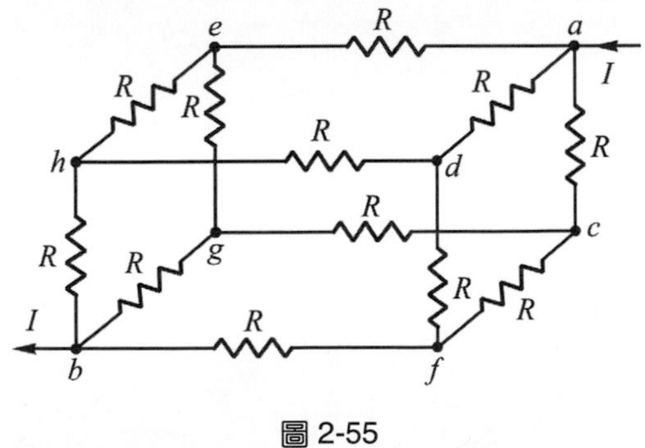

圖 2-55

46. 試圖 2-56 中，a、b兩端之等值電阻R_{ab}。

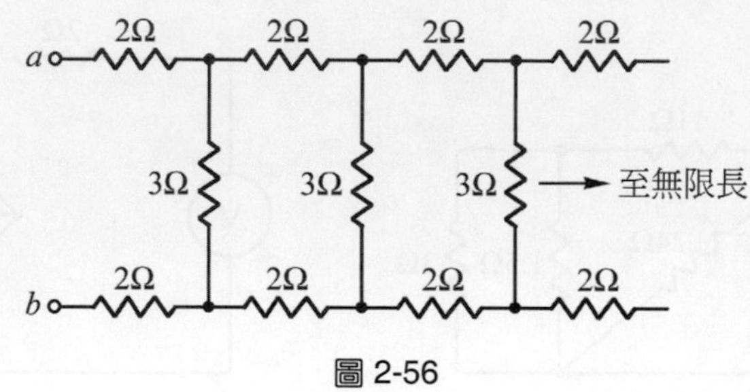

圖 2-56

CHAPTER 3

基本網路理論

3-1 電壓源與電流源轉換

在第一章 1-5 節已對電壓源及電流源介紹過，兩者皆屬產生電能之元件，故通稱爲**主動元件(active element)**，對應的另外三種電路基本元件(電阻、電感、電容)爲無產生電能之元件，所以稱爲**被動元件(passive element)**。

電源轉換可以簡化電路，將一電壓源與一電流源分別接以相同的負載，若兩者在負載上產生之結果相同，該兩種電源互相爲等值，故可互相轉換。

圖 3-1 所示分別爲電壓源與電流源各接一負載電阻R_L之電路，圖(a)中之r_v爲電壓源之內阻；圖(b)中之r_i爲電流源之內阻。兩者若流經R_L上之電流相等，且等於I_L，而在R_L兩端上之電壓降也相等，即等於V_{ab}，則此二電源互爲等值電源可互相轉換，其轉換法則如下：

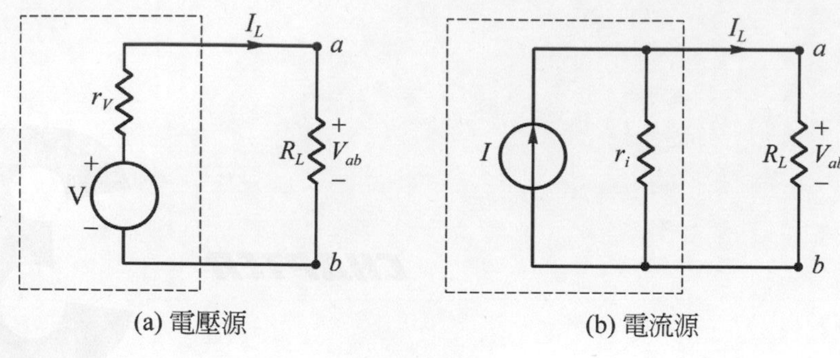

(a) 電壓源　　(b) 電流源

圖 3-1

由圖(a)得：

$$V_{ab} = V - I_L r_v \tag{3-1}$$

求出上式中之I_L為：

$$I_L = \frac{V - V_{ab}}{r_v} = \frac{V}{r_v} - \frac{V_{ab}}{r_v} \tag{3-2}$$

設電流源之內阻r_i等於電壓源中之內阻r_v，則上式中之$\frac{V}{r_v} = \frac{V}{r_i} = I$，其第二項$\frac{V_{ab}}{r_i} = \frac{V_{ab}}{r_i}$，此即$r_i$上分配之電流，故(3-2)式可變為：

$$I_L = I - \frac{V_{ab}}{r_i} \tag{3-3}$$

上式即圖 3-1(b)中之節點電流方程式，因而得電源轉換方式如下：

1. 實際電壓源轉換為實際電流源，係將電壓之開路電壓除以內阻即得電流源之短路電流，而電流源之內阻，以r表示之，如圖 3-2(a)(c)所示。

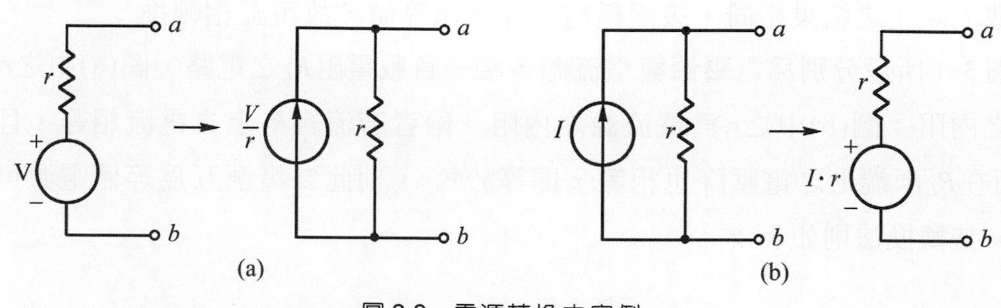

圖 3-2　電源轉換之實例

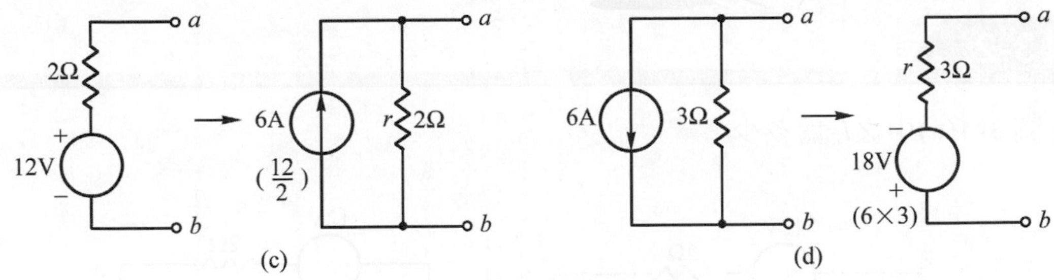

圖 3-2　電源轉換之實例(續)

2. 實際電流源轉換爲實際電壓源，將電流源之短路電流乘以內阻，即得電壓源之開路電壓，而電壓源之內阻即電流源之內阻，如圖 3-2(b)(d)所示。

在電源轉換時，要注意電壓的極性及電流之方向要一致(電流由電壓源之正端流出而回至負端；電流流經電阻產生電壓之極性流入端爲正，流出端爲負)，參考圖 3-2(a)、(b)、(c)、(d)。

例 3-1

求圖 3-3(a)中流經負載電阻之電流；將電壓源轉換爲電流源如圖(b)所示，重求流經負載電阻之電流。

解 由圖(a)得流經R_L上之電流I_L爲

$$I_L = \frac{24}{2+10} = 2\text{A}$$

將電壓源轉換爲電流源如圖(b)所示，應用分流法則，得流經R_L上之電流I_L爲：

$$I_L = \left(\frac{2}{10+2}\right)12 = 2\text{A}$$(與用電壓源所獲之答案相同)

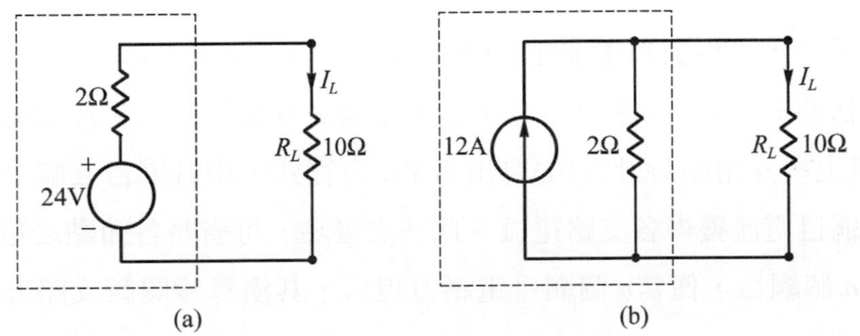

圖 3-3　電壓源轉換為電流源

例 3-2

試求圖 3-4(a)中之I_L為多少？

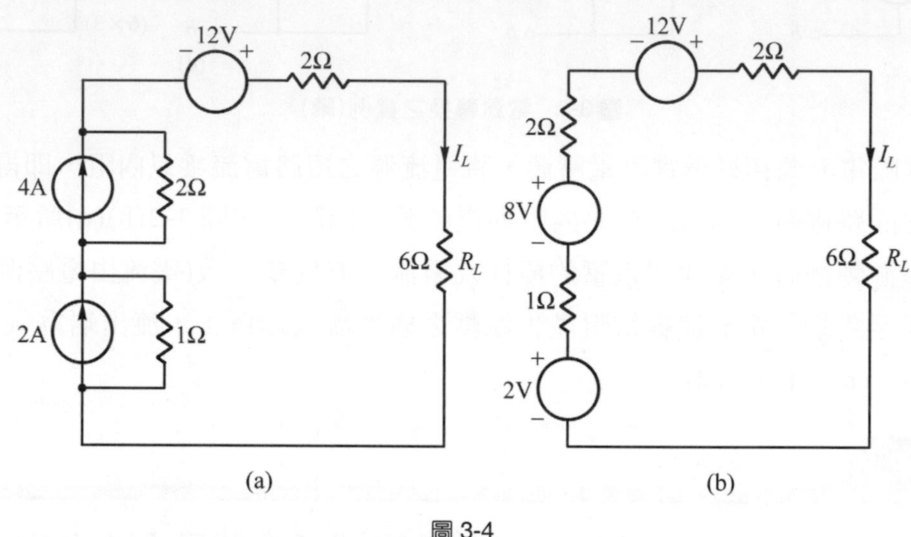

圖 3-4

解 先將圖中兩個電流源轉換為電壓源如圖(b)所示，由 KVL 得

$$2+8+12-I_L(1+2+2+6)=0$$

$$\therefore I_L=\frac{22}{11}=2\text{A}$$

3-2 網目分析法

網目分析法，又稱**網目電流法(mesh current method)**為解電路問題之另一簡捷方法，此法將 KVL 直接應用在電路上，先指定各網目電流，然後循各網目一定之方向(習慣上多採用順時針方向)寫出 KVL 方程式，由各網目之聯立方程解出網目電流再由網目電流獲得各支路電流。此法之優點，可省略各節點之電流方程式，若網路內有n個網目，僅需n個網目電壓方程式，其演算步驟較支路方法簡便，以例題說明如下：

例 3-3

試以網目電流法，求圖 3-5 中各支路電流I_1、I_2、I_3。

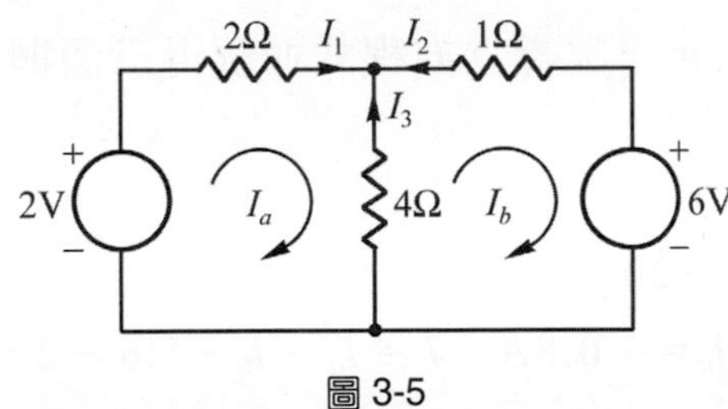

圖 3-5

解 圖 3-5 中有兩個獨立網目，其網目電流分別爲I_a、I_b，其方向皆爲順時針方向，如圖環形箭頭所示。其中 2V 電源及 2Ω和 4Ω電阻構成第一網目；4Ω和 1Ω電阻及 6V電源構成第二網目。各支路電流分別以I_1、I_2及I_3標示於圖中，容易看出各支路電流與網目電流之間的關係爲：$I_1 = I_a$，$I_2 = -I_b$，$I_3 = I_a - I_b$，沿第一網目排出 KVL 方程式爲：

$$(2+4)I_a - 4I_b = 2 \Rightarrow 6I_a - 4I_b = 2 \tag{3-4}$$

沿第二網目排出 KVL 方程式爲：

$$-4I_a + (4+1)I_b = -6 \Rightarrow -4I_a + 5I_b = -6 \tag{3-5}$$

解(3-4)及(3-5)二元一次聯立方程式得：

$I_a = -1\text{A}$，$I_b = -2\text{A}$ 及$I_1 = I_a = -1\text{A}$

$I_2 = -I_b = 2\text{A}$，$I_3 = I_a - I_b = -1 + 2 = 1\text{A}$

例 3-4

使用網目電流法求圖 3-6 所示電路中流經 8Ω電阻上之電流I_x。

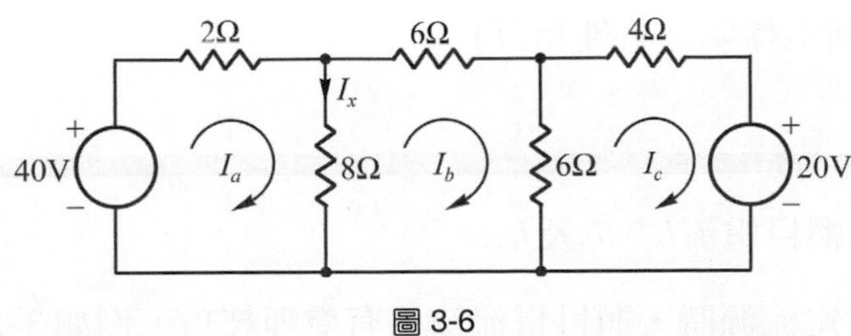

圖 3-6

解 圖中有三相獨立網目，分別排出三個網目方程式為：

$-40+2I_a+8(I_a-I_b)=0$

$8(I_b-I_a)+6I_b+6(I_b-I_c)=0$

$6(I_c-I_b)+4I_c+20=0$

將上式重新整理為三元一次聯立方程式並解得三個網目電流I_a、I_b及I_c為

$$\begin{cases} 10I_a-8I_b+0I_c=40 \\ -8I_a+20I_b-6I_c=0 \\ -0I_a-6I_b+10I_c=-20 \end{cases}$$

$I_a=5.6\text{A}$，$I_b=2\text{A}$，$I_c=-0.8\text{A}$，$I_x=I_a-I_b=5.6-2=3.6\text{A}$

例 3-5

使用網目電流法求圖 3-7 中 8A 電流源兩端之電壓V_{ab}。

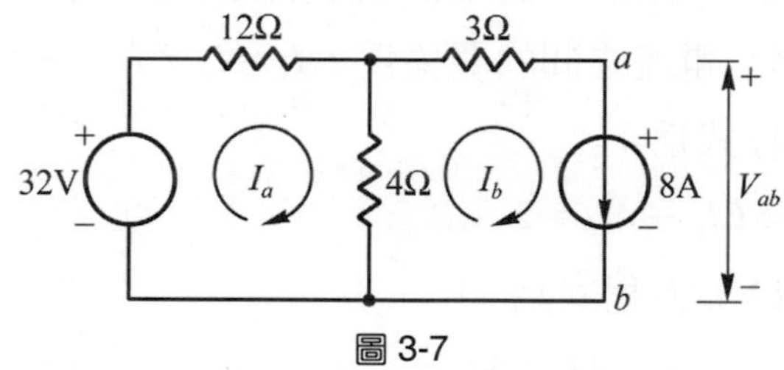

圖 3-7

解 此為兩個網目之電路，第二個網目中有一 8A 之電流源可視為第二個網目電流$I_b=8\text{A}$，沿第一個網目所排之電壓方程式為：

$(12+4)I_a-4I_b=32$

以$I_b=8\text{A}$代入上式得：

$I_a=\dfrac{32+32}{16}=4\text{A}$

電流源兩端之電壓V_{ab}，依圖示為 3Ω及 4Ω電阻上電壓降之和，即：

$V_{ab}=3(-I_b)+4(I_a-I_b)=3(-8)+4(4-8)=-40\text{V}$

(負號表示與圖上標明之極性相反)

例 3-6

試求圖 3-8(a)中之網目電流I_a、I_b及I_c。

解 當網路中含有電流源時，網目電流法另有處理技巧，例如 3-5 把電流源視為網目電流兩個網目只排一個網目電壓方程式，利用代入法即可獲得另一個網目電

流；本例有三個網目，a、c兩網目間之電流源，必為$I_c - I_a = 5\text{A}$，因而只要排兩個網目電壓方程式即可獲得三個網目電流，此方法稱**超網目(supermesh)**電流法，先把電流源取走如圖(b)所示，分別排兩個方程如下：

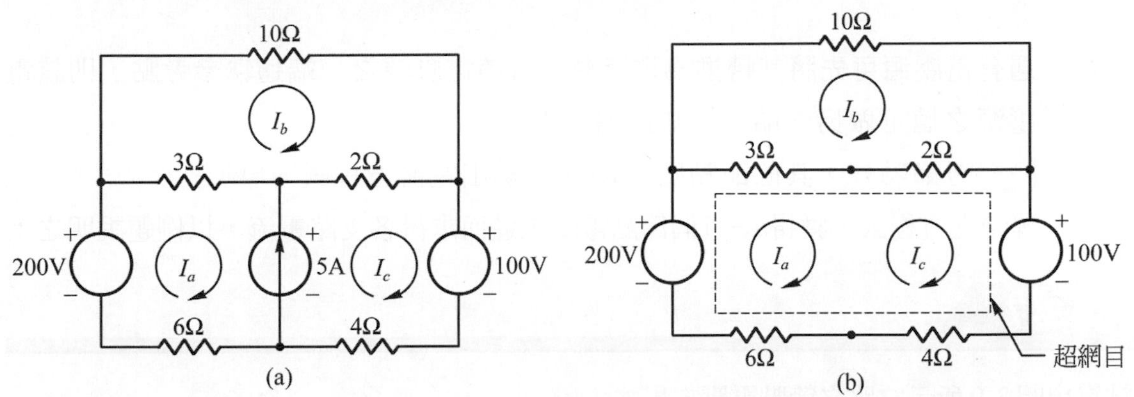

圖 3-8

沿超網目排電壓方程式：

$$-200 + 3(I_a - I_b) + 2(I_c - I_b) + 100 + 4I_c + 6I_a = 0$$

上式化簡為：

$$9I_a - 5I_b + 6I_c = 100 \cdots\cdots\cdots\cdots\cdots\cdots ①$$

沿b網目排電壓方程式：

$$3(I_b - I_a) + 10I_b + 2(I_b - I_c) = 0$$

上式化簡為

$$-3I_a + 15I_b - 2I_c = 0 \cdots\cdots\cdots\cdots\cdots\cdots ②$$

利用$I_c - I_a = 5$，$I_c = 5 + I_a$代入①，②可解得

$I_a = \frac{11}{2}\text{A}$，$I_b = \frac{5}{2}\text{A}$，$I_c = \frac{21}{2}\text{A}$

3-3 節點分析法

節點分析法，通稱**節點電壓法(node voltage method)**，在網目電流法中，對每個網目中假設一個網目電流，利用網目電壓方程式解得網目電流，進而獲得各支路電流；節點電壓法則對電路中每個節點假設一未知電位，由各節點之電流方程式求得各節點之電壓值，利用節點間之相對電位差獲得各支路電流，通常為運算方便計，在含有n個節點網路中，任選一個節點為接地(參考)點，即定該節點電位為零，

其餘$n-1$個節點各與參考節點間的$n-1$個電壓稱爲節點電壓，其解題步驟歸納如下：

1. 任選一節點爲參考點，以接地符號標示之(選連接支路較多之節點)
2. 標出其餘$(n-1)$節點之電壓，如a節點之電壓爲V_a；b節點之電壓爲V_b……等。
3. 遇有電壓源可先將其轉換爲電流源，若該電壓源之一端適爲參考點，則該電壓源之值可做另一端之已知節點電壓。
4. 除參考節點外，其餘節點應用KCL，排出電流方程式。
5. 解聯立方程式，獲得$n-1$個節點電壓，進而求得各支路電流，以例題說明之：

例 3-7

試寫出圖3-9所示電路之節點電壓方程式。

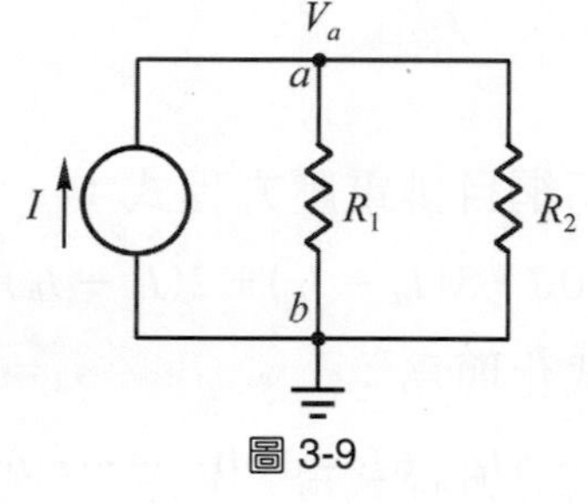

圖 3-9

解 (1) 選節點b接地(爲參考點)

(2) 節點a排電流方程式$\Sigma I=0$

$$\frac{V_a}{R_1}+\frac{V_a}{R_2}-I=0$$

$$\left(\frac{1}{R_1}+\frac{1}{R_2}\right)V_a=I$$

例 3-8

寫出圖3-10節點電壓方程式。

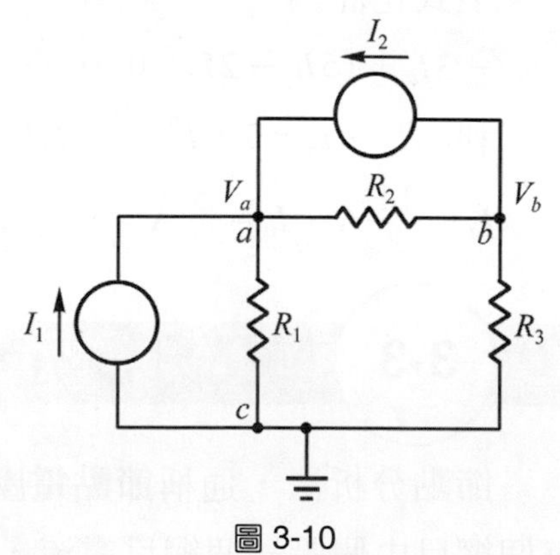

圖 3-10

解 (1)該圖內計有三個節點a、b、c茲選c點爲參考點。

(2)令a、b兩節點之電壓分別爲V_a及V_b。

(3)分別以節點a、b排電流方程式爲：

節點a：$\dfrac{V_a}{R_1}+\dfrac{V_a-V_b}{R_2}=I_1+I_2$

$$\Rightarrow\left(\frac{1}{R_1}+\frac{1}{R_2}\right)V_a-\frac{1}{R_2}V_b=I_1+I_2$$

節點b：$\dfrac{V_a-V_b}{R_2}=\dfrac{V_b}{R_3}+I_2$

$$\Rightarrow-\frac{1}{R_2}V_a+\left(\frac{1}{R_2}+\frac{1}{R_3}\right)V_b=-I_2$$

例 3-9

用節點電壓法求圖 3-11 所示電路中節點電壓V_a、V_b及流經各電阻之電流。

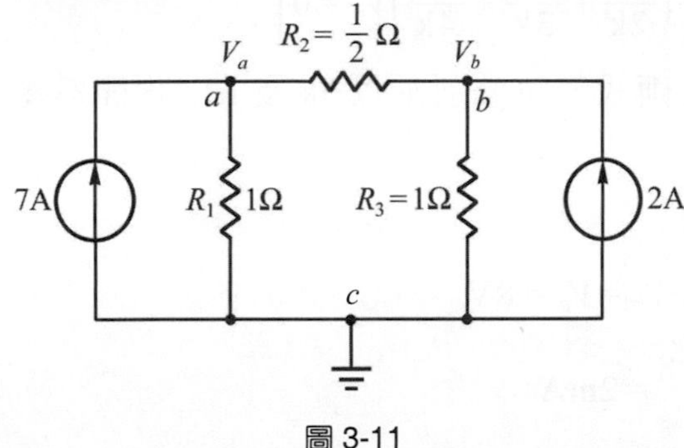

圖 3-11

解 圖中有三個節點a、b、c選c點為參考節點，其電位為零，以接地表示，並分別設a、b點之電位為V_a及V_b則：

$$\left(\frac{1}{R_1}+\frac{1}{R_2}\right)V_a-\frac{1}{R_2}V_b=I_1 \Rightarrow (1+2)V_a-2V_b=7$$

$$-\frac{1}{R_2}V_a+\left(\frac{1}{R_2}+\frac{1}{R_3}\right)V_b=I_2 \Rightarrow -2V_a+(2+1)V_b=2$$

解聯立方程式得　$V_a=5\text{V}$，$V_b=4\text{V}$

流經R_1上之電流為$\frac{V_a}{R_1}=\frac{5}{1}=5\text{A}$(方向由$a$到$c$)

流經R_2上之電流為$\frac{V_a-V_b}{R_2}=(5-4)\times 2=2\text{A}$(方向由$a$到$b$)

流經R_3上之電流為$\frac{V_b}{R_3}=\frac{4}{1}=4\text{A}$(方向由$b$到$c$)

例 3-10

節點電壓法求圖 3-12 所示電路中節點a、b、c之電壓V_a，V_b，V_c及流經R_1、R_4上之電流I_1，I_4。

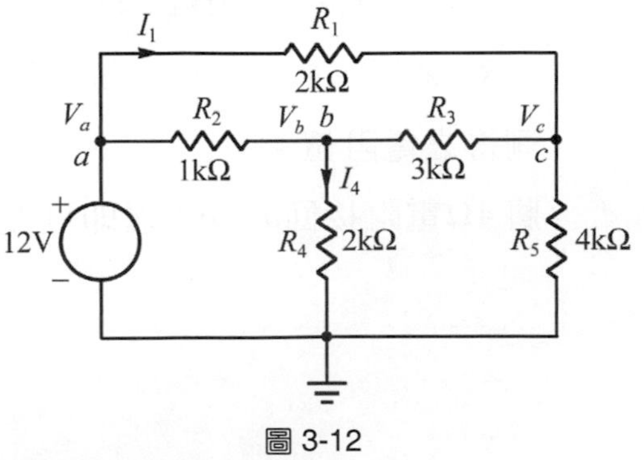

圖 3-12

解 節點a之電壓$V_a = 12\text{V}$；節點b、c之電流方程式分別為：

$$\left.\begin{aligned} -\frac{1}{1\text{k}}V_a + \left(\frac{1}{1\text{k}} + \frac{1}{2\text{k}} + \frac{1}{3\text{k}}\right)V_b - \frac{1}{3\text{k}}V_c = 0 \\ -\frac{1}{2\text{k}}V_a - \frac{1}{3\text{k}}V_b + \left(\frac{1}{2\text{k}} + \frac{1}{3\text{k}} + \frac{1}{4\text{k}}\right)V_c = 0 \end{aligned}\right\}$$

以$V_a = 12\text{V}$代入上兩式，並分別乘以6k及12k化簡為：

$$\left.\begin{aligned} 11V_b - 2V_c = 72 \\ -4V_b + 13V_c = 72 \end{aligned}\right\}$$

解聯立方程式得：$V_b = V_c = 8\text{V}$

$$I_1 = \frac{V_a - V_c}{R_1} = \frac{12 - 8}{2\text{k}} = 2\text{mA}$$

$$I_4 = \frac{V_b}{R_4} = \frac{8}{2\text{k}} = 4\text{mA}$$

3-4 戴維寧定理

戴維寧定理(Thevenin's theorem)實際上就是一種簡捷的解電路方法，適用於求網路中任一支路上的電流及支路兩端接以不同負載電阻時，網路中電流、電壓及功率之變化情形，將其解題方法(步驟)以實例說明如下：圖 3-13(a)所示為一簡單電路，若只求流經 4Ω電阻上之電流時，可先將電路改繪為(b)圖，(b)圖與(a)兩電路完全相同，為了便於說明，將其中4Ω電阻拉到右側而已。

1. 將(b)圖分為虛線內、外兩部份，將虛線內(較複雜之部份)化為一電壓源V_{oc}與一電阻R_{eq}串聯；4Ω電阻保持不變，如圖(c)所示，稱為戴維寧等值電路。
2. 求V_{oc}之值即a、b兩端之開路電壓值。
3. 求R_{eq}之值，令電路內之電源為零(電壓源短路，電流源開路)，由a、b兩端測得之電阻值。
4. 將4Ω電阻接回a、b兩端即可得到答案。

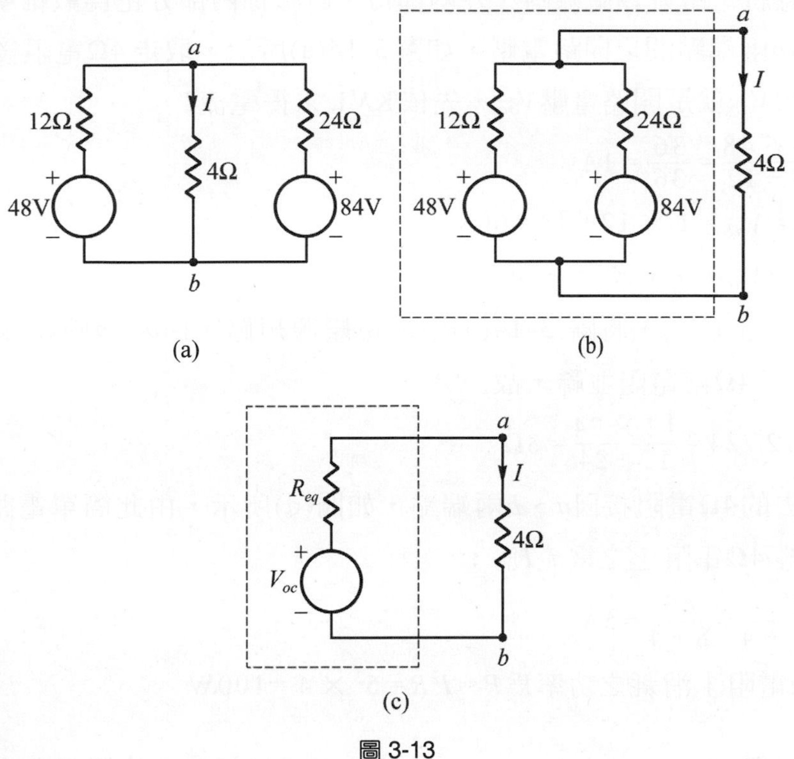

圖 3-13

例 3-11

用戴維寧定理求圖 3-13(a)所示電路中 4Ω電阻上消耗之功率。

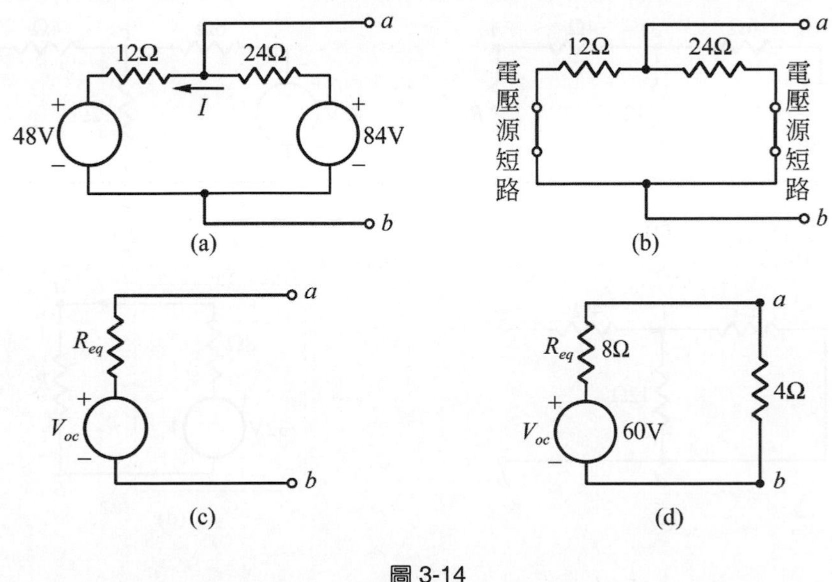

圖 3-14

解 ⑴依題意將電路分爲虛線內、外兩部份，將虛線內部分化爲戴維寧等效電路。

⑵求a、b兩端點間之開路電壓，如圖 3-14(a)所示，取走4Ω電阻後，a、b兩端之電壓V_{ab}就是開路電壓V_{oc}，先依KVL求得電流I。

$$I=\frac{84-48}{24+12}=\frac{36}{36}=1\text{A}$$

$$\therefore V_{oc}=V_{ab}=1\times 12+48=60\text{V}$$

或$V_{oc}=V_{ab}=-1\times 24+84=60\text{V}$

⑶求等值電阻R_{eq}，將圖 3-14(a)中之電壓源短路，由a、b兩端測得之電阻爲12Ω與24Ω兩電阻並聯，故

$$R_{eq}=12//24=\frac{12\times 24}{12+24}=8\Omega$$

⑷將移去的4Ω電阻接回a、b兩端點，如圖(d)所示，由此簡單電路用 KCL 求得流經 4Ω電阻上之電流I爲：

$$I=\frac{V_{oc}}{R_{eq}+4}=\frac{60}{8+4}=5\text{A}$$

故 4Ω電阻上消耗之功率爲$P=I^2R=5^2\times 4=100\text{W}$

例 3-12

如圖 3-15(a)所示之電路中，當R_L分別爲(a)2Ω，(b)6Ω，(c)8Ω，(d)24Ω時，試用戴維寧定理求R_L上之電流。

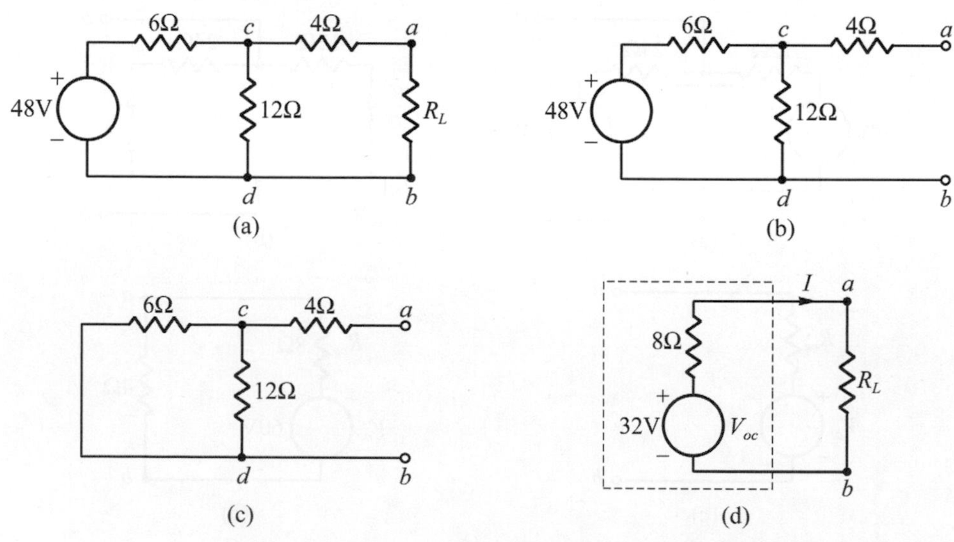

圖 3-15

解 此例題應用戴維寧定理求解較為簡便，只須將圖示a、b兩端左邊化為戴維寧等值電路，則不同之R_L值上電流非常容易求得：

⑴將R_L移走如圖 3-15(b)所示，求a、b端之開路電壓

$$V_{oc}=V_{ab}=V_{cd}=\frac{12}{6+12}\times 48=32\text{V}$$

⑵由圖 3-15(c)所示，將電壓源短路則a、b端之電阻R_{eq}為 6Ω電阻與 12Ω電阻並聯後再與 4Ω電阻串聯即：

$$R_{eq}=\frac{6\times 12}{6+12}+4=4+4=8\Omega$$

⑶繪出a、b端戴維寧等值電路如圖(d)虛線內所示。

⑷依不同之電阻值R_L分別接至a、b端求解。

①當$R_L=2\Omega$時，則$I=\frac{32}{8+2}=3.2\text{A}$

②當$R_L=6\Omega$時，則$I=\frac{32}{8+6}=\frac{16}{7}\text{A}$

③當$R_L=8\Omega$時，則$I=\frac{32}{8+8}=2\text{A}$

④當$R_L=24\Omega$時，則$I=\frac{32}{8+24}=1\text{A}$

3-5 諾頓定理

諾頓定理(Norton's theorem)亦為解電路方法之一，與戴維寧定理互相成對偶性。其方法與戴維寧相似，首先依題意先將電路分為兩部(虛線內、外)，戴維寧定理將虛線內較複雜部份，化簡為一個電壓源與一電阻串聯之等值電路；而諾頓定理是化簡為一個電流源(短路電流)I_{sh}與一等值電阻R_{eq}相並聯，其關係與(3-1)節電源轉換相同，即$I_{sh}=\frac{V_{oc}}{R_{eq}}$，如圖 3-16 所示，其中之$I_{sh}$為諾頓等值電路中之電流源，其值是將$a$、$b$兩端短路所求得之短路電流；$R_{eq}$求法完全與戴維寧定理相同，以例題說明如下。

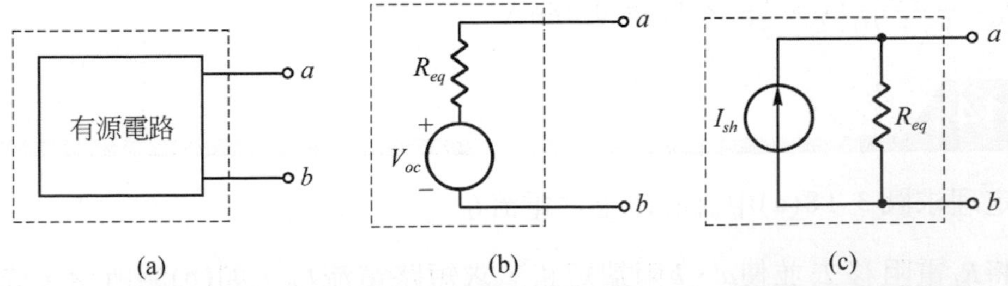

圖 3-16 戴維寧定理與諾頓定理(a)有源電路(b)戴維寧等值電路 (c)諾頓等值電路

例 3-13

用諾頓定理求圖 3-17(a)中流經 20Ω電阻上之電流I_L。

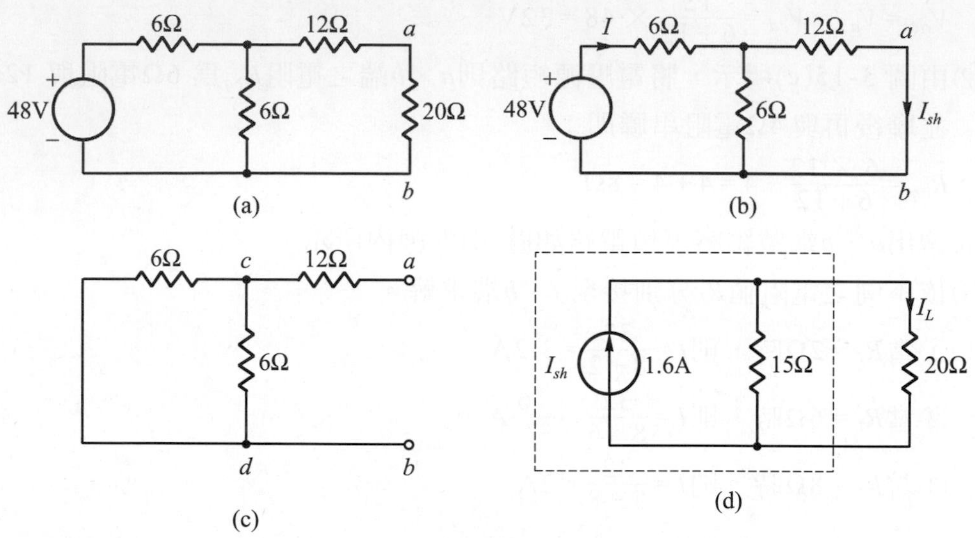

圖 3-17

解 其步驟如下：

(1)求短路電流I_{sh}：將 20Ω電阻移去，a、b兩端短路如圖(b)所示，其總電流I爲

$$I=\frac{48}{6+\dfrac{6\times 12}{6+12}}=\frac{48}{10}=4.8\text{A}$$

$$\therefore I_{sh}=\frac{6}{6+12}I=\frac{1}{3}\times 4.8=1.6\text{A}$$

(2)求等值電阻R_{eq}如圖(c)所示其值爲

$$R_{eq}=R_{ab}=12+6//6=12+3=15\Omega$$

(3)繪出諾頓等值電路，如圖(d)虛線內所示

(4)將 20Ω電阻接回a、b兩端如圖(d)所示，由分流法可得I_L爲：

$$I_L=\frac{15}{15+20}I_{sh}=\frac{15}{35}\times 1.6=0.686\text{A}$$

例 3-14

用諾頓定理求圖 3-18(a)中流經R_L上之電流I_L。

解 (1)將R_L電阻移去並使a、b兩端短路，求短路電流I_{sh}，如(b)圖所示，先求總電流I爲：

$$I=\frac{6}{\frac{3\times 2}{3+2}+\frac{2\times 6}{2+6}}=\frac{6}{\frac{6}{5}+\frac{3}{2}}=\frac{60}{27}\text{A}$$

$$I_1=\frac{2}{3+2}I=\frac{2}{5}\times\frac{60}{27}=\frac{24}{27}\text{A}$$

$$I_2=\frac{2}{6+2}I=\frac{1}{4}\times\frac{60}{27}=\frac{15}{27}\text{A}$$

$$I_{sh}=I_1-I_2=\frac{24}{27}-\frac{15}{27}=\frac{9}{27}=\frac{1}{3}\text{A}$$

⑵求等值電阻R_{eq}，將電壓短路，由圖(c)即a、b兩端之等值電阻為：

$$R_{eq}=R_{ab}=\frac{3\times 6}{3+6}+\frac{2\times 2}{2+2}=2+1=3\Omega$$

⑶繪出諾頓等值電路如圖(d)虛線內所示。

⑷將R_L接回a、b兩端由分流定則得I_L為：

$$I_L=\frac{3}{3+2}i_{sh}=\frac{3}{5}\times\frac{1}{3}=\frac{1}{5}=0.2\text{A}$$

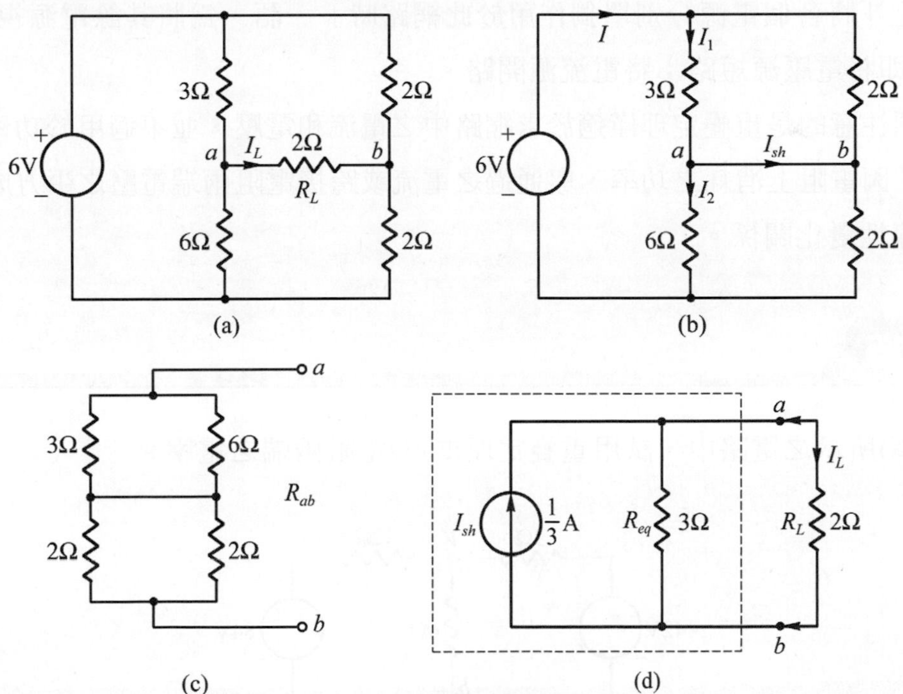

圖 3-18　諾頓定理的應用

3-6 重疊定理

重疊定理(principle of superposition)為解兩個以上的多電源網路方法之一，其先決條件是線性(linear)電路方能使用，所謂線性者即網路中某一點之輸出(響應)與輸入(激發)成正比。故知重疊定理為線性原理之推廣，應用上分為電流重疊定理及電壓重疊定理兩種，分述如下：

1. 電流重疊定理：設有多個電壓源與電流源同時作用於一網路時，則在任一支路上的電流，等於將各個電源分別單獨作用在此網路時，流經該支路上電流總和。
2. 電壓重疊定理：設有多個電壓源與電流源同時作用於一網路時，則在此網路中任兩端間之電壓，等於將各個電源分別單獨作用於此網路時，在該兩端點間所產生電壓總和。

上述「將各個電源分別單獨作用於此網路時」一語，為將其餘電源視為零(不供電)，即將電壓源短路；將電流源開路。

必須注意的是重疊定理僅適於求網路中之電流和電壓，並不適用於功率及效率之計算，因電阻上消耗之功率，與通過之電流或跨接電阻兩端電壓之平方成正比，此為非線性變化關係。

例 3-15

圖 3-19(a)所示之電路中，試用重疊定理求 6Ω電阻兩端之電壓。

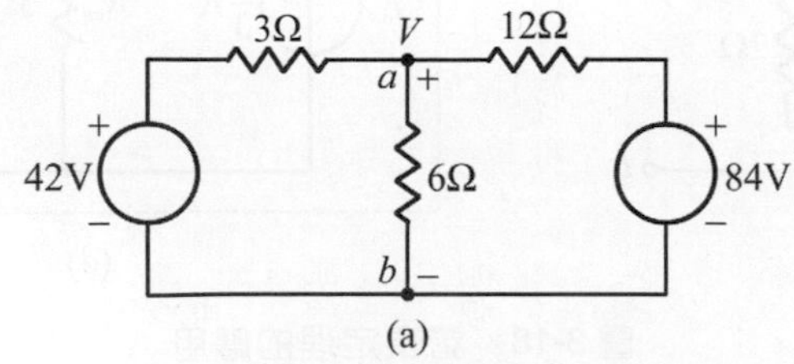

圖 3-19 應用重疊定理解電路

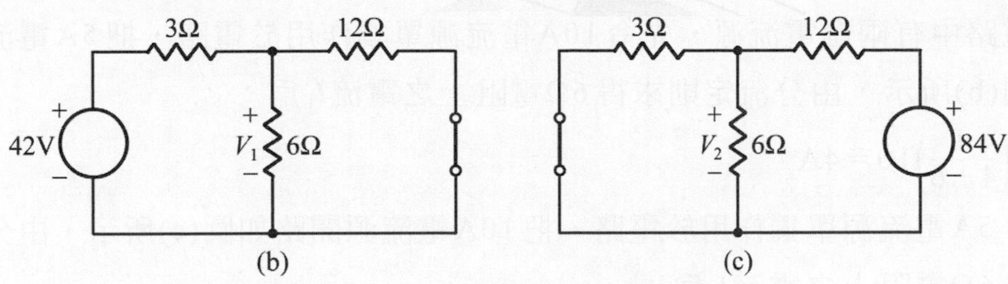

圖 3-19　應用重疊定理解電路(續)

解　該電路中有兩個電壓源，先令 42V 電源單獨作用於電路，而 84V 電源視爲零(不供電)，將其短路如圖(b)所示，6Ω與 12Ω電阻並聯後再與 3Ω電阻串聯，由分壓定則求出 6Ω電阻兩端之電壓 V_1 爲：

$$V_1 = \left(\frac{4}{3+4}\right)42 = 24\text{V}$$

其次再令 84V 電源單獨作用於電路，而使 42V 電壓源短路如圖(c)所示，則 3Ω電阻與 6Ω電阻並聯後再與 12Ω電阻串聯，由分壓定則求出 6Ω電阻兩端之電壓 V_2 爲：

$$V_2 = \left(\frac{2}{2+12}\right)84 = 12\text{V}$$

故得兩電壓源同時作用時，將(b)，(c)兩個重疊則在 6Ω電阻兩端產生之電壓 V 爲

$$V = V_1 + V_2 = 24 + 12 = 36\text{V}$$

例 3-16

圖 3-20(a)所示之電路中試用重疊定理求流經 6Ω電阻上之電流。

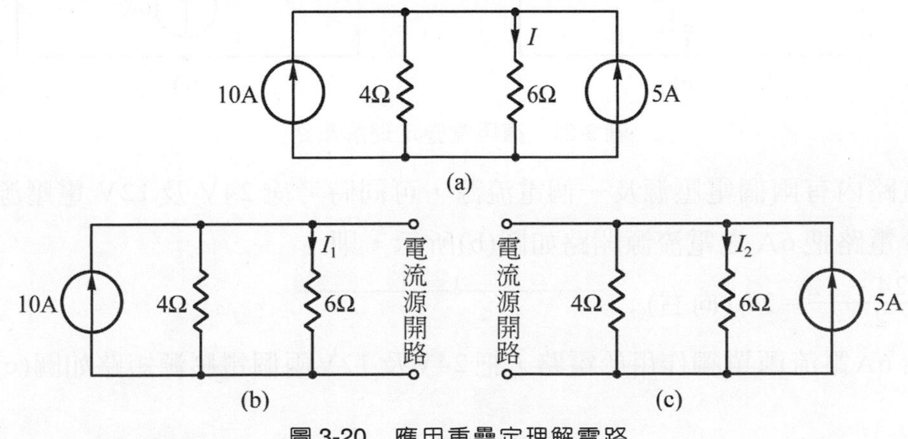

圖 3-20　應用重疊定理解電路

解 該電路中有兩個電流源，先令10A電流源單獨作用於電路，把5A電流源開路如圖(b)所示，由分流定則求得6Ω電阻上之電流I_1為：

$$I_1 = \left(\frac{4}{4+6}\right)10 = 4\text{A}$$

再令5A電流源單獨作用於電路，把10A電流源開路如圖(c)所示，由分流定則求得6Ω電阻上之電流I_2為：

$$I_2 = \left(\frac{4}{6+4}\right)5 = 2\text{A}$$

故當10A及5A兩電流源同時作用於電路時，將(b)(c)圖重疊則在6Ω電阻上之電流I為：

$$I = I_1 + I_2 = 4 + 2 = 6\text{A}$$

例 3-17

圖3-21(a)所示之電路，試用重疊定理求流經2Ω電阻上之電流。

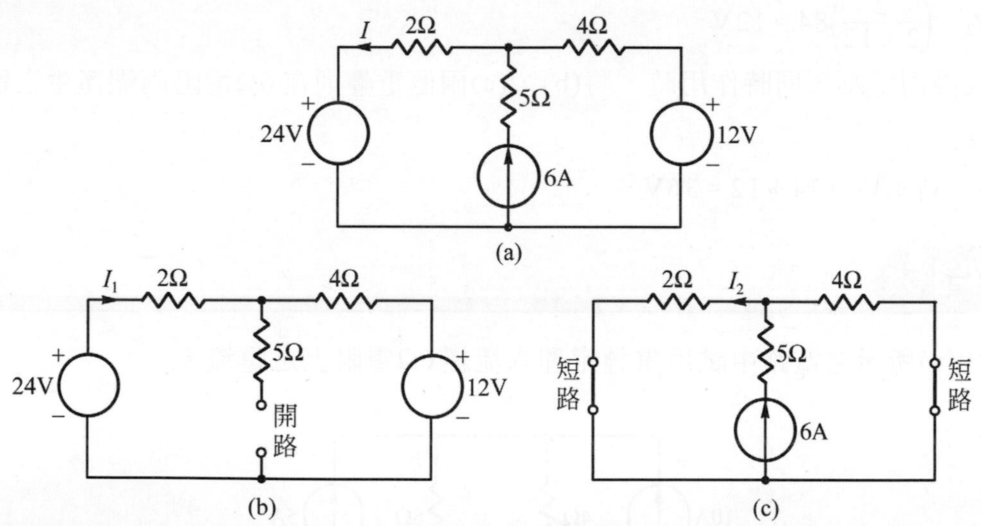

圖3-21 應用重疊定理解電路

解 該電路內有兩個電壓源及一個電流源，可同時考慮24V及12V電壓源共同作用於電路把6A之電流源開路如圖(b)所示，則：

$$I_1 = \frac{24-12}{2+4} = 2\text{A}(\text{向右})$$

再令6A電流源單獨作用於電路，把24V及12V兩個電壓源短路如圖(c)所示，則

$I_2 = \left(\frac{4}{2+4}\right)6 = 4\text{A}$(向左)

故當24V、12V 二電壓源及6A 電流源同時作用電路時，將(b)(c)圖重疊，求得流經 2Ω電阻之總電流I為：

$I = I_1 + I_2 = -2 + 4 = 2\text{A}$(向左)

3-7 互易定理

互易定理(reciprocity theorem)又稱倒置定理適用於單一電源網路，圖 3-22 所示為一**雙埠網路(two-port network)**之方塊圖，由該網路有四個端點，故又稱為**四端網路(four-terminal network)**，其中兩端為**輸入埠(input port)**，另兩端為**輸出埠(output port)**，若輸入埠加一激發(excitation)，則在輸出埠必有一響應(response)；反之，在輸出埠加一激發，則在輸入埠可得一緩和響應。

上面所述激發與響應之間有何關係，就是互易定理討論之內容，分下述三種：

1. 如圖 3-22(a)、(b)所示在四端網路中若在jj'端接一電壓源“激發”，則kk'端將有電流響應，與將該電壓源改接於kk'端而在jj'端產生之電流相等。故將四端網路內之唯一理想電壓源與網路內之理想電流表(內阻為零)互換位置，電流表之讀值不變。

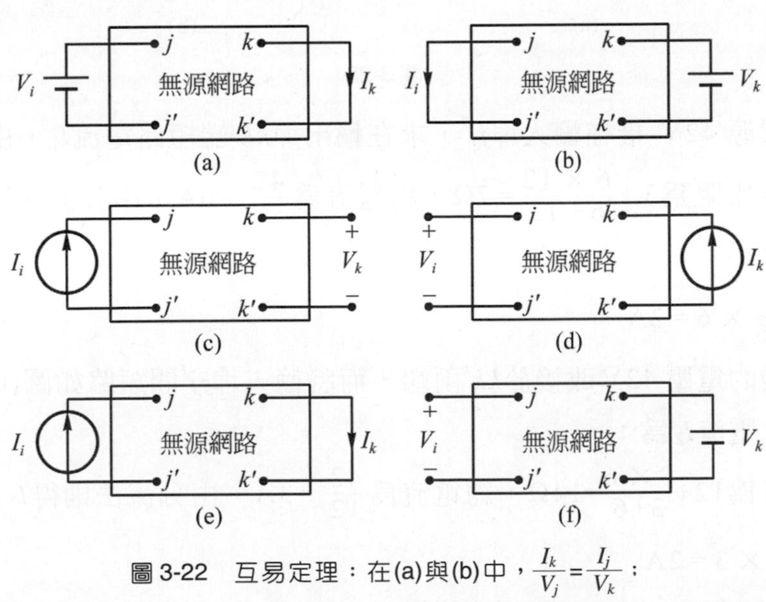

圖 3-22　互易定理：在(a)與(b)中，$\frac{I_k}{V_j} = \frac{I_j}{V_k}$；

在(c)與(d)中，$\frac{V_k}{I_j} = \frac{V_j}{I_k}$；在(e)與(f)中，$\frac{I_k}{I_j} = \frac{V_j}{V_k}$

2. 如圖3-22(c)、(d)所示在四端網路中，若將一電流源接於jj'端，而在kk'端產生之電壓降，與將該電流源接於kk'端而在jj'端產生之電壓降相同。故將網路之唯一理想電流源與網路內之理想電壓表(內阻無限大)互易位置時，電壓表之讀值不變。

3. 如圖3-22(e)、(f)在四端網路中，若將一電流源接於jj'端，其產生於kk'端之短路電流為I_k，而將一電壓源V_k接於kk'端，其產生於jj'間之電壓V_j，若I_j與V_k同值，則I_k與V_j同值。

例 3-18

圖3-23(a)所示為一雙埠網路，其輸入埠為jj'兩端，輸出埠為kk'兩端，藉此例題說明互易定理，並證明其正確性。

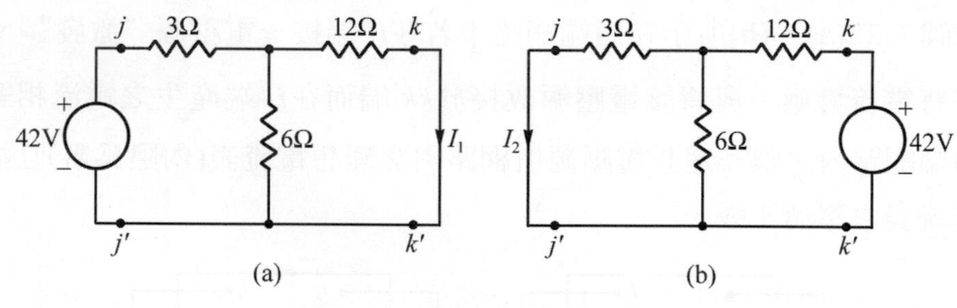

圖 3-23

解 將一電壓源 42V 接在輸入埠jj'，求在輸出埠kk'端短路電流I_1，由圖(a)jj'向右看其等值電阻為$3+\frac{6\times 12}{6+12}=7\Omega$，總電流為$\frac{42}{7}=6\text{A}$，由分流法則可得短路電流$I_1$為

$$I_1=\frac{6}{12+6}\times 6=2\text{A}$$

若將同樣的電壓42V改接於kk'兩端，而將輸入埠jj'間短路如圖(b)所示，求此短路上之電流I_2為：

其等值阻為$12+\frac{3\times 6}{3+6}=14\Omega$，總電流為$\frac{42}{12}=3\text{A}$，由分流法則得$I_2$

$$I_2=\frac{6}{3+6}\times 3=2\text{A}$$

$I_1=I_2$故知互易定理無誤。

例 3-19

如圖 3-24(a)所示，一 9A 之電流源接於a、c端，應用互易定理求b、c端之電壓。(選c端爲參考點)

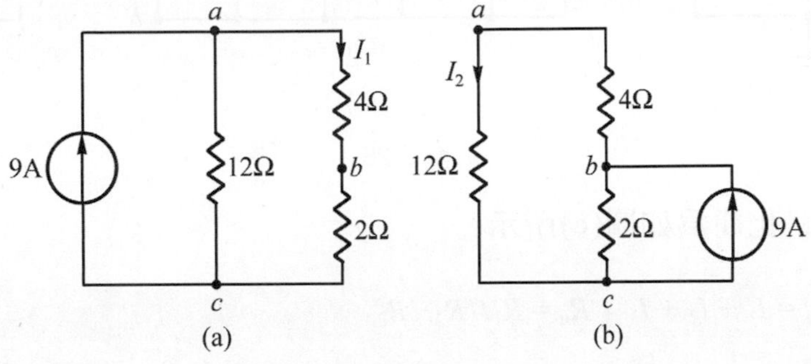

圖 3-24

解 圖(a)中 12Ω與(4 + 2) = 6Ω並聯，由分流法則得I_1爲

$$I_1 = \frac{12}{12+6} \times 9 = 6\text{A}$$

b、c端之電壓$V_{bc} = 2I_1 = 2 \times 6 = 12\text{V}$

將 9A 電流源改接於b、c端而求a、b端之電壓，V_{ac}如圖(b)所示，4Ω與 12Ω電阻串聯再與 2Ω電阻並聯，由分流法則可求得I_2爲

$$I_2 = \frac{2}{2+16} \times 9 = 1\text{A}$$

a、c端之電壓$V_{ac} = 12I_2 = 12 \times 1 = 12\text{V}$

由$V_{bc} = V_{ac}$證實互易定理無誤。

3-8 密爾曼定理

密爾定理(Millman's theorm)是從多個電壓源與電阻串聯，轉換爲多個電流源與電阻並聯，最後將多電源網路化成單電源網路，如圖 3-25(a)所示爲三個電壓源與三個電阻串聯後再並聯之網路，利用電源轉換，將各電壓源化爲電流源與電阻並聯如圖(b)所示，

$$I_1 = \frac{V_1}{R_1}，I_2 = \frac{V_2}{R_2}，I_3 = \frac{V_3}{R_3}$$

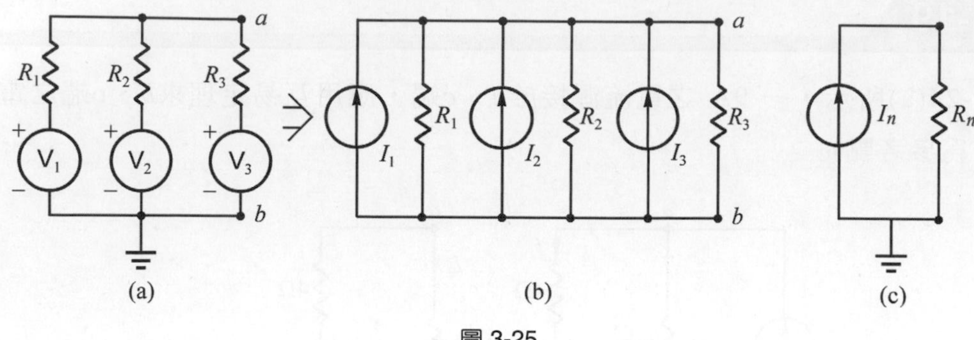

圖 3-25

將圖(b)網路化簡為如圖(c)所示

其中$I_n = I_1 + I_2 + I_3$，$R_n = R_1 // R_2 // R_3$

設有n個電壓源V_1、V_2、V_3………V_n各串聯電阻R_1、R_2、R_3………R_n。如圖 3-25所示，則a、b兩端間之電壓為

$$I_1 = \frac{V_1 - V_{ab}}{R_1}，I_2 = \frac{V_2 - V_{ab}}{R_2}，……I_n = \frac{V_n - V_{ab}}{R_n} \tag{3-6}$$

$$V_{ab} = \frac{\dfrac{V_1}{R_1} + \dfrac{V_2}{R_2} + \dfrac{V_3}{R_3} + \cdots + \dfrac{V_n}{R_n}}{\dfrac{1}{R_1} + \dfrac{1}{R_2} + \dfrac{1}{R_3} + \cdots + \dfrac{1}{R_n}} \tag{3-7}$$

例 3-20

如圖 3-26(a)所示，試用密爾曼定理求其等值電路如圖(b)中之電流源I，及等值電阻R_{eq}。

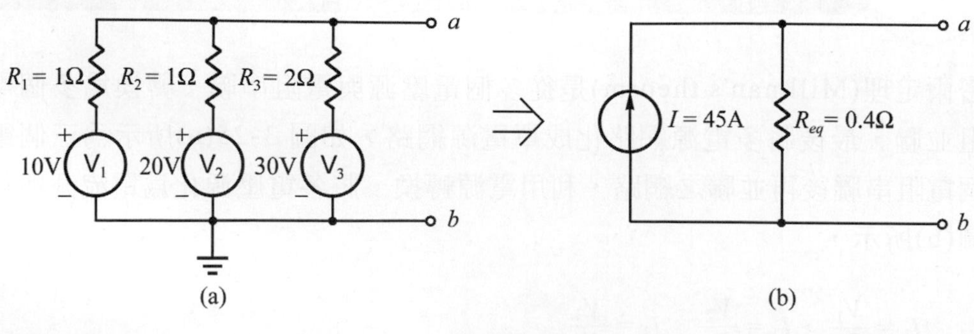

圖 3-26

解 由(3-7)式得：

$$V_{ab}=\frac{\frac{V_1}{R_1}+\frac{V_2}{R_2}+\frac{V_3}{R_3}}{\frac{1}{R_1}+\frac{1}{R_2}+\frac{1}{R_3}}=\frac{\frac{10}{1}+\frac{20}{1}+\frac{30}{2}}{\frac{1}{1}+\frac{1}{1}+\frac{1}{2}}=\frac{45}{2.5}=18\text{V}$$

$$R_{eq}=R_{ab}=R_1//R_2//R_3=\frac{1}{\frac{1}{1}+\frac{1}{1}+\frac{1}{2}}=\frac{1}{2.5}=0.4\Omega$$

$$\therefore I=\frac{V_{ab}}{R_{eq}}=\frac{18}{0.4}=45\text{A}$$

例 3-21

用密爾曼定理求圖 3-27(a)電路中流經R_L電阻上之電流I_L。

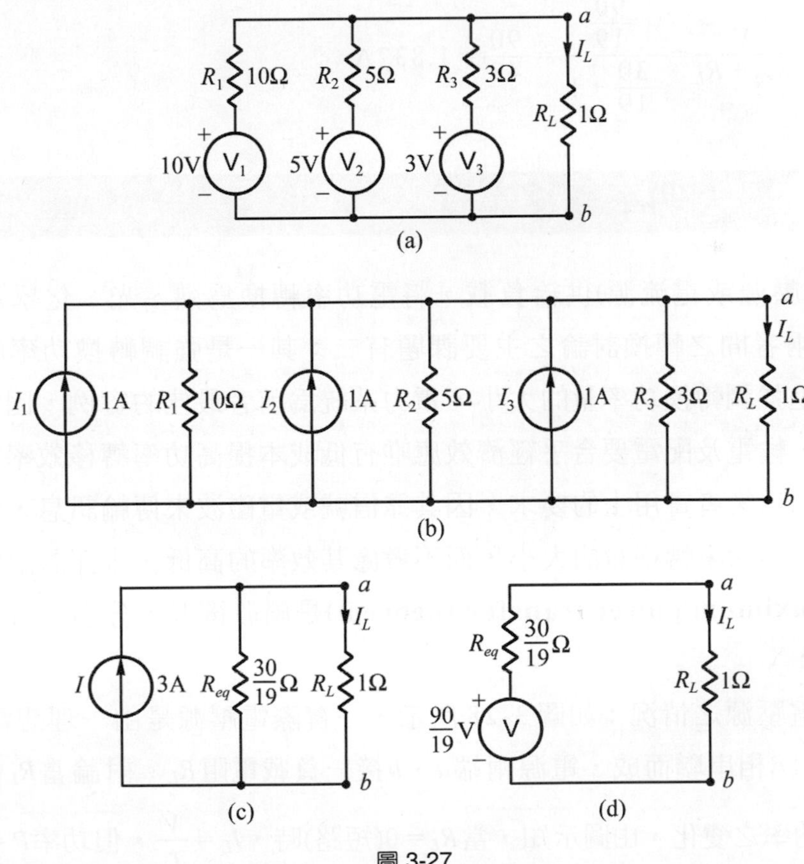

圖 3-27

解 先將各電壓流轉換爲電流源如圖(b)所示，進而化成單電源電路如圖(c)所示其中I爲：

$$I = I_1 + I_2 = I_3 = 1 + 1 + 1 = 3\text{A}$$

$$R_{eq} = R_1 // R_2 // R_3 = \frac{1}{\frac{1}{10} + \frac{1}{5} + \frac{1}{3}} = \frac{30}{19}\Omega$$

由分流定則求得I_L爲：

$$I_L = \frac{\frac{30}{19}}{\frac{30}{19} + 1} \times 3 = 1.837\text{A}$$

或將圖(c)之電流源轉換爲圖(d)電壓源求解

其中$V = \frac{90}{19}\text{V}$，$R_{eq} = \frac{30}{19}\Omega$

$$I_L = \frac{V}{R_{eq} + R_L} = \frac{\frac{90}{19}}{\frac{30}{19} + 1} = \frac{90}{49} = 1.837\text{A}$$

3-9 最大功率轉移定理

電源(電壓源或電流源)供給負載，將電功率轉換爲熱、光、化學及機械等功率。實用上兩者間之轉換討論之主要課題有二：其一是強調轉換功率的效率之高低；其二則是強調轉換功率量的大小，電力系統爲前者最佳的實例，因爲該系統係大功率發電、輸電及配電要合乎經濟效應唯有低成本提高功率轉移效率；電訊系統與儀表設備則爲後者實用上的要求，因其靠信號或電磁波來傳輸訊息，傳輸功率甚少，故要強調其功率轉移量的大小，而不考慮其效率的高低，本節討論的最大功率**轉移定理(Maximum power transfer theorem)**是屬於後者，分別以電壓源及電流源述明如下：

1. 實際電壓源之情況：如圖 3-28 所示，一實際電壓源是由一理想電壓源 V 與其內阻r_i相串聯而成，電源兩端a、b接一負載電阻R_L。討論當R_L值變更時R_L上之功率之變化，由圖示知，當$R_L = 0$(短路)時，$I_L = \frac{V}{r_i}$，但功率$P = I_L^2 R_L = 0$；當$R_L = \infty$(開路)時$I_L = 0$，其功率亦爲 0，顯然地，當R_L值在 0 與∞之間的變

更，必有一值存在使其功率最大。此R_L值可用圖解、代數及微分法求得。以最小定理及微分法求之，由圖示，R_L上產生之功率為：

$$P = I_L^2 R_L = \left(\frac{V}{r_i + R_L}\right)^2 R_L = \frac{V^2 R_L}{(r_i+R_L)^2} = \frac{V^2}{R_L+2r_i+\frac{r_i^2}{R_L}} = \frac{V^2}{\left(\frac{r_i}{\sqrt{R_L}} - \sqrt{R_L}\right)^2 + 4r_i}$$

式中r_i電源之內阻為一定值，當$\frac{r_i}{\sqrt{R_L}} - \sqrt{R_L} = 0$時分母為最小值；則

$P = P_{\max} = \frac{V_2}{4r_i}$。

$\therefore R_L = r_i$時通稱為匹配(match)，負載電阻R_L上可獲得最大功率轉移，若用微分法亦可獲得相同之結果，即將P對R_L加以微分，並令微分值為零。得：

$$\frac{dP}{dR_L} = \frac{d}{dR_L}\frac{R_L V^2}{(r_i + R_L)^2} = \left[\frac{(r_i + R_L)^2 - 2R_L(r_i + R_L)}{(r_i + R_L)^4}\right] V^2 = 0$$

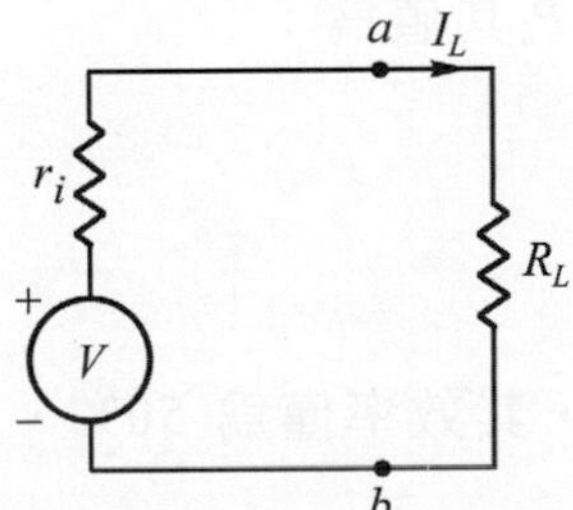

圖 3-28　壓源與負載電阻

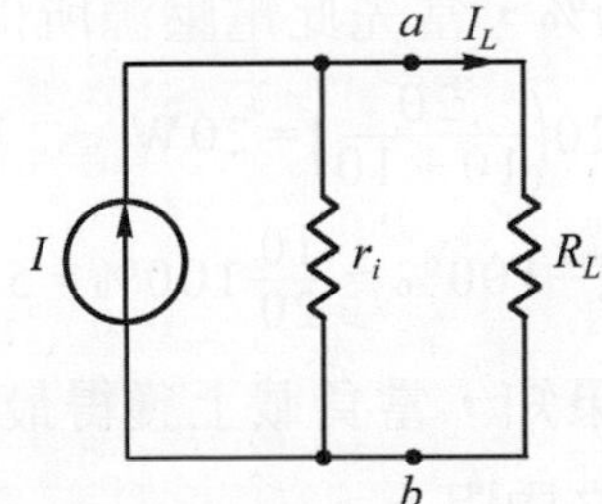

圖 3-29　電流源與負載電阻

由上式得$R_L = r_i$時P為$P_{\max}$其最大功率值為

$$P_{\max} = \left(\frac{V}{r_i + R_L}\right)^2 \cdot R_L = \frac{V^2}{4R_L} \quad (3\text{-}8)$$

2. 實際電流源之情形：如圖 3-29 所示，將一負載電阻R_L接於電流源之a、b兩端，則流經負載電阻R_L上之電流I_L為：

$$I_L = \frac{r_i}{r_i + R_L} I，V_{ab} = I_L R_L = \frac{I r_i R_L}{r_i + R_L}$$

負載電阻上所獲得之功率P爲：$P=\dfrac{V_{ab}^2}{R_L}=\dfrac{{r_i}^2I^2}{(r_i+R_L)^2}R_L$，求最大功率之條件仿上述電壓源之證法必獲得相同之結果，即$R_L=r_i$時，負載電阻R_L可獲得最大之功率，最大功率值爲$P_{\max}=\dfrac{I^2R_L}{4}$。

例 3-22

圖 3-30 所示之電路中，試求R_L爲多少時，其獲得之功率最大？其最大功率值及效率各爲多少？

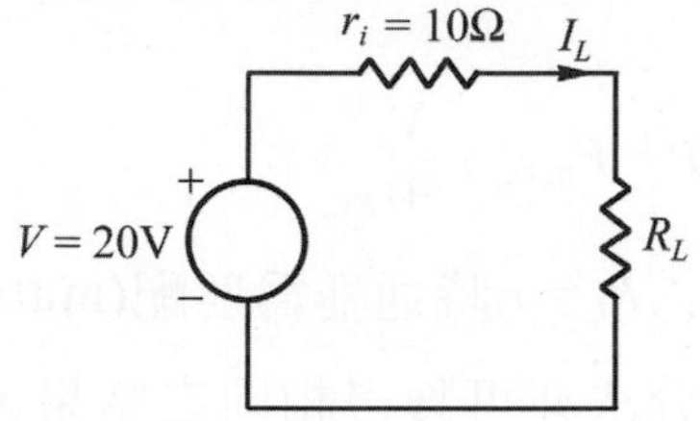

圖 3-30

解 由最大功率轉移定理知當$R_L=r_i$時可得最大功率即：

$R_L=r_i=10\Omega$

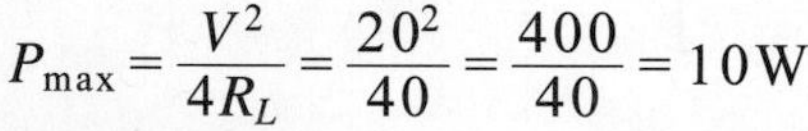

$$P_{\max}=\frac{V^2}{4R_L}=\frac{20^2}{40}=\frac{400}{40}=10\text{W}$$

欲求效率$\eta\%$，當先此電壓源所供應之功率P_s其值爲：

$$P_s=VI_L=20\left(\frac{20}{10+10}\right)=20\text{W}$$

故$\eta\%=\dfrac{P_{\max}}{P_s}100\%=\dfrac{10}{20}100\%=50\%$

由上述結果知，當負載上獲得最大功率時，其效率僅爲 50%，其餘之 50%消耗在電源之內阻上。

例 3-23

圖 3-31(a)所示之電路中，R_L爲何值時，可獲得最大功率轉移？並求其最大功率值。

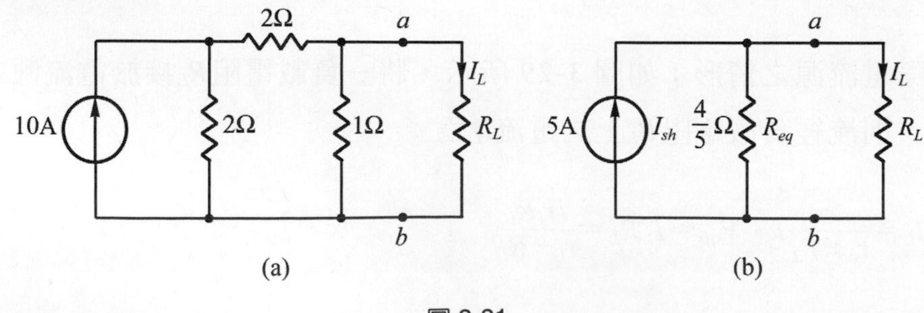

圖 3-31

解 先電路化簡為諾頓等效電路如圖(b)所示

$$I_{sh} = \left(\frac{2}{2+2}\right)10 = 5\text{A}$$

$$R_{eq} = 1//(2+2) = \frac{1(2+2)}{1+2+2} = \frac{4}{5} = 0.8\Omega$$

$$R_L = R_{eq} = 0.8\Omega$$

$$P_{max} = \frac{I_{sh}^2 R_L}{4} = \frac{(5)^2\left(\frac{4}{5}\right)}{4} = 5\text{W}$$

章末習題

1. 一電池兩端接2.8Ω負載時，其電流為3A，若接4.8Ω負載時其電流為2A。試求該電池之電動勢及內阻為多少？
2. 一電壓源，在其兩端接100kΩ電阻負載時，供給10mA，若將負載電阻改為500kΩ時，其電流為9mA，試求其等值電路(電流源及並聯內電阻為多少)？
3. 如圖3-32所示當開關S打開時$V_{ab} = 12\text{V}$；S閉合時$I_{ab} = 1.5\text{A}$，若將a、c兩點短路時其電流I_{ac}為多少？

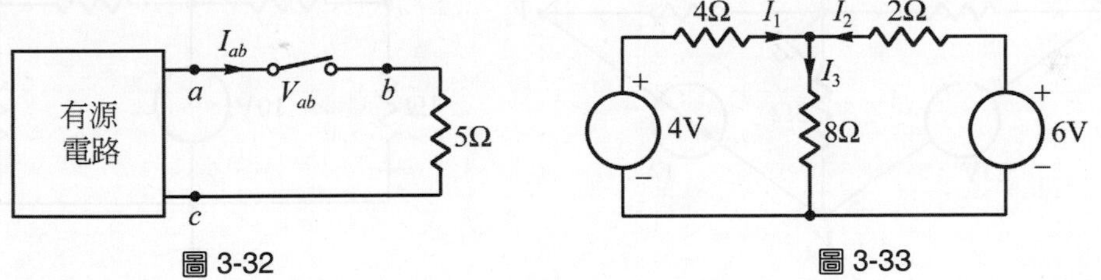

圖 3-32　　圖 3-33

4. 用網目電流法求圖3-33電路中各支路電流I_1、I_2及I_3。
5. 用網目電流法求圖3-34電路中之電流I_x。

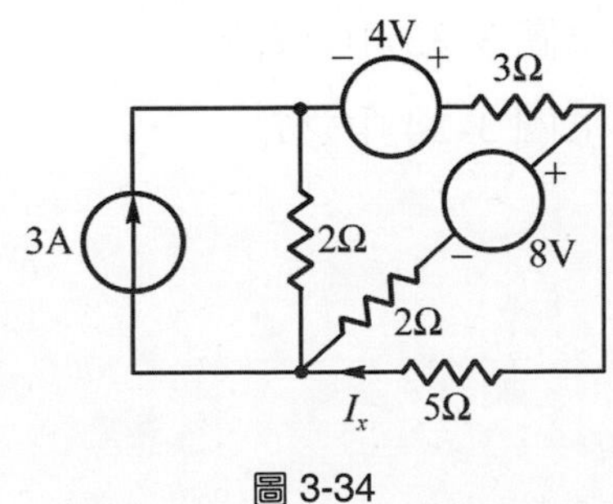

圖 3-34

6. 用網目電流法求圖 3-35 電路中流經各電阻上之電流。

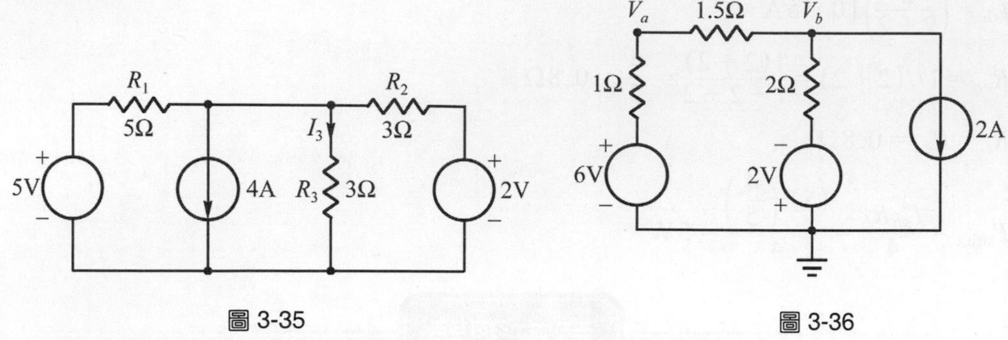

圖 3-35　　圖 3-36

7. 用節點電壓法求圖 3-35 電路中流經各電阻上之電流。

8. 用節點電壓法求圖 3-36 電路中之節點電壓 V_a 及 V_b。

9. 用節點電壓法求圖 3-37 電路中之節點電壓 V_a、V_b、V_c 及 V_d。

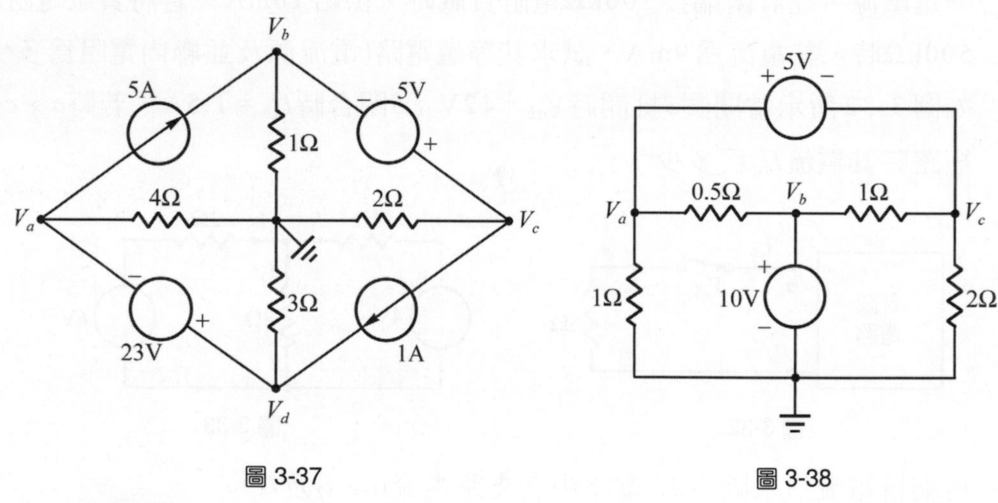

圖 3-37　　圖 3-38

10. 用節點電壓法求圖 3-38 電路中之 V_a、V_b、V_c。

11. 試用戴維寧等效電路求圖 3-33 中之 I_3。

12. 試用戴維寧等效電路求圖 3-34 中之 I_x。

13. 試用戴維寧等效電路求圖 3-39 中流經 2Ω電阻上之電流及其方向？

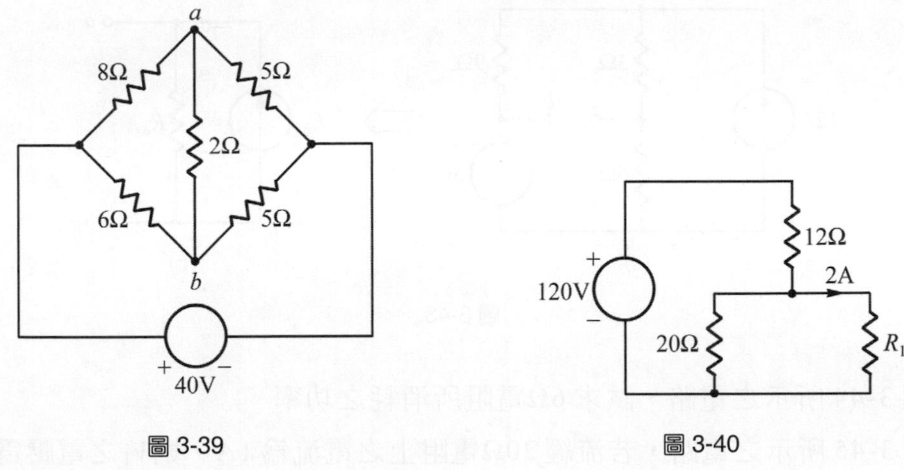

圖 3-39　　圖 3-40

14. 圖 3-40 所示之電路，試求電阻R_1之值爲多少？

15. 圖 3-41 所示之電路試求電流I_x爲多少？

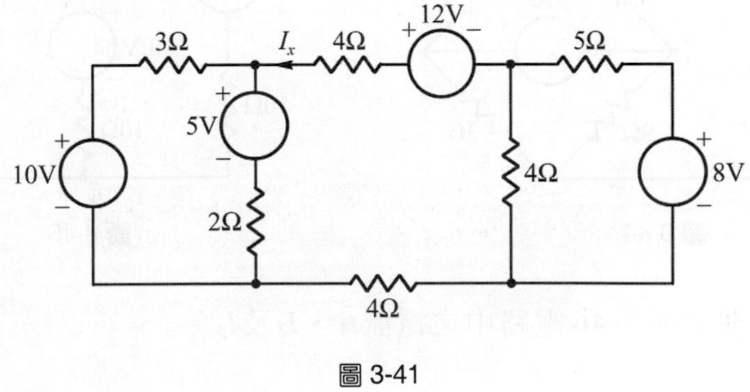

圖 3-41

16. 圖 3-42(a)化爲戴維等效電路(b)試求V_{oc}及R_{eq}之值。

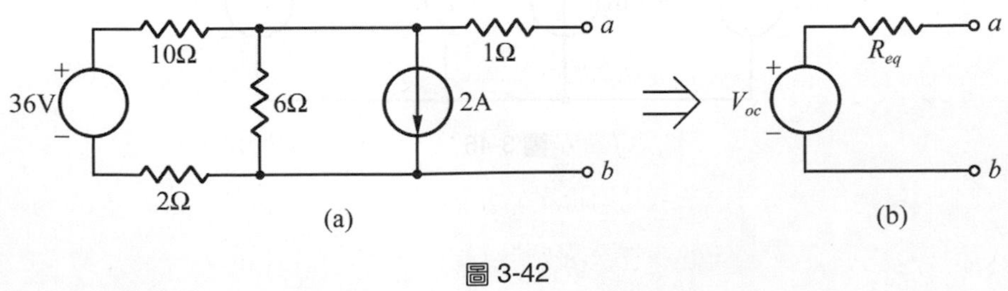

圖 3-42

17. 圖 3-43 用諾頓定理把圖(a)簡化為圖(b)，則I_{sh}及R_{eq}各為多少？

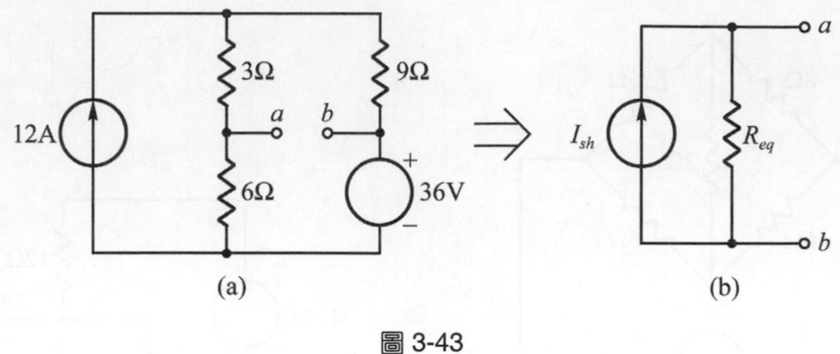

圖 3-43

18. 圖 3-44 所示之電路，試求 6Ω電阻所消耗之功率。

19. 圖 3-45 所示之電路，若流經 20Ω電阻上之電流為 1A，則V_1之電壓為多少？

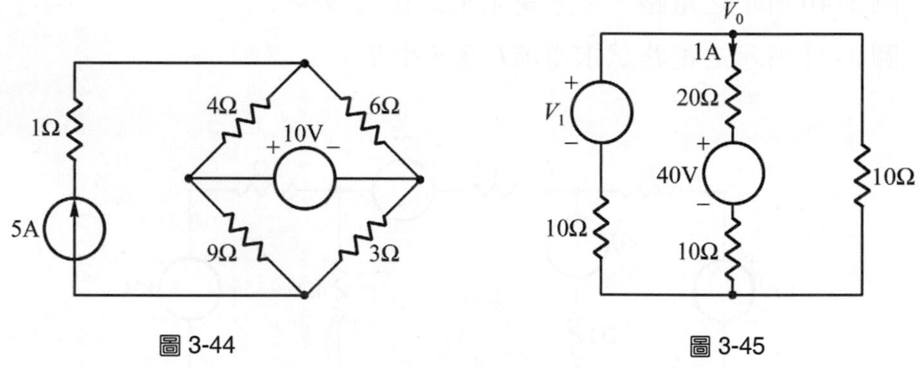

圖 3-44　　圖 3-45

20. 用重疊定理求圖 3-46 電路中之電流I_1、I_2及I_3。

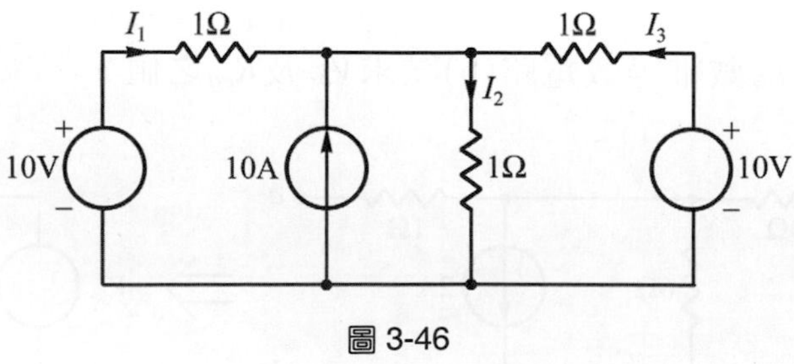

圖 3-46

21. 用重疊定理求圖 3-47 電路中之電壓 V。

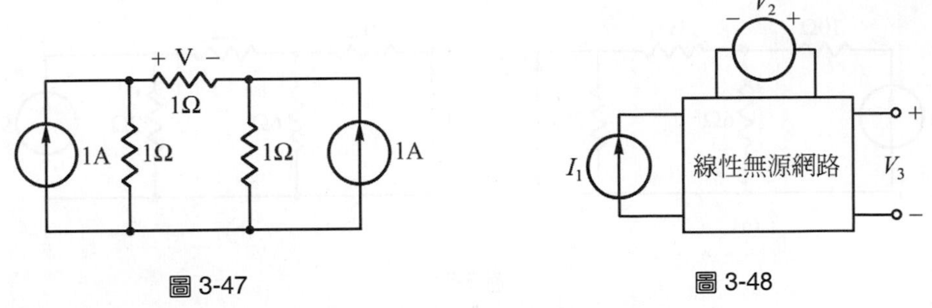

圖 3-47　　圖 3-48

22. 圖 3-48 中，當$I_1 = 1A$，$V_2 = 1V$時，則$V_3 = 0$；當$I_1 = 0$，$V_2 = 10V$時，則$V_3 = 1V$，試求當$I_1 = 10A$，$V_2 = 15V$時V_3之值為多少？

23. 求圖 3-49(b)圖中之V_{oc}及R_{eq}之值各為多少？

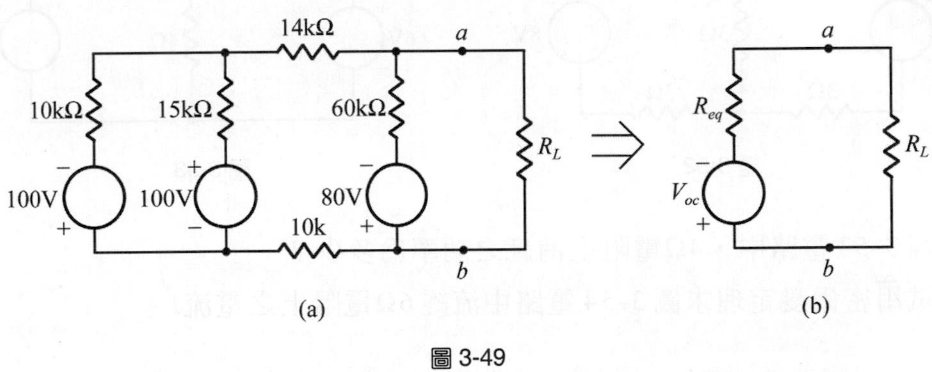

圖 3-49

24. 圖 3-50(a)所示電路中，(a)試求 25Ω電阻上之電流I；(b)應用互易定理求該電流；(c)於前兩項中試求 10Ω電阻上之端電壓 V。

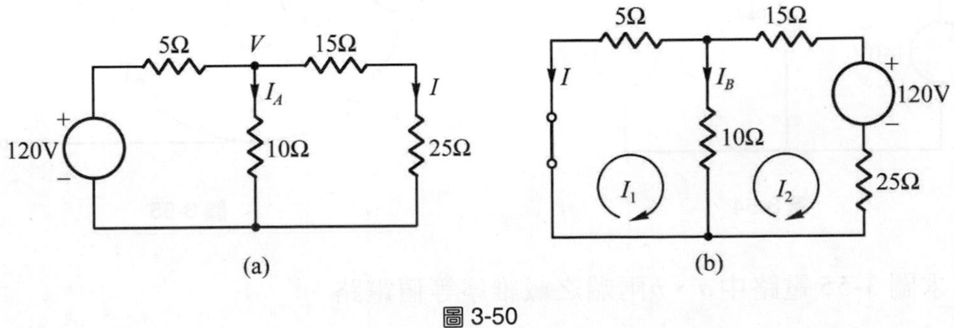

圖 3-50

25. 圖3-51(a)所示電路中，試求V再將電流源與V彼此互換試證互易定理。

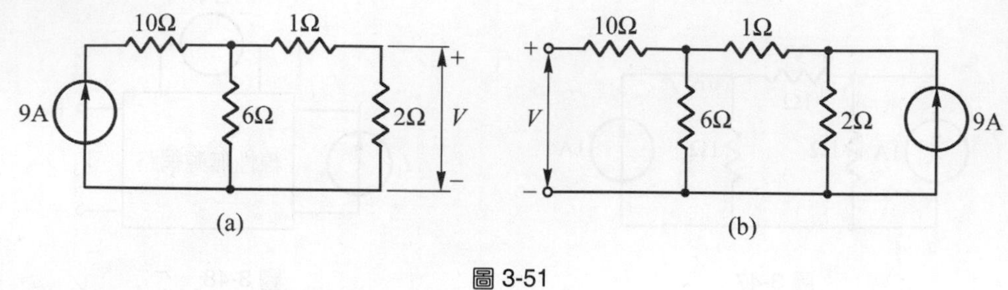

圖 3-51

26. 圖3-52電路中若$I=0$，則電阻R值應為多少？

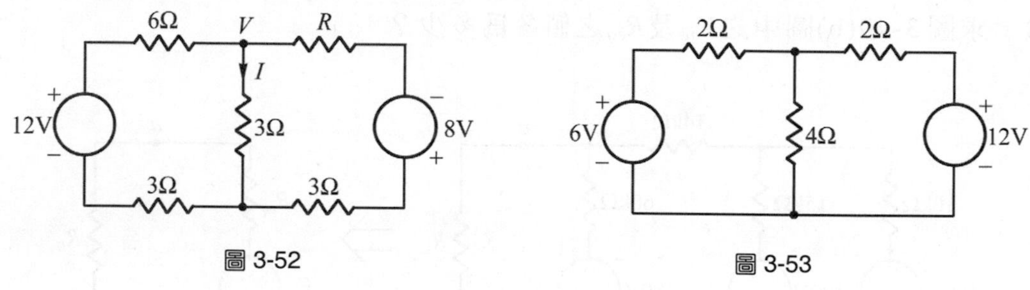

圖 3-52

圖 3-53

27. 圖3-53電路中，4Ω電阻上消耗之功率為多少？

28. 試用密爾曼定理求圖3-54電路中流經6Ω電阻上之電流I。

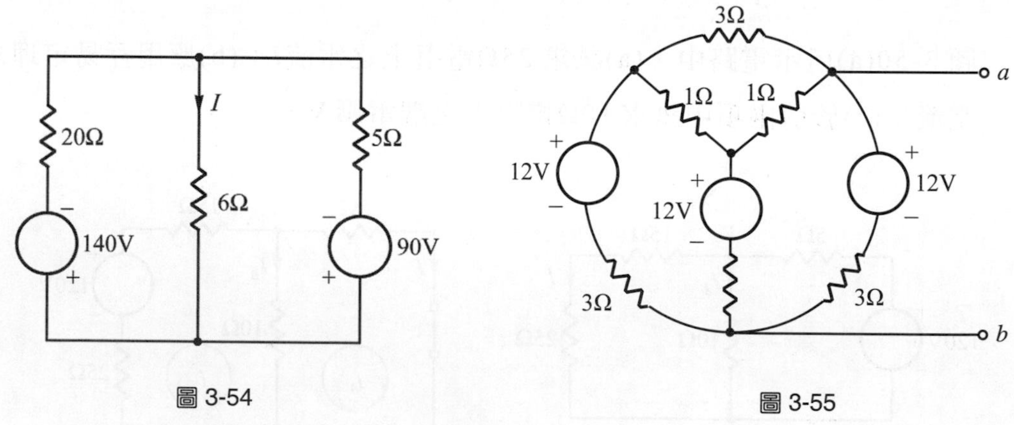

圖 3-54

圖 3-55

29. 求圖3-55電路中a、b兩端之戴維寧等值電路。

30. 求圖 3-56 電路中所示之電流I_1、I_2及I_3。

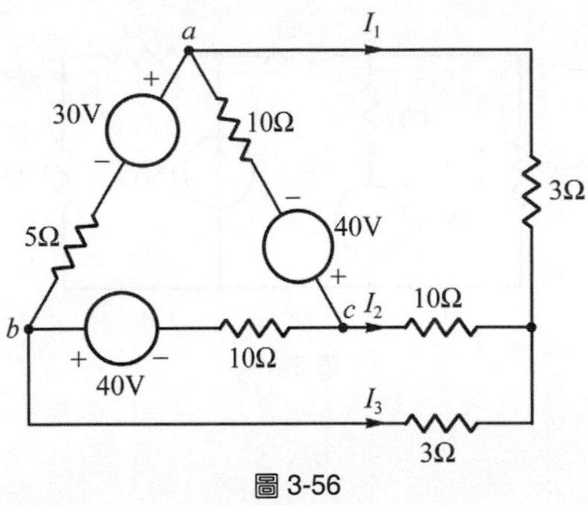

圖 3-56

31. 圖 3-57 電路中若電流$I = 0$，則R_x值應爲多少？

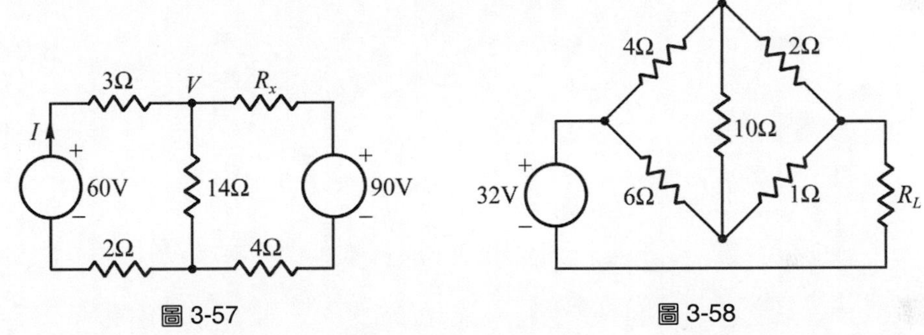

圖 3-57　圖 3-58

32. 圖 3-58 電路中若電阻R_L所消耗之功率爲電壓源所供給的總功率$\frac{2}{3}$，則R_L之值應爲多少？

33. 圖 3-59 電路中R_L爲多少時，可獲得最大功率，其最大功率爲多少？

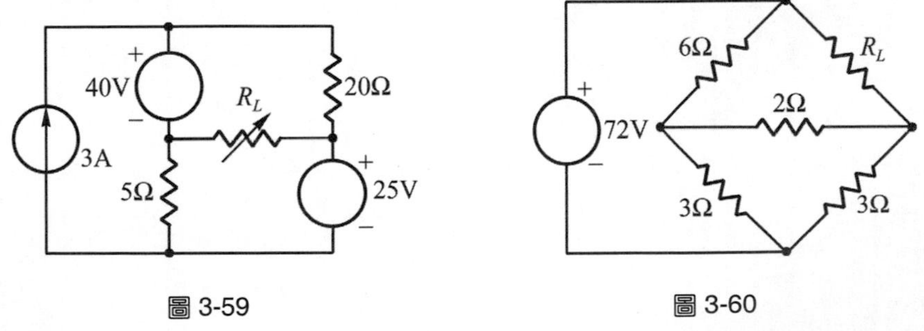

圖 3-59　圖 3-60

34. 圖 3-60 電路中求(a)R_L兩端之戴維寧等值電路，(b)R_L所消耗之功率，當R_L分別爲 1Ω，10Ω及 100Ω時。

35. 圖 3-61 電路中求a、b分支路之諾頓等值電路及其電流。

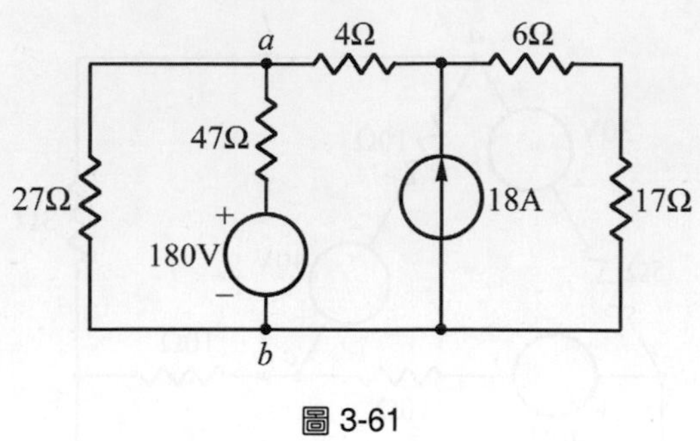

圖 3-61

CHAPTER 4

儲能元件

因儲能元件(電容器、電感器)的*V-I*間之關係內含電流與電壓之微分或積分，故與電阻元件不同。將儲能元件納入電路之後，電路之方程式將成爲微分方程式，其解答雖不難獲得，但與電阻網路之解答不同，因其將爲時間之函數而不再是常數。

任何時間函數都可用作激發，最普通者爲**步階函數(step function)**，**脈波函數(Impulse function)**及**正弦函數(sinusoidal function)**。所謂步階函數，是一個突然作用的定電壓或電流，所謂脈衝函數是一個極大的電壓或電流脈衝(pulse)，其作用時間極短。這三種函數之所以較常用，因爲在實驗室內極易產生，同時其他函數亦極易於分析爲這三種成份，所以任何不定的激發函數所產生的響應根據重疊定理，就等於這種成份所產生響應的總和。

4-1 電容器中電壓與電流之關係

在第一章1-4節，基本電路元件之型式與規格中，對電容器曾略作介紹，對電容器之特性及其在電路中，當受到電源之“激勵”而產生之“響應”加以分析，首先討論電容器中電壓與電流的關係，如圖 4-1 所示，間隔以絕緣物質(電介質)之兩金屬板接於直流電源時，其接正端之金屬板受外加電壓之影響，板上之電子受電源正極吸引而流向電源，再由電源負極端排斥電子而流至下板，此時上板因失去電子而遺留下正電荷，下板獲得電子而呈負電荷；而上板之正電荷對欲要離開此板之電子具有吸引力，阻止電子離開，下板之負電荷對上板之電子具有排斥作用，因而幫助電子離開上板，但下板負電荷與上板電子之距離大於上板正電荷與電子之距離，依庫侖定理得知幫助電子離開上板之斥力，小於阻止電子離開上板之吸引力，因此要使電子離開上板，則電源必須作功。一旦上板聚集正電荷對電子之吸引力，等於下板負電荷對上板電子之排斥力與電源所作功之和時，即為穩定狀態，電子停止移動，此刻在上、下板聚集有數值相等的正、負電荷。此現象通稱為充電。

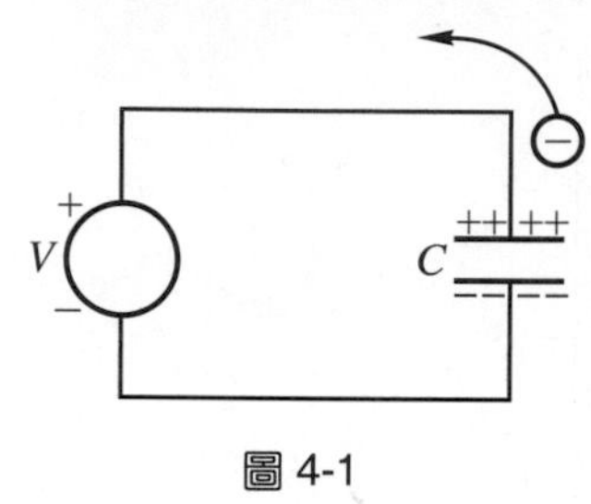

圖 4-1

每單位電壓所能容納之電荷量，即電容器能儲存電荷之性質稱為電容量，藉以表示電容器之大小$C=\dfrac{Q}{V}$，即 1 伏特之電壓能容納 1 庫侖之電量，其電容為 1 法拉(Farad-F)

$$I=\frac{dQ}{dt}=c\frac{dV}{dt} \tag{4-1}$$

由上式得知電容器中電壓與電流之關係為：(1)電容器瞬時電流大小決定於電荷瞬時的變化量。(2)若電容量保持不變，則瞬時電流大小決定於電壓瞬時之變化量。

電容器是電場現象有關的電路元件，電壓是電場之能源為電荷之隔離。若電壓不是穩定的直流電壓而是隨時間變動的交流電壓，則電場亦必隨時間而變動。時變電場不能直接使電荷經過介電物質而移動，但能引起電荷在介電物質內產生位移。當電壓隨時間而變化時，介電物質內之電荷位移亦隨時間而變動，引起了位移電流，此位移電流等於電容器端點上之傳導電流。因此電容用來敘述電流對電壓間之關係。

(4-1)式表示電流為電容器及電壓之函數。若欲以電流之函數來表示電壓可以將(4-1)式之兩側各乘以時間之微分dt，$Idt=Cdv$而後將微分方程式積分即成為：

$$V(t)=\frac{1}{c}\int_{t_0}^{t} I dt + V(t_0) \quad (4\text{-}2)$$

當$t_0=0$時(4-2)式變爲：

$$V(t)=\frac{1}{c}\int_{0}^{t} I dt + V(0) \quad (4\text{-}3)$$

例 4-1

圖 4-2 電路中，開關S在$t=0$時關上，問自電源流出之電荷爲多少？及電流流動之時間爲何？

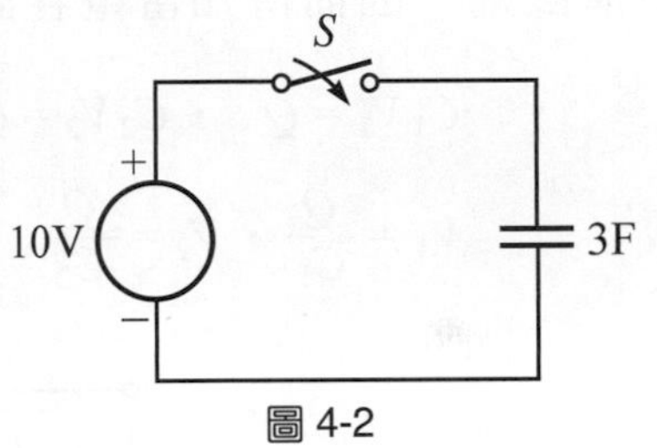

圖 4-2

解 電容充電到$V=10\text{V}$時，電壓便抵達穩定，即不再有電流流動，電路又恢復開路情形，充電電荷$Q=CV=3\times10=30$庫侖。當開關S關上後，即成封閉電路，電容器瞬間即充到 10V，因此電流流動之時間爲零。

例 4-2

以 8A 之電流源加於 2F 之電容器上，自$t=0$開始，問 10 秒後電容器兩端之電壓爲多少？

解 $V(t)=\frac{1}{c}\int_{0}^{10} I dt=\frac{1}{2}\int_{0}^{10} 8 dt=40\text{V}$

4-2 電容器的串聯、並聯和混聯

應用上有時候電容器藉適當的連接可獲得所需要之數值，其連接方式有串聯、並聯及混聯，分別說明如下：

4-2-1 電容器之串聯

如圖 4-3 所示，將第一個電容器之一極與第二個電容器之另一極相連接，亦即將各電容器之正、負極依次連接下去而形成電容器之串聯(inseries)，當電容器C_1、C_2、C_3……C_n串聯後接至一電壓源V上時，V的正、負端分別有電荷湧入C_1及C_n之正、負極板上，直至板上電荷量Q之互斥力與電壓源端的電荷群之互斥力相等時爲止，於是C_1正極板上之$+Q$在C_1負極板上感應了同值之$-Q$電荷量，此$-Q$又在C_2之正極板上感應$+Q$之電荷量(此刻$+Q$與$-Q$之合成電荷量等於零。其情形相當靜電感應，即C_2之正極板與C_1之負極板間爲導體連接，在受外界電荷作用之力之影響，其導體上的自由電荷移至最接近異性電荷之位置)，依此類推，C_{n-1}負極板上感應$-Q$之電荷，又使C_n正極板上感應$+Q$之電荷，此電荷與C_n負極板上由電壓源輸入之負電荷量$-Q$應恰恰相等，而形成自然之平衡。若不相等，電荷Q之量必定會自行調節，直至完全平衡爲止。因$+Q$與$-Q$必定是成對等量產生。否則不合乎原子結構法則。因而得知當電容器串聯時，各電容器上儲集之電荷量是相等的即：

$$C_1V_1=Q\ ，C_2V_2=Q，C_3V_3=Q\cdots\cdots C_nV_n=Q$$

或

$$V_1=\frac{Q}{C_1}，V_2=\frac{Q}{C_2}\ ，V_3=\frac{Q}{C_3}\cdots\cdots V_n=\frac{Q}{C_n}$$

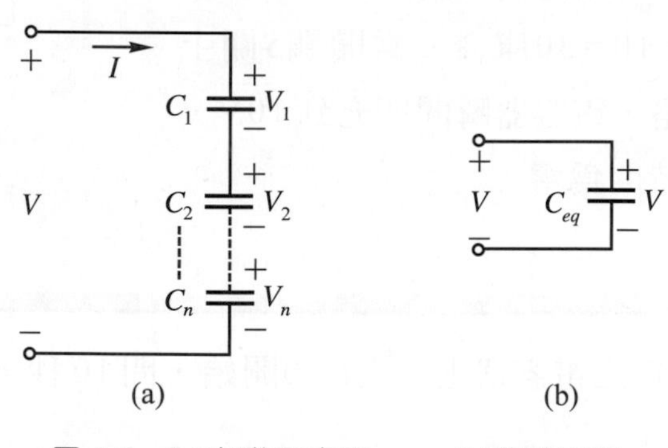

圖 4-3　(a)串聯電容器　　(b)等值電路

依KVL得：

$$V=V_1+V_2+V_3+\cdots+V_n$$

$$V=\frac{Q}{C_1}+\frac{Q}{C_2}+\frac{Q}{C_1}+\cdots+\frac{Q}{C_n}=Q\left(\frac{1}{C_1}+\frac{1}{C_2}+\frac{1}{C_3}+\cdots+\frac{1}{C_n}\right)$$

設C_{eq}爲n個電容器串聯之等值電容值，則$V=C_{eq}Q$

$$\frac{Q}{C_{eq}}=Q\left(\frac{1}{C_1}+\frac{1}{C_2}+\frac{1}{C_3}+\cdots+\frac{1}{C_n}\right)$$

等號兩側消去Q得：

$$\frac{1}{C_{eq}}=\frac{1}{C_1}+\frac{1}{C_2}+\frac{1}{C_3}+\cdots+\frac{1}{C_n} \tag{4-4}$$

由上式知，電容器串聯後之等值電容量倒數，等於各電容量倒數之總和。

例 4-3

兩個電容器其電容量分別為 40μF及 60μF，兩者串聯後其等值電容為多少？

解 由$\dfrac{1}{C_{eq}}=\dfrac{1}{C_1}+\dfrac{1}{C_2}$

或$C_{eq}=\dfrac{1}{\dfrac{1}{C_1}+\dfrac{1}{C_2}}=\dfrac{40\times 60}{40+60}=24\mu F$

例 4-4

三個電容器其電容量分別為 60μF、40μF及 24μF串聯後接於 240V之直流電源上，試求(1)串聯後之等值電容C_{eq}，(2)每一電容器上所儲存之電荷，(3)每一電容器兩端之電壓。

解 (1) $C_{eq}=\dfrac{1}{\dfrac{1}{C_1}+\dfrac{1}{C_2}+\dfrac{1}{C_3}}=\dfrac{1}{\dfrac{1}{60}+\dfrac{1}{40}+\dfrac{1}{24}}=\dfrac{1}{\dfrac{4+6+10}{240}}$

$=\dfrac{240}{20}=12\mu F$

(2) 因串聯電容器每一電容器上之電荷都相等且等於其總電荷，即：

$Q_1=Q_2=Q_3=Q=C_{eq}V=12\times 240=2880$微庫

(3) $V_1=\dfrac{Q_1}{C_1}=\dfrac{2880}{60}=48V$，$V_2=\dfrac{Q_2}{C_2}=\dfrac{2880}{40}=72V$

$V_3=\dfrac{Q_3}{C_3}=\dfrac{2880}{24}=120V$

4-2-2 電容器之並聯

如圖 4-4 所示，有n個電容器C_1、C_2、C_3……C_n各個電容器兩端分別接於電壓源V上。每個電容器分隔之兩極板上都承受電源V的電位差，於是電荷從電源同時湧入每個電容器極板上，其電荷量應該分別為：

$$Q_1=C_1V_1，Q_2=C_2V_2，Q_3=C_3V_3\cdots\cdots Q_n=C_nV_n$$

$$或V_1=\frac{Q_1}{C_1}，V_2=\frac{Q_2}{C_2}，V_3=\frac{Q_3}{C_3}\cdots\cdots V_n=\frac{Q_n}{C_n}$$

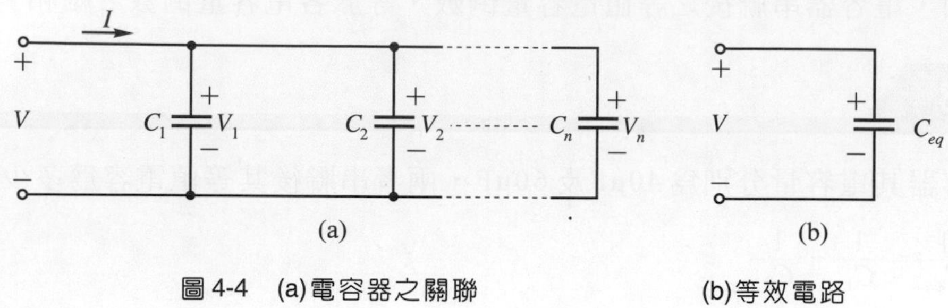

圖 4-4 (a)電容器之關聯 (b)等效電路

於是從電源所流出之總電荷Q應等於各電容器電荷之總和，即

$$Q = Q_1 + Q_2 + Q_3 + \cdots + Q_n$$

因並聯電路各電容器兩端之電壓相等且等於電源之電壓，即

$$V_1 = V_2 = V_3 = \cdots = V_n = V$$

故得知

$$Q = C_1 V + C_2 V + C_3 V + \cdots + C_n V = (C_1 + C_2 + C_3 + \cdots + C_n)V$$

總電荷Q應等於$C_{eq}V$，C_{eq}爲並聯電容器並聯後之等值電容量

$$C_{eq}V = (C_1 + C_2 + C_3 + \cdots + C_n)V$$

將上式等效兩側消去V得

$$C_{eq} = C_1 + C_2 + C_3 + \cdots + C_n \tag{4-5}$$

由上式知電容器之並聯後之等值電容量等於各並聯電容器電容量之總和。

例 4-5

如圖 4-5 所示電路，試求⑴等值電容量；⑵各電容器上所儲存之電量；⑶總電量。

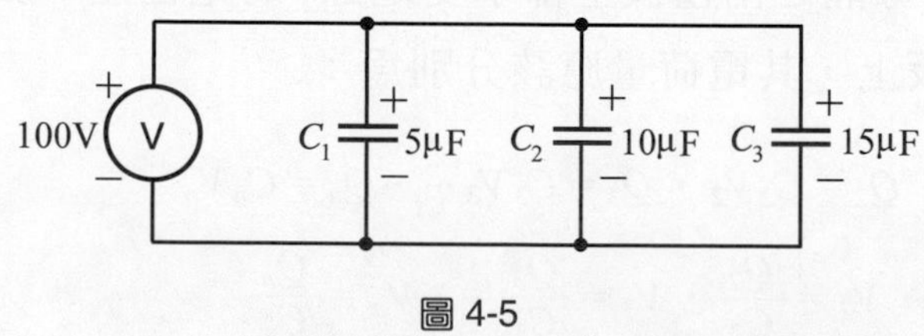

圖 4-5

解 (1) $C_{eq} = C_1 + C_2 + C_3 = 5 + 10 + 15 = 30\mu F$

(2) $Q_1 = C_1 V = 5 \times 100 = 500$微庫

$Q_2 = C_2 V = 10 \times 100 = 1000$微庫

$Q_3 = C_3 V = 15 \times 100 = 1500$微庫

(3) $Q = Q_1 + Q_2 + Q_3 = 500 + 1000 + 1500 = 3000$微庫

4-2-3 電容器之混聯

將多個電容器同時作串聯與並聯混合組合，故稱為混聯、混聯對電容器之使用，更具彈性，其運算步驟與電阻電路類似，採用逐步化簡。

例 4-6

三個電容器其電容量及耐壓值分別為4.5μF耐壓100V；9μF耐壓，100V；6μF，耐壓為100V三者串聯後之等值電容為多少？耐壓為多少？

解 $Q_1 = C_1 V_1 = 4.5 \times 100 = 450$微庫

$Q_2 = C_2 V_2 = 9 \times 100 = 900$微庫

$Q_3 = C_3 V_3 = 6 \times 100 = 600$微庫

因三者串聯各電容器上儲存電荷量必相等，且等於其中電量值最小者，等值電容

$$C_{eq} = \frac{1}{\frac{1}{4.5} + \frac{1}{9} + \frac{1}{6}} = \frac{1}{\frac{4+2+3}{18}} = \frac{18}{9} = 2\mu F$$

最大耐壓$V = \dfrac{Q}{C_{eq}} = \dfrac{450}{2} = 225V$

例 4-7

2μF、4μF兩電容器並聯，再與12μF電容器串聯試求其等值電容量為多少？

解 $C_{eq} = \dfrac{(2+4)12}{2+4+12} = 4\mu F$

例 4-8

圖 4-6 所示之電路$C_1 = C_2 = C_3 = 1\mu F$未經充電之三個電容器，接上電源後C_1兩端之電壓抵達 100V，試問a、c間之總電容量爲多少？C_1上之電荷量Q_1爲多少？C_2上之電荷量Q_2爲多少？及C_2與C_3並聯部份兩端之電壓V_{bc}爲多少？電源電壓 V 爲多少？

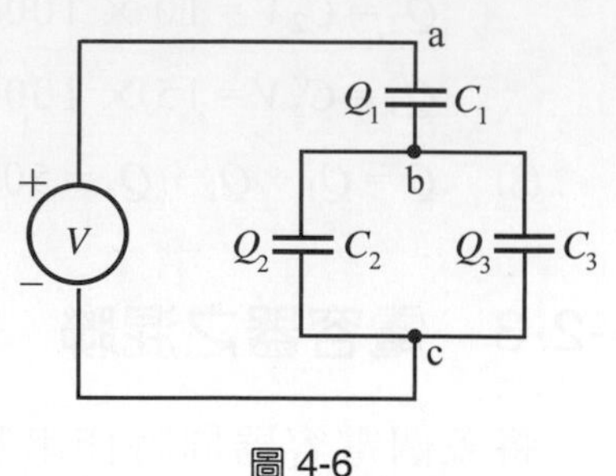

圖 4-6

解 (1) $C_{ac} = \frac{(1+1)1}{1+1+1} = \frac{2}{3}\mu F$

(2) $Q_1 = C_1 V_1 = 1 \times 100 = 100$微庫

(3) $Q_2 = \frac{1}{2} Q_1 = \frac{100}{2} = 50$微庫

(4) $V_{bc} = V_2 = \frac{Q_2}{C_2} = \frac{50}{1} = 50V$

(5) $V = V_1 + V_2 = 100 + 50 = 150V$

4-3 電容器的充電和放電

圖 4-7 所示爲一電容器充放電電路，電容器之兩極板經一電流表接至直流電源上，當開關投向a時，於此瞬間，電流表之指針發生偏轉，但即刻又恢復零點。此現象顯示當開關與a點閉合時，必有電流流過電流表，但此電流立即又停止，此種作用稱爲電容器**充電(charge)**。電流通過的時間雖短暫，然已足夠使電容器充電。當其充電充足後，電容器兩極板上之電位與電源之電動勢相等而極性相反，故可視爲一反電動勢。此刻若將開關投向b點，則於開關閉合的瞬間，見電流表之指針向與充電時之反向偏轉。此顯示電容器充電後，雖已切離電源，但其自身儲存電荷所形成之電位促使電流流出，此種現象稱爲電容器**放電(discharge)**，若導體內無電阻，上述充、放電流值甚大，且時間短暫；如果導體內有電阻，則其充、放電電流之時間當與電阻值之大小成正比，電容器兩極板上之充電電流與電壓變化爲一指數曲線，如果圖 4-8 所示，其方程式將於第五章詳述。

當直流電壓加到電容器兩極板上，馬上就有一電流開始流向電容器以儲積靜電荷，此瞬間電容器可視爲一通路充電電流最大。

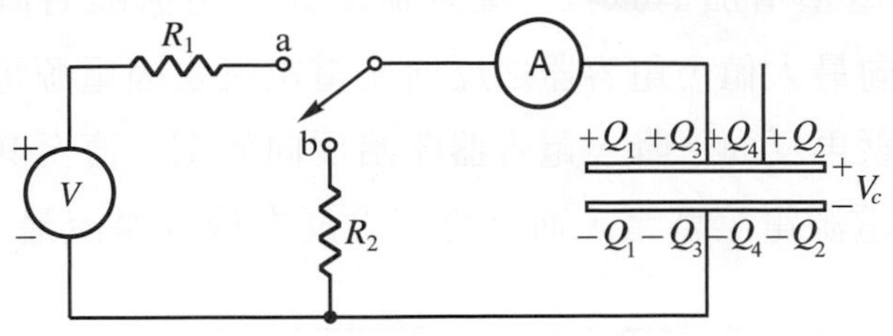

圖 4-7　電容器之充電與放電

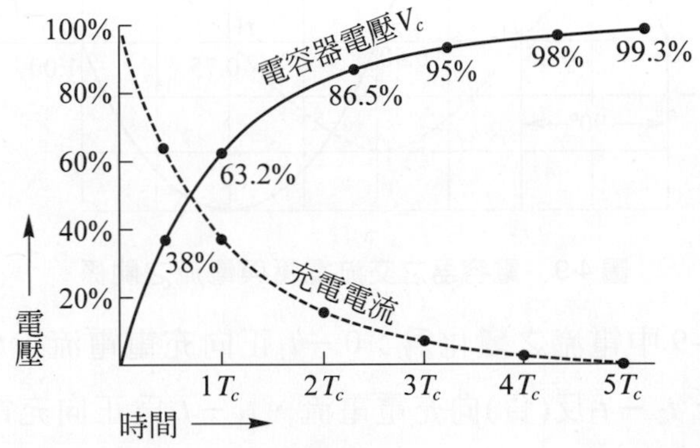

圖 4-8　電容器兩導體間電壓、電流及時間的關係

若電容器兩極板接在交流電源上時，其電流、電壓間之變化情形爲何？參看圖4-9，設開始時，電源電壓由零向正的方向增加，因爲電容器之極板上沒有任何電荷，所以大量電荷湧向極板，使極板間產生與電源電壓極性相反之電位差V_c，於是就抗拒後來之電荷湧入。但是因爲電源之電壓繼續增加中，其電壓高於電容器兩端之電壓將繼續驅動電荷進入電容器之極板。但因此後之電源電壓增加率逐漸變小，於是湧向極板之電荷亦越來越少，也就是電流越來越小。當時間$t = t_1$時，電源電壓抵達最大值，已無法高過電容器兩端之電壓(電源電壓等於電容兩端之電壓)因而充電電流就停止而變爲零。過了此刻，電源電壓往下降，而電容器兩端之電壓反而比電源電壓高，於是電容器極板上之電荷間之斥力而往低電位處移動，以保持電容器之電壓與電源電壓相等。因而構成了反方向之電流，即電容器之放電電流。接著，電源電壓降低率越來越大，電容器之放電電流也越來越大。抵達時間$t = t_2$時，電源電壓等於零，此刻降低率最大，故放電電流也最大。同時亦使電容器之電位差等於零。換言之，電容器極板上此時已無電荷存在。此後電源電壓向負的方向增加，電容器就向負方向充電，此刻電壓之反方向增加率最大，電容器之反向充電電流也最

大，自此以後電源電壓增加率減緩，電容器之充電電流隨著減小。直至時間$t=t_3$時，電源電壓為反向最大值，電容器之反向充電電流也因電源電壓無法再增加而變為零。接著電源電壓再反向下降，電容器開始反向放電，直至其極板上所儲存之電荷為零而止。此時電源電壓為零，而電容器之反向放電電流最大。

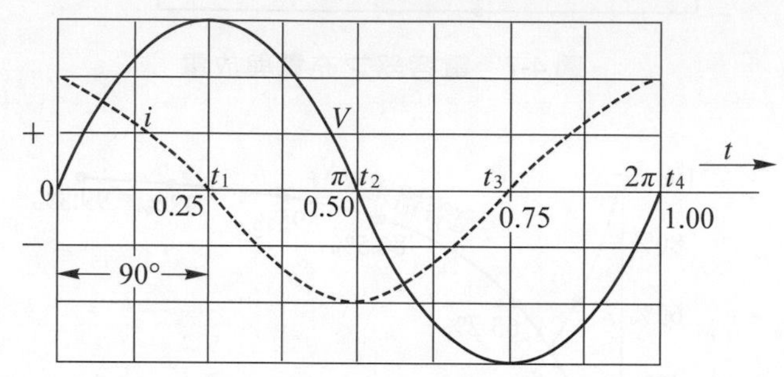

圖 4-9　電容器之交流電壓與電流之關係

綜合上述，圖 4-9 中電流之變化為：$0-t_1$正向充電電流，t_1-t_2為放電電流(放向與充電電流相反)，t_2-t_3反(負)向充電電流，t_3-t_4為正向充電電流。以後周而復始繼續進行下去，又恢復至開始時 0 點位置之狀態。由此得知，電源為弦波電壓時，電容器的電流和電壓間有一相位差存在，即電流越前(leading)電壓 90°，充電電流之大小除了與電源電壓，電容器容量成正比外，同時也與電源的頻率成正比例。

4-4 電容器的初值電壓和穩態電壓

在定值電源(直流電源)作用之下，任何電容電路經過相當長之時間後，其內部能量重新分佈所引起之暫時變化當可告失，而一切趨向穩定狀態。電容器兩端之電壓V_c及線路上之電流將不再變動，如圖 4-10 所示之電路，設電容器未曾充電過，當$t=0$時，將開關S關閉，由於電容器兩端的電壓不能作瞬間變化，所以在S關閉的那一瞬間，電容器兩端之初值電壓為零($V_c(0)=0$)，此刻電源電壓V完全跨於電阻R兩端上，而電流以$I(0)$表示其值為$I(0)=\dfrac{V}{R}$，令$\dfrac{V}{R}=I$，即初值電流$I(0)=I$。

當開關S關閉之後，電容器逐漸充電，其兩端之電壓亦隨著逐漸增加，因而電路中之電流逐漸減少。最後當電容器兩端電壓V_c增加到與電源電壓V值相等時，電流即為零，在理論上要經過無限長時間$I(t)$才降為零，即$I(\infty)=0$此為穩態電流值；此刻電容器兩端之穩態電壓為$V_c(\infty)=V$

例 4-9

圖 4-10 所示之電路中，若電源電壓$V=10\text{V}$，$R=10\text{k}\Omega$，$C=1\mu\text{F}$，試求(1)初值電流及穩態電流，(2)初值電壓及穩態電壓。

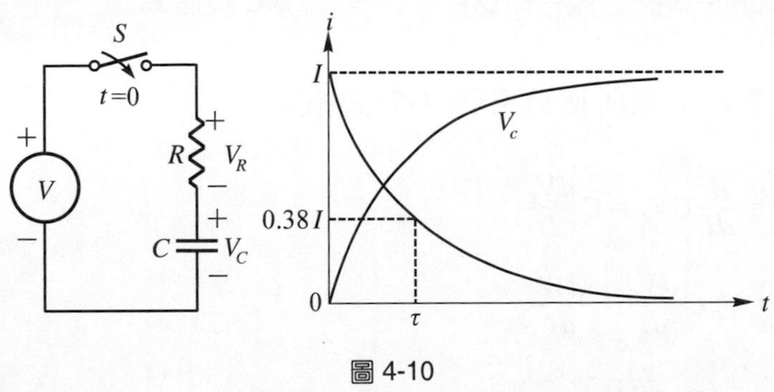

圖 4-10

解 (1) 初值電流$I(0)=\frac{V}{R}=\frac{10}{10\times 10^3}=10^{-3}A=1\text{mA}$

穩態電流$I(\infty)=0$

(2) 初值電壓$V_c(0)=0$

穩態電壓$V_c(\infty)=V=10\text{V}$

4-5 電容器儲存的能量

當一電容器接上電源充電時，電源中之能量藉電荷移往電容器而儲存於其中，因而該電容器電場中之能量將逐漸增加，其端電壓亦隨著上升，設充電電流I在短暫瞬間$\triangle t$內增加微量之電荷$\triangle q$，電容器極板間電壓升高$\triangle V_c$，則$\triangle q=C\triangle V_c$，$I=\frac{\triangle q}{\triangle t}=C\frac{\triangle V_c}{\triangle t}$，電容器上瞬時功率為電壓與電流之乘積即$P=V_cI=V_cC\frac{\triangle V_c}{\triangle t}$，則在此$\triangle t$瞬間內增加之能量為：

$$W=P\triangle t=CV_c\frac{\triangle V_c}{\triangle t}\cdot\triangle t=CV_c\triangle V_c=q\triangle V_c \tag{4-6}$$

對一定值電容而言，電容器兩端之電壓與其儲存之電量成正比且V與Q之乘積即為能量，其間關係如圖 4-11 所示。電容器能量儲存於電場中，當電容器之電量為Q時，若電壓增加為$\triangle V_c$由(4-6)式知，圖 4-11 中斜線部份，代表此時電容器所增加的電能，若$\triangle V_c$甚微小，則斜線部份可視為一甚小之矩形，設電容器最後儲存之電荷為Q，電壓由初始值零增至V，則其儲存之能量為圖 4-11 中狹小斜線面積之總和。換言之，電容器儲存之總能量高為Q，底邊為三角形之面積，即

$$W=\Sigma \triangle W=\Sigma Q \triangle V_c=\frac{1}{2}QV=\frac{1}{2}\frac{Q^2}{C}=\frac{1}{2}CV^2\text{焦耳} \tag{4-7}$$

若以微分方程式表示，則所獲結果與(4-7)式相同

$$I=\frac{dQ}{dt}=\frac{d}{dt}CV_c=C\frac{dV_c}{dt}$$

$$P=V_cI=V_cC\frac{dV_c}{dt}=\frac{dW}{dt}$$

$$dW=Pdt=V_cC\frac{dv_c}{dt}\cdot dt=CV_cdV_c$$

兩邊積分得

$$W=\int_0^V CV_cdV_c=\frac{1}{2}CV_c^2=\frac{1}{2}CV^2\text{焦耳}$$

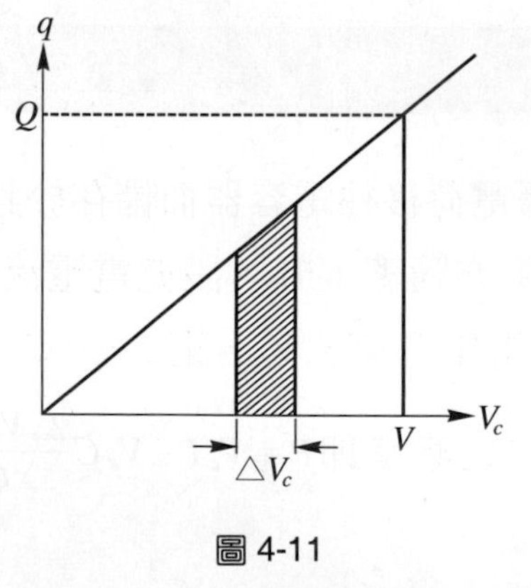

圖 4-11

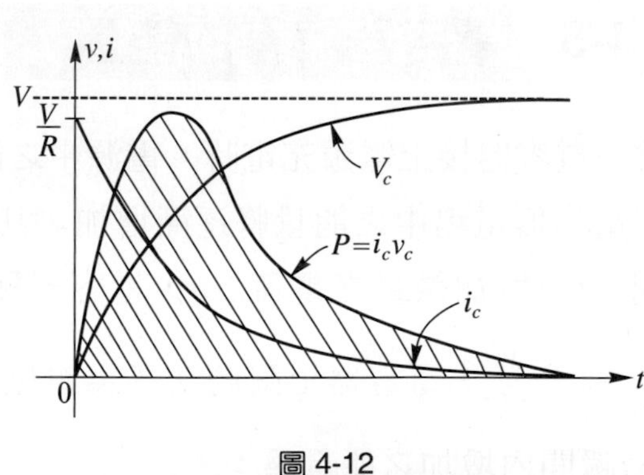

圖 4-12

充電過程中，兩極板間之電壓、充電電流和功率變化情形，如圖 4-12 所示，功率P曲線下面斜線部份之面積，即為儲存之能量。

例 4-10

一電容器，其容量為 2μF，自 100V 充電至 200V，求該段充電期間所儲存之電能為多少？

解 $\triangle W = W_2 - W_1 = \frac{1}{2}CV_2^2 - \frac{1}{2}CV_1^2 = \frac{1}{2}C(V_2^2 - V_1^2)$

$= \frac{1}{2} \times 2 \times 10^{-6}(200^2 - 100^2) = 0.03$焦耳

4-6 電感器中電壓與電流之關係

在第一章1-4節中對電感器曾作過簡單的介紹，本節將進一步的探討電感器之性質及電路上之應用。首先討論電感器中電壓與電流之關係，電感器是與磁場現象有關的電路元件，我們知道磁場變化產生感應電動勢，即穿過導體(線圈)的磁場(或磁力線)發生變化，線圈兩端會產生感應電動勢出來。同樣的道理，如果流過線圈的電流隨時間而變動，則其在線圈附近產生的磁場亦隨著時間變動，時變磁場可以在磁場交連的導體(線圈)中感應電壓。電感是用以敘述電感器的電路元件，以繞成之線圈圖形表示之，此符號圖形提醒我們電感器是導體與磁場交鏈的結果，其產生感應電壓係反對電感中電流之變化。討論電感兩端所產生感應電壓的極性，若是電流流入端爲正；流出端爲負(正端之電位較負端爲高)感應電壓與其中電流變化率成正比，其數學式在1-4節中提過即$V = L\frac{dI}{dt}$，當電流變化率爲正時，表示電流越來越大，則V爲正，即圖4-13中，電感左端爲正，而右端爲負；若電流變化爲負，表示電流越來越小，則V爲負電感左端爲負；右端爲正，(左端電位比右端低)$V = L\frac{dI}{dt}$式中以電感器中電流之函數表達，跨電感器兩端之電壓。若欲找出電流I爲電壓V之函數，可在上式兩側乘以時間的微分dt得：

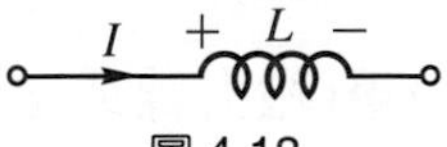

I + L −

圖 4-13

$V \cdot dt = L\left(\frac{dI}{dt}\right)dt$，或$Vdt = LdI$，將兩側積分可得

$$I(t) - I(0) = \frac{1}{L}\int_0^t Vdt \quad (4\text{-}8)$$

上述方程式可獲得電感器兩端上的電壓與電流之關係，以電流之函數表示電壓，或以電壓之函數表示電流。不難了解當電感中之電流發生變化時，其兩端電壓隨之變化的情形。若流經電感之電流爲一正弦波如圖4-14所示。則其兩端之電壓與流經之電流變化率成正比(電阻兩端之電壓與流經之電流成正比故知電阻與電感

之性質截然不同。)從圖中可看出，在時間t軸上，由O到t_1之間，電流i值逐漸增加，而其變化率(可視爲曲線之斜率)在O點處爲最大，且變化率爲正，故在$t=0$時的電壓V爲最大且爲正；在$t=t_1$時，電流i值雖爲最大，但其變化率爲零，故此時電壓V值爲零；在$t=t_2$時，i值雖爲零，但其變化率亦爲最大，唯方向相反(變化率爲負)，故此時之V爲反(負)向的最大值；在$t=t_3$時i值爲負的最大，但因其變化率爲零，故V值爲零；在$t=t_4$時，i值又爲零，但其變化率爲最大且爲正，故V值爲最大且爲正。依此周而復始，呈現周期性的變化。(i的變化曲線爲正弦波；V的變化爲餘弦波)這表示V與i起伏變化不一致，從圖中可看出V降到零值四分之一周(90°)後i才降到零值。這說明兩者間之關係除了量以外尚要考慮其間之相位差，圖示說明通過電感器中之電流i若爲正弦波則滯後(Lagging)其兩端之電壓V90°。

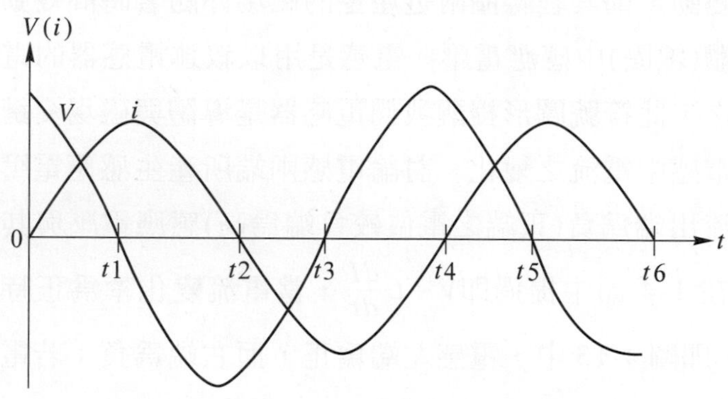

圖 4-14　電感中V、i之關係

4-7 電感器的自感與互感

當線圈通過電流時，即產生磁場(磁力線或磁通)而形成磁鏈，所謂磁鏈爲線圈的匝數乘以與匝數相鏈繫之磁力線數，而自感定義爲每單位電流所產生之磁鏈數，以L表示之爲：

$$L=\frac{N\phi}{I} \tag{4-9}$$

若流經線圈之電流增加時，其產生磁通變動量亦增大，而感應一電動勢來阻止磁鏈增加。即反抗流經線圈之電流增大，此種由線圈中電流之變化而產生的電動勢稱爲**自感電動勢(self-induced electromotive force)**即：

$$v = -N\frac{d\phi}{dt} = -N\frac{d\phi}{dI}\cdot\frac{dI}{dt} = -L\frac{dI}{dt} \tag{4-10}$$

式中之負號表示自感電動勢與線圈兩端電壓之極性及流經線圈電流之方向相反。當線圈每秒通過一安培之電流，所產生之電動勢爲一伏特時，則該線圈的自感量爲一亨利。自感量的計算通常分爲長螺管及環形鐵心(或變壓器鐵心)兩型，該截面積爲A平方米，匝數爲N磁路的導磁係數爲μ，螺線管長(鐵心平均長)爲l米則其自感(電感)L爲

$$L = \frac{\mu A N^2}{l}\text{亨利} \tag{4-11}$$

例 4-11

有一600匝之螺線管，通以2A電流時，產生0.06韋伯之磁通量試求⑴電感量，⑵若將匝數減少300匝，則其電感量變爲多少？

解 ⑴ $L_1 = \frac{N_1\phi}{I} = \frac{600\times 0.06}{2} = 18\text{H}$

⑵ 由$L = \frac{\mu A N^2}{l}$知電感與匝數平方成正比

$\therefore L_2 = L_1\left(\frac{N_2}{N_1}\right)^2 = 18\left(\frac{600-300}{600}\right)^2 = 4.5\text{H}$

例 4-12

一線圈內流經過之電流，若以每秒4A變化率，其感應電動勢爲20V，試求線圈之電感爲多少？

解 由$V = L\frac{dI}{dt}$，$\therefore 20 = L\frac{dI}{dt} = L\times 4$，$L = \frac{20}{4} = 5\text{H}$

互感應：通過一線圈中電流發生變化時，使其附近之線圈磁鏈交割發生變動而產生感應電動勢的現象，則稱爲互感應，如4-15所示，相鄰之兩線圈，電流I_1流經線圈N_1產生磁通$\phi_1 = \phi_{11} + \phi_{12}$，其中$\phi_1$與$N_1$交鏈；$\phi_{12}$與$N_2$交鏈，電流$I_2$流經線圈$N_2$則產生磁通$\phi_2 = \phi_{22} + \phi_{21}$，其中$\phi_2$與$N_2$交鏈；$\phi_{21}$與 N_1交鏈則

$L_1 = N_1\frac{d\phi_1}{dI_1}$或$L_1 = \frac{N_1\phi_1}{I_1}$，$L_2 = N_2\frac{d\phi_2}{dI_2}$或$L_2 = \frac{N_2\phi_2}{I_2}$

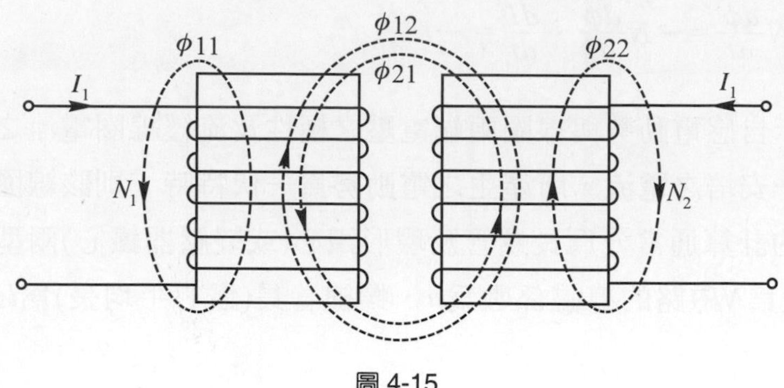

圖 4-15

線圈N_1對線圈N_2間之互感M_{12}爲：

$$M_{12}=\frac{N_2\phi_{12}}{I_1}\text{或}M_{12}=N_2\frac{d\phi_{12}}{dI_1}$$

線圈N_2對線圈N_1間之互感M_{21}爲：

$$M_{21}=\frac{N_1\phi_{21}}{I_2}\text{或}M_{21}=N_1\frac{d\phi_{21}}{dI_2}\text{，}M_{12}=M_{21}=M$$

設流經A線圈電流有變化時，使B線圈亦發生磁鏈變化，同時B線圈必因A線圈電流之變化而感應一電動勢，此電動勢稱爲**互感電動勢(mutual-induced electromotive force)**爲：

$$V_2=-M\frac{dI_1}{dt} \tag{4-12}$$

上式中負號表示互感電動勢之極性爲阻止電流之變動，若兩線圈有互感存在時，其中接電源之線圈稱爲原線圈(primary coil)產生感應電動勢之另一線圈稱爲副線圈(secondary coil)。兩線圈間之耦合係數k可以下式表示之：

$$k=\frac{\phi_{12}}{\phi_1}=\frac{\phi_{21}}{\phi_2}=\frac{\text{耦合至他線圈之磁通量}}{\text{原線圈產生之總磁通量}} \tag{4-13}$$

若A、B兩線圈，其自感量分別爲L_1、L_2，互感量爲M，耦合係數k，其間關係爲：

$$M=k\sqrt{L_1L_2} \tag{4-14}$$

互感M爲正爲負之決定可由線圈繞製看出，如圖 4-16(a)中A、B兩線圈繞製之方向相同，則其互感爲正，圖(b)中兩線圈繞製之方向相反，則其互感爲負。任一線圈中擁有自感及互感電動勢時，則其總感應電動勢爲

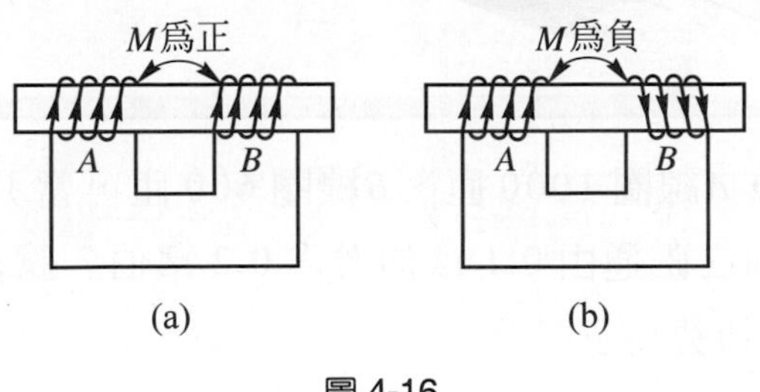

圖 4-16

$$V = V_1 + V_2 = L_1\frac{dI_1}{dt} \pm M\frac{dI_2}{dt} \tag{4-15}$$

互感M正負通常在線圈端以點號“·”標示其極性，即在某一瞬間兩者間對應之極性相同或相異如圖 4-17(a)所示，A、B兩線圈之點號位置相同表示任何瞬間兩點之極性一樣故其互感爲正；(b)圖之點號位置不同表示任何瞬間兩點之極性相反，則其互感爲負。

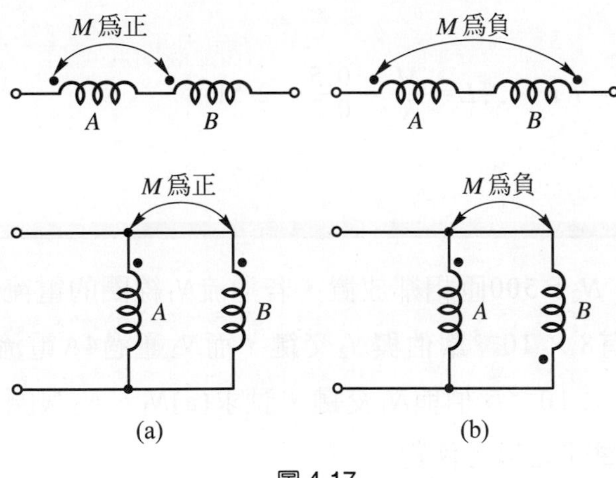

圖 4-17

例 4-13

A、B兩個相鄰線圈，A線圈中之電流在 1 毫秒內變化 4A，則在B線圈上感應 120V 之電動勢，求兩線圈間之互感量爲多少？

解 $V_2 = M_{12}\frac{dI_1}{dt} = M\frac{dI_1}{dt} \quad \therefore M = V_2\frac{dt}{dI_1} = 120\frac{10^{-3}}{4} = 0.03\text{H}$

例 4-14

A、B兩線圈相鄰放置，A線圈 1000 匝、B線圈 600 匝，當A線圈在 0.1 秒內電流變化 2A，使相鄰之B線圈之磁通由 0.1 韋伯增爲 0.2 韋伯。試求⑴兩線圈間之互感，⑵B線圈感應之互感電動勢爲多少？

解 ⑴$M_{12}=N_2\dfrac{d\phi_{12}}{dI_1}=600\dfrac{0.2-0.1}{2}=30\text{H}$

⑵$V_2=M\dfrac{dI_1}{dt}=30\dfrac{2}{0.1}=600\text{V}$

例 4-15

A、B兩個完全相同之線圈間，若互感爲 0.5H，而其間耦合係數爲 0.2，則每線圈之自感量爲多少？

解 $L_A=L_B=L$

由$M=K\sqrt{L_A\cdot L_B}=KL$ $\therefore L=\dfrac{M}{K}=\dfrac{0.5}{0.2}=2.5\text{H}$

例 4-16

有兩線圈$N_1=50$匝，$N_2=500$匝相鄰放置，若通流N_1線圈的電流爲 4A 產生9×10^{-5}韋伯之磁通，其中有8×10^{-5}韋伯與N_2交鏈，而N_2通過 4A 電流時產生9×10^{-4}韋伯之磁通，其中有8×10^{-4}韋伯與N_1交鏈，試求(a)N_1、N_2線圈之自感，(b)兩線圈間之互感，(c)兩線圈間之耦合係數。

解 (a)$L_1=N_1\dfrac{d\phi_1}{dI_1}=50\dfrac{9\times10^{-5}}{4}=0.001125\text{H}$

$L_2=N_2\dfrac{d\phi_2}{dI_2}=500\dfrac{9\times10^{-4}}{4}=0.1125\text{H}$

(b)$M_{12}=M_{21}=N_2\dfrac{\phi_{12}}{I_1}=N_1\dfrac{\phi_{21}}{I_2}=500\dfrac{8\times10^{-5}}{4}=0.01\text{H}$

(c)由$M=K\sqrt{L_1L_2}$，$\therefore K=\dfrac{M}{\sqrt{L_1L_2}}=\dfrac{0.01}{\sqrt{0.001125\times0.1125}}=0.87$

4-8 電感器的串聯與並聯

實用上電感器連接和電阻相同，基本方式有串聯、並聯及串並聯。唯因其有互感之存在，故計算過程比電阻稍繁鎖，若互感不計其等値電感，則計算方式完全和電阻電路一樣，爲了便於瞭解，僅對電感器之串聯和並聯電路間，是否有互感作用分別說明如下：

4-8-1 電感器之串聯

1. 兩電感器間無互感存在時：兩電感器互相垂直連接時，如圖 4-18(a)所示，L_1產生之磁通在L_2之上、下兩半部份恰相等而反向，故其上、下部份產生大小相等極性相反之電動勢，此刻即相當無互感存在，如圖(b)所示，爲兩個電感器串聯無互感電路之符號圖，由 KVL 知：

$$V = V_1 + V_2 \tag{4-16}$$

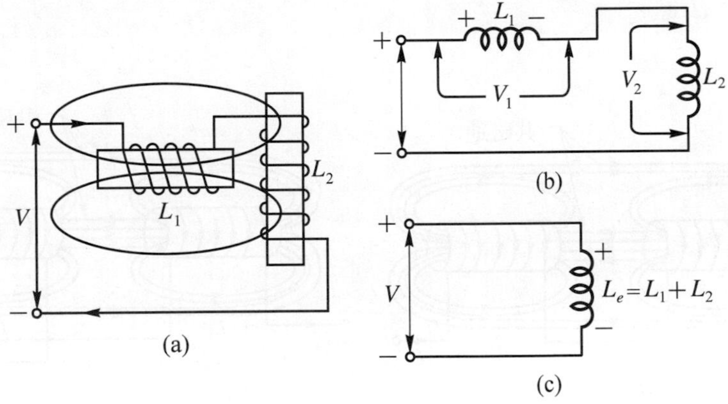

圖 4-18 電感之串聯(無互感存在)

設串聯電路之等效電感量爲L_e，則由法拉第定理知，其間之電流及電壓間關係爲：

$$V_1 = L_1\frac{dI}{dt}，V_2 = L_2\frac{dI}{dt}，V = L_e\frac{dI}{dt}$$

將上列各式代入(4-16)式，得

$$L_e\frac{dI}{dt} = L_1\frac{dI}{dt} + L_2\frac{dI}{dt}$$

兩邊同除以$\frac{dI}{dt}$，得

$$L_e = L_1 + L_2 \tag{4-17}$$

同理，若n個電感器串聯，若不考慮其間之互感，則其串聯後其等值電感爲：

$$L_e = L_1 + L_2 + L_3 + \cdots + L_n \tag{4-18}$$

2. 兩電感器間具有互感存在時：兩電感器串聯如圖 4-19(a)(b)所示，當電流通過兩串聯電感時，其產生之共磁通方向相同，故各電感器上之自感電勢和互感電勢極性相同稱爲**串聯互助(series adding)**，依點號規則，可以圖(c)及(d)表示之。設外施電壓V，串聯後之等值電感量爲L_e^+則各電感器上之電壓及電流間之關係爲

$$V_1 = L_1\frac{dI}{dt} + M\frac{dI}{dt} = (L_1 + M)\frac{dI}{dt}\text{，}V_2 = L_2\frac{dI}{dt} + M\frac{dI}{dt} = (L_2 + M)\frac{dI}{dt}$$

$$V = L_e^+\frac{dI}{dt}$$

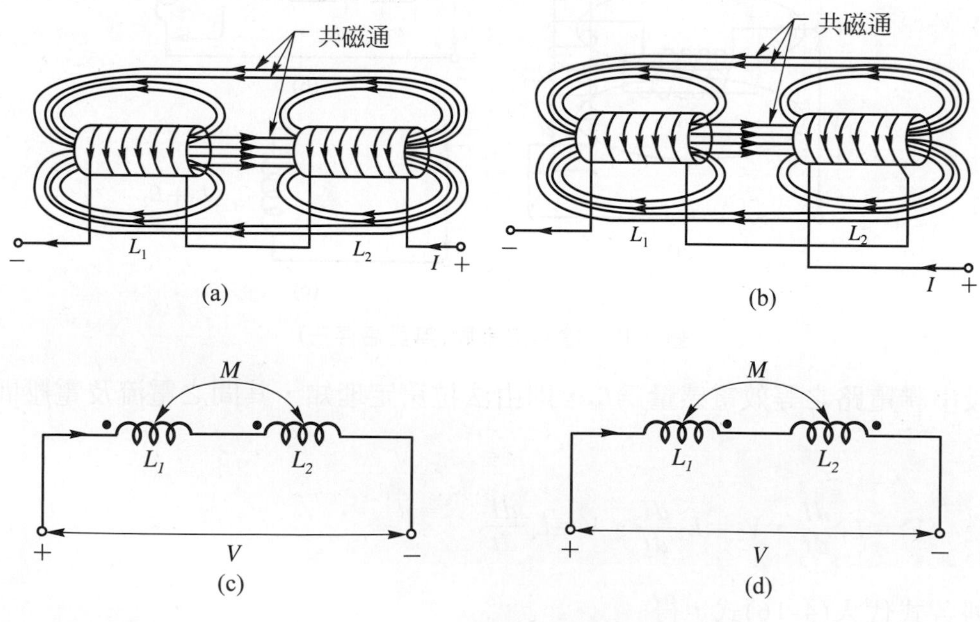

圖 4-19　兩線圈串聯互助

由 KVL 知 $V = V_1 + V_2$ 即

$$L_e^+ \frac{dI}{dt} = (L_1 + M)\frac{dI}{dt} + (L_2 + M)\frac{dI}{dt}$$

化簡得

$$L_e^+ = (L_1 + M) + (L_2 + M) = L_1 + L_2 + 2M \tag{4-19}$$

若兩電感器串聯如圖 4-20(a)、(b)所示，當電流通過時產生之磁通方向相反，即各電感器上自感電勢與互感電勢極性相反，故稱爲**串聯互抵(series opposing)**，通常以圖(c)、(d)表示之，設其等效電感爲L_e^-，則依上述得：

$$L_e^- = L_1 + L_2 - 2M \tag{4-20}$$

由(4-19)和(4-20)式可知兩個電感器間之互感量爲

$$M = \frac{L_e^+ - L_e^-}{4} \tag{4-21}$$

欲求兩電感器間之互感量，可分別將其接成串聯互助與串聯互抵，測得L_e^+及L_e^-代入(4-21)式中即可獲得。

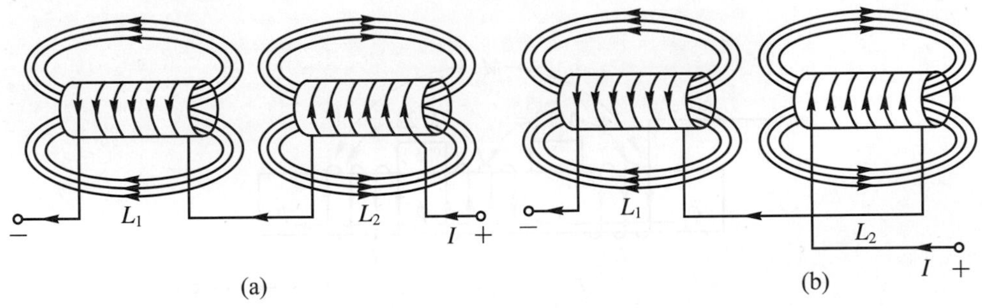

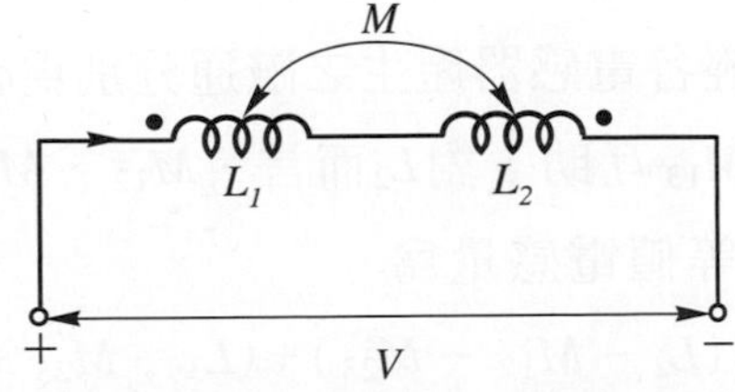

圖 4-20　兩線圈串聯互消

例 4-17

兩個電感器串聯如圖 4-18(b)所示，$L_1 = 1.2\text{mH}$，$L_2 = 430\mu\text{H}$，求其串聯後之等值電感量。

解 因該兩電感器間無互感存在，故其等值電感量為兩者電感量之和，即

$$L_e = L_1 + L_2 = 1.2 + 0.43 = 1.63\text{mH}$$

例 4-18

兩電感器串聯，測知其等值電感量為 0.6H；若將其中一電感器反接則其等值電感量為 0.8H，求兩者間之互感量為多少？

解 $M = \frac{1}{4}(L_e^+ - L_e^-) = \frac{1}{4}(0.8 - 0.6) = 0.05\text{H}$

例 4-19

有三個電感器串聯如圖 4-21 所示，其電感量分別為$L_1 = 5\text{H}$，$L_2 = 10\text{H}$，$L_3 = 8\text{H}$ 其間之互感分別為$M_{12} = 3\text{H}$，$M_{23} = 4\text{H}$，$M_{31} = 2\text{H}$，求串聯後a、b間之等值電感量為多少？

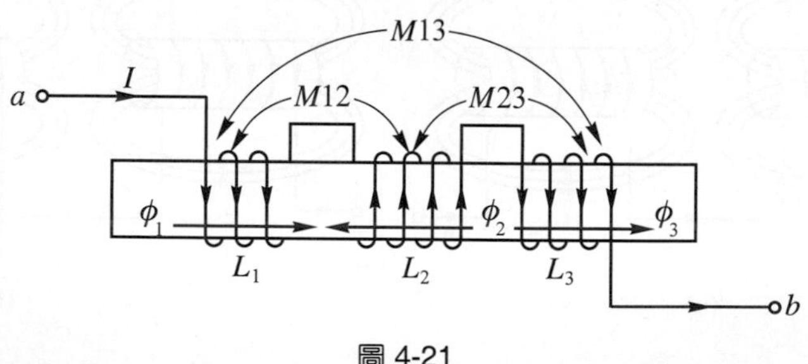

圖 4-21

解 設電流由a端流入，其經各電感器產生之磁通分別為ϕ_1、ϕ_2及ϕ_3之方向如圖示，對L_1而言，M_{12}互抵，M_{13}互助，對L_2而言，M_{12}、M_{23}皆互抵；對L_3而言，M_{23}互抵，M_{13}互助，故其等值電感量為

$$L_{ab} = (L_1 - M_{12} + M_{13}) + (L_2 - M_{12} - M_{23}) + (L_3 - M_{23} + M_{13})$$
$$= (5 - 3 + 2) + (10 - 3 - 4) + (8 - 4 + 2) = 13\text{H}$$

4-8-2 電感器之並聯

1. 兩電感器間無互感存在時：若兩電感器相距甚遠或產生磁通互相垂直並聯如圖 4-22(a)所示，可視爲兩電感器間無互感存在：由 KCL 知 $i = i_1 + i_2$，若電流微量的變化，則

$$di = di_1 + di_2$$

將上式兩邊除以dt，則

$$\frac{di}{dt} = \frac{di_1}{dt} + \frac{di_2}{dt} \qquad (4\text{-}22)$$

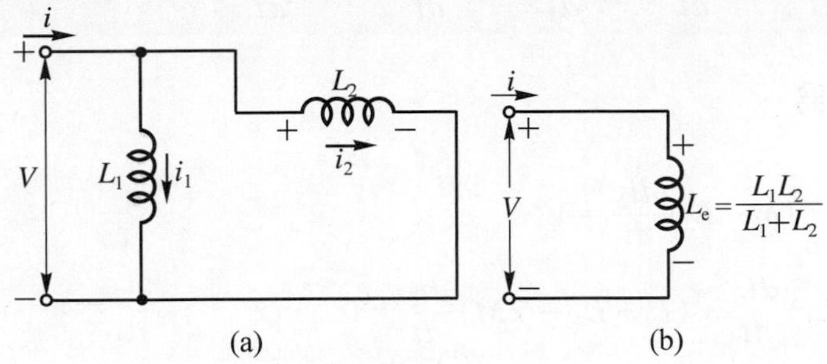

圖 4-22 兩電感並聯(無互感存在)

由法拉第定律知各電感上電壓與流經之電流關係爲：

$$V_1 = L_1\frac{di_1}{dt}\text{，}V_2 = L_2\frac{di_2}{dt}\text{，}V = Le\frac{di}{dt}$$

式中L_e爲並聯係之等值電感，將上式重新排列爲

$$\frac{V_1}{L_1} = \frac{di_1}{dt}\text{，}\frac{V_2}{L_2} = \frac{di_2}{dt}\text{，}\frac{V}{Le} = \frac{di}{dt}$$

代入(4-22)式，得

$$\frac{V}{L_e} = \frac{V_1}{L_1} + \frac{V_2}{L_2} \quad \text{(並聯電路，電壓相等即)}$$

$$V = V_1 = V_2$$

故得

$$\frac{1}{Le} = \frac{1}{L_1} + \frac{1}{L_2}\text{或}L_e = \frac{L_1 L_2}{L_1 + L_2} \qquad (4\text{-}23)$$

同理，若n個無互感作用之電感器並聯時，其並聯後之等值電感量之倒數等於各個並聯電感量倒數之和，即

$$\frac{1}{L_e}=\frac{1}{L_1}+\frac{1}{L_2}+\cdots+\frac{1}{L_n} \tag{4-24}$$

2. 兩電感器間具有互感時：兩電感器並聯如圖 4-23(a)所示，其符號圖為(b)，環路 1 及 2 之網目方程式分別為：

$$\begin{cases} L_1\dfrac{di_1}{dt}-L_1\dfrac{di_2}{dt}+M\dfrac{di_2}{dt}=V \\ -L_1\dfrac{di_1}{dt}+M\dfrac{di_1}{dt}+L_1\dfrac{di_2}{dt}+L_2\dfrac{di_2}{dt}-2M\dfrac{di_2}{dt}=0 \end{cases}$$

將上式整理後，為

$$\begin{cases} L_1\dfrac{di_1}{dt}+(M-L_2)\dfrac{di_2}{dt}=V \\ (M-L_1)\dfrac{di_1}{dt}+(L_1+L_2-2M)\dfrac{di_2}{dt}=0 \end{cases}$$

解此二元聯立方程式，得

$$\frac{di_1}{dt}=\frac{\begin{vmatrix} V & M-L_2 \\ 0 & L_1+L_2-2M \end{vmatrix}}{\begin{vmatrix} L_1 & M-L_2 \\ M-L_1 & L_1+L_2-2M \end{vmatrix}}=\frac{L_1+L_2-2M}{L_1L_2-M^2}V$$

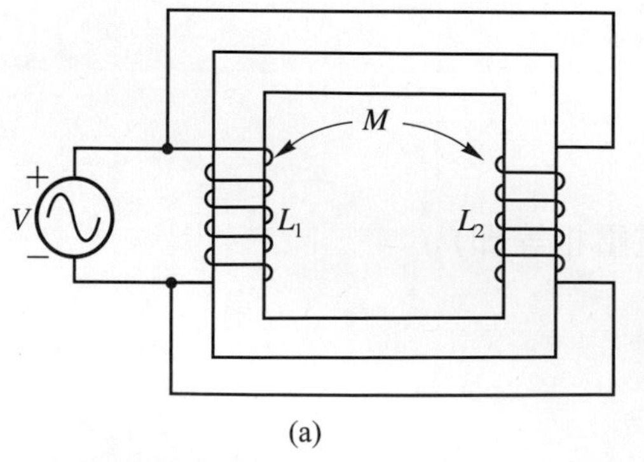

(a)

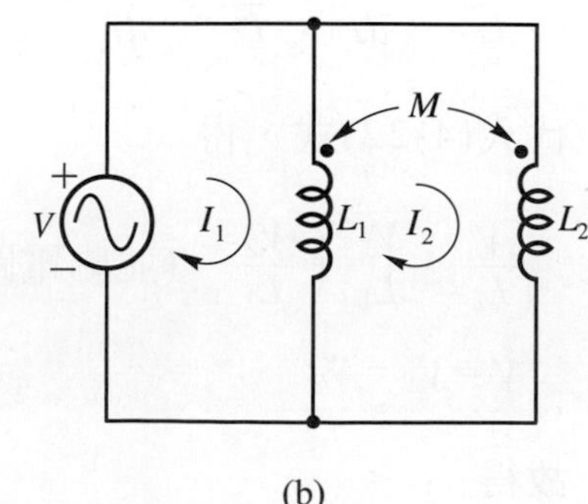

(b)

圖 4-23

設並聯後之等值電感量L_e則

$$V=L_e\frac{di_1}{dt}\text{，}L_e=\frac{V}{\frac{di_1}{dt}}$$

將(4-25)式代入，則

$$L_e=\frac{V}{\frac{di_1}{dt}}=\frac{L_1L_2-M^2}{L_1+L_2-2M} \tag{4-26a}$$

同理若兩電感器並聯接法如圖 4-24 所示，則其等值電感量為：

$$L_e=\frac{L_1L_2-M^2}{L_1+L_2+2M} \tag{4-26b}$$

(4-26)式為求兩電感器並聯考慮有互感存在時，其等值電感之基本方程式，若多個電感並聯時求其電感，必須列聯立方程式求解。

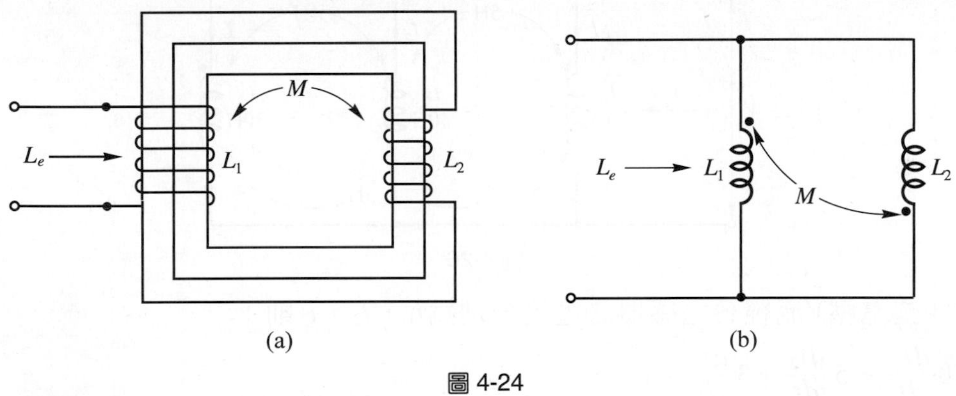

圖 4-24

例 4-20

三個電感器$L_1=2\text{mH}$，$L_2=3\text{mH}$，$L_3=6\text{mH}$，若彼此間無互感存在，求其並聯後之等值電感量為多少？

解 $\frac{1}{L_e}=\frac{1}{L_1}+\frac{1}{L_2}+\frac{1}{L_3}=\frac{1}{2}+\frac{1}{3}+\frac{1}{6}=\frac{6}{6}=1$

$\therefore L_e=1\text{mH}$

例 4-21

如圖 4-25 所示，設電感器間無互感存在，L_1 及L_2電感量之比爲 2：1，電路之等效電感量爲 7H，試求L_1、L_2之電感量各爲多少？

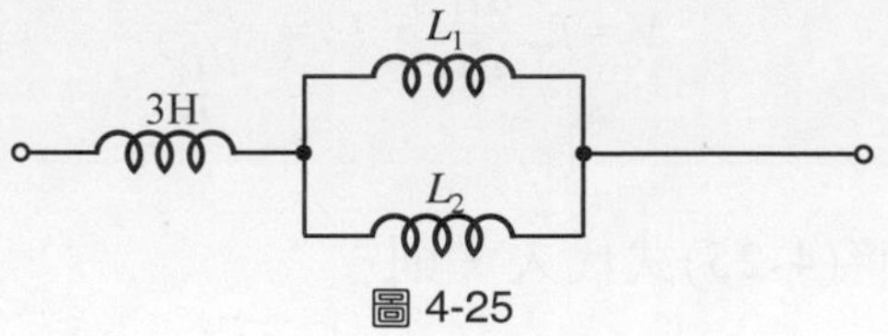

圖 4-25

解 $\dfrac{L_1L_2}{L_1+L_2}=7-3=4\text{H}$

已知$L_1=2L_2$，$\dfrac{2L_2\cdot L_2}{2L_2+L_2}=4\text{H}$

$\therefore L_2=6\text{H}$，$L_1=2L_2=12\text{H}$

例 4-22

試求圖 4-26 電路之等值電感。

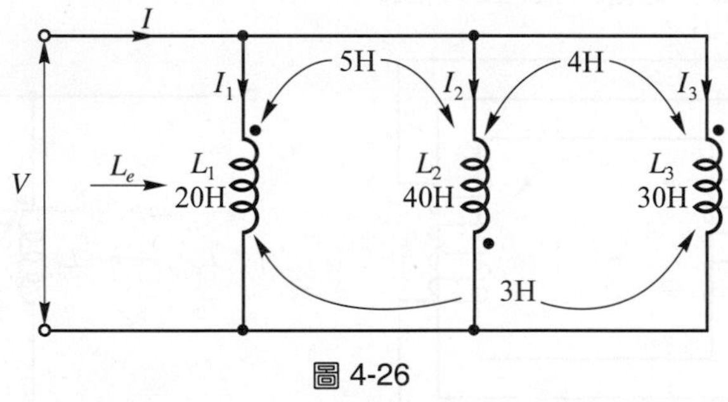

圖 4-26

解 設外施電壓V流經各電感器之電流分別爲i_1，i_2，i_3則：

$$\begin{cases} 20\dfrac{di_1}{dt}-5\dfrac{di_2}{dt}+3\dfrac{di_3}{dt}=V \\ -5\dfrac{di_1}{dt}+40\dfrac{di_2}{dt}-4\dfrac{di_3}{dt}=V \\ 3\dfrac{di_1}{dt}-4\dfrac{di_2}{dt}+30\dfrac{di_3}{dt}=V \end{cases}$$

以行列式法解此聯立方程式

$$D=\begin{vmatrix} 20 & -5 & 3 \\ -5 & 40 & -4 \\ 3 & -4 & 30 \end{vmatrix}=22690，D_1=\begin{vmatrix} V & -5 & 3 \\ V & 40 & -4 \\ V & -4 & 30 \end{vmatrix}=1222V$$

$$D_2=\begin{vmatrix} 20 & V & 3 \\ -5 & V & -4 \\ 3 & V & 30 \end{vmatrix}=794V \quad，D_3=\begin{vmatrix} 20 & -5 & V \\ -5 & 40 & V \\ 3 & -4 & V \end{vmatrix}=740V$$

$$\frac{di_1}{dt}=\frac{D_1}{D}，\frac{di_2}{dt}=\frac{D_2}{D}，\frac{di_3}{dt}=\frac{D_3}{D}$$

$$\frac{di}{dt}=\frac{di_1}{dt}+\frac{di_2}{dt}+\frac{di_3}{dt}=\frac{D_1+D_2+D_3}{D}=\frac{(1222+794+740)V}{22690}=\frac{2756}{22690}\text{V}$$

由$V=L_e\dfrac{di}{dt}$

$$\therefore L_e=\frac{V}{\dfrac{di}{dt}}=\frac{V}{\dfrac{2756}{22690}V}=\frac{22690}{2756}=8.23\text{H}$$

4-9 電感器的初值電流和穩態電流

在討論這個課題前，先以純電阻電路比較說明之。純電阻電路中，因電流與電壓同相，故將電壓加於電阻電路上，電流隨即流通；反之，若將電壓移去，電流隨即降為零。如圖4-27(a)所示之電路中，當開關S關閉之前，電路中之電流I為零，在時間$t=0$時，S關閉，在關閉之瞬間，電路中之電流由零驟然增至$I\left(I=\dfrac{V}{R_1+R_2}=\dfrac{12}{4+6}=1.2\text{A}\right)$如(b)圖所示。若在任何時間將$S$打開，$I$又即刻降至零，所以在純電阻電路中，電流可作瞬間變化，也就是電流由某一值抵達另一值時不需假以任何時間。但在有儲能元件電感電路中，由於能量的儲存或消失需要時間，所以情形將完全不同，介紹這個觀念。因電感器是由導體繞成線圈故其內部必有電阻，即任一實際電感器之符號必為電阻與電感串聯而成，如圖4-28(a)所示，在S關閉之前電路中無電流($I=0$)。

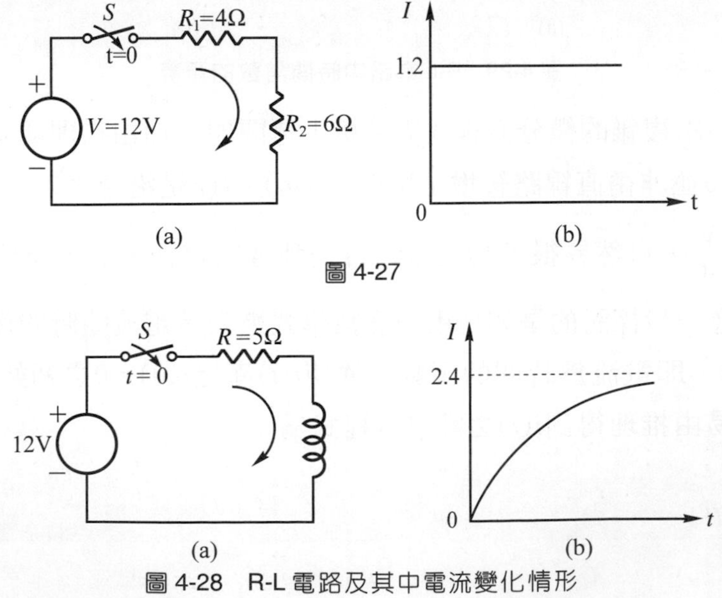

圖4-27

圖4-28 R-L電路及其中電流變化情形

在$t=0$之瞬間，將S關閉，試想電流I能否像純電阻電路那樣由零即刻增至$\frac{V}{R}$？由 4-6 節得知，電感器中之電流不能做瞬間變化，電感L中原本無電流流過，所以當S關閉之瞬間，I應爲零。在S關閉抵達穩態後，電路中之電感對直流電可視同一短路，所以在圖 4-28(a)所示電路中，當S關閉很久之後，電流值爲$I=\frac{12}{5}=2.4\text{A}$(理論上抵達此值需要無限長之時間)，因此在$R-L$電路中電流的變化是“漸進”的，而不是“突增”的，電流由零增至2.4A 需要經一段時間，電流上升之快慢與電路中$R.L$值有關，當$t=0$ 時，開關S關閉之瞬間，電路中之電流爲零，即**初值電流(initial value)**以$i(0)=0$表示之。在S關閉之後，電路逐漸增加，最後L形同一短路，外加電壓V完全跨接於R兩端，故電流值$I=\frac{V}{R}$，此值就是**穩態值(stead-state value)**，理論上，由初始值抵達穩態值需經無限長時間，故電流的穩態值以$i(\infty)=I=\frac{V}{R}$表示之。式中∞表示時間爲“無限長”之意。

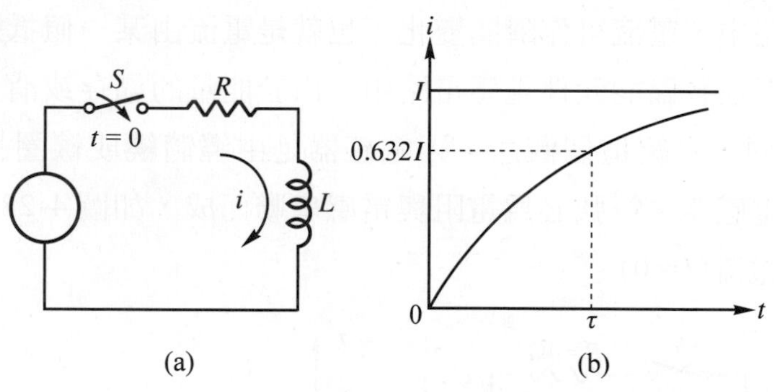

圖 4-29 R-L 電路中時間常數的意義

我們暫且不用複雜的微分方程式來分析上述問題，而由物理觀念來推斷，電流由初始值$i(0)=0$並非循直線路經增至穩態值$i(\infty)=I$而是沿圖 4-29(b)所示之指數型逐漸增加至$I=\frac{V}{R}$，自然界很多物理量的增長都遵循這種形式，這似乎是一種自然法則。現在要進一步探討的是如何用一個數學式來表示電流隨時間作如何的變化，也就是求出$i(t)$，即電流爲時間的函數。欲使$i(t)$滿足$i(0)=0$之初始值；及$i(\infty)=I$之穩態值，甚易由推理得到$i(t)$之數學方程式爲：

$$i(t)=I(1-e^{-\frac{t}{\tau}}) \tag{4-27}$$

先檢驗上式是否滿足$i(0)=0$及$i(\infty)=I$，分別以$t=0$及$t=\infty$代入上式得

$$i(0)=I(1-e^{-0})=I(1-1)=0$$
$$i(\infty)=I(1-e^{-\infty})=I(1-0)=I$$

所以兩者都已滿足，(4-27)式中e的乘冪爲$-\frac{t}{\tau}$而不是$+\frac{t}{\tau}$的原因爲τ乃一常數，其因次(dimensiion)爲時間，若時間單位爲秒，則τ亦必爲秒，其值之大小直接影響電流增加之快慢，所以必與電路之特性有關，也就是與構成該電路的R及L值有關，茲試看$\frac{L}{R}$之因次：

$$\frac{L}{R}=\frac{[V][T]/[I]}{[V]/[I]}=[T] \tag{4-28}$$

上式中L之因次係由$V=L\frac{di}{dt}$，而R之因次係依據歐姆定理$R=\frac{V}{I}$求出所以由(4-28)式可看出$\frac{L}{R}$之因次爲$[T]$(時間)，今以$\tau=\frac{L}{R}$代入(4-27)式，即得電路中電流方程式爲：

$$i=I(1-e^{-\frac{R}{L}t}) \tag{4-29}$$

上面曾提過，τ值之大小與電流i增加之快慢有密切關係即 τ值越大，i之增加率越小；反之τ 值越小，i之增加率越大，圖 4-30 所示爲不同τ值之電流變化情形。茲將τ之物理意義說明如下：

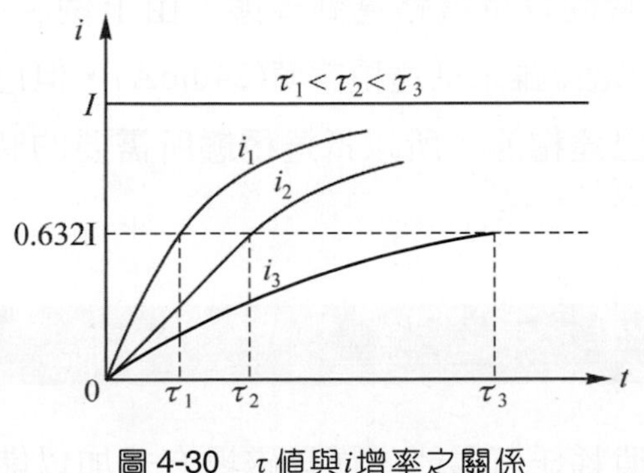

圖 4-30 τ值與i增率之關係

我們知道$\tau=\frac{L}{R}$，其因次爲時間。若L以亨利爲單位，R以歐姆爲單位，則T的單位爲秒，今試求圖 4-29(a)中S關閉後，經過$\frac{L}{R}$秒之電流值，可令$t=\tau\left(\frac{L}{R}\right)$，代入(4-29)式，得

$$i(\tau)=I(1-e^{-\frac{R}{L}\frac{L}{R}})=I(1-e^{-1})=I(1-0.368)=0.632I$$

式中$i(\tau)$表示$t=\tau$秒之電流值，該值爲穩態值之 63.2%，通常稱τ爲**時間常數(time constant-T.C)**。一個時間常數是電流上升至穩態值的63.2%所需之時間。

例 4-23

如圖 4-29(a)所示電路中，$V=24\text{V}$，$R=100\Omega$，$L=0.1\text{mH}$，試求⑴S關閉$t=0$時該電路中電流之初始值$i(0)$，⑵穩態值$i(\infty)$，⑶時間常數τ，⑷當$t=5\tau$時之電流值。

解 ⑴$i(0)=0\text{A}$

⑵$i(\infty)=I=\frac{V}{R}=\frac{24}{100}=0.24\text{A}=240\text{mA}$

⑶$\tau=\frac{L}{R}=\frac{0.1\times10^{-3}}{100}=10^{-6}\text{sec}=1\mu\text{sec}$

⑷由(4-29)式，當$t=5\tau$，電路中之電流值爲

$$i(5\tau)=240(1-e^{-5})=240(1-0.007)=238.32\text{mA}$$

由(4-29)式，知電流由初始值抵達穩定值需要無限長的時間，但在實際應用上，不可能等使無限長時間以待電路達到穩態。由上例(4)項所獲之結果，當時間經過5倍時間常數($t=5\tau$)電流雖未抵達穩態值(240mA)，但已相去不遠(238.32mA)，在工程應用上，可視爲已達穩態。所以抵達穩態所需要的時間至少爲5倍時間常數以上。

4-10 電感器儲存的能量

理想的電感器，不消耗任何電能，僅以磁場方式加以儲存，其儲存能量多寡與電感量及通過之電流有關，設一$R-L$串聯電路，外加電壓爲V，電路電流爲I_L，則由 KVL 得

$$L\frac{dI_L}{dt}+RI_L=V$$

上式兩邊各乘以I_L則：

$$LI_L\frac{dI_L}{dt}+I_L^2R=VI_L$$

電感器之功率與能量關係，可直接由電壓及電流關係導出，上式中VI_L為電源供給電路之功率，I_L^2R為電阻上消耗的功率，$LI_L\frac{dI_L}{dt}$則為電感L儲存於磁場能量W_L之功率，因功率為能量之時間變化率，兩者間之關係為：

$$P_L=\frac{dW_L}{dt}=LI_L\frac{dI_L}{dt}，dW_L=LI_LdI_L$$

若通過電感器之穩態電流為I，則電感儲存之能量為：

$$W_L=\int_0^I LI_LdI_L=\frac{1}{2}LI^2\text{焦耳} \tag{4-30}$$

圖 4-31 所示，為一磁場在電感器附近建立時，電感器之電壓V_L，通過之電流I_L及功率P_L之變化情況，P_L曲線下斜線部份之面積，即為儲存之電能，通常以(4-30)式表示之。

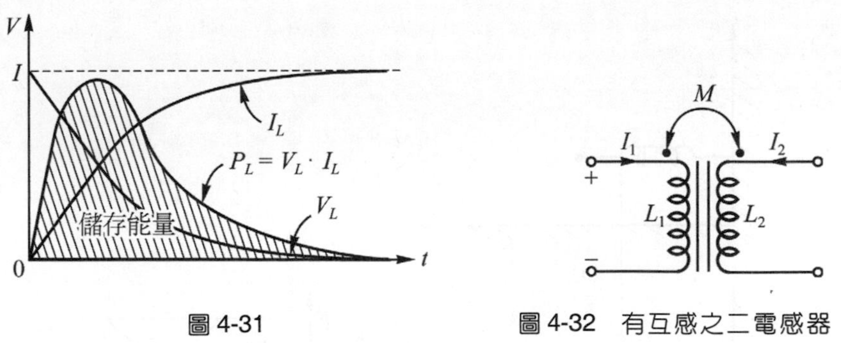

圖 4-31　　圖 4-32　有互感之二電感器

若一電路包括互感M及兩個理想電感器L_1、L_2如圖 4-32 所示，通過其中之電流分別為I_1及I_2，兩電感間之互感為M，若電流I_1、I_2皆由點號端流入，則此兩電感器所儲存之能量總和並不是個別電感器所儲存能量之和$\left(\frac{1}{2}L_1I_1^2+\frac{1}{2}L_2I_2^2\right)$，而必須考慮兩者間的互感部份所儲存之能量，該部份之能量與互感M有關，其量為MI_1I_2，所以當兩個電感器產生之電感互補(相加性)時，其總儲存能量W為

$$W = \frac{1}{2} L_1 I_1^2 + \frac{1}{2} L_2 I_2^2 + M I_1 I_2 \tag{4-31}$$

若兩電感器產生之電感互抵(相減性)時，即圖 4-32 中所示之電流流入電感器之方向不一致(一個由點號端流入，另一個由非點號端流入)，則兩電感器所儲存之總能量W為

$$W = \frac{1}{2} L_1 I_1^2 + \frac{1}{2} L_2 I_2^2 - M I_1 I_2 \tag{4-32}$$

再將電感器儲存的能量之問題做進一步探討：若一電感器內有電流通過，則在電感器四周會產生磁場，能量就藉磁場的形式而被儲存，所以電感器所儲存的能量是**磁能(magnetic energy)**的形式。這和 4-5 節電容器所儲存的能量是屬於**電能(electric energy)**相對應。電感器能儲存能量，當有電流通過時才有能量的儲存，儲存能量多寡必與電流I及電感器之電感L有關。在討論這個關係之前，先看大家較熟習彈簧儲存能量問題：當一條彈簧，如圖 4-33(a)所示，在未受拉力之前，有其一定之長度。茲若將一拉力F施於該彈簧上，則彈簧伸長了d段長度如(b)圖所示，依虎克定律，在彈性範圍內，拉力F與伸長量d之間的關係為：

$$F = kd \tag{4-33}$$

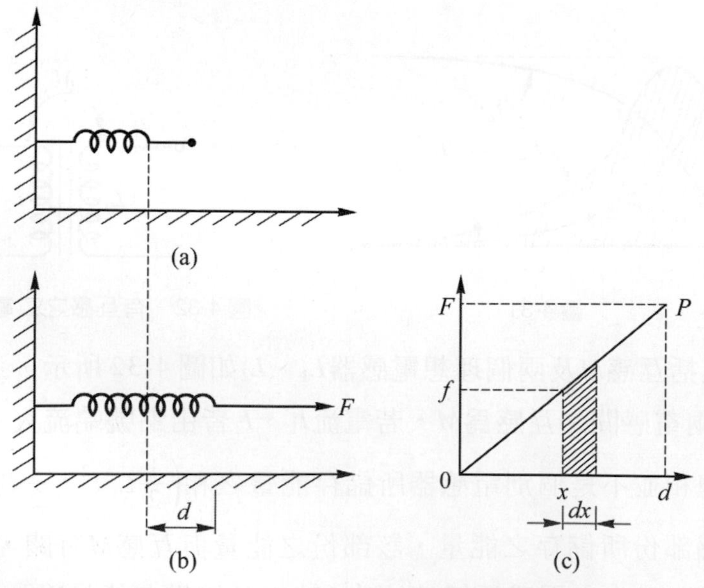

圖 4-33　彈簧受距離拉力與其伸長之關係

式中k為彈簧的彈性係數，k值越大，則使彈簧伸長單位長度所需的拉力也越大；反之亦然。當彈簧由原來未伸長的狀態延伸d長度時，外加的力是由零逐漸加大的，也就是當彈簧的伸長量為x時外加的力f為：

$$f = kx \tag{4-34}$$

現在若在彈簧伸長x後，再稍微拉長一小段長度dx，那麼所需力f所做的功為fdx，即

$$fdx = kxdx \tag{4-35}$$

上述功的量就如圖 4-33(c)中斜線所示的部分。

若欲求彈簧拉長到d所做功的總和，那只要算出$\triangle odp$的面積即可，該面積之大小為：

$$\triangle odp = \frac{1}{2}Fd \tag{4-36}$$

將(4-33)代入上式，得

$$\triangle odp = \frac{1}{2}kd^2 \tag{4-37}$$

此即彈簧所儲存的能量W_s為：

$$W_s = \frac{1}{2}kd^2 \tag{4-38}$$

茲將彈簧儲存能量的觀念利用到電感器所儲存的能量，可獲得類似的結果，一電感器其電感量為L，若通過之電流I_1則產生之磁通ϕ_1為：

$$\phi_1 = LI_1 \tag{4-39}$$

若通過之電流為I，則產生之磁通ϕ為

$$\phi = LI \tag{4-40}$$

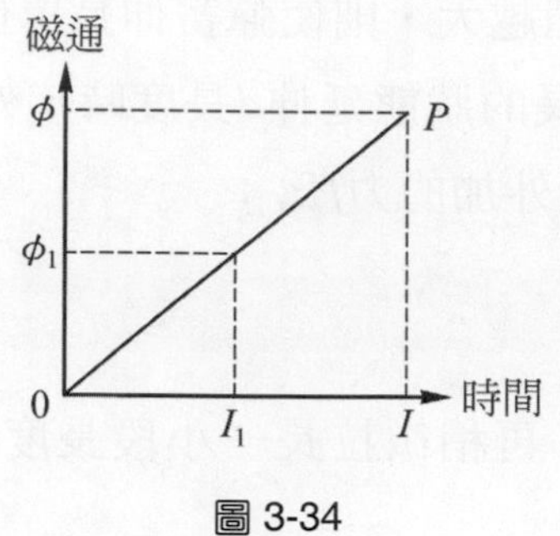

圖 3-34

儲存在電感器中的能量爲磁通與電流乘積的一半即圖 4-34 所示中△OPI的面積

$$W_m = \frac{1}{2}\phi I \tag{4-41}$$

將$\phi = LI$代入上式得

$$W_m = \frac{1}{2}LI^2 \tag{4-42}$$

例 4-24

$R-L$串聯電路如圖 4-35 所示，在$t=0$時將S關閉，求當電路穩定後，磁場內儲存能量爲多少？

解 電流之穩態值爲$I = \dfrac{V}{R} = \dfrac{100}{20} = 5\text{A}$

電感器儲存於磁場中之能量爲

$W = \dfrac{1}{2}LI^2 = \dfrac{1}{2} \times 5 \times 5^2 = 62.5$焦耳

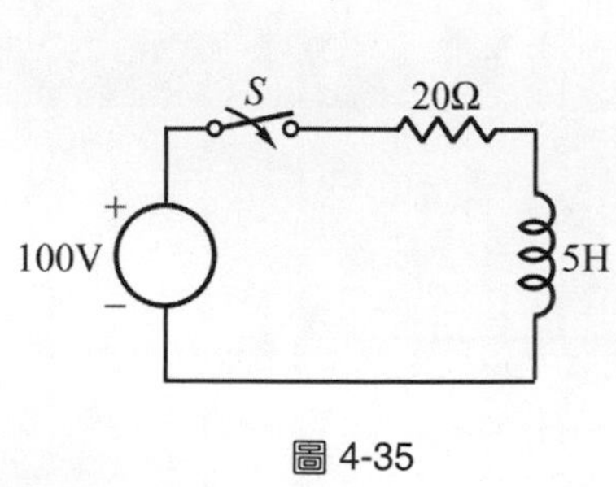

圖 4-35

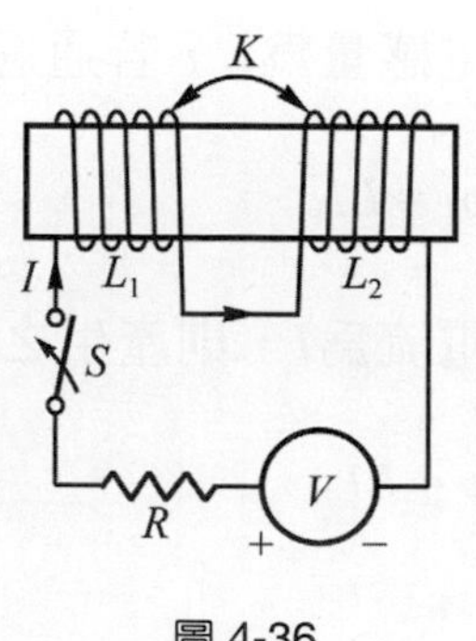

圖 4-36

例 4-25

如圖 4-36 所示電路中，$L_1 = 2\text{H}$，$L_2 = 8\text{H}$，$k = 0.5$，$R = 5\Omega$，$V = 10\text{V}$，S關閉得電路穩定後，磁場內儲存能量爲多少？

解 穩態電流值爲$I = \frac{V}{R} = \frac{10}{5} = 2\text{A}$

依圖示電流流經L_1、L_2產生磁通方向相反，故兩者爲串聯互抵，其互感M爲負。

$M = k\sqrt{L_1 L_2} = 0.5\sqrt{2 \times 8} = 2\text{H}$

磁場儲存之總能量爲：

$$W = \frac{1}{2}L_1 I_1^2 + \frac{1}{2}L_2 I_2^2 - M I_1 I_2$$

$$= \frac{1}{2} \times 2 \times 2^2 + \frac{1}{2} \times 8 \times 2^2 - 2 \times 2 \times 2 = 12\text{焦耳}$$

章末習題

1. $50\mu\text{F}$之電容器連接於 120V 電源上，且以 0.1A 之穩定電流充電，問需經幾鈔鐘始可完全充電？
2. 一電容器接於 100V 電源連續以0.2A之穩定電流充電，經 4 秒後。完後充電，試求電容器之電容量爲多少？
3. 兩電容器，其電容量分別爲$C_1 = 6\mu\text{F}$，$C_2 = 3\mu\text{F}$其最大耐壓皆爲 100V，若將兩者串聯，問其最大耐壓應爲多少？
4. $C_1 = 7\mu\text{F}$與$C_2 = 5\mu\text{F}$，兩者串聯後接於 120V之直流電流上，問各電容器兩端之電壓爲多少？
5. 如圖 4-37(a)所示C_1、C_2兩電容器串聯接於12V之電源充電穩定後，改接兩者並聯如(b)圖所示，問其並聯後電壓 V 爲多少？

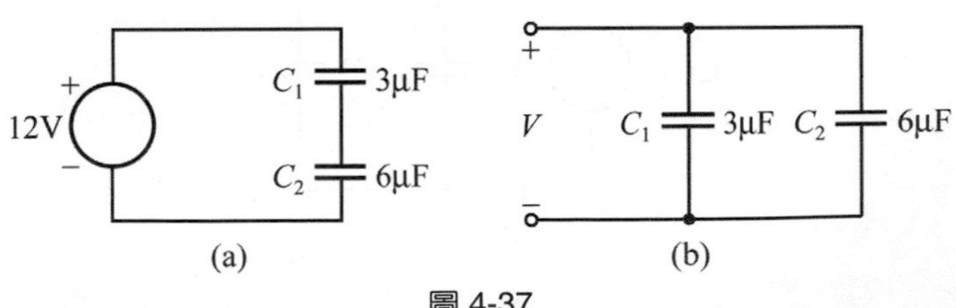

圖 4-37

6. 三個電容器，其電容量分別為4μF、5μF、20μF，求其串聯後之等值電容量為多少？

7. 如圖4-38所示，求3μF兩端之電壓為多少？

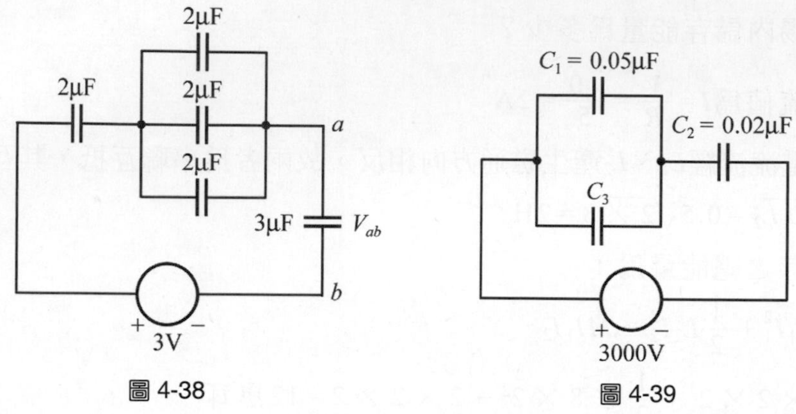

圖4-38　　圖4-39

8. 如圖4-39所示，已知$V = 3000V$，C_2兩端電壓為2500V，求C_3之電容量為多少？

9. 求圖4-40電路中a、b兩端間之等值電容量。

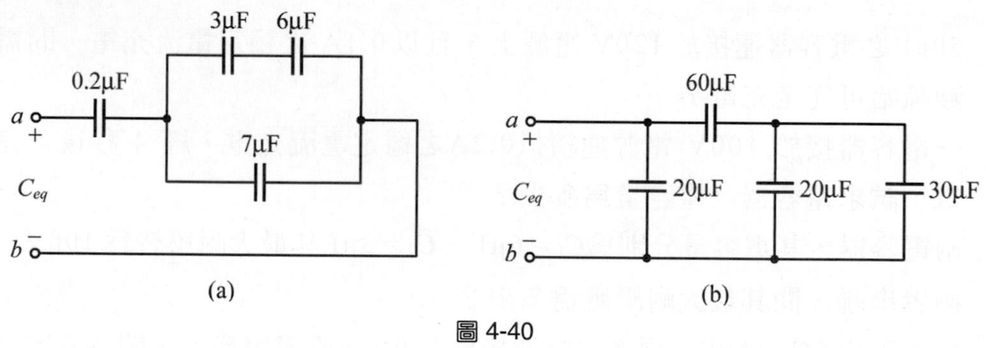

圖4-40

10. 求圖4-41電路中V_{ab}為多少？

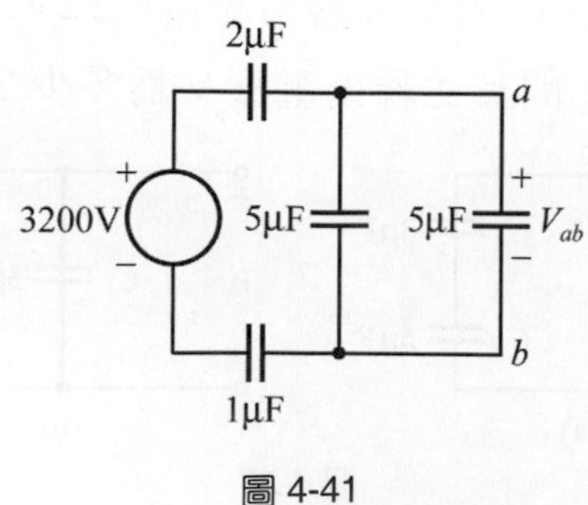

圖4-41

11. 如圖 4-42 所示，C_1耐壓 100V，20μF；C_2耐壓 50V，20μF；C_3耐壓 50V，10μF，求ab兩端最大可加電壓為多少？

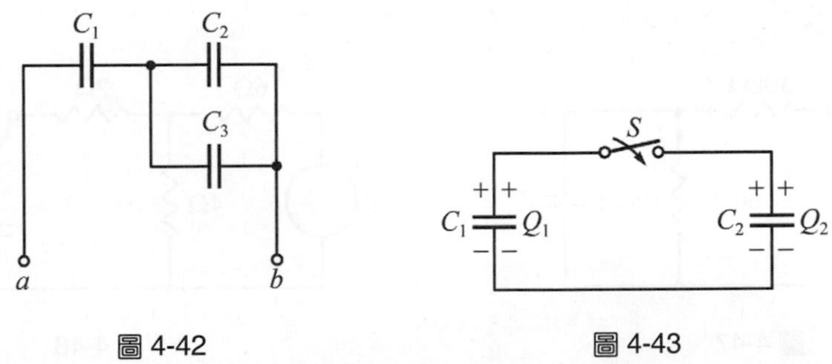

圖 4-42　　圖 4-43

12. 有兩個電容器C_1為 3μF，已充電荷為 3μC，C_2為 2μF已充電荷為 2 微庫連接如圖 4-43 所示，求當開關S關閉時電流為多少？

13. 三個電容器C_1、C_2、C_3事先予以充電後串聯之如圖 4-44 所示，其分別充電之電荷為$Q_1 = 3\mu C$；$Q_2 = 4\mu C$；$Q_3 = 2\mu C$，求C_1兩端之電壓為多少？

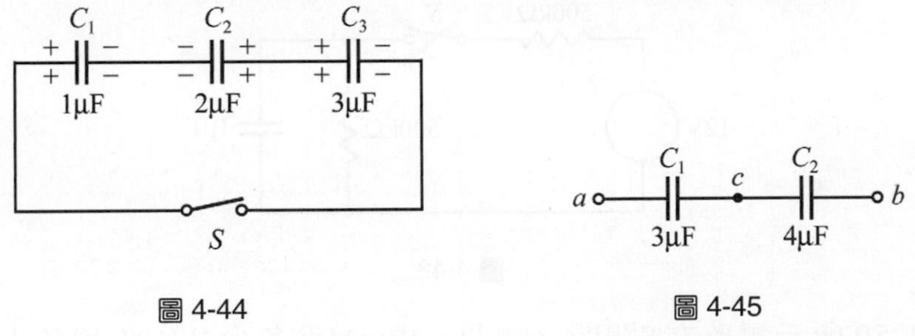

圖 4-44　　圖 4-45

14. 圖 4-45 所示，C_1、C_2串聯，在a、b端加直流電後，設在C_1上之電壓V_{ac}為 40V，若將另一電容器C_3與C_2並聯，此刻C_1上之電壓V_{ac}變為 60V，求此並聯電容器C_3為多少？

15. 一直流電壓源 120V，經一開關後接於RC串聯電路上，當開關關閉經歷一個時間常數，則電容器兩端之電壓為多少？

16. 如圖 4-46 所示之電路設當$t < 0$時，$V_c = 0$，若S在$t = 0$時接通，則當$t = 1$秒時V_c應為多少？

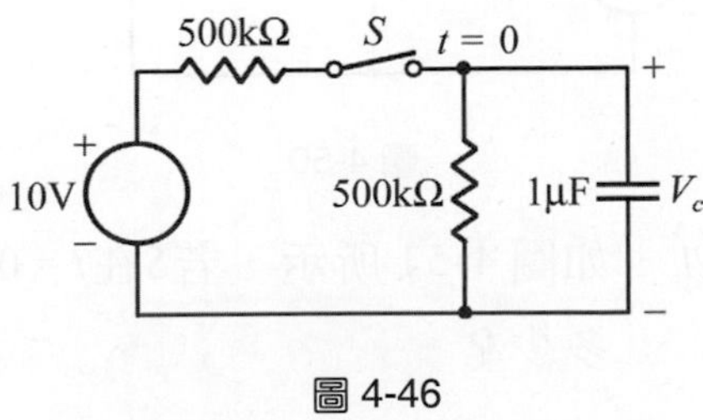

圖 4-46

17. 如圖 4-47 所示電路，求(a)S關閉瞬間之電流I_1爲多少？(b)穩態時電流I_2爲多少？(c)穩態時V_c爲多少？(d)電路之時間常數爲多少？(e)電容儲存之能量爲多少？

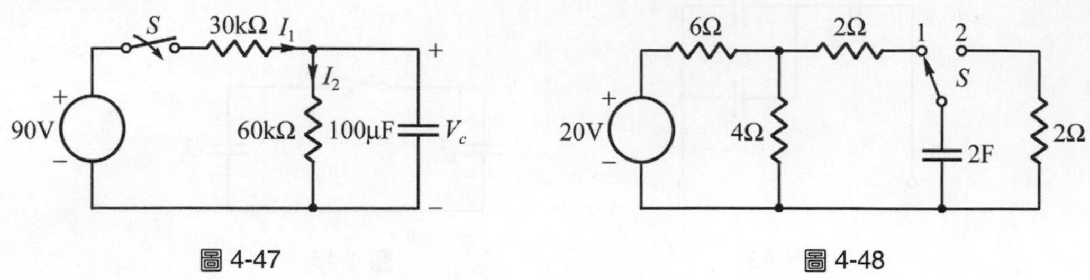

圖 4-47　圖 4-48

18. 如圖 4-48 所示爲S在 1 的位置抵達穩定狀態求 (a)S由 1 移開前流經電容器之電流I爲多少？(b)S投至 2 之瞬間I爲多少？

19. 如圖 4-49 所示電路，設當$t < 0$時$V_c = 0$，若開關S在$t = 0$時接通，求(a)當$t = 1$秒時，V_c爲多少？(b)當$t = 0.5$秒時，V_c爲多少？(c)$t = 0.25$秒時，V_c爲多少？

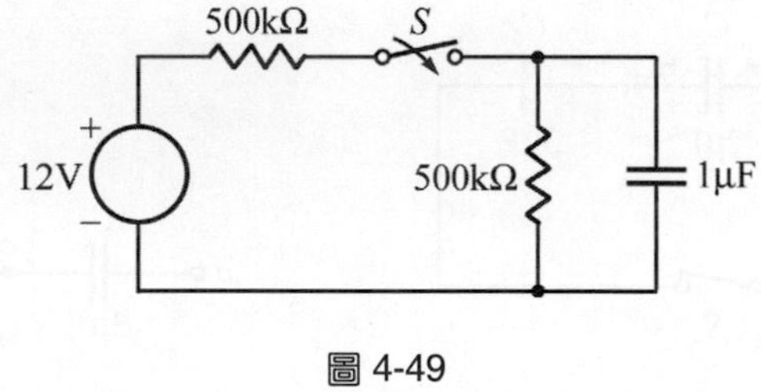

圖 4-49

20. 如圖 4-50 所示電路在S關閉之瞬間，求(a)I爲多少？(b)I_R爲多少？(c)該電路之時間常數爲多少？

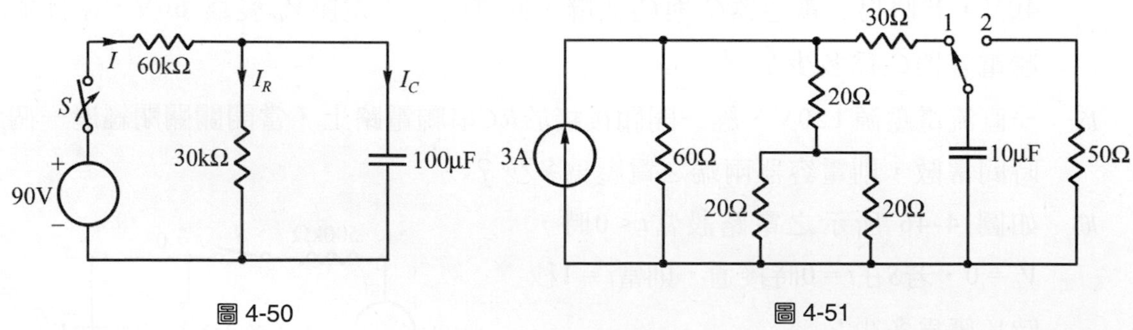

圖 4-50　圖 4-51

21. 如圖 4-51 所示，若S在$t = 0$時投至 1，試求$t = 10^{-3}$秒時，電容器上之電流爲多少？

22. 一電感器之電感量爲0.5H，若通過電感器的電流爲$I(t) = 50 + 25t + 3t^2$A。求在$t = 10$秒時，電感器兩端之電壓值爲多少？

23. 一電感器100匝，通過電流產生之磁通在0.5秒由1韋伯增加至4韋伯，求此電感器感應電勢爲多少？

24. 求圖4-52所示之總電感量爲多少？

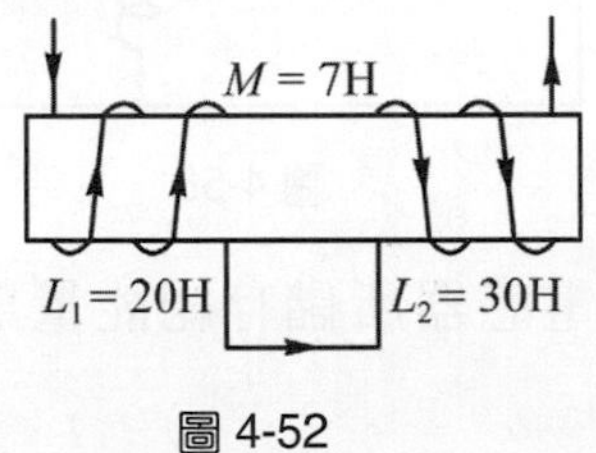

圖 4-52

25. 三個電感器串聯如圖4-53所示，$L_1 = 1$H，$L_2 = 2$H，$L_3 = 3$H，$M_{12} = 0.5$H，$M_{23} = 0.5$H，$M_{13} = 0.2$H，求其總電感爲多少？

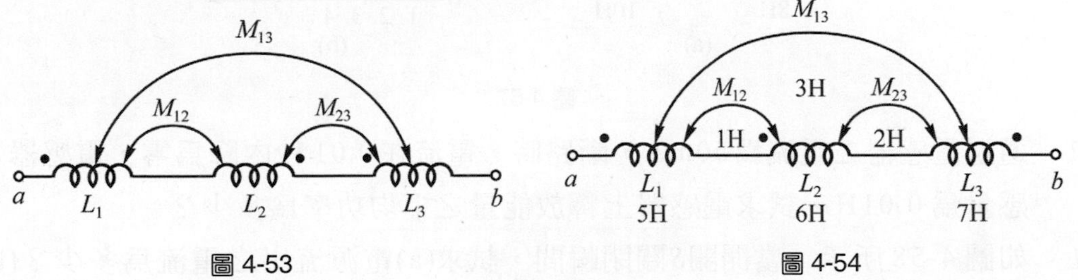

圖 4-53　　圖 4-54

26. 如圖4-54所示電路中求L_{ab}爲多少？

27. 如圖4-55所示，其中$L_1 = 12$H，$L_2 = 24$H，$L_3 = 10$H，$M_{12} = 5$H，$M_{23} = 7$H，$M_{13} = 3$H，求L_{ab}爲多少？

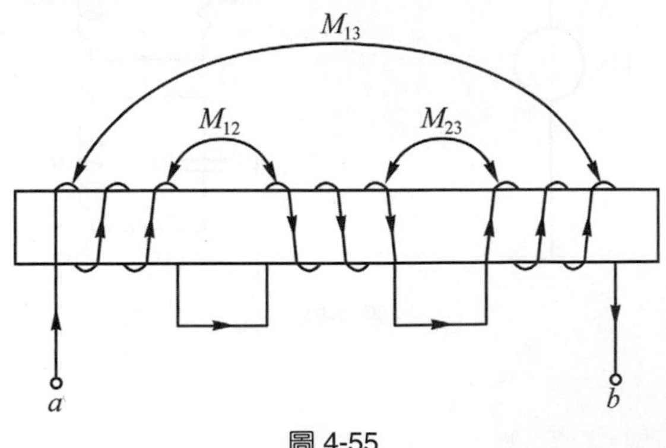

圖 4-55

28. 如圖 4-56 所示電路中當開關S關閉之瞬間電流I為多少？

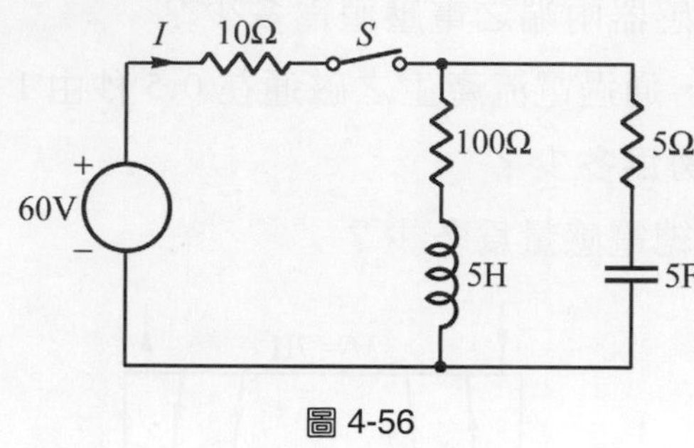

圖 4-56

29. 如圖 4-57 所示，求兩電感器所儲存總能量為多少？

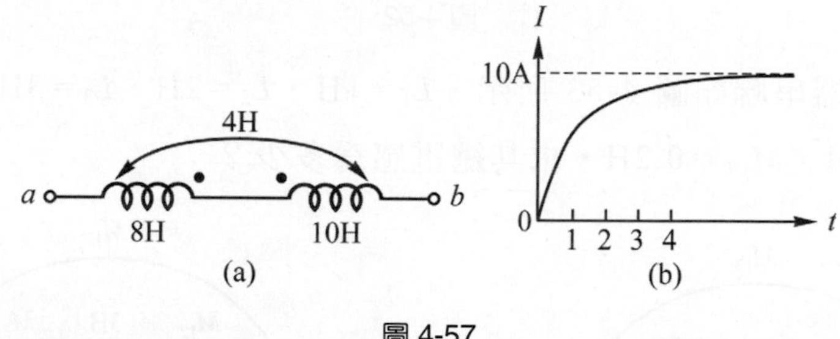

圖 4-57

30. 通過電感器之電流為 50mA，斷路時，電流在 0.01 秒內降為零，電感器之電感量為 0.01H，試求電感器上釋放能量之平均功率為多少？

31. 如圖 4-58 所示，當開關S關閉瞬間，試求(a)電源流出之電流為多少？(b)電路穩定後，電流為多少？

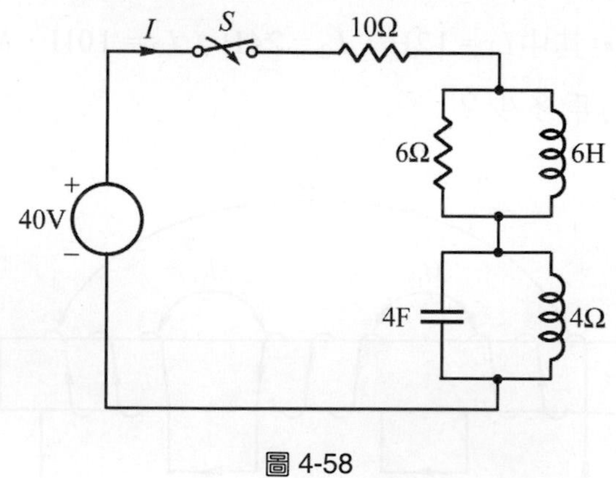

圖 4-58

32. 如圖 4-59 所示電路，當開關S關閉後 10 秒鐘時，求R、L上之電壓V_R、V_L。

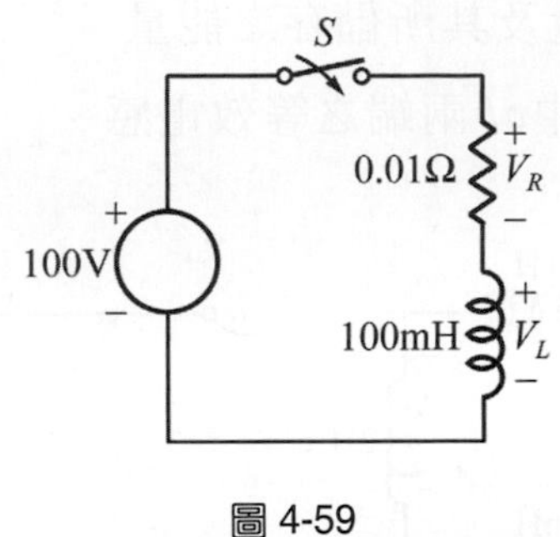

圖 4-59

33. 如圖 4-60 所示，若開關S在$t = 0$時關閉，試求在$t = 3 \times 10^{-3}$秒時，通過電感器之電流I_L為多少？

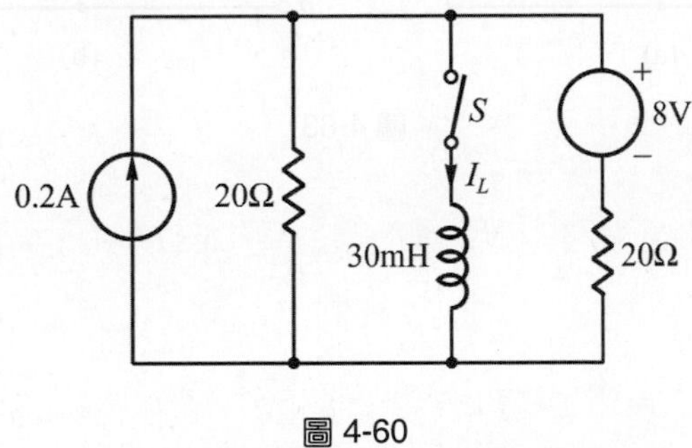

圖 4-60

34. 如圖 4-61 所示，當S關閉之瞬間$t = 0$，試求：(a)經4×10^{-3}秒時之I_L，V_R，V_L，(b)時間常數，(c)須經多久電流始能抵達穩態。

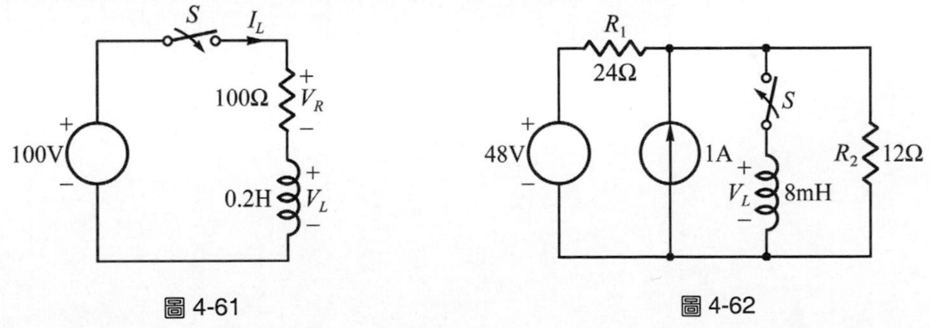

圖 4-61 圖 4-62

35. 如圖 4-62 所示電路中，當S關閉後經3×10^{-3}秒時，電感器兩端的電壓V_L為多少？

36. 一電感器之匝數為2000，通過之電流為5A，產生之磁通為5×10^{-3}韋伯，試求該電感器之自感量及其所儲存之能量。

37. 試求圖 4-63 所示電路中ab兩端之等效電感。

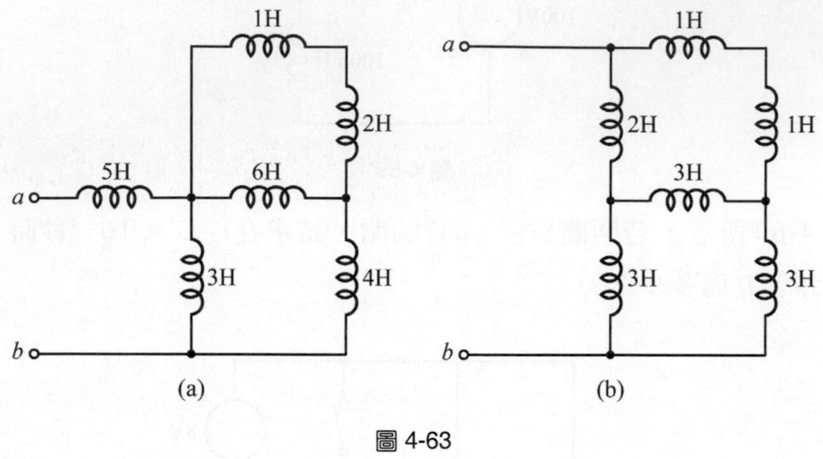

圖 4-63

CHAPTER 5

暫態與穩態響應分析

電路之突然變動(開關之正常操作及意外發生故障等)將引起電路暫態變化現象。基於已獲知暫態期間之電路動作而求出電路之**響應時間(response time)**即電流或電壓抵達所需響應値前所經過之時間，藉著調整響應時間，以使連續事件依一定順序發生，則必須考慮暫態時間所產生異常高之電壓及大的電流，防止其對電路之毀壞。電路之突然變動包括電壓及電流之變化，電路元件($R.L.C$)之變動其中最普通的兩種變化即是開關正常的操作，當開關關閉時電路上由靜止狀態突然加上電源；反之開關打開時電路上將原有的電源突然除去，使電路恢復靜態，緊隨此種改變之時期，稱爲**暫態時間(transient period)**，在此期間電流及電壓可分爲兩部份：**穩態部分(steady state component)**電流、電壓分別以i_s、v_s表示之；**暫態部份(trnsient state component)**分別以 i_t、v_t表示之，因此暫態期間內總電流及總電壓分別爲：

$$\left.\begin{aligned} i &= i_s + i_t \\ v &= v_s + v_t \end{aligned}\right\} \qquad (5\text{-}1)$$

上式中i_s、v_s分別稱爲穩態電流、穩態電壓；i_t、v_t則稱爲暫態部份電流、電壓。

暫態部份需利用電路剛產生變動之初值條件(initial condition)與達到穩定之終值條件(final condition)求解。就實用目的而言，此暫態部份應於短時間內消失。事實上，此部份於數秒鐘或數微秒內消失。

KVL及KCL於暫態時期之分析與穩態情況下一樣皆爲分析之基本形式。當通過電流i，於任一時刻t內，跨於電阻R，電感L及電容C兩端之電壓分別爲：

$$\left.\begin{aligned} V_R &= Ri \\ V_L &= L\frac{di}{dt} \\ V_C &= \frac{1}{C}q = \frac{1}{c}\int i dt \end{aligned}\right\} \tag{5-2}$$

其中q爲電容器上所充之電荷。當將此方程式連同克希荷夫定理應用至暫態分析上，則V_R、V_L、V_C及外加電壓即爲突然變動後之數值。

在電路元件介紹時曾提到$V_L = L\frac{di}{dt}$表示於電感中之電流不可能突然變動，因若電流瞬間變動，則$\frac{di}{dt}$值爲無限大，因此其感應電勢V_L亦爲無限大。同理$V_C = \frac{1}{C}q$及$i = \frac{dq}{dt}$，故知電容器兩端之電壓亦不能突然變化；若V_C突然變動，意指q突然變化，則$i = \frac{dq}{dt}$爲無限大，但因每一電路中均包括有電阻R，若電流i爲無限大，則電阻上之壓降Ri亦必爲無限大，此爲不可能的物理現象，依據上述可獲得的理論爲：電感中之電流及電容器兩端的電壓於$t = 0^+$(暫態剛發生之後)與$t = 0^-$(暫態剛發生之前)時，其值相等。此種現象與運動物體不能突然改變速度之情況相似。

5-1 自然響應與激發響應

當一電路加入激發訊號後，在其達到穩態前，必須經過一段暫態時期，即電路之任何響應函數，自激發訊號開始作用之初時起，就有穩態與暫態兩成份同時存在，而當暫態成份消除後，穩態成份始單獨存在，所謂暫態成份就是電路之**自然響應(natural response)**，由電路之時間常數或自然頻率以及初始條件決定；而穩態部份則取決於激發函數，故稱爲**激發響應(excited response)**，自然響應爲暫態值，隨時間而衰減，激發響應爲電路穩定時之值，對直流電路言，電流電壓值由電路元件決定其有無及大小；對交流而言其暫態成份有時亦稱爲直流成份(衰減由大變小方向未變)，穩態成份仍爲一交流，唯電流、電壓間之相位隨電路之特性不同而有所區別。

5-2 無源$R-L$與$R-C$電路的自然響應

在討論本課題之前，讓我們先複習已學過的簡諧運動，其作用類似於儲能元件$L.C$產生之振盪(電流往返流動)。如圖 5-1 所示，質量M之物體在無摩擦力之光滑平面上作往復之振動(簡諧運動)。因質量M之往復運動引起彈簧之位能發生變化。此與LC電路中C加直流電源充電後再與L連接放電相似。當M處於中心點時，彈簧位能爲零，但基於M之慣性作用，使M繼續往同一方向運動，此慣性與電感L相似。故在簡諧運動中是機械能中之位能與動能不斷地交換，而在LC振盪電路中是電磁能中之磁能與電能不斷地交換。將兩者比較如表 5-1 所示。

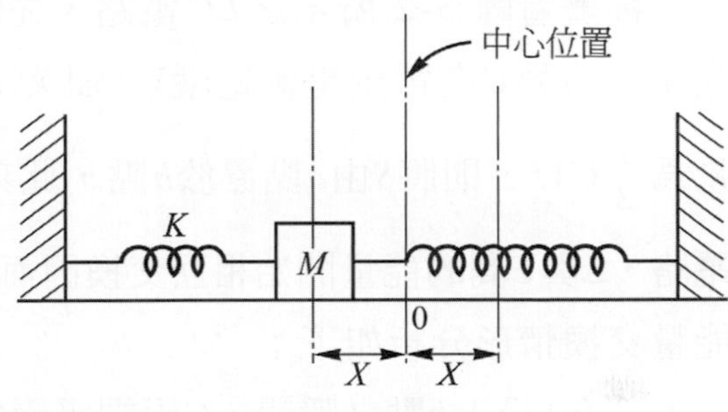

圖 5-1　簡諧運動

電流i相當於速度v

電容器C相當於$\frac{1}{K}$

表 5-1

機械能		電磁能	
彈簧	$W_p = \frac{1}{2}KX^2$	電容器	$W_E = \frac{1}{2C}q^2$
慣性(質量)	$W_K = \frac{1}{2}mV^2$	電感器	$W_m = \frac{1}{2}Li^2$
速度	$v = \frac{dX}{dt}$	電流	$i = \frac{dq}{dt}$

電感L相當於質量M

$$\omega = 2\pi f = \sqrt{\frac{K}{m}} = \sqrt{\frac{1}{LC}}$$

電磁總能量$W = W_m + W_E = \frac{1}{2}Li^2 + \frac{1}{2}\frac{1}{C}q^2$

$$\frac{dW}{dt}=\frac{d}{dt}\left(\frac{1}{2}Li^2+\frac{1}{2}\frac{1}{C}q^2\right)=Li\frac{di}{dt}+\frac{q}{C}\frac{dq}{dt}=L\frac{d^2q}{dt^2}+\frac{1}{C}q=0$$

$$m\frac{d^2X}{dt^2}+KX=0$$

與彈簧振盪之方程式相似，$m\dfrac{d^2x}{dt^2}+KX=0$。

接著看圖 5-2 所示之LC電路，先將開關S置於a點使電容器C充電至電源電壓V，此刻電容器所儲能量爲$\frac{1}{2}CV^2$，則將S由a點置於b點，此刻成爲LC串聯電路，L與C間的能量開始相互交換因而形成振盪，其能量交換情形分析如下：

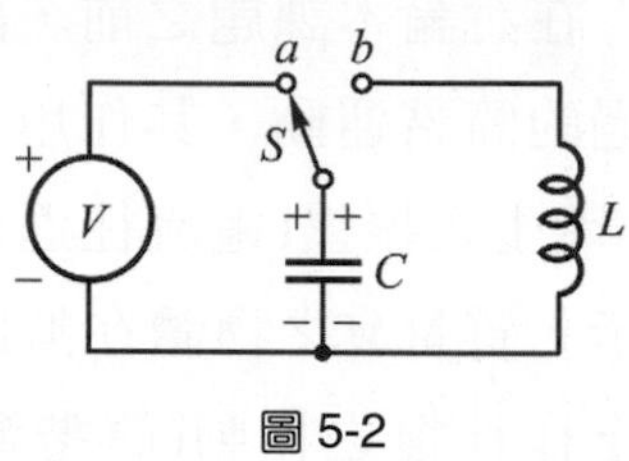

圖 5-2

1. 在S投上b點之瞬間，C兩端電壓爲最高($V_L=V$)，L中之電流在此瞬間爲零，能量以電能形式全部儲存在C中，如圖 5-3(a)所示。
2. S投上b點後，C經過L開始放電，其兩板間所充之電量逐漸減少，C兩端之電壓亦隨之降低，而L中流經之電流逐漸增大，如圖(b)所示。
3. C繼續放電，終將原來所充之電量完全放盡，C中之能量已減到零，此時L中之磁量爲最大，故所有能量儲存於L之中如圖(c)所示。
4. L中之能量抵達最大值後，開始釋放其能量，而使C充電，其電流之流向如圖(d)所示(L相當機械系統中之質量，具有類似慣性作用，故圖(d)中電流之方向維持原來C放電時電流方向)於是C之下極板充正電，而上極板爲負電，C兩端之電壓逐漸增加，所儲存之能量亦隨之增加，而L所儲存之能量逐漸減少。
5. L中之能量繼續減少，最後降至零，此時C所儲存之能量爲最大如圖(c)所示。
6. C中儲存之能量抵達最大值後，開始向相反之方向放電如圖(f)所示，此刻C中之能量漸減，L中之儲存能漸增。
7. C兩端之電量終於放盡，其儲能降爲零，但L中之儲能達最大值如圖(g)所示。
8. L中之能量抵達最大值後，即開始釋放其能，而使C充電，電流之方向如圖(h)所示，所以C之上極板充正電，下極板充負電，此刻L中之儲能漸減而C中之儲能漸增。

9. 最後L中之儲能減至零，C中之儲能達最大値，電路回復到圖(a)所示之原來狀態，於是又作(a)至(i)之循環，若電路中無能量損耗，則L與C之能量互相交替，永無止境，而電路永遠振盪不已，其電路中之電流響應如圖 5-4 所示，爲一等幅弦波電流。

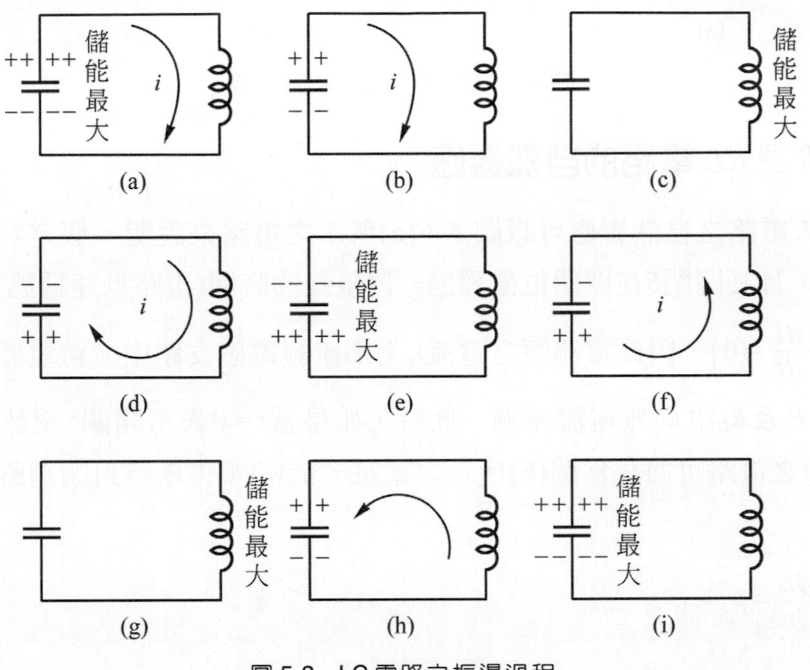

圖 5-3 LC 電路之振盪過程

實際上圖 5-1 所示之機械系統中物體M與平面之間往返移動必有摩擦，則物體在運動中將會損耗能量，於是其往移的幅度必將越來越小，最後能量耗盡而靜止於中心位置 0 處，同理若圖 5-2 所示的LC電路中必有電阻存在，則如圖 5-5(a)所示，則每當電流在電路中流動時，電阻上都會消耗電能，故其電流幅度越來越小，隨著時間之增加，電能終會耗盡，而不再振盪，如圖(b)所示。

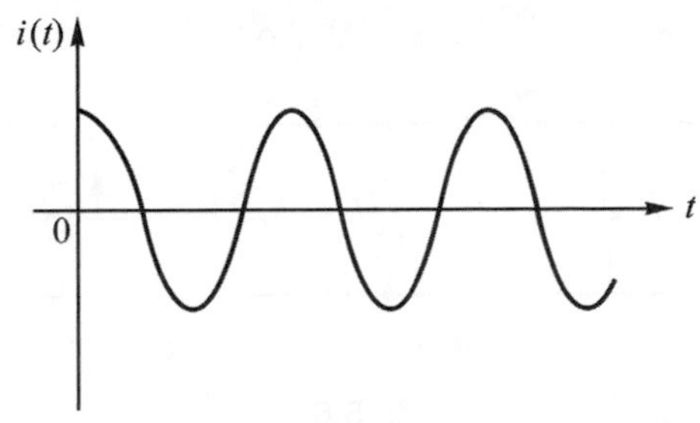

圖 5-4 LC 電路中之電流

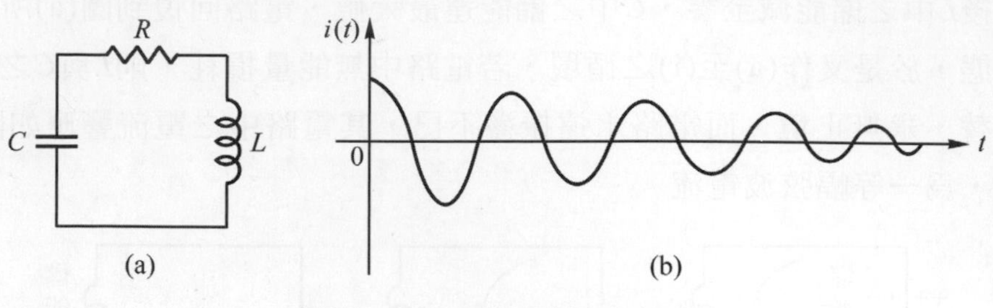

圖 5-5　*RLC* 電路及其中之電流

5-2-1　無源 *RL* 電路的自然響應

無源 *RL* 電路之自然響應可以圖 5-6(a)所示之電路來說明。假定其電流源產生定值電流I_s，且其關閉S在關閉位置經過一段很長的時間(電路抵達穩態)。電感器可視為短路$\left(L\dfrac{di}{dt}=0\right)$，因此電流源之電流$I_s$全部流經電感支路中。跨電感器兩端之電壓為零，則$R_i$及$R_L$中均無電流流過。此時，如果當$t=0$表示開關$S$突然打開瞬間，若$t \geq 0$圖(a)之電路可簡化為圖(b)所示之電路。依KVL得環繞封閉迴路中之電壓方程式。為：

$$L\frac{dI}{dt}+RI=0 \tag{5-3}$$

將上式整理可改寫為：

$$\frac{dI}{I}=-\frac{R}{L}dt \tag{5-4}$$

兩邊積分得：

$$\ln I=-\frac{R}{L}t+\ln K$$

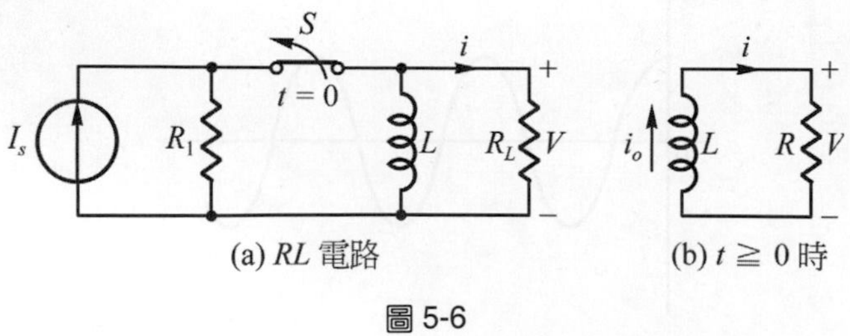

圖 5-6

上式中$\ln K$爲積分常數，由自然對數之定義可得

$$I(t) = Ke^{-\frac{R}{L}t} \tag{5-5}$$

當$t = 0$，$I(t) = I(0) = K$，代入上式得

$$I(t) = I(0)e^{-\frac{R}{L}t} \tag{5-6}$$

若用0^-表示開關S啓開前這瞬間，而0^+表示開關S啓開後之瞬間，則電感器之電流響應爲

$$I(0^-) = I(0^+) = I_O$$

I_O係表示電感器中之初值電流。因此(5-6)式可改寫爲

$$I(t) = I_O e^{-\frac{R}{L}t}\text{，}(t \geq 0) \tag{5-7}$$

由上式可知此電流從初值I_O開始，隨著時間t增加時依指數減低而趨於零，其自然響應如圖 5-7 之曲線所示。

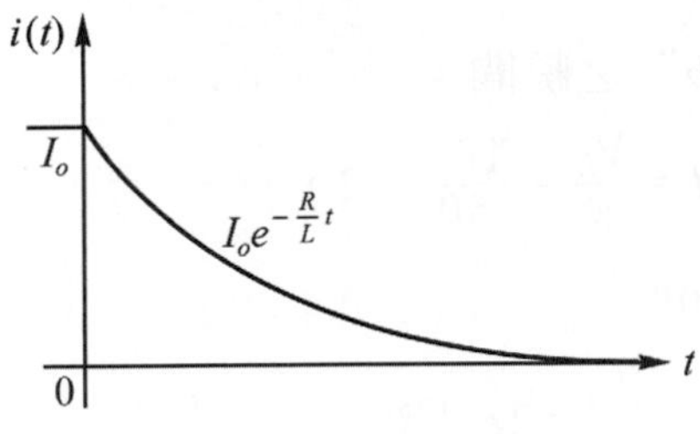

圖 5-7　圖 5-6 電路之電流響應

電流趨近於零之變化率由時間t之係數決定，也就是由$\frac{R}{L}$決定。此比值之倒數即定義爲電路之時間常數，以希臘字線τ表示之。即$\tau = \frac{L}{R}$。使用時間常數之概念，式(5-7)可寫爲

$$I(t) = I_O e^{-\frac{L}{\tau}}(t \geq 0) \tag{5-8}$$

時間常數爲暫態電路的重要參數，所以值得說明其特性。在電感器開始將儲存能量釋放給電阻的第一個時間常數，電感減低至e^{-1}(接近於初值的 0.37 倍)。當經過時間超過五倍時間時，電流已減低初值的1%了，電流及電壓可以視爲抵達其終值了。

例 5-1

如圖 5-8 所示，當S置於“a”抵達穩定後，再將S由“a”改置“b”，試求⑴S置於“b”之瞬時電流值。⑵電阻上之端電壓。⑶S置於“b”後之電流變化方程式。⑷經 0.016 秒後線路之電流及電感之端電壓。⑸S置於“b”後經多久，電路之電流將降爲零。

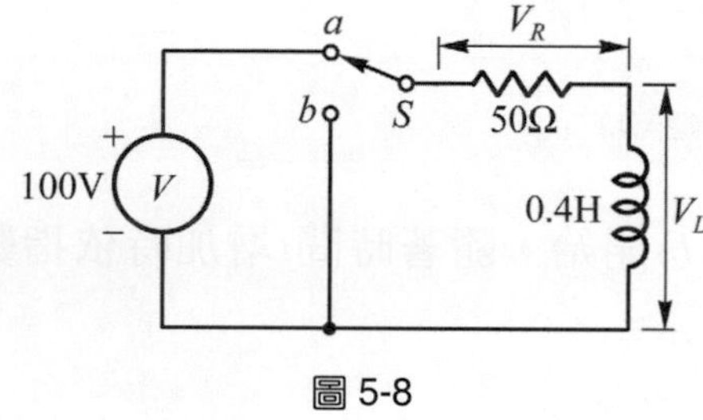

圖 5-8

解 ⑴S由“a”切換至“b”之瞬間。

$$V_L = V = 100\text{V} \qquad \therefore I = \frac{V_L}{R} = \frac{100}{50} = 2\text{A}$$

⑵ $V_R = IR = 2 \times 50 = 100$

⑶ $I(t) = I_O e^{-\frac{R}{L}t} = \frac{100}{50} e^{-\frac{50}{0.4}t} = 2e^{-125t}$

⑷ $I(0.016) = \frac{V}{R} e^{-\frac{R}{L}t} = 2e^{-125 \times 0.016} = 2e^{-2} = 0.27\text{A}$

$$V_L(t) = -Ve^{-\frac{R}{L}t} = -100e^{-125 \times 0.016} = -100 \times 0.135 = -13.5\text{V}$$

⑸經 5τ後則電流可視爲趨近於零。即

$$t = 5\tau = 5\frac{L}{R} = 5\frac{0.4}{50} = 0.04\text{秒}$$

5-2-2 無源 RC 電路的自然響應

無源 RC 電路之自然響應可以圖 5-9(a)中電路來敘述。當開關S置於a經過一段

長之時間，由電壓源V經R_1使電容器C充電至穩定狀態(電容器充電至電源電壓V)後，將開關S由a改置至b時，電容器所充之電壓V不能瞬間變化，故可將圖(a)簡化爲圖(b)所示之電路藉以獲得無源 RC 電路的自然響應。

於圖(b)中應用節點電壓法求出電壓$V(t)$，由K.C.L，$\Sigma I=0$，可得

$$C\frac{dV}{dt}+\frac{V}{R}=0 \tag{5-9}$$

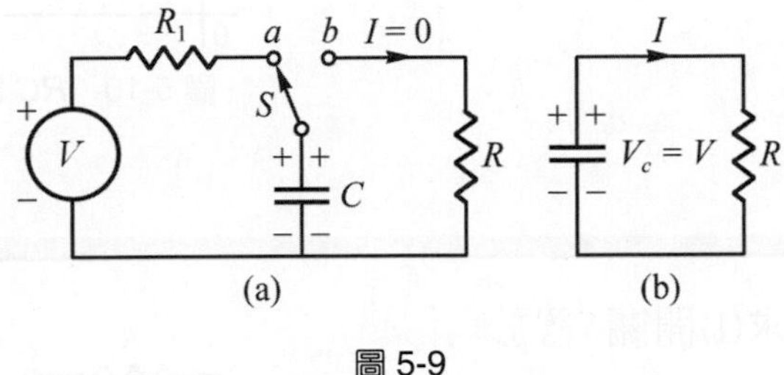

圖 5-9

將上式整理爲

$$\frac{dV}{V}=-\frac{1}{RC}dt$$

而後將兩邊積分得

$$\ln V=-\frac{1}{RC}t+\ln K$$

上式中$\ln K$爲積分常數由自然對數之定義得

$$V(t)=Ke^{-\frac{1}{RC}t} \tag{5-10}$$

當$t=0$時$V(t)=V(0)$；$K=V(0)$，代入上式，得

$$V(t)=V(0)e^{-\frac{1}{RC}t} \quad (t\geq 0) \tag{5-11}$$

因電容器兩端之初值電壓等於電壓源之電壓V，亦即

$$V(0^-)=V(0^+)=V_O=V$$

V_O表示電容器上之初值電壓，此RC電路之時間常數等於電阻與電容之乘積。即

$\tau = RC$ 代入(5-11)式得

$$V(t) = V_O e^{-\frac{t}{\tau}} \quad (t \geq 0) \tag{5-12}$$

無源 RC 電路之自然響應爲其初值電壓隨時間作指數曲線之衰減。衰減之快慢當由時間常數 RC 決定之。圖 5-10 中所示曲線即爲圖 5-9(b)之自然響應。

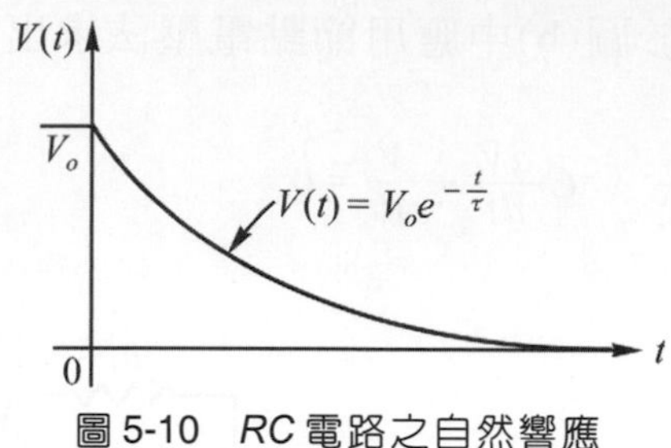

圖 5-10　RC 電路之自然響應

例 5-2

如圖 5-11 所示電路試求(1)開關 S 置於 a 點時，電容器充電須多久時間？(2)於 1τ 及 5τ 時之充電流及 V_C 各爲多少？(3)電容器充滿電後將開關 S 改置 b 點時，需時多久，V_C 才降爲零？

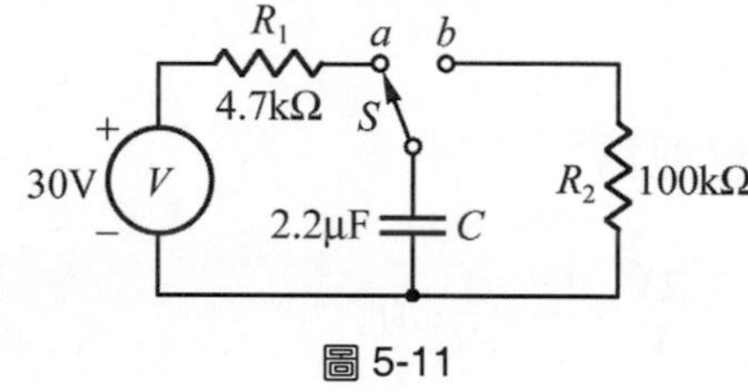

圖 5-11

解　(1)　$\tau_a = R_1 C = 4.7 \times 10^3 \times 2.2 \times 10^{-6} = 10.34 \times 10^{-3}\text{sec} = 10.34\text{ms}$

需 $5\tau_a$ 電容才可充滿電

$\therefore 5\tau_a = 10.34 \times 5 = 51.7\text{ms}$

(2)　1τ 時，$i_1 = \dfrac{V}{R_1} e^{-\frac{t}{\tau}} = \dfrac{30}{4.7\text{k}} e^{-1} = 2.35\text{mA}$

$V_C = V(1 - e^{-\frac{t}{\tau}}) = 30(1 - e^{-1}) = 19\text{V}$

$5\tau_a$ 時，$i_5 = \dfrac{V}{R} e^{-\frac{5\tau}{\tau}} = \dfrac{30}{4.7\text{k}} e^{-5} = 43\mu\text{A}$

$V_C = \doteqdot V = 30\text{V}$

(3)　$\tau_b = R_2 C = 100 \times 10^3 \times 2.2 \times 10^{-6} = 220\text{ms}$

$t = 5\tau_b = 5 \times 220 = 1.1\text{sec}$

5-3　無源 RLC 電路的自然響應

在同一電路內出現兩種儲能元件(電感及電容)，至少會產生一個二階系統。階次的增加，就必須要計算二個任意之常數。更有甚者，要決定微分值之初值條件。

最後將了解到在同樣電路中出現電感及電容時，會導致不同函數之響應。

5-3-1 無源 RLC 並聯電路的自然響應

當一實際電感器與電容器並聯時，電感器本身必含一不爲零的電阻，所以整個電路形成如圖 5-12 的等值電路模型。在實際電感器內的損耗可由理想電阻R來計算，此電阻是與電感器內之電阻有關，但數值不相等。以下之分析，是假定能量是事先儲存於電感器及電容器內。所以有非零之電感電流及電容電壓的初始條件，由圖 5-12 可寫出單一節點方程式。

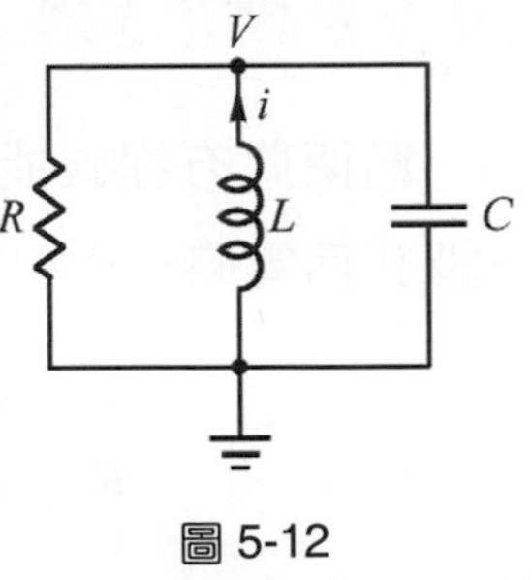

圖 5-12

$$\frac{v}{R}+\frac{1}{L}\int_{t_0}^{t} v\,dt - i(t_0)+C\frac{dv}{dt}=0 \tag{5-13}$$

上式中的負號是電流i的假定方向，至於其初始條件爲

$$\left.\begin{aligned} i(O^+)&=I_O \\ v(O^+)&=V_O \end{aligned}\right\} \tag{5-14}$$

將(5-13)式兩邊同時微分，將產生線性二階齊次微分方程。

$$\frac{d^2v}{dt^2}+\frac{1}{RC}\frac{dv}{dt}+\frac{1}{LC}v=0 \tag{5-15}$$

其解$v(t)$即爲所欲求的自然響應。

有許多方法可用來求解(5-15)式。這此方法將留待電工數學的課程來說明，在此只採用一種快速且簡單的方法。先假定一解，由直覺及適度的經驗來選擇幾種適當之可能形式之一。根據一階系統方程式的經驗，得知至少能再用一次指數形式試驗。此外(5-15)式的形式指出此爲可行，因爲必須再加上三項，即二次微分項，一次微分項，及函數本身，每一項由一常數因數所乘，其和爲零。欲微分之函數本身有相同形式是一項很合理的選擇，所以選擇

$$v=Ae^{st} \tag{5-16}$$

若有需要，允許A及S爲複數把(5-16)式代入(5-15)式可得

$$CAS^2e^{st} + \frac{1}{R}ASe^{st} + \frac{1}{L}Ae^{st} = 0$$

$$\text{或} Ae^{st}\left(CS^2 + \frac{1}{R}S + \frac{1}{L}\right) = 0$$

為使此方程式能滿足所有的時間，至少三個因數中有一個為零。如果前二個任一設其為零時$v(t) = 0$，此為錯誤的解，因其未能滿足所設定的初始條件。所以設定

$$CS^2 + \frac{S}{R} + \frac{1}{R} = 0 \tag{5-17}$$

該式一般稱為輔助方程或特別方程式，若其能滿足時，所假定的解即為正確，因為(5-17)式是一個二次方程式，故有兩個解分別為S_1、S_2：

$$\left.\begin{aligned} S_1 &= \frac{-1}{2RC} + \sqrt{\left(\frac{1}{2RC}\right)^2 - \frac{1}{LC}} \\ S_2 &= \frac{-1}{2RC} - \sqrt{\left(\frac{1}{2RC}\right)^2 - \frac{1}{LC}} \end{aligned}\right\} \tag{5-18}$$

若此二值任一用於假定解之S時，此解能滿足給予之微分方程式；所以它變成微分方程式有用之解。

(5-16)式中S用S_1取代時可得

$$v_1 = A_1e^{s_1t}$$

同理S用S_2取代時可得

$$v_2 = A_2e^{s_2t}$$

前者滿足微分方程式

$$C\frac{d^2v_1}{dt^2} + \frac{1}{R}\frac{dv_1}{dt} + \frac{1}{L}v_1 = 0$$

後者滿足微分方程式

$$C\frac{d^2v_2}{dt^2} + \frac{1}{R}\frac{dv_2}{dt} + \frac{1}{L}v_2 = 0$$

將上二式合併得

$$C\frac{d^2(v_1+v_2)}{dt^2}+\frac{1}{R}\frac{d(v_1+v_2)}{dt}+\frac{1}{L}(v_1+v_2)=0$$

可知二解之和，仍為此微分方程式之解，所以其自然響應為

$$v=A_1e^{s_1t}+A_2e^{s_2t} \tag{5-19}$$

式中S_1、S_2可由(5-18)式獲得，A_1、A_2是兩個任意常數，可來選定滿足二特定初始條件。

上述所得之自然響應形式很難期望能產生任何令人感到驚異的表示，因為以目前這種形式，若$v(t)$時間函數繪出時，僅能稍微看出一點曲線性質。例如A_1與A_2之相對大小，在決定響應曲線的性質時是很重要的，進而言之，S_1與S_2可能是實數或共軛複數，完全由電路中之$R.L.C$來決定。此兩種情況會產生基本的不同響應形式。為了觀念清晰把(5-19)式簡化是很有用的。

因為指數形式S_1t及S_2t必須是沒有單位的，故S_1及S_2的單位是$\frac{1}{秒}$，由(5-18)式很明顯的獲知$\frac{1}{2RC}$及$\frac{1}{\sqrt{LC}}$的單位亦為$\frac{1}{秒}$。此形式的單位稱為**頻率(frequency-f)**，茲令$\frac{1}{\sqrt{LC}}$為ω_0；$\frac{1}{2RC}$為α，即

$$\omega_0=\frac{1}{\sqrt{LC}} \tag{5-20}$$

$$\alpha=\frac{1}{2RC} \tag{5-21}$$

ω_0：角速度(弳／秒)

α：指數阻尼係數(奈培)，表示自然響應衰減或阻尼到最終穩定值的速率。

S、S_1、S_2稱為複頻率。

綜合上述結果並聯RLC電路之自然響應是(5-19)式$v(t)=A_1e^{s_1t}+A_2e^{s_2t}$其中：

$$\left.\begin{aligned}S_1&=-\alpha+\sqrt{\alpha^2-\omega_0^2}\\S_2&=-\alpha-\sqrt{\alpha^2-\omega_0^2}\end{aligned}\right\} \tag{5-22}$$

A_1、A_2都可由初始條件求得：

很明顯地自然響應的性質可由α及ω_0相對大小求出，當α甚大於ω_0時，S_1及S_2根號內是實數；反之α甚小於ω_0時S_1及S_2開根獲得的為虛數，在$\alpha=\omega_0$時，根號內之值為零。上述各種情況將在以後分段詳述：

1. 過阻尼RLC並聯電路：

比較(5-20)式及(5-21)兩式，得知當$LC>4R^2C^2$時，α甚大於ω_0，在此情況下S_1及S_2之根號部份可得到實數，所以S_1及S_2均為實數，由下列之不等式。

$$\sqrt{\alpha^2-\omega_0^2}<\alpha$$

$$(-\alpha-\sqrt{\alpha^2-\omega_2^2})<(-\alpha+\sqrt{\alpha^2-\omega_0^2})<0$$

應用到(5-22)式，證得S_1及S_2均為負實數，如此$v(t)$可表示為二衰減指數項的代數和，兩者在時間增至無限大時，會衰減至零。事實上，因為S_2之絕對值比S_1大，所以S_2項將快速衰減，因此在時間長時，可寫成下式。

$$v(t)\rightarrow Ae^{S_1t}\rightarrow 0(t\rightarrow\infty)$$

為了討論這種方法，用來選A_1、A_2以適合初始條件，且能提供一典型響應曲線之例，又可轉換為數字實例。選定並聯RLC電路。$R=6\Omega$，$L=7\text{H}$，為了計算方便選定實際不存在的電容$C=\frac{1}{42}\text{F}$，其初始條件為電容器二端電壓$v(0)=0$，及電感器中之電流$i(0)=0$，如圖 5-13 所示

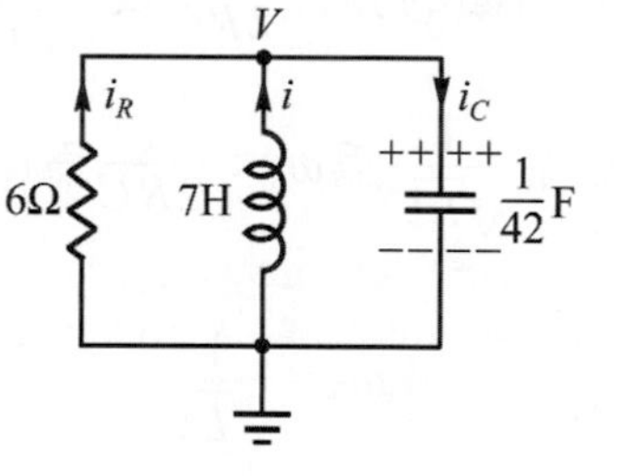

圖 5-13　並聯RLC電路(過阻尼)

由已知數據可求出下列參數值

$$\alpha=\frac{1}{2RC}=\frac{1}{2\times 6\times\frac{1}{42}}=3.5\text{，}\omega_0\frac{1}{\sqrt{LC}}=\frac{1}{\sqrt{7\times\frac{1}{42}}}=\sqrt{6}$$

$$S_1=-\alpha+\sqrt{\alpha^2-\omega^2}=-3.5+\sqrt{3.5^2-6}=-1$$

$$S_2=-\alpha-\sqrt{\alpha^2-\omega^2}=-3.5-\sqrt{3.5^2-6}=-6$$

如此可寫出自然響應之適用形式

$$v(t)=A_1e^{-t}+A_2e^{-6t} \quad (5\text{-}23)$$

只剩下A_1及A_2未決定。如果已知兩個不同時間之$v(t)$值時，此一對值可代入上式內，決定A_1、A_2，但是只有$v(t)$之初始值即

$$v(0)=0$$

$$則 O=A_1+A_2 \quad (5\text{-}24)$$

求出A_1、A_2之第二個方程式，可由(5-23)式內$v(t)$之微分求得。此可使用剩下之初始值條件$i(0)=10$求得。先對(5-23)式兩邊加以微分

$$\frac{dv}{dt}=-A_1e^{-t}-6A_2e^{-6t}$$

當$t=0$時，則

$$\left.\frac{dv}{dt}\right|_{t=0}=-A_1-6A_2$$

其次$\frac{dv}{dt}$本身可提供電容器上之電流i_C，即

$$i_C=C\frac{dv}{dt}$$

$$則\left.\frac{dv}{dt}\right|_{t=0}=\frac{i_C(0)}{C}=\frac{i(0)-i_R(0)}{C}=\frac{i(0)}{C}=420\text{V/S}$$

因爲零初始值電壓跨接於電阻器需要初始值電流通過，由此可得第二方程式爲

$$420=-A_1-6A_2 \quad (5\text{-}25)$$

解(5-24)式(5-25)兩式可知$A_1=84$，$A_2=-84$。故得其全解爲

$$v(t)=84(e^{-t}-e^{-6t}) \quad (5\text{-}26)$$

對於初能之其他條件包括電容之初能的A_1及A_2之計算。接著收集一些(5-26)式內是否有計算不當的情形。在$t = 0$時$v(t) = 0$，此對原先假定而言很適合。同時也可解出第一指數項的時間常數是1秒，而第二指數項的時間常數是$\frac{1}{6}$秒。第一項都由單位長度開始，但是第二項衰減較快；$v(t)$決不會是負值。當時間變爲無限大時，每一項都趨近於零，即其響應本身會消失。因此可知一響應曲線，在$t = 0$時，響應爲零，在$t = \infty$時，響應亦爲零，而且其間的響應決不會是負；因爲它不是每一處都爲零，它必須至少擁有一最大值，此要正確決定也不是困難的事。將響應方程式微分之即可獲得

$$\frac{dv}{dt} = 84(-e^{-t} + 6e^{-6t})$$

令此式爲0，可求出電壓最大值之時間t_m

$$0 = -e^{-t_m} + 6e^{-6t_m}$$

整理後得

$$e^{5t_m} = 6$$

即$t_m = 0.358\text{sec}$，$v(t_m) = 48.9\text{V}$

此響應的合理圖，可先分別繪出$84e^{-t}$及$84e^{-6t}$，再繪出兩者之差，如圖5-14所示，其中二指數用細線表示，而其差(全響應)即$v(t)$用粗線繪出。此曲線亦可證實前述之假定，函數在長時間時，以$84e^{-t}$爲主，而指數項包括了S_1及S_2之較小值。

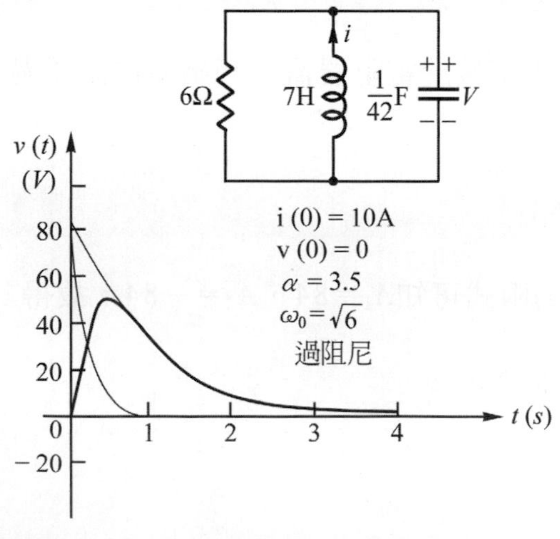

圖 5-14　圖 5-13 之$v(t)$響應曲線

另外的問題是考慮到電路響應消失的時間長短，實際上，要求暫態響應時間愈短愈好，也就是縮短設定時間(setting time)t_s。理論上，t_s無限大，因爲$v(t)$無法在有限時間內到達零，所以在$v(t)$大小降到$|v_m|$最大值之1%時，其響應大小可以忽略不計。此段所需時間，定義爲設定時間。因爲$|v_m| = V_m = 48.9$ V，而設定時間時，電壓降爲0.489V，把此值代入(5-26)式。忽略第二指數項，可求出設定時間t_s爲5.15秒。把此結果與上段內所得之響應比較，是相當大的設定時間；阻尼過長，此響應稱之爲過阻尼。即α甚大於ω_0之情況爲過阻尼，下面將討論α減少所產生的結果。

2. 臨界阻尼並聯RLC電路

已知過阻尼的情況是，$\alpha > \omega_0$或$LC > 4R^2C^2$，導致S_1及S_2之負值，而且全響應是兩個負指數響應之代數和。$v(t)$響應之典型形式在上段已用數目代入計算過。

要調整元件值，直到$\alpha = \omega_0$相等爲止。此種特殊的情況稱之爲臨界阻尼，故臨界阻尼之條件是$\alpha = \omega_0$或$LC = 4R^2C^2 (L = 4R^2C)$。很明顯地可改變RLC三元件任一的數值，即可產生臨界阻尼。若選擇R，增加R值直到產生臨界阻尼，此刻ω_0未變。所需的R值爲$\frac{7\sqrt{6}}{2}\Omega$，$L$是7H，$C$仍是$\frac{1}{42}$F所以得$\alpha = \omega_0 = \sqrt{6}$，$S_1 = S_2 = -\sqrt{6}$。因此似乎可把全響應寫成二指數項之和。

$$A_1 t e^{-\sqrt{6}t} + A_2 e^{-\sqrt{6}t}$$

此時，可感覺到已失去應有的方法。因此響應只包含一任意常數，但是有兩個初值條件$v(0) = 0$及$i(0) = 10$。這是不可能的。例如第一個條件使A_3爲零，當然也不可能滿足第二個初值條件。

原先的假設是微分方程可用指數型爲其解，但是對臨界阻尼就會變爲不正確。當$\alpha = \omega_0$時微分方程(5-15)式會變成不定值，但可由L'Hopital's定律得

$$\lim_{t\to\infty} v(t) = 420 \lim_{t\to\infty} \frac{t}{e^{2.54t}} = 420 \lim_{t\to\infty} \frac{1}{2.54 e^{2.54t}} = 0$$

故知此響應開始時為0，無限大時亦為0，而且在所有時間內均為正值，其間最大值v_m也發生在時間t_m。在此例中，$t_m = 0.408$秒，$v_m = 63.1$V，v_m是大於過阻尼的情況，也是發生於最大，電阻器之最小損失的結果；而t_m是稍微比過阻尼的t_m大。同時也可決定出設定時間$\frac{v_m}{100} = 420t_s e^{-2.45t_s}$，利用誤差試驗法求出$t_s = 3.12$秒。比過阻尼之5.15秒要小，事實上，可證給予一L.C值後R值之選定可供給臨界阻尼之設定時間比任意R值產生過阻尼之設定時間要短，所以如能再稍微增加電阻時，設定時間又可縮短；即輕度的欠阻尼響應會在消失前無法抵達零軸，而產生最短的設定時間。

圖5-15是臨界阻尼的響應曲線；可以與過阻尼及欠阻尼響應作比較。

$$\frac{d^2v}{dt^2} + 2\alpha\frac{dv}{dt} + \alpha^2 v = 0$$

此二階方程式之解並不困難，因為此型在一般電工數學教材內都有。故在此不擬重複求解程序。其解是

$$v = e^{\alpha t}(A_1 t + A_2) \tag{5-27}$$

由此可知其解可分成二項之和，一項是相似的負指數，另一項是t倍負指數。因此其解包函了二個待解之任意常數。

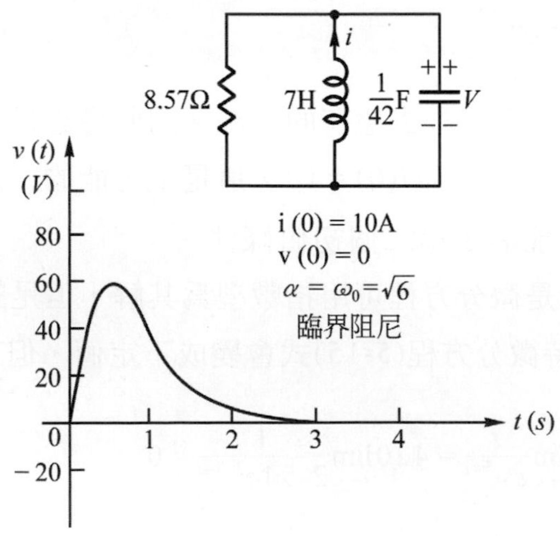

圖5-15　圖5-13網路之臨界阻尼響應曲線

若以前述數值代入時，可得$v = A_1 t e^{-\sqrt{6}t} + A_2 e^{-\sqrt{6}t}$，將第一初始條件代入時，因$v(0)=0$，所以$A_2=0$，此種簡單的結果是因爲響應之初始條件選爲零產生的。較通常之情況，會導致一方程式求解A_2。第二初始條件將應用於$\frac{dv}{dt}$，如過阻尼所述，經$v(t)$微分後，注意$A_2=0$。

$$\frac{dv}{dt} = A_1 t(-\sqrt{6})e^{-\sqrt{6}t} + A_1 e^{-\sqrt{6}t}$$

當$t=0$時，則：

$$\left.\frac{dv}{dt}\right|_{t=0} = A_1$$

已知此微分式是初值電容電流的形式。即

$$\left.\frac{dv}{dt}\right|_{t=0} = \frac{i_C(0)}{C} = \frac{i_R(0)}{C} + \frac{i(0)}{C}$$

$$\therefore A_1 = 420$$

全響應爲

$$v(t) = 420te^{-2.45t} \tag{5-28}$$

在繪出此響應之前，先討論此響應之特性，其特定初值爲零，與(5-28)式結果一致，同理在t無限大時，此響應會趨近於零。雖然其中$te^{-2.45t}$。

3. 欠阻尼並聯RLC電路

若繼續上述過程討論下去，把R值再增加，此時α值會下降，而ω_0仍保持不變，α^2比ω_0^2小很多。故S_1及S_2之根號部份爲負值，此刻產生的響應與前兩者不同，但並不需要重新由微分方程看起。使用複數時，可把指數響應轉換成正弦響應；此響應完全包含實數性質，及只需用於誘導之複數性質。

首先由指數形式開始

$$v(t) = A_1 e^{s_1 t} + A_2 e^{s_2 t}$$

其中

$$S_1 = -\alpha + \sqrt{\alpha^2 - \omega_0^2}$$

$$S_2 = -\alpha - \sqrt{\alpha^2 - \omega_0^2}$$

令 $\sqrt{\alpha^2 - \omega_0^2} = \sqrt{-1}\sqrt{\omega_0^2 - \alpha^2} = j\sqrt{\omega_0^2 - \alpha^2} \qquad (\sqrt{-1} = j)$

上述的根號部份，表示爲ω_d，稱爲**自然共振頻率(natural resonal frequency)** $\omega_d = \sqrt{\omega_0^2 - \alpha^2}$。所以其響應可表示成

$$v(t) = e^{-\alpha t}(A_1 e^{j\omega_d t} + A_2 e^{-j\omega_d t})$$

或

$$v(t) = e^{-\alpha t}\left\{(A_1 + A_2)\left[\frac{e^{j\omega_d t} + e^{-j\omega_d t}}{2}\right] + j(A_1 - A_2)\left[\frac{e^{j\omega_d t} - e^{-j\omega^d t}}{j2}\right]\right\}$$

上式中兩個中括號內可利用指數與三角函數換算，前一中括號之值相等於$\cos\omega_d t$，後一中括號之值相等於$\sin\omega_d t$。所以

$$\begin{aligned} v(t) &= e^{-\alpha t}[(A_1 + A_2)\cos\omega_d t + j(A_1 - A_2)\sin\omega_d t] \\ &= e^{-\alpha t}(B_1\cos\omega_d t + B_2\sin\omega_d t) \qquad (5\text{-}29) \end{aligned}$$

若處理欠阻尼之情況時，留下複數於後，因爲α，ω_d及t均爲實數性質，而且$v(t)$本身也必須是實數性質(能表示於示波器、電壓表或繪圖紙上)，因此B_1、B_2也都是實數性質，(5-29)式是欠阻尼所必需的函數形式。其正當性可以直接代入原先微分方程式來驗證。B_1、B_2也是選定給予的初值條件。

如前述諸例內，把R由$\frac{7\sqrt{6}}{2}$或8.57Ω增加至10.5Ω，而L及C數值不改變。如此

$$\alpha = \frac{1}{2RC} = 2，\omega_0 = \frac{1}{\sqrt{LC}} = \sqrt{6}$$

及 $\omega_d = \sqrt{\omega_0^2 - \alpha^2} = \sqrt{2}$(弳／秒)

除了未知常數之計算外，其全響應已知爲

$$v(t) = e^{-2t}(B_1\cos\sqrt{2}t + B_2\sin\sqrt{2}t)$$

此二常數之決定如下，仍假定$v(0)=0$，$i(0)=10$，所以B_1值爲零，因此

$$v(t)=B_2e^{-2t}\sin\sqrt{2}t$$

微分後

$$\frac{dv}{dt}=\sqrt{2}B_2e^{-2t}\cos\sqrt{2}t-2B_2e^{-2t}\sin\sqrt{2}t$$

在$t=0$其變成

$$\left.\frac{dv}{dt}\right|_{t=0}=\sqrt{2}B_2=\frac{i_C(0)}{C}=420$$

$$\therefore v(t)=210\sqrt{2}e^{-2t}\sin\sqrt{2}t$$

如前述可知，因爲所作用之初值電壓爲零，所以此響應有一零的初值；又因爲在長時間下指數項會消失，所以此響應之終值爲零。當t由小正值增加時，因爲指數須等於 1，所以$v(t)$也由$210\sqrt{2}\sin\sqrt{2}t$增加。但是在時間t_m時，指數項開始減少之速度比$\sin\sqrt{2}t$增加之速率快，所以$v(t)$抵達v_m，而後開始減少，必須注意到t_m不是$\sin\sqrt{2}t$最大之時間。當$t=\frac{\pi}{\sqrt{2}}$時，$v(t)$是零；而在$\frac{\pi}{\sqrt{2}}<t<\frac{n\pi}{\sqrt{2}}$之間，響應是負值，而在$t=\sqrt{2}\pi$時響應又變爲零。所以$v(t)$是振盪的時間函數，且時間軸於$t=\frac{n\pi}{\sqrt{2}}$，其中$n$是正數，在前例中，其響應是略微欠阻尼，指數項可使函數快速消失以致於有許多零點相交。

在α減少時，響應之振盪性質也變得更引人注意。若α爲零時，相當於有一無限大之電阻，如此$v(t)$變成以定幅度振盪的欠阻尼正弦形式。這是永久的運動，因爲只假定電路有初能，但沒有提供任何方式來消耗此能量。它是由電感之初值轉換到電容器，然後再回到電感，如此反覆變化，但是眞正的並聯RLC電路一定有一電阻R存在，以致於自然欠阻尼正弦響應可以維持數年而不會產生多餘的能量。當然亦可建立主動性電路，在$v(t)$之每一振盪時引起有效之能量，以至於正弦響應幾乎能如所希望地維持長久。此電路是正弦波振盪器(訊號產生器)，是實驗室中主要的儀器之一。回到原先的例子中，對$v(t)$微分後，可獲得第一最大值。

$V_{M1} = 71.8\text{V}$ 在 $t_{m1} = 0.435$ 秒

又可得第二最小值

$V_{m2} = -0.845\text{V}$ 在 $t_{m2} = 2.657$ 秒

如此繼續下去，其響應曲線如圖 5-16 所示。

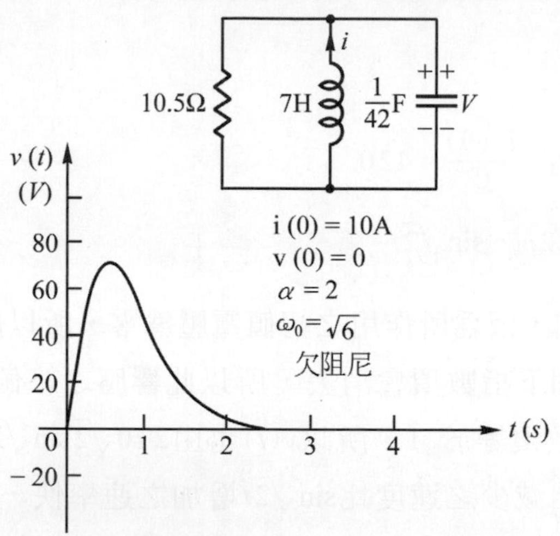

圖 5-16　圖 5-13 網路之欠阻尼響應曲線

設定時間可經由試驗誤差法求得，是2.92秒，比臨界阻尼之值要小些，而t_s比t_{m2}大，因爲v_{m2}之大小比V_{M1}大 1%。表示R之稍微減小，而使t_s比tm_2少。而且決定此電路之最小可能設定時間，如同產生它的R值一樣。

過阻尼、臨界阻尼及欠阻尼響應均表示於圖 5-17 中，三種曲線之比較可得下述結論：

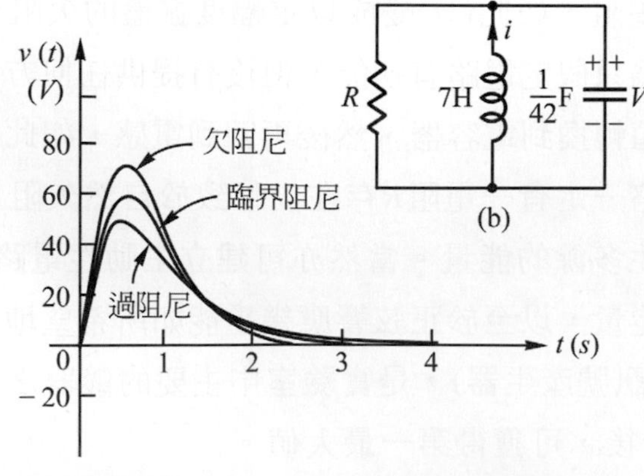

圖 5-17　並聯RLC電路之三條響應曲線

(1) 當調整並聯電阻R大小使阻尼改變時，響應之最大值將比較小阻尼要大。

(2) 當出現欠阻尼時，響應變成振盪，而最小設定時間可由輕度欠阻尼求得。

5-3-2 無源RLC串聯電路的自然響應

串聯RLC電路是並聯RLC電路之對偶，這種簡單事實有效地使其分析變成瑣細的事情，圖 5-18(a)是串聯電路，基本微分方程式是

$$L\frac{di}{dt}+Ri+\frac{1}{C}\int_{t_0}^{t} i\,dt-V_C(t_0)=0$$

此與圖(b)之並聯RLC電路之類比方程式作比較

$$C\frac{dv}{dt}+\frac{1}{R}v+\frac{1}{L}\int_{t_0}^{t} V\,dt-i_L(t_0)=0$$

微分每一項可得二階微分方程式，兩者亦是對偶的

$$L\frac{d^2i}{dt^2}+R\frac{di}{dt}+\frac{i}{C}=0$$

$$C\frac{d^2V}{dt^2}+\frac{1}{R}\frac{dV}{dt}+\frac{V}{L}=0$$

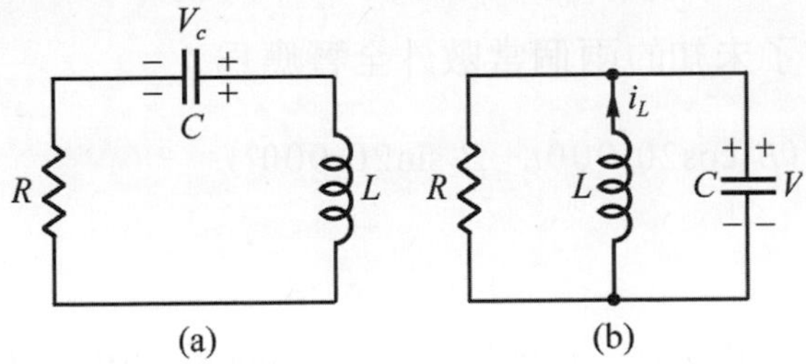

圖 5-18 RLC電路(a)串聯，(b)並聯二者為對偶

很明顯的對並聯RLC之全部討論皆可直接應用到串聯RLC電路上；而電感器上電壓及流過電感器電流之初值條件相當電感電流及電容電壓之初值條件；電壓響應變為電流響應，採用對偶性關係，可以獲得串聯RLC電路之完全響應。如圖 5-18 (a)之電路，其過阻尼響應是

$$i(t)=A_1e^{s_1t}+A_2e^{s_2t}$$

其中

$$S_1 = -\frac{R}{2L} + \sqrt{\left(\frac{R}{2L}\right)^2 - \frac{1}{LC}} = -\alpha + \sqrt{\alpha^2 - \omega_0^2} = -\alpha + j\omega_d$$

$$S_2 = -\frac{R}{2L} - \sqrt{\left(\frac{R}{2L}\right)^2 - \frac{1}{LC}} = -\alpha - \sqrt{\alpha^2 - \omega_0^2} = -\alpha - j\omega_d$$

$$\left(\alpha = \frac{R}{2L}，\omega_0 = \frac{1}{\sqrt{LC}}，\omega_d = \sqrt{\omega_0^2 - \alpha^2}\right)$$

臨界阻尼響應是

$$i(t) = e^{-\alpha t}(A_1 t + A_2)$$

而欠阻尼響應應可寫成

$$i(t) = e^{-\alpha t}(B_1 \cos\omega_d t + B_2 \sin\omega_d t)$$

若用α、ω_0及ω_d等來表示上述對偶情況之響應數學形式時，兩者是相同的。唯在串聯或並聯電路中α增加，而ω_0保持不變，如此會趨向過阻尼響應，只是要注意α計算之應用，對並聯電路而言是$\frac{1}{2RC}$，而串聯電路是$\frac{R}{2L}$；所以α增加必須增加串聯電阻，而減低並聯電阻。即並聯電路之$\alpha = \frac{1}{2RC}$；串聯電路之$\alpha = \frac{R}{2L}$。

考慮實例時，串聯RLC電路之元件及初值是$L = 1\text{H}$，$R = 2\text{k}\Omega$，$C = \frac{1}{401}\mu\text{F}$，$i(0) = 2\text{mA}$，$V_C(0) = 2\text{V}$，由此可求得$\alpha$為1000，$\omega_0$為20025，此表示欠阻尼；所以求得$\omega_d = 20{,}000$。除了未知的兩個常數外全響應為：

$$i(t) = e^{-1000t}(B_1 \cos 20{,}000t + B_2 \sin 20{,}000t)$$

應用電流初值可得

$$B_1 = 2 \times 10^{-3} \text{ 及 } i(t) = e^{-1000t}(2 \times 10^{-3} \cos 20{,}000t + B_2 \sin 20{,}000t)$$

剩下的初值條件必須應用到其微分值；即

$$\frac{di}{dt} = e^{-1000t}(-40\sin 20{,}000t + 20{,}000B_2 \cos 20{,}000t - 2\cos 20{,}000t - 1000B_2 \sin 20{,}000t)$$

$$\left.\frac{di}{dt}\right|_{t=0} = 20{,}000B_2 - 2 = \frac{v_L(0)}{L} = \frac{v_C(0) - Ri(0)}{L} = \frac{2 - 2000(2 \times 10^{-3})}{1} = -2$$

則　$B_2 = 0$

所需要之響應爲

$$i(t) = 2 \times 10^{-3} e^{-1000t} \cos 20{,}000t \text{ (A)}$$

此響應是振盪形式，略有阻尼，而對足夠點之直接計算，可以繪出平滑響應曲線是很冗長的。較好的畫法是首先繪出二指數項之包絡線($2 \times 10^{-3} e^{-1000t}$，及$-2 \times 10^{-3} e^{-1000t}$)如圖 5-19 中之虛線，而$\frac{1}{4}$周之位置正好在$20{,}000t = 0$，$\frac{\pi}{2}$，$\pi$等之點，或$t = 0.07854K$ms，($K = 0$，1，2，…)利用細線標示於時間軸上，如此可快速繪出振盪曲線。

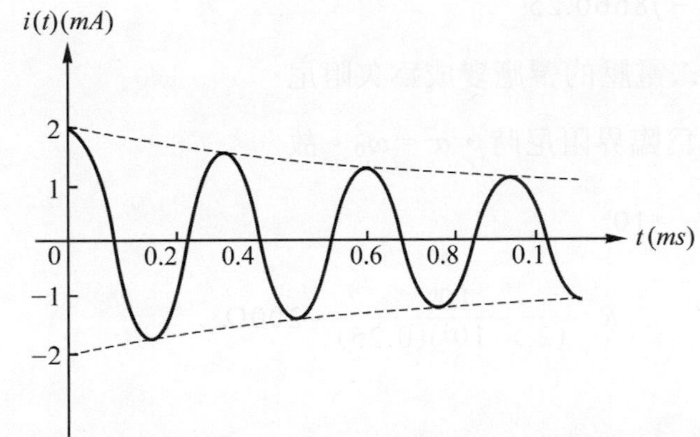

圖 5-19　欠阻尼串聯RLC電路之電流響應二包絡線如圖示，其中$\alpha = 1000s^{-1}$，$\omega_d = 20{,}000s^{-1}$，$i(0) = 2$mA，$v_C(0) = 2$V

如圖 5-20 所示電路試求(1)電壓響應曲線方程式的根。(2)電壓響應是屬於何種阻尼？(3)若把R值改爲 400Ω重求(1)、(2)兩小題。(4)R值爲多少時才會使電壓響應正好是臨界阻尼？

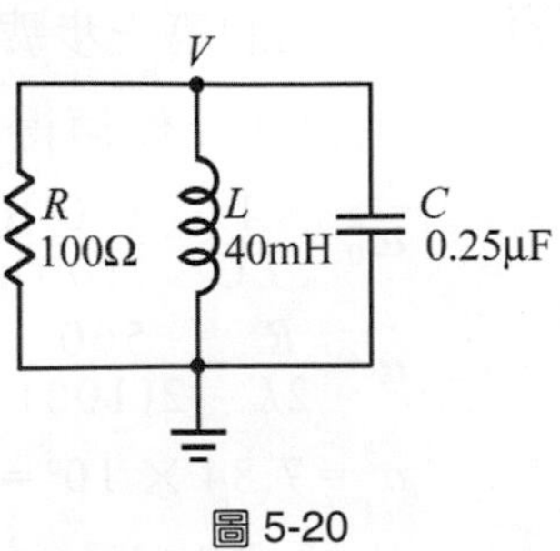

圖 5-20

解　(1)把已知之RLC值代入，獲得

$$\alpha = \frac{1}{2RC} = \frac{10^6}{200 \times 0.25} = 2 \times 10^4$$

$$\omega_0^2 = \frac{1}{LC} = \frac{(10^3)(10^6)}{(40)(0.25)} = 10^8$$

$$S_1 = -\alpha + \sqrt{\alpha^2 - \omega_0^2} = -2 \times 10^4 + \sqrt{4 \times 10^8 - 10^8}$$

$$= (-2 + \sqrt{3})10^4 = -0.268 \times 10^4$$

$$S_2 = -\alpha - \sqrt{\alpha^2 - \omega_0^2} = -2 \times 10^4 - \sqrt{3} \times 10^4 = -3.732 \times 10^4$$

(2) $\because \omega_0^2 < \alpha^2$ $\therefore$電壓的響應屬於過阻尼。

(3)當$R = 400\Omega$時

$$\alpha = \frac{1}{2RC} = \frac{10^6}{(2)(400)(0.25)} = 5000$$

$$\alpha^2 = 25 \times 10^6 = 0.25 \times 10^8$$

$$\omega_0^2 = 10^8$$

$$S_1 = -5000 + j\sqrt{0.75} \times 10^4 = -5000 + j8660.25$$

$$S_2 = -5000 - j8660.25$$

$\because \omega_0^2 > \alpha^2$ $\therefore$電壓的響應變成爲欠阻尼

(4)當電壓響應爲臨界阻尼時，$\alpha^2 = \omega_0^2$。故

$$\left(\frac{1}{2RC}\right)^2 = \frac{1}{LC} = 10^8$$

即$\frac{1}{2RC} = 10^4$ $\therefore R = \frac{10^6}{(2 \times 10^4)(0.25)} = 200\Omega$

例 5-4

圖 5-21 所示電路中的電容器充電到 100V，當$t = 0$瞬間，這個電容器經由串聯的$R.L$放電，試求(1)$t \geq 0$時的$i(t)$，(2)$t \geq 0$時的$V_C(t)$。

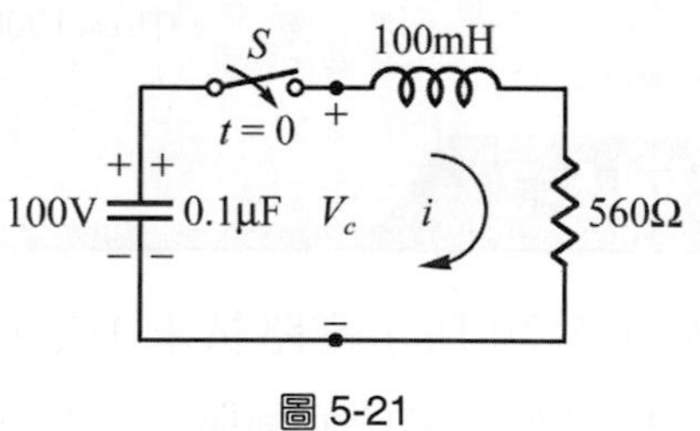

圖 5-21

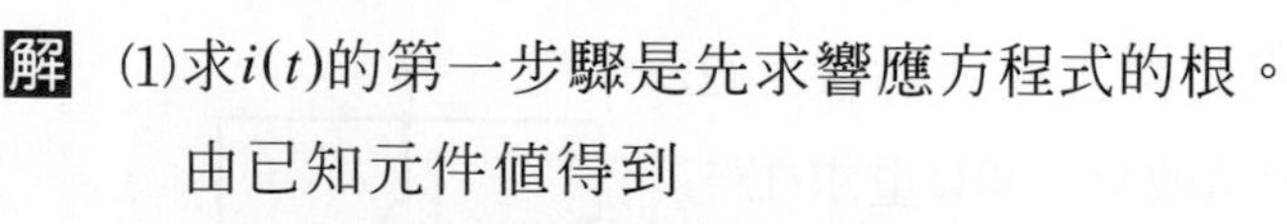

解 (1)求$i(t)$的第一步驟是先求響應方程式的根。

由已知元件值得到

$$\omega_0^2 = \frac{1}{LC} = \frac{(10^3)(10^6)}{(100)(0.1)} = 10^8$$

$$\alpha = \frac{R}{2L} = \frac{560}{2(100)} \times 10^3 = 2800$$

$$\alpha^2 = 7.84 \times 10^6 = 0.078 \times 10^8$$

比較ω_0^2及α^2知$\omega_0^2 > \alpha^2$則響應是屬於欠阻尼。$i(t)$解之形成應該是

$$i(t) = B_1 e^{-\alpha t}\cos\omega_d t + B_2 e^{-\alpha t}\sin\omega_d t$$

式中，$\alpha = 2800\frac{1}{\text{sec}}$，$\omega_d = 9600\text{rad/sec}$

由初始條件可求出B_1及B_2之值，當開關關閉之前，電感器的電流爲零。故開關關閉後之瞬間也爲零，即$i(0)=0=B_1$。求 B_2 必須先求出$\frac{di(0)}{dt}$，因爲開關關閉後之瞬間電流$i(0)=0$，所以電阻器兩端不會有電壓降，同時電容器兩端的初始電壓會出現在電感器兩端，也就是

$L\frac{di(0)}{dt}=V_0$　或　$\frac{di(0)}{dt}=\frac{V_0}{L}=\frac{100}{100}\times 10^3=1000\text{A/sec}$

以$B_1=0$代入$i(t)$方程式中，並求$\frac{di}{dt}$，得到

$\frac{di}{dt}=400B_2e^{-2000t}(24\cos 9600t-7\sin 9600t)$

將$t=0$代入上式，得到 $\frac{di(0)}{dt}=9600B_2$

所以，$B_2=\frac{1000}{9600}\cong 0.1042$

最後獲得$i(t)$之響應爲 $i(t)=0.1042e^{-2800t}\sin 9600t\text{A}(t\geq 0)$

(2)欲求$V_c(t)$，可利用下述任一方程式

$V_c=-\frac{1}{c}\int_0^t i\,dt+100$　或$V_c=iR+L\frac{di}{dt}$

不管用那個方程式，都可得到

$V_C(t)=(100\cos 9600t+29.17\sin 9600t)e^{-2800t}\text{V}(t\geq 0)$

5-4 RL、RC、RLC電路之步階響應

在 5-2 及 5-3 節內曾討論過無源RL、RC及RLC電路的自然響應，那時曾假設原先電感器或電容器已經儲存能量，然後因爲把能量釋放給電阻性電路而形成的響應。現在要討論的是當電路突然外加直流電源時，RL、RC及RLC電路所產生的電壓及電流有大小的問題。當電路因爲突然外加定值電壓或電流源所形成的響應，稱爲電路的**步階響應(step response)**。

5-4-1 RL電路之步階響應

圖 5-22 所示電路可以用來說明RL電路的步階響應。當開關關閉時，電感器儲存的能量是以不等於零的初始電流$i(0)$表示之。接著要討論的問題就是求出電路中的電流方程式及開關關閉之後電感器兩端電壓方程式。其分析步驟與5-2節一樣，先利用電路分析法以相關的變數列出電路之微分方程式，然後解微分方程式獲得步階響應。

當圖 5-22 中開關關閉後，由 KVL 得到：$V_s = Ri + L\dfrac{di}{dt}$

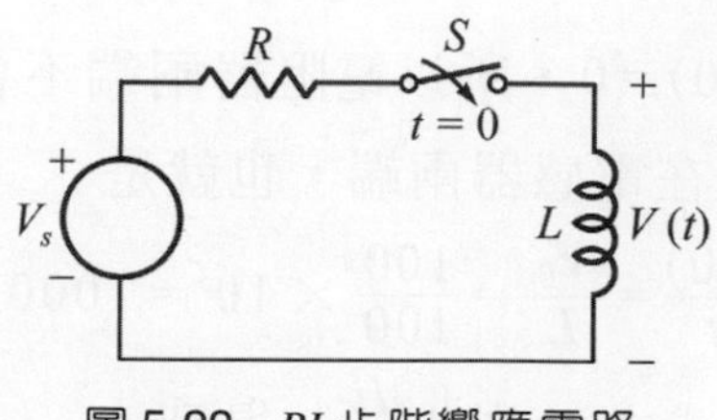

圖 5-22　RL步階響應電路

應用變數分離，而後再加以積分，解得電流步階響應，即

$$\int \frac{di}{i - \frac{V_s}{R}} = \int \frac{-R}{L} dt$$

$$\ln\left(i - \frac{V_s}{R}\right) = \frac{-R}{L} t + \ln K \text{ (}\ln K\text{爲積分常數)}$$

$$i - \frac{V_s}{R} = K e^{-\frac{R}{L}t}$$

當$t = 0$，$i(0) = 0$則$K = -\dfrac{V_s}{R}$代入上式得

$$i(t) = \frac{V_s}{R} - \frac{V_s}{R} e^{-\frac{R}{L}t} = \frac{V_s}{R}(1 - e^{-\frac{R}{L}t}) \tag{5-30}$$

由上式述明當開關關閉後，電流會由零依指數方式增加到最終值$\dfrac{V_s}{R}$，其增加之速率由電路的時間常數$\left(\tau = \dfrac{L}{R}\right)$來決定，開關關閉時間達一倍時間常數之後，電流會大約達到最終值的 63%。即

$$i(\tau) = \frac{V_s}{R}(1 - e^{-1}) = \frac{V_s}{R}(1 - 0.367) = 0.633 \frac{V_s}{R}$$

若電流依原先速率繼續增加下去的話，那麼在τ秒之內就會達到最終值，因爲

$$\frac{di}{dt} = \frac{-V_s}{R}\left(\frac{-1}{\tau}\right) e^{-\frac{t}{\tau}} = \frac{V_s}{L} e^{\frac{-t}{\tau}}$$

所以電流i增加的初始速率爲

$$\frac{di}{dt}(0)=\frac{V_s}{L}\text{A/sec}$$

若電流依此速率繼續增加，那i的方程式變爲$i=\frac{V_s}{L}t$由此式知，當$t=\tau$時，則獲得

$$i=\frac{V_s}{L}\tau=\frac{V_s}{L}\left(\frac{L}{R}\right)=\frac{V_s}{R}(\text{最終值})$$

由(5-30)式所得到的這些結果，可以圖 5-23 示明。

因爲跨於電感器兩端的電壓爲$v(t)=V_s e^{\frac{-R}{L}t}$，在開關關閉之前。電感器兩端的電壓等於零，在開關關閉之瞬間。電感器兩端電壓突然跳升到$V_s-i(0)R$，然後再依指數方式衰減到零。如圖 5-24 所示，圖中也標示時間常數$\left(\tau=\frac{L}{R}\right)$跟電感器兩端電壓初始降低速率(直線的斜率)之間的關係。

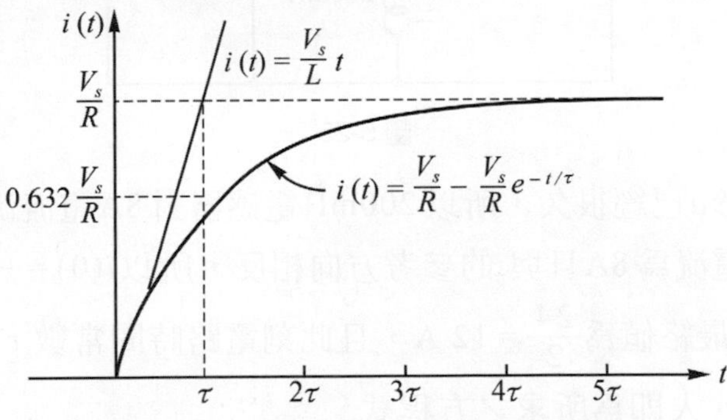

圖 5-23　RL 電路在$i(0)=0$時的步階響應

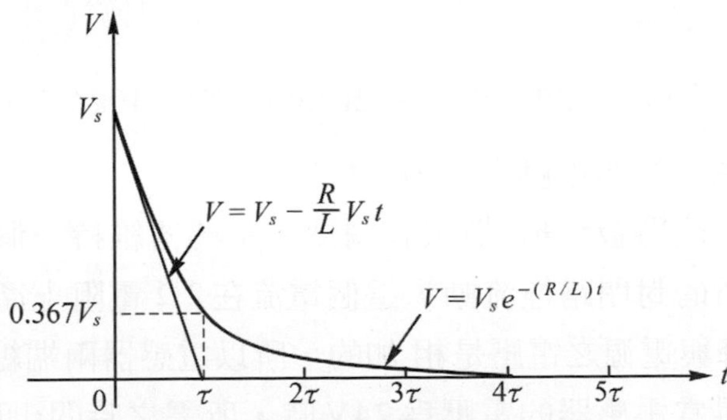

圖 5-24　電感器電壓隨時間的變化

若電感器中有初始電流，當初始電流跟i同方向時$i(0)$用正號；相反時$i(0)$用負號。

例 5-5

圖 5-25 所示電路中開關先置於a經過很久。假定在$t=0$瞬間開關由a扳到b位置。此開關之設計屬"先合後斷"型，以免電感器中的電流中斷。試求：⑴當$t \geq 0$時的$i(t)$方程式。⑵開關扳到b位置以後，電感器兩端的初始電壓為多少？⑶這個初始電壓對電路的特性有意義嗎？⑷電感器的電壓在開關扳到b位置之後，為多少 ms 才會有 24V？⑸繪出$i(t)$及$V(t)$隨時間變化的響應曲線。

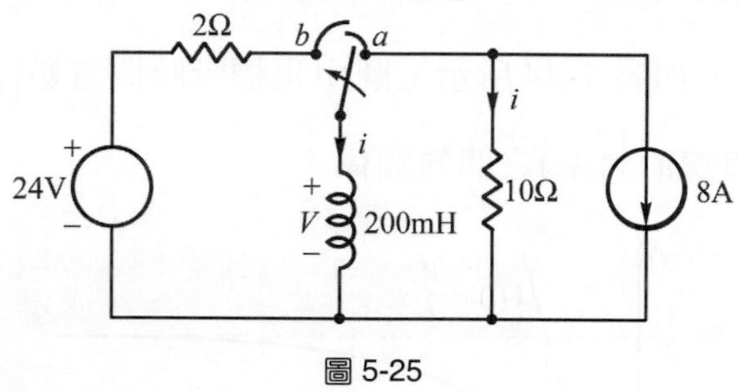

圖 5-25

解 ⑴因為開關置於a已經很久，所以200mH電感器對8A電流源相當於短路。即電感器的初始電流為8A且與i的參考方向相反，所以$i(0)=-8\text{A}$，當開關扳到b位置時，i的最終值為$\frac{24}{2}=12$ A，且此刻電路時間常數$\tau=\frac{L}{R}=\frac{200}{2}=100\text{ms}$

將這些數值代入即為所求之方程式

$$i(t)=\frac{V_s}{R}+\left(-i(0)-\frac{V_s}{R}\right)e^{\frac{-t}{\tau}}=12-20e^{-10t}\text{A}(t \geq 0)$$

⑵電感器兩端的電壓

$$V=L\frac{di}{dt}=0.2\frac{d}{dt}(12-20e^{-10t})=0.2(200e^{-10t})=40e^{-10t}(t \geq 0)$$

故知電感兩端的初始電壓為$V(0)=40\text{V}$

⑶有意義，因在開關扳到b位置最初瞬間，電感器維持一個 8A 的電流依反時針方向環繞新的封閉路徑流動，這個電流在2Ω 電阻上產生16V的電壓降，而這個電壓降與電源之電壓是相 加的，所以電感器兩端總共有40V的電壓。

⑷由下式可求得當電感器的電壓為24V時，所需之時間t即$24=40e^{-10t}$

$$t=\frac{1}{10}\ln\frac{40}{24}=51.08\times10^{-3}\text{sec}=51.08\text{ms}$$

⑸$i(t)$及$v(t)$隨時間變化之情形如圖 5-26 所示。電流爲零的瞬間相當於電感器電壓爲 24V 之瞬間。

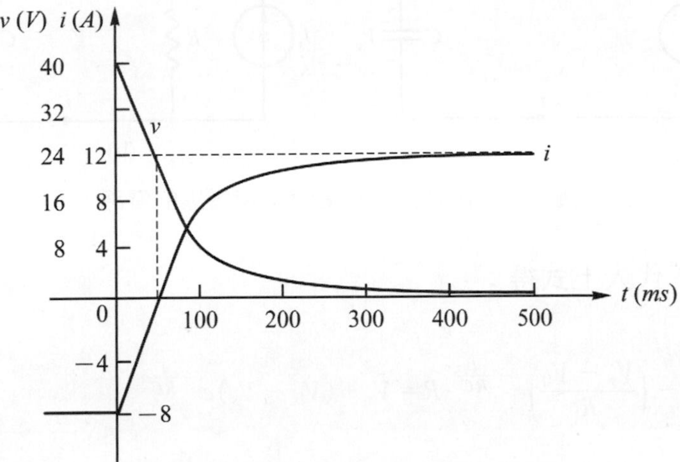

圖 5-26　例題的電流及電壓的波形

5-4-2　RC電路之步階響應

RC電路之步階響應可用圖 5-27 中任一電路來說明。若用(a)圖，當開關關閉以後，依 KVL 可得

$$V_s = Ri + \frac{1}{C}\int_0^t i dt + V_c(0)$$

採用分離變數法，求得i即：

$$i = I_0 e^{-\frac{t}{RC}}$$

因爲電容器兩端的電壓不能瞬間改變，所以由V_s跟電容器的初始電壓V_0之間的差可以求出電路的初始電流爲 $i(0) = \dfrac{V_s - V_0}{R}$代入上式

$$i = \frac{V_s - V_0}{R} e^{-\frac{t}{RC}}$$

再由圖 5-27(a)電路的連接關係，可求出電容器兩端的電壓爲

$$V_c = V_s - iR$$

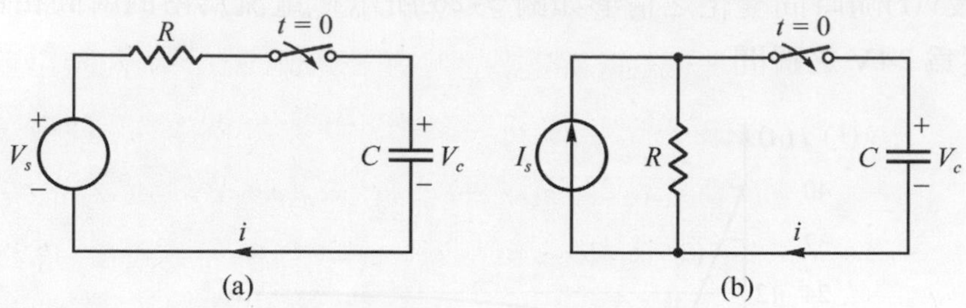

圖 5-27 用來推導RC電路步階響應的電路

將$i=\frac{V_s-V_0}{R}e^{-\frac{t}{RC}}$代入上式得：

$$V_C=V_s-\left(\frac{V_s-V_0}{R}\right)e^{-\frac{t}{RC}}\cdot R=V_s+(V_0-V_s)e^{-\frac{t}{RC}}$$

若電容器上的初始電壓爲零時，則

$$i=\frac{V_s}{R}e^{-\frac{t}{RC}}\text{，}V_c=V_s(1-e^{-\frac{t}{RC}})$$

上式分別爲RC電路電流及電壓之步階響應方程式，由此可看出，當一個定值電壓源突然經一個電阻器接到未充電的電容器時，電路上的電流會突升到一個初始值$\frac{V_s}{R}$，而後再依指數方式衰減到零，其衰減的速率由 RC 電路的時間常數決定；電容兩端的電壓由初始值零依指數方式增加到最終值V_s，其時間常數亦是$\tau=RC$，圖5-28(a)(b)分別爲電流及電壓的響應曲線圖，由其中也可知道時間常數與電流及電壓的初始改變速率(直線之斜率)之間的關係。

若由圖 5-27，也可導由i及V_c響應之結果，把V_c當作節點電壓，然後由KCL可得到微分方程式

$$C\frac{dV_c}{dt}+\frac{V_C}{R}=I_s$$

將上式兩邊同除以C，得到

$$\frac{dV_c}{dt}+\frac{V_C}{RC}=\frac{I_s}{C}$$

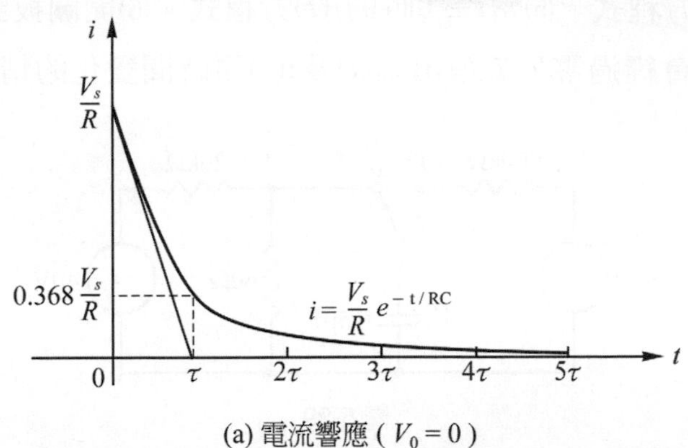

(a) 電流響應 ($V_0=0$)

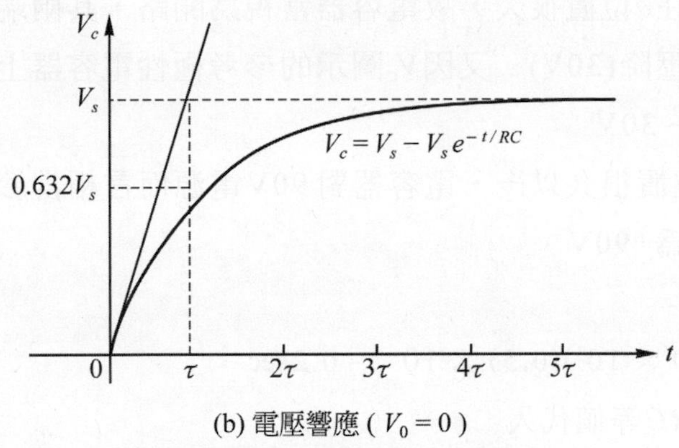

(b) 電壓響應 ($V_0=0$)

圖 5-28　*RC* 電路的步階響應

利用變數分離法求得

$$V_c=I_sR+(V_0-I_sR)e^{-\frac{t}{RC}}$$

依電源轉換法可得到$I_sR=V_s$與用(a)圖獲得相同之結果。

只將v_c對t微分再乘以C就可求得電流i的方程式，即

$$i=C\frac{dV_c}{dt}=C\left[\left(\frac{-1}{RC}\right)(V_0-I_sR)e^{-\frac{t}{RC}}\right]=\left(I_0-\frac{V_0}{R}\right)e^{-\frac{t}{RC}}$$

例 5-6

圖 5-29 所示電路的開關已置於a很久，設在$t=0$瞬間開關扳到b位置，試求：(1) V_c的初始值爲多少？(2) V_c的最終值爲多少？(3)開關在b位置時，電路時間常數爲多少？

⑷當$t \geq 0$時的$V_c(t)$方程式。⑸當$t \geq 0$時的$i(t)$方程式。⑹開關扳到b位置之後多久，電容器兩端之電壓會經過零？⑺繪出$V_c(t)$及$i(t)$隨時間變化的情形。

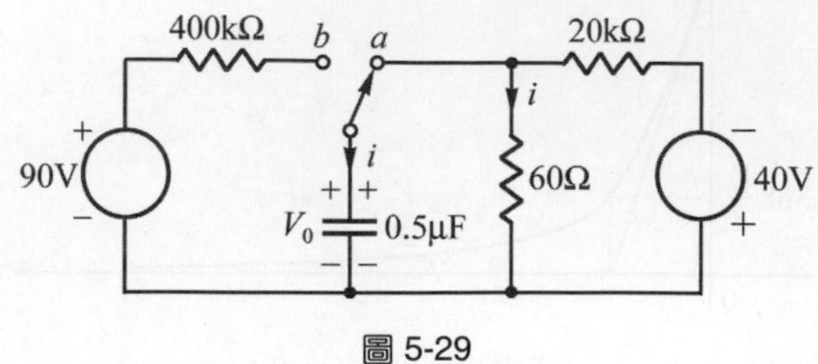

圖 5-29

解 ⑴因爲開關已在a位置很久，故電容器當視爲開路，其兩端的電壓當等於60Ω電阻器上之壓降(30V)。又因V_c圖示的參考極性電容器上端爲正，所以V_c的初始值$V_0 = -30\text{V}$

⑵開關扳到b位置很久以後，電容器對90V電源而言相當於開路所以電容器電壓的最終值爲+90V

⑶時間常數爲

$\tau = RC = (400 \times 10^3)(0.5) \times 10^{-6} = 0.2\text{sec}$

⑷將V_s、V_0、RC等值代入

$$V_c = V_s + (V_0 - V_s)e^{-\frac{t}{RC}}$$

$$V_c = 90 + (-30-90)e^{-5t} = 90 - 120e^{-5t}\text{V}(t \geq 0)$$

⑸將V_s、V_0、R及RC等值代入

$$i = \frac{V_s - V_0}{R}e^{-\frac{t}{RC}}$$

$$i(t) = \frac{90-(-30)}{400 \times 10^3}e^{-5t} = 3 \times 10^{-4}e^{-5t}\text{A} = 300e^{-5t}\mu\text{A}(t \geq 0)$$

⑹欲求開關扳到b位置多久以後電容器電壓會等於零可由(d)項獲得之方程式求得$v_C(t) = 0$

$$V_c(t) = 90 - 120e^{-5t} = 0$$

$$120e^{-5t} = 90$$

$$e^{-5t} = \frac{90}{120} = \frac{3}{4}$$

$$\therefore t = \frac{1}{5}\ln\left(\frac{4}{3}\right) = 57.54\text{ms}$$

當V_C爲零時，i爲225μA，400kΩ電阻器上電壓降爲90V。

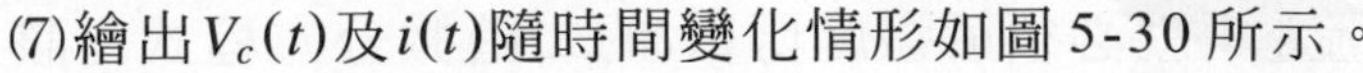
(7)繪出$V_c(t)$及$i(t)$隨時間變化情形如圖 5-30 所示。

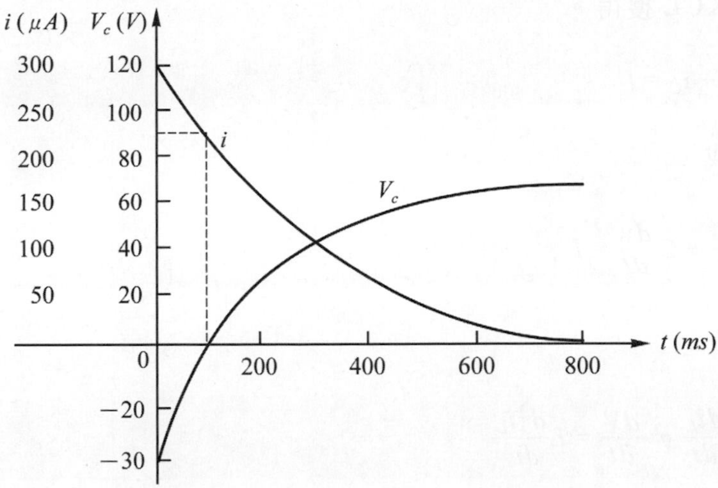

圖 5-30 例題(5-6)的電流及電壓的波形

5-4-3 *RLC*電路之步階響應

1. *RLC*並聯電路的步階響應

求此電路之步階響應，是在求電路突然外加定值或直流電流源時，在並聯分支兩端出現的電壓，或是出現在各個分支內的電流。當電流源接上時，電流原先可能有，也可能沒有儲存能量。這個問題可以用圖 5-31 所示電路說明之。把重點放在求通過電感器之支路電流i_L上，主要原因是因爲當t增加時，i_L不會趨近於零。當開關已經打開很久時，電感器相當短路$i_L = I$。因爲我們希望把重點只放在求步階響應的方法，所以假設電路原先儲存的能量爲零，如此可把計算過程簡化，且更容易集中注意力在求步階響應上。(若原先有儲存能量時，在計算過程需要決定任意常數之值。但是不會改變求步階響應之基本過程。)

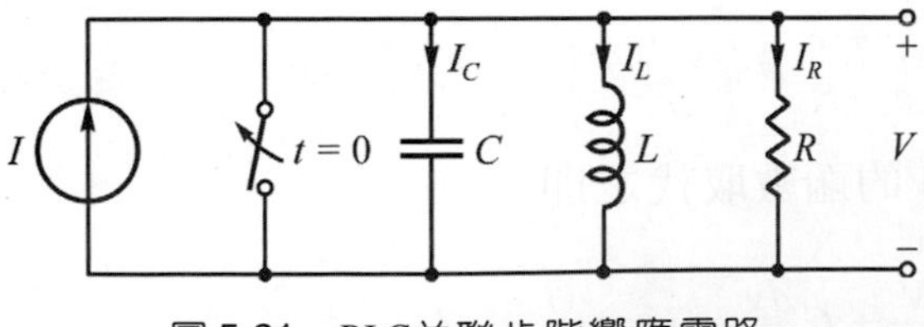

圖 5-31 *RLC*並聯步階響應電路

欲求出電感器電流i_L，就必須解激勵函數I的二階微分方程式。該方程式，由KCL獲得。

$$i_L + i_R + i_C = I$$

或改寫成

$$i_L + \frac{V}{R} + C\frac{dv}{dt} = I$$

已知

$$V = L\frac{di_L}{dt}\text{，}\frac{dV}{dt} = L\frac{d^2 i_L}{dt^2}$$

代入上式

$$i_L + \frac{L}{R}\frac{di_L}{dt} + CL\frac{d^2 i_L}{dt^2} = I$$

爲了方便起見，將上式除以LC並重新整理。得

$$\frac{d^2 i_L}{dt^2} + \frac{1}{RC}\frac{di_L}{dt} + \frac{1}{LC}i_L = \frac{1}{LC}I \tag{5-31}$$

若把(5-31)式與無源RLC並聯電路自然響應中(5-15)式比較。可以看出其不同之處等號的右邊不等於零。在尚未述明如何由(5-31)式直接求解之前，先說明間接的求解方式。待得知(5-31)式的解之後，就比較容易說明直接解法。

求i_L的間接法的第一步驟是先求電壓V，因爲V必須滿足的方程式與(5-15)式一樣，故可用無源RLC並聯電路求V，將

$$i_L + \frac{V}{R} + C\frac{dV}{dt} = I$$

上式中之i_L以V的函數取代之即

$$\frac{1}{L}\int_t^0 v\,dt + \frac{V}{R} + C\frac{dv}{dt} = I \tag{5-32}$$

將上式對t微分，因爲I是常數，故等號右邊變爲零，結果爲

$$\frac{V}{L}+\frac{1}{R}\frac{dv}{dt}+C\frac{d^2v}{dt^2}=0$$

整理後成為

$$\frac{d^2v}{dt^2}+\frac{1}{RC}\frac{dv}{dt}+\frac{1}{LC}v=0 \tag{5-33}$$

就像無源RLC並聯電路所獲結果，即v的解與微分方程式的根有關，所以其解的三種可能性為:

$$v=A_1e^{s_1t}+A_2e^{s_2t} \tag{5-34}$$

$$v=B_1e^{-\alpha t}\cos\omega_dt+B_2e^{-\alpha t}\sin\omega_dt \tag{5-35}$$

$$v=D_1te^{-\alpha t}+D_2e^{-\alpha t} \tag{5-36}$$

在求以上三式中的A_1、A_2，B_1、B_2，D_1、D_2幾個常數時，要考慮電流源在$t=0^+$瞬間之值。

欲求出i_C的三種可能解。只要把上三式分別代入

$$i_L+\frac{V}{R}+C\frac{dv}{dt}=I$$

中即可得到

$$i_L=I-A_1'e^{s_1t}+A_2'e^{s_2t} \tag{5-37}$$

$$i_L=I+B_1'e^{-\alpha t}\cos\omega_dt+B_2'e^{-\alpha t}\sin\omega_dt \tag{5-38}$$

$$i_L=I+D_1'te^{-\alpha t}+D_2'e^{-\alpha t} \tag{5-39}$$

式中A_1'，A_2'，B_1'，B_2'，D_1'，D_2'都是任意常數。

每個阻尼狀況的解裏面有撇的常數都可以用電壓解的任意常數得到，但是這樣做較麻煩。我們可以用響應函數的初始值來算出帶撇的常數，這樣比較簡單。以現在所提及的電路而言，可以用$i_L(0)$及$\frac{di_L(0)}{dt}$解出帶撇的常數，將以例題說明如下。

含有定值激勵函數的二階微方程式的解會等於激勵響應加上一個與自然響應形成一樣的響應函數。故可以把步階響應寫成下面的形式。

$$\left.\begin{aligned} i &= I_f + [\text{與 } RLC \text{ 並聯電路自然響應同形式的函數}] \\ v &= V_f + [\text{與 } RLC \text{ 並聯電路自然響應同形式的函數}] \end{aligned}\right\} \tag{5-40}$$

式中I_f及V_f爲響應函數的最終值。有時此值可能爲零。如 RLC 並聯電路的v的最終值必爲零。玆以下述例題說明求步階響應的步驟與方法。

例 5-7

圖 5-31 所示電路中$L.C$原先儲存的能量爲零。在$t = 0$的瞬間，有一 24mA 的直流電源接到電路上，已知R爲 400Ω，L爲 25mH，C爲 25nF試求：(1)i_L的初始值爲多少？(2)$\frac{di_L}{dt}$的初始值爲多少？(3)特徵方程式的根爲多少？(4)$t \geq 0$時$i_L(t)$的方程式？

解 (1)因爲外加直流電流源前，電路並沒有儲存能量，所以電感器中的初始電流值爲零，又因電感器具有抑制電流瞬間改變的特性，故開關關閉之後瞬間即其初始值$i_L(0) = 0$。

(2)因爲開關打開以前電容器上的初始電壓爲零，故開關打開之後瞬間的電容器電壓也爲零。依$v = L\frac{di}{dt}$之關係得到$\frac{di_L}{dt}(0) = 0$。

(3)電路之元件(RLC)值可獲得

$$\omega_0^2 = \frac{1}{LC} = \frac{10^{12}}{(25)(25)} = 16 \times 10^8$$

$$\alpha = \frac{1}{2RC} = \frac{10^9}{(2)(400)(25)} = 5 \times 10^4$$

$$\alpha^2 = 25 \times 10^8$$

因爲$\omega_0^2 < \alpha^2$故特徵方程式的兩個根爲相異之實根，分別爲

$$S_1 = -5 \times 10^4 + 3 \times 10^4 = -20{,}000\frac{1}{\text{sec}}$$

及$S_2 = -5 \times 10^4 - 3 \times 10^4 = -80{,}000\frac{1}{\text{sec}}$

(4)因爲特徵方程式的根爲兩個相異實根，所以電感器上電流的響應屬於過阻尼，而$i_L(t)$爲

$$i_L = I + A_1' e^{s_1 t} + A_2' e^{s_2 t}$$

由上式直接可以得到

$i_L(0) = I + A_1' + A_2'' = 0$

以及$\frac{di_L}{dt}(0) = S_1 A_1' + S_2 A_2' = 0$

由上兩式聯立解出A_1'及A_2'分別爲

$A_1' = \frac{-S_2 I}{S_2 - S_1} = -\frac{4}{3}(24 \times 10^{-3}) = -32\text{mA}$

$A_2' = \frac{S_1 I}{S_2 - S_1} = \frac{1}{3}(24 \times 10^{-3}) = 8\text{mA}$

所以得$i_L(t)$的數值解

$i_L(t) = (24 - 32e^{-20,000t} + 8e^{-80,000t})\text{mA}(t \geq 0)$

2. *RLC*串聯電路的步階響應

欲證明求*RLC*串聯電路的步階響應的步驟與求*RLC*並聯電路的步階響應一樣。可以證明如圖 5-32 所示電路中電容器上電壓的微分方程與圖 5-31 所示之*RLC*並聯電路中的電感器電流的微分方程式相似。爲了方便起見，可假設電路在開關關閉前並儲存能量，由圖 5-32 依 KVL 得

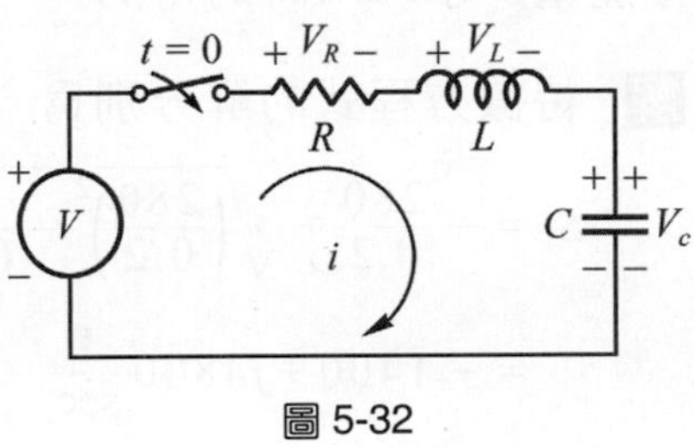

圖 5-32

$$V = Ri + L\frac{di}{dt} + V_C \qquad (5\text{-}41)$$

電路中的電流i與電容器上電壓V_C之間的關係爲$i = C\frac{dV_C}{dt}$，將等號兩邊再微分一次可得

$$\frac{di}{dt} = C\frac{d^2 V_C}{dt^2}$$

將此結果代入(5-41)式中並整理，得

$$\frac{d^2 V_C}{dt^2} + \frac{R}{L}\frac{dV_C}{dt} + \frac{1}{LC}V_C = \frac{V}{LC} \qquad (5\text{-}42)$$

(5-42)式與(5-31)式相似，故求v_c的步驟與求i_L一樣。其過阻尼、欠阻尼，臨界阻尼時V_C的解分別爲：

$$\left.\begin{aligned} V_C &= V_f + A'_1 e^{s_1 t} + A'_2 e^{s_2 t} \\ V_C &= V_f + B'_1 e^{-\alpha t}\cos\omega_d t + B'_2 e^{-\alpha t}\sin\omega_d t \\ V_C &= V_s cale 1.3,1.3 f + D'_1 t e^{-\alpha t} + D'_2 e^{-\alpha t} \end{aligned}\right\} \quad (5\text{-}43)$$

式中V_f為V_C的最終值由圖 5-32 所示電路可直接看出V_c的最終值必等於其電源電壓值V。茲以例題述明求RLC串聯電路的步階響應之步驟。

例 5-8

如圖 5-33 所示電路在開關關閉前，$L.C$都未曾儲存能量，求$t \geq 0$時的$v_C(t)$。

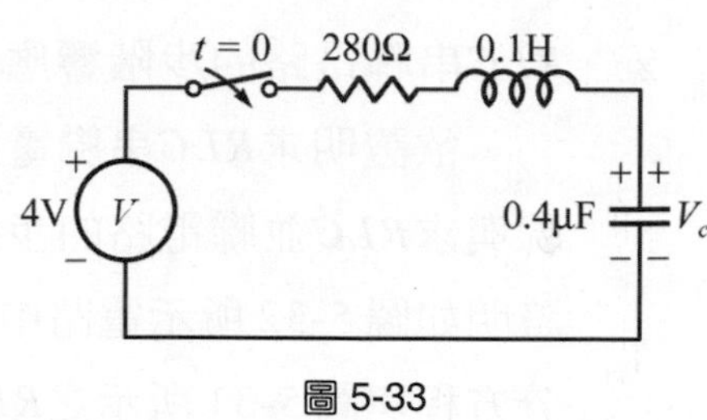

圖 5-33

解 特徵方程式的解分別為

$$S_1 = -\frac{280}{0.2} + \sqrt{\left(\frac{280}{0.2}\right)^2 - \frac{10^6}{(0.1)(0.4)}}$$

$$= -1400 + j4800\frac{1}{\text{sec}}$$

$$S_2 = -\frac{280}{0.2} - \sqrt{\left(\frac{280}{0.2}\right)^2 - \frac{10^6}{(0.1)(0.4)}}$$

$$= -1400 - j4800\frac{1}{\text{sec}}$$

因為兩個根是複數，所以電壓響應屬於欠阻尼。

$V_C(t) = 48 + B'_1 e^{-1400t}\cos 4800t + B'_2 e^{-1400t}\sin 4800t$，$(t \geq 0)$

又因電路原先沒有儲存能量，故$V_C(0)$及$\dfrac{dV_C(0)}{dt}$都為零於是得到

$V_C(0) = 0 = 48 + B'_1$

及$\dfrac{dV_C(0)}{dt} = 0 = 4800B'_2 - 1400B_1$

由上兩式解得B'_1、B'_2分別為

$B'_1 = -48\text{V}$；$B'_2 = -14\text{V}$

$\therefore V_C(t) = 48 - 48e^{-1400t}\cos 4800t - 14e^{-1400t}\sin 4800t\,\text{V}(t \geq 0)$

5-5 *RL*、*RC*、*RLC*電路之弦波響應

所謂弦波是用正弦函數或餘弦函數來表示變化的函數波形，至於兩者選用那個，並無明確規定，雖然在作弦波穩態分析時，兩樣都可以，但是要特別注意的是兩種函數不可同時使用，如圖 5-34 所示之弦波電壓其波形方程式可分別用正弦與餘弦表示如下：

$$v(t) = V_M \sin(\omega t + \alpha) \tag{5-44}$$

或
$$v(t) = V_M \cos(\omega t - \beta) \tag{5-45}$$

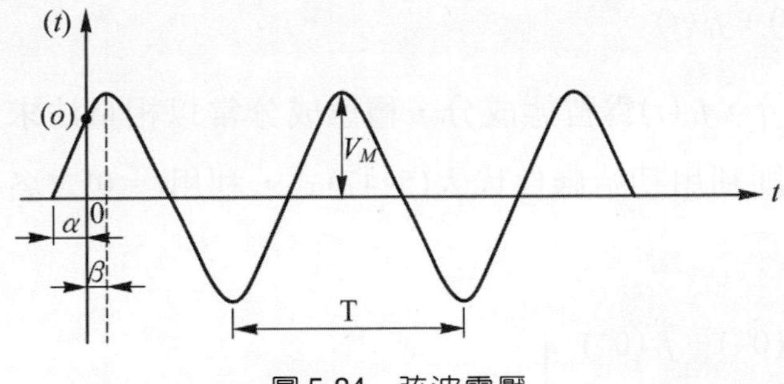

圖 5-34　弦波電壓

由圖示弦波看出其函數是有重複性的，這種弦波函數稱爲有**週期性(periodic)**。故其主要參數之一是弦波函數通過所有可能值所需時間的長短，這個時間稱爲函數的**週期(period)**以T代表，T的倒數就是弦波每秒的週數，通稱爲**頻率(frequency)**，以f代表。即$f=\dfrac{1}{T}$其單位爲赫(Hz)。T或f的值是包含在t的係數裏面。ω代表弦波函數的角頻率。其與f、T間之關係爲

$$\omega = 2\pi f = \frac{2\pi}{T}\text{ 弳／秒} \tag{5-46}$$

上式是根據每當正弦(或餘弦)函數的幅角通過2π弳度(360°)時，函數的值通過一整組的周而復始，由式中可看出只要t是T的整數倍。幅角ωt就增加2π弳度的整數倍。

弦波電壓的最大波幅是V_m，因爲正弦、餘弦函數的值是介於±1之間，所以波幅的範圍介於$\pm V_M$之間，(5-44)式中的α及(5-45)式中的β稱爲弦波電壓的**相角(phase angle)**。這個角度決定了弦波函數在$t=0$時的值，故以此可定出開始計算時間之瞬間在波形上的位置。改變相角當使弦波函數沿著時間軸移動，但對波幅V_M或角頻

率ω沒有影響。很顯然地可以看出，只要知道弦波電源的最大波幅、頻率、相角，其弦波函數就完全決定了。

電路之弦波響應與上節所述電路之步階響應相似，僅外加電源由單方向的直流換弦波交流。當電路由一狀態轉換至另一狀態時，將出現一段過渡時期。在此期間內，電流和各元件上之電壓皆由原來值變換為一新值。在經過此種變化之時期稱為**暫態(transient state)**，在暫態之後，電路即變成**穩態(steady state)**。故知電路之任何響應函數，都包含有暫態與穩態兩項成分，其暫態成分稱為電路的**自然響應(natural reponse)**；而穩態成分則稱為**強迫響應(forced response)**，兩者合稱為**完全響應(complete response)**，通常電路響應函數均可以下式表示之。即其全解為

$$f(t)=f_s(t)+f_t(t) \tag{5-47}$$

式中$f_s(t)$為穩態成分，$f_t(t)$為暫態成分，穩態成分常以相量法求解而後轉換為時間函數，而暫態成分則利用初始條件代入(5-47)式，利用$t=0^+$之各級導數予以確定，其各級導數之關係為：

$$\left.\begin{aligned} f(0^+)&=f_s(0^+)+f_t(0^+)\\ f'(0^+)&=f'_s(0^+)+f'_t(0^+)\\ f''(0^+)&=f''_s(0^+)+f''_t(0^+)\\ \vdots&=\\ f^n(0^+)&=f^n_s(0^+)+f^n_t(0^+)\end{aligned}\right\} \tag{5-48}$$

由(5-3)、(5-4)兩節之分析可知暫態成分必為指數形式之變化。即，

$$f_t(t)=A_1e^{s_1t}+A_2e^{s_2t}+\cdots+(B_1+B_2)e^{s_3t}+\cdots \tag{5-49}$$

上式暫態成份包含項數之多寡當依電路內儲能元件之數目而定。

5-5-1 *RL*電路之弦波響應

圖 5-35 所示為一*RL*電路，其弦波電壓$v(t)=V_M\sin(\omega t+\theta)$，加於初始狀態儲能為零之*RL*電路上，當$t=0$時，將開關關閉，應用KVL，可得

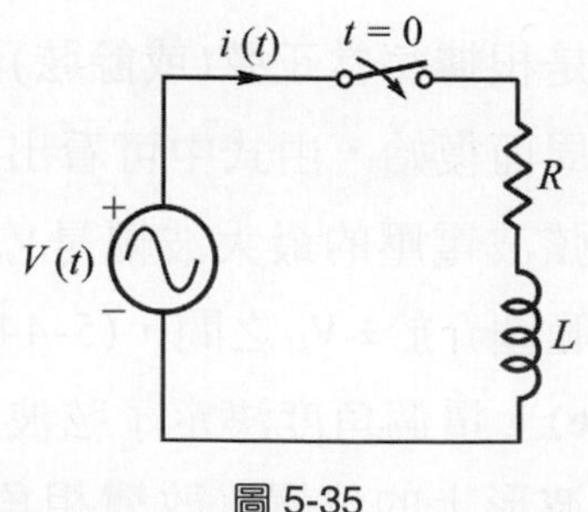

圖 5-35

$$L\frac{di}{dt} + Ri = V_M \sin(\omega t + \theta) \tag{5-50}$$

式中電流i包括暫態成分i_t及穩態成分i_s($i = i_t + i_s$)，i_s表時間抵達無窮($t = \infty$)時之電流值，電路中之阻抗

$$\overline{Z} = R + j\omega L = Z\angle\phi$$

其穩態電流為

$$i_s(t) = \frac{\overline{V}_M}{Z}\sin(\omega t + \theta - \phi) \tag{5-51}$$

其暫態電流為

$$i_t(t) = Ae^{-\frac{R}{L}t} \tag{5-52}$$

故電流之全解為

$$i(t) = i_t(t) + i_s(t) = \frac{V_M}{Z}\sin(\omega + \theta - \phi) + Ae^{-\frac{R}{L}t} \tag{5-53}$$

因電感具有反抗電流變化之特性，在開關關閉前之瞬間$t = 0^-$，$i(t) = 0$，關閉後之瞬間$t = 0^+$，$i(t)$仍為零，即

$$i(0^-) = i(0) = i(0^+) = 0$$

由(5-53)式，得

$$0 = \frac{V_M}{Z}\sin(\theta - \phi) + A$$

故 $$A = -\frac{V_M}{Z}\sin(\theta - \phi) \tag{5-54}$$

代入(5-52)式及(5-53)式，可得$i_t(t)$及全解$i(t)$

$$\left.\begin{aligned} i_t(t) &= -\frac{V_M}{Z}\sin(\theta - \phi)e^{-\frac{R}{L}t} \\ i(t) &= \frac{V_M}{Z}\sin(\omega t + \theta - \phi) - \frac{V_M}{Z}\sin(\theta - \phi)e^{-\frac{R}{L}t} \end{aligned}\right\} \tag{5-55}$$

圖 5-36 爲電流響應波形，電流自初始之零值開始，經歷一段不規則之變化期間而後趨於穩定。

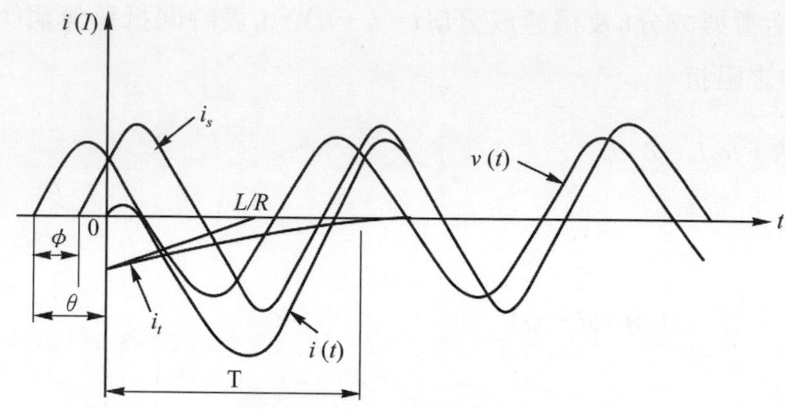

圖 5-36 *RL*電路之電流暫態

若設阻抗角ϕ爲定值，而將角度θ視爲變數，即將開關關閉之瞬間予以變化，此一變化雖不影響電流之穩態成分，但其初值必隨著而變，因而暫態成分之初值，由式(5-54)式可能分別爲

1. 最大，$A = \pm\frac{V_M}{Z}$，即等於穩態成分之最大值，當$\theta - \phi = \pm\frac{\pi}{2}$，或$\theta = \pm\frac{\pi}{2} + \phi$。
2. 最小，$A = 0$，即爲$\theta - \phi = 0$或$\theta = \phi$，表示在此特殊時刻關閉開關，電流穩態成分之瞬時值適於初始條件相符合，故暫態成分無從產生，電流自始即可抵達穩態。

若電路之初始儲能不爲零，即$i(0^-) \neq 0$，則由

$$i(0^-) = i(0^+) = i_s(0^+) + i_t(0^+) = \frac{V_M}{Z}\sin(\theta-\phi) + A$$

而得

$$A = i(0^+) - \frac{V_M}{Z}\sin(\theta-\phi) = i(0^+) - I_M\sin(\theta-\phi) \tag{5-56}$$

於是

$$i(t) = \frac{V_M}{Z}\sin(\omega t + \theta - \phi) + \left[i(0^+) - \frac{V_M}{Z}\sin(\theta-\phi)\right]e^{-\frac{R}{L}t} \tag{5-57}$$

在此情況下，使A等於零之條件為

$$\sin(\theta-\phi)=\frac{i(0^+)}{I_M}$$

$$\text{或}\theta=\left[\sin^{-1}\frac{i(0^+)}{I_M}\right]+\phi \tag{5-58}$$

若$i(0^+)>I_M$，即當電流之初始值大於穩態電流之最大值時，則不使其發生暫態成分將永遠不可能。

若電路中之$R\ll\omega L$時，則$\phi\doteqdot 90°$。因而(5-55)式，變為

$$i(t)\doteqdot\frac{V_M}{Z}\sin(\omega t+\theta-90°)-\frac{V_M}{Z}\sin(\theta-90°)e^{-\frac{R}{L}t} \tag{5-59}$$

當(1)$\theta=0$時，則

$$\begin{aligned}i(t)&\doteqdot\frac{V_M}{Z}\sin(\omega t-90°)-\frac{V_M}{Z}\sin(-90°)e^{-\frac{R}{L}t}\\&=\frac{V_M}{Z}\cos\omega t+\frac{V_M}{Z}e^{-\frac{R}{L}t}\end{aligned} \tag{5-60}$$

此刻電流之響應波形如圖 5-37 所示，由此可知當開關在電壓為零值附近時關閉電流之暫態成分將為最大。

(2)$\theta=90°\doteqdot\phi$時，則

$$i(t)\doteqdot\frac{V_M}{Z}\sin(\omega t+0°)=i_s \tag{5-61}$$

此刻電流之響應波形大致如圖 5-38 所示，即當開關在電壓為最大值附近時關閉，其暫態成分將為零(最小)。

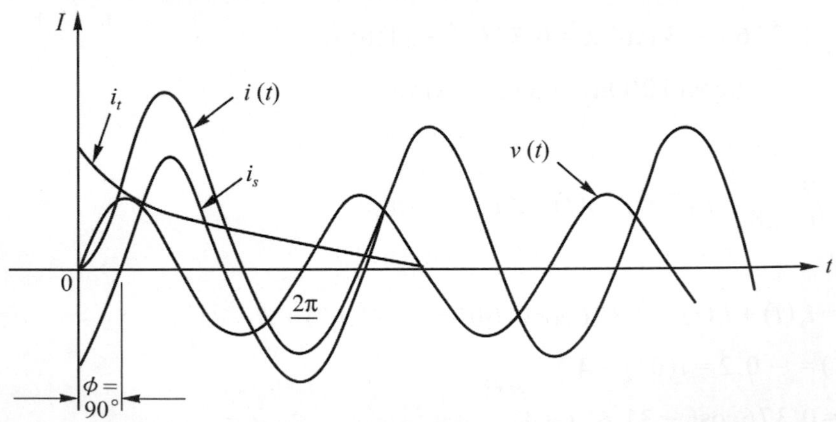

圖 5-37　暫態最大之情況

上述RL弦波電路之特殊情況與一單相交流發電機之短路故障頗為相似。由以上之分析，可見發電機之短路故障電流隨短路發生之時機而有所不同。最壞的情形即在電壓零值附近發生短路。電力系統中短路電流之大小，直接影響一切保護設備之容量。例如斷路器之開斷容量。

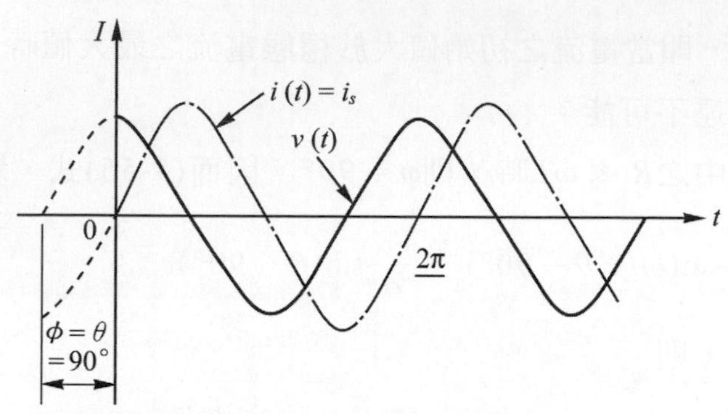

圖 5-38　暫態最小之情況

例 5-9

設圖 5-38 電路中之$R=95.6\Omega$，$L=0.128\text{H}$，$v(t)=155.2\cos(1000\pi t+45°)$，$i(0^-)=-0.2\text{A}$，試求$i(t)$之響應。

解 (1)穩態成分$i_s(t)$

$$\bar{Z}=R+j\omega L=95.6+j1000\pi\times 0.128$$

$$=95.6+j402=413\angle 76.6°\Omega$$

$$\bar{I}_sM=\frac{\bar{V}_M}{\bar{Z}}=\frac{155.2\angle 45°}{413\angle 76.6°}$$

$$=0.376\angle -31.6°\text{A}=0.376\angle -31.6°\text{A}$$

$$i_s(t)=0.376\cos(1000\pi t-31.6°)\text{Amp}$$

(2)暫態成分$i_t(t)$

$$\frac{R}{L}=\frac{95.6}{0.128}=747\text{，}\therefore i_t(t)=Ae^{-747t}\text{Amp}$$

(3)全解

$$i(t)=i_s(t)+i_t(t)=0.376\cos(1000\pi t-31.6°)+Ae^{-747t}$$

$$i(0^-)=-0.2=i(0^+)+A$$

$$0.2=0.376\cos(-31.6°)+A$$

$0.2 = 0.32 + A$

$\therefore A = -0.2 - 0.32 = -0.52$

$i(t) = 0.376\cos(1000\pi t - 31.6°) - 0.52e^{-747t}\text{Amp}$

其響應曲線如圖 5-39 所示。

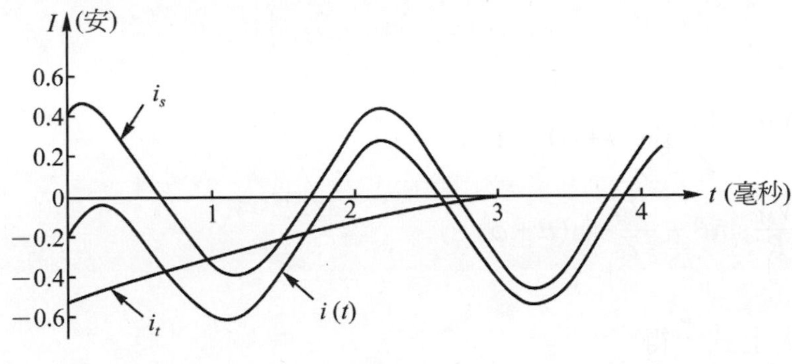

圖 5-39

5-5-2 RC電路之弦波響應

如圖 5-40 所示之RC電路，若外加弦波電壓$v(t) = V_M\sin(\omega t + \theta)$，設電路無初始能量，當開關關閉時，求其電流響應$i(t)$。

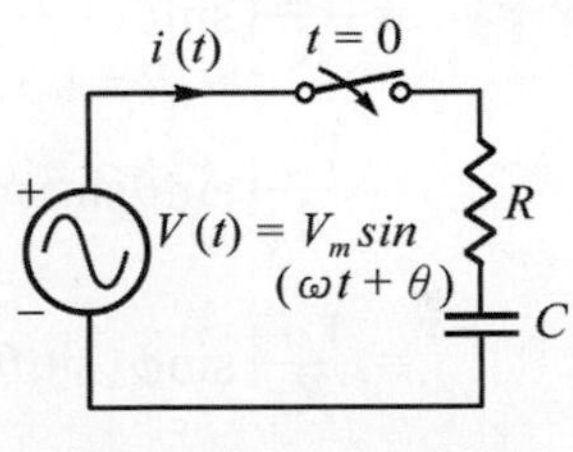

圖 5-40 RC 串聯電路

由RL電流知$i(t)$仍然由穩態及暫態兩成分組合而成。

穩態成分為

$$i_s(t) = \frac{\overline{V}_M}{Z}\sin(\omega t + \theta + \phi)$$

暫態成分為

$$i_t(t) = Ae^{-\frac{t}{RC}}$$

電流之全解為

$$i(t) = i_s(t) + i_t(t) = \frac{V_M}{Z}\sin(\omega t + \theta + \phi) + Ae^{-\frac{t}{RC}} \tag{5-62}$$

電路中無初始能量，即電容器之初始電壓$v_c(0^-) = V_0 = v_c(0^+) = 0$。電容器相當於短路，初始外加電壓$v(0^+) = V_M \sin\theta$，故其初始電流為

$$i(0^+) = \frac{V_M}{R}\sin\theta$$

代入上式

$$\frac{V_M \sin\theta}{R} = \frac{V_M}{Z}\sin(\theta+\phi) + A$$

故 $$A = \frac{V_M}{R}\sin\theta - \frac{V_M}{Z}\sin(\theta+\phi)$$

以$Z = \dfrac{R}{\cos\phi}$代入上式，得

$$\begin{aligned} A &= \frac{V_M}{R}[\sin\theta - \cos\phi(\sin\theta\cos\phi + \cos\theta\sin\phi)] \\ &= \frac{V_M}{R}[\sin\theta(1 - \cos^2\phi) - \cos\theta\sin\phi\cos\phi] \\ &= \frac{V_M}{R}[\sin\theta\sin^2\phi - \sin\phi\cos\theta\cos\phi] \\ &= \frac{V_M}{R}[\sin\phi(\sin\theta\sin\phi - \cos\theta\cos\phi)] \\ &= -\frac{V_M}{R}[\sin\phi\cos(\theta+\phi)] \end{aligned} \tag{5-63}$$

代入(5-62)式得

$$i(t) = \frac{V_M}{Z}\sin(\omega t + \theta + \phi) - \frac{V_M}{R}\sin\phi\cos(\theta+\phi)e^{-\frac{t}{RC}} \tag{5-64}$$

若開關角度θ為一變數，由(5-63)式。得暫態成分之初始值分別為。

1. 最大。即$A = i_t(0^+) = \dfrac{V_M}{R}\sin\phi = \dfrac{V_M}{R}\sin\theta$，當$\theta+\phi = \pm\pi$，或$\theta = \pm\pi - \phi$。如圖5-41 所示。在此條件下，雖穩態電流之初始值為零。當視應無暫態發生，但RC電路之性質與RL電路迥異，表示電路初始能量者乃電容器之端電壓。而非其中之電流。現此電路之穩態電壓$V_{cs}(t)$為一滯後$i_s(t)$90°之弦波，其在

$t=0$時之值適爲最大，而與所假設$V_C(0^+)=0$初始條件發生最大之差距，因而電路中不論任何變數，皆應產生最大之暫態成分。

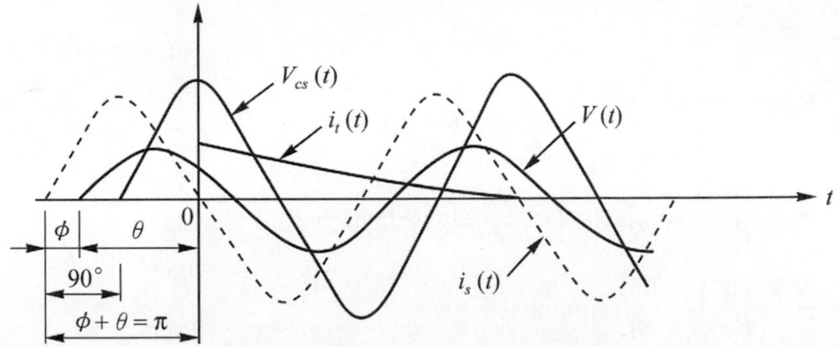

圖 5-41　*RC*電路之電流響應暫態最大

2. 等於零，即$A=i_t(0^+)=0$，當$\theta+\phi=\pm\dfrac{\pi}{2}$，或$\theta=\pm\dfrac{\pi}{2}-\phi$，在此條件下，$V_{cs}(t)$之初始値等於零，適於初始値條件$V_C(0^+)=0$相符合，所以任何響應變數，均將無暫態發生，而自始即可抵達穩定狀態，如圖 5-42 所示。

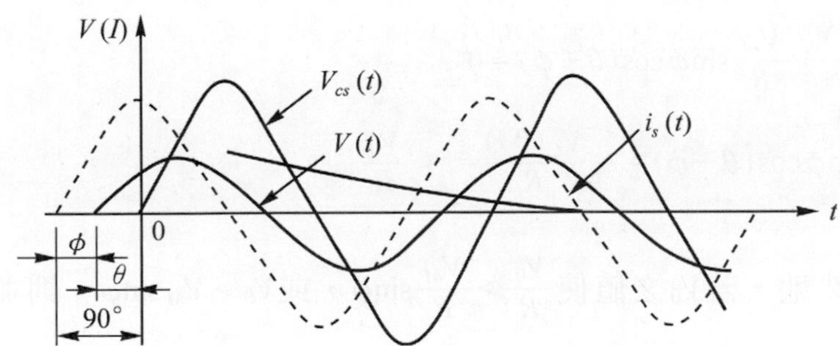

圖 5-42　*RC*電路之電流響應無暫態成份

若電路具有初始能量，即當$V_c(0^-)=V_c(0^+)=\pm V_0$，如圖 5-43 所示，其電流之初始值將爲

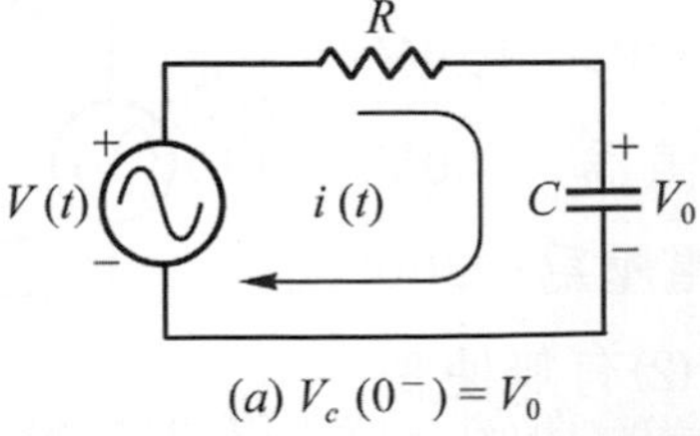

圖 5-43　具有初能之 RC 電路

$$i(0^+)=\frac{V_M\sin\theta-V_C(0^+)}{R} \tag{5-65}$$

從而

$$\begin{aligned}A&=\frac{V_M\sin\theta-V_C(0^+)}{R}-\frac{V_M}{Z}\sin(\theta+\phi)\\&=-\frac{V_C(0^+)}{R}+\frac{V_M}{R}\sin\theta-\frac{V_M}{Z}\sin(\theta+\phi)\\&=-\frac{V_C(0^+)}{R}-\frac{V_M}{R}\sin\phi\cos(\theta+\phi)\end{aligned} \tag{5-66}$$

故電流全解之一般形式為

$$i(t)=\frac{V_M}{Z}\sin(\omega t+\theta+\phi)-\left[\frac{V_C(0^+)}{R}+\frac{V_M}{R}\sin\phi\cos(\theta+\phi)\right]e^{-\frac{t}{RC}} \tag{5-67}$$

在情況下，使暫態不發生之條件將變為

$$\frac{V_C(0^+)}{R}+\frac{V_M}{R}\sin\phi\cos(\theta+\phi)=0$$

$$\text{或}\ \frac{V_M}{R}\sin\phi\cos(\theta+\phi)=-\frac{V_C(0^+)}{R}=\mp\frac{V_0}{R} \tag{5-68}$$

顯然地，若V_0之值使$\frac{V_0}{R}>\frac{V_M}{R}\sin\phi$，或$V_0>V_M\sin\phi$，則並無任何$\theta$之值可以滿足此一條件，亦即暫態之發生將無可避免之事。

例 5-10

RC電路，如圖 5-44 所示，$R=1110\Omega$，$C=9\mu F$，弦波電壓為 60Hz，$V_M=150V$ 當開關關閉時，電壓之瞬時值為 + 60V 且正遞減。此刻電容兩端之電壓為－200 V，試求⑴電流$i(t)$之全解，⑵有無使暫態不發生之開關角度？

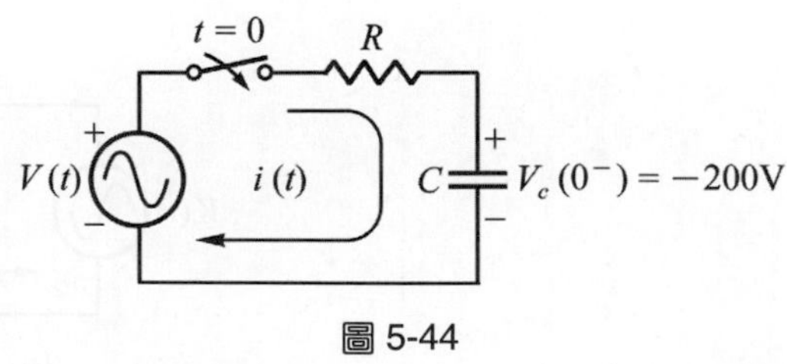

圖 5-44

解 (1)若以正弦函數表示弦波電源，則由

$\sin^{-1}\dfrac{60}{150}=\sin^{-1}0.4=23.6°$

$\theta=180°-23.6°=156.4°$

$v(t)=150\sin(120\pi t+156.4°)$

$\overline{V}_M=150\,\underline{/156.4°}\text{V}$

$\overline{Z}=R-j\dfrac{1}{\omega C}=1110-j\dfrac{10^6}{9(120\pi)}=1110-j295$

$=1148\,\underline{/-14.88°}\Omega$

$\overline{I}_{sM}=\dfrac{\overline{V}_M}{\overline{Z}}=\dfrac{150\,\underline{/e156.4°}}{1148\angle-14.88°}=0.131\,\underline{/171.28°}\text{A}$

$i_s(t)=0.131\sin(120\pi t+171.28°)\text{A}$

$\dfrac{1}{RC}=\dfrac{10^6}{1110(9)}\doteqdot 100$，$i_t(t)=Ae^{-100t}$

$i(t)=i_s(t)+i_t(t)=0.131\sin(120\pi t+171.28°)+Ae^{-100t}$

由(5-65)式

$i(0^+)=\dfrac{150\sin 156.4°+200}{1110}=\dfrac{60+200}{1110}=\dfrac{260}{1110}=0.234$

$0.234=0.131\sin 171.28°+A=(0.131)(0.153)+A=0.02+A$

$A=0.234-0.02=0.214$

$i(t)=0.131\sin(120\pi t+171.28°)+0.214e^{-100t}\text{Amp}(t>0^+)$

此電流響應之波形如圖 5-45 所示。

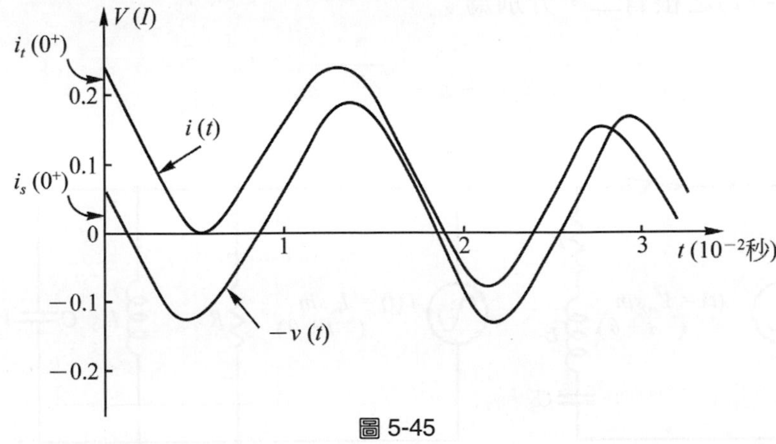

圖 5-45

(2) $V_0=-200\text{V}$ 而

$V_M\sin\phi=150\sin 14.8°=38.8\text{V}$

5-5-3 *RLC*電路之弦波響應

如 5.4-3 節中所述*RLC*電路中因同時有兩個儲能元件，故表示其行爲之微分方程式之階次爲二階，同樣的分別以三者串聯或並聯討論，其間所不同的是外加電源改爲弦波電源。如圖 5-46 所示，若三者串聯如圖(a)依 KVL 得

$$L\frac{di}{dt}+Ri+\frac{1}{C}\int_{-\infty}^{t} i\,dt=V$$

$$\text{或}\ \frac{d^2i}{dt^2}+\frac{R}{L}\frac{di}{dt}+\frac{1}{LC}i=\frac{1}{L}\frac{dv}{dt}=\frac{1}{L}v' \tag{5-69}$$

若三者並聯如圖(b)由 KCL 得

$$\frac{V}{R}+\frac{1}{L}\int_{-\infty}^{t} v\,dt+C\frac{dv}{dt}=i$$

$$\frac{d^2v}{dt^2}+\frac{1}{RC}\frac{dv}{dt}+\frac{1}{LC}v=\frac{1}{C}\frac{di}{dt}=\frac{1}{C}i' \tag{5-70}$$

式(5-69)及(5-70)均爲二階微分方程式，爲簡便計算以下式討論之

$$\frac{d^2y}{dt^2}+2\alpha\frac{dy}{dt}+\omega_0^2y=Ky' \tag{5-71}$$

上式中$\omega_0^2=\frac{1}{LC}$，對串聯電路而言$\alpha=\frac{R}{2L}$，$K=\frac{1}{L}$；對並聯電路而言，$\alpha=\frac{1}{2RC}$，$K=\frac{1}{C}$。式(5-71)之根有二，分別爲：

$$S_1=-\alpha+\sqrt{\alpha^2-\omega_0^2}\ ;\ S_2=-\alpha-\sqrt{\alpha^2-\omega_0^2}$$

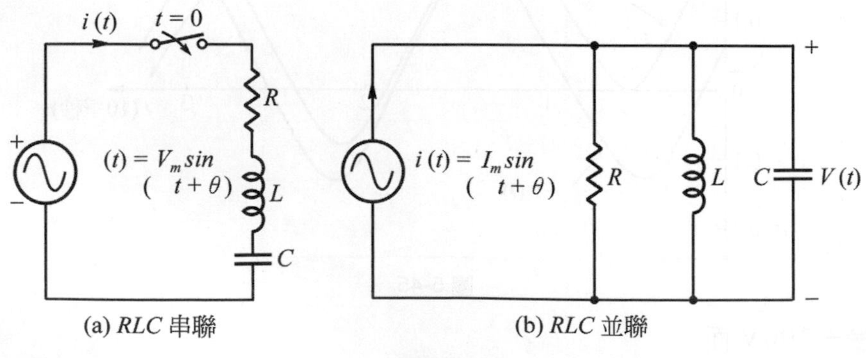

圖 5-46

依α^2與ω_0^2之大小情況RLC電路同樣可獲得三種形式之響應。

1. 過阻尼情況

   $\alpha^2 > \omega_0^2$，S_1及S_2均爲負實數，此時y響應之一般形式爲

$$y(t) = A_1 e^{s_1 t} + A_2 e^{s_2 t} + y_s(t) = e^{-\alpha t}(A_1 e^{\beta t} + A_2 e^{-\beta t}) + y_s(t) \tag{5-72}$$

   式中$\beta = \sqrt{\alpha^2 - \omega_0^2}$

2. 臨界阻尼情況

   $\alpha^2 = \omega_0^2$，S_1及S_2相等，依數學分析可得

$$y(t) = e^{-\alpha t}(A_1 + A_2 t) + y_s(t) \tag{5-73}$$

3. 欠阻尼情況

   $\alpha^2 < \omega_0^2$，S_1及S_2爲共軛數，

$$S_1 = -\alpha + j\sqrt{\omega_0^2 - \alpha^2}\ ;\ S_2 = -\alpha - j\sqrt{\omega_0^2 - \alpha^2}$$

   稱爲**複頻率(complex frequency)**。此刻y之響應爲

$$y(t) = e^{-\alpha t}(A_1 \cos\omega_d t + A_2 \sin\omega_d t) = A e^{-\alpha t}\cos(\omega_d t + \beta) + y_s(t) \tag{5-74}$$

   式中$\omega_d = \sqrt{\omega_0^2 - \alpha^2}$

上述三種情況之暫態成分中均包含$e^{-\alpha t}$，使暫態成分得以在甚短之時間內衰減掉，圖5-47所示，爲其儲能元件初始値爲零，而**起始斜率(initial slope)**爲正時之暫態成分一般波形。

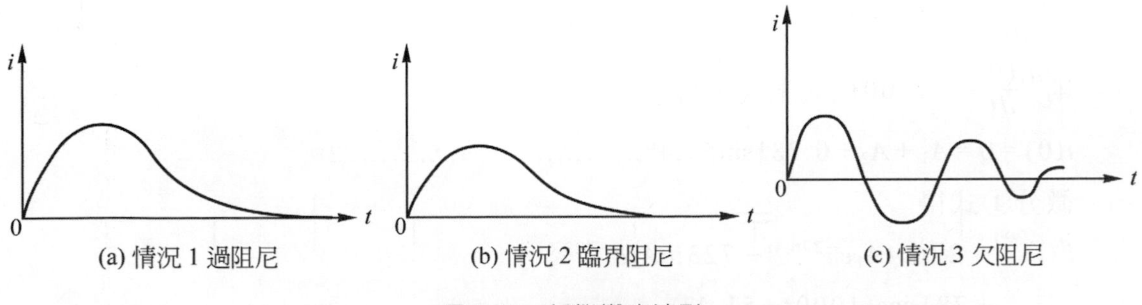

圖 5-47　暫態響應波形

*RLC*弦波電路之暫態成分所包括之兩個任意常數，可使用(5-48)式之首二式確定之，而穩態成分可沿用一般之相量法求解較為簡便。

例 5-11

圖 5-48 所示之電路，當$\phi = 90°$時，開關關閉，電路內無儲存能量，試求$i(t)$全解之響應。已知弦波電壓$v(t) = 100\sin(1000t + \phi)$V

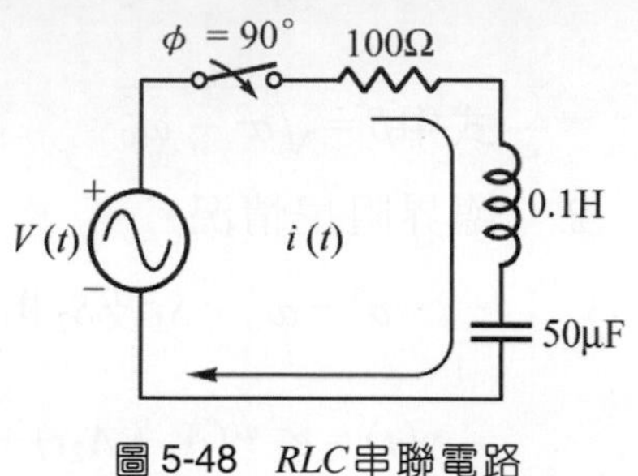

圖 5-48 *RLC*串聯電路

解 其電流穩態成分為

$$I_{sM} = \frac{\overline{V}_M}{\overline{Z}} = \frac{100\angle 90°}{100 + j(100 - 20)}$$

$$= \frac{100\angle 90°}{128\angle 38.6°} = 0.781\angle 51.4°\text{A}$$

$$\alpha = \frac{R}{2L} = \frac{100}{2(0.1)} = 500$$

$$\omega_0^2 = \frac{1}{LC} = \frac{10^6}{0.1(50)} = 2 \times 10^5$$

$$\alpha^2 - \omega_0^2 = 250{,}000 - 2 \times 10^5 = 5 \times 10^4 > 0$$

為過阻尼情況，設

$$S_1 = -\alpha + \sqrt{\alpha^2 - \omega_0^2} = -500 + 223.6 = -276.4$$

$$S_2 = -\alpha + \sqrt{\alpha^2 - \omega_0^2} = -500 - 223.6 = -723.6$$

故得電流全解為

$$i(t) = A_1 e^{s_1 t} + A_2 e^{s_2 t} + I_s(t)$$

$$= A_1 e^{-276.4t} + A_2 e^{-723.6t} + 0.781\sin(1000t + 51.4°) \ldots ①$$

當$t = 0^+$時，電感視為開路，故$i(0^+) = 0$；

$$L\frac{di(0^+)}{dt} = 100\sin 90°$$

則$\dfrac{di(0^+)}{dt} = 1000$代入上式，得

$$i(0) = 0 = A_1 + A_2 + 0.781\sin 51.4° \ldots\ldots ②$$

微分①式得

$$i'(t) = -276.4A_1 e^{-276.4t} - 723.6A_2 e^{-723.6t}$$

$$+ 781\cos(1000t + 51.4°) \ldots\ldots ③$$

以$i'(0)=1000$代入③得

$i'(0)=1000=-276.4A_1-723.6A_2+781\cos 51.4$........④

解②、④聯立方程式得$A_1=0.16$及$A_2=-0.77$

$\therefore i(t)=0.16e^{-276.4t}-0.77e^{-723.6t}+0.781\sin(1000t+51.4°)\text{A}$

5-5-4 一般二階系統之完全響應

電路中含有兩個獨立之儲能元件時，必屬二階系統，欲求此獨立電路之完全響應，可列出節點電壓與網目電流爲變數之微分方程式聯立解之，並代入初值條件即可求得。不論網路的形式如何，其自然響應(暫態成分皆爲指數函數Ae^{st}之模式，欲簡化解題步驟，可先求出各自然頻率之值，求自然頻率之方法可用S爲函數，含網目電流或節點電壓之係數矩陣所構成之行列式值爲零，解出S之值(相當解微分方程之特解)，而後求出穩態成分，列出完全響應之方程式，依前述法則代入初值條件，即可獲得所欲求之解，以實例說明如下：

有一雙網目電路如圖 5-49 所示，其中L_1及L_2並非直接串並聯，而具有其獨立的初值之儲能，故爲一二階系統，其網目方程式分別爲

$$\left.\begin{aligned} i_1(1)+5\frac{di_1}{dt}-3\frac{di_2}{dt}=0 \\ -3\frac{di_1}{dt}+2i_2+3\frac{di_2}{dt}=0 \end{aligned}\right\} \tag{5-75}$$

令$i_1=Ae^{st}$，$i_2=Be^{st}$代入上式，並將共同項e^{st}消去後得

$$\left.\begin{aligned} (1+5S)A-3SB=0 \\ -3SA+(2+3S)B=0 \end{aligned}\right\} \tag{5-76}$$

解聯立方程式得

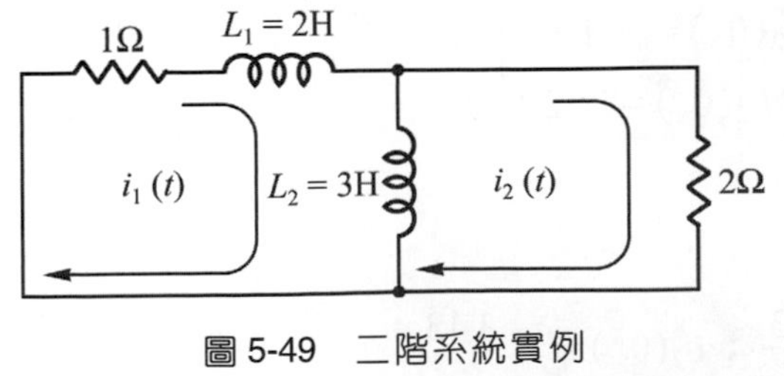

圖 5-49 二階系統實例

$$A = B = \frac{0}{\triangle S}$$

$$式中\triangle(S) = \begin{vmatrix} 1+5S & -3S \\ -3S & 2+3S \end{vmatrix}$$

若$\triangle(S) \neq 0$則$A = B = 0$，表示電流等於零，雖爲數理上之正確答案，但毫無實際價值，若$\triangle S = 0$，則$A = B = \frac{0}{0}$，此項自然模式之模幅爲一不定形式，恰正適合實際上之需要，因模幅之大小，必須符合問題之特殊初值條件而能自由變動，故不可能由電路之微分方程予以限定，現由

$$\triangle S = (1+5S)(2+3S) - 9S^2 = 6S^2 + 13S + 2 = 0 \tag{5-77}$$

$$S = \frac{-13 \pm \sqrt{13^2 - 4(6)(2)}}{2(6)} = \frac{-13 \pm \sqrt{169-48}}{12}$$

$$= \frac{-13 \pm 11}{12} = -\frac{1}{6}，(-2)$$

即電路之自然頻率，而$\triangle(S) = 0$亦即特性方程式。自然頻率即定，則兩電流之自然模式爲

$$\left.\begin{aligned} i_1 &= A_1 e^{-2t} + A_2 e^{-\frac{1}{6}t} \\ i_2 &= B_1 e^{-2t} + B_2 e^{-\frac{1}{6}t} \end{aligned}\right\} \tag{5-78}$$

設初始條件爲$i_{L_1}(0^-) = 11\text{A}$，$i_{L_2}(0^-) = 0$，則$i_1(0^+) = i_{L_1}(0) = 11$，而由$i_{L_2}(0^+) = 0 = i_1(0^+) - i_2(0^+)$，得$i_2(0^+) = 11$，將式(5-65)應用於$t = 0^+$，

$$\left.\begin{aligned} i_1(0^+) + 5i_1'(0^+) - 3i_2'(0^+) &= 0 \\ -3i_1'(0^+) + 2i_2'(0^+) + 3i_2'(0^+) &= 0 \end{aligned}\right\} \tag{5-79}$$

或

$$\left.\begin{aligned} 5i_1'(0^+) - 3i_2'(0^+) &= -11 \\ -3i_1'(0^+) + 3i_2'(0^+) &= -22 \end{aligned}\right\}$$

解聯立方程，得

$$i_1'(0^+) = -\frac{33}{2}；i_2'(0^+) = -\frac{143}{6}$$

將$i_1 = A_1 e^{-2t} + A_2 e^{-\frac{1}{6}t}$，微分得

$$i'_1 = -2A_1 e^{-2t} - \frac{1}{6}A_2 e^{-\frac{1}{6}t}$$

當$t = 0^+$，得

$$\left.\begin{aligned} 11 &= A_1 + A_2 \\ -\frac{33}{2} &= -2A_1 - \frac{1}{6}A_2 \end{aligned}\right\}$$

解聯立方程，得

$$A_1 = 8\ ;\ A_2 = 3$$
$$\therefore i_1 = 8e^{-2t} + 3e^{-\frac{1}{6}t}$$

同理可得

$$i_2 = 12e^{-2t} - e^{-\frac{1}{6}t}$$

事實上，確定B_1與B_2，較簡單之方法爲利用(5-76)式中之一，因$A_1 e^{s_1 t}$及$B_1 e^{s_1 t}$，以及$A_2 e^{s_2 t}$與$B_2 e^{s_2 t}$，必將分別滿足(5-75)或(5-76)式，故在已知S_1與A_1之後，B_1之值由

$$(1 + 5S_1)A_1 - 3S_1 B_1 = 0 \tag{5-80}$$

或　$-3S_1 A_1 + (2 + 3S_1)B_1 = 0$求出

現以$S_1 = -2$，$A_1 = 8$，代入得

$$B_1 = \frac{[1 + 5(-2)8]}{3(-2)} = \frac{(-9)(8)}{-6} = 12$$
$$\text{或}B_1 = \frac{3(-2)(8)}{2 + 3(-2)} = \frac{-48}{-4} = 12$$

其次由$S_2 = -\frac{1}{6}$，$A_2 = 3$，將可求得

$$B_2 = \frac{\left(1 - \frac{5}{6}\right)3}{3\left(-\frac{1}{6}\right)} = \frac{\left(\frac{1}{6}\right)3}{-\frac{3}{6}} = -1$$

再(5-70)式求出兩模幅之比值為

$$\frac{B_1}{A_1}=\frac{1+5S_1}{3S_2}=\frac{1+5(-2)}{3\left(-\frac{1}{6}\right)}=\frac{-9}{-6}=\frac{3}{2}$$

$$B_1=\frac{3}{2}A_1$$

$$\frac{B_2}{A_2}=\frac{1+5S_2}{3S_2}=\frac{1+5\left(-\frac{1}{6}\right)}{3\left(-\frac{1}{6}\right)}=-\frac{1}{3}$$

$$B_2=-\frac{1}{3}A_2$$

故可將i_1及i_2設定為

$$i_1=A_1e^{-2t}+A_2e^{-\frac{1}{6}t}$$

$$i_2=B_1e^{-2t}+B_2e^{-\frac{1}{6}t}=\frac{3}{2}A_1e^{-2t}-\frac{1}{3}A_2e^{-\frac{1}{6}t}$$

其中所含兩個特定常數A_1、A_2，須滿足兩個初值條件，即

$$i_1(0^+)=11=A_1+A_2$$

$$i_2(0^+)=11=\frac{3}{2}A_1-\frac{1}{3}A_2$$

解聯立方程得

$$A_1=8\text{，}A_2=3\text{：}B_1=\left(\frac{3}{2}\right)8-12\text{，}B_2=\left(-\frac{1}{3}\right)3=-1$$

與上述結果相同。

此項利用模幅關係之解答，可避免$i_1'(0^+)$及$i_2'(0^+)$兩初值之尋求，一般而言，較為省事。

例 5-12

圖 5-50 所示電路中若無初始值$[i_{L_1}(0^-)=i_{L_2}(0^-)=0]$試求$v(t)$之全解。已知$i(t)=\cos 2t$。

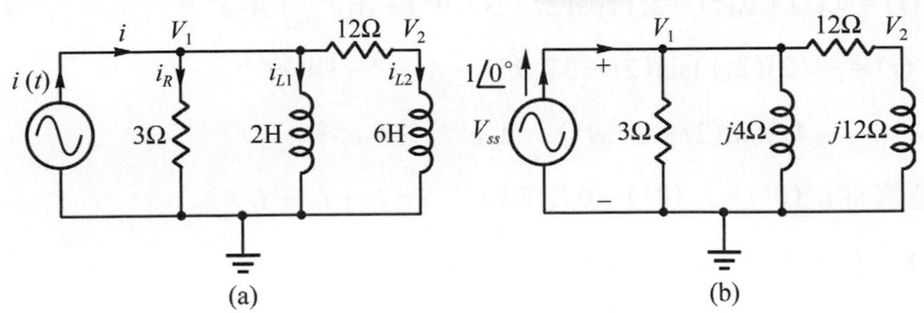

圖 5-50

解 先定電路之自然頻率，對電流源斷路後之基本電路，不論用網目電流或節點電壓法均無不可，以節點電壓v_1及v_2而對參考點排出節點方程式。

$$\left.\begin{aligned}&\frac{V_1}{3}+\frac{1}{2}\int_{-\infty}^{t}V_1\,dt+\frac{V_1}{12}-\frac{V_2}{12}=0\\&-\frac{V_1}{12}+\frac{V_2}{12}+\frac{1}{6}\int_{-\infty}^{t}V_2\,dt=0\end{aligned}\right\}$$

令$V_1=Ae^{st}$，$V_2=Be^{st}$，代入上式

$$\left(\frac{1}{3}+\frac{1}{12}+\frac{1}{2S}\right)A-\frac{1}{12}B=0$$

$$-\frac{1}{12}A+\left(\frac{1}{12}+\frac{1}{6S}\right)B=0$$

$$\triangle(S)=\begin{vmatrix}\frac{1}{3}+\frac{1}{12}+\frac{1}{2S} & -\frac{1}{12}\\ -\frac{1}{12} & \frac{1}{12}+\frac{1}{6S}\end{vmatrix}$$

$$=\left(\frac{1}{3}+\frac{1}{12}+\frac{1}{2S}\right)\left(\frac{1}{12}+\frac{1}{6S}\right)-\left(\frac{1}{12}\right)^2$$

$$=S^2+4S+3=(S+1)(S+3)=0$$

故其自然頻率$S_1=-1$，$S_2=-3$，而$v(t)$之暫態成分為

$$v_t(t)=A_1e^{-t}+A_2e^{-3t}$$

穩態成分由圖(b)求得其導納Y為

$$Y(j2)=\frac{1}{3}+\frac{1}{j4}+\frac{1}{12+j12}=0.333-j0.25+0.059\angle{-45°}$$

$$=0.333-j0.25+0.041-j0.041=0.374-j0.291$$

$$=0.474\angle{-37.9°}\,℧$$

$$V_{ss}=\frac{I}{Y}=\frac{1\angle 0°}{0.474\angle{-37.9°}}=2.1\angle 37.9°\text{V}$$

$$v_s(t)=2.1\cos(2t+37.9°)\text{V}$$

於是$v(t)=v_s(t)+v_t(t)=2.1\cos(2t+37.9°)+A_1e^{-t}+A_2e^{-3t}$

$$v'(t)=-(2)(2.1)\sin(2t+37.9°)-A_1e^{-t}-3A_2e^{-3t}$$

$$=-4.2\sin(2t+37.9°)-A_1e^{-t}-3A_2e^{-3t}$$

由初值條件$i_{L_1}(0^+)=i_{L_2}(0^+)=0$及KLC　$i=i_R+i_{L_1}+i_{L_2}$

則$i_R=i-i_{L_1}-i_{L_2}$，$i_R(0^+)=i(0^+)=\cos 0°=1$

而$v(t)=3i_R=3(i-i_{L_1}-i_{L_2})$

$$v'(t)=3i'-3i'_{L_1}-3i'_{L_2}$$

$$i'(0^+)=\frac{d}{dt}\cos 2t\bigg|_{t=0^+}=-2\sin 2t\bigg|_{t=0^+}=0$$

$$i_{L_1}'=\frac{v(0^+)}{L_1}=\frac{3}{2}，i_{L_2}'=\frac{v(0^+)}{6}=\frac{3}{6}=\frac{1}{2}$$

$$v(0^+)=-3\left(\frac{3}{2}+\frac{1}{2}\right)=-6$$

$$\left.\begin{aligned}v(0^+)&=3=2.1\cos 37.9°+A_1+A_2=1.66+A_1+A_2\\ v'(0^+)&=-6=-4.2\sin 37.9°-A_1-3A_2=-2.58-A_1-3A_2\end{aligned}\right\}$$

解聯立方程式得$A_1=0.3$，$A_2=1.04$

$\therefore v(t)=2.1\cos(2t+37.9°)+0.3e^{-t}+1.04e^{-3t}$V

章末習題

1. 圖5-51所示電路，$t=0$後需多少秒？(a)$i(t)$會是其初值的一半；(b)L內之能量會是初值之一半；(c)R上所消耗的功率是初值的一半？

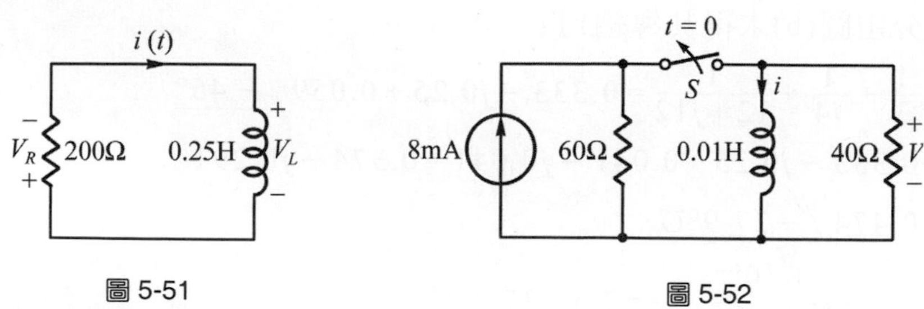

圖5-51　　圖5-52

2. 圖5-52所示電路，在$t=0$時開關打開，求$t>0$時，之i及v。

3. 圖 5-53 所示電路在$t=0$時，開關打開求$t>0$時之i及v。

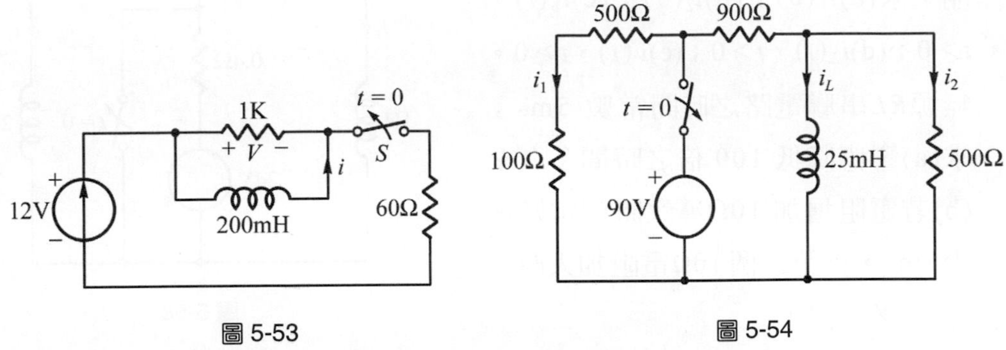

圖 5-53 圖 5-54

4. 圖 5-54 所示電路在$t=0$時，開關打開求(a)$i_L(0^+)$；(b)在$t=60\mu s$ 時之$i_1(t)$；(c)在$t=90\mu s$ 時之$i_2(t)$。

5. 圖 5-55 所示電路已知$C=20\mu F$求R值若(a)$v(0)=6V(0.2)$；(b)$W_C(0)=10W$ (0.2)；(c)在$t=0^+$，$V(0)=-50V$ 及$\frac{dv}{dt}=400V/sec$。

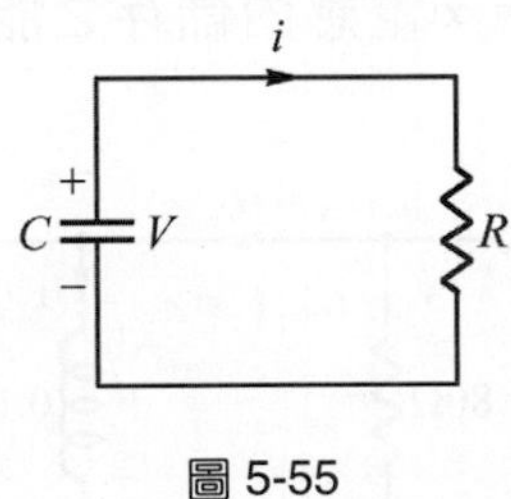

圖 5-55

6. 圖 5-56 所示電路開關先置於a點使電容器C充電充至 1.5V 而後當$t=0$時投置於b點，試求$v(t)$及$i(t)$。

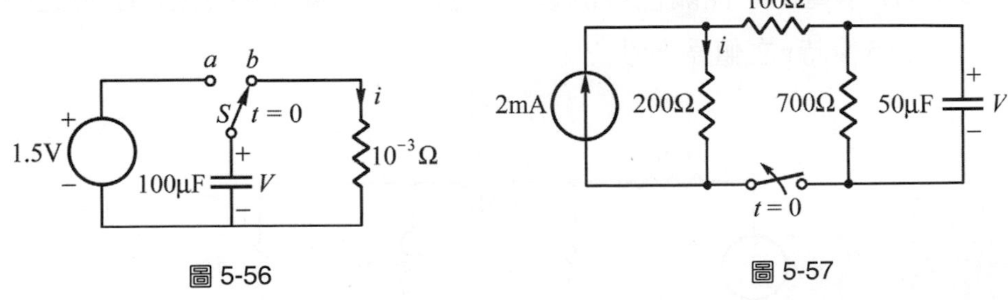

圖 5-56 圖 5-57

7. 圖 5-57 所示電路當$t=0$時，開關打開，求$v(t)$及$i(t)$。

8. 圖 5-58 所示電路當$t=0$時，開關打開，求(a)$i_1(0)$；(b)$i_2(0)$；(c)$i_1(t)$，$t>0$；(d)$i_2(t)$，$t>0$；(e)$v(t)$，$t>0$。

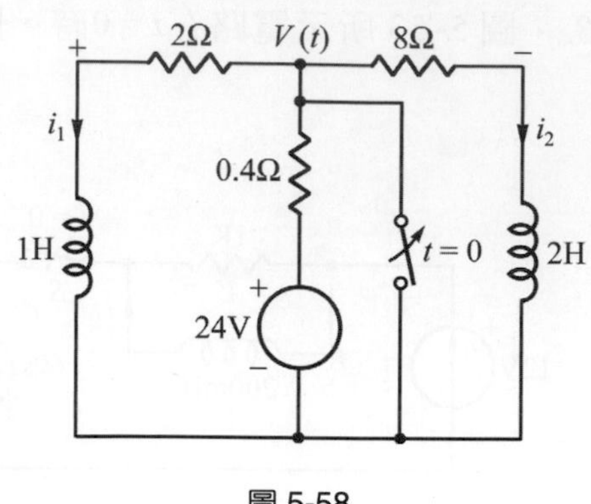

圖 5-58

9. 無源RL串聯電路之時間常數 5ms；求(a)響應降低 100 倍之時間多久？(b)若電阻增加 10Ω導致時間常數減少 1ms，則第二個 10Ω電阻加入時，τ應為多少？

10. 無源RL串聯電路中，當$t=1.2$ms時，電流為 10mA；於$t=4.8$ms時，電流為 6mA。假定於$t\geq-5$ms時，響應才有效。求(a)$t=-5$ms；(b)$t=5$mA時之i值。

11. 如圖 5-59 所示電路，若$i_1(0^-)=10$A，$i_2(0^-)=5$A，求(a)$i_1(0^+)$，$i_2(0^+)$及$i(0^+)$；(b)決定$i(t)$之時間常數τ；(c)$t>0$時之$i(t)$(d)$v(t)$；(e)由$v(t)$之初值求$i_1(t)$及$i_2(t)$；(f)證明於$t=0$所儲存之能量，相當於$t=0$及$t=\infty$之間電阻性網路所消耗能量和，加上$t=\infty$電感內儲存之能量。

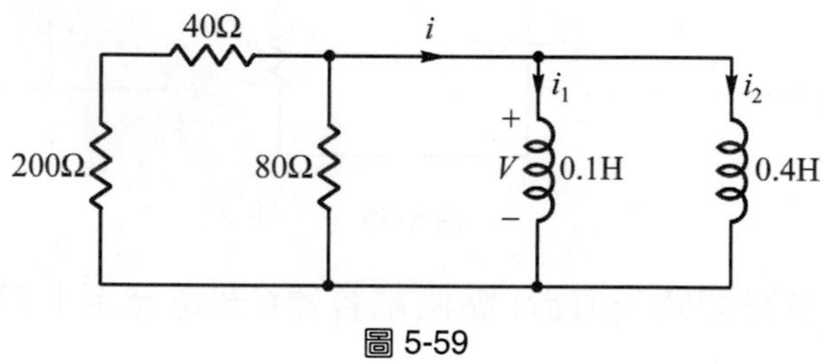

圖 5-59

12. 圖 5-60 所示電路，開關已打開甚久，當$t=0$時關閉，繪出$v(t)$對t之關係，並求當$t=15$秒時v之值為多少？

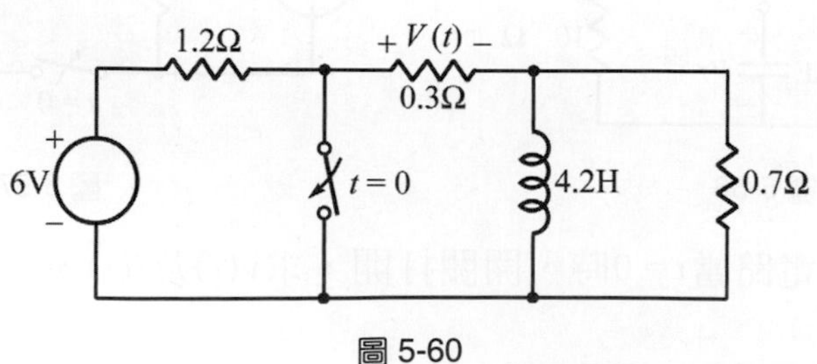

圖 5-60

13. 圖 5-61 所示電路當$t=0^+$時開關打開，求(a)設電容已充滿電其電荷爲多少庫侖？(b)當$t=0.01$秒時之電荷爲多少庫侖？

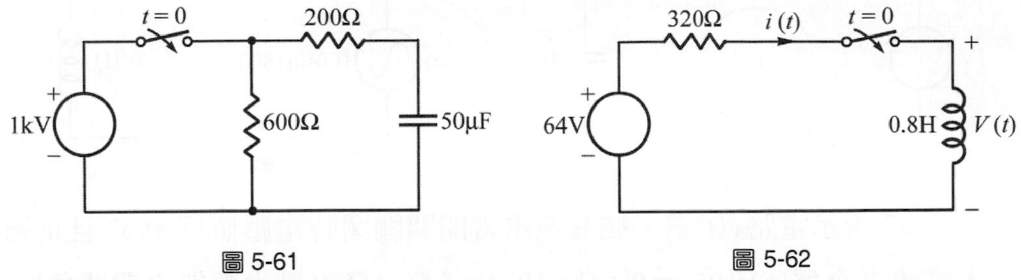

圖 5-61　　圖 5-62

14. 圖 5-62 所示電路當$t=0$時開關關閉，求(a)電流上升曲線方程式(響應)；(b)電流上升之起始速率；(c)開關關閉後 0.0125 秒之電流$i(t)$及電壓$v(t)$。

15. 圖 5-63 所示電路，當$t=0$時，開關關閉，試求(a)經充電6×10^{-3}秒時之電流$i(t)$及電容器兩端之電壓V_c；(b)充電完成所需之時間。

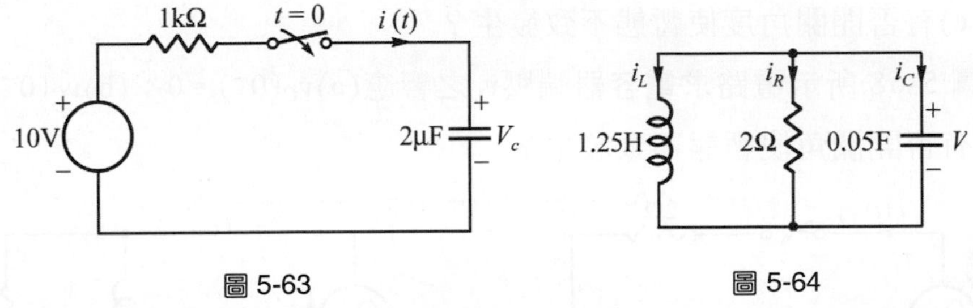

圖 5-63　　圖 5-64

16. 圖 5-64 所示電路，求$v(t)$(a)若$v(0^+)=100$V及$i_C(0^+)=20$A；(b)若$v(0^+)=100$ V及$i_L(0^+)=20$A。

17. 在臨界阻尼之RLC並聯電路中已知$C=4\mu$F，$L=10$mH，試求(a)R值；(b)在$t=0$時，電容器上電壓爲 100V，且吸收 50W之能量，繪出電容器之電壓對時間t之圖形。

18. 圖 5-65 所示電路，當$t=0$時開關打開試求(a)$v(0^+)$；(b)$\frac{dv(0^+)}{dt}$；(c)$V(\infty)$；(d)$v(t)$。

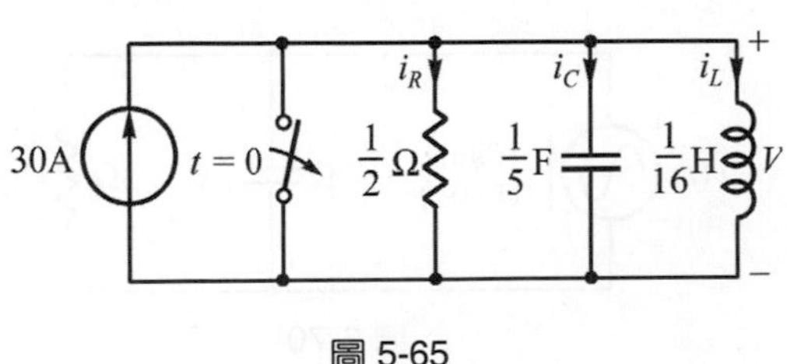

圖 5-65

19. 圖 5-66 所示電路當$t=0$開關關閉，試求$i(t)$。

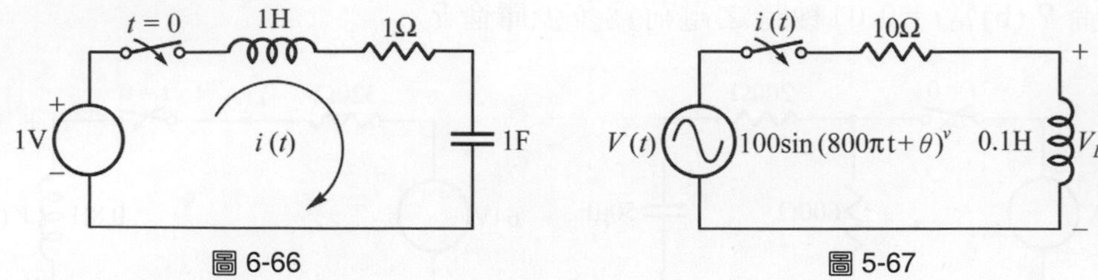

圖 6-66　圖 5-67

20. 圖 5-67 所示電路$v(t)$爲一弦波電壓當開關關閉時電壓值爲 80V 且正遞減試求電流之全解(a)$i(0^-)=0$；(b)$i(0^-)=5\text{A}$(c)發生最大暫態之開關角度；(d)有否開關角度，使暫態不致發生？

21. 如圖 5-67 所示電路求電感器端電壓v_L之全解(a)$i(0^-)=0$；(b)$i(0^-)=5\text{A}$；(c)發生最大暫態開關角度；(d)有否開關角度使暫態不致發生？

22. 如圖 5-68 所示電路，試求電流$i(t)$之響應，當(a)$v_C(0^-)=0$；(b)$v_c(0^-)=50\text{V}$；(c)有否開關角度使暫態不致發生？

23. 如圖 5-68 所示電路求電容器端壓v_C之響應(a)$v_C(0^-)=0$；(b)$v_C(0^-)=50\text{V}$；(c)有否開關角使暫態不致發生？

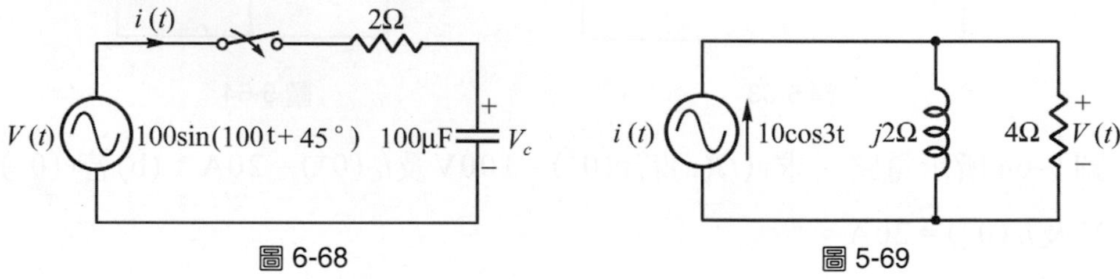

圖 6-68　圖 5-69

24. 求圖 5-69 電路中電壓$v(t)$的響應。

25. 求圖 5-70 電路中電壓$v(t)$的響應，$v_C(0^-)=6\text{V}$。

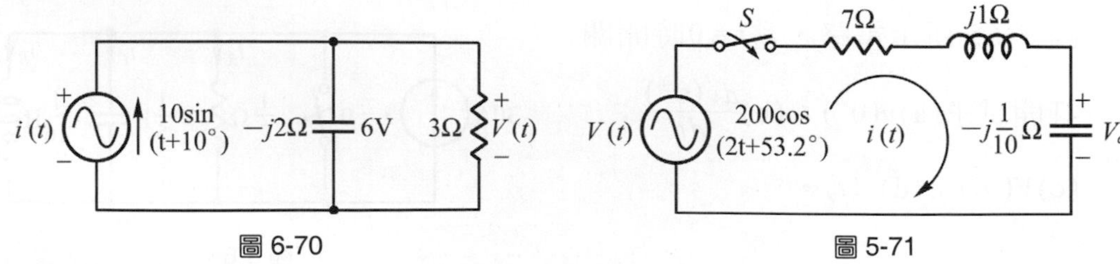

圖 6-70　圖 5-71

26. 圖 5-71 電路所示，當開關關閉時電壓之值爲 120V 且正遞增，求$i(t)$(a)$i(0^-)=v_C(0^-)=0$；(b)$i(0^-)=0$，$v_C(0^-)=40\text{V}$；(c)$i(0^-)=2\text{A}$，$v_C(0^-)=0$。

CHAPTER 6

弦波函數與相量概念

不管是獨立的或是相依的**弦波電壓源(sinusoidal voltage source)**都可以產生隨時間呈弦波變化的電壓。不論是獨立的或是相依的**弦波電流源(sinusoidal current source)**都能產生隨時間呈弦波變化的電流。在討論弦波函數時，先用電壓源來複習弦波函數的特性，這些結果同樣適用於電流源。目前一般工廠之動力用電或家庭用電多採用弦波(交流)電源，同時大規模之水力發電廠、火力發電廠及核能發電廠所供應之電能，亦皆爲弦波之形式，弦波(交流)電源比直流電源具有更多之優點，其中最主要的是依實際之需要利用變壓器可獲得任意數值的電壓。例如在大型發電廠中供應電能之發電機其端電壓可高達5kV至20kV，若欲將此電能供應至較遠之用戶，可藉變壓器將電壓先行升高至161kV、345kV 或765kV，經由輸電線將電能送達目的地，經變壓器再將高壓降低供給用戶使用，此外交流感應馬達構造簡單，維護容易成本低使用方便。唯在電鍍、電解工業方面，必需使用直流電源時，可藉整流器將弦波(交流)變換爲直流電。基於上述，故知交流電之應用遠較直流電普遍。

直流與交流之主要不同點為，直流電壓極性固定，電流方向不變，且大小均為定值；而交流電壓與電流則為一週期性函數，即電壓極性與電流方向大小均隨時間而變。本章在介紹弦波電壓與電流之特性。

6-1 弦波函數的產生與特性

弦波(sinusidal wave)為一波形，其函數方程式可以下式表示之：

$$y = k\sin\alpha \quad 或 \quad y = k\cos\beta \tag{6-1}$$

在實際應用上交流電壓和電流，是指弦波(正弦或餘弦)電壓和電流而言，即使非弦波，只要其具有週期性變化之任何波形，可將其化為弦波予以分析，此種非弦波部份將於第十一章中討論之。

在電壓系統上(發電、輸電、配電)其電壓或電流之波形要求為弦波之理由為：

1. 弦波電源產生較易成本低。
2. 弦波之加、減、微分、積分後仍為弦波，運算方便。
3. 弦波為理想LC電路之自然響應，且為物理學上之自然現象，諸如鐘擺之擺動，湖面上之漣漪、波浪及聲音之傳播等。
4. 所有週期性之非弦波波形，依**傅立葉定理(Fourier's theorem)**可分析為一由不同頻率，不等之波幅和相位關係之弦波所合成之級數，此等不同成分通稱為**諧波(harmonic)**，其頻率為原波頻率之整數倍數。因而此類電路問題之解答可利用重疊定理。

標準弦波函數之繪製與產生將分別介紹如下，如圖 6-1 所示圖(a)為一旋轉半徑Y_M自起始點$t = 0$開始沿反時針方向旋轉，逐點在縱軸上投影而描繪出之波則正弦波；同時逐點在橫軸上描繪之波形則為餘弦波，旋轉半徑旋轉一圈而縱、橫軸上投影描繪出之正弦及餘弦波形恰為一週。波形如圖示縱、橫軸上之刻度以秒、度、弳表示均可。其縱、橫軸表其任一瞬間其瞬時值之大小以函數y表示之(y亦可為v或i)弦波之明顯特徵具有面積相等、峰值之絕對值相同之正負兩個半波，不論其波幅與頻率之大小及形狀均保持不變。上述之弦波可藉數學方程式$y = y(t) = Y_M\sin\alpha$表示之，其中y為弦波之瞬時值，Y_M則為弦波之最大值或稱為峰值。

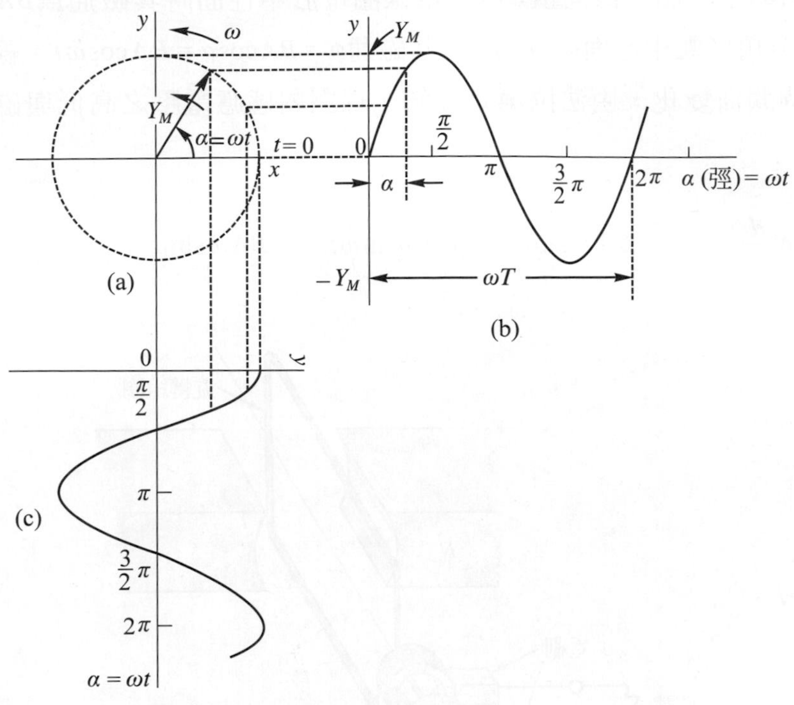

圖 6-1 (a)旋轉半徑，(b)$y=Y_M\sin\alpha$，(c)$y=Y_M\cos\alpha$

弦波電壓的產生，弦波既爲交流電力系統中之標準波形，試觀弦波電壓如何產生的，則以簡單的交流發電機說明之，圖 6-2(a)所示爲一單相二極交流發電機之結構圖，其中$N \cdot S$爲一永久磁鐵，用以產生均匀分佈之磁場，其方向由N極至S極，在磁場內置一線圈，以角速度ω反時針方向作圓周運動，此線圈內所感應之電動勢即爲一正弦電壓，可分別逐步圖解證實之，圖(b)所示爲旋轉瞬間導體(線圈邊)運動方向與磁力線平行，導體不割切磁力線即無感應電動勢產生(或感應電壓爲零)，因此 0°時產生之正弦波電壓爲零。當導體繼續轉動則逐漸割切磁力線，若反時針旋轉至90°，此瞬間導體運動方向與磁力線正交割切，所以感應電壓最大。當導體轉至 180°位置時，此瞬間導體運動方向又與磁力線平行，故感應電壓又爲零。當導體轉至270°位置時，此瞬間導體運動方向與磁力線正交割切，因運動方向與90°時相反，故感應電壓爲反方向之最大，即此刻感應電壓與90°時極性相反。當導體轉至 360°位置時，感應電壓又爲零，將上述逐角度之感應電壓值描繪出來即爲一正弦波電壓。線圈之兩端分別接於**滑環(slip ring)**，而線圈上感應之電壓經滑環由電刷接出傳送至負載上。

設圖 6-2(a)中導體之截面積為A，當線圈位於中性面時其磁通為BA(B為磁通密度)，而當轉至角度離中心面$\alpha=\omega t$時，其磁通$\phi=BA\cos\alpha=BA\cos\omega t$。線圈之轉動，使其磁通隨時間而變化，由法拉第定理知，線圈內感應電壓之高低與磁通之時變率成正比，即

$$v=N\frac{d\phi}{dt}=1\frac{d}{dt}BA\cos\omega t=-BA\omega\sin\omega t=-BA\omega\sin\alpha \tag{6-2}$$

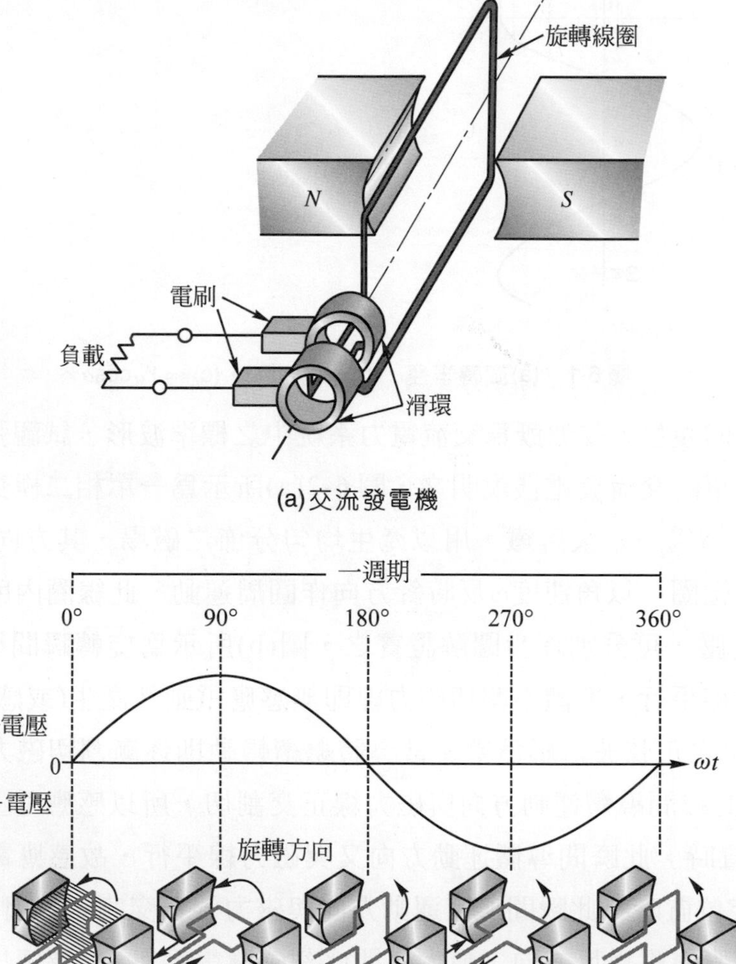

圖 6-2 (b)正弦電壓的產生

由上式得知，實用上交流發電機不論轉磁式的或是轉導體式的，其轉動後產生之電壓即爲一弦波函數。若發電機之磁極只有兩極，則導體(線圈邊)在磁場內旋轉一週稱爲旋轉 360°之機械度，此時導體上所感應之電勢爲一正負交變稱爲一個週波(cycle)該一週波的電機度亦爲 360°，但當磁極數超過二極時，則導體所旋轉的機械角度並不等於導體中感應電勢所形成的電機度。如磁極爲四極者，則導體旋轉 360°機械度，導體中所感應的電勢變化計有兩個週波。故感應電勢之電機度爲機械度之兩倍，若導體繼續不斷的旋轉，則發電機可輸出連續的弦波交流電壓，該週而復始的連續電壓如加於一閉合電路(接上負載)，則可產生一個連續的弦波交流電流。在每秒鐘內所產生的週波數稱爲交流電的**頻率(frequency-f)**，單位爲**赫茲(Hertz-Hz)**。電力系統上頻率是主要數據之一，且有其一定的數值，如台灣、美國及日本採用 60Hz，中國大陸、英、法、德等歐洲國家則採用 50Hz。

在一發電機裡一根導體(一個線圈邊)必須經過一對磁極，即一N極和一S極，方始完成一週，因此發電機裡的極數愈多，在轉動 360°的機械度內所產生交流電的週期亦愈多，交流發電機之頻率f，極數P及轉速N三者間之關係爲：

$$f=\frac{P}{2}\left(\frac{N}{60}\right)=\frac{PN}{120} \tag{6-3}$$

式中：　f = 頻率，每秒變化之週數(Hz)

N = 發電機轉子轉速，每分鐘之轉數(R.P.M)

P = 發電機裡的磁極數

6-1-1　弦波之週期、頻率及角速度

弦波電壓完成一週所需之時間，稱爲**週期(period)**以T表示之，而單位時間內變化之次數稱爲頻率，故知週期與頻率兩者互爲倒數關係，即

$$T=\frac{1}{f} \tag{6-4}$$

週期之單位爲秒。

例 6-1

一四極交流發電機其轉速N為 1800r.p.m，試求其產生弦波電壓之頻率為多少？週期多少？

解 由(6-3)式知

$$f=\frac{PN}{120}=\frac{4\times1800}{120}=60\text{Hz}$$

$$T=\frac{1}{f}=\frac{1}{60}\text{sec}$$

例 6-2

試求圖 6-3 所示波形之頻率為多少？

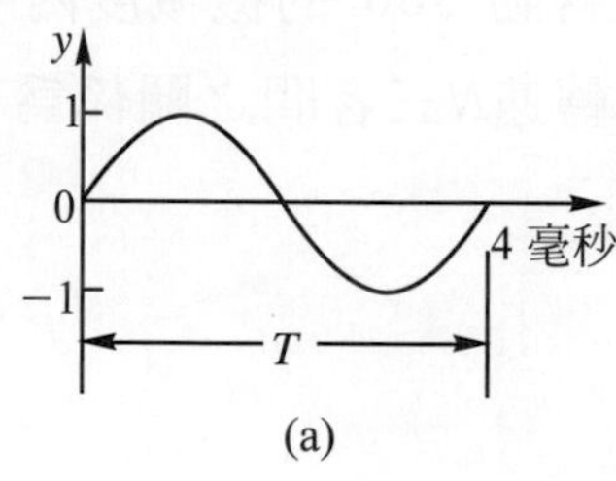

(a)

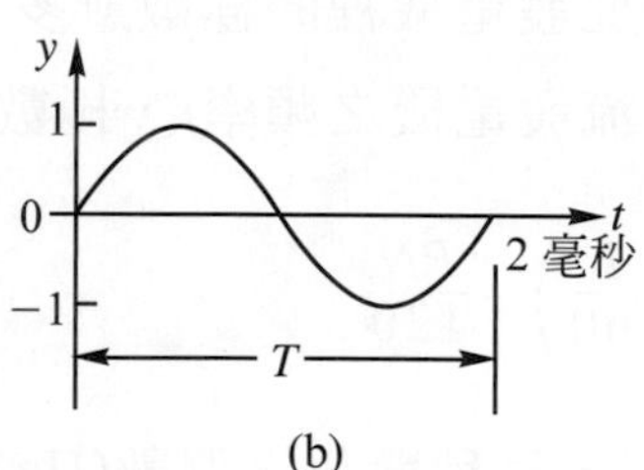

(b)

圖 6-3

解 (a) $f=\frac{1}{T}=\frac{1}{4\times10^{-3}}=\frac{10^3}{4}=250\text{Hz}$

(b) $f=\frac{1}{T}=\frac{1}{2\times10^{-3}}=\frac{10^3}{2}=500\text{Hz}$

(6-2)式中α為角位移，ω為角速度；t為時間，三者間之關係為

$$\alpha=\omega t \tag{6-5}$$

而當$\alpha=2\pi$時，則$t=T$；於是獲得角速度與頻率間之關係：

$$\omega=\frac{\alpha}{t}=\frac{2\pi}{T}=2\pi f \tag{6-6}$$

例 6-3

一正弦波電壓其最大值為100V，頻率為20kHz，試求(a)角速度ω；(b)週期T；(c)在6.25μs之瞬時值；(d)自 0°至200°時之瞬時值。

解 (a)$\omega = 2\pi f = 2\pi(20 \times 10^3) = 125.7 \times 10^3$弳／秒

(b)$T = \dfrac{1}{f} = \dfrac{1}{20 \times 10^3} = 50 \times 10^{-6}$秒 $= 50$微秒

(c)$\alpha = \omega t = 2\pi ft = 360° ft$

當$t = 6.25 \times 10^{-6}$秒時，其電壓之瞬時值為

$v = V_M \sin 360° ft$

$= 100\sin[(360°)(20 \times 10^3)(6.25 \times 10^{-6}) = 100\sin 45° = 70.7\text{V}$

(d)$v = V_M \sin\alpha = 100\sin 200° = -34.2\text{V}$

例 6-4

一弦波電流其頻率為 10kHz，其最大值為 5mA。試寫出其電流方程式，並繪出其波形。

解 $i = I_M \sin\omega t$

$\omega = 2\pi f = 6.28 \times 10^4$弳／秒

故電流方程式為$i = 5\sin(6.28 \times 10^4 t)$mA，欲繪出其波形，必先求出波形的週期$T$。

$T = \dfrac{1}{f} = \dfrac{1}{10 \times 10^3}$

$= 0.1 \times 10^{-3}$秒

$= 0.1$毫秒

其波形如圖 6-4 所示。

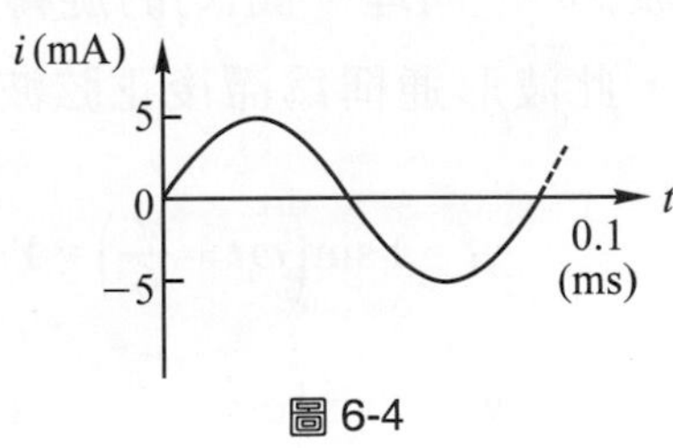

圖 6-4

6-1-2 弦波之相角及相角差

決定一弦波有三個因素，即**波幅(amplitude)**、**頻率(frequency)**及**相角(phase angle)**，如圖 6-5 所示兩個正弦波形，其峰值(波幅)相同，頻率一樣唯其有一時間的位移，亦即兩者間相差一個角度，換言之，在任一特定時間，兩波形之波幅不相等，該兩波形位移的角度稱為相角。習慣上，是以 0°作為測量角度的參考基準，

所以正弦波的相位移是 0°，在圖 6-5 中所示之兩波形，若以正弦波爲參考波形，則兩者皆與參考波形相差$\frac{\pi}{6}$或 30°，y_1波形之相角爲$\frac{\pi}{6}$；而y_2波形之相角爲$-\frac{\pi}{6}$，y_1與y_2彼此間相角差爲$\frac{\pi}{3}$或 60°。

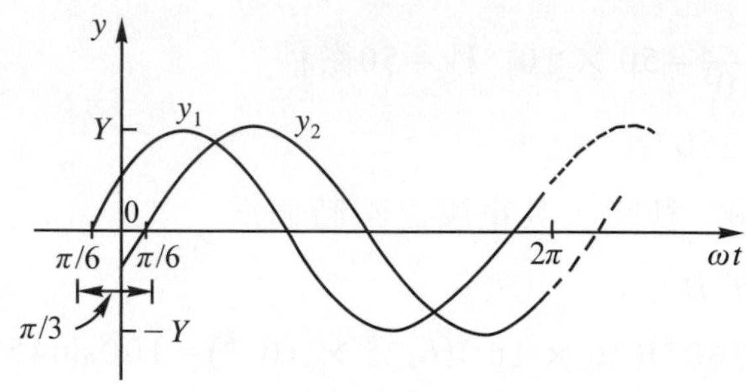

圖 6-5　相位移的一個例子

現在繼續觀看含有相位移波形之產生及其數學方程式如圖 6-6(a)所示爲一旋轉**相量(phasor)**，在+ 30°角或越前(leading)30°處開始旋轉，故其對應產生圖(b)所示之波形，相量以反時針方向旋轉所量得的相角爲正；順時針方向旋轉所量得之相角爲負。因此，圖(a)的旋轉相量是在+ 30°處開始旋轉，故圖(b)的波形稱爲越前正弦波 30°。同理，圖(c)的旋轉相量係由－ 30°處開始旋轉，其產生之波形如圖(d)所示，此波形通稱爲滯後正弦波 30°圖(b)及(d)波形之數學方程式分別爲：

$$y_1 = Y\sin\left(\omega t + \frac{\pi}{6}\right) = Y\sin(\omega t + 30°) \tag{6-7a}$$

$$y_2 = Y\sin\left(\omega t - \frac{\pi}{6}\right) = Y\sin(\omega t - 30°) \tag{6-7b}$$

相位移爲$\frac{\pi}{2}$或 90°之波形稱爲餘弦波(cosine wave)，如圖 6-7 所示，其中圖(b)及(d)波形之數學方程式分別爲：

$$y = Y\sin\left(\omega t + \frac{\pi}{2}\right) = Y\cos\omega t \tag{6-8a}$$

$$y = Y\sin\left(\omega t - \frac{\pi}{2}\right) = -Y\cos\omega t \tag{6-8b}$$

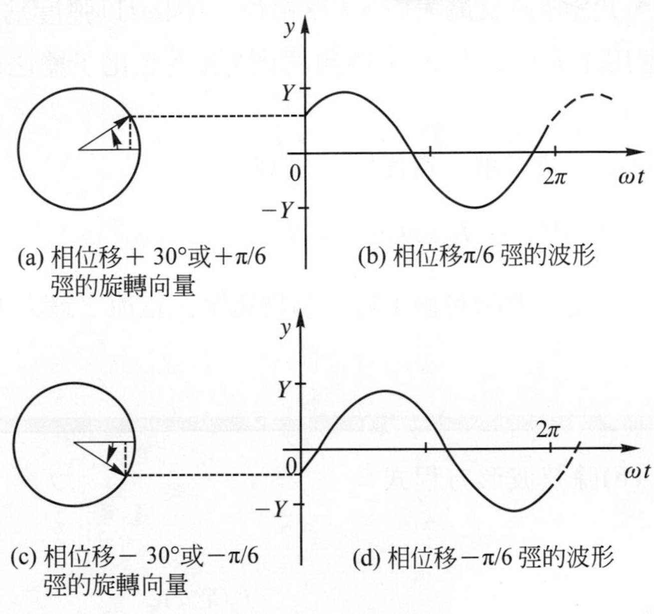

圖 6-6　相位移的例子

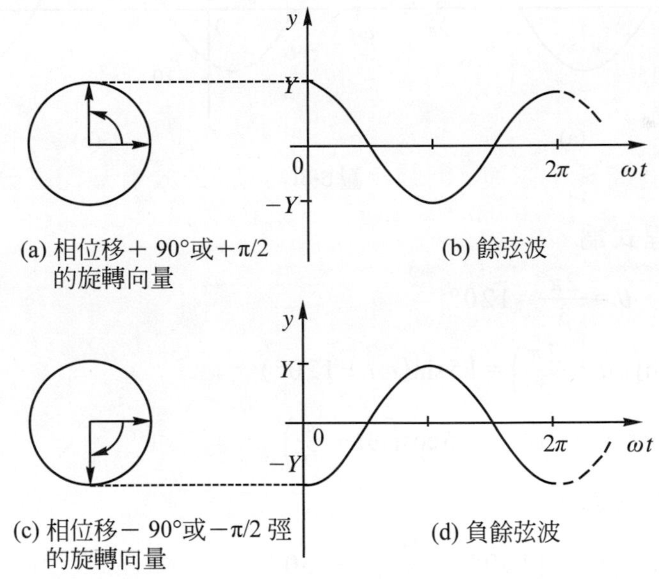

圖 6-7　餘弦波與負餘弦波的產生

因此，任何正弦波的通式可寫爲：

$$y = Y\sin(\omega t + \theta) \tag{6-9}$$

上式中y為瞬時值，Y為峰值或最大值，θ為相角。(因ωt以弳度為單位，故θ亦必需以弳度表示之，實用上有時先將ωt化為角度則θ就不必化了總之ωt與θ兩者採用之單位要一致。)

(6-9)式，若表示弦波電壓、電流時分別為：

$$v = V_M \sin(\omega t + \theta)\text{，}i = I_M \sin(\omega t + \theta)$$

式中v，i分別為電壓、電流的瞬時值；V_M．I_M為電壓、電流之最大(峰)值，θ為相角。

例 6-5

試寫出圖 6-8(a)、(b)餘弦波形方程式

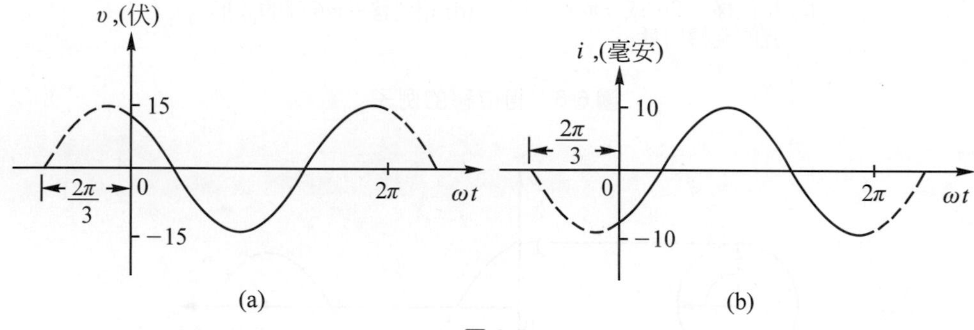

圖 6-8

解 (a)其波形方程式為

$$V_M = 15\text{V}\text{，}\theta = \frac{2\pi}{3} = 120°$$

$$\text{故}v = 15\sin\left(\omega t + \frac{2\pi}{3}\right) = 15\sin(\omega t + 120°)$$

$$\text{或}v = 15\cos(\omega t + 30°) = 15\cos\left(\omega t + \frac{\pi}{6}\right)$$

(b)其波形方程式為：

$$I_M = 10\text{mA} \quad \theta = -\left(180° - \frac{2\pi}{3}\right) = -60°$$

$$\text{故}i = 10\sin\left[\omega t - \left(180° - \frac{2\pi}{3}\right)\right]$$

$$= -10\sin\left(\omega t + \frac{2\pi}{3}\right) = -10\sin(\omega t + 120°)\text{mA}$$

$$\text{或}i = 10\cos(\omega t - 150°) = -10\cos(\omega t + 30°)$$

$$= -10\cos\left(\omega t + \frac{\pi}{6}\right)$$

例 6-6

試繪出下列各方程式的波形：

(a)$i = 3\sin\left(\omega t + \frac{\pi}{4}\right)$mA，(c)$v = -8\sin\omega t$V

(b)$v = 4\cos\left(\omega t + \frac{\pi}{6}\right)$V ，(d)$i = -20\cos\left(\omega t - \frac{\pi}{6}\right)$mA

解 由$i = 3\sin\left(\omega t + \frac{\pi}{4}\right)$mA 知其弦波電流峰值為 3mA，相角為$\frac{\pi}{4}$或 45°，故其波形繪出如圖 6-9(a)所示。同理(b)、(c)、(d)波形繪出如圖(b)、(c)及(d)所示。

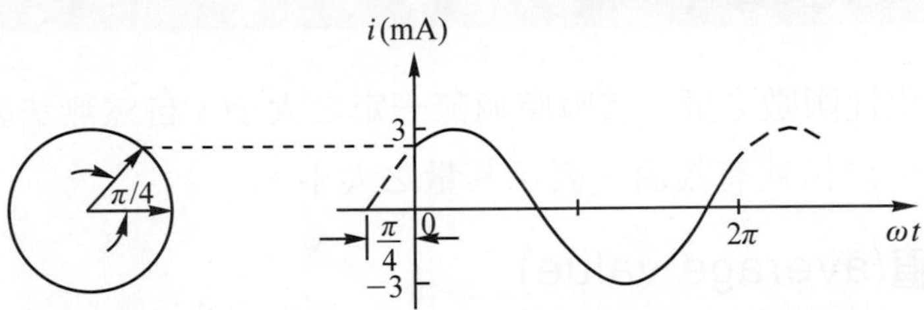

圖 6-9 (a)的結果

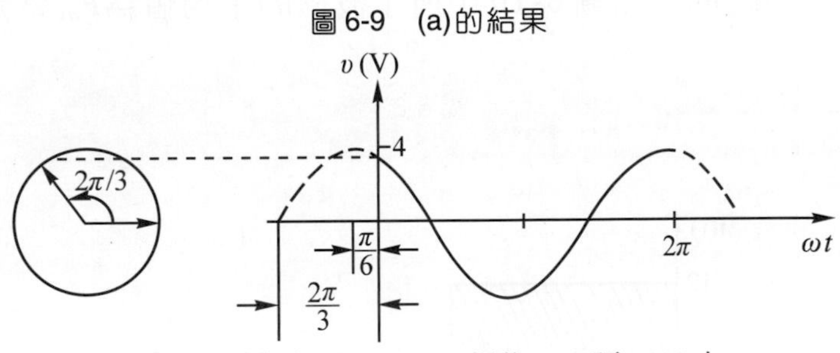

圖 6-9 (b)的結果

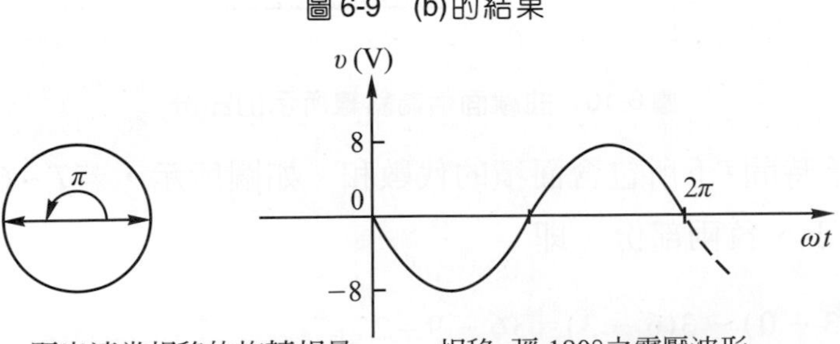

圖 6-9 (c)的結果

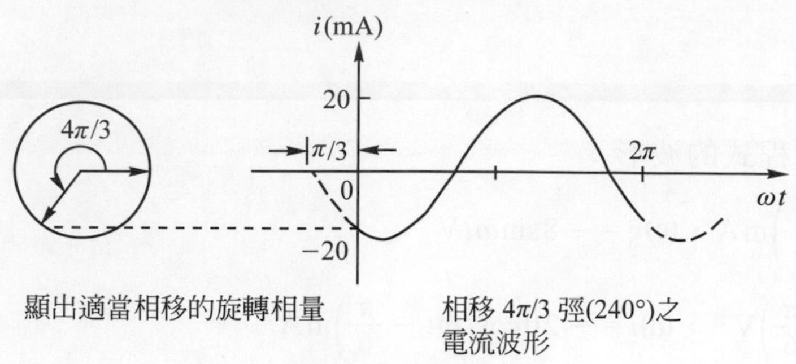

圖 6-9 (d)的結果

6-2 平均值及有效值

任一週期變化性函數之量，其瞬時值無一定之大小，自然無法表達其量之值，因而往往藉助其平均值或有效值來表示其量之大小。

6-2-1 平均值(average value)

某一函數在某一特定時間內的平均值定義爲所給之時間內其函數曲線下的面積代數和除以所給予的時間。如圖 6-10 中所示波形的平均值爲F_{av}當定義爲

$$F_{av} = \frac{A}{T} \tag{6-10}$$

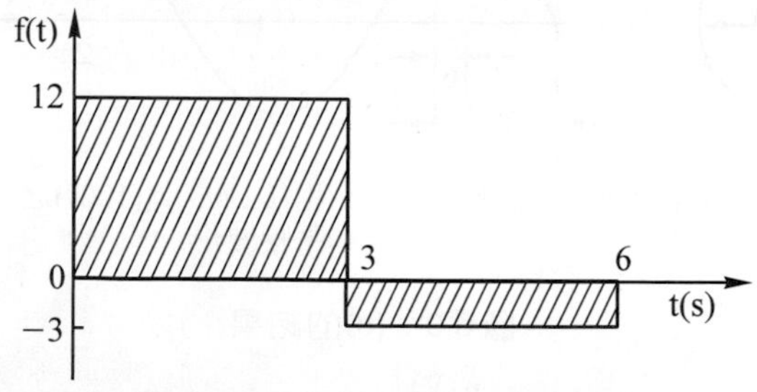

圖 6-10 曲線面積為斜線所示的部份

式中A爲所給時間T下所包含面積的代數和。如圖所示，若$T = 6$秒，則A爲斜線部份的面積包括正、負兩部份，即

$$A = 12(3-0) - 3(6-3) = 36 - 9 = 27$$

故 $$F_{av} = \frac{A}{T} = \frac{27}{6} = 4.5$$

當t由 0 至 3 秒時面積為正；由 3 至 6 秒時則面積為負。

例 6-7

求圖 6-11 所示波形之平均值。

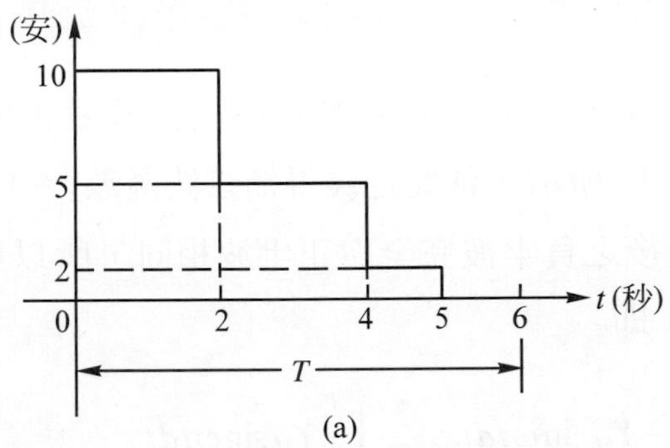

(a)

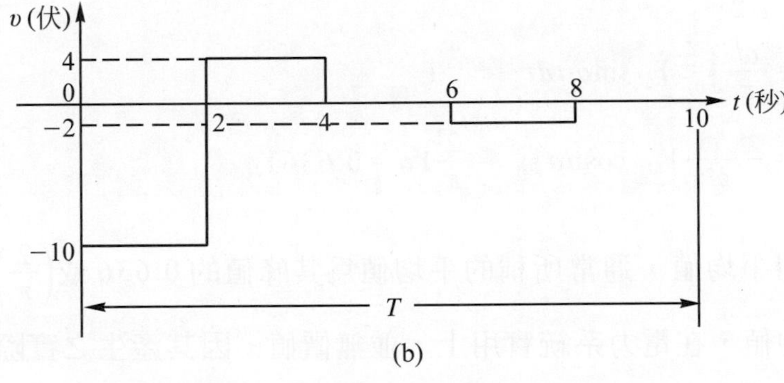

(b)

圖 6-11

解 此等由直線所構成之波形，其面積及平均甚易求得：

$$(a)I_{av}=\frac{10(2-0)+5(4-2)+2(5-4)+0(6-5)}{6}$$

$$=\frac{20+10+2}{6}=\frac{32}{6}=5.333\text{A}$$

$$(b)V_{av}=\frac{-10(2-0)+4(4-2)+0(6-4)+(-2)(8-6)}{10}$$

$$=\frac{-20+8-4}{10}=\frac{-16}{10}=-1.6\text{V}$$

一週期函數$y(t)$在一週內之平均值其定義為

$$Y_{av}=\frac{1}{T}\int_0^T y(t)dt \tag{6-11}$$

其中積分部份表示波形之面積A即$Y_{av}=\frac{1}{T}$，但當週期函數波形具有對稱性，如弦波函數，其正、負兩半波相同而面積相等，一週之平均值必等於零，因而另有絕對(或全波整流後)平均值之定義，其方程式為

$$|Y_{av}|=\frac{1}{T}\int_0^T |y(t)|\,dt \tag{6-12}$$

式中，$|y(t)|$乃$y(t)$之絕對值，通常是將其負半波倒轉變正半波所求得之平均值，稱為絕對平均值如圖 6-12 所示，依此定義得知弦波函數$y=Y_M\sin\omega t$波形之平均值，應用(6-12)式，因倒轉後之負半波完全與正半波相同，所以只須用半個週期即可求得弦波的絕對平均值，即

$$\begin{aligned}|Y_{av}|&=\frac{1}{\frac{T}{2}}\int_0^{\frac{T}{2}} Y_M\sin\omega t\,dt=\frac{2}{T}\int_0^{\frac{T}{2}} Y_M\sin\omega t\,dt\\&=\frac{\omega}{\pi}\int_0^{\frac{\pi}{\omega}} Y_M\sin\omega t\,dt\\&=-\frac{\omega}{\omega\pi}Y_M[\cos\omega t]_0^{\frac{\pi}{\omega}}=\frac{2}{\pi}Y_M=0.636Y_M\end{aligned} \tag{6-13}$$

所以弦波之絕對平均值，通常所稱的平均值為其峰值的 0.636 或$\left(\frac{2}{\pi}\right)$倍。

弦波之平均值，在電力系統實用上，並無價值，因其產生之實際效果，不能與相同大小之直流電所產生者相等，因而有下節所述有效值之定義。

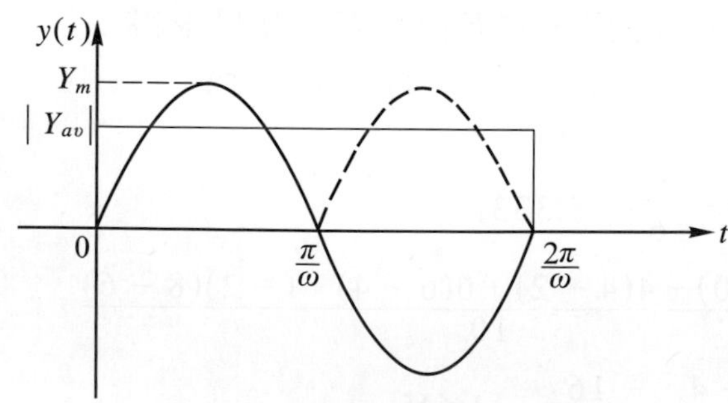

圖 6-12　正弦波之絕對平均值

例 6-8

試求圖 6-13 所示全波整流之弦波平均值。

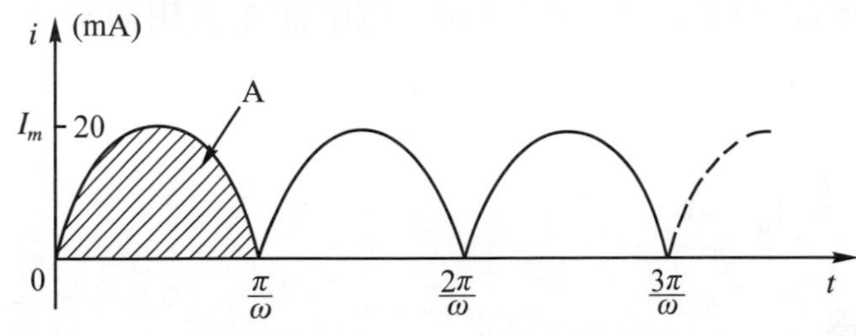

圖 6-13 正弦波的全波整流

解 因峰值$I_M = 20\text{mA}$

則$I_{av} = 0.636 \times 20 = 12.72\text{mA}$

6-2-2 有效值(effective value)

有效值又稱**均方根值(root mean square value-r.m.s)**。所謂弦波交流電壓、電流之有效值，係指其具有與直流電壓及電流在同一電阻上產生相同熱效應之數值，其物理意義爲將一直流電流I通過一電阻R，則電阻上所消耗之功率$P = RI^2$，此功率完全變爲熱，稱爲電阻上之熱功率。用在電阻之熱功率來定交流電流之有效值。即將一交流i流過一電阻R，設在一週內電阻上之平均熱功率爲P，若將一直流電流I安培流過同一電阻，在一週時間內若該電阻之熱功率亦爲P，則定此交流電流i之有效值爲I安培。例如一交流電流i通過一 10Ω之電阻，在一週內電阻上產生之平均熱功率爲 250 瓦；若以一 5 安培之直流電流通過該電阻，在相同的時間內電阻上產生之熱功率亦爲 250 瓦，則定此交流電流之有效值爲 5 安培。

交流電流i與其有效值I間之關係式可由上述之物理觀念分析如下：

茲令i爲交流電流之瞬時值，則其流經電阻R所產生的瞬時功率值爲Ri^2，而此電流在一週內所產生之平均熱功率等於Ri^2在一週內之平均值。令p及P分別爲i流經R上產生之瞬時功率及一週內之平均功率，則

$$p = Ri^2$$

$$P = \frac{1}{T}\int_0^T p\,dt = \frac{1}{T}\int_0^T Ri^2\,dt$$

上式中，T為交流電流之週期，電阻R通常皆可視為常數，則

$$P=\frac{R}{T}\int_0^T i^2 dt \tag{6-14}$$

設I為交流電流i之有效值，即流過同一電阻而產生相同熱功率的直流電流。故Ri^2為直流電流在同一電阻上產生相同的熱功率，即

$$P=RI^2=\frac{R}{T}\int_0^T i^2 dt \tag{6-15}$$

由上式化簡獲得I為

$$I=\sqrt{\frac{1}{T}\int_0^T i^2 dt} \tag{6-16}$$

上式表示欲求交流電流有效值時，應先求其瞬時值i之平方，進而計算平方後之平均值，然後再求該平均值的平方根(均方根)。此為均方根值命名之由來。

採用有效值作週期函數電流值的大小，其優點為：

1. 不論波形如何，凡基於熱效之儀器均可用以測出其有效值。
2. 可用電力式儀器(electrody namometer)測量交變電流、電壓及功率。
3. 交流與直流電流所產生熱效應計算，可循同一定律。

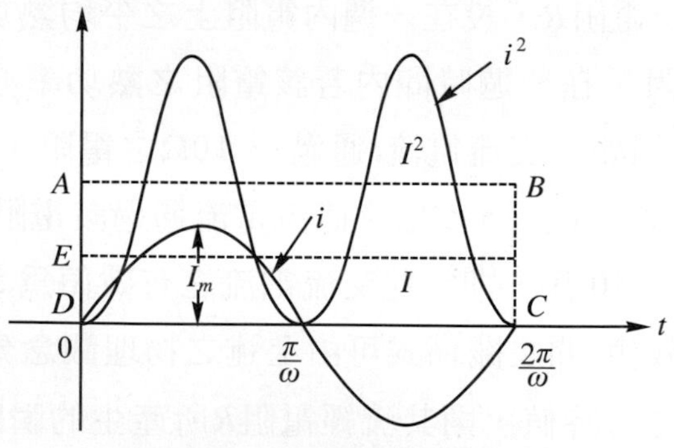

圖 6-14　正弦電流之有效值

顯然地，有效值與平均值不同，以圖 6-14 所示之正弦波說明之，若該電流之方程式為$i=I_M\sin\omega t$，圖中長方形$ABCD$之面積，其高DA為i^2之平均值，故電流之有效值$I=DE=\sqrt{DA}$，現由(6-16)式得

$$I^2=\frac{1}{T}\int_0^T i^2dt=\frac{\omega}{2\pi}\int_0^{\frac{2\pi}{\omega}} I_M^2\sin^2\omega t dt$$

$$=\frac{\omega I_M^2}{2\pi}\int_0^{\frac{2\pi}{\omega}}\frac{1}{2}(1-\cos 2\omega t)dt=\frac{\omega I_M^2}{4\pi}\left[t-\frac{\sin 2\omega t}{2\omega}\right]_0^{\frac{2\pi}{\omega}}$$

$$=\frac{\omega}{4\pi}I_M^2\left(\frac{2\pi}{\omega}\right)=\frac{I_M^2}{2}$$

故 $$I=\frac{I_M}{\sqrt{2}}=0.707I_M \tag{6-17}$$

由此可知弦波之有效值I爲其峰值之 0.707 或$\left(\frac{1}{\sqrt{2}}\right)$倍，較其平均值$I_{av}$爲峰值之 0.636 或$\left(\frac{2}{\pi}\right)$倍稍大一點。

例 6-9

試求圖 6-15(a)及(b)波形之有效值。

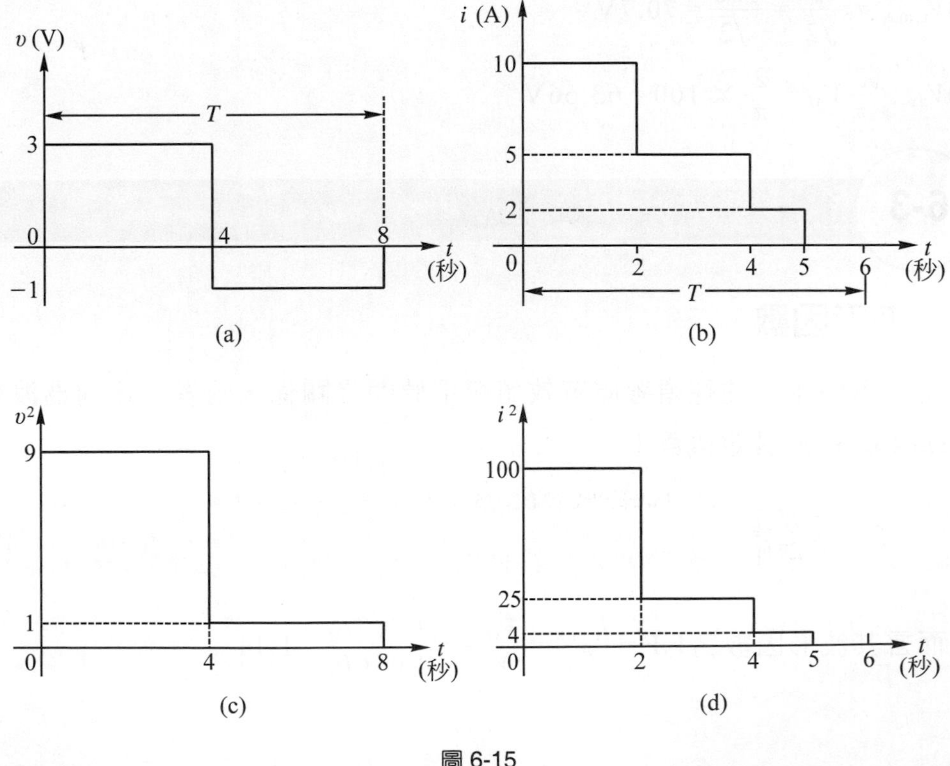

圖 6-15

解 先將圖(a)、(b)波形予以平方後其波形分別為圖(c)及(d)由此面積容易獲得其有效值為：

$$(a)V_{r.m.s}=\sqrt{\frac{9(4-0)+1(8-4)}{8}}=\sqrt{\frac{40}{8}}=2.23\text{V}$$

$$(b)I_{r.m.s}=\sqrt{\frac{100(2-0)+25(4-2)+4(5-4)+0(6-5)}{6}}$$

$$=\sqrt{\frac{254}{6}}=6.5\text{A}$$

例 6-10

一弦波電壓其方程式為 $v=100\sin(500t+30°)$V，試求(a)週期，(b)相位角之度數，(c)有效值，(d)平均值。

解 $(a)T=\frac{2\pi}{\omega}=\frac{2\times3.14}{500}=12.57\times10^{-3}$秒 $=12.57$毫秒

$(b)\theta=30°=\frac{30°}{180°}\pi=\frac{\pi}{6}=0.526$弳

$(c)V_{r.m.s}=\frac{V_m}{\sqrt{2}}=\frac{100}{\sqrt{2}}=70.7\text{V}$

$(d)V_{av}=\frac{2}{\pi}V_M=\frac{2}{\pi}\times100=63.66\text{V}$

6-3 波形因數與波峰因數

6-3-1 波形因數

在交流電路中，往往須考慮有效值與平值間之關係，兩者之比稱為**波形因數(form factor-F.F)**其定義為：

$$\text{F.F}=\frac{\text{有效值}}{\text{平均值}} \tag{6-18}$$

就弦波而言其波形因數為 $\text{F.F}=\frac{I_{r.m.s}}{I_{av}}=\frac{V_{rms}}{V_{av}}=\frac{0.707I_M}{0.636I_M}=1.11$

6-3-2 波峰因數

絕緣材料所能忍受之最大電場強度與電壓波形之峰值有關，就對稱之交流波形而言，正半週之峰值與負半週之峰值相等，故交流電之最大(峰)值與其有效值之比為一定值，兩者之比值稱為**波峰因數(crest factor-C.F)**。其定義為：

$$\text{C.F} = \frac{\text{峰值}}{\text{有效值}} \tag{6-19}$$

就弦波而言，其波峰因數為

$$\text{C.F} = \frac{I_M}{I_{\text{rms}}} = \frac{V_M}{V_{\text{rms}}} = \frac{V_M}{0.707V_M} = 1.414$$

例 6-11

試求圖 6-16 所示三角波之波形因數 F.F

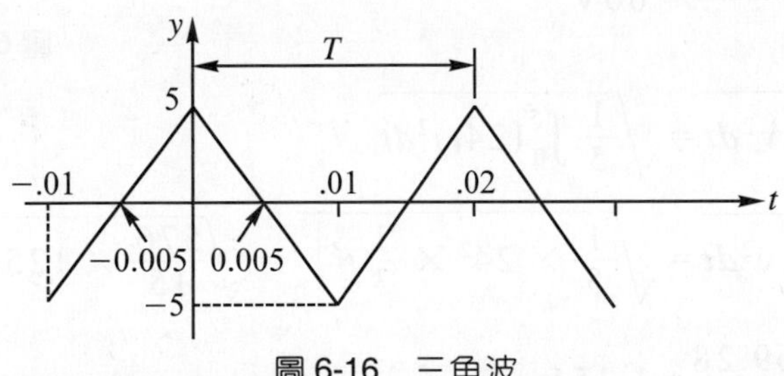

圖 6-16 三角波

解 圖中所示波形之斜率方程式為：

當 $-0.01 < t < 0$ 時，則 $y(t) = 1000t + 5$

當 $0 < t < 0.01$ 時，則 $y(t) = -1000t + 5$

故 $[y(t)]^2 = 10^6t^2 + 10^4t + 25$；$-0.01 < t < 0$

$[y(t)]^2 = 10^6t^2 - 10^4t + 25$；$0 < t < 0.01$

因此

$$Y_{\text{r.m.s}} = \sqrt{\frac{1}{T}\int_0^T [y(t)]^2 dt}$$

$$= \sqrt{\frac{1}{0.02}\left[\int_{-0.01}^{0}(10^6t^2 + 10^4t + 25)dt + \int_0^{0.01}(10^6t^2 - 10^4t + 25)dt\right]}$$

$$= \sqrt{\frac{1}{0.02}\left(\frac{1}{12} + \frac{1}{12}\right)} = \sqrt{\frac{1}{0.12}} = \sqrt{8.33} = 2.89$$

圖示三角波爲對稱的性質，其平均值係指絕對(整流的平均值，即正半三角波之平均值故)

$$Y_{av}=\frac{1}{0.01}\left[\int_{-0.005}^{0}(1000t+5)dt+\int_{0}^{0.005}(-1000t+5)dt\right]=2.5$$

或 $Y_{av}=\frac{1}{0.01}(0.01\times 5\div 2)=2.5$

$$\therefore \text{F.F.}=\frac{Y_{\text{r.m.s}}}{Y_{av}}=\frac{2.89}{2.5}=1.16$$

例 6-12

一週期性鋸齒電壓波形如圖 6-17 所示，試求(a)平均值，(b)有效值，(c)波形因數；(d)波峰因數。

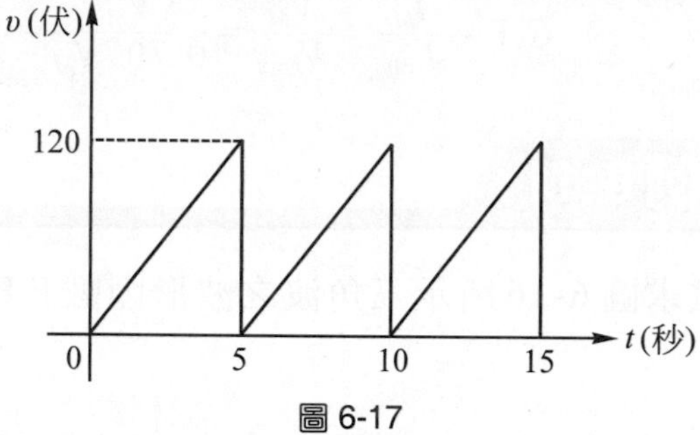

圖 6-17

解

(a) $V_{av}=\dfrac{\frac{1}{2}\times 5\times 120}{5}=60\text{V}$

(b) $V_{\text{rms}}=\sqrt{\frac{1}{T}\int_{0}^{T}v^2dt}=\sqrt{\frac{1}{5}\int_{0}^{5}(24t)^2dt}$

$$=\sqrt{\frac{1}{T}\int_{0}^{T}v^2dt}=\sqrt{\frac{1}{5}\times 24^2\times \frac{1}{3}t^3\Big|_0^5}=\sqrt{\frac{576}{15}\times 125}=69.28\text{V}$$

(c) $\text{F.F.}=\frac{V_{\text{rms}}}{V_{av}}=\frac{69.28}{60}=1.155$

(d) $\text{C.F.}=\frac{V_M}{V_{\text{rms}}}=\frac{120}{69.28}=1.732$

6-4 複數及複數的運算

弦波函數的加減運算

1. 兩個正弦波頻率及相角相同；峰值不同之加減運算

設 $y_1=Y_{M_1}\sin\omega t$

$y_2=Y_{M_2}\sin\omega t$

則 $y_a=y_1+y_2=Y_{M_1}\sin\omega t+Y_{M_2}\sin\omega t=(Y_{M_1}+Y_{M_2})\sin\omega t$

$y_d=y_1-y_2=Y_{M_1}\sin\omega t-Y_{M_2}\sin\omega t=(Y_{M_1}-Y_{M_2})\sin\omega t$

2. 兩個正弦波頻率相同；相角及峰值不同之加減運算

設$y_1 = Y_{M_1}\sin(\omega t+\alpha)$

$y_2 = Y_{M_2}\sin(\omega t+\beta)$

則$y_1 + y_2 = Y_{M_1}\sin(\omega t+\alpha) + Y_{M_2}\sin(\omega t+\beta)$

$= Y_{M_1}(\sin\omega t\cos\alpha + \cos\omega t\sin\alpha) + Y_{M_2}(\sin\omega t\cos\beta + \cos\omega t\sin\beta)$

$= (Y_{M_1}\cos\alpha + Y_{M_2}\cos\beta)\sin\omega t + (Y_{M_1}\sin\alpha + Y_{M_2}\sin\beta)\cos\omega t$

若把上式中與時間無關的定值，分別以直角三角形的兩邊來表示如圖 6-18，則

$$Y_M = \sqrt{(Y_{M_1}\cos\alpha + Y_{M_2}\cos\beta)^2 + (Y_{M_1}\sin\alpha + Y_{M_2}\sin\beta)^2} \quad (6\text{-}20)$$

$$\theta = \tan^{-1}\left(\frac{Y_{M_1}\sin\alpha + Y_{M_2}\sin\beta}{Y_{M_1}\cos\alpha + Y_{M_2}\cos\beta}\right) \quad (6\text{-}21)$$

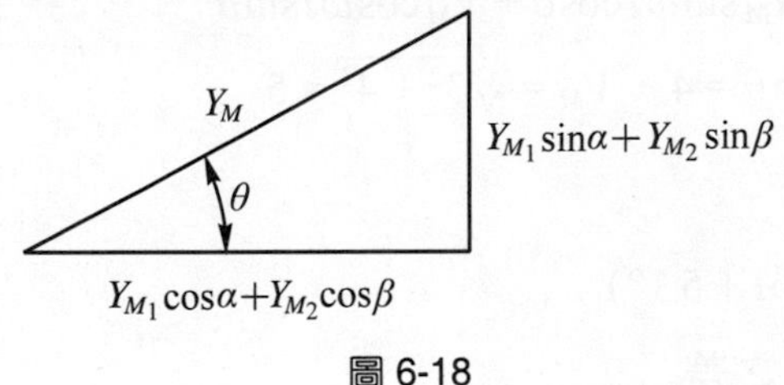

圖 6-18

由圖 6-18 知

$$\frac{Y_{M_1}\cos\alpha + Y_{M_2}\cos\beta}{Y_M} = \cos\theta$$

$$\frac{Y_{M_1}\sin\alpha + Y_{M_2}\sin\beta}{Y_M} = \sin\theta$$

$$y_a = y_1 + y_2 = Y_M(\sin\omega t\cos\theta + \cos\omega t\sin\theta) = Y_M\sin(\omega t+\theta)$$

由上式知，頻率相同的兩正弦波之和，仍爲同樣頻率之正弦波；同理，可獲得兩正弦波之差爲：

$$y_d = y_1 - y_2 = Y_M{}'\sin(\omega t+\theta')$$

上式中

$$Y'_M = \sqrt{(Y_{M_1}\cos\alpha - Y_{M_2}\cos\beta)^2 + (Y_{M_1}\sin\alpha - Y_{M_2}\sin\beta)^2} \quad (6\text{-}22)$$

$$\theta' = \tan^{-1}\left(\frac{Y_{M_1}\sin\alpha - Y_{M_2}\sin\beta}{Y_{M_1}\cos\alpha - Y_{M_2}\cos\beta}\right) \quad (6\text{-}23)$$

例 6-13

設有兩個弦波電流分別爲$i_1 = 10\sin\omega t$；$i_2 = 8\sin\omega t$，求兩者之和。

解 $i_a = i_1 + i_2 = 10\sin\omega t + 8\sin\omega t = (10+8)\sin\omega t = 18\sin\omega t$

例 6-14

設有兩個弦波電壓分別爲$v_1 = 3\sin\omega t$；$v_2 = 4\cos\omega t$，試求兩者之和、差。

解 $v_a = v_1 + v_2 = 3\sin\omega t + 4\cos\omega t$

$= V_M\sin(\omega t + \theta) = V_M\sin\omega t\cos\theta + V_M\cos\omega t\sin\theta$

即$V_M\cos\theta = 3$，$V_M\sin\theta = 4$，$V_M = \sqrt{3^2 + 4^2} = 5$

$\theta = \tan^{-1}\left(\frac{4}{3}\right) = 53°$

$\therefore v_a = v_1 + v_2 = 5\sin(\omega t + 53°)$

同理可得v_1、v_2兩者之差

$v_d = v_1 - v_2 = 5\sin(\omega t - 53°)$

例 6-15

求$i_1 = 50\sin\omega t$與$i_2 = 25\sin(\omega t + 45°)$之和及差。

解 (a)兩者和之峰値及相角分別爲

$$I_M = \sqrt{(50\cos0° + 25\cos45°)^2 + (50\sin0° + 25\sin45°)^2}$$

$$= \sqrt{\left(50 + \frac{1}{\sqrt{2}}25\right)^2 + \left(0 + \frac{1}{\sqrt{2}}25\right)^2}$$

$$= \sqrt{\frac{(50\sqrt{2} + 25)^2}{2} + \frac{25^2}{2}} = 69.9$$

$$\theta = \tan^{-1}\left(\frac{25}{95.7}\right) = 14.64°$$

$$\therefore i_a = i_1 + i_2 = 69.9\sin(\omega t + 14.64°)$$

(b)兩者差之峰值及相角分別為

$$I'_M=\sqrt{(50\cos0°-25\cos45°)^2+(50\sin0°-25\sin45°)^2}$$

$$=\sqrt{\left(50-\frac{1}{\sqrt{2}}25\right)^2\left(-\frac{1}{\sqrt{2}}25\right)^2}=\sqrt{1044.25+312.5}=36.8$$

$$\theta'=\tan^{-1}\left(\frac{-25}{45.7}\right)=-26.68°$$

$$\therefore i_d=i_1-i_2=36.8\sin(\omega t-26.68°)$$

上述弦波函數之加減運算比較繁複，若為乘除運算更加複雜，因而利用複數運算，及配合電機工程用之電算機使用，其過程大為簡化。

6-4-1 複數

在數目系統中，1、2、3、…等稱為自然數(natural number)，0、±1、±2、±3、…等稱為整數(integer number)，3，$\frac{3}{1}$，－2.5等屬於有理數(rational number)；$\sqrt{2}$，$\sqrt{3}$，π等則為無理數(irrational number)，全部有理數和無理數之組合，稱為實數(real number)。實數可置於數線上，如圖 6-19 所示，每一點代表唯一實數。而其加減乘除之四則運算結果亦可繪於實數線上。正實數之平方根仍在實數線上；但負實數之平方根則不在實數系統中存在。

負實數之平方根稱為虛數(imaginary mumber)，如$\sqrt{-1}$、$\sqrt{-3}$、$\sqrt{-16}$等。在數學中規定$i=\sqrt{-1}$；在電學上因i係代表電流之瞬時值，為避免混淆，改取j來代表$\sqrt{-1}$，則$\sqrt{-2}=j\sqrt{2}$、$\sqrt{-4}=j2$、…等，j通稱為算子其性質為

$$j=\sqrt{-1}，j^2=-1，j^3=-j，j^4=1，j^5=j，j^6=j^2\cdots$$

所有的虛數，均可用虛數線上的點表示之，如圖 6-20 所示。

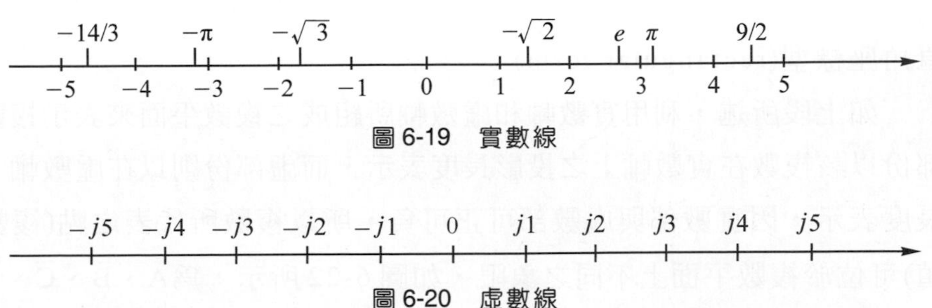

圖 6-19 實數線

圖 6-20 虛數線

實數與實數相加減，其結果為實數；虛數與虛數相加減，其結果為虛數；，若實數與虛數相加減，因兩者性質不同，故其相加減後之結果仍為實數與虛數之組合，此種組合稱為**複數(complex number)**，在複數中之實數稱為實數部部份(real part)，其虛數稱為虛部份(imaginary part)，故一複數可用下列形式表示之。

複數 = 實部份 + j(虛部份)

例如，A 為一複數，其實部份為a，虛部份為b，則

$$A = a + jb \tag{6-24}$$

若有兩複數相等，則兩者實數部份相等，虛數部份亦相等者謂之，**相等複數(equal complex number)**，例如有兩複數

$A = a_1 + jb_1$ 及 $B = a_2 + jb_2$

若 $A = B$ 即表示

$a_1 = a_2$及$b_1 = b_2$

反之，若$a_1 = a_2$及$b_1 = b_2$，則表示 $A = B$。

若兩複數之實部份相等；而虛部份之大小相等而符號相反，則稱該兩複數為**共軛複數(conjugate complex-number)**，例如$A = a + jb$，其共軛複數為$A^* = a - jb$，同理 A^*之共軛複數為A，易言之，A與A^*互為共軛複數。

因一複數具有實部份及虛部份，故可用一具有兩互相垂直軸之平面表示之，通常以X軸稱為**實數軸(real axis)**，Y軸稱為**虛數軸(imaginary axis)**，而此平面稱為**複數平面(complex plane)**，例如 $A = 4 + j4$及 $B = -5 - j3$，則在複數平面之表示如圖 6-21 所示。

複數量常用之表示方法有三種，即直角座標型、極型及指數型，茲分別說明如下。

1. 直角座標型(rectangular form)

如上段所述，利用實數軸和虛數軸所組成之複數平面來表示複數，其實部份以該複數在實數軸上之投影長度表示，而虛部份則以在虛數軸上之投影長度表示，因實數部與虛數部可正可負，所以複數所代表之點(複數之絕對值)可位於複數平面上不同之象限，如圖 6-22 所示，為$\overline{\text{A}}$、$\overline{\text{B}}$、$\overline{\text{C}}$、$\overline{\text{D}}$四個複數之直角座標之表示方式。

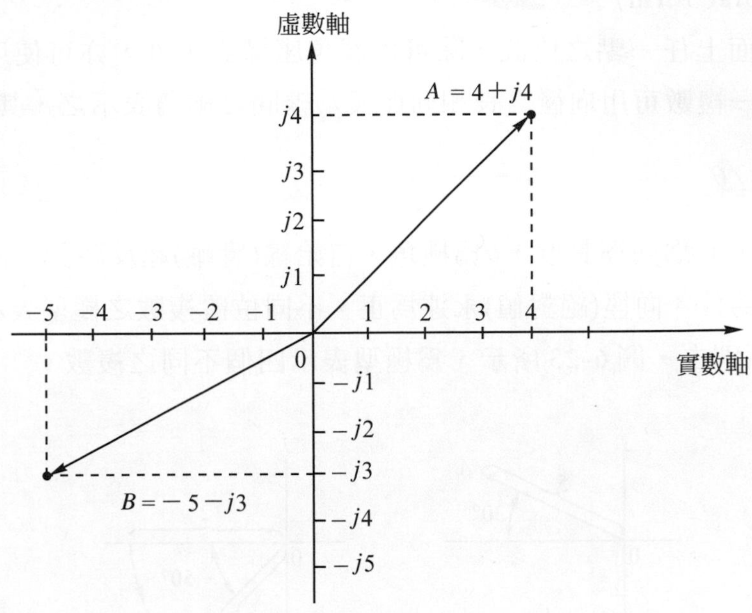

圖 6-21　複數$A=4+j4$及$B=-5-j3$之表示法

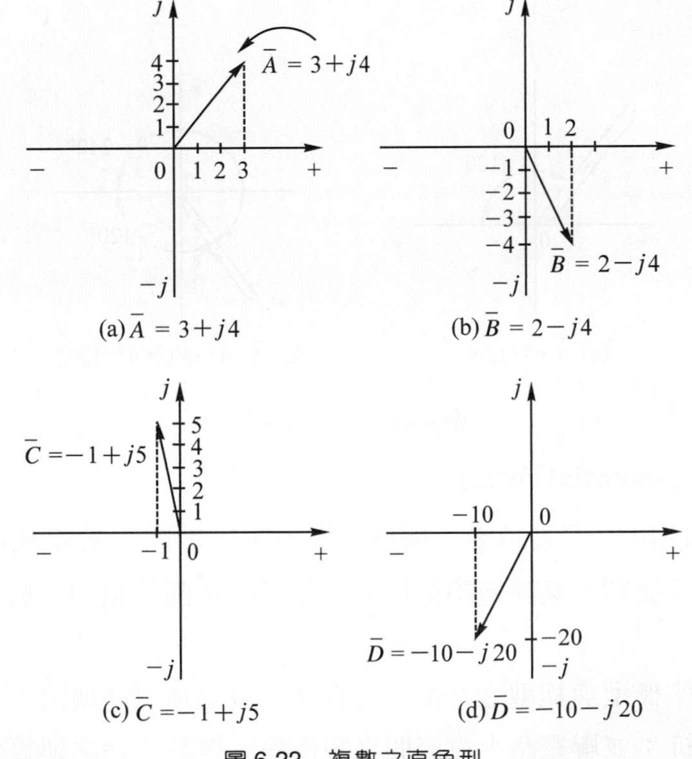

圖 6-22　複數之直角型

2. 極型(polar form)

平面上任一點之位置，除可用直角座標表示外，亦可使用極座標表示之，即一複數可用向徑之長和向徑與始線間之極角表示之，其方式爲

$$\overline{A} = A \angle \theta \tag{6-25}$$

上式中，A 爲向徑長度，θ爲極角，自始線(實軸)起反時針方向爲正；順時針方向爲負。向徑(絕對值)永遠爲正，不同位置複數之極型表示法以其極角θ正負區別之，圖 6-23 所示，爲極型表示四個不同之複數。

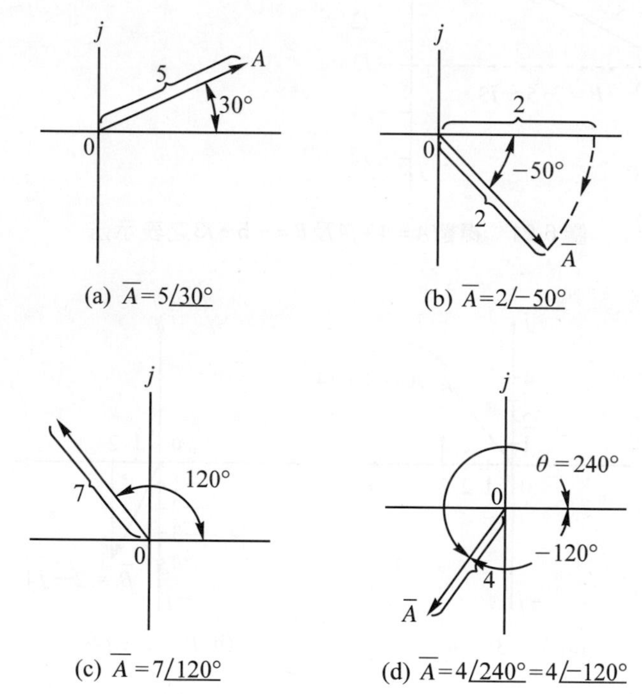

圖 6-23　複數之極型

3. 指數型(exponential form)

複數使用$|A|_e^{ja}$表示者，稱爲指數型，複數間之乘除及微分、積分使用指數型較爲便利，乘除僅絕對值乘、除而指數部份相加、減，但不便於加、減運算。

直角座標型與極型之互換，複數加、減之運算當使用直角座標型如串聯電路求阻抗；並聯電路中電流間之關係等；複數乘除之運算宜採用極型較方

便，如$\bar{I}=\frac{\bar{V}}{\bar{Z}}$，或$\bar{V}=\bar{I}\bar{Z}$等，解交流電路時經常需要該兩型之轉換，茲以圖 6-24 說明兩者間之關係，應用上，十分簡單，凡電機工程用電算機都有直角座標(REC)⇌極座標(POL)互換之按鍵較往昔拉計算尺方便的多。

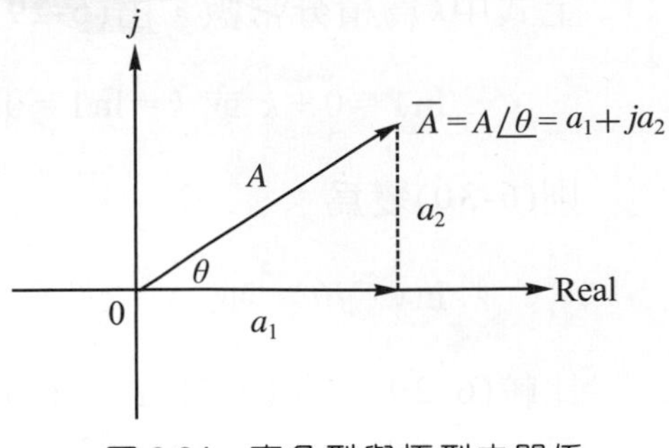

圖 6-24　直角型與極型之關係

直角座標型→極型

$$A=\sqrt{a_1^2+a_2^2} \tag{6-26}$$

$$\theta=\tan^{-1}\left(\frac{a_2}{a_1}\right) \tag{6-27}$$

$$a_1+ja_2=A\angle\theta$$

極型→直角座標型

$$a_1=A\cos\theta，a_2=A\sin\theta$$

$$A\angle\theta=A(\cos\theta+j\sin\theta)=a_1+ja_2 \tag{6-28}$$

複數之直角座標型、極型與指數型間之關係，設

$$y=\cos\theta+j\sin\theta \tag{6-29}$$

微分上式，則

$$\frac{dy}{d\theta}=-\sin\theta+j\cos\theta=j^2\sin\theta+j\cos\theta=j(\cos\theta+j\sin\theta)=jy$$

利用分離變數法將上式改寫爲：

$$\frac{dy}{y}=jd\theta$$

積分上式得

$$\ln y=j\theta+k \tag{6-30}$$

上式中k爲積分常數，由(6-29)式得知，當$\theta=0$時$y=1$，代入(6-30)式即

$$\ln 1=0+k \text{ 或 } k=\ln 1=0$$

則(6-30)變爲

$$\ln y=j\theta \quad \text{或} \quad y=e^{j\theta} \tag{6-31}$$

比較(6-29)式和(6-31)式，得知

$$e^{j\theta}=\cos\theta+j\sin\theta \tag{6-32}$$

(6-32)式是著名的**尤拉定理(Euler's theorem)**。係複數理論中甚爲重要之定理。同理，亦可獲得

$$e^{-j\theta}=\cos(-\theta)+j\sin(-\theta)=\cos\theta-j\sin\theta \tag{6-33}$$

所以一複數$\overline{A}$可用三種型式表示之，即

$$\overline{A}=Ae^{j\theta}=A(\cos\theta+j\sin\theta)=A\angle\theta=a+jb \tag{6-34}$$

很明顯的(6-32)式與(6-33)式互爲共軛，分別將兩式相加、減分別獲得：

$$\cos\theta=\frac{e^{j\theta}+e^{-j\theta}}{2} \tag{6-35}$$

$$\sin\theta=\frac{e^{j\theta}-e^{-j\theta}}{2j} \tag{6-36}$$

例 6-16

轉換下列直角座標型爲極型(圖 6-25)

(a)$\overline{A}=3+j4$，(b)$\overline{A}=1+j5$

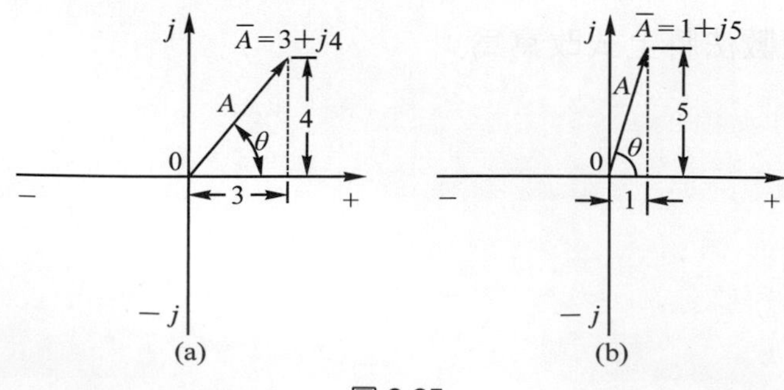

圖 6-25

解 (a)$A=\sqrt{3^2+4^2}=\sqrt{9+16}=\sqrt{25}=5$

$\theta=\tan^{-1}\left(\frac{4}{3}\right)=53^\circ \qquad \therefore \overline{A}=5\ \underline{/53^\circ}$

(b)$A=\sqrt{1^2+5^2}=\sqrt{26}=5.1$

$\theta=\tan^{-1}\left(\frac{5}{1}\right)=78.7^\circ \qquad \therefore \overline{A}=5.1\ \underline{/78.7^\circ}$

例 6-17

如圖 6-26 所示之極型轉換爲直角座標型。(a)$\overline{A}=10\ \underline{/45^\circ}$，(b)$\overline{A}=20\ \underline{/15^\circ}$

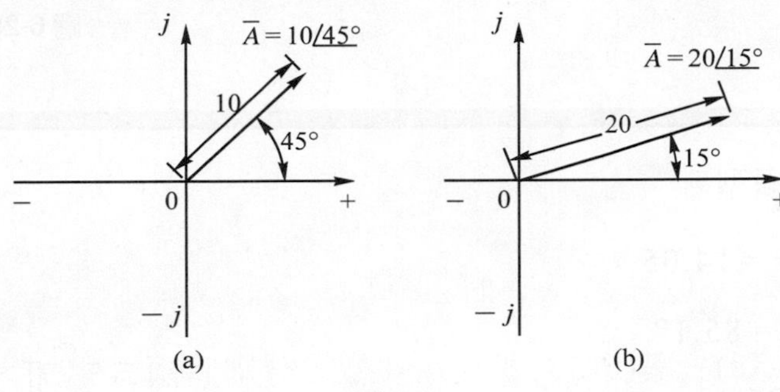

圖 6-26

解 (a)$a_1=10\cos45^\circ=10\times0.707=7.07$

$a_2=10\sin45^\circ=10\times0.707=7.07$

$\therefore \overline{A}=7.07+j7.07$

(b)$a_1=20\cos15^\circ=20\times0.9659=19.3$

$a_2=20\sin15^\circ=20\times0.2588=5.18$

$\therefore \overline{A}=19.3+j5.18$

例 6-18

如圖 6-27 所示直角座標轉換爲極型。

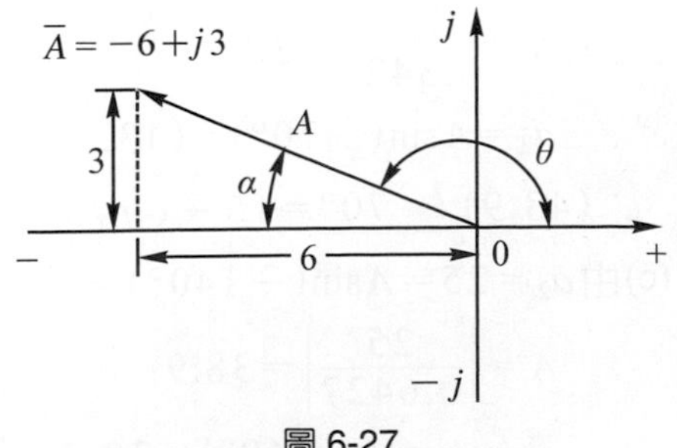

圖 6-27

解 $A=\sqrt{(-6)^2+3^2}=\sqrt{45}=6.7$

$\alpha=\tan^{-1}\left(\frac{3}{6}\right)=26.5^\circ$

$\theta=180^\circ-26.5^\circ=153.5^\circ$

$\therefore \overline{A}=6.7\ \underline{/153.5^\circ}$

例 6-19

將圖 6-28 之極型轉換為直角座標型

$\overline{A} = 10 \angle 230°$

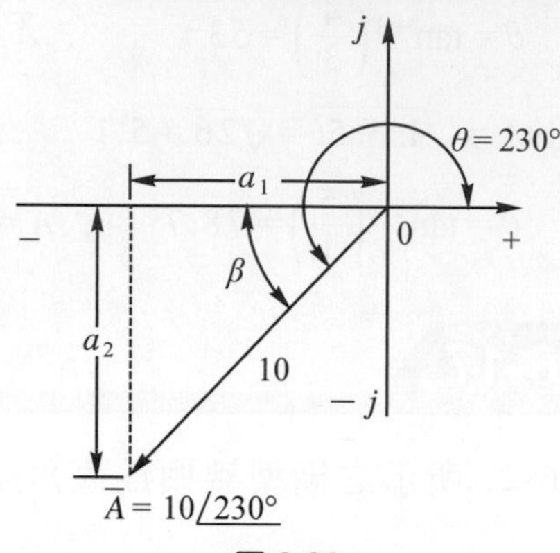

圖 6-28

解 $a_1 = 10\cos 230° = -6.43$

$a_2 = 10\sin 230° = -7.66$

$\therefore \overline{A} = -6.43 - j7.66$

例 6-20

將$1.2 + j14$轉換成極型。

解 $A = \sqrt{1.2^2 + 14^2} = 14.05$

$\theta = \tan^{-1}\left(\frac{14}{1.2}\right) = 85.1°$

$\therefore \overline{A} = 14.05 \angle 85.1°$

例 6-21

將下列複數之缺項填上。

(a)$10 \angle \underline{\quad\quad} = (\quad -j6 \quad)$，(b)$(\quad) \angle -70° = (\quad 15 \quad)$，(c)$(\quad) \angle -140° = (\quad -j25 \quad)$

解:(a)由$a_2 = A\sin\theta$，$\theta = \sin^{-1}\frac{a_2}{A} = \sin^{-1}\left(\frac{-6}{10}\right) = -36.87°$

$a_1 = A\cos\theta = 10\cos(-36.87°) = 8$

$\therefore 10 \angle -36.87° = [(8) - j6]$

(b)由$15 = A\cos(-70°) = A\cos 70° = 0.3422A$

$A = \frac{15}{0.342} = 43.9$

$a_2 = A\sin(-70°) = (43.9)(-0.94) = -41.2$

$\therefore (43.9)\angle -70° = 15 - (\ j41.2\ )$

(c)由$a_2 = 25 = A\sin(-140°) = -0.6427A$

$A = \left|\frac{25}{0.6427}\right| = 38.9$

$a_1 = A\cos(-140°) = 38.9\cos 140° = -29.8$

$\therefore (38.9)\angle -140° = (-29.8) - j25$

極角$\angle\theta$幾個特殊角應予注意，即任一相量乘以j就向反時針方向旋轉90°。

$$\angle 0° = \cos 0° + j\sin 0° = 1 + j0 = 1 = 1\angle 0°$$

$$\angle 90° = \cos 90° + j\sin 90° = 0 + j = j = 1\angle 90°$$

$$\angle 180° = \cos 180° + j\sin 180° = -1 + j0 = 1\angle -180°$$

$$\angle 270° = \angle -90° = \cos(-90°) + j\sin(-90°) = 0 - j = 1\angle -90°$$

例 6-22

將下列指數型座標換算為極座標：

(a)$60e^{j\frac{\pi}{6}}$，(b)$40e^{-j\frac{\pi}{2}}$，(c)$20e^{j2}$，(d)$10e^{-j\pi}$

解 $\because$ 1 弧度 = 57.3°，$\pi = 180°$

$\therefore$(a)$60e^{j\frac{\pi}{6}} = 60e^{j30°} = 60\angle 30°$

(b)$40e^{-j\frac{\pi}{2}} = 40e^{-j90°} = 40\angle -90°$

(c)$20e^{j2} = 20\angle 2\times 57.3° = 20\angle 114.6°$

(d)$10e^{-j\pi} = 10e^{-j180°} = 10\angle -180°$

例 6-23

將下列各直角座標換算成極座標：

(a)$3+j4$　(b)$6-j8$　(c)$-6+j3$　(d)$-5-j6$

(a)$\sqrt{3^2+4^2}\angle \tan^{-1}\frac{4}{3} = 5\angle 53°$ (在第一象限)

(b)$\sqrt{6^2+(-8)^2}\angle \tan^{-1}\frac{-8}{6} = 10\angle -53°$(在第四象限)

(c)$\sqrt{(-6)^2+3^2}\angle \tan^{-1}\frac{3}{-6} = 6.71\angle 180° - \tan^{-1}\frac{1}{2}$

$= 6.71\angle 180° - 26.6° = 6.71\angle 153.4°$(在第二象限)

(d)$\sqrt{(-5)^2+(-6)^2}\angle \tan^{-1}\frac{-6}{-5} = \sqrt{25+36}\angle \tan^{-1}\frac{6}{5} + 180°$

$= \sqrt{61}\angle 50.2° + 180° \quad = \sqrt{61}\angle 230.2° = 7.81\angle 230.2°$(在第三象限)

例 6-24

將下列各極座標型式換算成直角座標型式：

(a)$5\angle 45^\circ$　(b)$3\angle -60^\circ$　(c)$12\angle 30^\circ$

解 (a)$5\angle 45^\circ = 5\cos 45^\circ + j5\sin 45 = \frac{5\sqrt{2}}{2} + j\frac{5\sqrt{2}}{2}$

(b)$3\angle -60^\circ = 3\cos(-60^\circ) + j3\sin(-60^\circ)$

$= 3\times\frac{1}{2} - j3\times\left(\frac{\sqrt{3}}{2}\right) = \frac{3}{2} - j\frac{3\sqrt{3}}{2}$

(c)$12\angle 30^\circ = 12\cos 30^\circ + j12\sin 30^\circ$

$= 12\times\frac{\sqrt{3}}{2} + j12\times\frac{1}{2} = 6\sqrt{3} + j6$

6-4-2　複數的運算(Operation of Complex Number)

一、複數的加減

當複數爲直角座標型時，兩複數加、減運算即實數部份與實數部份相加、減；兩者虛部份相加，減之結果。故知當複數需要相加減時，以複數的直角座標型來處理最方便。如$\overline{A} = a_1 + ja_2$，$\overline{B} = b_1 + jb_2$。

$$\overline{C} = \overline{A} + \overline{B} = (a_1 + ja_2) + (b_1 + jb_2) = (a_1 + b_1) + j(a_2 + b_2) = c_1 + jc_2 \tag{6-37}$$

$$\overline{D} = \overline{A} - \overline{B} = (a_1 + ja_2) - (b_1 + jb_2) = (a_1 - b_1) + j(a_2 - b_2) = d_1 + jd_2 \tag{6-38}$$

當複數爲極型或指數型時，應先化爲直角座標型才能加減運算，但極角相同或差 180°時，始可直接加減。如$\overline{A} = A\angle\theta$，$\overline{B} = B\angle\theta$，則$\overline{A} \pm \overline{B} = (A \pm B)\angle\theta$。

例 6-25

(a)$\overline{A} = 3 + j4$，$\overline{B} = 2 + j1$，(b)$\overline{A} = 2 + j5$，$\overline{B} = -5 + j4$

解 (a)$\overline{A} + \overline{B} = (3 + j4) + (2 + j1) = (3 + 2) + j(4 + 1) = 5 + j5$

(b)$\overline{A} + \overline{B} = (2 + j5) + (-5 + j4) = (2 - 5) + j(5 + 4) = -3 + j9$

例 6-26

試將下列兩組複數相減

(a)$\overline{A}=8-j6$，$\overline{B}=10+j6$，(b)$\overline{A}=-4-j7$，$\overline{B}=5-j10$

解 (a)$\overline{A}-\overline{B}=(8-j6)-(10+j6)=(8-10)-j(6+6)=-2-j12$

(b)$\overline{A}-\overline{B}=(-4-j7)-(5-j10)=(-4-5)-j(7-10)=-9+j3$

例 6-27

試將下列兩組複數相加

(a)$\overline{A}=5\angle 36.87^\circ$，$\overline{B}=5\angle 53.13^\circ$，(b)$\overline{A}=3.6\angle -33.7^\circ$，$\overline{B}=6.7\angle 153.5^\circ$

解 (a)$\overline{A}+\overline{B}=5\angle 36.87^\circ+5\angle 53.13^\circ=(4+j3)+(3+j4)$

$=7+j7=9.9\angle 45^\circ$

(b)$\overline{A}+\overline{B}=3.6\angle -33.7^\circ+6.7\angle 153.5^\circ=(3-j2)+(-6+j3)$

$=-3+j1=3.162\angle 161.57^\circ$

二、 複數的乘法

當複數為直角座標時，令$\overline{A}=a_1+ja_2$，$\overline{B}=b_1+jb_2$

$$\therefore \overline{A}\overline{B}=(a_1+ja_2)(b_1+jb_2)=a_1b_1-a_2b_2+ja_1b_2+ja_2b_1$$
$$=(a_1b_1-a_2b_2)+j(a_1b_2+a_2b_1) \quad (6\text{-}39)$$

當複數為極型時，令$\overline{A}=A\angle\alpha$，$\overline{B}=B\angle\beta$

$$\therefore \overline{A}\overline{B}=(A\angle\alpha)(B\angle\beta)=AB\angle\alpha+\beta$$
且 $$(\overline{A})^n=(A\angle\alpha)^n=A^n\angle n\alpha \quad (6\text{-}40)$$

當複數為指數型時，令$\overline{A}=Ae^{j\alpha}$，$\overline{B}=Be^{j\beta}$。

$$\therefore \overline{A}\overline{B}=(Ae^{j\alpha})(Be^{j\beta})=ABe^{j(\alpha+\beta)}$$
且 $$(\overline{A})^n(Ae^{j\alpha})=A^ne^{jn\alpha} \quad (6\text{-}41)$$

例 6-28

求下列兩組複數之乘積：

(a)$\overline{A}=8+j6$，$\overline{B}=6+j8$，(b)$\overline{A}=-2-j3$，$\overline{B}=4-j6$

解 (a)$\overline{A}\overline{B}=(8+j6)(6+j8)=(48-48)+j(64+36)$

$=0+j100=j100=100\angle 90°$

(b)$\overline{A}\overline{B}=(-2-j3)(4-j6)=(-8-18)+j(12-12)$

$=-26+j0=-26=26\angle 180°$

例 6-29

求下列複數之乘積

(a)$\overline{A}=5\angle 36.87°$，$\overline{B}=6\angle 53.13°$，(b)$\overline{A}=8\angle -40°$，$\overline{B}=9\angle -120°$，$\overline{C}=5\angle 80°$

解 (a)$\overline{A}\overline{B}=(5\angle 36.87°)(6\angle 53.13°)=5\times 6\angle 36.87°+53.13°$

$=30\angle 90°=0+j30$

(b)$\overline{A}\overline{B}\overline{C}=(8\angle -40°)(9\angle -120°)(5\angle 80°)$

$=8\times 9\times 5\angle -40-120°+80°=360\angle -80°=62.5-j354.5$

比較上兩例，複數乘法之運算極型較為簡便。

三、複數的除法

當複數為直角座標型時，應先將分母有理化，令$\overline{A}=(a_1+ja_2)$，$\overline{B}=(b_1+jb_2)$，則

$$\frac{\overline{A}}{\overline{B}}=\frac{\overline{A}\overline{B}^*}{\overline{B}\overline{B}^*}\frac{(a_1+ja_2)(b_1-jb_2)}{(b_1+jb_2)(b_1-jb_2)}$$

$$=\frac{[(a_1b_1+a_2b_2)+j(a_2b_1-a_1b_2)]}{b_1^2+b_2^2}$$

$$=\left(\frac{a_1b_1+a_2b_2}{b_1^2+b_2^2}\right)+j\left(\frac{a_2b_1-a_1b_2}{b_1^2+b_2^2}\right) \quad (6\text{-}42)$$

當複數為極型時，令$\overline{A}=A\angle\alpha$，$\overline{B}=B\angle\beta$

$$\therefore \frac{\overline{A}}{\overline{B}}=\frac{A}{B}\angle\alpha-\beta$$

且 $$(\overline{A})^{\frac{1}{n}}=(A\angle\alpha)^{\frac{1}{n}}=A^{\frac{1}{n}}\angle\frac{\alpha}{n} \quad (6\text{-}43)$$

當複數為指數型時，$\overline{A} = Ae^{j\alpha}$，$\overline{B} = Be^{j\beta}$

$$\therefore \frac{\overline{A}}{\overline{B}} = \frac{A}{B} e^{j(\alpha - \beta)} \tag{6-44}$$

例 6-30

求(a)$\dfrac{100+j50}{8+j6}$，(b)$\dfrac{-4-j8}{6-j}$之值。

解 (a)$\dfrac{100+j50}{8+j6} = \dfrac{(100+j50)(8-j6)}{(8+j6)(8-j6)}$

$= \dfrac{1}{100}[(800+300)+j(400-600)]$

$= \dfrac{1}{100}(1100-j200) = 11-j2$

(b)$\dfrac{-4-j8}{6-j} = \dfrac{(-4-j8)(6+j)}{(6-j)(6+j)}$

$= \dfrac{1}{37}[(-4)(6)+(8)(1)-j(8)(6)-j(4)(1)]$

$= \dfrac{1}{37}(-16-j52) = -0432-j1.41$

例 6-31

求$\dfrac{108\angle 26.5^\circ}{6\angle 38.8^\circ}$之值。

解 $\dfrac{108\angle 26.5^\circ}{6\angle 38.8^\circ} = \dfrac{108}{6}\angle 26.5^\circ - 38.8^\circ = 18\angle -12.3^\circ$

例 6-32

計算下列各複數

解 (a)$\dfrac{(2+j3)+(6+j8)}{(10-j4)-(-5+j6)} = \dfrac{8+j11}{5+j2} = \dfrac{(8+j11)(5-j2)}{(5+j2)(5-j2)}$

$= \dfrac{1}{29}[(40+22)+j(55-16)] = \dfrac{1}{29}(62+j39)$

(b)$\dfrac{60\angle 30^\circ(8+j8)}{10\angle -10^\circ} = \dfrac{(60\angle 30^\circ)(11.3\angle 45^\circ)}{10\angle -10^\circ}$

$= \dfrac{60 \times 11.3}{10}\angle 30^\circ + 45^\circ + 10^\circ = 67.88\angle 85^\circ$

(c) $\dfrac{(2\angle 20°)(6+j8)}{8-j6}=\dfrac{(2\angle 20°)(10\angle 53°)}{10\angle -37°}$

$=\dfrac{2\times 10}{10}\angle 20°+53°+37°=2\angle 110°$

(d) $6\angle 27° - 12\angle -40° = (5.35+j2.72)-(9.19-j7.71)$

$=-3.84+j10.43=11.1\angle 110.2°$

例 6-33

求 $\overline{A}=\sqrt{64\angle\frac{\pi}{2}}$ 之值。

解

$\overline{A}=\sqrt{64}\angle\dfrac{\frac{\pi}{2}+2k\pi}{2}=8\angle\dfrac{\pi}{4}+k\pi$

令 $k=0$，則 $\overline{A}=8\angle\frac{\pi}{4}=8\angle 45°$

$k=1$，則 $\overline{A}=8\angle\frac{\pi}{4}+\pi=8\angle\frac{5\pi}{4}=8\angle 225°$

(任何角度 θ 加 $2k\pi$ (k 爲整數)，其角度之方向不變，亦即任何相量以 $2k\pi$ 乘之，則其大小及方向均不變)

例 6-34

求 $x^3-1=0$ 方程式之根

解 $x^3=1$

$=\cos 0°+j\sin 0°=\cos(0°+2k\pi)+j\sin(0°+2k\pi)$

$=\cos 2\pi k+j\sin 2k\pi=1\angle 2k\pi$

$\therefore x=(\angle 2k\pi)^{\frac{1}{3}}=\angle\dfrac{2k\pi}{3}$

令 $k=0$ 則 $x=1\angle 0°=\cos 0°+j\sin 0°=1$

$k=1$ 則 $x=\angle\frac{2\pi}{3}=\cos\frac{2\pi}{3}+j\sin\frac{2\pi}{3}=-\frac{1}{2}+j\frac{\sqrt{3}}{2}$

$k=2$ 則 $x=\angle\frac{4\pi}{3}=\cos\frac{4\pi}{3}+j\sin\frac{4\pi}{3}=-\frac{1}{2}-j\frac{\sqrt{3}}{2}$

6-5 弦波函數之相量形式

弦波函數之表示法，如6-1節中所述，等速旋轉交流發電機在任何瞬間所產生的電動勢與旋轉角度之正弦成正比，使用三角函數關係可繪出此正弦波形，如將一個圖分成若干等分段，則從水平軸開始起算至該段所函蓋角度之正弦大小適於該段圓上位置在縱軸上之投影成正比。

圖6-29(a)所示，一半徑爲V_M之圓分成12等段，即每段代表30°或$\frac{\pi}{6}$，圖(b)之水平軸上在每一相等距離定爲30°之分割，此軸之分劃係從0～360°，相當於交流電壓的一全週(2π弳)。

在圖(a)中之任何角度，從圓周上取垂直投影長度，表示在該角度時之瞬時大小，例如v_{30}之線段，表示在 30°時之大小；圖(b)之波形在水平軸上，定每刻度爲30°，分別逐點取圓周上相同角度在垂直軸上投影之大小以平滑曲線描繪，當圓周半徑旋轉一周(360°)即可獲得如圖(b)所示之正弦波形。換言之，即將各角度(由水平軸依反時針方向起算)所對應之圓周上各點繪水平線和在水平軸上各相當所繪垂線之交點，依次以平滑曲線連接，所獲之波形即代表一交流週期所有之瞬時電壓值。

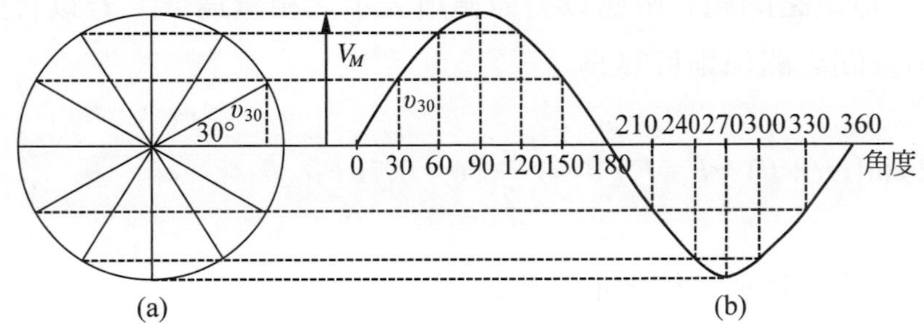

圖6-29

圖 6-29 中，電壓之峰値或最大値V_M伏，從 0 點起算任一角度之瞬時値爲$v = V_M \sin\theta$，同理，對電流而言，則$i = I_M \sin\theta$。

一般而言，交流發電機係以定速旋轉，圖 6-29(a)中圓之半徑，可視爲定速旋轉，此種以定速旋轉之線段表示正弦波之量，稱爲**相量(phasor)**，由於其可代表正弦波之旋轉半徑，其表示方式與力學上之力**向量(vector)**相似，兩者間之區別爲：相量是任何有大小及方向而以複數形式表示之量，可代表一正弦函數的量，如交流電量、電流等；亦可代表非正弦函數之量如阻抗、導納等；而向量是任何有大小與方向的量(非複數)，如速度，加速度等。假若一向量被限制在一平面上，在此情況下，可用來表示一複數。同時可用向量法求得正弦波加、減之結果。所以上述旋轉半徑曾命名爲旋轉向量。爲避免混淆計，而特創相量一名詞，在電路學中使用，有關各相量所構成之圓稱爲**相量圖(phasor diagram)**。相量圖除顯示各正弦波間之相角關係外，同時亦可以圖解方法解答問題，若將相量用複數表示，藉複數之運算，一切交流穩態問題均可迎刃而解。是以相量一詞可擴展爲複數。對時間的任何正弦函數$y(t)=Y_M\sin(\omega t+\theta)$，其複數是$y=Y_M\angle\theta=Y_M\cos\theta+jY_M\sin\theta$爲$y(t)$的相量表示法。於是

$$y(t)=Y_M\sin(\omega t+\theta)$$

其中 $$y=Y_M e^{j\theta}=Y_M\angle\theta=Y_M\cos\theta+jY_M\sin\theta \qquad (6\text{-}45)$$

例如，$i(t)=2\sin(1100t-65°)$安培之相量，以$I=2\angle-65°$安表示之，$v(t)=-18\sin(377t-40°)$伏特之相量，當爲$V=18\angle 140°$伏。反之相量爲已知，則時間的正弦函數當可求得，如$\omega=400$弳／秒，$I=15\angle 70°$安培之電流，可得$i(t)=15\sin(400t+70°)$安。唯在實用既以正弦波之有效值爲主，如日常所稱電壓110V或電流8A等，於是電路問題分析應以有效值所表示之相量爲準。若以有效值表示之正弦函數與相量間之關係則可寫爲

$$\sqrt{2}F\sin(\omega t+\theta)\rightleftharpoons\overline{F}=F\angle\theta=\frac{F_M}{\sqrt{2}}\angle\theta=0.70F_M\angle\theta \qquad (6\text{-}46)$$

例如下列弦波函數與其相量形式對應表

弦波函數	相量形式
$\sqrt{2}(50)\sin(\omega t+\theta)$	$50\angle\theta$
$80.5\sin(\omega t+70°)$	$0.707\times 80.5\angle 70°=56.9\angle 70°$
$50\cos\omega t=50\sin(\omega t+90°)$	$0.707\times 50\angle 90°=35.35\angle 90°$
$1.14\sin(377t+30°)$	$0.707\times 14.14\angle 30°=10\angle 30°$

例 6-35

求$v_1 = 50\sin(377t + 30°)$與$v_2 = 50\sin(377t + 60°)$之和。

解 先將弦波函數之電壓轉變為相量形式

$v_1 = 50\sin(377t + 30°) \rightarrow \overline{V}_1 = 35.3\ \underline{/30°}$

$v_2 = 30\sin(377t + 60°) \rightarrow \overline{V}_2 = 21.2\ \underline{/60°}$

將兩相量相加得

$$\begin{aligned}\overline{V} = \overline{V}_1 + \overline{V}_2 &= 35.3\ \underline{/30°} + 21.2\ \underline{/60°} \\ &= (30.6 + j17.7) + (10.6 + j18.4) \\ &= 41.2 + j36.1 = 54.8\ \underline{/41.2°}\text{V}\end{aligned}$$

將相量變還正弦函數

$\overline{V} = 54.8\ \underline{/41.2°} \rightarrow v = \sqrt{2} \times 54.8\sin(377t + 41.2°)$

$= 77.5\sin(377t + 41.2°)$

其相關之波形和相量，如圖 6-30 所示。

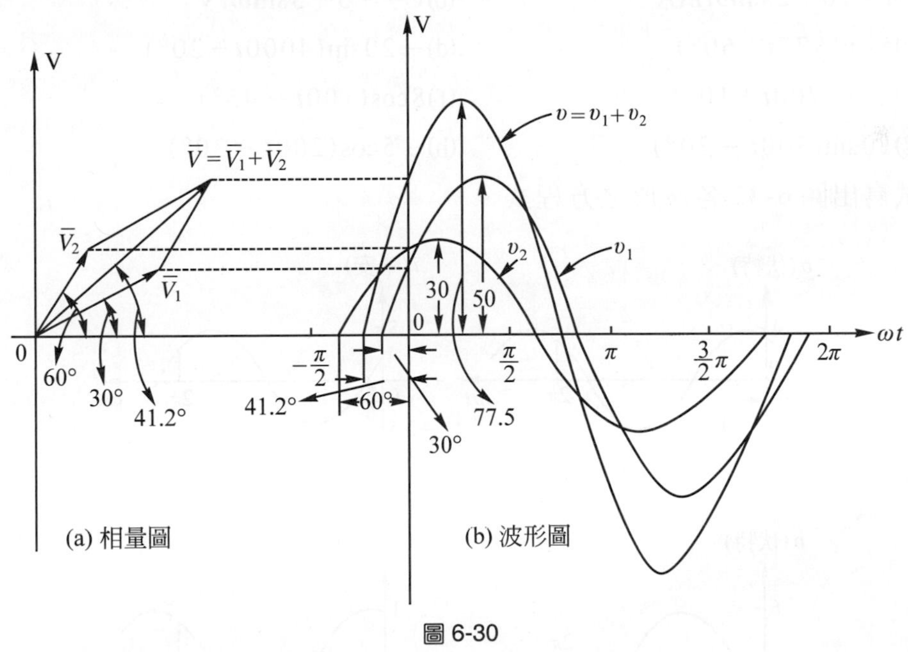

圖 6-30

章末習題

1. 求圖 6-31 波形中之(a)週期T；(b)圖示中為多少週？(c)頻率f；(d)波幅。
2. 求下列正弦波之波幅、頻率及週期。

(a)$40\sin 377t$　(c)$12\sin 10000t$　(e)$-9.6\sin 43.6t$

(b)$8\sin 754t$　(d)$0.2\sin 942t$　(f)$\frac{1}{52}\sin 6.28t$

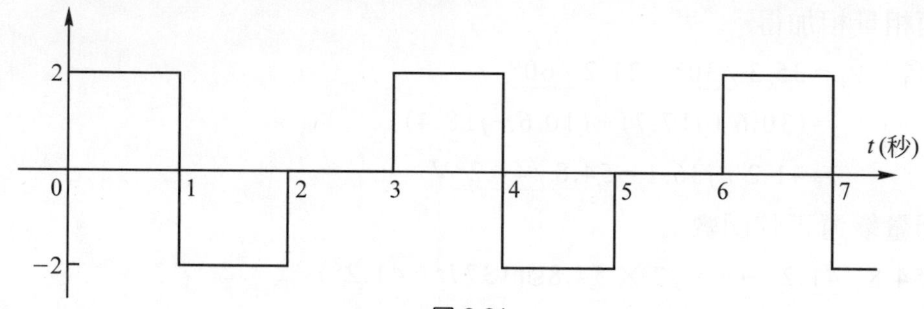

圖 6-31

3. 試繪出下列波形，橫軸以角度、弳度及秒表示。

(a)$i = 10 + 2\sin\omega t$ mA　(b)$v = -5 + 3\sin\omega t$ V

(c)$5\sin(377t + 60°)$　(d)$-20\sin(4000t + 20°)$

(e)$2\cos(700t + 10°)$　(f)$8\cos(100t - 45°)$

(g)$10\sin(300t - 20°)$　(h)$-5\cos(200t - 30°)$

4. 試寫出圖 6-32 各波形之方程式。

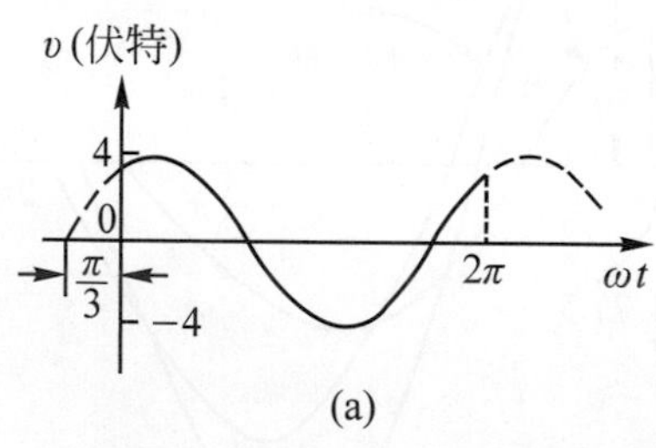

(a)

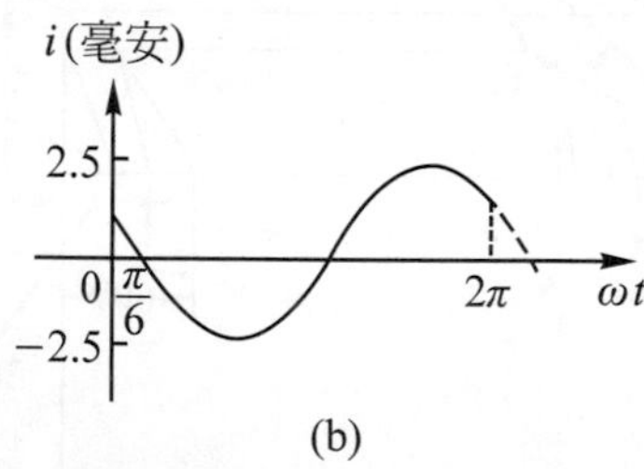

(b)

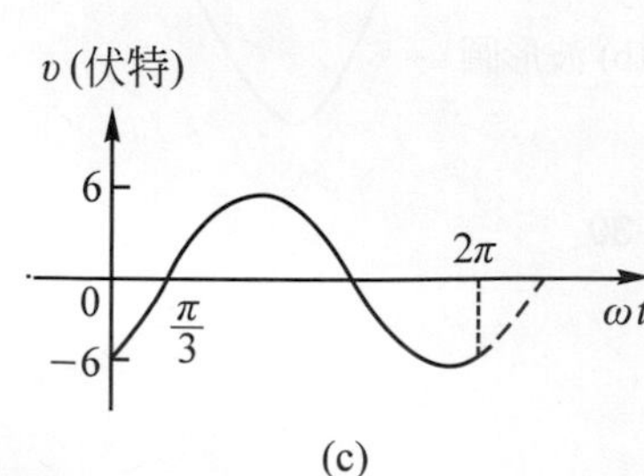

(c)

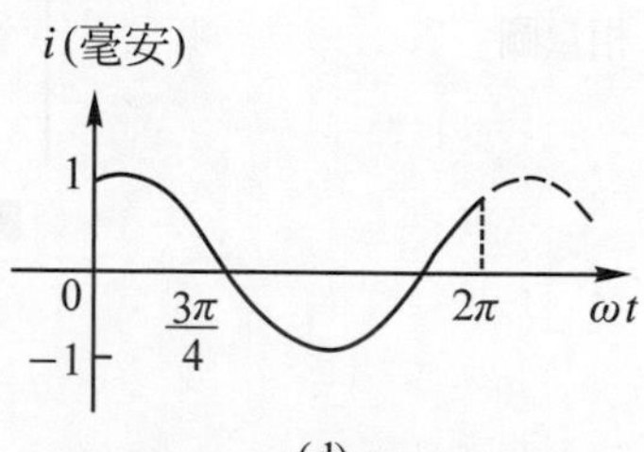

(d)

圖 6-32

5. 求下列v，i波形間相位關係。

(a) $v = 4\sin(\omega t + 50°)$　　$i = 6\sin(\omega t + 40°)$

(b) $v = 25\sin(\omega t - 80°)$　　$i = 10\sin(\omega t - 4°)$

(c) $v = 0.2\sin(\omega t - 65°)$　　$i = 0.1\sin(\omega t + 25°)$

(d) $v = 200\sin(\omega t - 210°)$　　$i = 25\sin(\omega t - 60°)$

(e) $v = 2\cos(\omega t - 30°)$　　$i = 5\sin(\omega t + 60°)$

(f) $v = -5\sin(\omega t + 20°)$　　$i = 10\sin(\omega t - 70°)$

6. 求下角之頻率ω。

(a)60Hz　(b)1.5MHz　(c)1kHz　(d)150MHz

7. 一 1kHz 之正弦電壓(設在$t = 0$開始，並向正方向移動)其峰值爲多少伏，試求在下列各時間之瞬時值。

(a)1ms　(b)200μs　(c)2.25ms　(d)0.125ms

8. 求圖 6-33 所示各週期波之(a)平均值，(b)有效值。

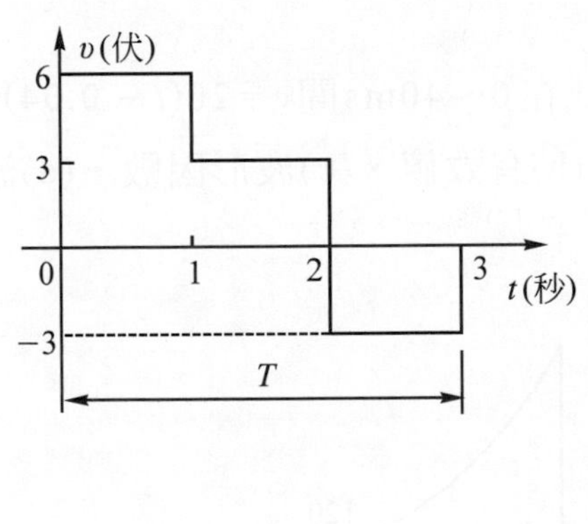

(a)

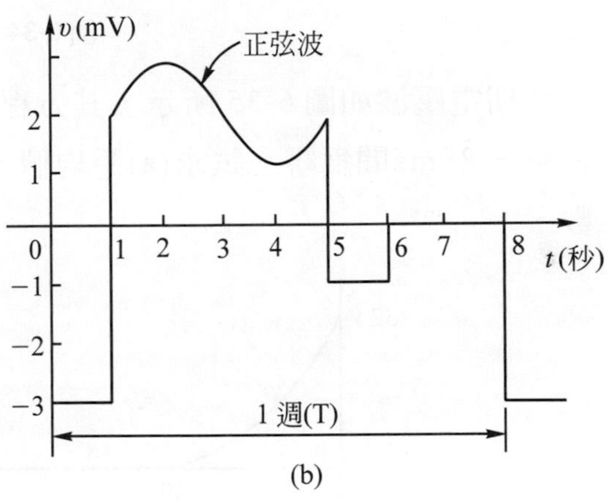

(b)

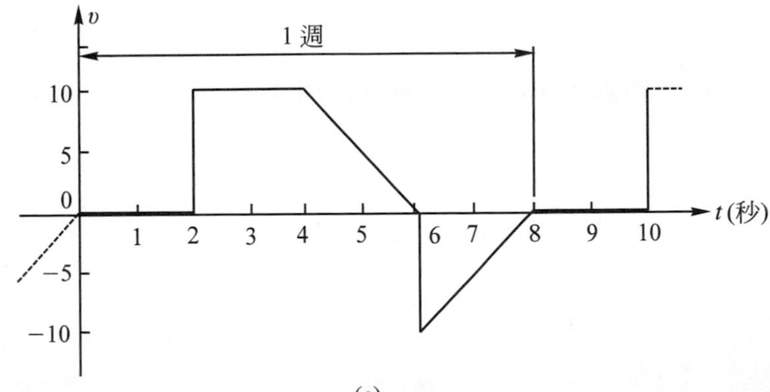

(c)

圖 6-33

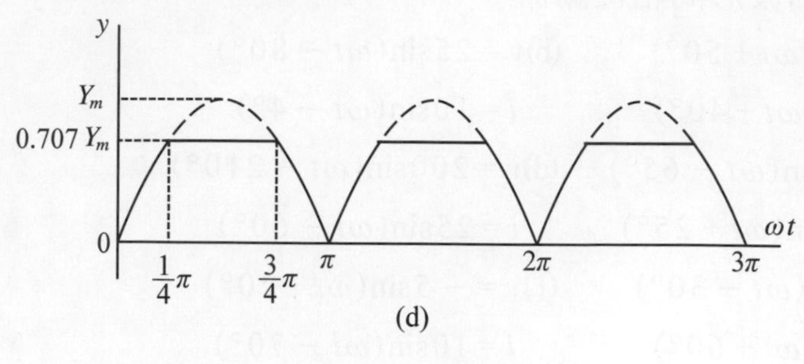

圖 6-33 (續)

9. 一週期性電壓波如圖 6-34 所示，求(a)平均值，(b)有效值，(c)波形因數，(d)波峰因數。

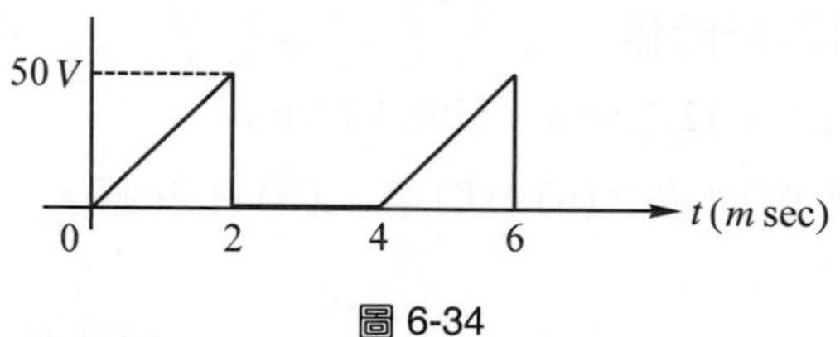

圖 6-34

10. 一週期電壓波如圖 6-35 所示，其方程式在 0～40ms 間 $v = 20(t - 0.04)^2$kV，在 40～80ms 間爲零，試求(a)平均值，(b)有效值，(c)波形因數，(d)波峰因數。

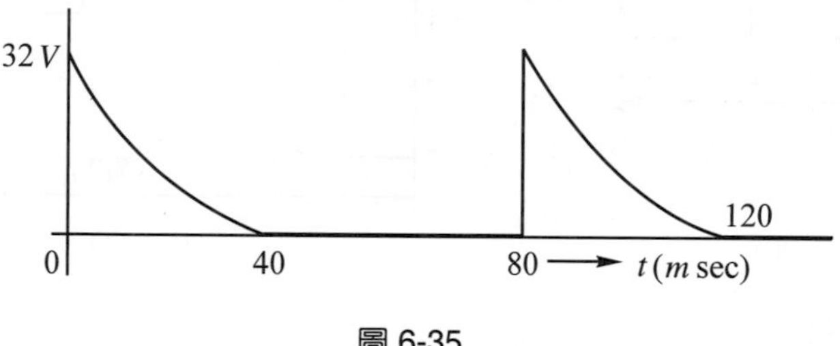

圖 6-35

11. 一週期性三角波如圖 6-36 所示，試求(a)平均值，(b)有效值，(c)波形因數，(d)峰值因數。

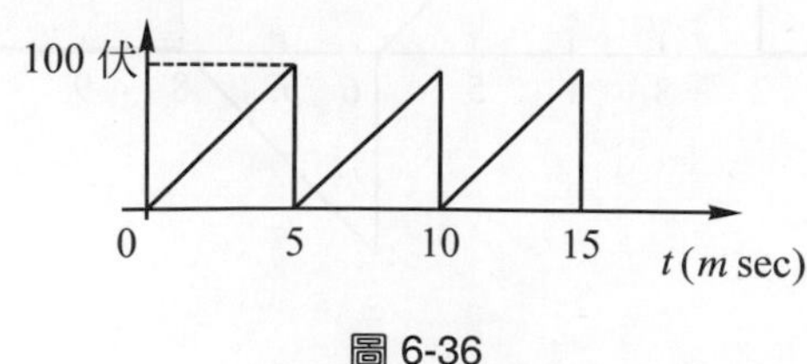

圖 6-36

12. 如圖 6-37 所示之週期電壓波，試求(a)半週之平均值，(b)有效值，(c)波形因數，(d)峰值因數。

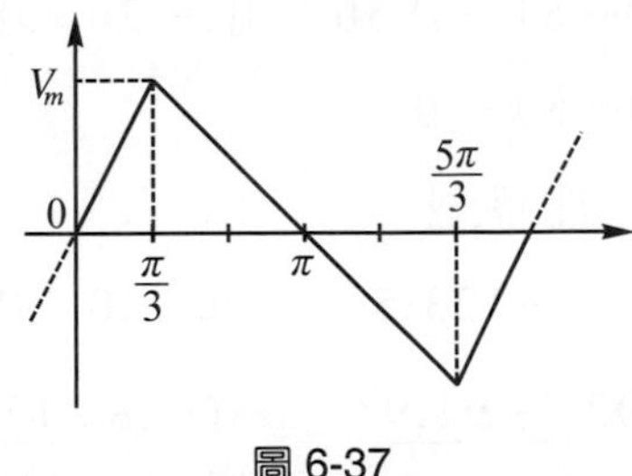

圖 6-37

13. 圖 6-38 所示波形，其平均值若為峰值之半，試求θ為何角度？

14. 試求圖 6-39 所示波形之波形因數。

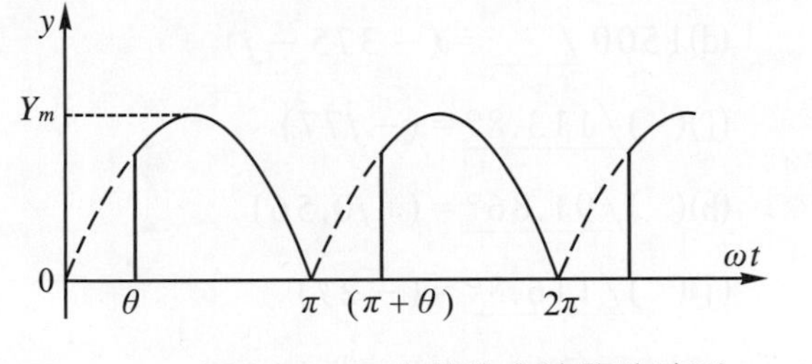

圖 6-38 不完整的全波整流波形

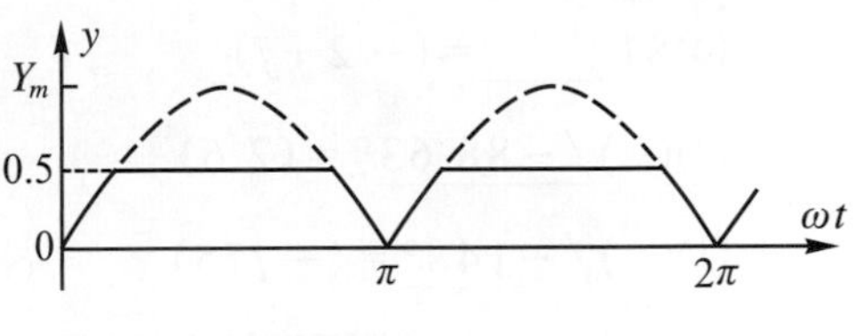

圖 6-39

15. 如圖 6-40 所示之波形中若$\theta = 45°$，試求V_{av}及V_{rms}。

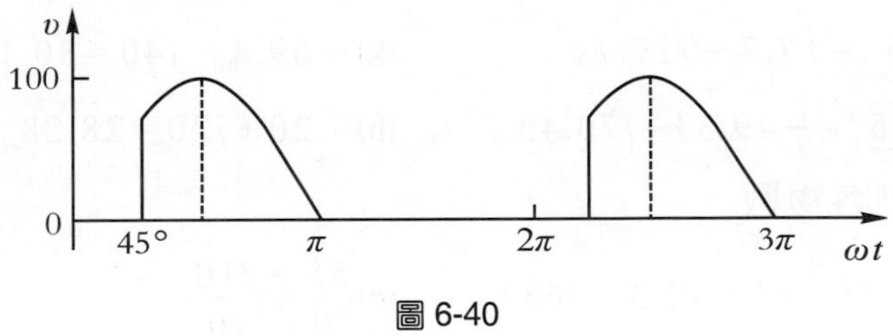

圖 6-40

16. 求v_1及v_2之和及差

$v_1 = 100\sin(377t - 45°)$，$v_2 = 55\sin(377t + 20°)$

17. 繪一複數平面，並將下列各複數繪於該平面上。

(a)$2 - j2$ (b)$3 + j8$ (c)$-5 + j3$ (d)$-4 - j4$

(e)$5 + j0$ (f)$0 + j8$ (g)$-4 + j0$ (h)$0 - j5$

18. 將下列各式轉換為極型

(a)$2+j2$　(b)$-15+j60$　(c)$5.4-j4$

(d)$-2400+j3600$　(e)$-81-j850$　(f)$-26+j85$

(g)$105-j15$　(h)$-50+j0$

19. 將下列各式轉換為直角座標型

(a)$25\angle 65°$　(b)$420\angle -123.5°$　(c)$720\angle 98.8°$

(d)$3.6\angle -131°$　(e)$0.02\angle -91.9°$　(f)$5.8\angle 178.8°$

(g)$119\angle -49°$　(h)$320\angle -225°$

20. 填充下列各式之缺項

(a)$28\angle\_\_\_\_=(-17+j\ \ )$　(b)$(\ \ )\angle 76°=(35+j\ \ )$

(c)$4.7\angle\_\_\_\_=(-j0.03)$　(d)$1500\angle\_\_\_\_=(-375-j\ \ )$

(e)$81\angle\_\_\_\_=(-2+j\ \ )$　(f)$(\ \ )\angle 113.8°=(-j77)$

(g)$(\ \ )\angle -88.63°=(2.6)$　(h)$(\ \ )\angle 91.86°=(+j0.56)$

(i)$(\ \ )\angle -148°=(-j75)$　(j)$(\ \ )\angle 116.8°=(-27)$

21. 試以計算機，驗證下列各題

(a)$12.3\angle 30°=10.65+j6.15$

(b)$55\angle 160°=-51.68+j18.81$

(c)$25\angle -45°=17.7-j17.7$

(d)$86\angle -125°=-49.33-j70.45$

(e)$0.048-j1.53=1.53\angle -88.2°$

(f)$0.017+j0.048=0.0509\angle 70.5°$

(g)$-69.4-j40=80.1\angle -150°$

(h)$-20+j20=28.28\angle 135°$

22. 試計算下列各複數

(a)$(167+j243)-(-42.3-j68)$

(b)$42\angle 45°+62\angle 60°-70\angle 120°$

(c)$(7.8+j1)(4+j2)(7-j6)$

(d)$(2\angle 60°)(-1+j3)$

(e)$\dfrac{55-j10}{10\angle 210°}$

(f)$\dfrac{1+j0}{80\angle -150°}$

(g)$\dfrac{0.06\angle -50°}{50\angle -20°}$

(h)$\dfrac{2\angle 60°}{-1+j3}$

23. 計算下列複數

(a)$\dfrac{(6+j8)+(4-j3)}{(3+j4)-(2+j)}$

(b)$\dfrac{(1+j5)(7\angle 60^\circ)}{2\angle 0^\circ+(100+j100)}$

(c)$\dfrac{(6\angle 20^\circ)(120\angle -40^\circ)(3+j4)}{2\angle -30^\circ}$

(d)$\dfrac{(0.4\angle 60^\circ)^2(300\angle 40^\circ)}{(8+j6)-(28+j6)}$

(e)$\dfrac{(150\angle 2^\circ)(4\times 10^{-6}\angle 88^\circ)}{(1\angle 10^\circ)^3(4\angle 30^\circ)}$

(f)$\dfrac{30\angle 50^\circ}{5e^{j\frac{\pi}{4}}}$。

24. 將下列正弦波變換爲其有效值之相量。

(a)$100\sin(\omega t-90^\circ)$　(b)$\sqrt{2}\cdot 100\sin(\omega t+30^\circ)$

(c)$\sqrt{2}(0.25)\sin(157t-40^\circ)$　(d)$28.28\sin(\omega t+0^\circ)$

(e)$6\times 10^{-6}\cos\omega t$　(f)$3.6\times 10^{-6}\cos(754t-20^\circ)$。

25. 將下列電壓與電流有效值之相量變換爲正弦波，其頻率爲60Hz。

(a)$\bar{V}=110\angle 0^\circ$伏　(b)$\bar{I}=30\angle 20^\circ$安

(c)$\bar{V}=7.6\angle 90^\circ$伏　(d)$\bar{I}=8\times 10^{-3}\angle 120^\circ$安

(e)$\bar{V}=\dfrac{500}{\sqrt{2}}\angle 180^\circ$伏　(f)$\bar{I}=1000\angle -120^\circ$安。

26. 求下列兩正弦波之差

$v_1=60\sin(377t+30^\circ)$，$v_2=20\sin 377t$

27. 已知電流$i_1=6\times 10^{-3}\sin(377t+180^\circ)$，

$i_2=8\times 10^{-3}\sin(377t-20^\circ)$，$i_3=2i_2$，求$i_1+i_2+i_3$。

28. 求$27\angle 60^\circ$之平方根及立方根。

29. 試求$\dfrac{z_1z_2}{z_1+z_2}$。

(a)$z_1=10+j5$　(b)$z_1=5\angle 45^\circ$　(c)$z_1=6-j2$　(d)$z_1=20\angle 0^\circ$

$z_2=20\angle 30^\circ$　$z_2=10\angle -70^\circ$　$z_2=1+j8$　$z_2=j40$

30. 圖 6-41 中已知$v_{in} = 120\sin(\omega t - 30°)$；$v_a = 60\cos\omega t$；$v_b = 30\sin\omega t$，試以相量法求$v_c$。

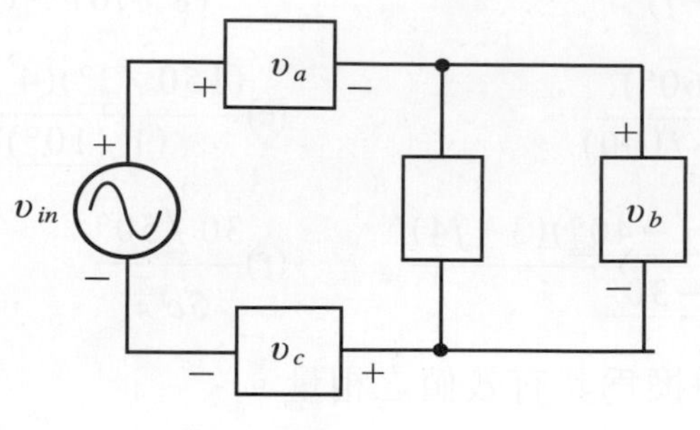

圖 6-41

31. 已知$\bar{A} = A\angle\alpha$，$\bar{B} = A\angle\beta$，試證$\bar{A}\bar{B} = AB\angle\alpha+\beta$；$\dfrac{\bar{A}}{\bar{B}} = \dfrac{A}{B}\angle\alpha-\beta$。

32. 一60Hz之正弦波電壓，以伏特計量得之電壓(有效值)為100V，則寫出此弦波電壓之方程式。

33. $i = i_1 + i_2 = 150\sin(370t - 60°) + 150\cos(377t - 60°)$其有效值為何？

34. 設$i_1 = 3\text{A}$，$i_2 = 8\sin\text{A}$，$i_3 = 4\cos\omega t\text{A}$，求$i = i_1 + i_2 + i_3$之有效值為多少？

35. 試將$6\sin\left(377t + \dfrac{\pi}{3}\right)$化成餘弦函數後再化成指數型。

36. 試將$A\cos\omega t + B\sin\omega t$化成餘弦函數。

CHAPTER 7

弦波穩態電路

7-1 *RLC*電路之相量形式

當每個電路元件(*R.L.C*)，其對弦波激勵所產生之響應，利用向量形式運算既簡單又可直接獲得結果，同時建立每一電路中電壓與電流間之相位關係。

7-1-1 純電阻電路

圖 7-1(a)所示為一僅有電阻器之弦波電源電路。

設其電壓為：

$$v=\sqrt{2}V\sin(\omega t+\alpha)\Rightarrow\overline{V}=V\angle\alpha \tag{7-1}$$

則依歐姆定理

$$i=\frac{v}{R}=\frac{\sqrt{2}V}{R}\sin(\omega t+\alpha)\Rightarrow\frac{V}{R}\angle\alpha=I\angle\alpha \tag{7-2}$$

或 $$i=\sqrt{2}\frac{V}{R}\sin(\omega t+\alpha)=\sqrt{2}I\sin(\omega t+\alpha)\Rightarrow I\angle\alpha$$

由(7-2)式可得

$$I=\frac{V}{R}=VG \quad 或 \quad \bar{V}=R\bar{I}=\frac{\bar{I}}{G} \tag{7-3}$$

上述為電阻元件之相量形式，可視為由時間函數所表示之歐姆定律直接轉換而得，因而電路圖由圖 7-1(a)之時間函數表示方式轉變為圖(c)相量形式表示，其相量關係亦可於複數平面上表示如圖(d)，在純電阻電路中電壓與電流之相位相同，通稱為**同相(in phase)**，如圖(b)，(d)所示。配合實際情況，V、I採用有效(均方根)值表示之。

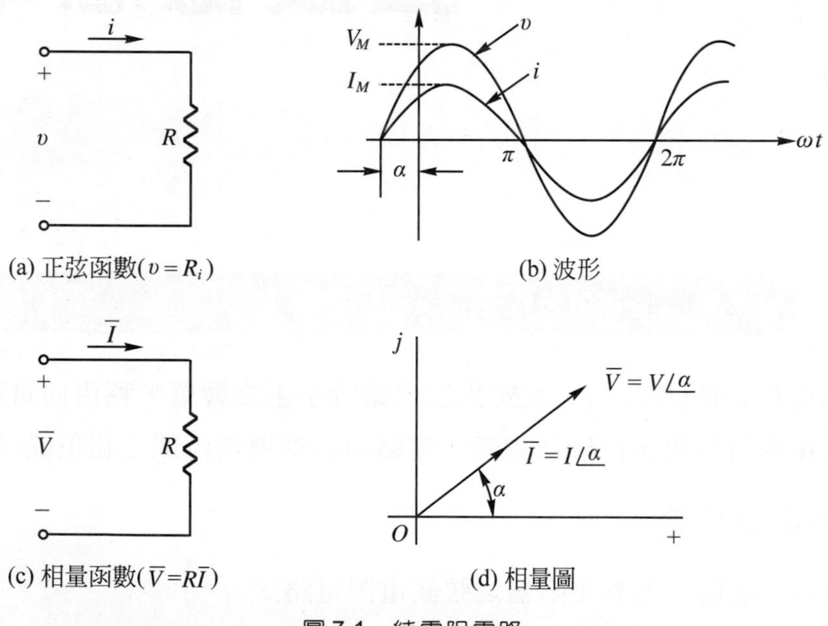

(a) 正弦函數($v=R_i$)　(b) 波形

(c) 相量函數($\bar{V}=R\bar{I}$)　(d) 相量圖

圖 7-1　純電阻電路

7-1-2　純電感電路

圖 7-2(a)所示為一僅有電感器之弦波電源電路，其電壓、電流間之關係：

$$v=L\frac{di}{dt}$$

設 $$i=I_M\sin\omega t=\sqrt{2}I\sin\omega t\Rightarrow\bar{I}=I\angle 0^\circ \tag{7-4}$$

$$v = L\frac{di}{dt} = L\frac{d}{dt}\sqrt{2}I\sin\omega t$$
$$= \omega L\sqrt{2}I\cos\omega t = \sqrt{2}\omega LI\sin(\omega t + 90°)$$
$$= V_M\sin(\omega t + 90°)$$
$$= \sqrt{2}V\sin(\omega t + 90°) \Rightarrow \overline{V} = V\angle 90° \tag{7-5}$$

即 $\overline{V}_M = \omega L\overline{I}_M\angle 90°$，$\overline{V} = \omega L\overline{I}\angle 90° = jX_L I = j\frac{1}{B_L}$伏 (7-6)

式中，$X_L = \omega L = 2\pi fL$稱為電感抗，單位為歐姆；$B_L = \frac{1}{X_L}$稱為感性電納單位為姆歐與純電阻電路相似，此一結果如圖 7-2 所示，即電壓越前電流 90°或I滯後V90°。

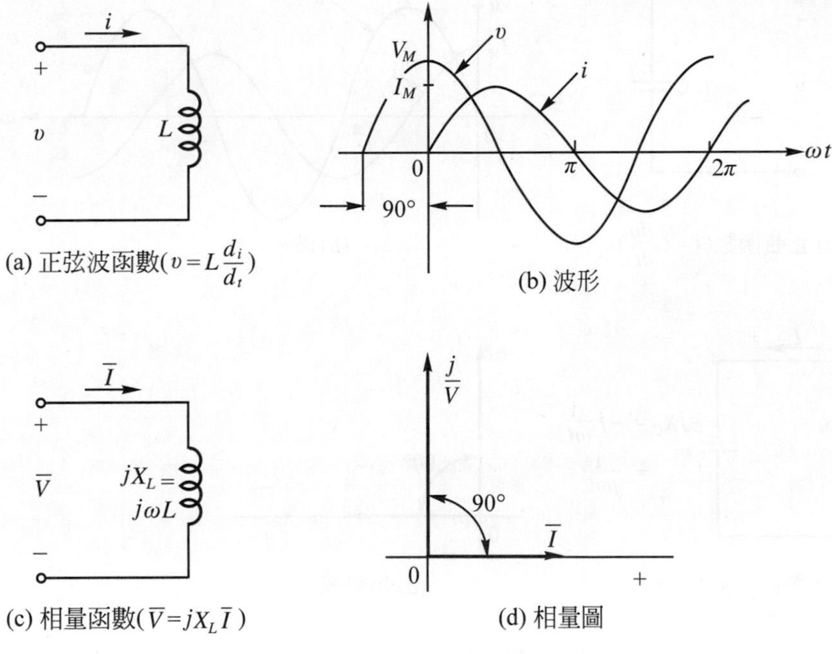

圖 7-2　純電感電路

7-1-3　純電容電路

圖 7-3(a)所示為一僅有電容器之弦波電源電路，其電壓、電流間之關係：$i = c\frac{dv}{dt}$。

設其弦波電壓為

$$v = V_M\sin\omega t = \sqrt{2}V\sin\omega t \Rightarrow \overline{V} = V\angle 0° \tag{7-7}$$

則 $i=c\dfrac{dv}{dt}=c\dfrac{d}{dt}V_M\sin\omega t=\omega cV_M\cos\omega t=I_M\cos\omega t$

$$=I_M\sin(\omega t+90°)=\sqrt{2}I\sin(\omega t+90°)\Rightarrow\bar{I}=I\angle 90° \quad (7\text{-}8)$$

$$\bar{I}_M=\omega C\bar{V}_M\angle 90°\text{，}\bar{I}=\omega C\bar{V}\angle 90°=j\omega CV=j\frac{V}{X_C}=jB_CV(7\text{-}9)$$

上式中$X_C=\dfrac{1}{\omega C}=\dfrac{1}{2\pi fC}$稱爲電容抗，單位爲歐姆；$B_C=\dfrac{1}{X_C}=\omega C=2\pi fC$稱爲容形電納單位爲姆歐。

純電容電路之相量如圖 7-3 所示，即電流越前電壓 90°，或V滯後I90°。

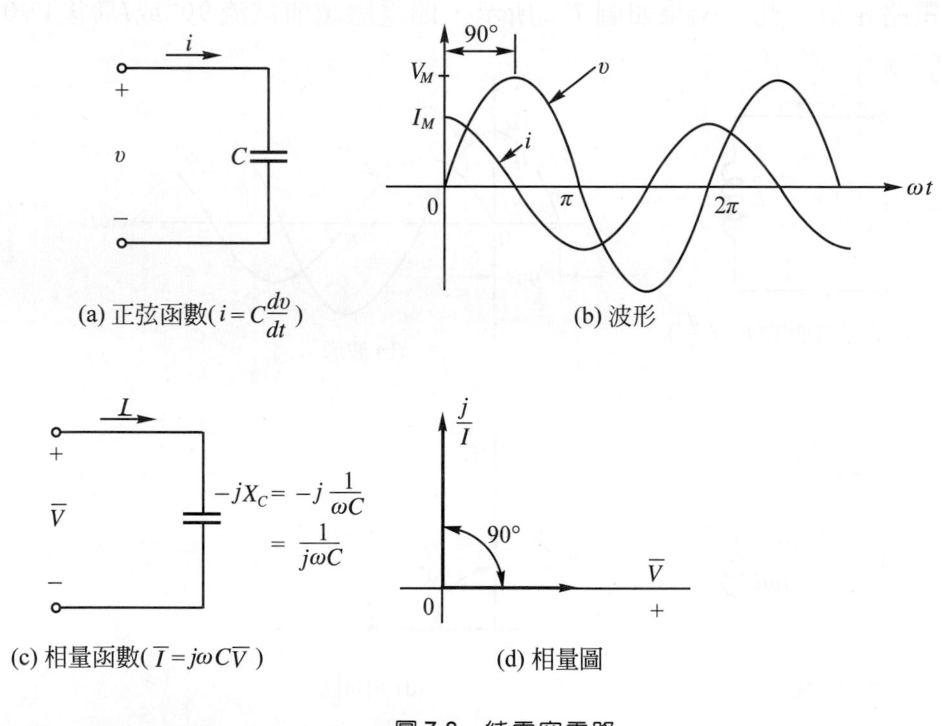

圖 7-3　純電容電路

7-2 阻抗與導納

在交流(弦波)電路中，其電路元件除電阻外尚有電感及電容，在直流電路中所討論之定理及分析技巧亦能應用於交流電路起見。定義**複阻抗(complex impedance)**爲電路中之總反抗電流之因素，換言之，複阻抗爲跨接於電路兩端之總電壓與流經電路總電流之比值。複阻抗一般簡稱阻抗，以相量$\bar{Z}$表示之，其與電路中電壓及電流間之相量關係爲：

$$\overline{Z}=\frac{\overline{V}}{\overline{I}}\left(\text{或 }\overline{V}=\overline{Z}\overline{I}\text{，或 }\overline{I}=\frac{\overline{V}}{\overline{Z}}\right) \tag{7-10}$$

阻抗之單位爲歐姆，故(7-10)式稱爲交流電路之歐姆定律。阻抗之極座標型及直角座標型分別爲：

$$\overline{Z}=\frac{\overline{V}}{\overline{I}}=\frac{V\angle\alpha}{I\angle\beta}=Z\angle\theta=R+jX \tag{7-11}$$

上式中R爲電阻代表阻抗之實數部份；X爲**電抗(reactance)**代表阻抗之虛數部份；θ稱阻抗角($\theta=\alpha-\beta$)，Z爲阻抗之絕對值可以畢氏定理表示

$$|Z|=\sqrt{R^2+X^2}$$

$$\theta=\tan^{-1}\frac{X}{R}$$

$$R=|Z|\cos\theta\text{，}X=|Z|\sin\theta$$

Z、R、X間之關係可以圖 7-4 表示之。

由 7-1 節中所述純電阻器、純電感器和純電容器電路之阻抗容易從其$V-I$間之關係式中獲得，其相量形式分別爲：

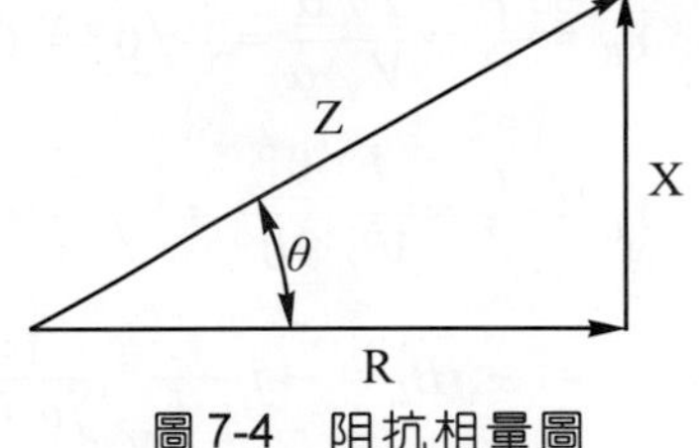

圖 7-4　阻抗相量圖

$$\left.\begin{aligned}\overline{Z}_R&=\frac{\overline{V}}{\overline{I}}=\frac{V\angle\alpha}{I\angle\alpha}=Z\angle\theta=R+j0\\ \overline{Z}_L&=\frac{\overline{V}}{\overline{I}}=\frac{V\angle 90^\circ}{I\angle 0^\circ}=Z\angle 90^\circ=0+jX_L\\ \overline{Z}_C&=\frac{\overline{V}}{\overline{I}}=\frac{V\angle 0^\circ}{I\angle 90^\circ}=Z\angle -90^\circ=0-jX_c\end{aligned}\right\} \tag{7-12}$$

綜合上述，由純R，純L，及純C單元件在弦波電源下，形成之阻抗，分別電阻(R)，電感抗(X_L)，電容抗(X_C)，因R、L和C都是正値，但電感性電抗是正的；電容性電抗則是負的，在(7-11)式的一般情形下，當電抗$X=0$時，電路是電阻性；$X>0$時，電路的電抗是電感性；當$X<0$時，電路的電抗是電容性。如一電路之阻

抗$\overline{Z}=8+j6$，若只考慮電抗$X=6$則該電路之阻抗屬電感性的。

阻抗的倒數稱爲**複導納(complex admittance)**簡稱導納以$\overline{Y}$表示之，即：

$$\overline{Y}=\frac{1}{\overline{Z}}=\frac{\overline{I}}{\overline{V}}=\frac{1}{Z\angle\theta}=\frac{1}{Z}\angle-\theta \tag{7-13}$$

或 $$\overline{Y}=\frac{1}{\overline{Z}}=\frac{1}{R+jX}$$

$$=\frac{R-jX}{(R+jX)(R-jX)}=\frac{R}{R^2+X^2}-j\frac{X}{R^2+X^2}=G-jB \tag{7-14}$$

上式中$G=\dfrac{R}{R^2+X^2}$爲導納之實數部稱爲導納之**電導(conductance)**簡稱電導，$B=\dfrac{X}{R^2+X^2}$稱爲導納之虛數部稱**電納(susceptance)**，簡稱電納。一般言之電導未必爲電阻之倒數，電抗亦未必爲電納之倒數。電阻及電導除特殊情形外必爲正數；但電抗及電納可爲正數亦可爲負數，導納之單位爲姆歐(mho，℧)，7-1 節電路元件$R.L.C$形成之導納Y分別爲

$$\left.\begin{aligned}
\overline{Y}_R&=\frac{\overline{I}}{\overline{V}}=\frac{I\angle\alpha}{V\angle\alpha}=Y\angle 0^\circ=G\angle 0^\circ=G+j0\\
\overline{Y}_L&=\frac{\overline{I}}{\overline{V}}=\frac{I\angle 0^\circ}{V\angle 90^\circ}=Y\angle-90^\circ=B_L\angle-90^\circ\\
&=-jB_L=-j\frac{1}{\omega L}=\frac{1}{j\omega L}=\frac{1}{j2\pi fL}\\
\overline{Y}_C&=\frac{\overline{I}}{\overline{V}}=\frac{I\angle 90^\circ}{V\angle 0^\circ}=Y\angle 90^\circ=B_C\angle 90^\circ=jB_C\\
&=j\omega C=j2\pi fC
\end{aligned}\right\} \tag{7-15}$$

即然阻抗(導納)是一複數，當和複數一樣可以複數平面上表示之。不過因爲電阻沒有負值，故只用複數平面的第一及第四象限就夠了。在複數平面上用圖形所表示的複數阻抗稱爲**阻抗圖(Impedance diagram)**，又稱阻抗三角形如圖 7-5 所示。圖(a)爲電感性，圖(b)爲電容性。

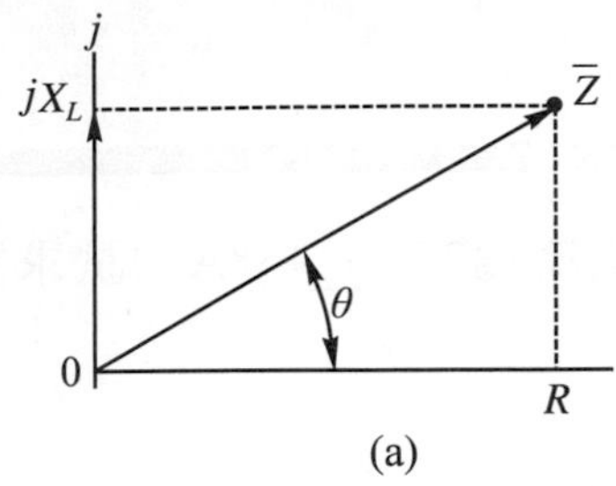

(a)

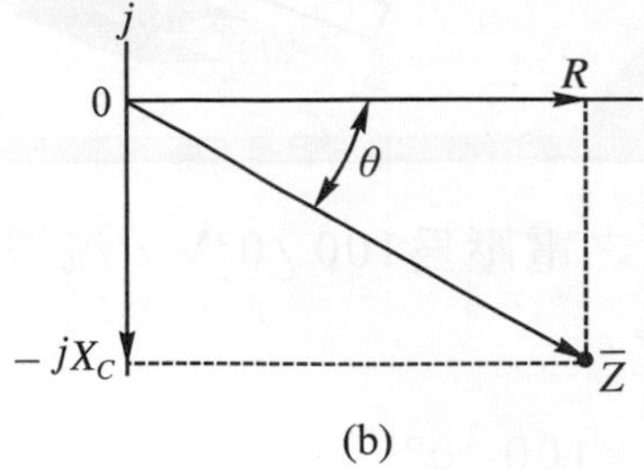

(b)

圖 7-5　阻抗圖

以實數軸正的部份表示電阻R。以虛軸正部份表示ωL，稱爲**感抗(inductive reactance)**以稱號X_L表示之。虛軸的負部份$\frac{1}{\omega C}$稱爲**容抗(capacitive reactance)**以稱號X_C表示之。通常複數阻抗不外在第一及第四象限之範圍內，視構成電路之元件而定。以極式表複數阻抗$\overline{Z}$，其阻抗角θ必在$\pm 90°$之間。若阻抗角$\theta = 0°$，電路爲電阻性；$\theta = 90°$，爲純電感電路；$\theta = -90°$純電容電路。$0 < \theta < 90°$，爲電感性電路，$-90 < \theta < 0°$，爲電容性電路。

例 7-1

試以相量法求一電流$i = 5\sin(\omega t + 30°)$安，通 4Ω電感抗產生之電壓$V_L$及$v$。

解 電流i之相量爲

$$\overline{I} = \frac{5}{\sqrt{2}}\angle 30° = 3.54\angle 30°\text{A}$$

$$\overline{V}_L = \overline{Z}\overline{I} = jX_L\overline{I} = (j4))3.54\angle 30°) = (4\angle 90°)(3.54\angle 30°)$$

$$= 14.16\angle 120°\text{V}$$

$$\therefore v = \sqrt{2}\overline{V}_L\sin(\omega t + 120°) = \sqrt{2} \times 14.16\sin(\omega t + 120°)$$

$$= 20\sin(\omega t + 120°)\text{V}$$

例 7-2

求電流$i = 8\sin(\omega t - 30°)$A，流過 0.5Ω電容抗產生之電壓$V_c$及$v$。

解 $i = 8\sin(\omega t - 30°)$安培$\rightarrow \overline{I} = \frac{8}{\sqrt{2}}\angle -30° = 5.66\angle -30°\text{A}$

$$\overline{V}_c = \overline{Z}\overline{I} = -jX_C\overline{I} = (-j0.5)(5.66\angle -30°)\text{A}$$

$$= (0.5\angle -90°)(5.66\angle -30°) = 2.83\angle -120°\text{V}$$

$$\therefore v = \sqrt{2} \cdot 2.83\sin(\omega t - 120°) = 4\sin(\omega t - 120°)\text{V}$$

例 7-3

設電路兩端之電壓為$100\angle 0°$V，流經電路之電流為$25\angle -45°$A，試求該電路之阻抗$\overline{Z}$及導納$\overline{Y}$。

解

$$\overline{Z}=\frac{\overline{V}}{\overline{I}}=\frac{100\angle 0°}{25\angle -45°}=4\angle 45°=2.828+j2.828\Omega$$

$$\overline{Y}=\frac{\overline{I}}{\overline{V}}=\frac{25\angle -45°}{100\angle 0°}=\frac{1}{4}\angle -45°=0.177-j0.177℧$$

7-3 串聯電路

圖 7-6 所示為一串聯電路，由一個電壓源和三個阻抗串聯而成，設電壓源之電壓為一恆定值$\overline{V}$所產生之電流為$\overline{I}$，其流經過阻抗產生之壓降分別為$\overline{V}_1$，$\overline{V}_2$及$\overline{V}_3$。由阻抗串聯而成之交流電路，與電阻串聯之直流電路相似，串聯後之總(等值)阻抗為各阻抗之複數(相量)和，即

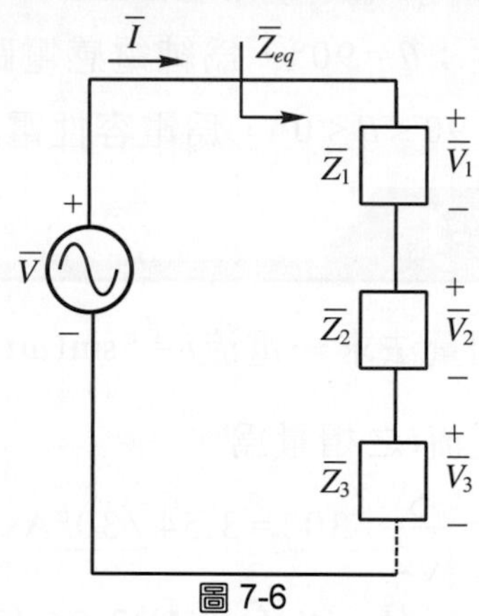

圖 7-6

$$\overline{Z}_{eq}=\overline{Z}_1+\overline{Z}_2+\overline{Z}_3$$

若多個阻抗串聯，即

$$\overline{Z}_{eq}=\overline{Z}_1+\overline{Z}_2+\overline{Z}_3+\cdots+\overline{Z}_n=\sum_{k=1}^{n}\overline{Z}_k \quad (7\text{-}16)$$

令$\overline{Z}_k=\overline{R}_k+jX_k$，則(7-16)式可寫為

$$\overline{Z}_{eq}=\sum_{k=1}^{n}(R_k+jX_k)=\sum_{k=1}^{n}R_k+j\sum_{k=1}^{n}X_k=R_{eq}+jX_{eq}$$

上式中$R_{eq}=\sum_{k=1}^{n}R_k$ 及 $X_{eq}=\sum_{k=1}^{n}X_k$

換言之，串聯電路之總(等值)阻抗，其電阻成份及電抗成份，分別爲個別阻抗的電阻和其電抗和，而總阻抗值之大小及總阻抗角分別爲

$$|Z_{eq}| = \sqrt{R_{eq}^2 + X_{eq}^2}$$
$$= \sqrt{(R_1 + R_2 + \cdots + R_n)^2 + (X_1 + X_2 + \cdots + X_n)^2}$$
$$= \sqrt{\left(\sum_{k=1}^{n} R_k\right)^2 + \left(\sum_{k=1}^{n} X_k\right)^2} \tag{7-17}$$

$$\theta = \tan^{-1}\left(\frac{X_{eq}}{R_{eq}}\right) = \tan^{-1}\left(\frac{\sum_{k=1}^{n} X_k}{\sum_{k=1}^{n} R_k}\right) \tag{7-18}$$

$$\bar{I} = \frac{\bar{V}}{\bar{Z}_{eq}} \tag{7-19}$$

串聯電路，因流經各阻抗之電流相同，故任一阻抗兩端之壓降爲該阻抗與電流之乘積，即

$$\bar{V}_k = \bar{I}\bar{Z}_k = \frac{\bar{V}}{\bar{Z}_{eq}}\bar{Z}_k = \frac{\bar{Z}_k}{\bar{Z}_{eq}}\bar{V} \tag{7-20}$$

(7-20)式之關係稱爲分壓定則。因此圖 7-6 中各阻抗上之壓降可分別寫爲

$$\bar{V}_1 = \frac{\bar{Z}_1}{\bar{Z}_{eq}}\bar{V} = \frac{\bar{Z}_1\bar{V}}{\bar{Z}_1 + \bar{Z}_2 + \bar{Z}_3} \tag{7-21}$$

$$\bar{V}_2 = \frac{\bar{Z}_2}{\bar{Z}_{eq}}\bar{V} = \frac{\bar{Z}_1\bar{V}}{\bar{Z}_2 + \bar{Z}_2 + \bar{Z}_3} \tag{7-22}$$

$$\bar{V}_3 = \frac{\bar{Z}_3}{\bar{Z}_{eq}}\bar{V} = \frac{\bar{Z}_3\bar{V}}{\bar{Z}_1 + \bar{Z}_2 + \bar{Z}_3} \tag{7-23}$$

例 7-4

如圖 7-7(a)所示$R-L$串聯電路，已知$R = 3\Omega$，$L = 0.4\text{H}$，外加電壓爲$v = \sqrt{2}.100\sin 10t\text{V}$，求(a)電流$i$；(b)電壓$\bar{V}_R$，$v_R$，$\bar{V}_L$，及$v_L$；(c)阻抗圖；(d)相量圖。

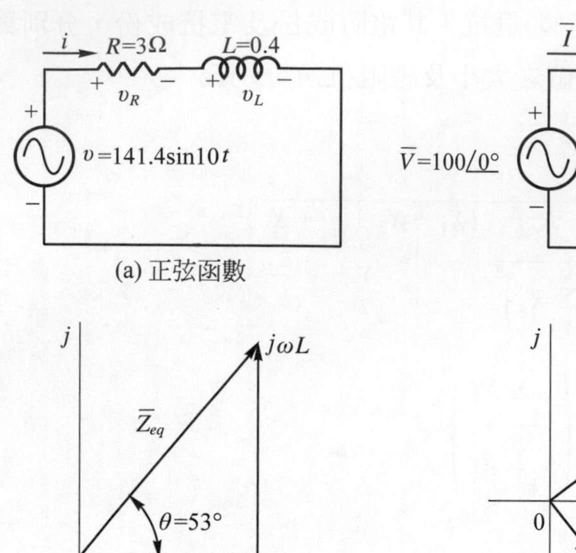

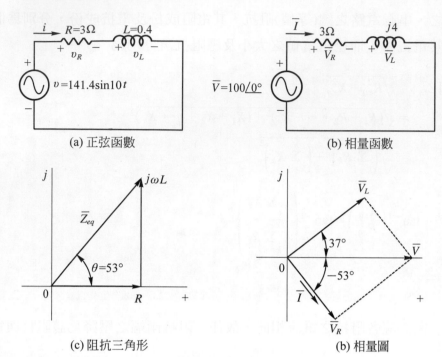

(a) 正弦函數　(b) 相量函數

(c) 阻抗三角形　(b) 相量圖

圖 7-7　*RL*串聯電路

解 (a)$v=\sqrt{2}\cdot 100\sin 10t= \Rightarrow \overline{V}=100\underline{/0°}\text{V}$

$$\overline{Z}_{eq}=R+j\omega L=3+j(10)(0.4)=3+j4=5\underline{/53°}\Omega$$

$$\overline{I}=\frac{\overline{V}}{Z_{eq}}=\frac{100\underline{/0°}}{5\underline{/53°}}=20\underline{/-53°}\text{A}$$

$$i=\sqrt{2}(20)\sin(10t-53°)=28.28\sin(10t-53°)$$

(b)$\overline{V}_R=\overline{R}\overline{I}=(3)(20\underline{/-53°})=60\underline{/-53°}$

$$v_R=\sqrt{2}\cdot 60\sin(10t-53°)=84.8\sin(10t-53°)\text{V}$$

$$\overline{V}_l=jX_L\overline{I}=(j4)(20\underline{/-53°})=(4\underline{/90°})(20\underline{/-53°})=80\underline{/37°}\text{V}$$

$$v_L=\sqrt{2}\cdot 80\sin(10t+37°)=113\sin(10t+37°)\text{V}$$

$$\overline{V}_R+\overline{V}_L=60\underline{/-53°}+80\underline{/37°}$$

$$=(36-j48)+(64+j48)=100+j0=\overline{V}$$

$$\overline{V}=\sqrt{2}\cdot 100\sin 10t=141.4\sin 10t\text{V}$$

(c)阻抗圖如圖(c)所示，(d)相量圖如圖(d)所示

例 7-5

一$R-C$由串聯電路如圖 7-8(a)所示，$R=6\Omega$，$X_C=-j8\Omega$外加電壓$\overline{V}=50\angle 0°$伏。求(a)$\overline{I}$；(b)$\overline{V}_R$、$\overline{V}_C$；(c)阻抗圖；(d)相量圖。

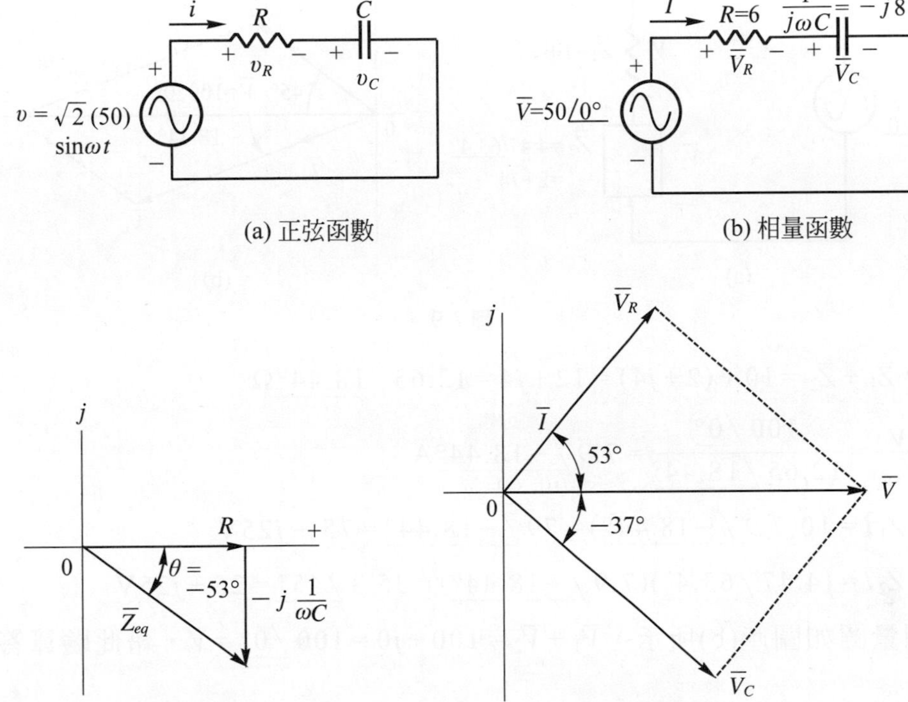

圖 7-8　RC串聯電路

解 (a)$\overline{Z}_{eq}=R-jX_C=6-j8=10\angle -53°\Omega$

$$\overline{I}=\frac{\overline{V}}{\overline{Z}_{eq}}=\frac{50\angle 0°}{10\angle -53°}=5\angle 53°$$

(b)$\overline{V}_R=R\overline{I}=6(5\angle 53°)=30\angle 53°\text{V}$

$$\overline{V}_C=jX_C\overline{I}=(-j8)(5\angle 53°)=(8\angle -90°)(5\angle 53°)=40\angle -37°\text{V}$$

(c)阻抗圖如圖(c)所示。(d)阻抗圖如圖(d)所示。

例 7-6

兩阻抗串聯如圖 7-9(a)，外加電壓$\overline{V} = 100\angle 0°$V，試求每一阻抗兩端之電壓並繪其相量圖。

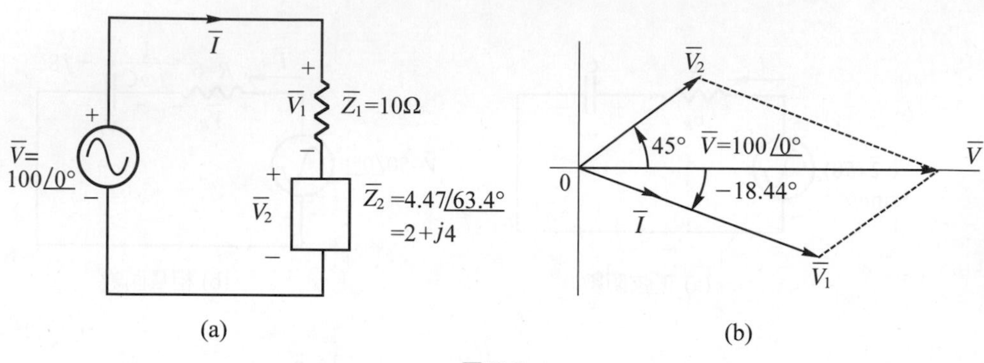

圖 7-9

解 $\overline{Z}_{eq} = \overline{Z}_1 + \overline{Z}_2 = 10 + (2 + j4) = 12 + j4 = 12.65\angle 18.44°\Omega$

$$\overline{I} = \frac{\overline{V}}{\overline{Z}_{eq}} = \frac{100\angle 0°}{12.65\angle 18.44°} = 7.9\angle -18.44°\text{A}$$

$$\overline{V}_1 = \overline{Z}_1\overline{I} = 10(7.9\angle -18.44°) = 79\angle -18.44° = 75 - j25\text{V}$$

$$\overline{V}_2 = \overline{Z}_2\overline{I} = (4.47\angle 63.4°)(7.9\angle -18.44°) = 35.3\angle 45° = 25 + j25\text{V}$$

其相量圖如圖產(b)所示，$\overline{V}_1 + \overline{V}_2 = 100 + j0 = 100\angle 0° = \overline{V}$，藉此驗算答案是否正確。

例 7-7

R-L-C串聯電路如圖 7-10 所示，試求$\overline{Z}_{eq}$、$\overline{I}$，並證明各阻抗上電壓降之和等於外加電壓。

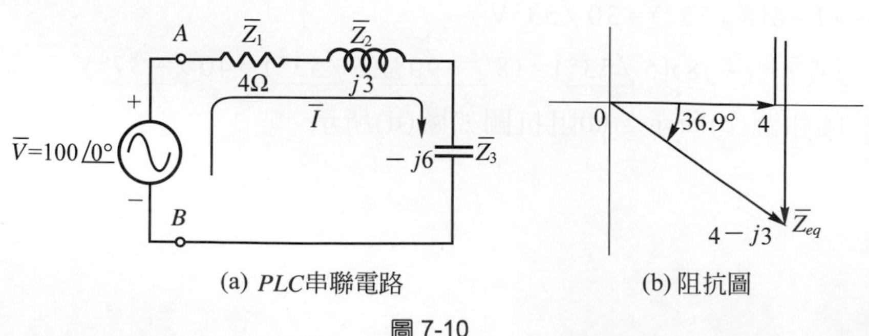

(a) PLC串聯電路　　(b) 阻抗圖

圖 7-10

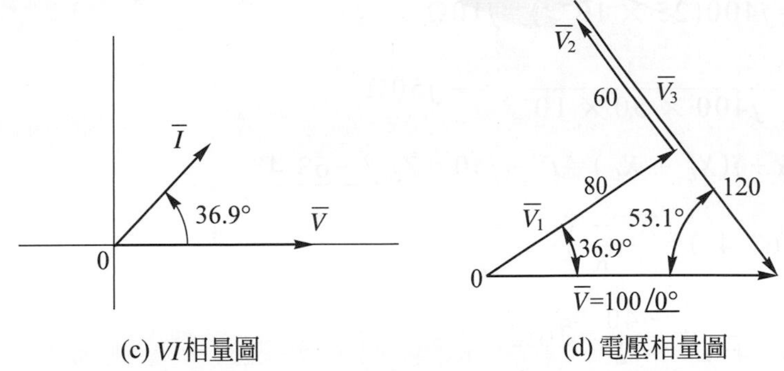

(c) VI相量圖　(d) 電壓相量圖

圖 7-10 （續）

解 $\overline{Z}_{eq}=\overline{Z}_1+\overline{Z}_2+\overline{Z}_3=4+j3-j6=4-j3=5\angle -36.9°\Omega$

$\overline{I}=\dfrac{\overline{V}}{\overline{Z}_{eq}}=\dfrac{100\angle 0°}{5\angle -36.9°}=20\angle 36.9°\text{A}$

$\overline{V}_1=\overline{Z}_1\overline{I}=(4\angle 0°)(20\angle 36.9°)=80\angle 36.9°=64+j48\text{V}$

$\overline{V}_2=\overline{Z}_1\overline{I}=(3\angle 90°)(20\angle 36.9°)=60\angle 126.9°=-36+j48\text{V}$

$\overline{V}_3=\overline{Z}_3\overline{I}=(6\angle -90°)(20\angle 36.9°)=120\angle -53.1°=72-j96\text{V}$

$\overline{V}_1+\overline{V}_2+\overline{V}_3=(64+j48)+(-36+j48)+(72-j96)$

$=(64-36+72)+j(48+48-96)$

$=100+j0=100\angle 0°=\overline{V}$(故得證)

其電壓相量圖，如圖(d)所示

例 7-8

圖 7-11(a)所示之電路，當$\omega=400$弳／秒時，電流I越前電壓 63.4°，試求R、L、C各元件上之壓降，並繪出電壓相量圖。

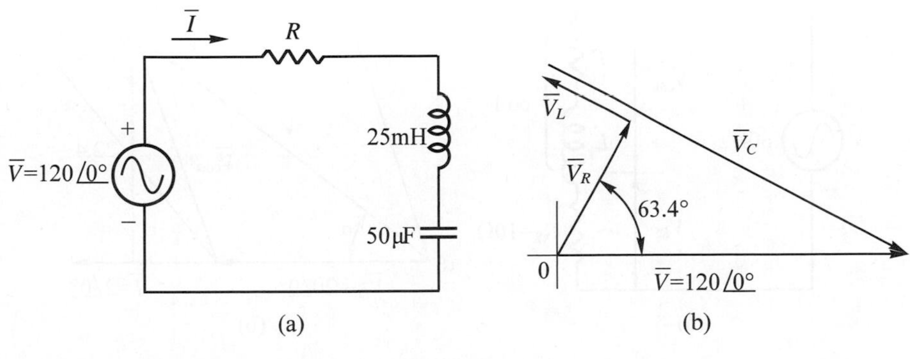

(a)　(b)

圖 7-11

解 $jX_L = j\omega L = j400(25\times 10^{-3}) = j10\Omega$

$jX_C = \dfrac{1}{j\omega C} = \dfrac{1}{j400\times 50\times 10^{-5}} = -j50\Omega$

則 $\overline{Z}_{eq} = R + j(X_L - X_C) = R - j40 = \overline{Z}_{eq}\angle -63.4°$

$\because \quad \tan(-63.4°) = \dfrac{X_L - X_C}{R} = \dfrac{-40}{R}$

$R = \dfrac{-40}{\tan(-63.4°)} = \dfrac{-40}{-2} = 20\Omega$

$\overline{Z}_{eq} = R + j(X_L - X_C) = 20 - j40 = 44.7\angle -63.4°\Omega$

$\overline{I} = \dfrac{\overline{V}}{\overline{Z}_{eq}} = \dfrac{120\angle 0°}{44.7\angle -63.4°} = 2.68\angle 63.4°\text{A}$

$\overline{V}_R = R\overline{I} = 20(2.68\angle 63.4°) = 53.6\angle 63.4° = 24 + j47.93$

$\overline{V}_L = jX_L\overline{I} = (10\angle 90°)(2.68\angle 63.4°) = 26.8\angle 153.4° = -24 + j12$

$\overline{V}_C = -jX_C\overline{I} = (50\angle -90°)(26.8\angle 63.4°) = 134\angle -26.6° = 120 - j60$

其相量圖如圖(b)所示，$\overline{V}_R + \overline{V}_L + \overline{V}_C = \overline{V}$

例 7-9

一線圈與一標準電阻R_S串聯，外加60Hz電壓源，如圖7-12(a)所示，若用標準電壓計測知各端點電壓為$\overline{V}_{RS} = 20\text{V}$，$\overline{V}_{\text{coil}} = 22.4\text{V}$及$\overline{V} = 36\text{V}$，試求線圈內之電阻$R$及電感$L$。

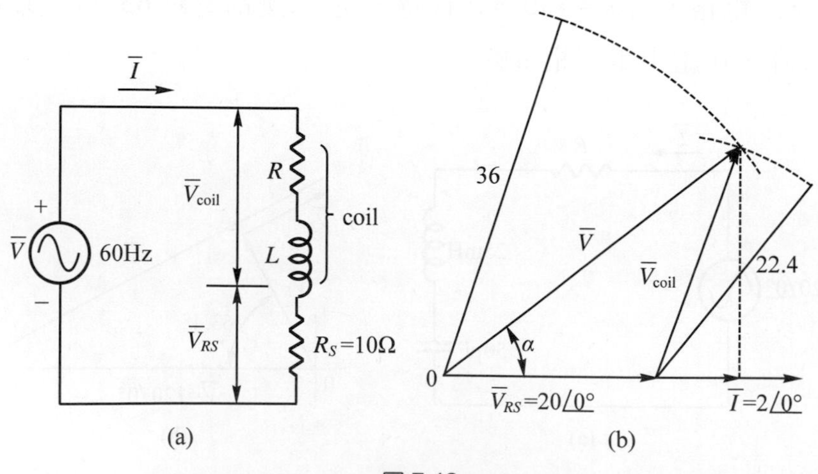

圖 7-12

解 R_S上之壓降$\overline{V}_{RS}$與電流$\overline{I}$必為同相，設$\overline{V}_{RS}=20\angle 0°$伏，則$\overline{I}=\dfrac{\overline{V}_{RS}}{R_S}=2\angle 0°$安，如圖(b)所示，利用相量圖求出其電壓間之相量關係，從$\overline{V}_{RS}$的尾端取 36 單位長度為半徑劃一弧，再從$\overline{V}_{RS}$首端取22.4單位長度為半徑劃一弧，兩弧之交點即為相量$\overline{V}$和$\overline{V}_{\text{coil}}$的首端，滿足相量首尾連接關係($\overline{V}=\overline{V}_{\text{RS}}+\overline{V}_{\text{coil}}$)，利用餘弦定律，可求得$\overline{V}$的相角$\alpha$。

$$\cos\alpha=\frac{(36)^2+(20)^2-(22.4)^2}{2\times 36\times 20}=0.831$$

$$\therefore \alpha=\cos^{-1}0.831=33.7°$$

$$\overline{V}=36\angle 33.7°=30+j20\text{V}$$

$$\overline{V}_{\text{coil}}=\overline{V}-\overline{V}_{RS}=(30+j20)-20=10+j20=22.4\angle 63.4°\text{V}$$

此線圈之阻抗

$$\overline{Z}_{\text{coil}}=\frac{\overline{Z}_{\text{coil}}}{\overline{I}}=\frac{22.4\angle 63.4°}{2\angle 0°}=11.2\angle 63.4°=5+j10\Omega$$

線圈內之電阻$R=5\Omega$

線圈內之電感$L=\dfrac{X_L}{2\pi f}=\dfrac{10}{120\pi}=26.5\text{mH}$

例 7-10

如圖 7-13 所示電路，已知$V_{ab}=110\text{V}$，$V_{ad}=237\text{V}$，$I=11\text{A}$，試求(a)X_L及X_C；(b)$\overline{Z}_{eq}$；(c)$\overline{V}_{db}$。

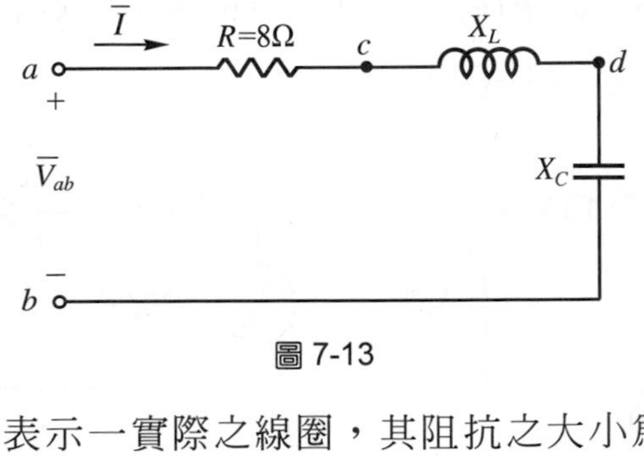

圖 7-13

解 (a)電路中ad兩端乃表示一實際之線圈，其阻抗之大小為

$$|Z_{ad}|=\frac{V_{ad}}{I}=\frac{237}{11}=21.6\Omega$$

令$\overline{Z}_{ad} = Z_{ad}\angle\alpha$；$\overline{V}_{ad} = V_{ad}\angle\beta$；$\overline{I} = I\angle r$

$\because \overline{Z}_{ad} = 8 + jX_L = Z_{ad}\angle\alpha$

可利用極型與直角座標型轉換填缺項方法求得α及X_L。

$21.6\angle\alpha = (8 + jX_L)$

$\alpha = \cos^{-1}\left(\dfrac{8}{21.6}\right) = 68.3°$

$X_L = 21.6\sin(68.3°) = 20\Omega$

$|Z_{eq}| = |Z_{ab}| = \dfrac{V_{ab}}{I} = \dfrac{110}{11} = 10 = \sqrt{R^2 + (X_L - X_C)^2}$

$= \sqrt{8^2 + (20 - X_C)^2}$

因此得$64 + (20 - X_C)^2 = 100$

$(20 - X_C)^2 = 100 - 64 = 36$

$20 - X_C = \pm\sqrt{36} = \pm 6$

$\therefore X_C = 20 \mp 6 = 14\Omega$　或　26Ω

(b)電路之等效複阻抗

$\overline{Z}_{eq} = R + j(X_L - X_C) = 8 \pm j6 = 10\angle\pm 36.9°\Omega$

(c)$V_{db} = I|X_C| = 11 \times 26 = 286\text{V}$

或$V_{db} = I|X_C| = 11 \times 14 = 154\text{V}$

例 7-11

如圖 7-14(a)所示之電路，試求(a)電流$\overline{I}$及i；(b)各元件兩端之電壓，$\overline{V}_R$、v_R；$\overline{V}_L$、v_L；$\overline{V}_C$、v_C，(c)繪阻抗圖，(d)繪相量圖。

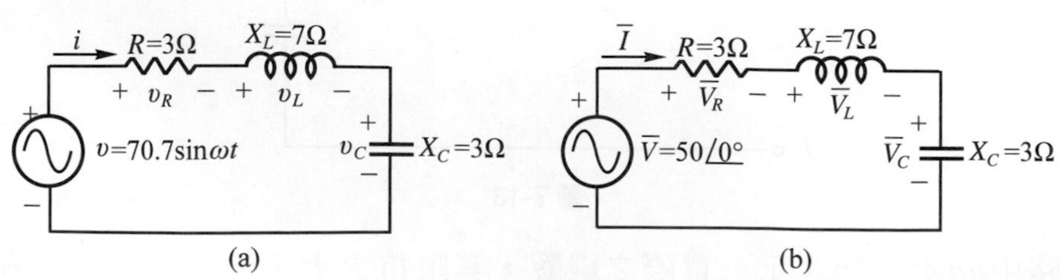

圖 7-14

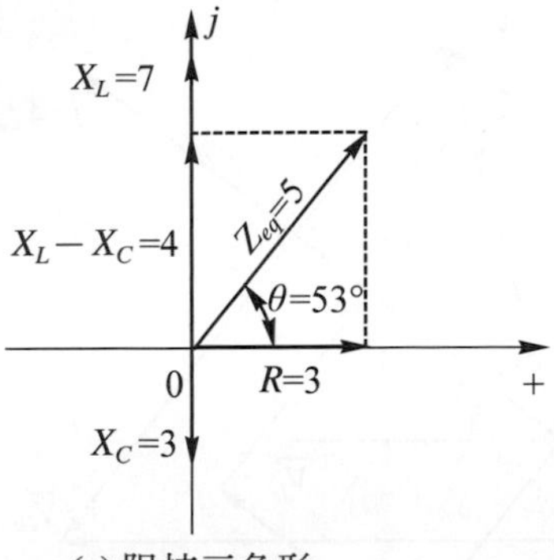

(c) 阻抗三角形

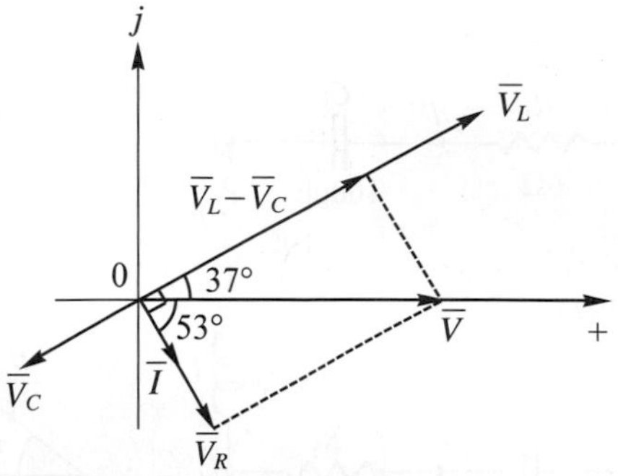

(d) 相量圖

圖 7-14 (續)

解 (a)$\overline{Z}_{eq}=\overline{Z}_1+\overline{Z_2}+\overline{Z}_3$

$=(R+j0)+(0+jX_L)+(0-jX_C)=3+j(7-3)$

$=3+j4=5\angle 53°\Omega$

$\overline{I}=\dfrac{\overline{V}}{\overline{Z}_{eq}}=\dfrac{50\angle 0°}{5°\angle 53°}=10\angle -53°\text{A}$

$i=\sqrt{2}(10)\sin(\omega t-53°)=14.14\sin(\omega t-53°)\text{A}$

(b)$\overline{V}_R=\overline{Z_1}\overline{I}=(3\angle 0°)(10\angle -53°)=30\angle -53°=18-j24\text{V}$

$v_R=\sqrt{2}(30)\sin(\omega t-53°)=42.4\sin(\omega t-53°)\text{V}$

$\overline{V}_L=\overline{Z}_2\overline{I}=(7\angle 9°)(10\angle -53°)=70\angle 37°=56+j42\text{V}$

$v_L=\sqrt{2}(70)\sin(\omega t+37°)=99\sin(\omega t+37°)\text{V}$

$\overline{V}_C=\overline{Z}_3\overline{I}=(3\angle -90°)(10\angle -53°)=30\angle -143°=-24-j18\text{V}$

$v_C=\sqrt{2}(30)\sin(\omega t-143°)=42.4\sin(\omega t-143°)\text{V}$

而$\overline{V}=\overline{V}_R=\overline{V}_L+\overline{V}_C=(18-j24)+(56+j42)+(-24-j18)$

$=50+j0=50\angle 0°\text{V}$

(c)阻抗圖如圖(c)所示。

(d)相量圖如圖(d)所示。

例 7-12

圖 7-15(a)所示之串聯電路中，$v(t)=\sqrt{2}\cdot 100\cos\omega t\text{V}$，試求$i(t)$，並繪出其電壓相量圖。

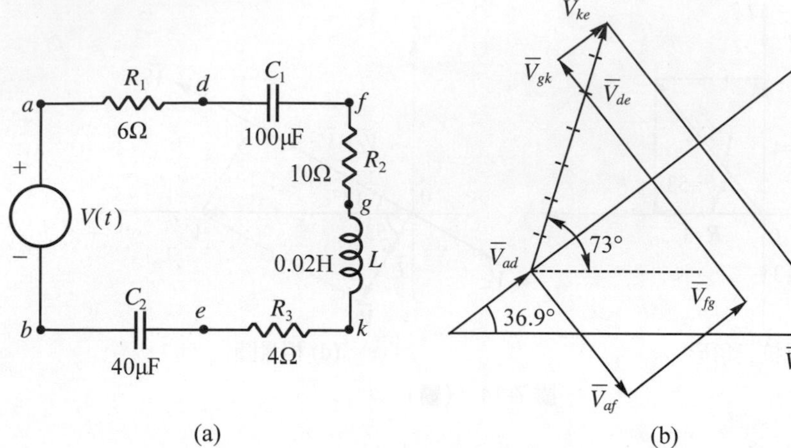

圖 7-15

解 電壓$v_{ab}(t)=v(t)=\sqrt{2}\cdot 100\cos 1000t$，若以相量$\overline{V}=100\angle 0°$表示；則電流相量$\overline{I}=I\angle\theta$，其中$I=\dfrac{\overline{V}}{\overline{Z}}$，$\theta$為串聯總阻抗$\overline{Z}_p$之阻抗角。由$C_1$，$L$及$C_2$形成之電抗分別為：

$$X_{df}=\frac{1}{\omega C_1}=\frac{10^6}{1000\times 100}=10\Omega$$

$$X_{gk}=\omega L=1000\times 0.02=20\Omega$$

$$X_{eb}=\frac{1}{\omega C_2}=\frac{10^2}{1000\times 40}=25\Omega$$

串聯後a，b兩端間之總阻抗$\overline{Z}_T$為：

$$\overline{Z}_T=R_1+jX_{df}+R_2+jX_{gk}+R_3+jX_{eb}=6-j10+10+j20+4-j25$$
$$=20-j15=25\angle -36.9°\Omega$$

因而可獲得電流之相量$\overline{I}$。

$$\overline{I}=\frac{\overline{V}}{\overline{Z}_T}=\frac{100\angle 0°}{25\angle -36.9°}=4\angle 36.9°\text{A}$$

則電流$i(t)$為

$$i(t)=\sqrt{2}\cdot 4\cos(1000t+36.9°)\text{A}$$

以$\overline{V}_{ab}$為參考相量之電壓相量圖如(b)圖所示其各部份電壓分別為：

$$\overline{V}_{ad}=\overline{R}_1\overline{I}=(6\angle 0°)(4\angle 36.9°)=24\angle 36.9°\text{V}$$

$$\overline{V}_{df}=\overline{X}_{c1}\overline{I}=(10\angle -90°)(4\angle 36.9°)=40\angle -53.1°\text{V}$$

$$\overline{V}_{fg}=\overline{R}_2\overline{I}=(4\angle 0°)(4\angle 36.9°)=16\angle 36.9°\text{V}$$

$\overline{V}_{gk} = \overline{X}_L \overline{I} = (20 \angle 90°)(4 \angle 36.9°) = 80 \angle 126.9°\text{V}$

$\overline{V}_{ke} = \overline{R}_3 \overline{I}(4 \angle 0°)(4 \angle 36.9°) = 16 \angle 36.9°\text{V}$

$\overline{V}_{eb} = \overline{X}_{c2} \overline{I} = (25 \angle -90°)(4 \angle 36.9°) = 100 \angle -53.1°\text{V}$

爲了闡釋相量圖之功用，設我們欲求電壓$\overline{V}_{de}$。由於$\overline{V}_{de} = \overline{V}_{df} + \overline{V}_{fg} + \overline{V}_{gk} + \overline{V}_{ke}$，如圖(b)所示，量其長度爲70V，並與水平軸($\overline{V}_{ab}$)成73°向上，故得$\overline{V}_{de} = 70 \angle 73°$，因此$v_{de}$爲：

$v_{de}(t) = \sqrt{2} \cdot 70\cos(1000 + 73°)\text{V}$

利用分析法可獲得相同之結果。由於$\overline{V}_{de} = \overline{Z}_{de} I$

且　$\overline{Z}_{de} = -j10 + 10 + j20 + 4 = 14 + j10 = 17.2 \angle 35.6°$

因此　$\overline{V}_{de} = (17.2 \angle 35.6°)(4 \angle 36.9°) \doteqdot 70 \angle 73°\text{V}$

故　$v_{de}(t) = \sqrt{2} \cdot 70\cos(1000t + 73°)\text{V}$

7-4 並聯電路

交流電路並聯的討論，與直流電路相似，在直流電路中，電場G爲電阻之倒數$\frac{1}{R}$，並聯電路的總電導爲各支中電導之和，總電阻R_{eq}由總電導的倒數$\frac{1}{G_{eq}}$表示。在交流電路中，導納$\overline{Y}$爲阻抗的倒數$\frac{1}{Z}$，並聯電路的總導納爲各支路導納之和。電路總阻抗$\overline{Z}_{eq}$則爲總導納的倒數$\frac{1}{\overline{Y}_{eq}}$。圖7-16所示爲一並聯電路，分別由$\overline{Z}$及$\overline{Y}$表示之。

設電源爲一理想電壓源，由KCL，則

$$\overline{I} = \overline{I}_1 + \overline{I}_2 + \overline{I}_3 = \overline{V}\left(\frac{1}{\overline{Z}_1} + \frac{1}{\overline{Z}_2} + \frac{1}{\overline{Z}_3}\right) = \frac{V}{\overline{Z}_{eq}} \tag{7-24}$$

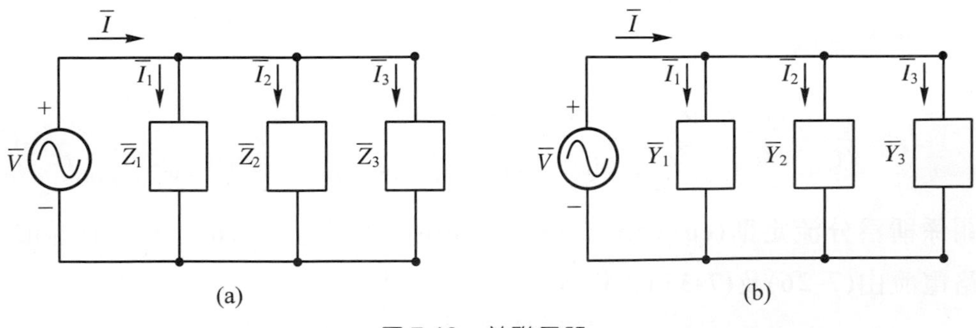

圖 7-16　並聯電路

由上式得三去路並聯電路的等值阻抗為

$$\frac{1}{\overline{Z}_{eq}}=\frac{1}{\overline{Z}_1}+\frac{1}{\overline{Z}_2}+\frac{1}{\overline{Z}_3}\Rightarrow \overline{Y}_{eq}=\overline{Y}_1+\overline{Y}_2+\overline{Y}_3 \tag{7-25}$$

或

$$\overline{Z}_{eq}=\frac{1}{\dfrac{1}{\overline{Z}_1}+\dfrac{1}{\overline{Z}_2}+\dfrac{1}{\overline{Z}_3}}=\frac{\overline{Z}_1\overline{Z}_2\overline{Z}_3}{\overline{Z}_1\overline{Z}_2+\overline{Z}_2\overline{Z}_3+\overline{Z}_3\overline{Z}_1} \tag{7-26}$$

$$\frac{1}{\overline{Z}_{eq}}=\frac{1}{\overline{Z}_1}+\frac{1}{\overline{Z}_2}+\frac{1}{\overline{Z}_3}+\cdots\cdots+\frac{1}{\overline{Z}_n}=\sum_{k=1}^{n}\frac{1}{\overline{Z}_k} \tag{7-27}$$

或

$$\overline{Z}_{eq}=\frac{1}{\sum_{k=1}^{n}\dfrac{1}{\overline{V}_k}} \tag{7-28}$$

上式中$\overline{Z}_k$表示任一複數阻抗，令

$$\overline{Z}_k=R_k+jX_k \quad 及 \quad \overline{Z}_{eq}=R_{eq}+jX_{eq}$$

則由(7-27)式得

$$\frac{1}{\overline{Z}_{eq}}=\frac{1}{R_{eq}+jX_{eq}}=\frac{R_{eq}-jX_{eq}}{R_{eq}^2+X_{eq}^2}=\frac{R_{eq}}{Z_{eq}^2}-j\frac{X_{eq}}{Z_{eq}^2}$$

$$=\sum_{k=1}^{n}\frac{1}{R_k+jX_k}=\sum_{k=1}^{n}\frac{R_k-jX_k}{R_k^2+X_k^2}=\sum_{k=1}^{n}\frac{R_k}{Z_k^2}-j\sum_{k=1}^{n}\frac{X_k}{Z_k^2} \tag{7-29}$$

$$\frac{R_{eq}}{Z_{eq}^2}=\sum_{k=1}^{n}\frac{R_k}{Z_k^2}\ ;\ \frac{X_{eq}}{X_{eq}^2}=\sum_{k=1}^{n}\frac{X_k}{Z_k^2} \tag{7-30}$$

在並聯電路中，各並聯支路兩端電壓恆相等，由(7-24)式得

$$\overline{V}=\overline{Z}_{eq}\overline{I}$$

則任一支路電流為

$$\overline{I}_k=\frac{\overline{V}}{\overline{Z}_k}=\frac{I\overline{Z}_{eq}}{\overline{Z}_k}=\frac{\overline{Z}_{eq}}{\overline{Z}_k}I \tag{7-31}$$

上式關係稱為**分流定則(current divided rule)**，因此圖7-16所示之並聯電路，其各支路電流由(7-26)及(7-31)式獲得：

$$\overline{I}_1 = \frac{\overline{Z}_{eq}}{\overline{Z}_1}\overline{I} = \frac{\overline{Z}_2\overline{Z}_3}{\overline{Z}_1\overline{Z}_2 + \overline{Z}_2\overline{Z}_3 + \overline{Z}_3\overline{Z}_1}\overline{I} \tag{7-32}$$

$$\overline{I}_2 = \frac{\overline{Z}_{eq}}{\overline{Z}_2}\overline{I} = \frac{\overline{Z}_3\overline{Z}_1}{\overline{Z}_1\overline{Z}_2 + \overline{Z}_2\overline{Z}_3 + \overline{Z}_3\overline{Z}_1}\overline{I} \tag{7-33}$$

$$\overline{I}_3 = \frac{\overline{Z}_{eq}}{\overline{Z}_3}\overline{I} = \frac{\overline{Z}_1\overline{Z}_2}{\overline{Z}_1\overline{Z}_2 + \overline{Z}_2\overline{Z}_3 + \overline{Z}_3\overline{Z}_1}\overline{I} \tag{7-34}$$

爲決定串聯交流電路爲電感性或電容性，僅須觀察阻抗之虛數部份之符號(正號爲電感性；負號爲電容性)。在並聯電路中，總導納的虛部前，若爲負號則爲電感性；正號則爲電容性，兩者恰恰相反，以例題說明如下。

例 7-13

$R-L$並聯電路如圖 7-17 所示，試求(a)$\overline{Y}_{eq}$；(b)$\overline{V}$及v；(c)$\overline{I}_R$及i_n、$\overline{I}_L$及i_L。

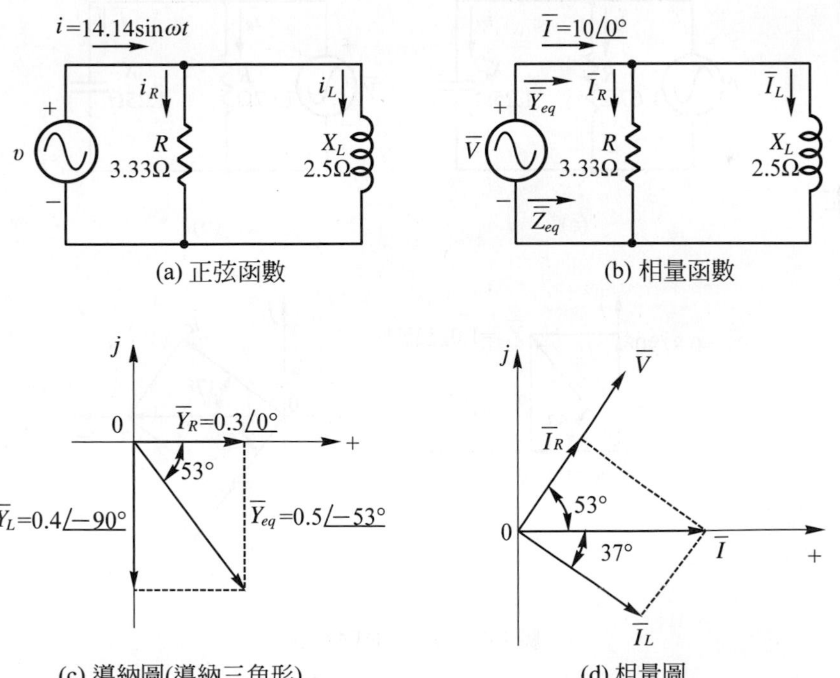

圖 7-17 R-L並聯電路

解 (a)$\overline{Y}_{eq} = \overline{Y}_1 + \overline{Y}_2 = \frac{1}{3.33}\angle 0° + \frac{1}{2.5}\angle -90° = 0.3 - j0.4 = 0.5\angle -53°\mho$

導納相量圖如圖(c)所示。

(b)$\bar{V}=\dfrac{\bar{I}}{\bar{Y}_{eq}}=\dfrac{10\,\angle 0^\circ}{0.5\,\angle -53^\circ}=20\,\angle 53^\circ \text{V}$

$v=\sqrt{2}\cdot 20\sin(\omega t+53^\circ)=28.28\sin(\omega t+53^\circ)\text{V}$

(c)$\bar{I}_R=\dfrac{\bar{V}}{R}=\dfrac{20\,\angle 53^\circ}{3.33\,\angle 0^\circ}=6\,\angle 53^\circ \text{V}$

$i_R=\sqrt{2}\cdot 6\sin(\omega t+53^\circ)=8.48\sin(\omega t+53^\circ)\text{A}$

$\bar{I}_L=\dfrac{\bar{V}}{jX_L}=\dfrac{20\,\angle 53^\circ}{2.5\,\angle 90^\circ}=8\,\angle -37^\circ \text{A}$

$i_L=\sqrt{2}\cdot 8\sin(\omega t-37^\circ)=11.31\sin(\omega t-37^\circ)\text{A}$

例 7-14

$R-C$並聯電路，如圖 7-18 所示，試求(a)$\bar{Y}_{eq}$；(b)$\bar{V}$及v；(c)$\bar{I}_A$，i_R及$\bar{I}_C$，i_C。

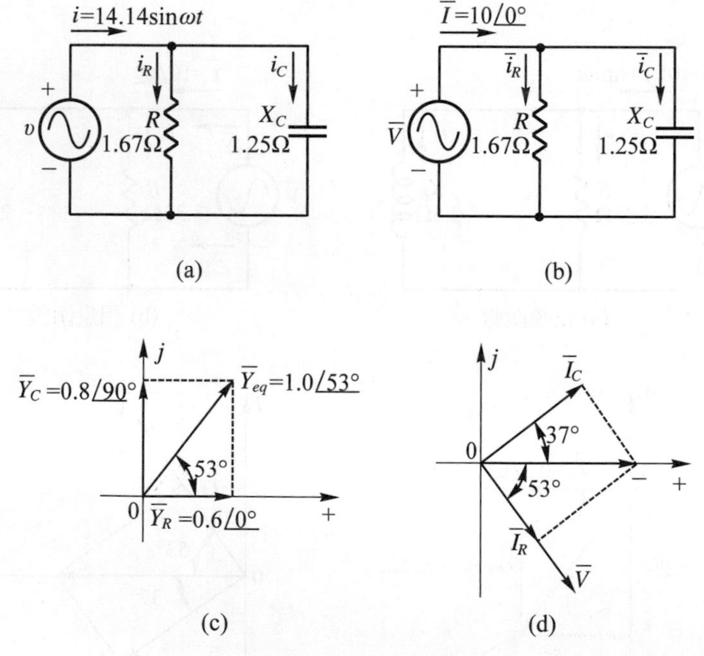

圖 7-18　$R-C$並聯電路

解　(a)$\bar{Y}_{eq}=\bar{Y}_1+\bar{Y}_2=\dfrac{1}{1.67}\angle 0^\circ+\dfrac{1}{1.25}\angle 90^\circ=0.6+j0.8=1\,\angle 53^\circ℧$

導納相量圖，如圖(c)所示。

(b)$\bar{V}=\dfrac{\bar{I}}{\bar{Y}_{eq}}=\dfrac{10\,\angle 0^\circ}{1\,\angle 53^\circ}=10\,\angle -53^\circ \text{V}$

$v=\sqrt{2}\cdot 10\sin(\omega t-53°)=14.14\sin(\omega t-53°)\text{V}$

(c)$\bar{I}_R=\bar{V}\bar{Y}_1=(10\angle{-53°})(0.6\angle{0°})=6\angle{-53°}\text{A}$

$i_R=\sqrt{2}\cdot 6\sin(\omega t-53°)=8.48\sin(\omega t-53°)\text{A}$

$\bar{I}_C=\bar{V}\bar{Y}_2=(10\angle{-53°})(0.8\angle{90°})=8\sin(\omega t+37°)\text{A}$

$i_c=\sqrt{2}\cdot 8\sin(\omega t+37°)=11.31\sin(\omega t+37°)\text{A}$

例 7-15

$R-L-C$並聯電路如圖 7-19 所示，試求(a)$\bar{Y}_{eq}$；(b)$\bar{V}$及v；(c)$\bar{I}_R$，i_R，$\bar{I}_L$，i_L，$\bar{I}_C$，i_C。

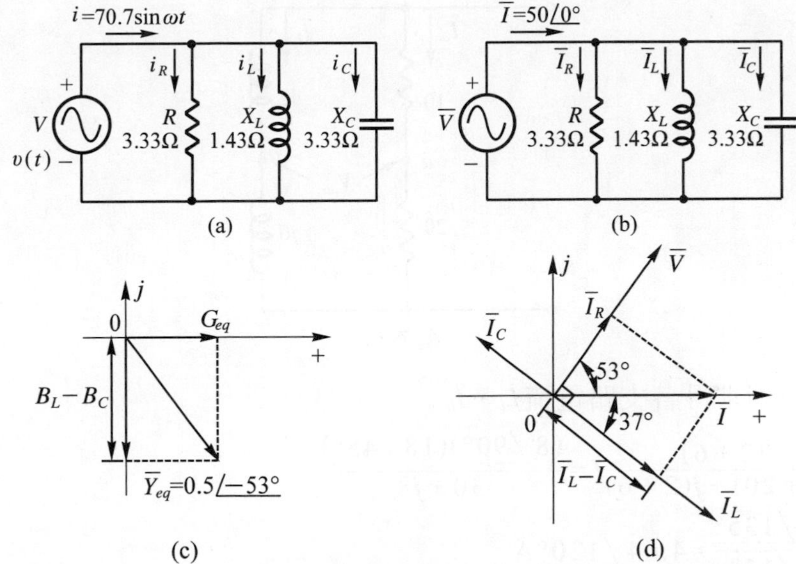

圖 7-19

解 (a)$\bar{Y}_{eq}=\bar{Y}+\bar{Y}_2+\bar{Y}_3=\dfrac{1}{3.33}+\dfrac{1}{j1.43}+\dfrac{1}{-j3.33}$

$=0.3-j0.7+j0.3=0.3-j0.4=0.5\angle{-53°}\mho$

導納相量圖如圖(c)所示。

(b)$\bar{V}=\dfrac{\bar{I}}{\bar{Y}_{eq}}=\dfrac{50\angle{0°}}{0.5\angle{-53°}}=100\angle{53°}\text{V}$

$v=\sqrt{2}\cdot 100\sin(\omega t+53°)=141.4\sin(\omega t+53°)\text{V}$

(c)$\bar{I}_R=\bar{Y}_1\bar{V}=(0.3\angle{0°})(100\angle{53°})=30\angle{53°}\text{A}$

$i_R=\sqrt{2}\cdot 30\sin(\omega t+53°)=42.43\sin(\omega t+53°)\text{A}$

$\bar{I}_L=\bar{Y}_2\bar{V}=(0.7\angle{-90°})(100\angle{53°})=70\angle{-37°}\text{A}$

$$i_L = \sqrt{2} \cdot 70\sin(\omega t - 37°) = 99\sin(\omega t - 37°)\text{A}$$

$$\bar{I}_C = \bar{Y}_3 \bar{V} = (0.3 \angle 90°)(100 \angle 53°) = 30 \angle 143°\text{A}$$

$$i_C = \sqrt{2} \cdot 30\sin(\omega t + 143°) = 42.43\sin(\omega t + 143°)\text{A}$$

電壓及各流之相量圖如圖(d)所示。

例 7-16

試求圖 7-20 電路中之電壓V_{ab}。

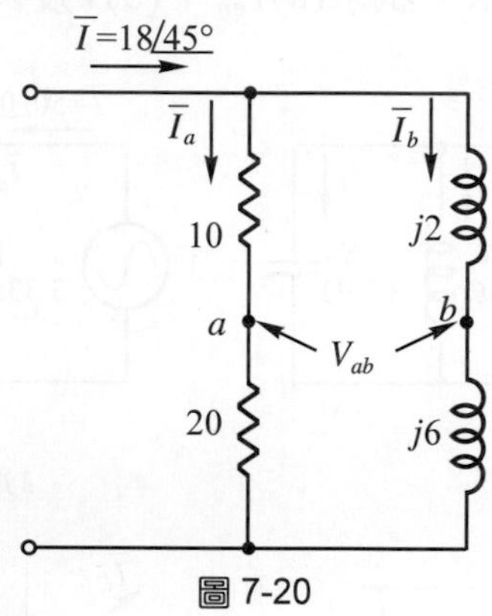

圖 7-20

解 由分流法則求得各支路電流$\bar{I}_a$，$\bar{I}_b$

$$\bar{I}_a = \frac{j(2+6)}{(10+20)+j(2+6)}\bar{I} = \frac{(8\angle 90°)(18\angle 45°)}{30+j8}$$

$$= \frac{144\angle 135°}{31\angle 15°} = 4.64\angle 120°\text{A}$$

$$\bar{I}_b = \frac{30(18\angle 45°)}{(30+j8)} = \frac{(540\angle 45°)}{(31\angle 15°)} = 17.4\angle 30°\text{A}$$

$$\bar{V}_{ab} = 20\bar{I}_a - j6\bar{I}_b = 20(4.64\angle 120°) - (6\angle 90°)(17.4\angle 30°)$$

$$= 92.8\angle 120° - 104.4\angle 120° = -11.6\angle 120° = 11.6\angle -60°\text{V}$$

7-5 串並聯電路

本節將利用前述各節之基本觀念來解比較複雜的串、並聯交流電路，分別利用串聯和並聯解電路之技巧，逐步將電路化簡而後求解。本節所討論之電路僅限於單電源之電路，對多電源電路將留待 7-7 節討論，對串聯和並聯之基本運算觀念扼要簡述如下：

1. 將所有直接串聯(並聯)的阻抗(導納)以複數方式化為單一阻抗(導納)。
2. 使整個電路最後化簡成一串聯(並聯)接連之阻抗(導納)電路。
3. 以$\overline{V}=\overline{Z}\overline{I}$或$\overline{I}=\overline{Y}\overline{V}$關係求$\overline{I}$或$\overline{V}$。
4. 利用分壓(分流)定則，求各元件端點間之電壓或流經各元件之支路電流。
5. 複數運算(電算機之運用)要熟練。

例 7-17

試求圖 7-21 中之$\overline{Z}_{eq}$及$\overline{Y}_{eq}$。

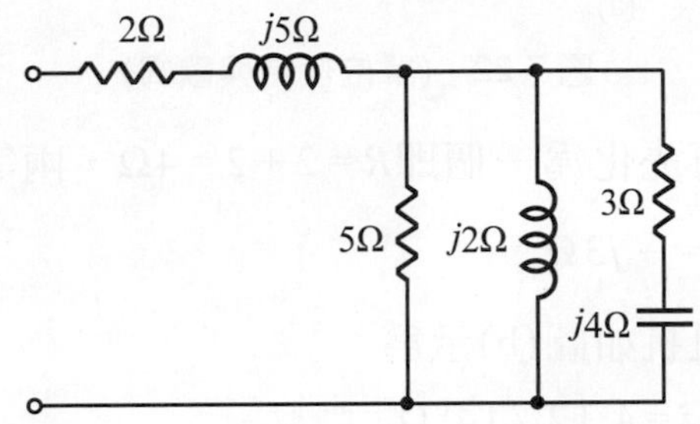

圖 7-21　串並聯電路的阻抗與導納

解 最右邊支路為一串聯電路其阻抗及導納分別為

$$\overline{Z}=3-j4=5\angle-53°\Omega$$

$$\overline{Y}=\frac{1}{5\angle-53°}=0.2\angle 53°\mho$$

右邊三條並聯支路之等效導納$\overline{Y}_{p,eq}$為

$$\overline{Y}_{p,eq}=\frac{1}{5}+\frac{1}{j2}+\frac{1}{5(\angle-53°)}=0.2-j0.5+0.2\angle 53°$$

$$=0.2-j0.5+0.12+j0.16=0.32-j0.34=0.467\angle-46.7°\mho$$

其等值阻抗$\overline{Z}_{p,eq}$為

$$\overline{Z}_{p,eq}=\frac{1}{\overline{Y}_{p,eq}}=\frac{1}{0.467\angle-46.7°}=2.14\angle 46.7°=1.47+j1.56\Omega$$

因此，整個電路之等效阻抗為

$$\overline{Z}_{eq}=(2+j5)+\overline{Z}_{p,eq}=2+j5+(1.47+j1.56)$$

$$=3.47+j6.56=7.42\angle 62.1°\Omega$$

等效導納為

$$\overline{Y}_{eq}=\frac{1}{\overline{Z}_{eq}}=\frac{1}{7.42\angle 62.1°}=0.135\angle-62.1°=0.063-j0.119\mho$$

例 7-18

求圖 7-22 電路中之電流$\bar{I}$與電壓$\bar{V}_1$，$\bar{V}_2$。

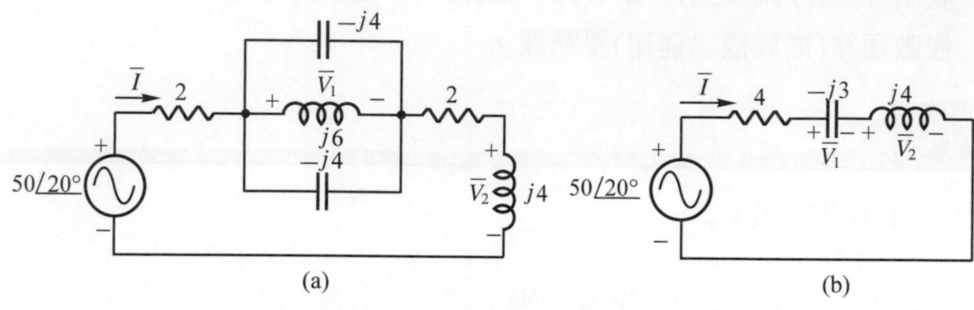

圖 7-22 (單位伏特與歐姆)

解 圖中兩個電阻串聯可先化爲一個即$R = 2 + 2 = 4\Omega$，兩等值之電容抗並聯

$$jX = \frac{(-j2)(j6)}{-j2 + j6} = \frac{12}{j4} = -j3\Omega$$

於是整個電路之總阻抗如圖(b)示爲

$$\bar{Z}_{eq} = 4 - j3 + j4 = 4 + j = 4.12\angle 14°\Omega$$

$$\therefore \bar{I} = \frac{\bar{V}}{\bar{Z}_{eq}} = \frac{50\angle 20°}{4.12\angle 14°} = 12.2\angle 6°\text{A}$$

$$\bar{V}_1 = jX_C I = (-j3)(12.2\angle 6°) = 36.6\angle -84°\text{V}$$

$$\bar{V}_2 = jX_C I = (j4)(12.2\angle 6°) = 48.8\angle 96°\text{V}$$

例 7-19

如圖 7-23 所示，已知$V = 110\text{V}$，$I = 5.5\text{A}$，$I_a = 2.2$ A 試求(a)X_L，(b)X_C，(c)$\bar{Y}_{eq}$及$\bar{Z}_{eq}$，(d)I_b。

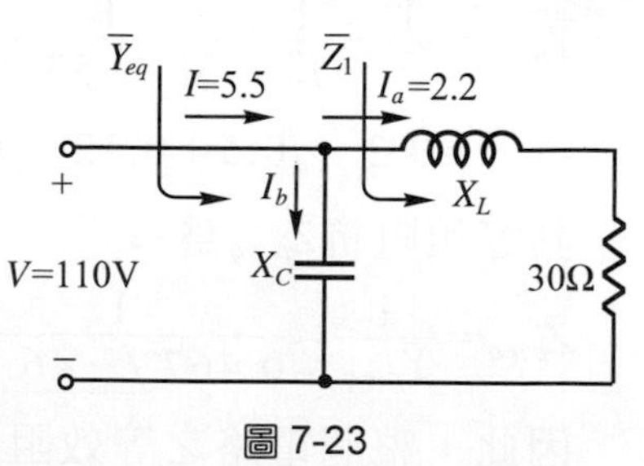

圖 7-23

解 (a)令$\bar{I}_a = I_a\angle\alpha = 2.2\angle\alpha$

$$\bar{V} = V\angle\beta = 110\angle\beta$$

$$\bar{Z}_1 = \frac{\bar{V}}{\bar{I}_a} = \frac{110\angle\beta}{2.2\angle\alpha} = 50\angle\beta - \alpha = 30 + jX_L$$

$$50\angle\beta - \alpha = (30 + jX_L)$$

$$50\angle 53.1° = (30 + j40)$$

$$\therefore X_L = 40\Omega\text{；}\beta - \alpha = 53.1°$$

(b)令$\bar{I} = I \angle \gamma = 5.5 \angle \gamma$

$\because \bar{Z}_1 = 50 \angle 53.1^\circ = 30 + j40$

$\bar{Y}_1 = \dfrac{1}{\bar{Z}_1} = \dfrac{1}{50 \angle 53.1^\circ} = 0.02 \angle -53.1^\circ = 0.012 - j0.016$

$\bar{Y}_{eq} = \dfrac{\bar{I}}{\bar{V}} = \dfrac{5.5 \angle \gamma}{1.10 \angle \beta} = 0.05 \angle \gamma - \beta$

$= 0.012 - j0.016 + j\dfrac{1}{X_C} = 0.012 - j\left(0.016 - \dfrac{1}{X_C}\right)$

$0.05 \angle \gamma - \beta = \left[0.012 - j\left(0.016 - \dfrac{1}{X_C}\right)\right]$

$0.05 \angle \pm 76.103^\circ = (0.012 \pm j0.0485)$

$\therefore 0.016 - \dfrac{1}{X_C} = \mp 0.0485$

$\dfrac{1}{X_C} = 0.016 \pm 0.0485 = 0.0645$

$\left(\text{或}\dfrac{1}{X_C} = -0.0325\ \text{不合題意}\right)$

$\therefore X_C = 15.504\Omega$

(c)$\bar{Y}_{eq} = 0.05 \angle 76.103^\circ \mho$

$\bar{Z}_{eq} = \dfrac{1}{\bar{Y}_{eq}} = 20 \angle -76.103^\circ = 4.804 - j19.415\Omega$

(d)$\bar{I}_b = \dfrac{\bar{V}}{-jX_C} = \dfrac{110 \angle \beta}{15.504 \angle -90^\circ} = 7.095 \angle \beta + 90^\circ = I_b \angle \beta + 90^\circ$

$\therefore I_b = 7.095\text{A}$

例 7-20

求圖 7-24 電路中之總電流$\bar{I}$及各支中電流$\bar{I}_1$，$\bar{I}_2$，$\bar{I}_3$。

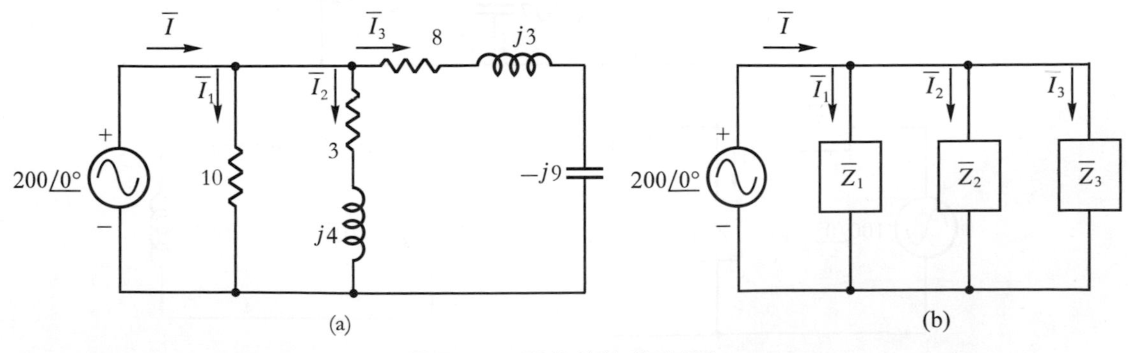

圖 7-24 (單位伏特與歐姆)

解 $\bar{Z}_1 = 10\Omega$，$\bar{Z}_2 = 3 + j4 = 5\,\angle 53°\Omega$

$\bar{Z}_3 = 8 + j3 - j9 = 8 - j6 = 10\,\angle -37°\Omega$

電路之總導納為

$$\bar{Y}_{eq} = \bar{Y}_1 + \bar{Y}_2 + \bar{Y}_3 = \frac{1}{10} + \frac{1}{5\,\angle 53°} + \frac{1}{10\,\angle -37°}$$

$$= 0.1 + 0.2\,\angle -53° + 0.1\,\angle 37° = 0.1 + 0.12 - j0.16 + 0.08 + j0.06$$

$$= 0.3 - j0.1 = 0.316\,\angle -18.43°\mho$$

$$\bar{I} = \bar{Y}_{eq}\bar{V} = (0.316\,\angle -18.43°)(200\,\angle 0°) = 63.2\,\angle -18.43° = 60 - j20\text{A}$$

$$\bar{I}_1 = \frac{\bar{V}}{\bar{Z}_1} = \frac{200\,\angle 0°}{10\,\angle 0°} = 20\,\angle 0° = 20 + j0\text{A}$$

$$\bar{I}_2 = \frac{\bar{V}}{\bar{Z}_2} = \frac{200\,\angle 0°}{5\,\angle 53°} = 40\,\angle -53° = 24 - j32\ \text{A}$$

$$\bar{I}_3 = \frac{\bar{V}}{\bar{Z}_3} = \frac{200\,\angle 0°}{10\,\angle -37°} = 20\,\angle 37° = 16 + j12\ \text{A}$$

$$\bar{I}_1 + \bar{I}_2 + \bar{I}_3 = (20 + j0) + (24 - j32) + (16 + j12) = 60 - j20 = \bar{I}\text{(驗算)}$$

$$\bar{Z}_{eq} = \frac{1}{\bar{Y}_{eq}} = \frac{1}{0.316\,\angle -18.43°} = 3.164\,\angle 18.43° = 3 + j\ \Omega$$

例 7-21

求圖 7-25 電路中(a)Z_{eq}，(b)I，I_1及I_2，(c)等值串聯電路。

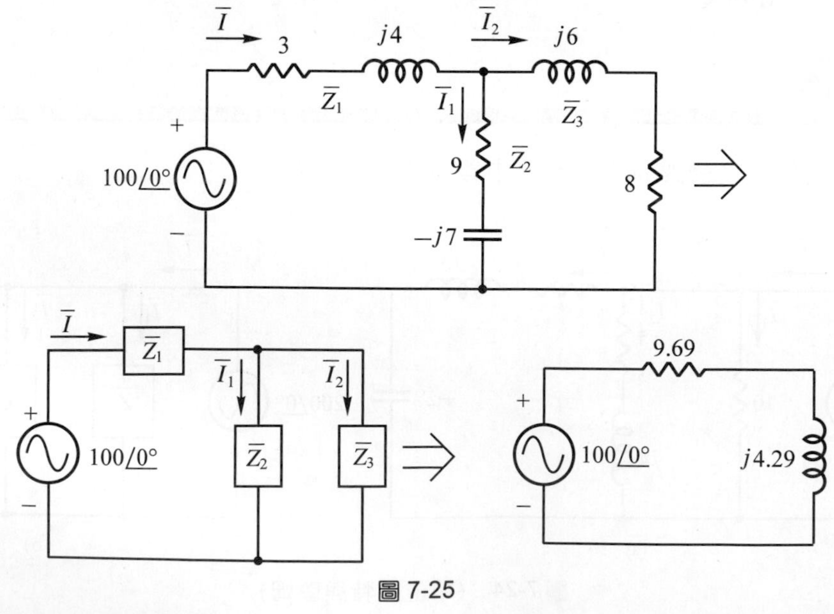

圖 7-25

解 (a)$\bar{Z}_1 = 3 + j4 = 5\angle 53^\circ\Omega$

$\bar{Z}_2 = 9 - j7 = 11.4\angle -37.9^\circ\Omega$

$\bar{Z}_3 = 8 + j6 = 10\angle 37^\circ\Omega$

$$\bar{Z}_{eq} = \bar{Z}_1 + \frac{\bar{Z}_2\bar{Z}_3}{\bar{Z}_2 + \bar{Z}_3} = 3 + j4 + \frac{(11.4\angle -37.9^\circ)(10\angle 37^\circ)}{(9 - j7) + (8 + j6)}$$

$$= 3 + j4 + \frac{114\angle -0.9^\circ}{17 - j} = 3 + j4 + \frac{114\angle -0.9^\circ}{17.03\angle -3.37^\circ}$$

$$= 3 + j4 + 6.69 + j0.29 = 9.69 + j4.29 = 10.6\angle 23.9^\circ\Omega$$

(b)$$\bar{I} = \frac{\bar{V}}{\bar{Z}_{eq}} = \frac{100\angle 0^\circ}{10.6\angle 23.9^\circ} = 9.43\angle -23.9^\circ = 8.63 - j3.82\text{A}$$

$$\bar{I}_2 = \frac{\bar{Z}_2}{\bar{Z}_2 + \bar{Z}_3}\bar{I} = \frac{(11.4\angle -37.9^\circ)(9.43\angle -23.9^\circ)}{(9 - j7) + (8 + j6)}$$

$$= \frac{107.5\angle -61.8^\circ}{17 - j} = \frac{107.5\angle -61.8^\circ}{17.03\angle -3.37^\circ} = 6.31\angle -58.43^\circ$$

$$= 3.3 - j5.38\text{A}$$

$$\bar{I}_1 = \bar{I} - \bar{I}_2 = (8.63 - j3.82) - (3.3 - j5.38)$$

$$= 5.33 + j1.43 = 5.52\angle 15^\circ\text{A}$$

(c)由$\bar{Z}_{eq} = 9.69 + j4.29\Omega$(可得其等值串聯電路如圖(c)所示)

7-6 串聯和並聯等效關係

在交流電路分析中，有時將串聯電路改為並聯等效電路或將並聯化為等效串聯電路較簡便，如將圖 7-26(a)之串聯電路改為圖(b)之並聯電路，將串聯之R_S及L_S改為並聯等效之R_P及L_p，則可使計算步驟及相量之繪製簡化，有助於對電路作用之瞭解。

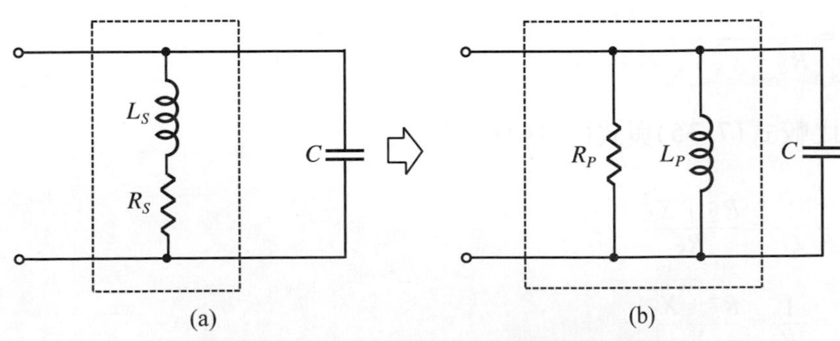

圖 7-26　(a)串並聯電路；(b)並聯等效電路

電路之等效互換主要條件爲在同樣之激勵情況下必須有相同之響應，對交流電路而言，其等效電路僅在同一頻率情況下始成立。

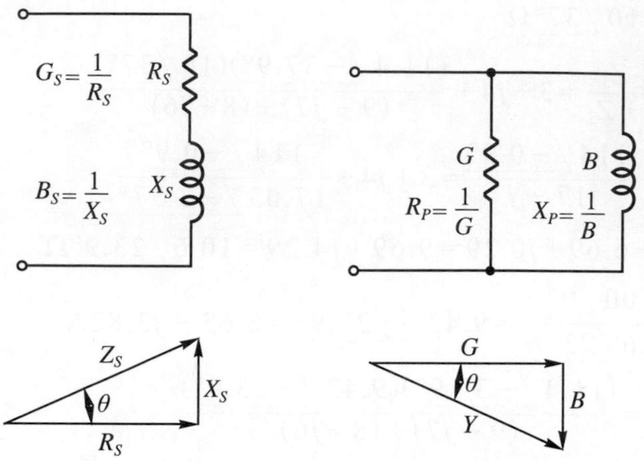

圖 7-27　串聯電路與並聯電路的等效關係

若已知一串聯電路，如圖 7-27(a)所示，今欲求圖(b)之並聯等效電阻和電抗，即使兩者在輸入端具有相同之阻抗，在下面的推導中，將X和B均視爲實數(正或負)，以腳註S表串聯元件；腳註P表並聯元件，在圖(a)中，電路之阻抗爲

$$\overline{Z}_S = R_S + jX_S$$

圖(b)中之導納爲

$$\overline{Y}_b = G - jB = \frac{1}{R_P} - j\frac{1}{X_P} \tag{7-35}$$

若兩電路爲等效，其導納必爲相同，故

$$\overline{Y}_a = \frac{1}{\overline{Z}_a} = \frac{1}{R_S + jX_S} = \frac{R_S - jX_S}{(R_S + jX_S)(R_S - jX_S)}$$

$$= \frac{R_S}{R_S^2 + X_S^2} - j\frac{X_S}{R_S^2 + X_S^2} \tag{7-36}$$

因$\overline{Y}_a = \overline{Y}_b$，比較式(7-35)與式(7-36)可得

$$R_P = \frac{1}{G} = \frac{R_S^2 + X_S^2}{R_S} \tag{7-37}$$

及

$$X_P = \frac{1}{B} = \frac{R_S^2 + X_S^2}{X_S} \tag{7-38}$$

因$R_S^2+X_S^2=|Z|^2$，且$R_S=|Z|\cos\theta$，$X_S=|Z|\sin\theta$，故式(7-37)(7-38)可改寫爲

$$R_P=\frac{R_S^2+X_S^2}{R_S}=\frac{|Z|^2}{|Z|\cos\theta}=\frac{|Z|}{\cos\theta} \tag{7-39}$$

$$X_P=\frac{R_S^2+X_S^2}{X_S}=\frac{|Z|^2}{|Z|\sin\theta}=\frac{|Z|}{\sin\theta} \tag{7-40}$$

上式中，θ爲阻抗角。令Q表示阻抗角度之正切函數值，即

$$Q=\tan\theta=\frac{X_S}{R_S} \tag{7-41}$$

則 $$R_P=\frac{R_S^2+X_S^2}{R_S}=R_S\left(\frac{R_S^2+X_S^2}{R_S^2}\right)=R_S(1+Q^2) \tag{7-42}$$

$$X_P=\frac{R_S^2+X_S^2}{X_S}=X_S\left(\frac{R_S^2+X_S^2}{X_S^2}\right)=X_S(1+\frac{1}{Q^2}) \tag{7-43}$$

將式(7-39)除以式(7-40)，可得

$$\frac{R_P}{X_P}=\frac{\sin\theta}{\cos\theta}=\tan\theta=Q \tag{7-44}$$

由阻抗三角形得$R_S=|Z|\cos\theta$；$X_S=|Z|\sin\theta$及式(7-39)及(7-40)之關係，可得

$$|Z|^2=R_SR_P=X_SX_P \tag{7-45}$$

例 7-22

有一$R-L$串聯電路，$R=4\Omega$，$X_L=10\Omega$，試求其並聯等效電阻及電抗。

解 方法一：由式(7-39)及(7-40)

$$R_P=\frac{R_S^2+X_S^2}{R_S}=\frac{4^2+10^2}{4}=29\Omega$$

$$X_P=\frac{R_S^2+X_S^2}{X_S}=\frac{4^2+10^2}{10}=11.6\Omega(\text{電感性})$$

方法二：$\overline{Z}=R_S+jX_s=4+j10=10.77\angle 68.2^\circ\Omega$

$$R_P = \frac{|Z|}{\cos\theta} = \frac{10.77}{\cos 68.2^\circ} = 29\Omega$$

$$X_P = \frac{|Z|}{\sin\theta} = \frac{10.77}{\sin 68.2^\circ} = 11.6\Omega\text{(電感性)}$$

方法三：$Q = \tan\theta = \dfrac{10}{4} = 2.5$

$$R_P = R_S(1 + 2.5^2) = 4(1 + 2.5^2) = 29\Omega$$

$$X_P = X_S\left(1 + \frac{1}{Q^2}\right) = 10\left(1 + \frac{1}{2.5^2}\right) = 11.6\Omega\text{(電感性)}$$

例 7-23

一50Ω之電阻和一未知電容抗並聯，若已知其串聯等效電阻$R_S = 10\Omega$，試求此未知電容抗爲多少？

解 方法一：由$R_P = R_S(1 + Q^2)$可得

$$X_P = \sqrt{\frac{R_P}{R_S} - 1} = \sqrt{\frac{50}{10} - 1} = 2$$

$$\therefore X_P = \frac{R_P}{Q} = \frac{50}{2} = 25\Omega$$

方法二：$R_P = 50 = \dfrac{|Z|}{\cos\theta}$，和$R_S = 10 = |Z|\cos\theta$

因爲串聯等效電路的阻抗必須和並聯電路的阻抗相同，且須有相同的阻抗角度，故

$\cos\theta = \dfrac{R_S}{|Z|}$，且$\cos\theta = \dfrac{|Z|}{R_P}$

$$|Z| = \sqrt{R_P R_S} = \sqrt{50 \times 10} = 22.36\Omega$$

則$\bar{Z} = 22.36\angle -63.4^\circ = (10 - j20)\Omega$

$$\therefore X_P = \frac{|\bar{Z}|}{|\sin\theta|} = \frac{22.36}{\sin 63.4^\circ} = 25\Omega$$

例 7-24

$R-L$並聯電路如圖 7-28 所示，在頻率f時其總阻抗爲$\bar{Z}_S = 30 + j60\Omega$，試求當頻率改爲$2f$時之總阻抗(以直角座標表示)。

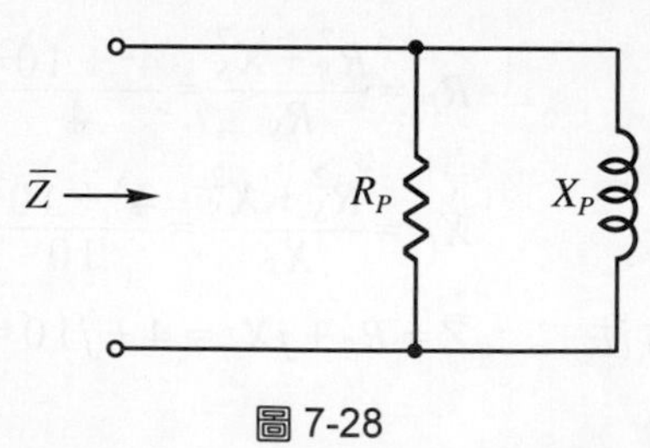

圖 7-28

解 先求該並聯電路各元件值(R_P及X_P)

由$Q=\dfrac{X_S}{R_S}=\dfrac{60}{30}=2$，故

$R_P=R_S(1+Q^2)=30(1+2^2)=150\Omega$，$X_P=\dfrac{R_P}{Q}=\dfrac{150}{2}=75\Omega$

因電感抗($X_L=2\pi fL$)與頻率成正比，故$2f$時之電感抗爲f時之電感抗之倍值，即$X_P=150\Omega$，$2f$時之Q值爲$Q=\dfrac{R_P}{X_P}=\dfrac{150}{150}=1$，故頻率加倍後之串聯等效電路值爲

$R_S=\dfrac{R_P}{1+Q^2}=\dfrac{150}{1+1}=75\Omega$，$X_S=R_SQ=75\times1=75\Omega$

故$2f$時的等效電阻抗爲：$\overline{Z}_{2f}=75+j75\Omega$

7-7 交流網路分析(利用基本網路理論解交流電路)

電路內若有兩個或兩個以上的非單純串聯或並聯之電源時，將無法運用前數節所述之方法求解，而必須借助本節所介紹的數種方法，如克希荷夫定理、網目分析法、節點分析法、戴維寧定理、諾頓定理、重疊定理、倒置分析法、補償定理及米爾曼定理。這些方法在上冊第三章直流電路已詳細討論過。本節僅著重應用在交流電路上複數運算技巧的熟練。在討論各種方法時，先複習一下電源轉換。

7-7-1 電壓源及電流源的變換

應用各種方法解電路問題過程中，爲了簡化起見，有時需要變換電流源爲電壓源，或變換電壓源爲電流源，如圖 7-29 所示，變換方式與直流電源變換相同，唯交流用相量及阻抗來取代直流電路的實數及電阻。兩者變換的基本關係當遵循歐姆定律：

$$\overline{V}=\overline{I}\overline{Z}$$

利用上述變換，可先將許多電源及電路元件之組合，化簡爲一個實際電壓源或電流源。唯對於較特殊或繁雜之網路則用戴維寧定理或諾頓定理，化爲其等效電路較爲方便。值得注意的是：圖 7-29 中之等值作用是對於其兩端以外之電路而言，若把兩端短路，則兩者的短路電流應該相等。其等值電源所應有的電壓極性或電流方向可由此確定。不過作爲供給電能的電源，其電流一定自電源之負端流向電源之

正端，故在電路圖上可由觀察確定之。但在斷路時，電壓源之內部並無能量損耗，電流源卻有損失，因而可知兩者在其內部之作用，並不相等。

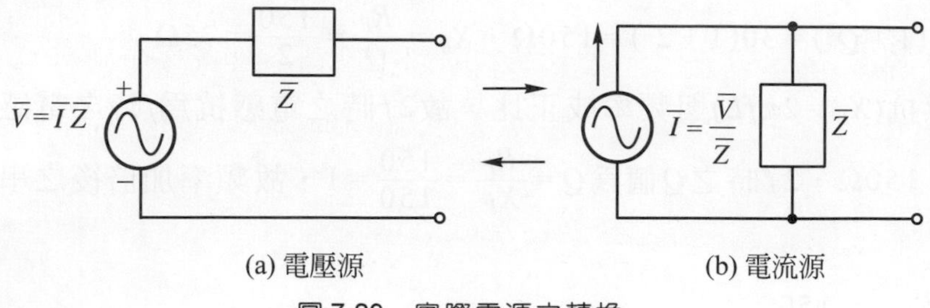

圖 7-29　實際電源之轉換

例 7-25

(a)將圖 7-30(a)變換為電流源。(b)將圖 7-31(a)變換為電壓源。

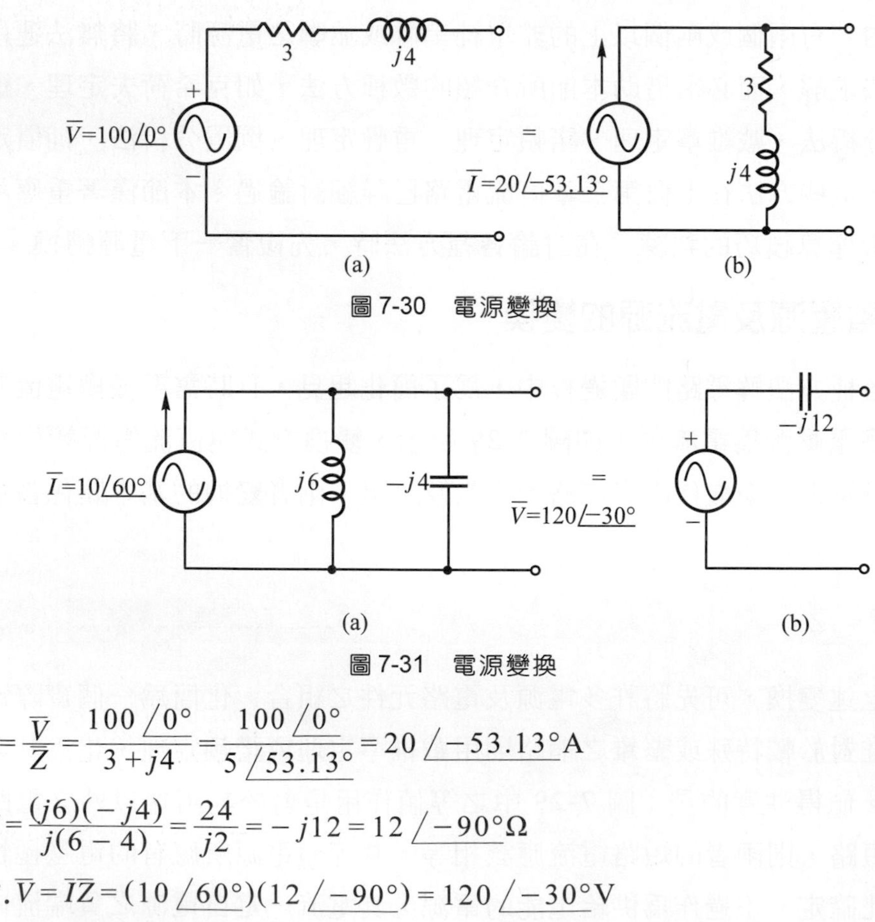

圖 7-30　電源變換

圖 7-31　電源變換

解

(a)$\overline{I}=\dfrac{\overline{V}}{\overline{Z}}=\dfrac{100\angle 0°}{3+j4}=\dfrac{100\angle 0°}{5\angle 53.13°}=20\angle -53.13°\text{A}$

(b)$\overline{Z}=\dfrac{(j6)(-j4)}{j(6-4)}=\dfrac{24}{j2}=-j12=12\angle -90°\Omega$

$\therefore \overline{V}=\overline{I}\,\overline{Z}=(10\angle 60°)(12\angle -90°)=120\angle -30°\text{V}$

7-7-2 克希荷夫電流定理(Kirchhoff Current Law, KCL)

進入任一節點之電流總和必等於離開該節點之電流總和。若以進入節點之電流爲正，則離開者爲負。即任一節點電流之複數(相量)和必等於零其方程式爲：

$$\Sigma\bar{I}=0,\ [\Sigma\bar{I}(\text{流入})=\Sigma\bar{I}(\text{流出})]$$

此式即爲克氏電流定律(KCL)，圖 7-32 爲應用此定律之一例，依標示電流之方向，所排出之方程式爲

$$\bar{I}_1+\bar{I}_3=\bar{I}_2+\bar{I}_4 \tag{7-46}$$

關於 KCL 之應用，並不限於單個節點，而可擴展至包含幾個節點之面積，如圖 7-33 中虛線內之面積，稱爲超節點。

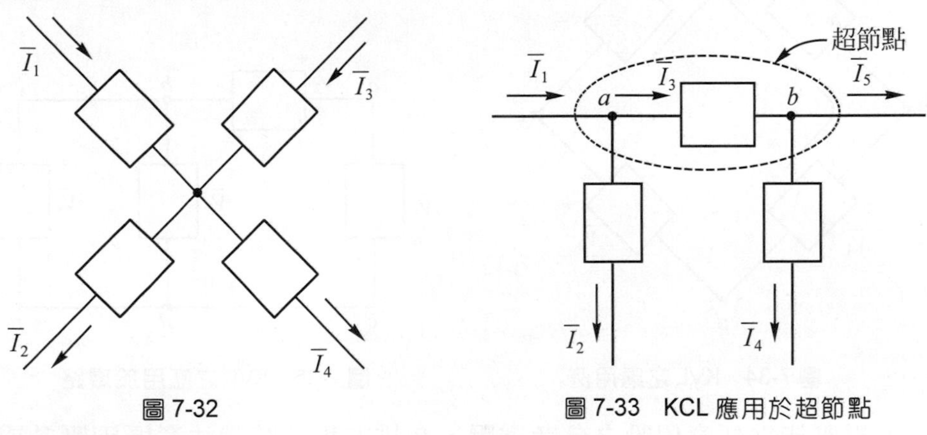

圖 7-32　　圖 7-33 KCL 應用於超節點

利用 KCL 於節點

$$a:\ \bar{I}_1=\bar{I}_2+\bar{I}_3 \tag{7-47}$$

$$b:\ \bar{I}_3=\bar{I}_4+\bar{I}_5 \tag{7-48}$$

將(7-47)式及(7-48)式相加則得超節點電流方程式

$$\bar{I}_1=\bar{I}_2+\bar{I}_4+\bar{I}_5 \tag{7-49}$$

可見超節點電流方程式必等於其中所含各節點電流方程式之和。

7-7-3 克希荷夫電壓定律(Kirchhoff Voltage Law, KVL)

在任一瞬間，環繞任一迴路(封閉路徑)其壓降之相量和等於壓升之相量和。以數學式表之為

$$\Sigma\overline{V}=0\text{，}(\Sigma\overline{V}_{(降)}=\Sigma\overline{V}_{(升)})$$

此即克希荷夫電壓定律，圖 7-34 為應用此定律之一例。沿$abcda$順時針方程繞一週時各電壓間之關係式為

$$\overline{V}_1+\overline{V}_2=\overline{V}_3+\overline{V}_4 \tag{7-50}$$

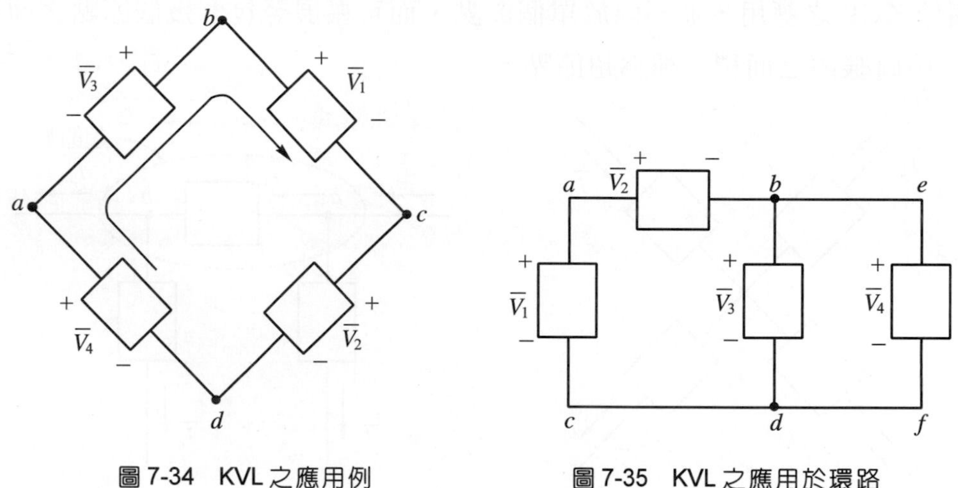

圖 7-34 KVL 之應用例

圖 7-35 KVL 之應用於環路

圖中各電壓皆為任意假設之參考電壓，在排方程式時就注意區別壓升或壓降而冠以適當之正、負符號。

在圖 7-35 所示之電路中，應用KVL分別沿$abdca$及$befdb$封閉路徑可得電壓方程工為

1. 沿$abdca$：

$$\overline{V}_2+\overline{V}_3=\overline{V}_1 \tag{7-51}$$

2. 沿$befdb$：

$$\overline{V}_4=\overline{V}_3 \tag{7-52}$$

$$\overline{V}_2+\overline{V}_4=\overline{V}_1 \tag{7-53}$$

(7-53)式即沿$abefdca$封閉環路電壓方程式。可見一封閉環路電壓方程式乃此環路所有電壓之相量和。

7-7-4 網目分析法(Mesh Current Method)

網目分析法又稱環流法(loop method)，以求未知電流較方便，比假設支路電流而簡化得多，其解題步驟如下：

1. 對每一獨立閉合網目設一未知網目，其方向可任意設定。
2. 應用 KVL，每一網目寫出一方程式。若網目中之阻抗有兩個以上的網目電流流過時，則以所取環路之網目電流爲正，其他網目電流若流向相同者則取正號，否則取負號。但電壓源的極性則不因流徑的網目電流方向而改變。
3. 若遇電流源可利用電流之變換將其變爲電壓源，或直接作爲已知之網目電流。
4. 解上述各網目之聯立方程式，由網目電流獲得欲求之各支路電流。

圖 7-36 所示爲一 4 個節點 6 個支路之電橋，其獨立網目則有 3 個，因此只要依次寫出 3 個網目方程式，各支路電流即可求得：

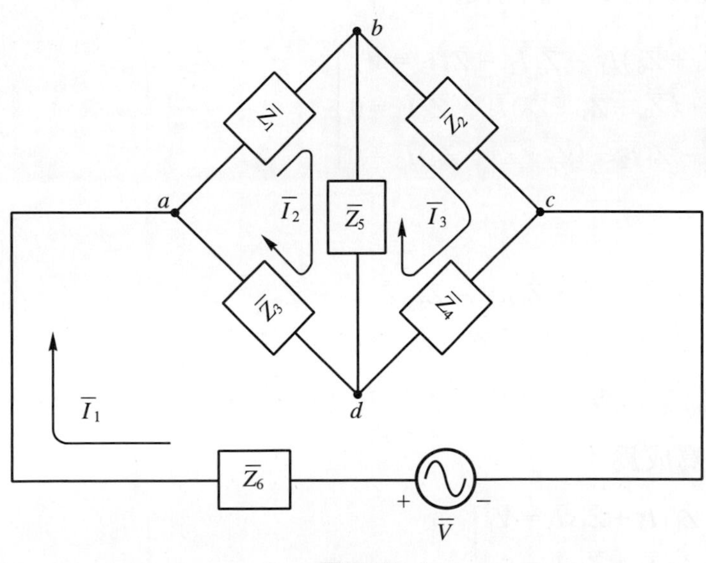

圖 7-36

沿網目$abca$網目：

$$\left.\begin{aligned}&\bar{Z}_3\bar{I}_{ad}+\bar{Z}_4\bar{I}_{dc}+\bar{Z}_6\bar{I}_{ca}=\bar{V}\\ &\text{沿 } abda \text{ 網目：}\\ &\bar{Z}_1\bar{I}_{ab}+\bar{Z}_5\bar{I}_{bd}-\bar{Z}_3\bar{I}_{ad}=0\\ &\text{沿 } bcdb \text{ 網目：}\\ &\bar{Z}_2\bar{I}_{bc}+\bar{Z}_4\bar{I}_{cd}-\bar{Z}_5\bar{I}_{bd}=0\end{aligned}\right\} \tag{7-54}$$

圖中標示之$\bar{I}_1$、$\bar{I}_2$及$\bar{I}_3$為各獨立網目電流其與各支路電流之關係為：

$$\left.\begin{aligned}&\bar{I}_{ab}=\bar{I}_2\text{，}\bar{I}_{bd}=\bar{I}_2-\bar{I}_3\text{，}\bar{I}_{bc}=\bar{I}_3\\ &\bar{I}_{ad}=\bar{I}_1-\bar{I}_2\text{，}\bar{I}_{dc}=\bar{I}_1-\bar{I}_3\text{，}\bar{I}_{ca}=\bar{I}_1\end{aligned}\right\} \tag{7-55}$$

將(7-55)式代入(7-54)式中，得

$$\begin{aligned}&\bar{Z}_3(\bar{I}_1-\bar{I}_2)+\bar{Z}_4(\bar{I}_1-\bar{I}_3)+\bar{Z}_6\bar{I}_1=\bar{V}\\ &\bar{Z}_1\bar{I}_2+\bar{Z}_5(\bar{I}_2-\bar{I}_3)-\bar{Z}_3(\bar{I}_1-\bar{I}_2)=0\\ &\bar{Z}_2\bar{I}_3-\bar{Z}_4(\bar{I}_1-\bar{I}_3)-\bar{Z}_5(\bar{I}_2-\bar{I}_3)=0\end{aligned}$$

將上式接$\bar{I}_1$、$\bar{I}_2$及$\bar{I}_3$的次序整理後得

$$\left.\begin{aligned}&(\bar{Z}_3+\bar{Z}_4+\bar{Z}_6)\bar{I}_1-\bar{Z}_3\bar{I}_2-\bar{Z}_4\bar{I}_3=\bar{V}\\ &-\bar{Z}_3\bar{I}_1+(\bar{Z}_1+\bar{Z}_3+\bar{Z}_5)\bar{I}_2-\bar{Z}_5\bar{I}_3=0\\ &-\bar{Z}_3\bar{I}_1-\bar{Z}_1\bar{I}_2+(\bar{Z}_2+\bar{Z}_4+\bar{Z}_5)\bar{I}_3=0\end{aligned}\right\} \tag{7-56}$$

令

$$\left.\begin{aligned}&\bar{Z}_{11}=\bar{Z}_3+\bar{Z}_4+\bar{Z}_6\text{，}\bar{Z}_{12}=-\bar{Z}_3,\bar{Z}_{13}=-\bar{Z}_4\\ &\bar{Z}_{21}=-\bar{Z}_3\text{，}\bar{Z}_{22}=\bar{Z}_1+\bar{Z}_3+\bar{Z}_5\text{，}\bar{Z}_{23}=-\bar{Z}_5\\ &\bar{Z}_{31}=-\bar{Z}_3\text{，}\bar{Z}_{32}=-\bar{Z}_1\text{，}\bar{Z}_{33}=\bar{Z}_2+\bar{Z}_4+\bar{Z}_5\end{aligned}\right\} \tag{7-57}$$

則(7-56)式可改寫成為：

$$\left.\begin{aligned}&\bar{Z}_{11}\bar{I}_1+\bar{Z}_{12}\bar{I}_2+\bar{Z}_{13}\bar{I}_3=\bar{V}_1\\ &\bar{Z}_{21}\bar{I}_1+\bar{Z}_{22}\bar{I}_2+\bar{Z}_{23}\bar{I}_3=0\\ &\bar{Z}_{31}\bar{I}_1+\bar{Z}_{32}\bar{I}_2+\bar{Z}_{33}\bar{I}_3=0\end{aligned}\right\} \tag{7-58}$$

上式稱爲獨立網目方程式，解聯立方程式求得網目電流$\bar{I}_1$、$\bar{I}_2$及$\bar{I}_3$代入(7-55)式可獲得各支路電流。式中$\bar{Z}_{11}$、$\bar{Z}_{22}$及$\bar{Z}_{33}$爲分別形成$\bar{I}_1$、$\bar{I}_2$及$\bar{I}_3$網目中各阻抗的總和，稱爲網目的自阻抗。$\bar{Z}_{12}$與$\bar{Z}_{21}$爲$\bar{I}_1$與$\bar{I}_2$網目共同支路上的阻抗，稱爲互阻抗。同理$\bar{Z}_{23}$、$\bar{Z}_{32}$；$\bar{Z}_{31}$與$\bar{Z}_{13}$分別爲2、3網目及3、1網目間之互阻抗。若網目電流皆採順時針方向或反時針方向，則自阻抗取正號互阻抗取負號。

例 7-26

試寫出圖 7-37(a)所示電路之網目電流方程式。

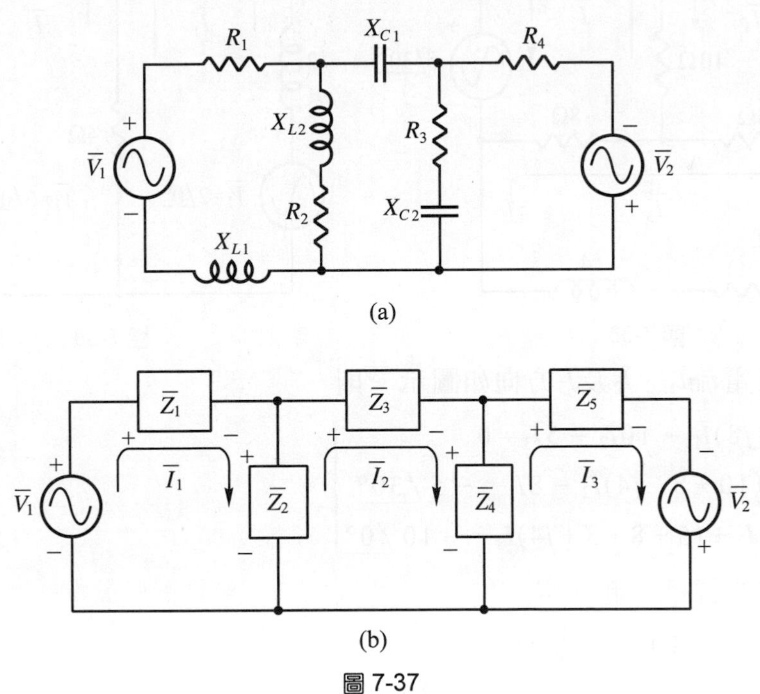

圖 7-37

解 先將圖(a)改繪爲圖(b)。

圖中$\bar{Z}_1 = R_1 + jX_{L_1}$，$\bar{Z}_2 = R_2 + jX_{L_2}$

$\bar{Z}_3 = -jX_{C_1}$，$\bar{Z}_4 = R_3 - jX_{C_2}$，$\bar{Z}_5 = R_4$

設三個網目電流I_1、I_2及I_3皆取順時針方向，則由KVL得

$(\bar{Z}_1 + \bar{Z}_2)\bar{I}_1 - \bar{Z}_2\bar{I}_2 + 0 = \bar{V}_1$

$-\bar{Z}_2\bar{I}_1 + (\bar{Z}_2 + \bar{Z}_3 + \bar{Z}_4)\bar{I}_2 - \bar{Z}_4\bar{I}_3 = 0$

$0 - \bar{Z}_4\bar{I}_2 + (\bar{Z}_4 + \bar{Z}_5)\bar{I}_3 = \bar{V}_2$

將實際各阻抗代入整理後爲

$$\left.\begin{array}{l}[R_1+R_2+j(X_{L_2})]\bar{I}_1-(R_2+jX_{L_2})\bar{I}_2+0=\bar{V}_1\\ -(R_2+jX_{L_2})-[R_2+R_3+j(X_{L_2}-X_{C_1}-X_{C_2})]\bar{I}_2\\ -(R_3-jX_{C_2})\bar{I}_3=0\\ 0-(R_3-jX_{C_2})\bar{I}_2+(R_3+R_4-jX_{C_2})\bar{I}_3=\bar{V}_2\end{array}\right\}$$

例 7-27

試寫出圖 7-38 所示網路之網目電流方程式。

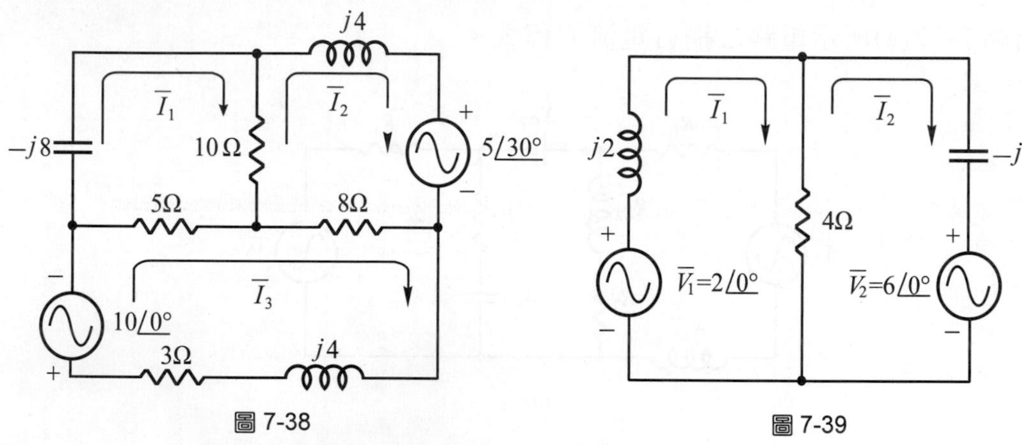

圖 7-38　　圖 7-39

解　所設網目電流 $\bar{I}_1$、$\bar{I}_2$ 及 $\bar{I}_3$ 方向如圖示。則

$$\left.\begin{array}{l}(10+5-j8)\bar{I}_1-10\bar{I}_2-5\bar{I}_3=0\\ -10I_1+(10+8+j4)\bar{I}_2-8I_3=-5\,\underline{/30^\circ}\\ -5I_1-8I_2+(5+8+3+j4)I_3=-10\,\underline{/0^\circ}\end{array}\right\}$$

將實、虛數歸納一起，得

$$\left\{\begin{array}{l}(15-j8)\bar{I}_1-10\bar{I}_2-5\bar{I}_3=0\\ -10\bar{I}_1+(18+j4)\bar{I}_2-8\bar{I}_3=-5\,\underline{/30^\circ}\\ -5\bar{I}_1-8\bar{I}_2+(16+j4)I_3=-10\,\underline{/0^\circ}\end{array}\right.$$

例 7-28

求圖 7-39 所示電路中之網目電流 I_1 及 I_2。

解　假設網目電流方向如圖示，其網目方程式為

$$\left.\begin{array}{l}(4+j2)\bar{I}_1-4\bar{I}_2=2\,\underline{/0^\circ}\\ -4\bar{I}_1+(4-j)\bar{I}_2=-6\,\underline{/0^\circ}\end{array}\right\}$$

$$\bar{I}_1 = \frac{\begin{vmatrix} 2 & -4 \\ -6 & 4-j \end{vmatrix}}{\begin{vmatrix} 4+j2 & -4 \\ -4 & 4-j \end{vmatrix}} = \frac{8-j2-24}{(4+j2)(4-j)-16} = \frac{-16-j2}{2+j4}$$

$$= \frac{16.1\angle{-172.9^\circ}}{4.47\angle{63.4^\circ}} = 3.6\angle{-236.3^\circ} = 3.6\angle{123.7^\circ}\text{A}$$

$$\bar{I}_2 = \frac{\begin{vmatrix} 4+j2 & 2 \\ -4 & -6 \end{vmatrix}}{2+j4} = \frac{-24-j12+8}{2+j4} = \frac{-16-j12}{2+j4}$$

$$= \frac{20\angle{-143.1^\circ}}{4.47\angle{63.4^\circ}} = 4.47\angle{-206.5^\circ} = 4.47\angle{153.5^\circ}\text{A}$$

例 7-29

求圖 7-40(a)所示電路中支路電流$\bar{I}_{be}$及$\bar{V}_{be}$。

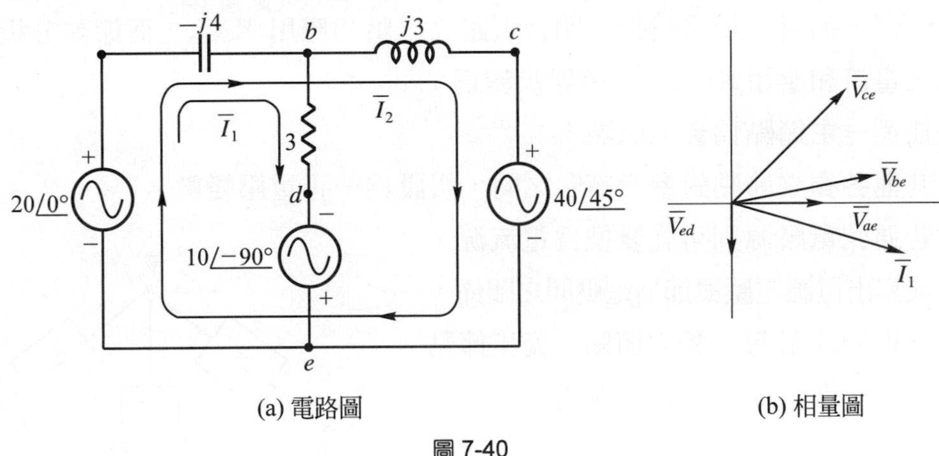

(a) 電路圖　　　　(b) 相量圖

圖 7-40

解 欲使網目電流$\bar{I}_1$等於支路電路$\bar{I}_{be}$，另一網目電流I_2視爲變數，如此僅解出$\bar{I}_1$即可，其網目方程爲

$$\left.\begin{aligned}(3-j4)\bar{I}_1 + (-j4)\bar{I}_2 &= 20\angle{0^\circ} + 10\angle{-90^\circ} \\ (-j4)\bar{I}_1 + j(3-4)\bar{I}_2\angle{0^\circ} &= 20\angle{0^\circ} - 40\angle{45^\circ}\end{aligned}\right\}$$

化簡後
$$\left.\begin{aligned}5\angle{-53.13^\circ}\bar{I}_1 + 4\angle{-90^\circ}\bar{I}_2 &= 22.36\angle{-26.57^\circ} \\ 4\angle{-90^\circ}\bar{I}_1 + 1\angle{-90^\circ}\bar{I}_2 &= 29.5\angle{-106.32^\circ}\end{aligned}\right\}$$

解聯立方程得$\bar{I}_1$

$$\bar{I}_1 = \frac{\begin{vmatrix} 22.36\angle{-26.57^\circ} & 4\angle{-90^\circ} \\ 29.5\angle{-106.32^\circ} & 1\angle{-90^\circ} \end{vmatrix}}{\begin{vmatrix} 5\angle{-53.13^\circ} & 4\angle{-90^\circ} \\ 4\angle{-90^\circ} & 1\angle{-90^\circ} \end{vmatrix}}$$

$$= \frac{22.36\angle{-116.57^\circ} - 118\angle{-196.32^\circ}}{5\angle{-143.13^\circ} - 16\angle{-180^\circ}}$$

$$= \frac{116\angle{-27.2^\circ}}{12.37\angle{-14.04^\circ}} = 9.38\angle{-13.16^\circ} = 9.134 - j2.14\text{A}$$

$$\bar{V}_{be} = Z_{bd}I_1 + V_{de} = 3 \times 9.38\angle{-13.16^\circ} - 10\angle{-90^\circ}$$

$$= 28.14\angle{-13.16^\circ} - 10\angle{-90^\circ} = 27.4 - j6.4 + j10$$

$$= 27.4 + j3.6 = 27.6\angle{7.48^\circ}\text{V}$$

7-7-5 節點分析法(Node Voltage Method)

節點分析法為網目分析法之對偶(dual)，其方程式之型式相同，僅是應用之基本定律不同，網目分析法為封一閉合環路之電壓和應用 KVL，而節點分析則對任一節點之電流和應用 KCL。其解題步驟為：

1. 任選一主節點為參考節點。
2. 其他各獨立節點對參考節點之間，假設為一正電壓變數。
3. 若遇到電壓源則可先變換為電流源，或寫出電源電壓與節點電壓間之關係。
4. 應用KCL於每一獨立節點，寫出節點電壓變數相等之節點方程式。
5. 解聯立方程式得各節點電壓。

茲以節點分析法解圖 7-36 的電橋。先將圖中的電壓源改為電流源$\bar{I}_0 = \frac{\bar{V}}{Z_6}$及$\bar{Y}_6 = \frac{1}{Z_6}$，然後將各阻抗以導納表示，得等效網路如圖 7-41 所示，選d點為參考節點，則剩下 3 個獨立節點，a、b、c三點高於d點的電位分別為V_a、V_b及V_c。就a點而言，由電流源流入的電

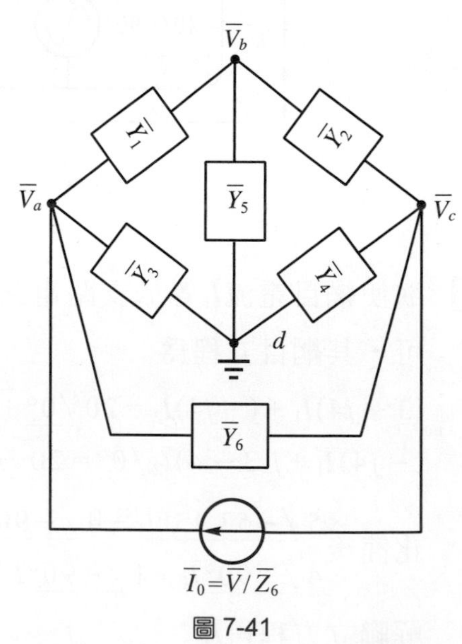

圖 7-41

流爲$\bar{I}_0$，經各導納流出的電流爲$(\bar{V}_a-\bar{V}_b)\bar{Y}_1$，$(\bar{V}_a-0)\bar{Y}_3$，$(\bar{V}_a-\bar{V}_c)\bar{Y}_6$，其余各點可依此類推，因此可獲得三個獨立方程式：

$$\left.\begin{aligned}&\text{節點}\,a：(\bar{V}_a-\bar{V}_b)\bar{Y}_1+\bar{V}_a\bar{Y}_3+(\bar{V}_a-\bar{V}_c)\bar{Y}_6=\bar{I}_0\\&\text{節點}\,b：(\bar{V}_b-\bar{V}_a)\bar{Y}_1+\bar{V}_b\bar{Y}_5+(\bar{V}_b-\bar{V}_c)\bar{Y}_2=0\\&\text{節點}\,c：(\bar{V}_c-\bar{V}_b)\bar{Y}_2+\bar{V}_c\bar{Y}_4+(\bar{V}_c-\bar{V}_a)\bar{Y}_6=-\bar{I}_0\end{aligned}\right\}$$

將上式依$\bar{V}_a$、$\bar{V}_b$、$\bar{V}_c$次序整理歸納爲

$$\left.\begin{aligned}&(\bar{Y}_1+\bar{Y}_3+\bar{Y}_5)\bar{V}_a-\bar{Y}_1\bar{V}_b-\bar{Y}_6\bar{V}_c=\bar{I}_0\\&-\bar{Y}_1\bar{V}_a+(\bar{Y}_1+\bar{Y}_2+\bar{Y}_5)\bar{V}_b-\bar{Y}_2\bar{V}_c=0\\&-\bar{Y}_6\bar{V}_a-\bar{Y}_2\bar{V}_b+(\bar{Y}_2+\bar{Y}_4+\bar{Y}_6)\bar{V}_c=-\bar{I}_0\end{aligned}\right\}\qquad(7\text{-}59)$$

茲令

$$\left.\begin{aligned}&\bar{Y}_{aa}=\bar{Y}_1+\bar{Y}_2+\bar{Y}_6，\bar{Y}_{ab}=\bar{Y}_{ba}=-\bar{Y}_1\\&\bar{Y}_{bb}=\bar{Y}_1+\bar{Y}_2+\bar{Y}_5，\bar{Y}_{bc}=\bar{Y}_{cb}=-\bar{Y}_2\\&\bar{Y}_{cc}=\bar{Y}_2+\bar{Y}_4+\bar{Y}_6，\bar{Y}_{ca}=\bar{Y}_{ac}=-\bar{Y}_6\end{aligned}\right\}\qquad(7\text{-}60)$$

因此(7-59)式可改寫成爲

$$\left.\begin{aligned}&\bar{Y}_{aa}\bar{V}_a+\bar{Y}_{ab}\bar{V}_b+\bar{Y}_{ac}\bar{V}_c=\bar{I}_0\\&\bar{Y}_{ba}\bar{V}_a+\bar{Y}_{bb}\bar{V}_b+\bar{Y}_{bc}\bar{V}_c=0\\&\bar{Y}_{ca}\bar{V}_a+\bar{Y}_{cb}\bar{V}_b+\bar{Y}_{cc}\bar{V}_c=-\bar{I}_0\end{aligned}\right\}\qquad(7\text{-}61)$$

設各導納及電流爲已知，解(7-61)式，或獲$\bar{V}_a$、$\bar{V}_b$、$\bar{V}_c$值，同時流經各支路之電流也可得到。式中$\bar{Y}_{aa}$、$\bar{Y}_{bb}$、$\bar{Y}_{cc}$分別爲節點a、b、c的自導納，$\bar{Y}_{ab}$、$\bar{Y}_{ba}$、$\bar{Y}_{bc}$、$\bar{Y}_{cb}$、$\bar{Y}_{ca}$、$\bar{Y}_{ac}$分別a、b節點，b、c節點及c、a節點間之互導納。若節點的電位都比參考基準點高，則自導納爲正值，互導納爲負值。

例 7-30

圖 7-42(a)之電路，試用節點分析法求流經 4Ω電阻上之電流I_R。

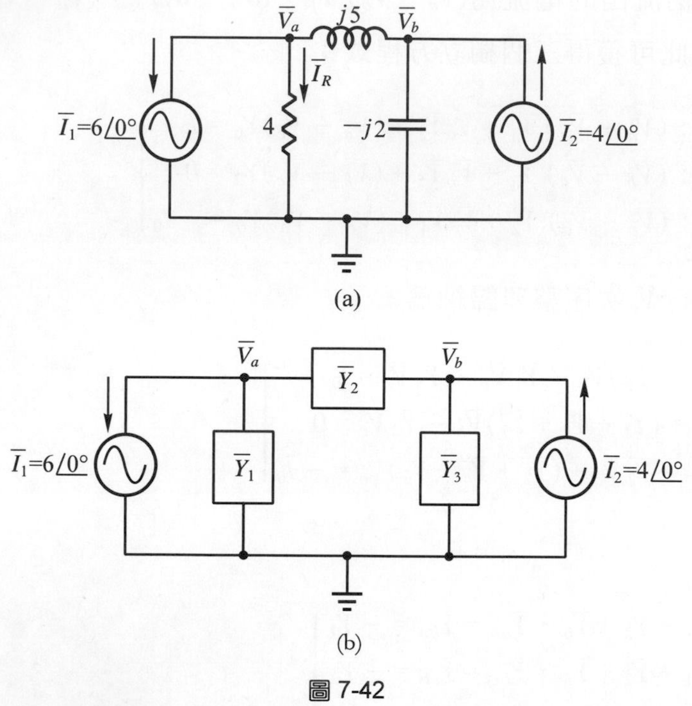

圖 7-42

解 所選之參考節點及電壓變數如圖所示。為方便計，可將各支路之阻抗化為導納，如圖(b)所示，依次寫出節點方程式：

$$\left.\begin{aligned}(\overline{Y}_1+\overline{Y}_2)\overline{V}_a-\overline{Y}_2\overline{V}_b&=-\overline{I}_1\\ -\overline{Y}_2\overline{V}_a+(\overline{Y}_2+\overline{Y}_3)\overline{V}_b&=\overline{I}_2\end{aligned}\right\}$$

解聯立方程式得$\overline{V}_a$

$$\overline{V}_a=\frac{\begin{vmatrix}-\overline{I}_1 & -\overline{Y}_2\\ \overline{I}_2 & \overline{Y}_2+\overline{Y}_3\end{vmatrix}}{\begin{vmatrix}\overline{Y}_1+\overline{Y}_2 & -\overline{Y}_2\\ -\overline{Y}_2 & \overline{Y}_2+\overline{Y}_3\end{vmatrix}}=\frac{-(\overline{Y}_2+\overline{Y}_3)\overline{I}_1+\overline{Y}_2\overline{I}_2}{(\overline{Y}_1+\overline{Y}_2)(\overline{Y}_2+\overline{Y}_3)-\overline{Y}_2^2}=\frac{-(\overline{Y}_2+\overline{Y}_3)\overline{I}_1+\overline{Y}_2\overline{I}_2}{\overline{Y}_1\overline{Y}_2+\overline{Y}_2\overline{Y}_3+\overline{Y}_3\overline{Y}_1}$$

以$\overline{Y}_1=\frac{1}{4}$，$\overline{Y}_2=\frac{1}{j5}$，$\overline{Y}_3=\frac{1}{-j2}$，$\overline{I}_1=6\underline{/0°}$，$\overline{I}_2=4\underline{/0°}$代入得

$$\overline{V}_a=\frac{-\left[\frac{1}{j5}+\frac{1}{-j2}\right](6\underline{/0°})+\left(\frac{1}{j5}\right)(4\underline{/0°})}{\left(\frac{1}{4}\right)\left(\frac{1}{j5}\right)+\left(\frac{1}{4}\right)\left(\frac{1}{-j2}\right)+\left(\frac{1}{j5}\right)\left(\frac{1}{-j2}\right)}=\frac{-j(-0.2+0.5)(6)+(-j0.2)(4)}{-j0.05+j0.125+0.1}$$

$$=\frac{-j1.8-j0.8}{0.1+j0.075}=\frac{2.6\underline{/-90°}}{0.125\underline{/36.9°}}=20.8\underline{/-126.9°}\text{V}$$

$$\overline{I}_R=\frac{\overline{V}_a}{R}=\frac{20.8}{4}\underline{/-126.9°}=5.2\underline{/-126.9°}\text{A}$$

例 7-31

寫出圖 7-43(a)電路之節點方程式。

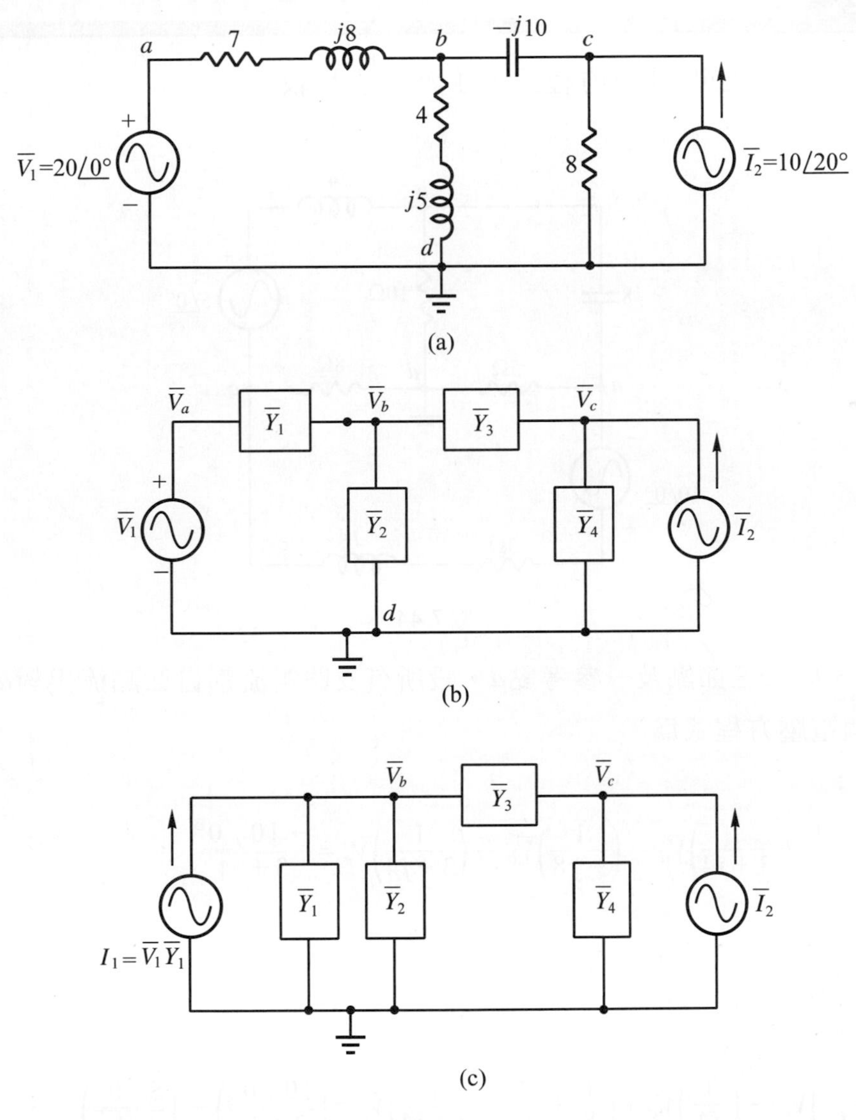

圖 7-43

解 由圖(b)可寫出節點電壓方程式

$$\overline{V}_a = \overline{V}_1$$

$$-\overline{Y}_1\overline{V}_1 + (\overline{Y}_1 + \overline{Y}_2 + \overline{Y}_3)\overline{V}_b - \overline{Y}_3\overline{V}_c = 0$$

$$-\overline{Y}_3\overline{V}_b + (\overline{Y}_3 + \overline{Y}_4)\overline{V}_c = \overline{I}_2$$

或將圖(b)變換為圖(c)，亦可獲得相同之結果，式中

$$\overline{Y}_1=\frac{1}{7+j8}\mho，\overline{Y}_2=\frac{1}{4+j5}\mho，\overline{Y}_3=\frac{1}{-j10}\mho，\overline{Y}_4=\frac{1}{8}\mho$$

例 7-32

寫出圖 7-44 電路的節點電壓方程式，並與 7-27 比較之。

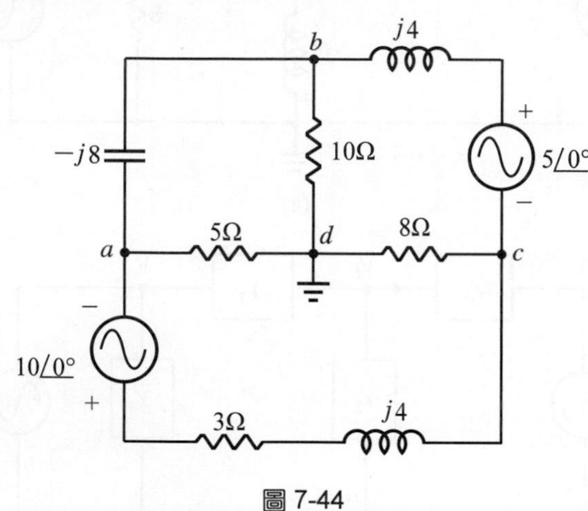

圖 7-44

解 圖示a、b、c三節點及一參考點d，設所有支路電流都自節點流出對a、b及c寫出三個電壓方程式為

節點a：

$$\left(\frac{1}{-j8}+\frac{1}{5}+\frac{1}{3+j4}\right)\overline{V}_a-\left(\frac{1}{-j8}\right)\overline{V}_b-\left(\frac{1}{3+j4}\right)\overline{V}_c=\frac{-10\,\underline{/0^\circ}}{3+j4}$$

節點b：

$$-\frac{1}{-j8}\overline{V}_a+\left(\frac{1}{-j8}+\frac{1}{10}+\frac{1}{j4}\right)\overline{V}_b-\left(\frac{1}{j4}\right)\overline{V}_c=\frac{5\,\underline{/0^\circ}}{j4}$$

節點c：

$$-\left(\frac{1}{3+j4}\right)\overline{V}_a-\left(\frac{1}{j4}\right)\overline{V}_b+\left(\frac{1}{8}+\frac{1}{j4}+\frac{1}{3+j4}\right)\overline{V}_c=\left(\frac{10\,\underline{/0^\circ}}{3+j4}\right)-\left(\frac{5\,\underline{/0^\circ}}{j4}\right)$$

例 7-33

求圖 7-45 電路中之電壓$\overline{V}_{ab}$，本例所示之電路無主節點，但若選擇b點為參考點，而a節點之電位為V_a，並設兩支路電流，都自a點流出，則得一節點方程式為

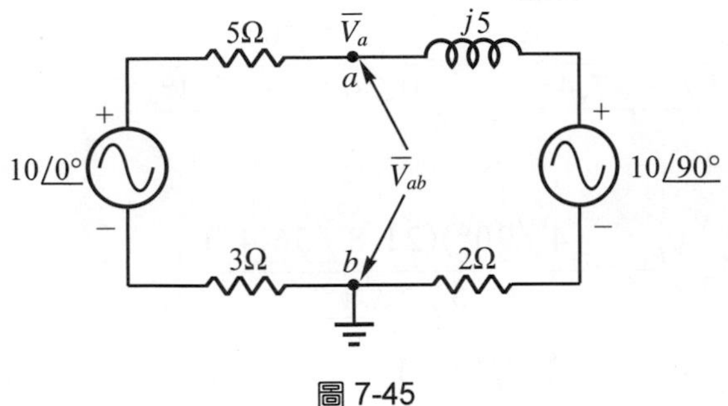

圖 7-45

解 $\dfrac{\overline{V}_a - 10\angle 0^\circ}{5+3} + \dfrac{\overline{V}_a - 10\angle 90^\circ}{(2+j5)} = 0$

整理後 $\overline{V}_a\left(\dfrac{1}{8} + \dfrac{1}{2+j5}\right) = \left(\dfrac{10\angle 0^\circ}{8} + \dfrac{10\angle 0^\circ}{2+j5}\right)$

$\therefore V_{ab} = V_a = 11.8\angle 55.05^\circ \text{V}$

例 7-34

試求圖 7-46 電路中的電壓$\overline{V}_{ab}$。

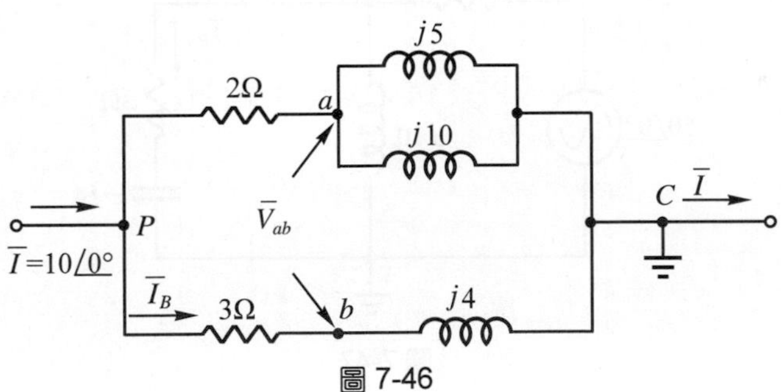

圖 7-46

解 以C點為參考點，則P、a節點電壓方程式為：

節點P：$\left(\dfrac{1}{2} + \dfrac{1}{3+j4}\right)\overline{V}_P - \dfrac{1}{2}\overline{V}_a = 10\angle 0^\circ$

節點a：$-\dfrac{1}{2}\overline{V}_P + \left(\dfrac{1}{2} + \dfrac{1}{j5} + \dfrac{1}{j10}\right)\overline{V}_a = 0$

則 $\overline{V}_P = \dfrac{\begin{vmatrix} 10\angle 0^\circ & -0.5 \\ 0 & (0.5-j0.3) \end{vmatrix}}{\begin{vmatrix} (0.62-j0.16) & -0.5 \\ -0.5 & (0.5-j0.3) \end{vmatrix}}$

$= \dfrac{5-j3}{0.262-j0.266-0.25} = \dfrac{5.83\angle -31^\circ}{0.267\angle -87.4^\circ} = 21.8\angle 56.4^\circ \text{V}$

$$及\overline{V}_a = \frac{\begin{vmatrix} 0.62 - j0.16 & 10\angle 0^\circ \\ -0.5 & 0 \end{vmatrix}}{0.267\angle -87.4^\circ} = \frac{5\angle 0^\circ}{0.267\angle -87.4^\circ}$$

$$= 18.7\angle 87.4^\circ \text{V}$$

$$因\overline{V}_b = (j4)I_B = j4\frac{V_P}{3+j4} = \frac{(4\angle 90^\circ)(21.8\angle 56.4^\circ)}{5\angle 53.1^\circ}$$

$$= 17.44\angle 17.44^\circ = -1 + j17.41$$

$$\overline{V}_a = 18.7\angle 87.4^\circ = 0.85 + j18.68\text{V}$$

$$\overline{V}_{ab} = \overline{V}_a - \overline{V}_b = 0.85 + j18.68 - (-1 + j17.4)$$

$$\therefore \quad = 1.85 + j1.28 = 2.25\angle 34.7^\circ$$

例 7-35

在圖中 7-47 電路中，試求電源供給之電流I_{R5}及I_{R3}。

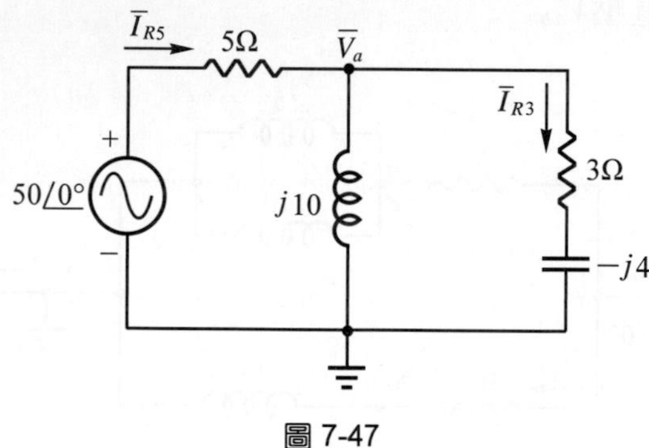

圖 7-47

解 選接地處為參考點及節點a如圖示，則a節點電壓方程式為

$$\frac{\overline{V}_a - 50\angle 0^\circ}{5\angle 0^\circ} + \frac{\overline{V}_a}{j10} + \frac{\overline{V}_a}{3 - j4} = 0$$

$$解得\overline{V}_a = \frac{10\angle 0^\circ}{0.2 + 0.12 + j(0.16 - 0.1)} = \frac{10\angle 0^\circ}{0.32 + j0.06} = 30.7\angle -10.6^\circ \text{V}$$

$$\overline{I}_{R_5} = \frac{50\angle 0^\circ - \overline{V}_a}{5} = \frac{50\angle 0^\circ - 30.7\angle -10.6^\circ}{5}$$

$$= \frac{50 - (30.18 - j5.65)}{5} = \frac{220.6\angle -15.9^\circ}{5} = 4.12\angle -15.9^\circ \text{A}$$

$$I_{R_3} = \frac{\overline{V}_a}{3 - j4} = \frac{30.7\angle -10.6^\circ}{5\angle -53.1^\circ} = 6.14\angle 42.5^\circ \text{A}$$

7-7-6 戴維寧定理(Thevenin's Theorem)

對交流電路，戴維寧定理可敘述為：

任何兩端點之交流網路皆可使用一交流電壓與一阻抗串聯的等效電路取代之。如圖 7-48(b)可以取代圖(a)。

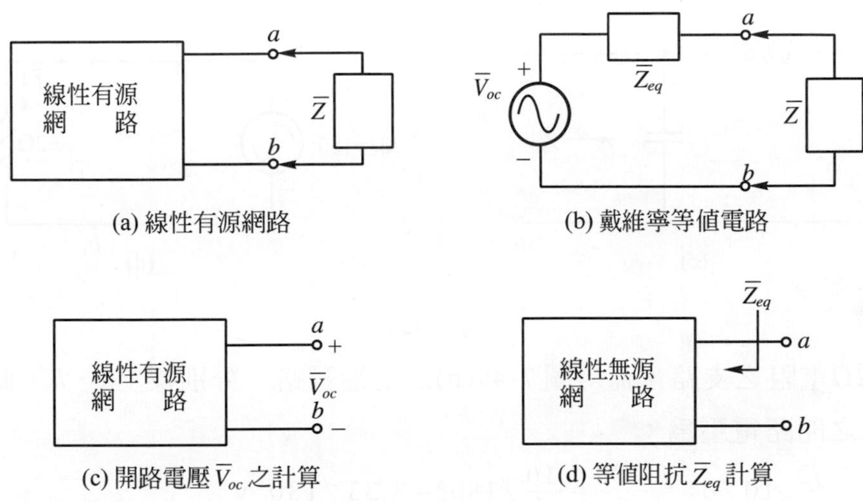

(a) 線性有源網路　(b) 戴維寧等值電路

(c) 開路電壓 $\overline{V}_{oc}$ 之計算　(d) 等值阻抗 $\overline{Z}_{eq}$ 計算

圖 7-48　戴維寧定理

因交流電路內之電抗與頻率有關，故應用戴維寧等效電路時，僅能適用於某一頻率。使用此定理解題之步驟簡述如下：

1. 將欲求解之支路自網路中移去，而獲得一兩端點網路。並以字母標明於兩端點上，如圖 7-48 中所示a及b。
2. 求a、b兩端點間之開路電壓$\overline{V}_{oc}$，如圖(c)所示。
3. 將此a、b兩端網路內之電源移去(即將電壓源短路，將電流源開路)，求a、b兩端之等值阻抗$\overline{Z}_{eq}(\overline{Z}_{th})$，如圖(d)所示。
4. 將開路電壓$\overline{V}_{oc}$與等值阻抗$\overline{Z}_{eq}$串聯而成戴維寧等效電路。
6. 將移去之支路接回等效電路a、b兩端點，如圖(b)，由此簡單電路求解。

例 7-36

圖 7-49(a)之電路中，應用戴維寧定理，求流經 2Ω電阻上之電流。

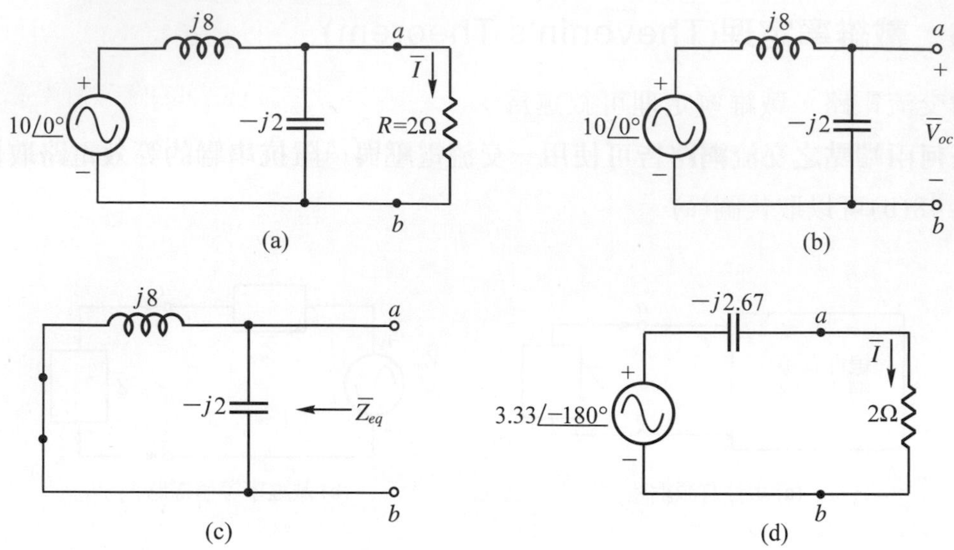

圖 7-49

解 移去2Ω電阻之支路，而得圖7-49(b)之兩端網路，分別標上a、b，此網路a、b兩端之開路電壓爲：

$$\overline{V}_{oc}=\frac{-j2}{j8-j2}10\ \angle 0^\circ=\frac{-20}{6}=\frac{10}{3}\ \angle 180^\circ=3.33\ \angle 180^\circ \text{V}$$

將圖(b)中之電壓源短路成圖(c)所示之電路，其a、b兩端之等值阻抗爲：

$$\overline{Z}_{eq}=\frac{(j8)(-j2)}{j8-j2}=\frac{16}{j6}=\frac{8}{3}\ \angle -90^\circ=2.67\ \angle -90^\circ \Omega$$

將$\overline{V}_{oc}$與$\overline{Z}_{eq}$串聯成圖(d)之戴維寧等效電路，再將原移去之2Ω電阻接回a、b兩端點，由此可獲得流經2Ω電阻之電流爲：

$$\overline{I}=\frac{\overline{V}_{oc}}{\overline{Z}_{eq}+R}=\frac{\frac{10}{3}\ \angle 180^\circ}{\frac{8}{3}\ \angle -90^\circ+2}=\frac{10\ \angle 180^\circ}{6-j8}=1\ \angle -126.9^\circ \text{A}$$

例 7-37

試求圖7-50(a)a、b兩端之戴維寧等效電路。並於a、b兩端點分別接上$\overline{Z}_1=5-j5\Omega$及$\overline{Z}_2=10\ \angle 0^\circ \Omega$時，求通過之電流值。

解 $\overline{V}_{oc}=\frac{5+j5}{5+j5-j5}(50\ \angle 0^\circ)=(1+j)50\ \angle 0^\circ=\sqrt{2}\cdot 50\ \angle 45^\circ$

$=70.7\ \angle 45^\circ \text{V}$

a、b兩端之等值阻抗

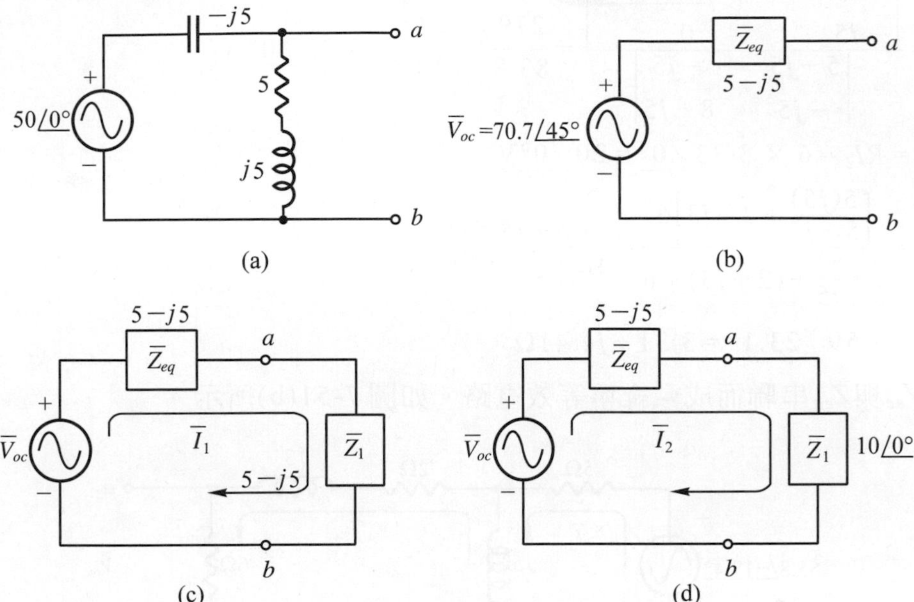

圖 7-50

$$\overline{Z}_{eq}=\frac{(5+j5)(-j5)}{5+j5-j5}=5-j5=7.07\angle{-45°}\Omega$$

其戴維寧等效電路如圖(b)。

當a、b兩端連接$\overline{Z}_1$如圖(c)所示，其電流爲

$$\overline{I}_1=\frac{\overline{V}_{oc}}{\overline{Z}_{eq}+\overline{Z}_1}=\frac{70.7\angle{45°}}{(5-j5)+(5-j5)}=5\angle{90°}\text{A}$$

當a、b兩端連接$\overline{Z}_2$如圖(d)所示，其電流爲

$$\overline{I}_2=\frac{\overline{V}_{oc}}{Z_{eq}+\overline{Z}_2}=\frac{70.7\angle{45°}}{(5-j5)+10}=4.47\angle{63.4°}\text{A}$$

例 7-38

試求圖 7-51(a)電路中a、b兩端之戴維寧等效電路。

解 若無法直接求得$\overline{V}_{oc}$時，可用串並聯多次分壓或用網目電流，及節點電壓求之，茲以網目分析法先求得$\overline{I}_2$，$\overline{V}_{oc}=R\overline{I}_2=6I_2$。

$(5+j5)I_1-j5I_2=55.8\angle{-17.4°}$，

$-j5\overline{I}_1+(2+6+j5+j3)\overline{I}_2=0$

$$\overline{I}_2=\frac{\begin{vmatrix}5+j & 55.8\angle{-17.4°}\\ -j5 & 0\end{vmatrix}}{\begin{vmatrix}5+j5 & -j5\\ -j5 & 8+j5\end{vmatrix}}=\frac{279\angle{72.6°}}{83.8\angle{72.6°}}=3.33\angle{0°}\text{A}$$

$$\overline{V}_{oc}=R\overline{I}_2=6\times 3.33\angle{0°}=20\angle{0°}\text{V}$$

$$\overline{Z}_{eq}=\frac{\left[\frac{5(j5)}{5+j5}+2+j3\right]6}{\frac{5(j5)}{5+j5}+(2+j3)+6}=\frac{(4.5+j5.5)6}{4.5+j5.5+6}$$

$$=3.59\angle{23.1°}=3.31+j1.41\Omega$$

將$\overline{V}_{oc}$與$\overline{Z}_{eq}$串聯而成戴維寧等效電路。如圖 7-51(b)所示。

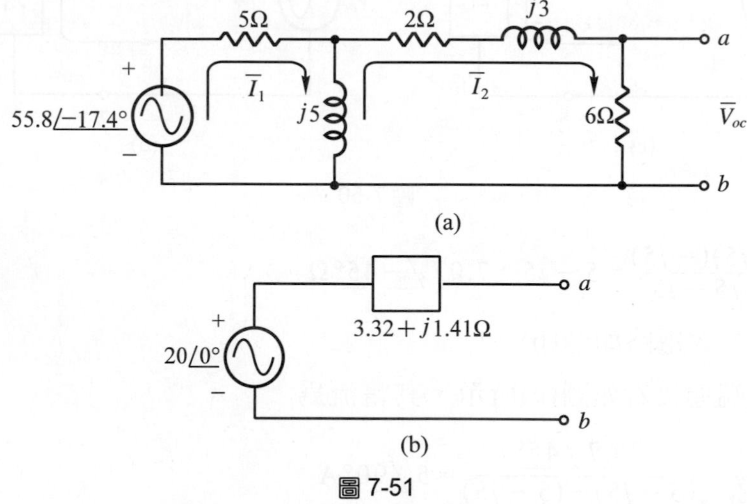

(a)

(b)

圖 7-51

例 7-39

圖 7-52(a)電路，試求a、b兩端之戴維寧等效電路。

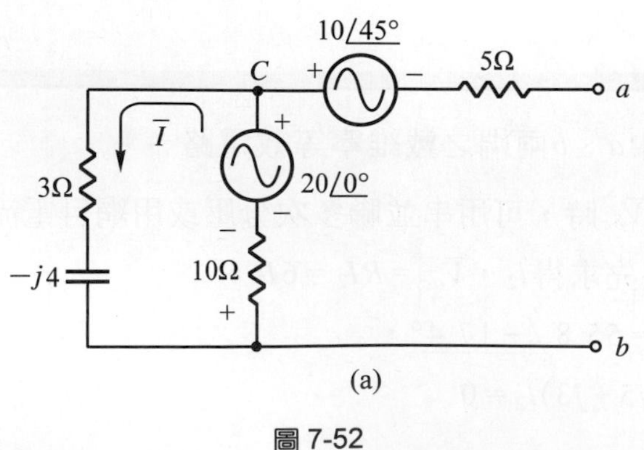

(a)

圖 7-52

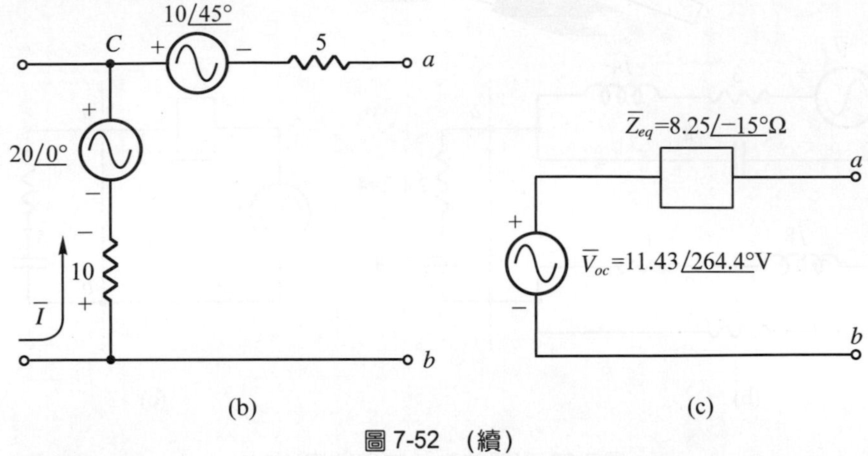

圖 7-52 (續)

解 a、b兩端開路時，

$$\overline{V}_{oc} = \overline{V}_{ac} + \overline{V}_{cb}$$

$$= -10\frac{20\angle 0^\circ}{3+10-j4} + 20\angle 0^\circ - 10\angle 45^\circ$$

$$= -14.7\angle 17.1^\circ + 20\angle 0^\circ - 10\angle 45^\circ$$

$$= 11.43\angle -95.6^\circ = 11.43\angle 264.4^\circ \text{V}$$

$$\overline{Z}_{eq} = 5 + \frac{10(3-j4)}{10+3-j4} = 7.98 - j2.16 = 8.25\angle -15^\circ \Omega$$

將$\overline{V}_{oc}$與$\overline{Z}_{eq}$串聯後即得戴維寧等效電路，如圖(c)所示。

例 7-40

如圖 7-53(a)電路已知弦波電壓為$v = 141.4\cos\omega t$，試利用戴維寧定理求圖示中電流$\overline{I}$及i。

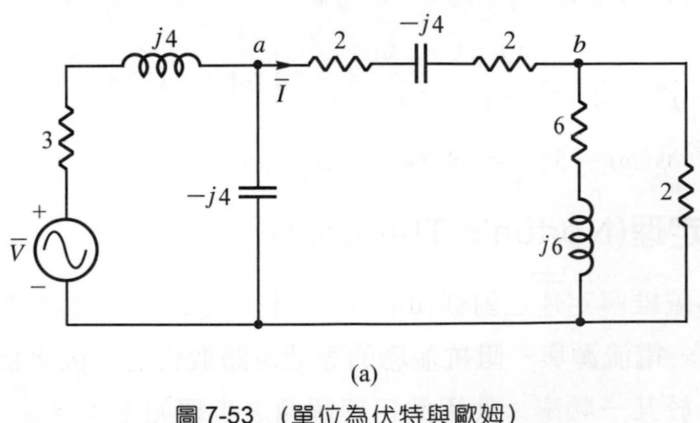

圖 7-53 (單位為伏特與歐姆)

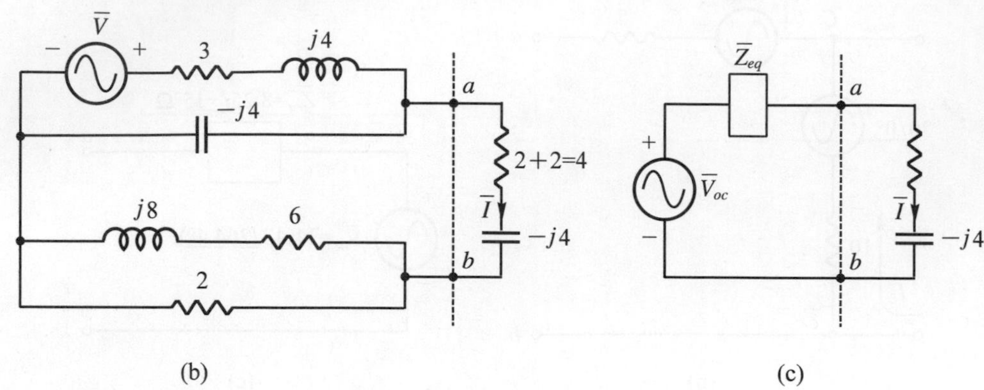

圖 7-53 (單位為伏特與歐姆)(續)

解 首先將電路自端路a及b處分開，如(b)圖所示，進而由a、b端點求戴維寧等效電路如(c)圖所示，分別求得$\overline{Z}_{eq}$及$\overline{V}_{oc}$為

$$\overline{V}_{oc}=\overline{V}\frac{4\angle-90^\circ}{3+j4-j4}=100\angle0^\circ\frac{4\angle-90^\circ}{3\angle0^\circ}=\frac{400}{3}\angle-90^\circ=133.33\angle-90^\circ\text{V}$$

$$\overline{Z}_{eq}=\frac{(3+j4)(4\angle-90^\circ)}{3+j4-j4}+\frac{(6+j8)(2\angle0^\circ)}{6+j8+2}=\frac{5\angle53^\circ(4\angle-90^\circ)}{3}+\frac{10\angle53^\circ(2\angle0^\circ)}{8+j8}$$

$$=\frac{20\angle-37^\circ}{3}+\frac{20\angle53^\circ}{\sqrt{2}\cdot8\angle45^\circ}$$

$$=5.333-j4+1.75+j0.246=7.083-j3.754$$

$$=8.016\angle-27.92^\circ\Omega$$

故電流相量

$$\overline{I}=\frac{\overline{V}_{oc}}{\overline{Z}_{eq}+4-j4}=\frac{133.33\angle-90^\circ}{7.083-j3.754+4-j4}$$

$$=\frac{133.33\angle-90^\circ}{11.083-j7.754}=\frac{333.33\angle-90^\circ}{13.53\angle-34.98^\circ}=24.64\angle-55^\circ\text{A}$$

$$i=24.64\sqrt{2}\cos(\omega t-55^\circ)=34.84\cos(\omega t-55^\circ)\text{A}$$

7-7-7 諾頓定理(Norton's Theorem)

諾頓定理為戴維寧定理之對偶(dual)，故諾頓定理可敘述如下：**任何兩端之交流網路均可使用一電流源與一阻抗並聯的等效電路取代之**。因電抗頻率而定，故諾頓定理亦僅適用於某一頻率。使用此定理解題之步驟如下：

1. 將欲求解之支路自網路中移去，得一兩端點網路，並以字母標明於兩端點上，如圖 7-54 中所示之a及b。

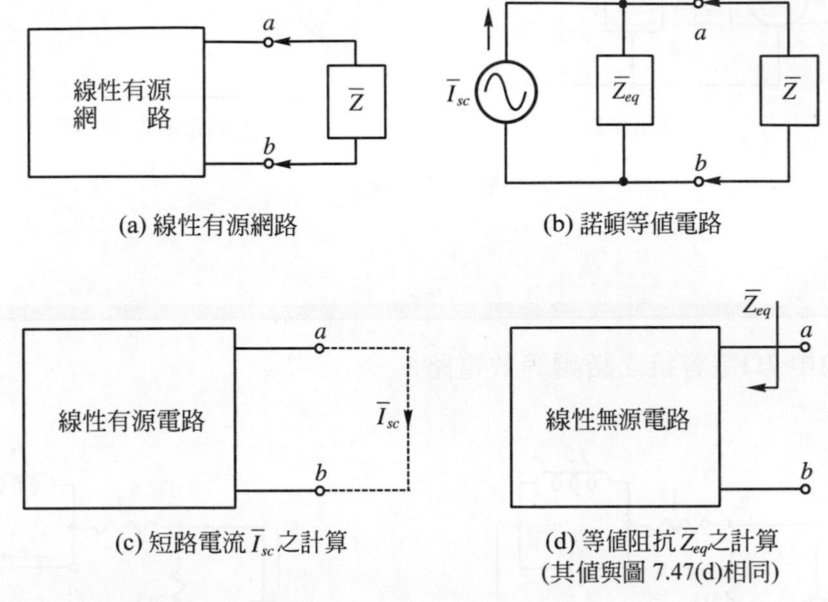

(a) 線性有源網路　(b) 諾頓等值電路

(c) 短路電流$\overline{I}_{sc}$之計算　(d) 等值阻抗$\overline{Z}_{eq}$之計算（其值與圖 7.47(d)相同）

圖 7-54

2. 將a、b兩端點短路，求此短路電流$\overline{I}_{SC}$。如圖(c)所示。
3. 求a、b兩端點間之等值阻抗$\overline{Z}_{eq}$。(方法與戴維寧定理相同。)
4. 將短路電流$\overline{I}_{SC}$與等值阻抗$\overline{Z}_{eq}$並聯而成諾頓等效電路。
5. 將移去之支路接回等效電路a、b兩端點，如圖(b)，而後由此簡單之電路求解。

諾頓與戴維寧等效電路，可利用電源變換互相變換如圖 7-55 所示。

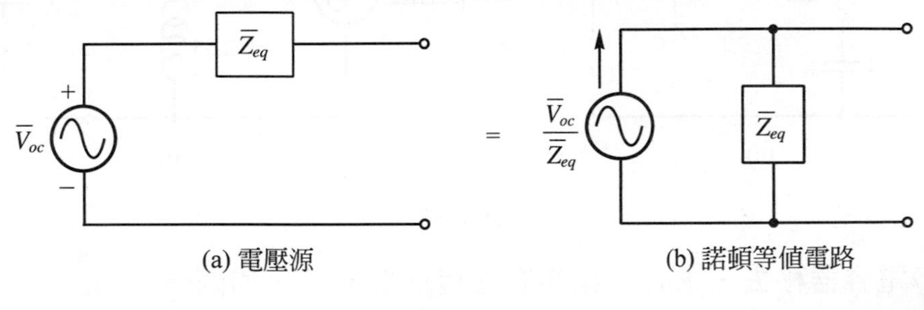

(a) 電壓源　(b) 諾頓等值電路

圖 7-55

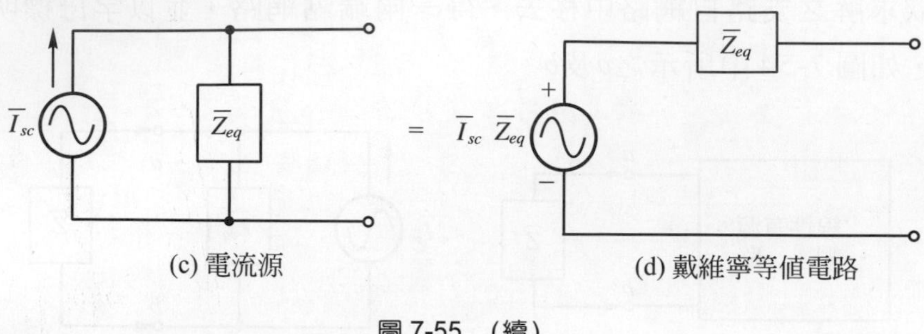

(c) 電流源　　(d) 戴維寧等值電路

圖 7-55 （續）

例 7-41

求圖 7-56(a)中 7Ω電容抗之諾頓等效電路。

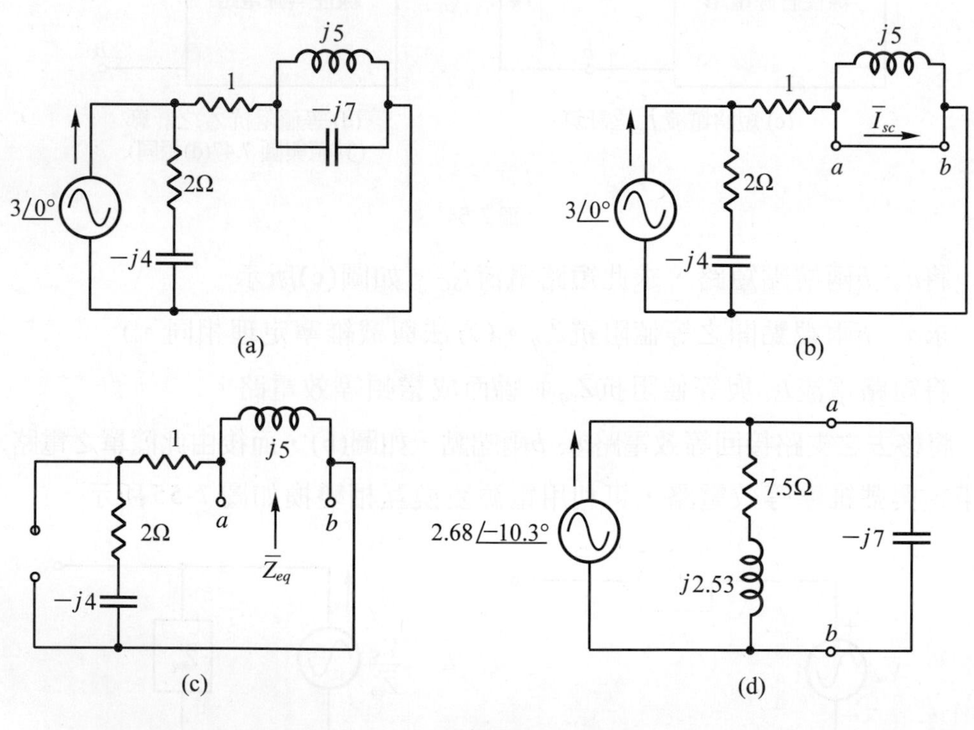

圖 7-56

解 將 7Ω電容器移去，求a、b兩端點之短路電流$\overline{I}_{SC}$，如圖(b)所示。

$$\overline{I}_{SC}=\frac{2-j4}{1+2-j4}(3\angle 0^\circ)=\frac{2-j4}{3-j4}3\angle 0^\circ=\frac{6-j12}{3-j4}$$

$$=\frac{13.4\angle -63.4^\circ}{5\angle -53.1^\circ}=2.68\angle -10.3^\circ\text{A}$$

將網路內電源移去求a、b兩端點間之等效阻抗$\overline{Z}_{eq}$，如圖 7-56(c)所示。

$$\overline{Z}_{eq}=\frac{(j5)(3-j4)}{j5+3-j4}=\frac{5\angle 90^\circ(5\angle -53^\circ)}{3+j}=\frac{25\angle 37^\circ}{3.16\angle 18.4^\circ}$$

$$=7.9\angle 18.6^\circ=7.5+j2.52\Omega$$

將短路電流$\overline{I}_{SC}$及等值阻抗$\overline{Z}_{eq}$並聯得諾頓等效電路如圖(d)所示。

7-7-8 重疊定理(Superposition Theorem)

重疊定理係指在多個電源的線性網路中，流經網路內任一元件上之電流或跨其兩端之電壓，等於各單獨電源分別作用時產生電流或電壓之相量和。

欲考慮每一單獨電源之效應，必須將其他電源移去，即將不欲作用之電壓源短路，電流源開路。

對於較簡單之電路，應用重疊定理以求取各電源單獨作用之分效果，可能省事，但對較複雜之電路，仍須藉助聯立方程式求解，重疊定理用途不廣，值得注意的是，該定理僅適用於電流、電壓之求得，並不適功率效應之使用，因功率係隨電流或電壓之平方而變，並非直線性，此情況將在 7-43 中說明之。

例 7-42

利用重疊定理求圖 7-57(a)電路中支路電流I。

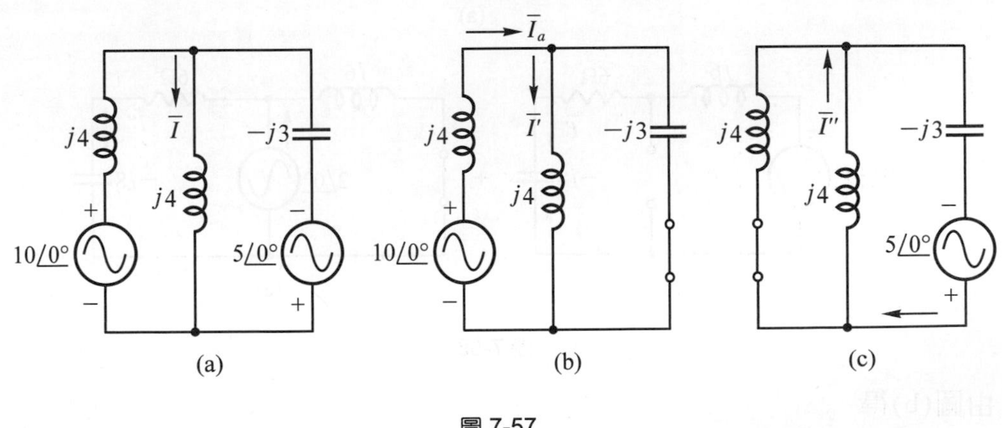

圖 7-57

解 考慮電源之單獨效應，先將圖(a)分為圖(b)與圖(c)，分別每次只考慮一個電源作用，由圖(b)得

$$\bar{I}_a=\frac{10\angle 0^\circ}{j4+\dfrac{(j4)(-j3)}{j4-j3}}=\frac{10\angle 0^\circ}{j4-j12}=\frac{10\angle 0^\circ}{8\angle 90^\circ}=1.25\angle 90^\circ\text{A}$$

$$\bar{I}'=\frac{-j3}{j4-j3}1.25\angle 90^\circ=(-3)\times 1.25\angle 90^\circ=-3.75\angle 90^\circ$$
$$=3.75\angle -90^\circ\text{A}$$

由圖(c)得

$$\bar{I}''=\left(\frac{5\angle 0^\circ}{-j3+j2}\right)\left(\frac{j4}{j4+j4}\right)=5\angle 90^\circ\times\frac{1}{2}=2.5\angle 90^\circ\text{A}$$

最後將圖(b)與圖(c)重疊之結果得

$$\bar{I}=\bar{I}'-\bar{I}''=3.75\angle -90^\circ-2.5\angle 90^\circ=-j3.75-j2.5$$
$$=6.25\angle -90^\circ\text{A}$$

例 7-43

求圖 7-58 電路中之電流$\bar{I}$，應用重疊定理，並說明該定理不能用來計算功率。

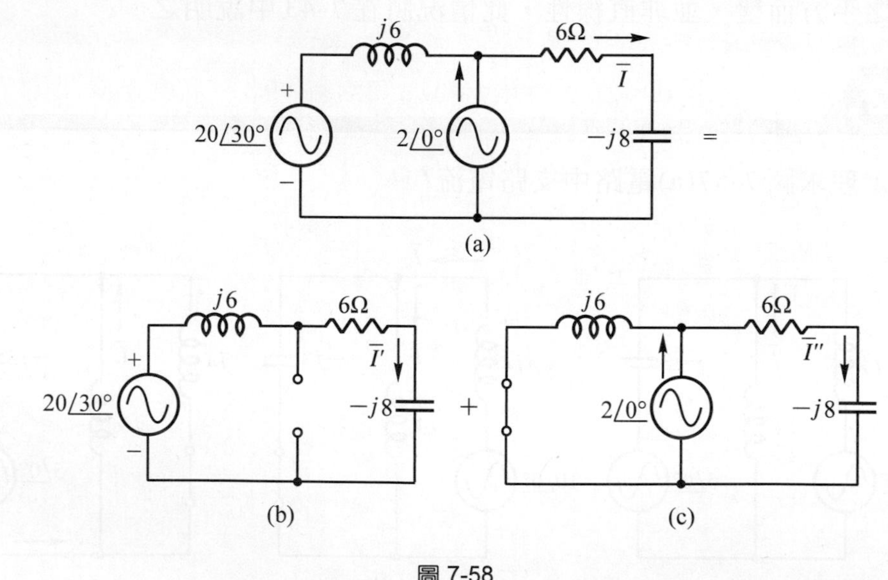

圖 7-58

解 由圖(b)得

$$\bar{I}'=\frac{20\angle 30^\circ}{j6+6-j8}=\frac{20\angle 30^\circ}{6-j2}=\frac{20\angle 20^\circ}{6.23\angle -18.4^\circ}=3.16\angle 48.4^\circ$$
$$=2.1+j2.36\text{A}$$

由圖(c)得

$$\bar{I}'' = \left(\frac{j6}{j6+6-j8}\right)2\,\underline{/0^\circ} = \frac{j12}{6-j2} = \frac{12\,\underline{/90^\circ}}{6.32\,\underline{/-18.4^\circ}}$$

$$= 1.9\,\underline{/108.4^\circ} = -0.6 = j1.8\text{A}$$

將兩者重疊得

$$\bar{I} = \bar{I}' + \bar{I}'' = 2.1 + j2.36 + (-0.6 + j1.8) = 1.5 + j4.16 = 4.43\,\underline{/70.2^\circ}\text{A}$$

由圖示 6Ω電阻上之功率爲

$$P = I^2R = 4.43^2 \times 6 = 1117.7\text{W}$$

若用重疊定理求 6Ω電阻上之功率爲

$$P' = I'^2R + I''^2R = (3.16^2)(6) + (1.9^2)(6) = 60 + 21.6 = 81.6\text{W}$$

結果P'不等於P，茲證明實重疊定理，不適用於求功率，但亦有極少數之例外(如在直流電路中，恰含有一電流源和一電壓源時，重疊定理求功率則可成立)。

7-7-9 倒置定理(Reciprocity Theorem)

倒置定理又稱互易定理，雖然只有適用於單電源電路，但亦屬多種有用的網路分析工具之一，可與其他多源網路定理合用藉以簡化工作。

倒置定理可敘述爲：在一個包含單一電源之兩端網路中，當電源由原存在之支路上，移至同一網路任一支路時，電源原存在支路上之電源，將與電源未移動前該支路上之電流相等。

前述各定理幾乎都顯而易見，唯此定理並非如此，以一個典型問題來證明其確實性。

圖 7-59(a)所示無阻抗電流表 Ⓐ 及無阻抗電壓源$\bar{V}$之網路，則電流表之電流讀值$\bar{I}$爲：

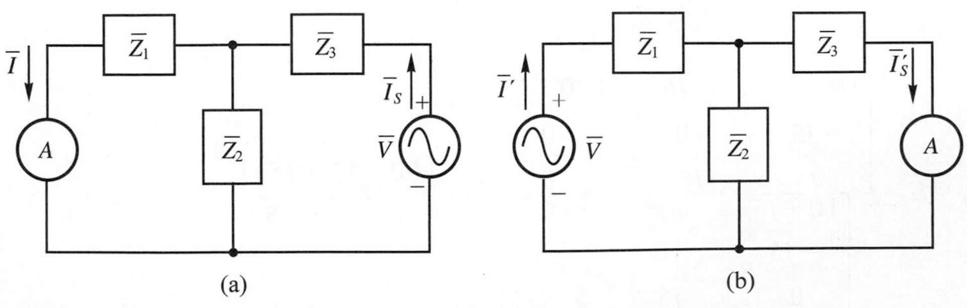

圖 7-59　說明互易定理的電路

$$\bar{I}=\frac{\bar{Z}_2}{\bar{Z}_1+\bar{Z}_2}\bar{I}_S=\frac{\bar{Z}_2\bar{V}}{(\bar{Z}_1+\bar{Z}_2)\left(\bar{Z}_3+\frac{\bar{Z}_1\bar{Z}_2}{\bar{Z}_1+\bar{Z}_2}\right)}=\frac{\bar{Z}_2\bar{V}}{\bar{Z}_3\bar{Z}_1+\bar{Z}_1\bar{Z}_2+\bar{Z}_2\bar{Z}_3} \tag{7-62}$$

若將電源$\bar{V}$與電流表 Ⓐ 之位置互換如圖(b)所示，電流表之讀值$\bar{I}'$為

$$\bar{I}'=\left(\frac{\bar{Z}_2}{\bar{Z}_2+\bar{Z}_3}\right)\bar{I}'_S=\frac{\bar{Z}_2\bar{V}}{(\bar{Z}_2+\bar{Z}_3)\left(\bar{Z}_1+\frac{\bar{Z}_2\bar{Z}_3}{\bar{Z}_2+\bar{Z}_3}\right)}=\frac{\bar{Z}_2\bar{V}}{\bar{Z}_1\bar{Z}_2+\bar{Z}_2\bar{Z}_3+\bar{Z}_3\bar{Z}_1} \tag{7-63}$$

因$\bar{I}=\bar{I}'$，故倒置定理成立，然而，絕不可妄下結論$\bar{I}_S=\bar{I}'_S$或其他支路電流保持相同；一般言之，當電源與電流表互易時，其他支路電流將因而改變。

例 7-44

如圖 7-60(a)所示，電壓源$100\angle 45°$對 5Ω電阻支路所產生之電流$\bar{I}_x$，求$\bar{I}_x$並證實倒置定理。

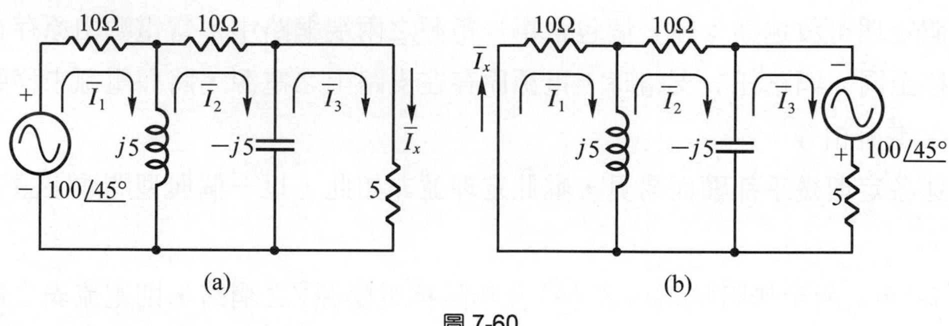

圖 7-60

解 網目電流I_1、I_2及I_3，如圖(a)所示，則

$I_x=I_3$

$$\bar{I}_x=\bar{I}_3=\frac{\begin{vmatrix}10+j5 & -j5 & 100\angle 45° \\ -j5 & 10 & 0 \\ 0 & j5 & 0\end{vmatrix}}{\begin{vmatrix}10+j5 & -j5 & 0 \\ -j5 & 10 & j5 \\ 0 & j5 & 5-j5\end{vmatrix}}=\frac{100\angle 45°(25)}{1152\angle -12.5°}$$

$$=2.16\angle 57.5°\text{A}$$

茲應用倒置定理將電源位置更換如圖(b)所示，求I_x，則

$$I_x = \bar{I}_1 = \frac{\begin{vmatrix} 0 & -j5 & 0 \\ 0 & 10 & j5 \\ 100\,\underline{/45^\circ} & j5 & 5-j5 \end{vmatrix}}{\Delta_x} = \frac{100\,\underline{/45^\circ}(25)}{1152\,\underline{/-12.5^\circ}}$$

$$= 2.16\,\underline{/57.5^\circ}\text{A}$$

故知倒置定理成立。

7-7-10 代替定理(Substitution Theorem)

在較複雜之多電源網路，代替定理可使網路簡化，其意義為：若端點條件不變，在網路內之任一部份可使用元件之組合代替之。

一網路之被動部份，若已知其兩端之電壓$\bar{V}$與電流$\bar{I}$，則在保持$\bar{V}$與$\bar{I}$不變之條件下，該部份得由一阻抗$\bar{Z}=\dfrac{\bar{V}}{\bar{I}}$，一電壓源$\bar{V}$一電流源$\bar{I}$，或由電源與阻抗任意組合之支路予以代替，故稱代替定理。如圖 7-61 所示，其中圖(e)及(f)只須分別滿足

$$\bar{V} = \bar{I}\bar{Z}' + \bar{V}' \quad 及 \quad \bar{I} = \frac{\bar{V}}{\bar{Z}'} + \bar{I}'$$

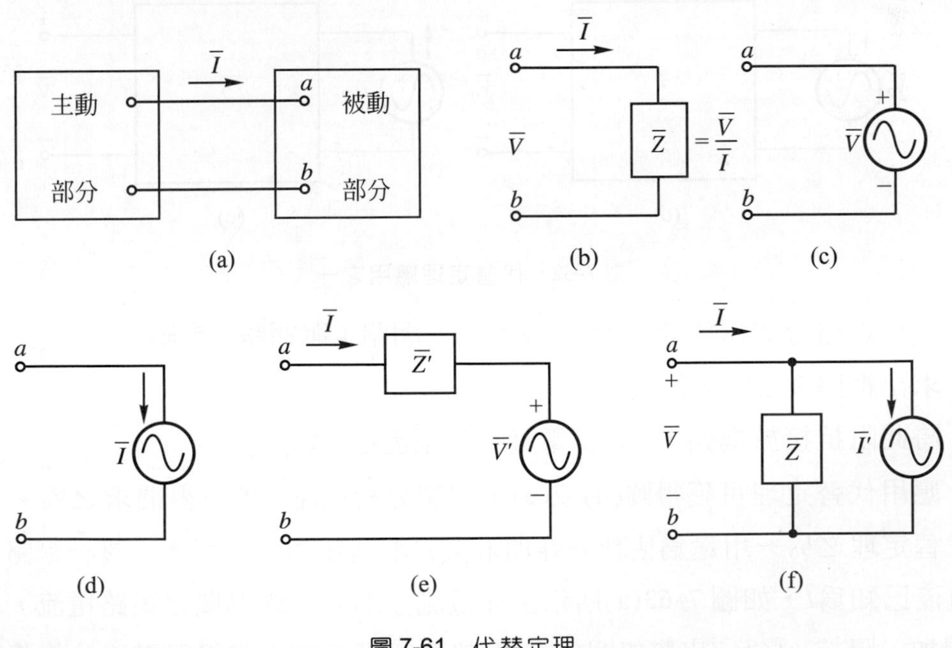

圖 7-61　代替定理

上式中$\overline{Z}'$與$\overline{V}'$與$\overline{I}'$之值可以任意調配，將有無限多之可能，上述各種代替方式即保持網路中電壓電流之分佈原狀，故本定理之眞實性當毋庸置疑。

例舉兩種用途來述明本定理之應用，其一爲分析電子電路所常用之方法，蓋因一複雜之電路往往將其分爲較小之部份，同時應用代替定理，問題之解答遂得以簡化。圖 7-62(a)所示之電路中，求其輸出電壓$\overline{V}_0$，所應採取之步驟：

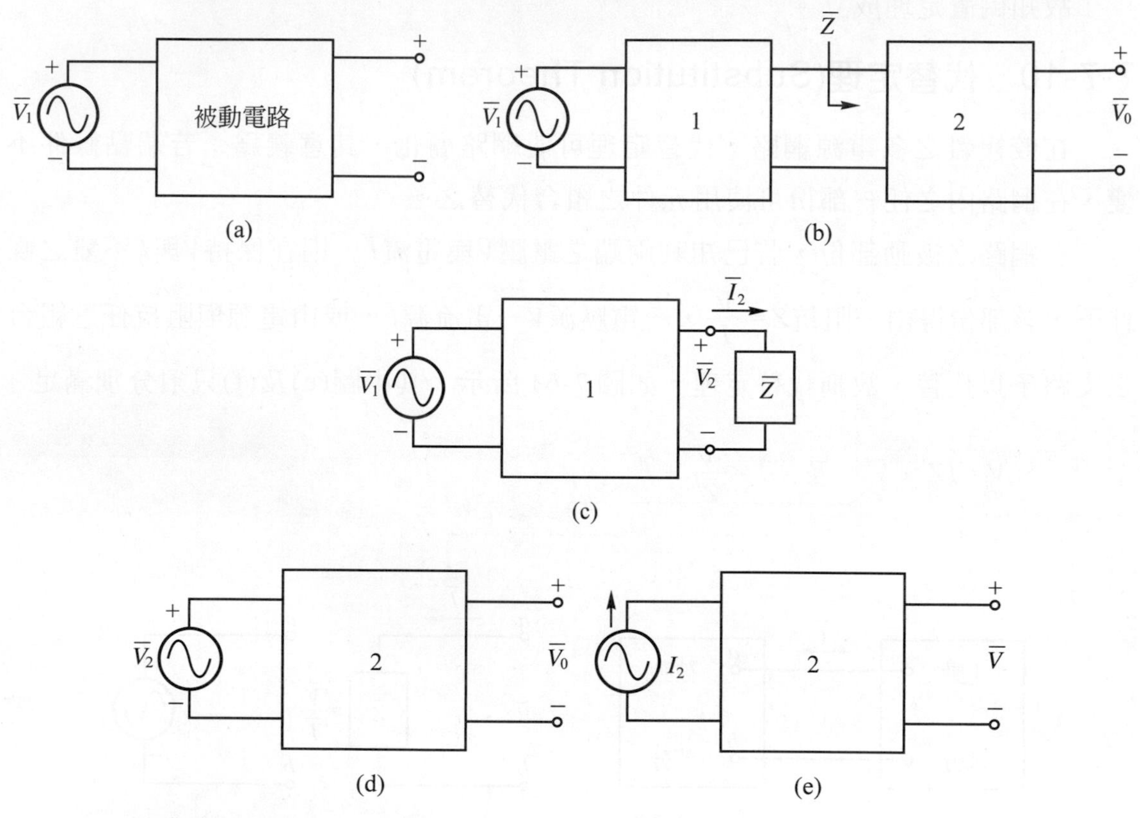

圖 7-62　代替定理應用之一

1. 將原網路分成串級相連如(b)圖所示，網路 1 與網路 2 串聯。

2. 求出網路 2 之輸入阻抗$\overline{Z}$。

3. 將此阻抗接於網路 1，計算電壓$\overline{V}_2$或電流$\overline{I}_2$，如圖(c)。

4. 應用代替定理可獲得圖(d)或(e)，單獨分析網路 2 即可得欲求之$\overline{V}_0$。

代替定理之另一用途爲估計一外加阻抗對網路所產生之影響。設一網路某支路中之電流已知爲$\overline{I}$，如圖 7-63(a)所示，此電流亦即a、b端點間之短路電流。現若於a、b間加一阻抗$\triangle\overline{Z}$與$\overline{Z}$串聯如圖(b)，顯然整個網路中之電壓與電流分佈將有所調整，對該支路而言，其電流自將由原來之$\bar{I}$變為$\bar{I}'$，所以$\triangle\bar{Z}$之作用為使$\bar{I}$變動$\triangle\bar{Z}=\bar{I}-\bar{I}'$，或$\bar{I}'=\bar{I}-\triangle\bar{I}$，將圖(b)之電路，一方面應用代替定理而可將$\triangle\bar{Z}$以電壓源$\triangle\bar{V}=\bar{I}'\triangle\bar{Z}$予以代替，同時亦可應用諾頓定理可得圖(c)，於是依重疊定理而有圖(d)與(e)之重疊作用所產生之$\bar{I}'=\bar{I}-\triangle\bar{I}$一項應有之結果，於是由圖(e)可得

$$\triangle\bar{I}=\frac{\triangle\bar{V}}{\bar{Z}_e}=\frac{\bar{I}'\triangle\bar{V}}{\bar{Z}_e} \tag{7-64}$$

此即$\triangle\bar{Z}$對電流$\bar{I}$所產生之影響。

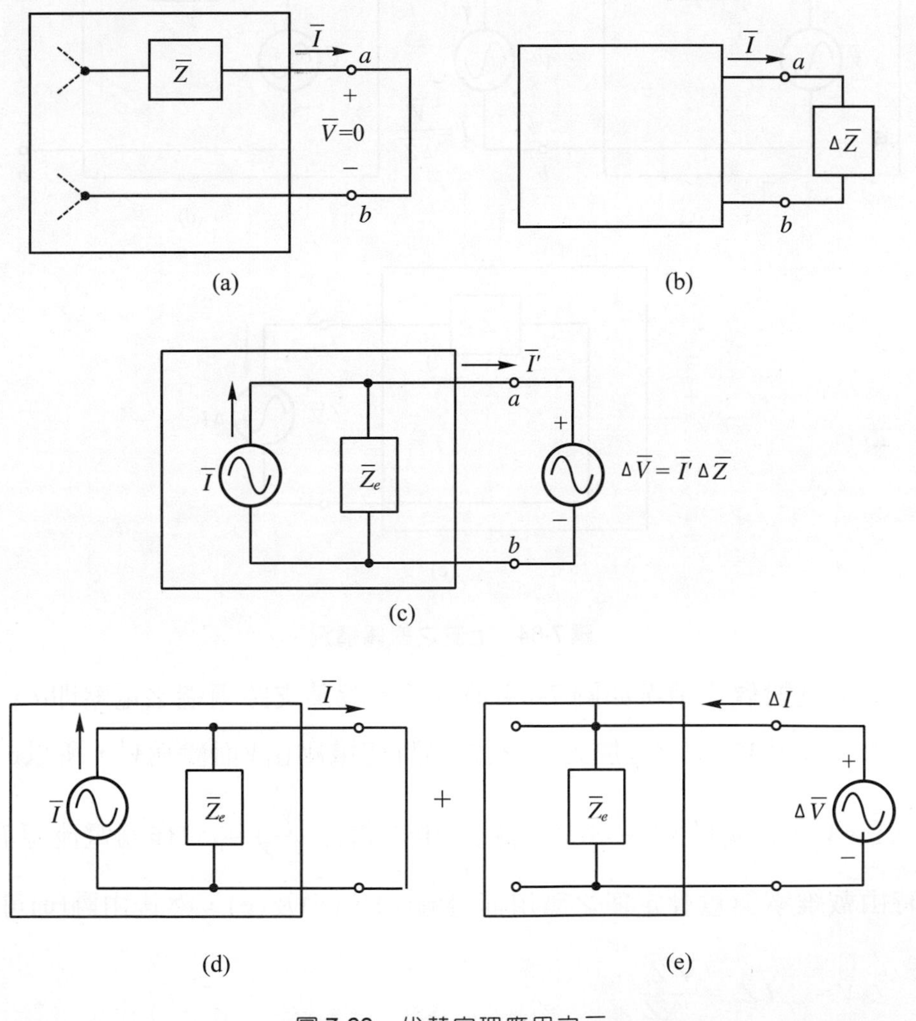

圖 7-63　代替定理應用之二

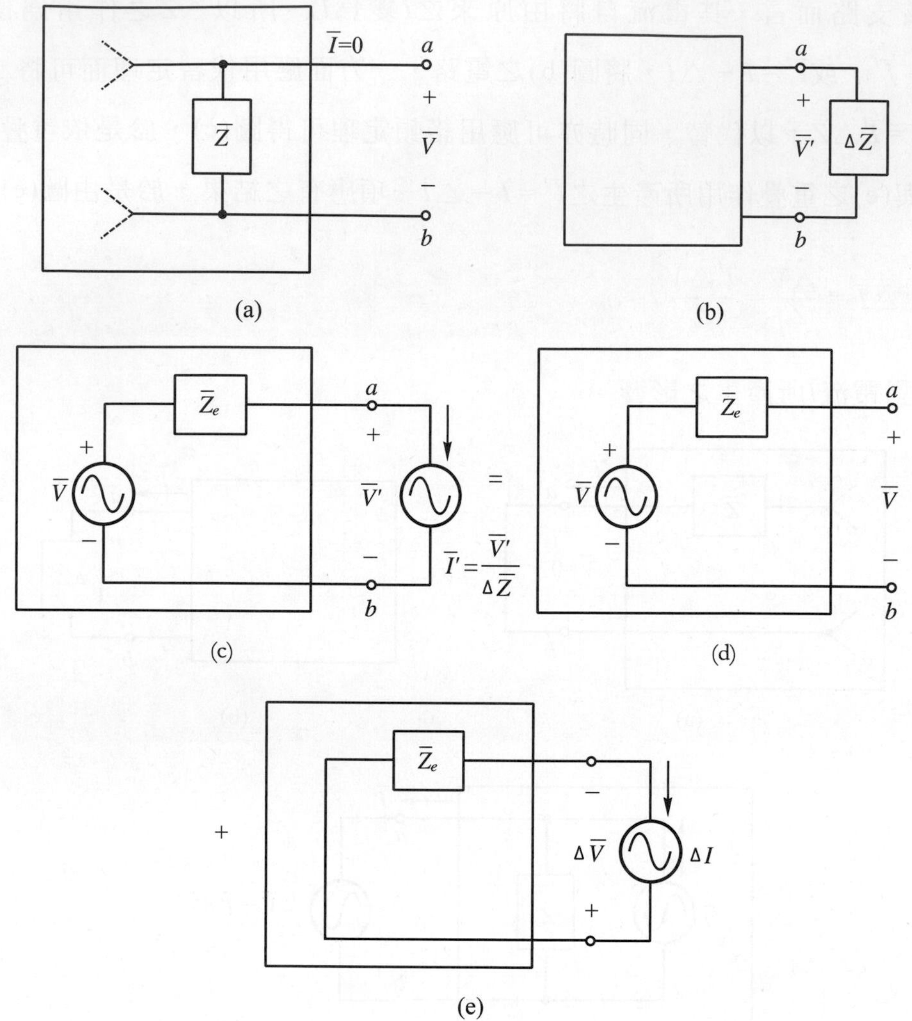

圖 7-64　上圖之對偶情況

一類似而且對偶之情況如圖 7-64(a)所示。設某支路兩端之電壓即a、b端點間之開路電壓已知為$\overline{V}$。$\triangle\overline{Z}$之加入(與$\overline{Z}$並聯)將使電壓由$\overline{V}$而變為$\overline{V}'$，所以$\triangle\overline{Z}$對$\overline{V}$之影響為$\triangle\overline{V}=\overline{V}-\overline{V}'$或$\overline{V}'=\overline{V}-\triangle\overline{V}$。將$\triangle\overline{Z}$中之電流$\dfrac{\overline{V}'}{\triangle\overline{Z}}=\triangle I$作為電流源而予以代替，同時由戴維寧與重疊定理之應用而得圖(c)，(d)及(e)，然後由圖(e)可求得

$$\triangle\overline{V}=\triangle\overline{I}\,\overline{Z}_e=\frac{\overline{V}'\overline{Z}_e}{\triangle\overline{Z}} \tag{7-65}$$

7-7-11 補償定理(Compensation Theorem)

若應用圖 7-61(e)之代替定理將圖 7-63(a)之短路部份變換爲圖 7-65(a)所示，並令其滿足

$$\overline{V}=0=\overline{I}\triangle\overline{Z}-\triangle\overline{V}$$

之條件，則

$$\triangle\overline{V}=\overline{I}\triangle Z$$

其意即將$\triangle\overline{Z}$所產生之壓降$\overline{I}\triangle\overline{Z}$以一極性相反之電壓源$\triangle\overline{V}=\overline{I}\triangle\overline{Z}$予以補償這，以維持$a$、$b$兩端之電壓恆等於零，此即所謂補償定理。再由重疊定理之應用而有圖(b)及(c)，表示

$$\overline{I}=\overline{I}'+\triangle\overline{I} \tag{7-66}$$

其中，$\triangle\overline{I}$遂可由圖(c)求得

$$\triangle I=\frac{\triangle\overline{V}}{Z_e+\triangle\overline{Z}}=\frac{\overline{I}\triangle\overline{Z}}{Z_e+\triangle\overline{Z}} \tag{7-67}$$

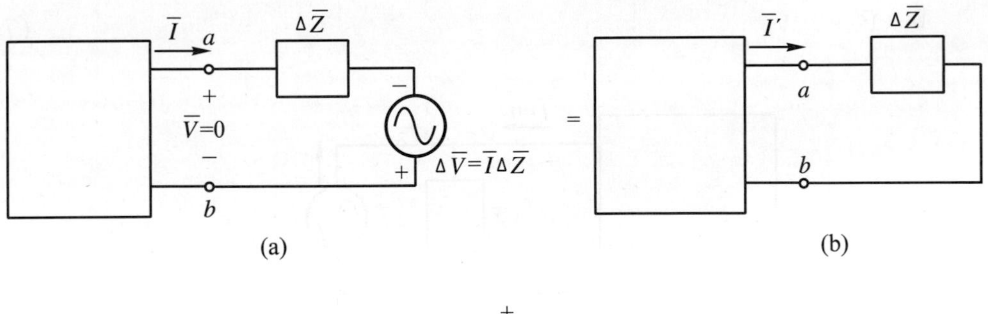

+

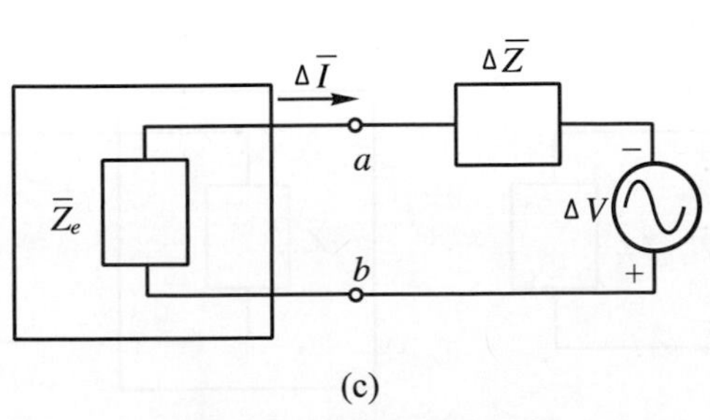

圖 7-65　補償定理之一

將(7-66)式代入而得

$$\triangle \overline{I} = \frac{(\overline{I}' + \triangle \overline{I})\triangle \overline{Z}}{\overline{Z}_e + \triangle \overline{Z}}$$

$$\triangle \overline{I}(\overline{Z}_e + \triangle \overline{Z}) = (\overline{I}' + \triangle \overline{I})\triangle \overline{Z}$$

$$\triangle \overline{I}\,\overline{Z}_e = \overline{I}'\triangle \overline{Z}，\triangle \overline{I} = \frac{\overline{I}\triangle \overline{I}}{\overline{Z}_e}$$

與(7-64)式之結果相同。可見串聯阻抗△Z對該支路電流所產生之影響，不論用代替或補償定理，其所獲結果相同。

類似或對偶之情況，將圖7-64(a)之開路部份，應用圖7-61(f)之代替定理而變換如圖7-66(a)所示，而令其滿足於

$$I = 0 = \frac{\overline{V}}{\triangle \overline{Z}} - \triangle \overline{I}$$

之條件，則

$$\triangle \overline{I} = \frac{\overline{V}}{\triangle \overline{Z}}$$

此即補償定理之另一形式，由重疊定理而得圖(b)與(c)，表示

$$\overline{V} = \overline{V}' + \triangle \overline{V} \tag{7-68}$$

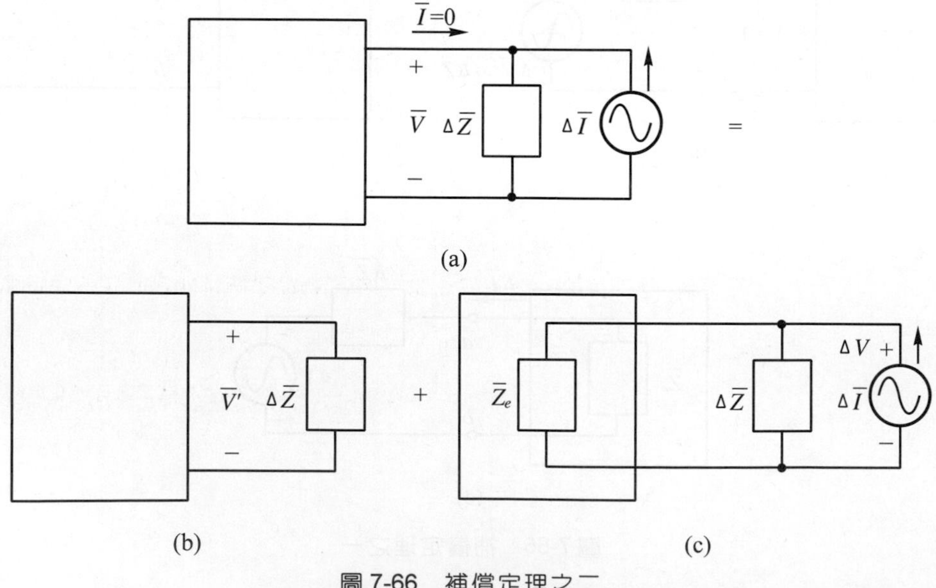

圖 7-66　補償定理之二

其中，$\triangle V$可由圖(c)求出。

$$\triangle \overline{V} = (\triangle \overline{I})\left(\frac{\overline{Z}_e \triangle \overline{Z}}{\overline{Z}_e + \triangle \overline{Z}}\right) = \frac{\overline{V} Z_e}{\overline{Z}_e + \triangle \overline{Z}} \tag{7-69}$$

以(7-68)式代入後得

$$\triangle \overline{V} = \frac{(\overline{V}' + \triangle \overline{V})\overline{Z}_e}{\overline{Z}_e \triangle \overline{Z}} \tag{7-70}$$

$$\triangle \overline{V}(\overline{Z}_e + \triangle \overline{Z}) = (\overline{V}' + \triangle \overline{V})\overline{Z}_e \tag{7-71}$$

$$\triangle \overline{V} = \frac{\overline{V}' \overline{Z}_e}{\triangle \overline{Z}} \tag{7-72}$$

所獲結果與(7-65)式相同。

依上述分析對估計分外加阻抗$\triangle \overline{Z}$之影響，應用代替定理或補償定理均無不可。但在應用代替定理時須先求出阻抗加入後之支路電流$\overline{I}'$與電壓$\overline{V}'$；而補償定理之應用，則須先求出阻抗未加入時之支路電流$\overline{I}$或電壓$\overline{V}$。此乃在應用時要留意之處。

例 7-45

圖 7-67(a)中a、b兩點間$\triangle Z$為$-j2\Omega$之變化量求其電流之變化量為多少？

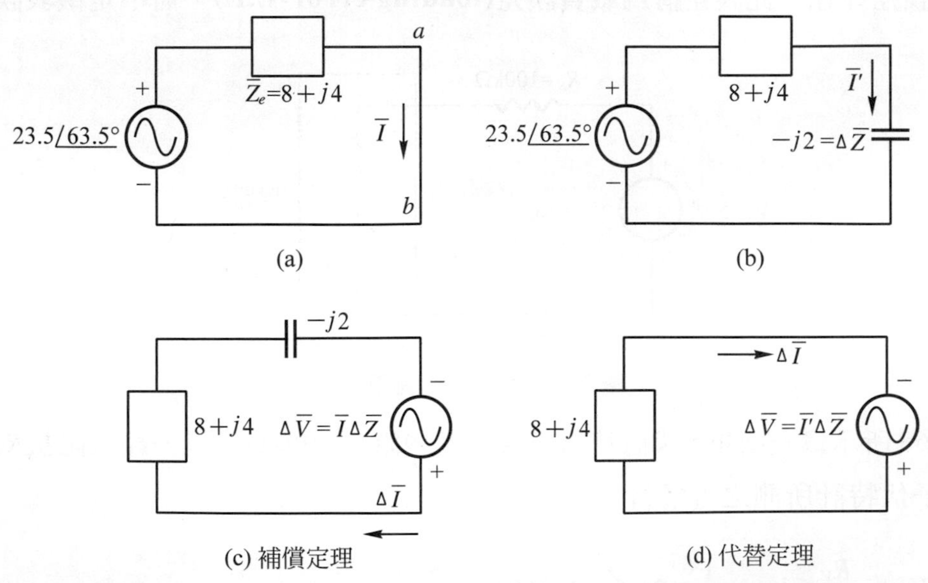

圖 7-67

解 $\bar{I}=\dfrac{23.5\angle 63.5^\circ}{8+j4}=\dfrac{23.5\angle 63.5^\circ}{8.944\angle 26.6^\circ}=2.627\angle 36.9^\circ=2.1+j1.57\text{A}$

加入$\triangle Z=-j2$後之電流

$$\bar{I}'=\frac{23.5\angle 63.5^\circ}{8+j2}=\frac{23.5\angle 63.5^\circ}{8.25\angle 14^\circ}=2.85\angle 49.5^\circ=1.85+j2.16\text{A}$$

此$\triangle Z$對電流$\bar{I}$之影響爲

$$\triangle\bar{I}=\bar{I}-\bar{I}'=2.1+j1.57-(1.85+j2.16)=0.25-j0.59$$
$$=0.64\angle -67^\circ\text{A}$$

由圖(c)得

$$\triangle\bar{I}=\frac{\bar{I}\triangle\bar{Z}}{8+j2}=\frac{(2.627\angle 36.9^\circ)(2\angle -90^\circ)}{8.25\angle 14^\circ}=\frac{5.25\angle -53.1^\circ}{5.28\angle 14^\circ}$$
$$=0.637\angle -67.1^\circ\text{A}$$

由圖(d)得

$$\triangle I=\frac{\bar{I}'\triangle\bar{Z}}{8+j4}=\frac{(2.85\angle 49.5^\circ)(2\angle -90^\circ)}{8.94\angle 26.6^\circ}=\frac{5.7\angle -40.5^\circ}{8.94\angle 26.6^\circ}$$
$$=0.637\angle -67.1^\circ\text{A}$$

在一實際網路中，因有許多儀表加入使用，而這些儀表本身都含有阻抗(電流表之內阻抗甚小，但不等於零，電壓表之內阻抗甚大，但不等於無限大)因而使測量結果有誤差存在，此誤差稱爲**載負誤差(loading error-L.E)**，而不是儀表誤差。

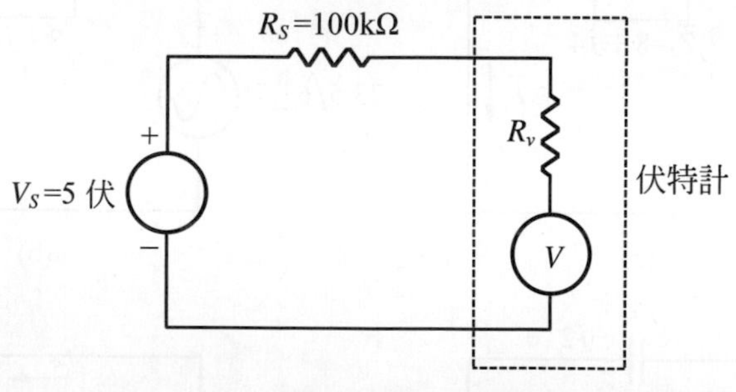

圖 7-68　伏特計之測量

圖 7-68 所示爲一簡單 5 伏直流電壓源，其內阻爲 100kΩ，以一輸入阻抗$R_V=15$ MΩ之電子伏特計所測之電壓將爲

$$V=\frac{R_V}{R_S+R_V}V_S=\frac{15}{15.1}\times 5=4.967\text{V}$$

若該伏特計之內阻爲爲限大時，則其所測之值應爲5伏，故其載負誤差爲

$$\frac{5-4.967}{5}\times 100\%=0.66\%$$

此一微小誤差自允許範圍以內。但若考慮伏特計本身誤差的±3%，則其讀值將在5.12與4.82伏之間。再若換以普通之伏特計，其輸入阻抗爲100kΩ，適與電源之內阻相等，而其讀值將爲2.5伏，則其載負誤差高達50%，當屬不可允許。

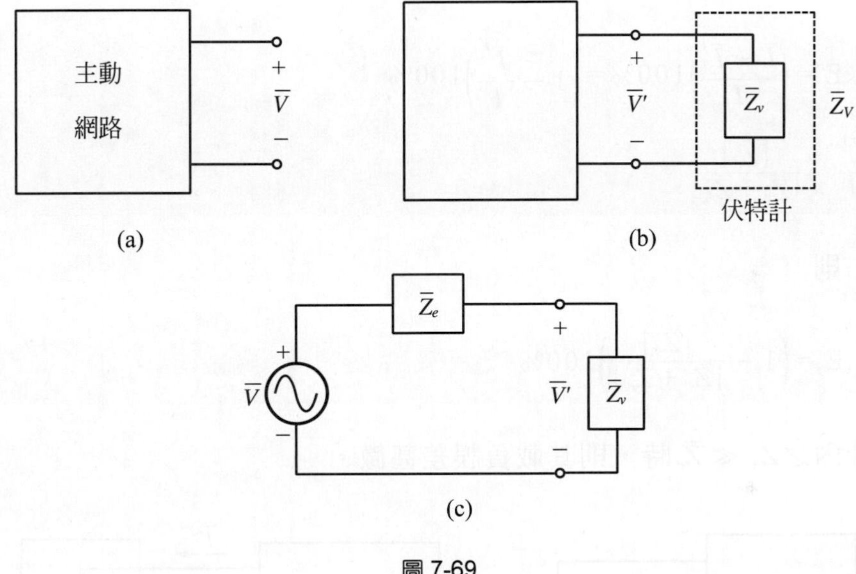

圖 7-69

一般而言，伏特計所欲測量之電壓爲$\overline{V}$，如圖7-69(a)所示，但其讀值爲$\overline{V}'$，如圖(b)所示，其中$\overline{Z}_V$爲伏特計，所以測量載負誤差爲：

$$\text{L.E.}=\frac{\overline{V}-\overline{V}'}{\overline{V}}\times 100\%=\left(1-\frac{\overline{V}'}{\overline{V}}\right)100\%$$

$$\frac{\overline{V}'}{\overline{V}}=\frac{|\overline{Z}_V|}{|\overline{Z}_e+\overline{Z}_V|}$$

代入上式則

$$\text{L.E.}=\left(1-\frac{|\overline{Z}_V|}{|\overline{Z}_e+\overline{Z}_V|}\right)100\%$$

顯然地當$\overline{Z}_V\gg\overline{Z}_e$時，則載負誤差甚小。

所欲測量之電壓正確值$\overline{V}$實際上是一未知數，但可依據圖 7-63 所示之狀況，利用一電流源$\triangle I=\dfrac{\overline{V}'}{\overline{Z}_e}$而求出$\triangle \overline{V}$，於是

$$\overline{V}=\overline{V}'+\triangle V$$

用安培計測量電流與伏特測量電壓相類似，如圖 7-70 中所示，I為測量之電流，$\overline{Z}_A$為安培計之輸入阻抗，$\overline{I}'$為安培計之讀數，所以安培計之負載誤差為

$$\text{L.E.}=\left(\frac{\overline{I}-\overline{I}'}{I}\right)100\%=\left(1-\frac{\overline{I}'}{\overline{I}}\right)100\%$$

$$\frac{\overline{I}'}{I}=\frac{|\overline{Z}_e|}{|\overline{Z}_e+\overline{Z}_A|}$$

代入上式，則

$$\text{L.E.}=\left(1-\frac{|\overline{Z}_e|}{|\overline{Z}_e+\overline{Z}_A|}\right)100\%$$

所以安培計內之$\overline{Z}_A \ll \overline{Z}_e$時，則其載負誤差甚微。

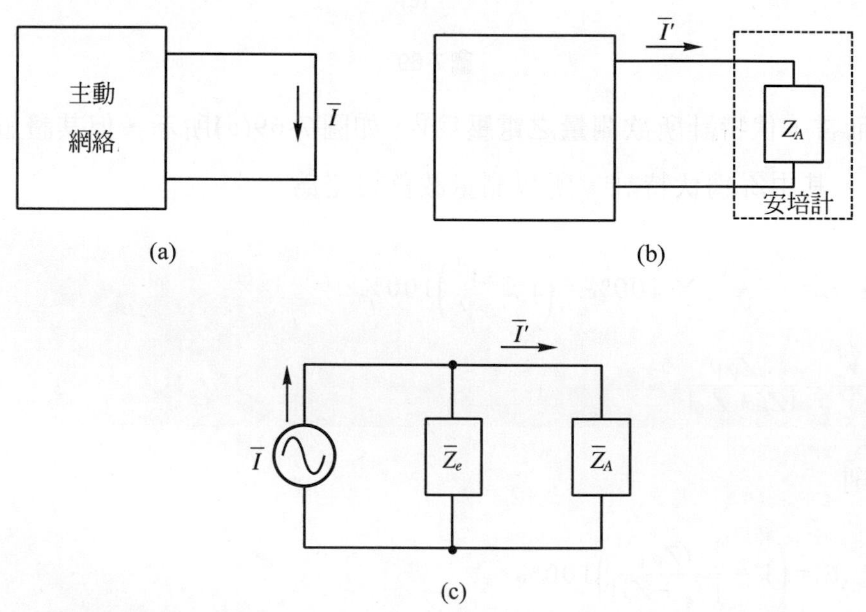

圖 7-70

若欲依據讀數 $\bar{I}'$ 而推知 $\bar{I}$，則可依圖 7-63 所示，設一電壓源 $\triangle\bar{V}=\bar{I}'\bar{Z}_A$ 而求出 $\triangle\bar{I}$，於是

$$\bar{I}=\triangle\bar{I}+\triangle\bar{I}$$

上述結果並非完全正確，因尚未考慮儀器本身之誤差，由此可知在測量問題方面，代替定理較補償定理適用。

例 7-46

圖 7-71(a)中阻抗 $3+j4$ 變為 $5+j5$ 時，即 $\triangle\bar{Z}=2+j1$，試以計算電流之變化，並以補償定理驗證其結果。

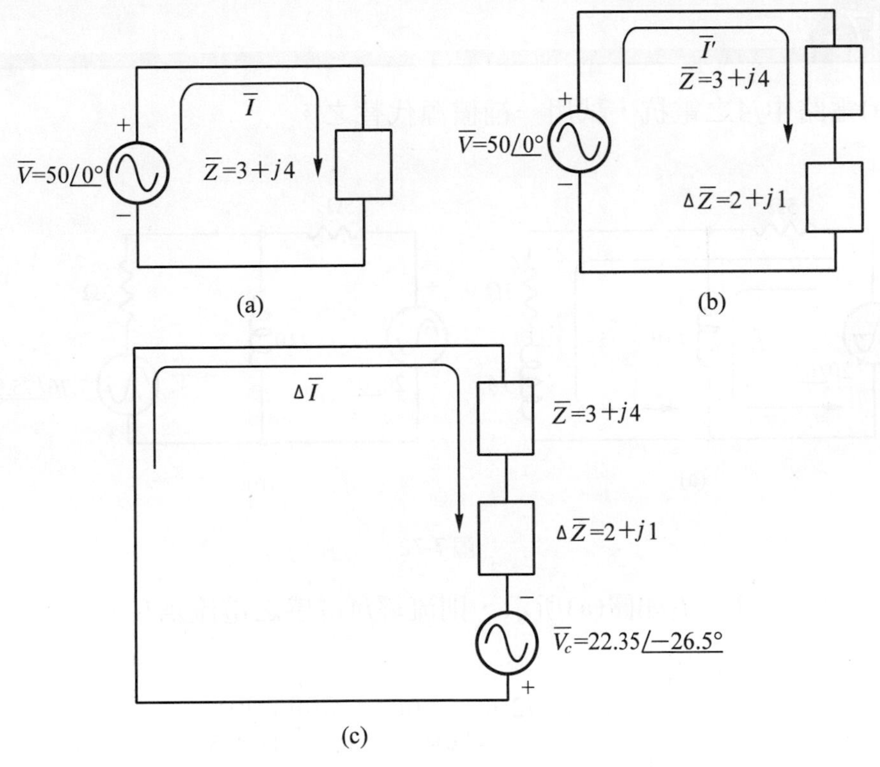

圖 7-71

解 在阻抗變化前

$$\bar{I}=\frac{\bar{V}}{\bar{Z}}=\frac{50\angle 0^\circ}{5\angle 53.1^\circ}=10\angle -53.1^\circ\text{A}$$

當 $\triangle\bar{Z}$ 加入電路中，如圖(b)所示，得

$$\bar{I}' = \frac{\bar{V}}{\bar{Z}+\triangle\bar{Z}} = \frac{50\angle 0^\circ}{5+j5} = 7.07\angle -45^\circ \text{A}$$

故電流變化

$$\triangle\bar{I} = \bar{I}' - \bar{I} = (5-j5)-(6-j8) = -1+j3 = 3.16\angle 108.45^\circ \text{A}$$

應用補償定理，補償電源$\bar{V}_C = \bar{I}\triangle\bar{Z} = 10\angle -53.1^\circ(2+j1) = 22.35\angle -26.5^\circ$伏，將此電源插入包涵$\bar{Z}$及$\triangle\bar{Z}$之支路上，且假設原電壓源$50\angle 0^\circ$伏為零，如圖(c)所示，於是變化的電流

$$\triangle\bar{I} = -\frac{\bar{V}_C}{\bar{Z}+\triangle\bar{Z}} = -\frac{22.35\angle -26.5^\circ}{5+j5} = 3.16\angle 108.45^\circ \text{A}$$

因此，當一阻抗變化時，有一對應$\triangle\bar{I}$之電流變化，則$\triangle\bar{I}$可由補償電源$\bar{V}_C$決定之，而視其他電源為零。

例 7-47

圖 7-72(a)電路中$j4$之電抗，試用一補償源代替之。

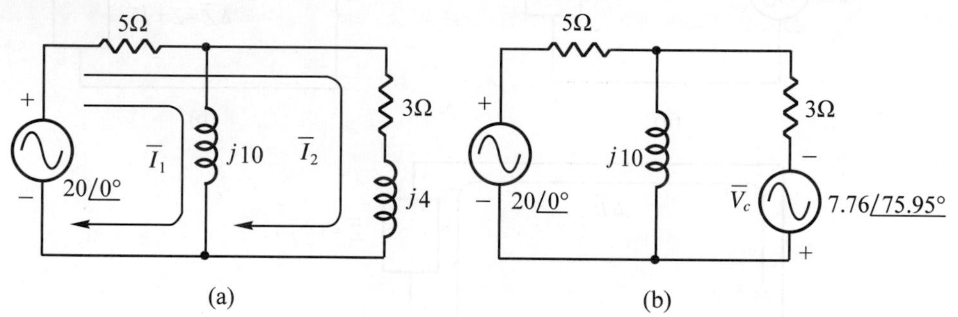

圖 7-72

解 選用網目電流$\bar{I}_1$、$\bar{I}_2$如圖(a)所示，則流經$j4$電感之電流為$\bar{I}_2$。

$$\bar{I}_2 = \frac{\begin{vmatrix} 5+j10 & 20 \\ 5 & 20 \end{vmatrix}}{\begin{vmatrix} 5+j10 & 5 \\ 5 & 8+j4 \end{vmatrix}} = \frac{100+j200-100}{-25+j100} = \frac{200\angle 90^\circ}{103\angle 104.5^\circ}$$

$$= 1.94\angle -14.05^\circ \text{A}$$

補償電源$\bar{V}_C = j4 \cdot I_2 = 4\angle 90^\circ(1.94\angle -14.05^\circ) = 7.76\angle 75.95^\circ$伏，圖(b)所示為以補償電源$\bar{V}_C$代替$j4$電感。

7-7-12 米爾曼定理(Millman's Theorem)

當有多個電壓源串聯供給一負載時，可將所有電壓源合併為一個電壓源，其電壓值為各電源電壓之相量和，阻抗為各電源內阻串聯阻抗之和，其合併甚為簡單。但當多個電壓源並聯供給一負載時，其簡化合併之法不如串聯那樣方便，密爾曼定理即在討論並聯電源之合併及對解電路問題之應用。

設有n個實際電壓源並聯如圖 7-73(a)所示，並以其兩端之電壓$\overline{V}_{ab}=\overline{V}$為節點電壓，應用 KCL 所寫出之節點方程式為

$$\frac{\overline{V}-\overline{V}_1}{\overline{Z}_1}+\frac{\overline{V}-\overline{V}_1}{\overline{Z}_2}+\cdots+\frac{\overline{V}-\overline{V}_n}{\overline{Z}_n}=0$$

或 $$\overline{V}(\overline{Y}_1+\overline{Y}_2+\cdots+Y_n)=\overline{V}_1\overline{Y}_1+\overline{V}_2\overline{Y}_2+\cdots\overline{V}_n\overline{Y}_n$$

上式中$\overline{Y}_n=\dfrac{1}{\overline{Z}_n}$；$\overline{V}_k\overline{Y}_k=\dfrac{\overline{V}_k}{\overline{Z}_k}$即電壓源個別作用時之短路電流。經電源變換簡化後分別如圖(b)及(c)所示，則作獲結果相同。

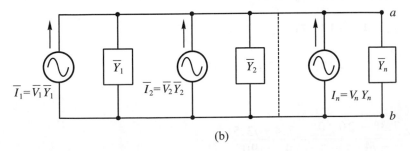

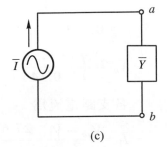

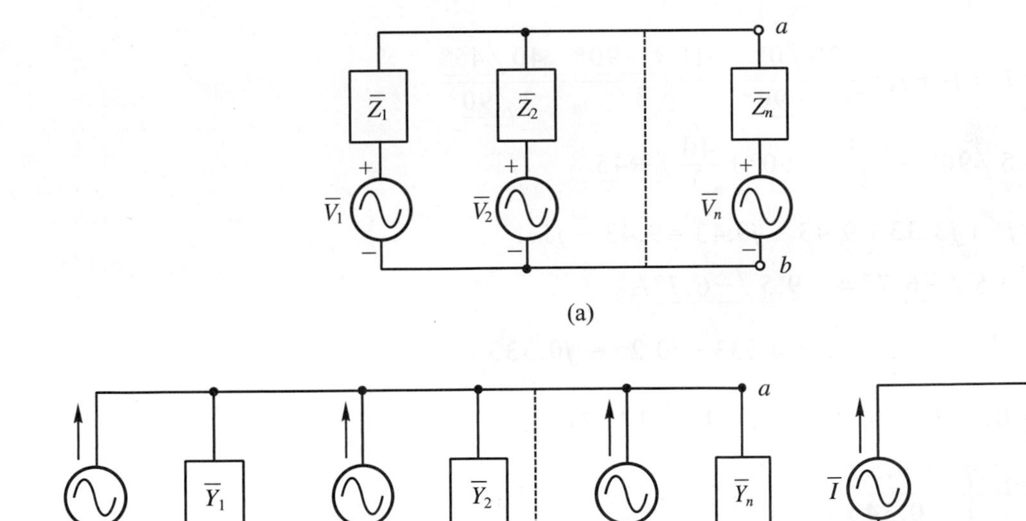

圖 7-73 米爾曼定理

米爾曼定理實屬節點電壓法或電源變換所獲之結果，其實際意義無非是將一多電源之網路簡化爲一單電源等效電路而已。但此定理之應用，可避免其他方法諸如重疊定理網目電流等所導致之繁複計算步驟，因而在多相電路，電子電路等多利用，可節省運算之時間。

例 7-48

試利用密爾曼定理求圖 7-74 中$\overline{V}_{ab}$及各支路電流I_1，I_2及I_3。

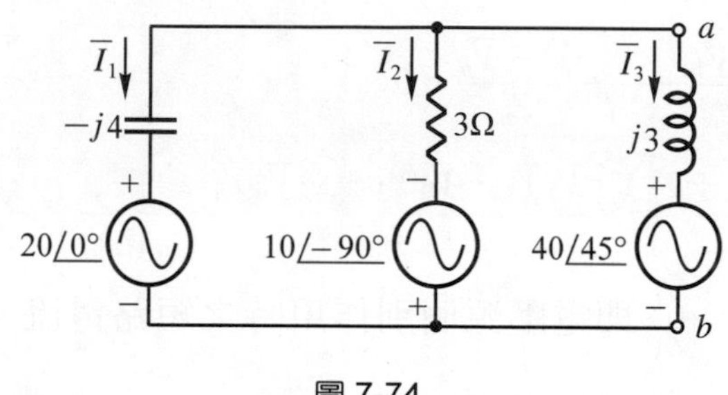

圖 7-74

解 $\overline{V}_{ab}=\dfrac{\overline{I}}{\overline{Y}}$

$$\overline{I}=\overline{I}_1+\overline{I}_2+\overline{I}_3=\frac{20\,\angle 0^\circ}{4\,\angle -90^\circ}-\frac{10\,\angle -90^\circ}{3}+\frac{40\,\angle 45^\circ}{3\,\angle 90^\circ}$$

$$=5\,\angle 90^\circ-\frac{10}{3}\angle -90^\circ+\frac{40}{3}\angle -45^\circ$$

$$=j5+j3.33+9.43-j9.43=9.43-j1.1$$

$$=9.5\,\angle -6.7^\circ \Rightarrow =9.5\,\angle -6.7^\circ\text{A}$$

$$\overline{Y}=\frac{1}{3}+\frac{1}{-j4}+\frac{1}{j3}=0.333+j0.25-j0.333$$

$$=0.333-j0.083=0.344\,\angle -14^\circ\ \mho$$

$$\overline{V}_{ab}=\frac{\overline{I}}{\overline{Y}}=\frac{9.5\,\angle -6.7^\circ}{0.344\,\angle -14^\circ}=27.6\,\angle 7.3^\circ=27.4+j3.5\text{V}$$

各支路電流爲

$$\overline{I}_1=\frac{\overline{V}_{ab}-\overline{V}_1}{\overline{Z}_1}=\frac{27.6\,\angle 7.3^\circ-20\,\angle 0^\circ}{-j4}=\frac{7.4+j3.5}{4\,\angle -90^\circ}$$

$$=\frac{8.19\,\angle 25.3^\circ}{4\,\angle -90^\circ}=2.05\,\angle 115.3^\circ=-0.0875+j1.85\text{A}$$

$$\bar{I}_2=\frac{\overline{V}_{ab}-\overline{V}_2}{\overline{Z}_2}=\frac{27.4+j3.5+(-j10)}{3}=\frac{27.4-j6.5}{3}=9.13-j2.17\text{A}$$

$$\bar{I}_3=\frac{\overline{V}_{ab}-\overline{V}_3}{\overline{Z}_3}=\frac{27.4+j3.5-28.3-j28.3}{j3}$$

$$=\frac{-0.9-j24.8}{3\angle 90^\circ}=-8.26-j0.288\text{A}$$

章末習題

1. 試用直角座標型和極型表示圖 7-75 中各元件之阻抗。

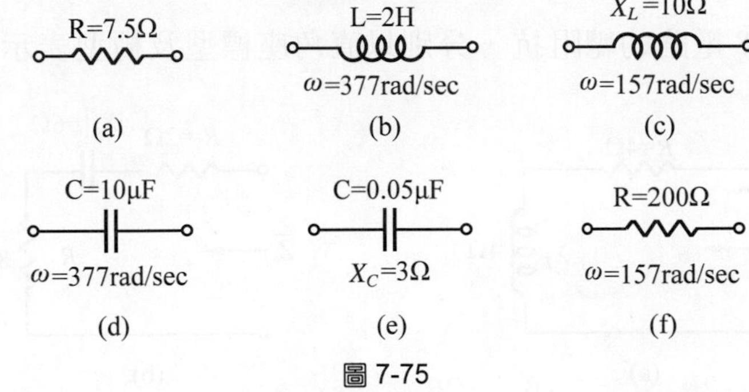

圖 7-75

2. (a)求圖 7-76 中所示各電路元件之電流相量，並繪出其相量圖。
(b)求各圖中之i，並在同一座標系統中繪出電流i及電壓v之波形。

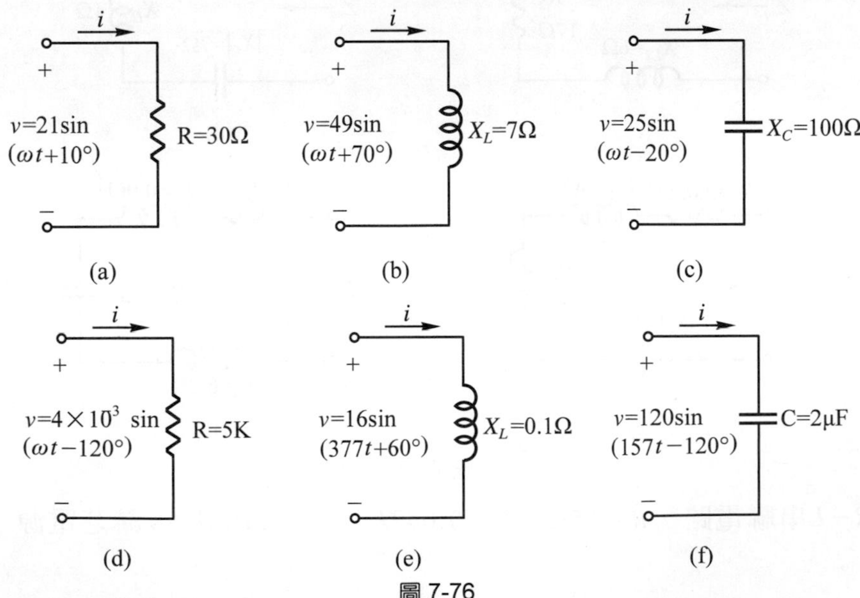

圖 7-76

3. (a)求圖 7-77 中各電路元件之電壓相量，並繪其相量圖。

(b)求v，並在同一座標系統中，繪出其電流i及電壓之波形。

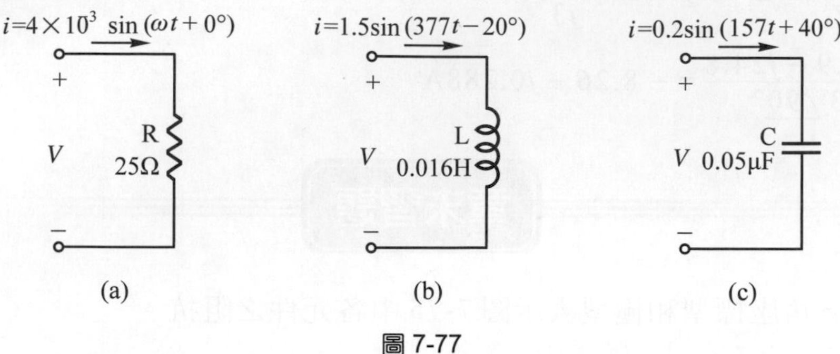

圖 7-77

4. 試求圖 7-78 電路的總阻抗，分別以直角座標型及極型表示，並繪阻抗圖。

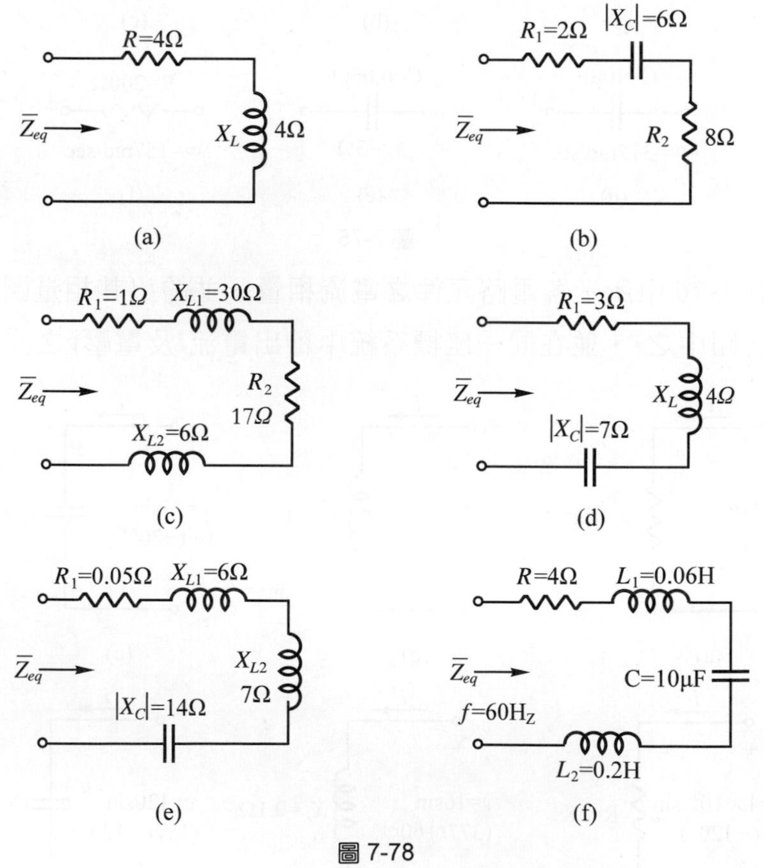

圖 7-78

5. 一$R-L$串聯電路，$R=15\Omega$，$L=0.04$亨，接於 110 伏 60 赫芝電源上，試求$\bar{Z}$及$\bar{I}$。

6. 一$R-L$串聯電路，$R=1.5\Omega$，$L=5.3$毫亨，若通過該電路之電流爲$i=5.66\cos 377t$安，試求$\overline{Z}$及$\overline{V}$。

7. 一$R-L$串聯電路，$R=1.5\Omega$，$C=10^{-4}$法拉，若通過該電路之電流爲$i=8\sqrt{2}\sin(2000t+30°)$安，試求$\overline{Z}$，$\overline{V}$及$\overline{V}_C$。

8. 一$R-L$串聯電路，$R=8\Omega$，$X_L=12\Omega$，$X_C=18\Omega$，外加電壓爲$v=100\sqrt{2}\sin(377t+60°)$伏，試求$\overline{V}_R$，$\overline{V}_L$及$\overline{V}_C$。

9. 求圖 7-79 各串聯電路的性質及其阻抗值，圖中所標電壓及電流爲輸入端數值。

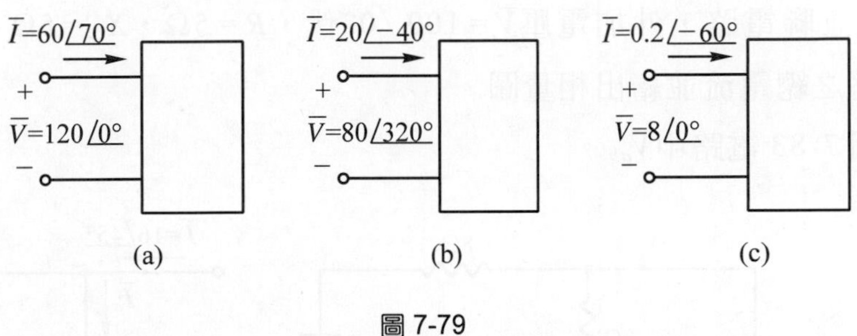

圖 7-79

10. 應用分壓定則求圖 7-80 電路中之各電壓值。

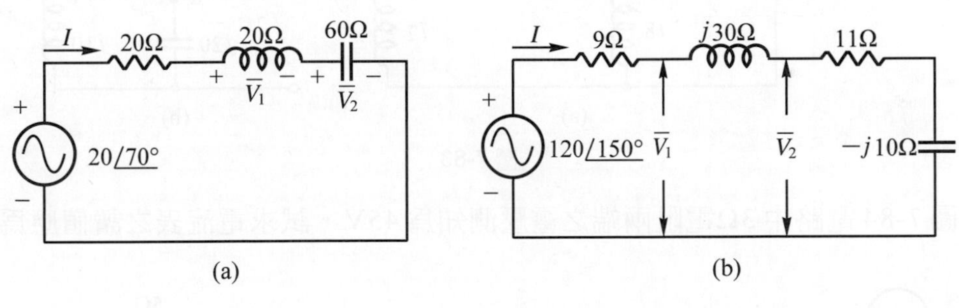

圖 7-80

11. 試求圖 7-81 電路中(a)$\overline{Y}_{eq}$及$\overline{Z}_{eq}$，(b)L與C，(c)$\overline{I}$，$\overline{I}_C$，$\overline{I}_R$，$\overline{I}_L$，並繪出各電流之相量圖，(d)核算 KCL。已知$v=35.4\sin(314t+60°)$

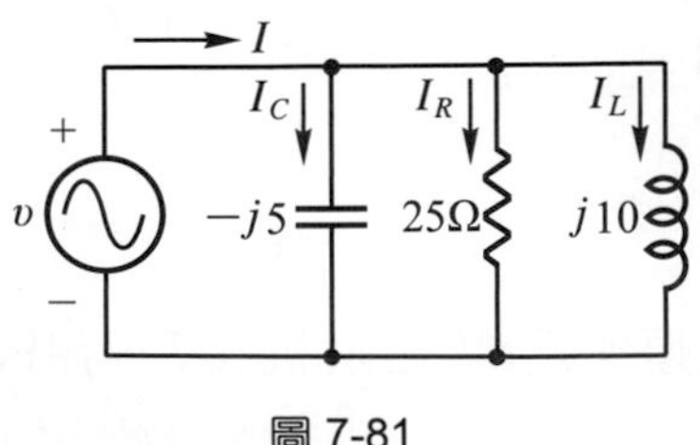

圖 7-81

12. 試求圖 7-82 電路中(a)v與i_R，i_L之相量，(b)應用分流定則求每一電容器上通過之電流，(c)其等值串聯電路與並聯電路。

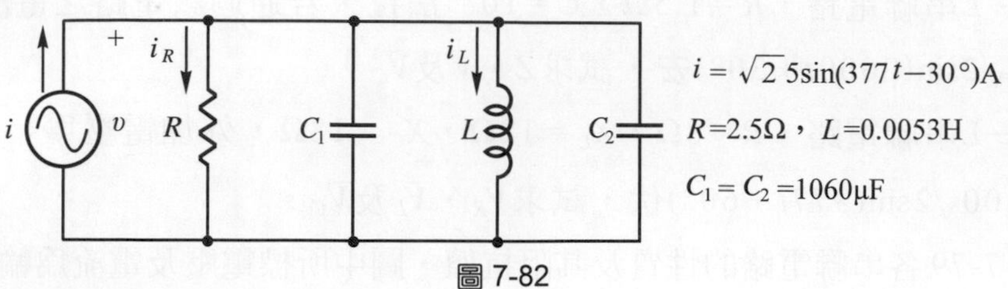

圖 7-82

13. R-L-C並聯電路，外加電壓$\overline{V} = 100\,\underline{/0°}$伏，$R = 5\Omega$，$X_L = 5\Omega$，$X_C = 5\Omega$，求該電路之總電流並繪出相量圖。

14. 試求圖 7-83 電路中$\overline{V}_{ab}$。

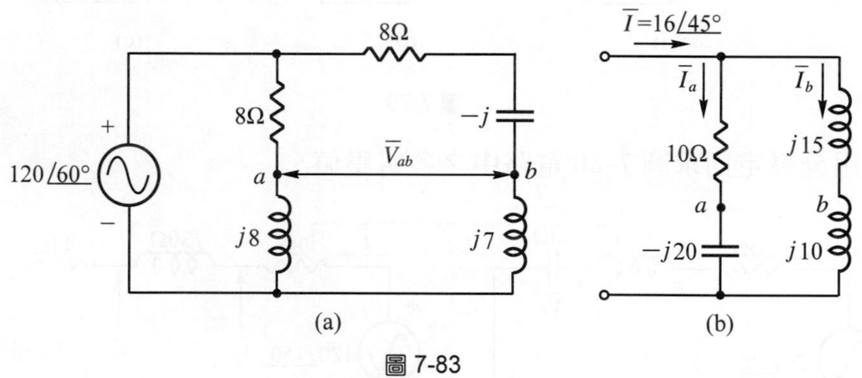

圖 7-83

15. 圖 7-84 電路中 3Ω電阻兩端之電壓測知為 45V，試求電流表之讀值應為多少？

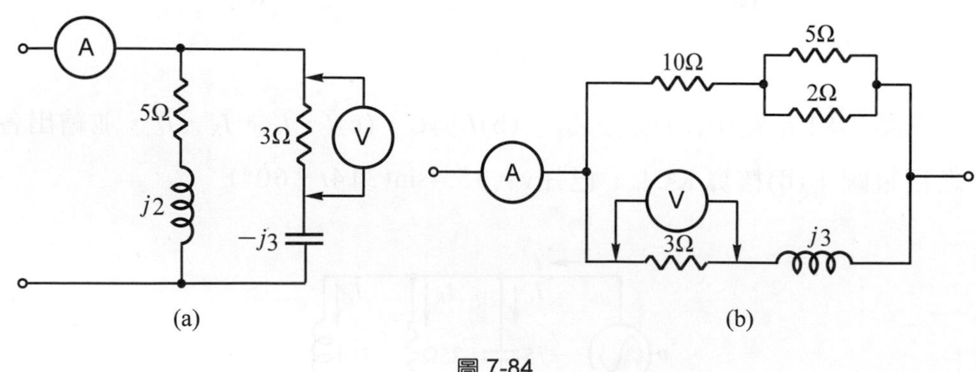

圖 7-84

16. 一R-C並聯電路，在頻率為f時之阻抗為$7 - j49\Omega$，求當頻率為$3f$時其等值阻抗為何？

17. 一R-C串聯電路在f_1時$Y=40\angle -50^\circ$m℧，求在何頻率(以f_1表示)時其$Y=16.78\angle -74.38^\circ$m℧。

18. $R-L-C$並聯電路如圖 7-85 所示，試求(a)X_L，(b)X_C，(c)$\overline{Z}_{eq}$及$\overline{Y}_{eq}$，(d)I_b。

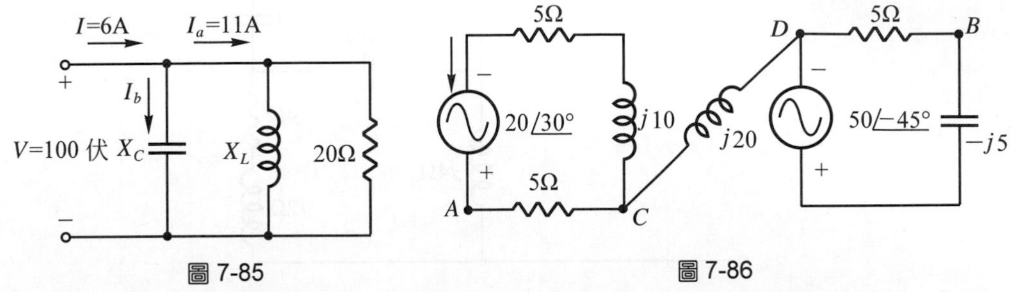

圖 7-85　　圖 7-86

19. 圖 7-86 所示電路中，左右兩環路為$-j20\Omega$之電感器所連接。試求A、B端點間之電位差$\overline{V}_{AB}$為多少？

20. 圖 7-87 所示之並聯電路，已測各電流之有效值為$I=0.57$A，$I_1=0.5$A，$I_2=0.16$A，設$f=60$Hz，(a)試以解析法，(b)圖解法，求R及C。

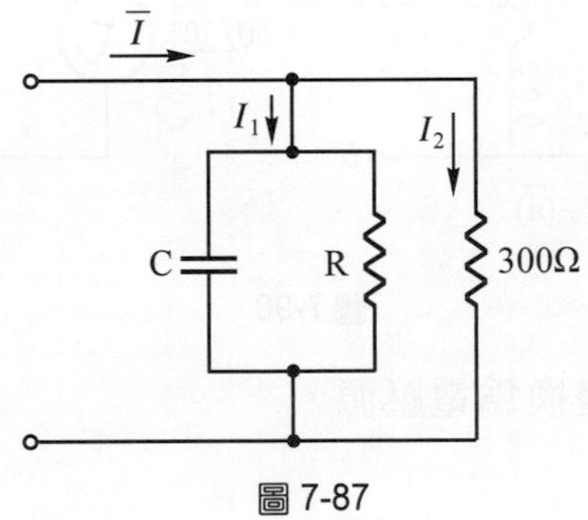

圖 7-87

21. 求R-C串聯電路已知電源為弦波電壓 120V(有效值)60Hz，$R=100\Omega$，$C=20\mu$F，試求此電路之導納Y，電導G及電納B_C為多少？

22. 圖 7-88 所示電路試求(a)各支路電流，(b)總電流，(c)總阻抗。

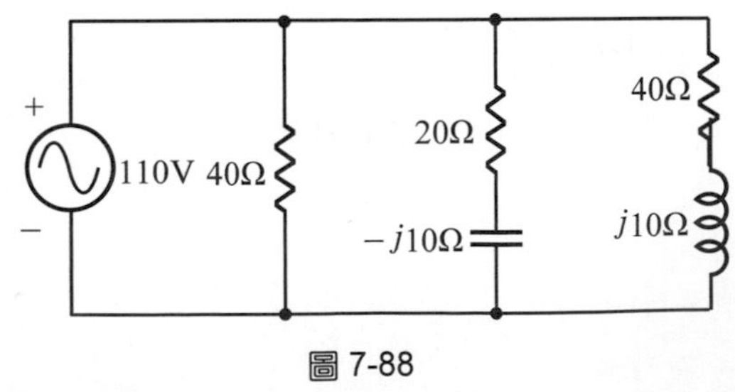

圖 7-88

23. 求圖 7-89 電路中之等效阻抗Z_{eq}。

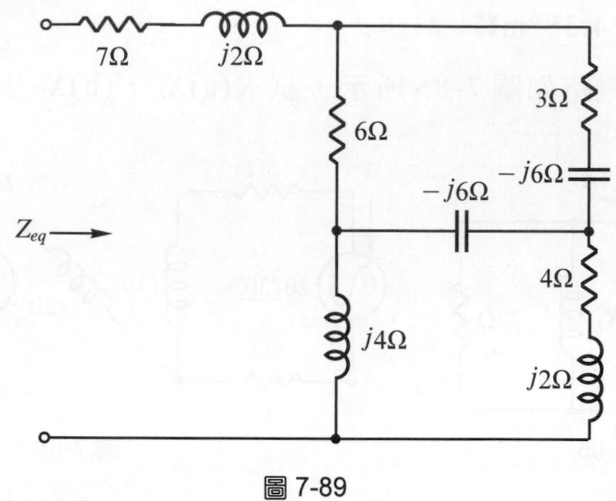

圖 7-89

24. 將圖 7-90 之電壓源變換爲電流源。

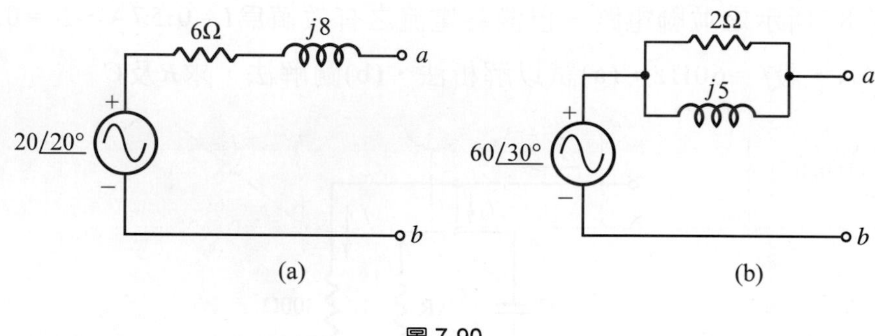

圖 7-90

25. 將圖 7-91 之電流源變換爲電壓源。

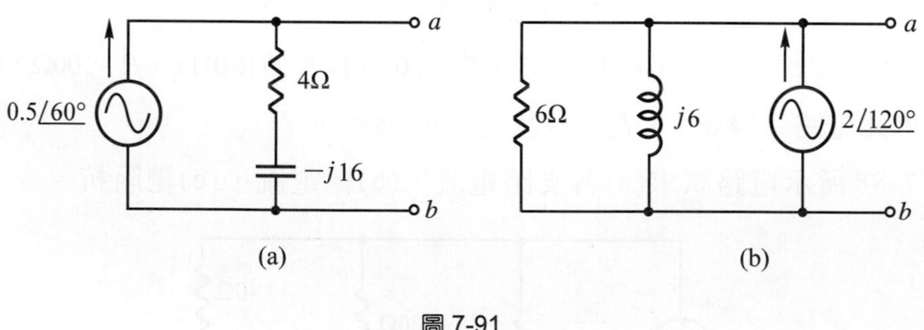

圖 7-91

26. 試以網目電流法求圖 7-92 電路中流經每一阻抗的電流。

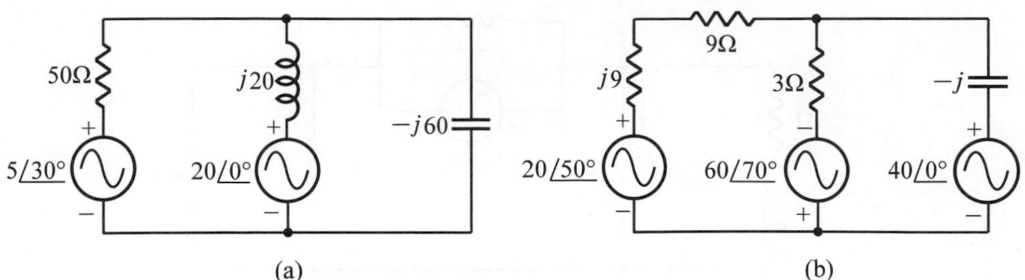

圖 7-92

27. 如圖 7-93 中，(a)寫出各電路中之網目電流方程式，(b)使用行列式求解網目電流。

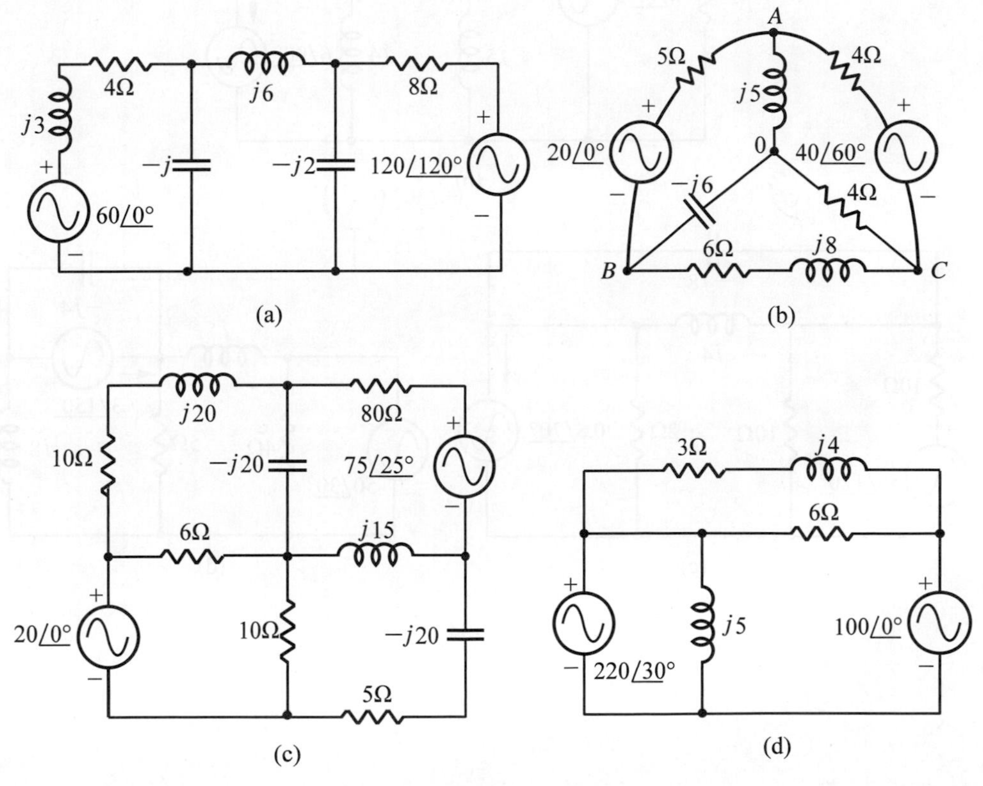

圖 7-93

28. 試以節點電壓法求圖 7-94 電路中各支路電流。

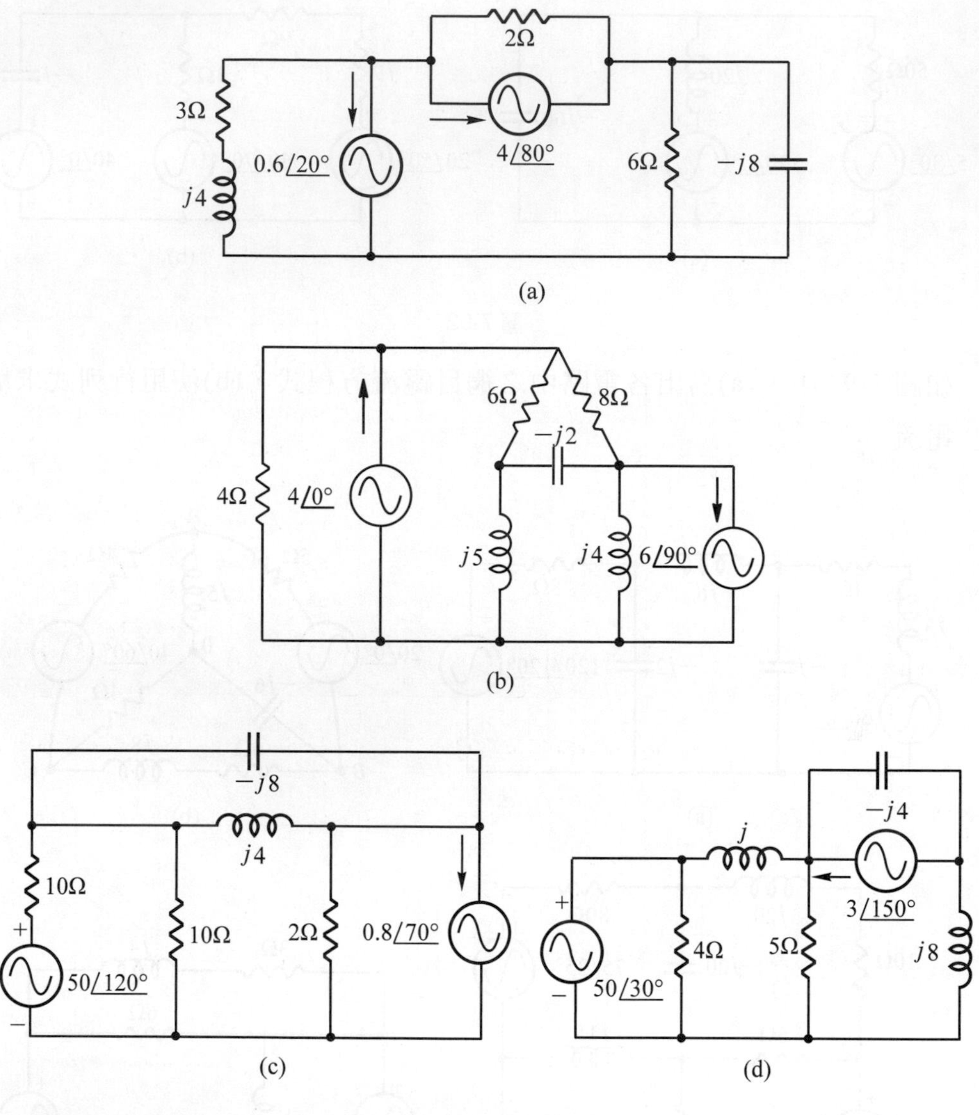

圖 7-94

29. 應用重疊定理求圖 7-95 各電路中所標明之電流$\bar{I}$或電壓$\bar{V}$。

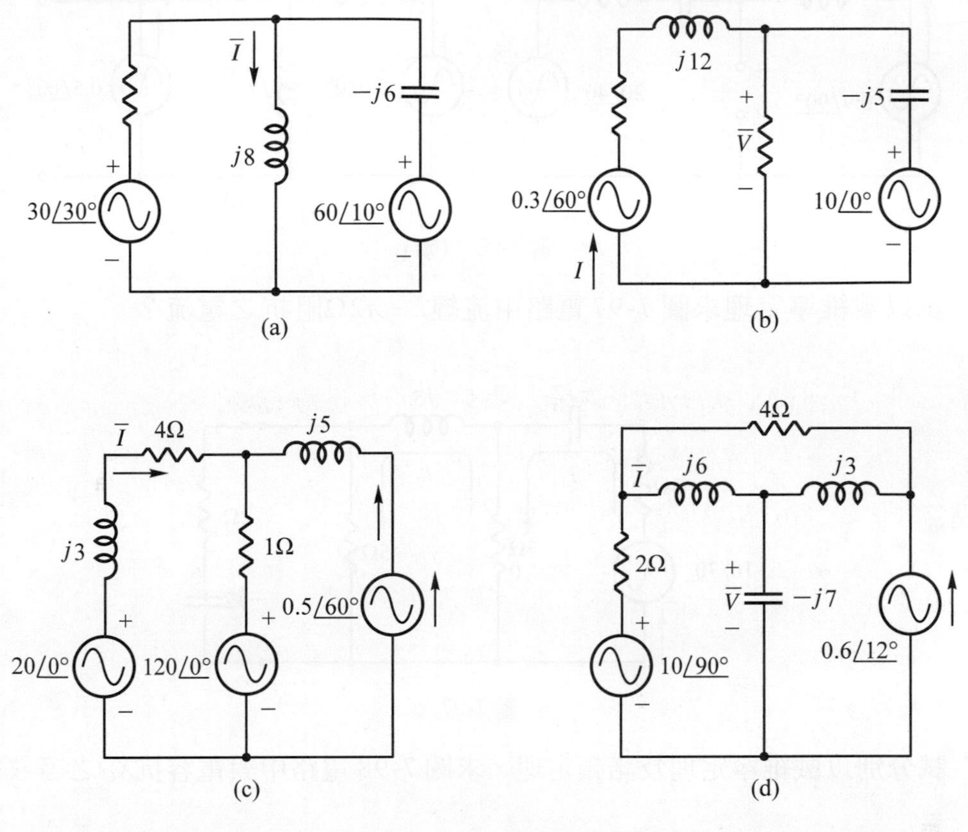

圖 7-95

30. 求圖 7-96 各電路中a、b兩端點間之戴維寧等效電路。

31. 求圖 7-96 各電路中a、b兩關點間之諾頓等效電路。

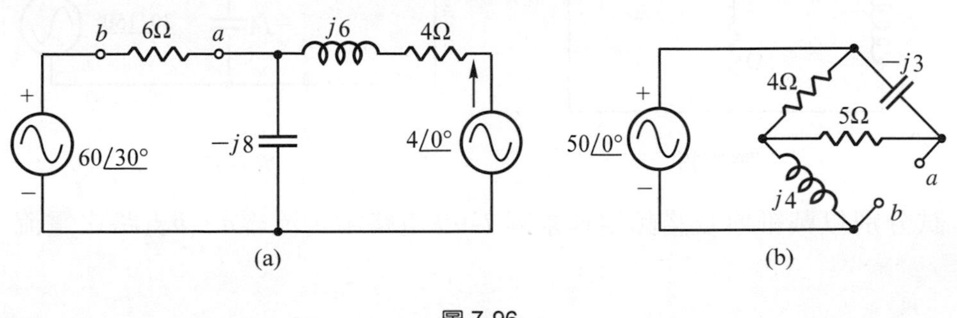

圖 7-96

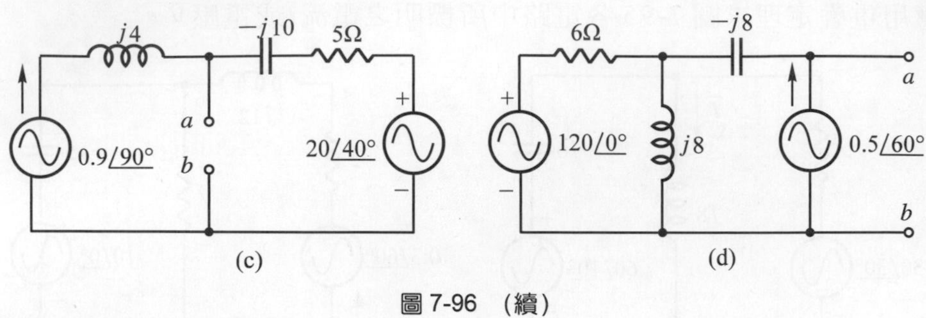

圖 7-96 (續)

32. 試以戴維寧定理求圖 7-97 電路中流經$2-j2\Omega$阻抗之電流？

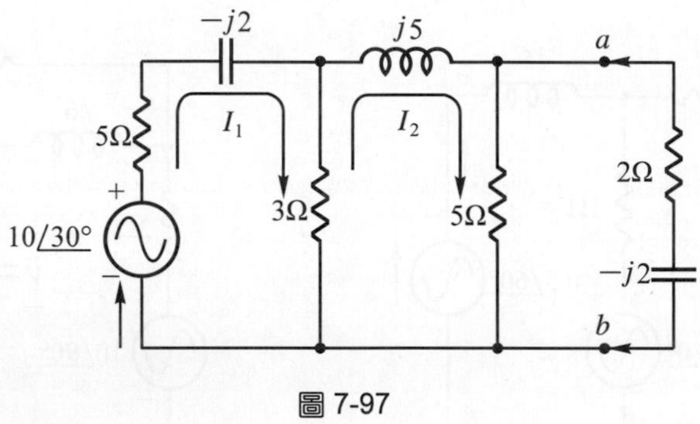

圖 7-97

33. 試分別以戴維寧定理及諾頓定理，求圖 7-98 電路中對電容抗X_C之等效電路。

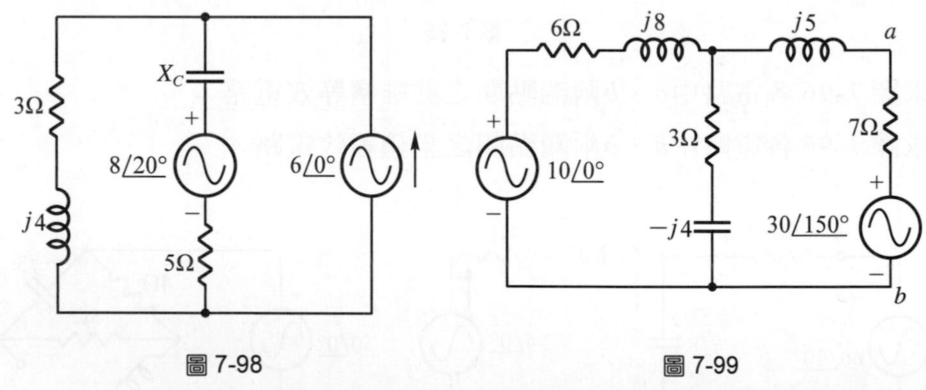

圖 7-98

圖 7-99

34. 試分別以戴維寧及諾頓定理求圖 7-99 電路中，流經a、b支路之電流。

35. 圖 7-100 電路中，試求a、b兩端點間之戴維寧及諾頓等效電路。

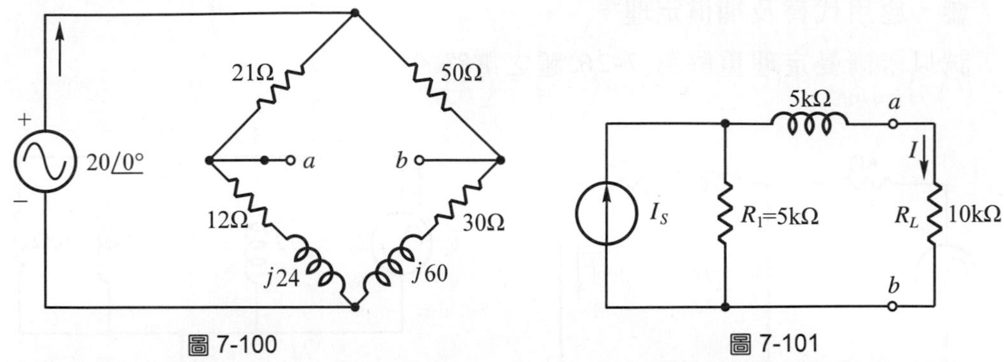

圖 7-100　　圖 7-101

36. 試以諾頓定理求圖 7-101 所示流經各負載電阻R_L上之電流I及i。已知 $i_s = 30\sqrt{2}\cos(\omega t + 60°)\text{mA}$

37. 圖 7-102 所示為單一電流源電路，試求$\overline{V}_x$，若將電流源與$\overline{V}_x$之位置互換，則倒置定理是否成立？

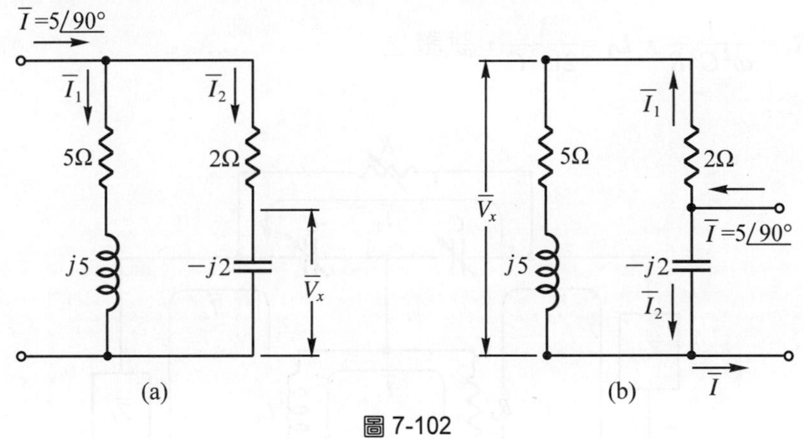

圖 7-102

38. 圖 7-103(a)中，阻抗$3+j4$變為$4+j4$，如圖(b)所示，求流經 10Ω電阻上變化前後之電流。並應用補償定理決定 10Ω電阻流經變化量。

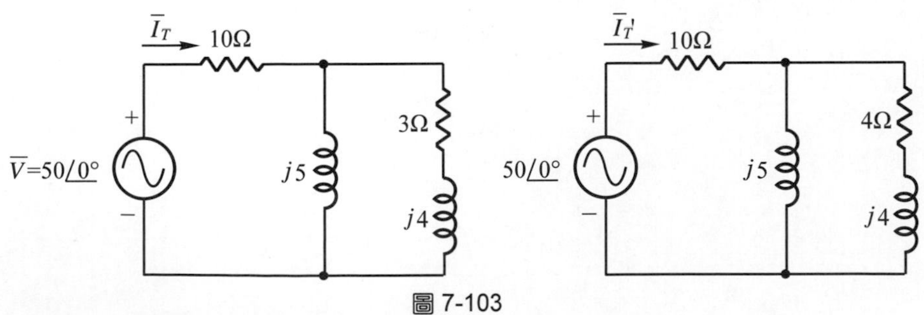

圖 7-103

39. 將圖 7-104 電路中a、b端點間插入 2Ω之電阻，求此電阻對電流$\overline{I}$產生之影響，應用代替及補償定理。

40. 試以米爾曼定理重解第(7-26)題之電路。

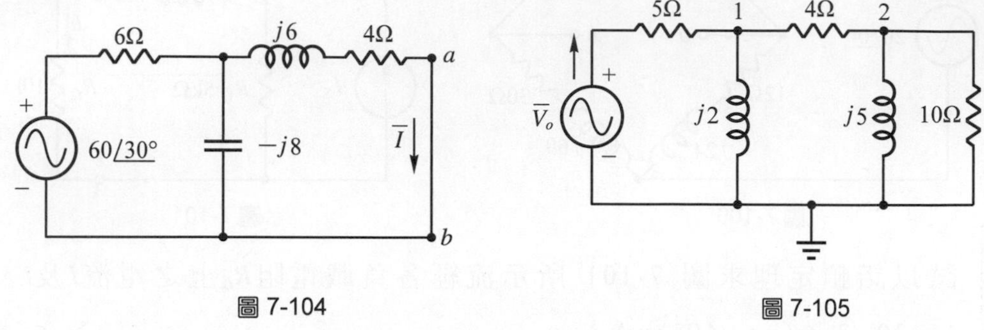

圖 7-104　　　　圖 7-105

41. 圖 7-105 電路中，節點 1、2 之電壓分別設為V_1及V_2，試證$\dfrac{V_2}{V_1}=0.6\,\angle 29.8^\circ$。

42. 圖 7-106 電路中調整兩相等電容器C及電阻R，使流經Z_L阻抗上之電流為零時則$R_x=\dfrac{1}{\omega^2 C^2 R}$，$L_2=\dfrac{1}{2\omega^2 C}$，試證之。

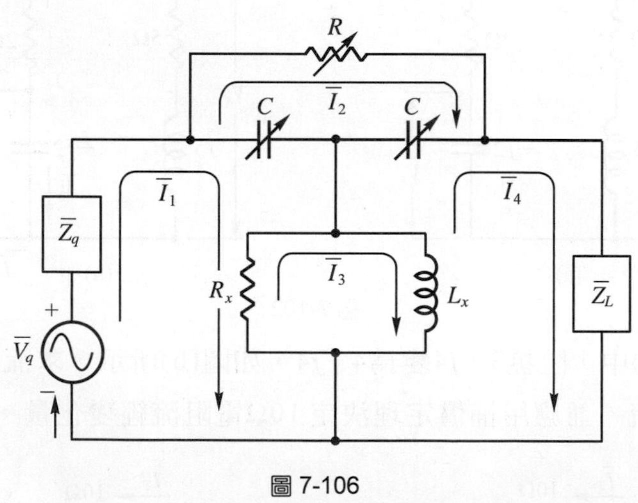

圖 7-106

CHAPTER 8

交流功率與能量

交流電路中之功率與能量，遠較直流電路複雜，因電流與電壓皆爲時間之函數。在直流電路中，電阻上所消耗之功率爲電阻器兩端之電壓乘以流經該電阻器之電流。因其電壓及電流均爲定值，故其功率亦爲定值$P = VI$。不隨時間變化；在交流電路，雖然電之功率等於電壓與電流之乘積，但其電壓及電流均具時變性質，故其功率並非定值，而是隨時間變化，即弦波電壓與弦波電流乘積形成之功率稱爲**瞬時功率**$p = vi$**(instantaneous power)**，電阻上所消之功率值在零與最大(峰)值間作週期性變化，且其在每一週期內有兩次零值。實用上，則採用該瞬時功率之平均值，即取電壓及電流之有效值相乘所獲得之功率值。

儲存在電感器或電容器中之能量亦爲時間之函數，因電流爲一時變電流，但同樣的採用其平均能量儲存於電感器中；同理電壓雖爲時變電壓，但採用平均能量存儲於電容器中，通常不直接計算其平均能量，而以**虛功率(imaginary power)**表示之。

在直流電路中，不需考慮功率流動方向，但在交流電路中則必須加以考慮。就電阻器而言，是永遠吸收或消耗功率，因而功率始終是自電源流向電阻器；但電感器及電容器儲能元件則未必僅吸收功率。例如在弦波穩態下，當電壓或電流之值爲零時，其所儲存之能量亦爲零，因此在每一週期內，儲能元件中所儲存之能量有兩次爲零值。可知能量流進及流出儲能元件之頻率爲電源頻率之兩倍；在其中之半週期內，儲能原件將能量送回電源，此能量爲負；此正、負能量之值相等，因此淨能量爲零，其平均功率亦爲零。但能量在電感與電容儲能元件中亦可互換。

電力系統上，發電、輸電及配電設備不僅須供應用戶消耗之功率，同時儲能元件所需之功率亦須供應。即同時要供給**實在功率(real power)**或**有效功率(active power)**；及隨送隨還之往復虛功率或**無效功率(reactive power)**，雖然虛功率之平均值爲零，但其存在不僅增加設備之容量負擔，且增加系統上之損耗及電壓調整等。

8-1 一般電路的功率

在純電阻電路中，電流與電壓同相，其間之相角爲零，電阻所消耗之平均功率$P=VI$，V、I分別爲電壓及電流有效值，再純電感電路中，電流滯後電壓 $90°$，即其間之相角爲$90°$，其消耗之平均功率$P=0$；在純電容電路中，電流越前電壓$90°$，其間之相角亦爲$90°$，故消耗之平均功率亦爲零。在本節討論的問題是當電壓與電流間之相角爲任一值θ時即所謂一般交流電路問題。先以力學上類似的情況說明之。

施力F於一物體上，使其產生一位移S，分三種明顯情形討論：

1. 若F與S之方向相同，如圖 8-1(a)所示，則對該物所作之功爲$W=FS$。
2. 但若作用力 F 與位移 S 不同方向，兩者夾角爲 θ，則對該物所作之功爲 $W=FS\cos\theta$。

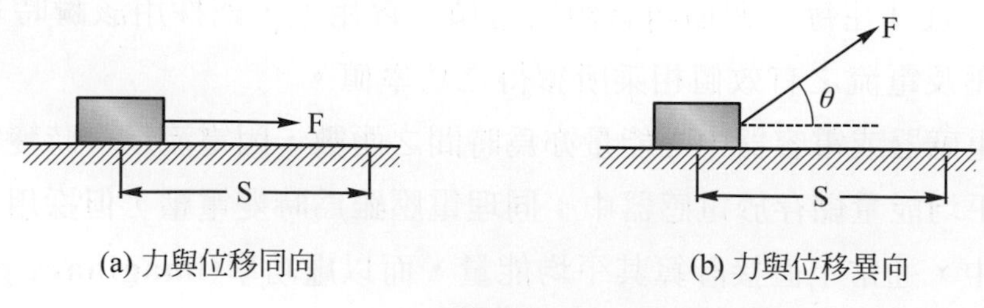

(a) 力與位移同向　　(b) 力與位移異向

圖 8-1

3. 若上述之夾角$\theta=90°$即作用力F與位移S正交時，則對該物所作之功爲零，即$W=0$。

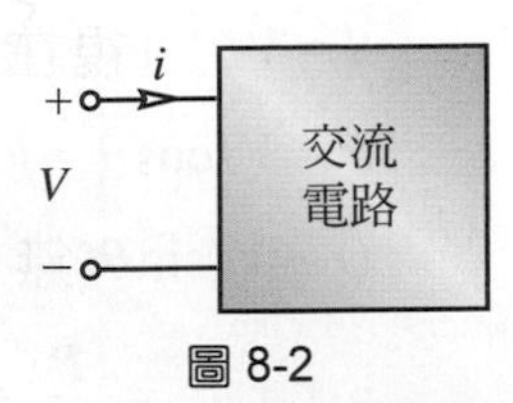

圖 8-2

第(1)種情形相當於純電阻電路之功率，$P=VI$，因電壓與電流同相，第(3)種情形相當於純電感或純電容電路，其功率，$P=0$此乃因電壓與電流間之相角為90°(正交)。今若電壓與電流之相角為θ，交流電功率必與第(2)種情形相似，設電流與電壓分別為：

$$v=V_M\sin(\omega t+\theta)，i=I_M\sin\omega t$$

i與v異相，且i滯後v θ度，如圖 8-2 所示，此時電路中之瞬時功率p為：

$$\begin{aligned}p&=vi=V_M\sin(\omega t+\theta)I_M\sin\omega t=V_MI_M\sin(\omega t+\theta)\sin\omega t\\&=V_MI_M\frac{1}{2}[cos(\omega t+\theta-\omega t)-\cos(\omega t+\theta+\omega t)]\\&=\frac{1}{2}V_MI_M[\cos\theta-\cos(2\omega t+\theta)]\\&=VI\cos\theta-VI\cos(2\omega t+\theta)\end{aligned}\qquad(8\text{-}1)$$

上式中包括$VI\cos\theta$及$VI\cos(2\omega t+\theta)$兩項，其中$VI\cos(2\omega t+\theta)$之平值為零，故平均電功率僅為$VI\cos\theta$，即

$$P=VI\cos\theta\qquad(8\text{-}2)$$

上式中，V、I分別為電壓及電流之有效值，試比較力學之第(2)種情況$W=FS\cos\theta$與式(8-2)可看出其相似之處。

(8-2)式中電路中消耗的平均功率，通稱為實在功率或有效功率(real power)。三者名稱不一但其表達的物理概念是相同的。

在交流電路中，如圖(8-2)所示，供給負載的電壓v及電流i，兩者有效值之乘積VI其一定表示為有效功率，要看兩者是否有同相部分而定。例如在圖(5-3)中將電流$\bar{I}$分成與$\bar{V}$同相部分I_H及與$\bar{V}$正交部分I_V兩個成分，則同相部分與電壓之相乘產生有效功率，其值為$\bar{V}(\bar{I}\cos\theta)$；而正交部分與電壓相乘為產成之虛功率，其值為$\bar{V}(\bar{I}\sin\theta)$或稱反抗功率(無效功率)，而電壓與電流之乘積$VI$稱為**視在功率(apparent power)**。所以將視在功率乘以$\cos\theta$即為有效功率，$\cos\theta$在此稱為**功率因數(Power factor-p.f)**；同理將視在功率乘以$\sin\theta$即為虛功率，$\sin\theta$稱為**電抗因數(reactive factor-r.f)**。綜合上述可得交流功率之關係為：

$$S = VI \quad (\text{視在功率}) \tag{8-3}$$

$$P = VI\cos\theta \quad (\text{有效功率}) \tag{8-4}$$

$$Q = VI\sin\theta (\text{無效功率}) \tag{8-5}$$

$$\text{p.f} = \frac{P}{S} = \frac{P}{VI} = \frac{\text{有效功率}}{\text{視在功率}} = \frac{VI\cos\theta}{VI} = \cos\theta$$

$$\text{r.f} = \frac{Q}{S} = \frac{Q}{VI} = \frac{\text{無效功率}}{\text{視在功率}} = \frac{VI\sin\theta}{VI} = \sin\theta$$

$S.P.Q$三者間之關係恰成一個直角三角形，稱爲功率三角形，可藉複數相量表示，故有複功率之稱，如圖(8-4)所示。

$$\overline{S} = P + jQ \tag{8-6}$$

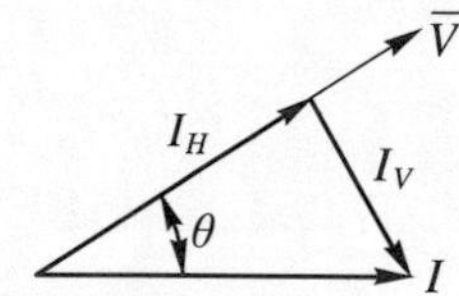

圖 8-3　同相與正交成分

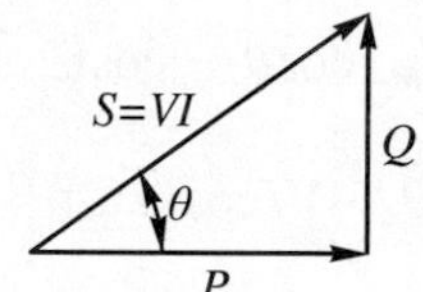

圖 8-4　功率三角形

視在功率以**伏安(Volt Ampere-VA)**爲單位，實用上其輔助單位爲kVA(1kVA $= 10^3$VA)及MVA(1MVA $= 10^6$VA)；有效功率以**瓦特(Watt-W)**爲單位，其輔助單位爲kW(1kW $= 10^3$)及MW(1MW $= 10^6$W)；無效功率以**乏(Volt Ampere Reactance-VAR)**爲單位。其輔助單位爲KVAR及MVAR。

例 8-1

$R-L$串聯電路，已知$R = 3\Omega$，$L = 0.0106$H，$v = 141.4\sin 377t$，試求(a)i，(b)電路上所消耗之功率，(c)該電路之p.f，(d)Q及r.f。

解 (a)$\overline{Z} = R + j\omega L = 3 + j377 \times 0.0106 = 3 + j4 = 5\angle 53.1°\Omega$

$$\overline{I}_M = \frac{\overline{V}_M}{\overline{Z}} = \frac{141.4\angle 0°}{5\angle 53.1°} = 28.28\angle -53.1°\text{A}$$

$\therefore\ i = 28.28\sin(377t - 53.1°)$A

(b)$P = VI\cos\theta = \left(\dfrac{141.4}{\sqrt{2}}\right)\left(\dfrac{28.28}{\sqrt{2}}\right)\cos 53.1°$

$= 100 \times 20\cos 53.1° = 2000 \times 0.6 = 1200$W

(c)$p.f=\cos\theta=\cos 53.1°=0.6$

(d)$Q=VI\sin\theta=100\times 20\sin 53.1°=2000\times 0.8=1600\text{VAR}$

$r.f=\sin\theta=\sin 53.1°=0.8$

例 8-2

$R-L-C$串聯電路，已知$R=10\Omega$，$L=0.056\text{H}$，$C=50\mu\text{F}$，$v=200\sin 377t\text{V}$，試求該電路所消耗平均功率。

解

$$\bar{Z}=R+j\left(\omega L-\frac{1}{\omega C}\right)=10+j\left(377\times 0.056-\frac{1}{50\times 10^{-6}\times 377}\right)$$

$$=10+j(21.1-53)=10-j31.9=33.4\angle -72.6°\Omega$$

$$\bar{V}=\frac{\bar{V}_M}{\sqrt{2}}=\frac{200\angle 0°}{\sqrt{2}}=141.4\angle 0°\text{V}$$

$$\bar{I}=\frac{\bar{V}}{\bar{Z}}=\frac{141.4\angle 0°}{33.4\angle -72.6°}=4.23\angle 72.6°\text{A}$$

$$\therefore\quad P=VI\cos\theta=141.4\times 4.23\cos 72.6°=179\text{W}$$

$$P=I^2R=4.23^2\times 10=179\text{W}\quad(\text{驗算})$$

8-2 電阻消耗的功率與能量

純電阻元件之電路如圖 8-5(a)所示，其電壓v和電流i同相即其間之相角$\theta=0$，由(8-1)式知當$\theta=0$時其功率為

$$P=VI\cos 0°-VI\cos(2\omega t+0°)=VI-VI\cos 2\omega t \tag{8-7}$$

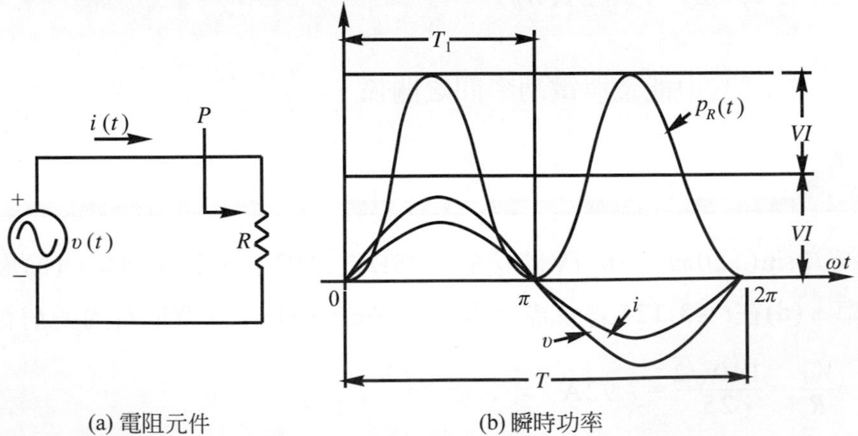

(a) 電阻元件　　(b) 瞬時功率

圖 8-5　電阻元件之瞬時功率

上式中，VI為功率之平均值或直流項，$-VI\cos 2\omega t$為一負餘弦波，其頻率為電源頻率之兩倍，純電阻電路中之電壓、電流及功率波形之關係如圖 8-5(b)所示，p值變化範圍，由零至最大值$V_M I_M$，始終都是正值，可知電阻確為消耗電功率的元件。(8-7)式中第二項$VI\cos 2\omega t$之平均值為零。即

$$P=\frac{1}{2}V_M I_M=VI$$

或 $$P=\frac{1}{T_1}\int_0^{T_1}p\,dt=\frac{1}{T_1}\int_0^{T_1}i^2R\,dt$$

$$=\frac{R}{T_1}\int_0^{T_1}I_M^2\sin^2\omega t\,dt=I^2R \qquad (8\text{-}8)$$

由此得 $$P=VI=I^2R=\frac{V^2}{R} \qquad (8\text{-}9)$$

式中，V，I為電壓、電流之有效值。

關於電阻在功率波形一週T_1所消耗之能量，可由下式計算：

$$W_R=\int_0^{T_1}p_R(t)dt=(\text{功率曲線下由 0 至}T_1\text{之面積})$$

$$=(\text{平均值})\times(\text{曲線橫軸之長度})$$

$$=(VI)\times(T_1)=VIT_1=VI\left(\frac{T}{2}\right)\text{焦耳} \qquad (8\text{-}10)$$

或由$T=\frac{1}{f}$，則(8-10)式亦可寫成

$$W_R=\frac{VI}{2f} \quad \text{或} \quad P_R=2f(W_R) \qquad (8\text{-}11)$$

此為純電阻元件電路中能量與電功率間之關係。

例 8-3

電壓$v=140\sqrt{2}\sin(120\pi t-30°)$V跨接於$-25\Omega$之電阻上，試求(a)$i$，(b)最大功率，(c)平均功率，(d)在$t=3.125$毫秒時之功率，(e)p.f，(f)在一週期$T_1$內所消耗之能量。

解 (a)$I_M=\dfrac{V_M}{R}=\dfrac{140\sqrt{2}}{25}=7.92\text{A}$

$\therefore i = I_M\sin(120\pi t - 30°) = 7.92\sin(120\pi t - 30°)\text{A}$

(b) $P_{\max} = V_M I_M = (140\sqrt{2})(7.92) = 1568\text{W}$

(c) $P = \dfrac{V_M I_M}{2} = \dfrac{1568}{2} = 784\text{W}$

(d) $P = vi = V_M I_M \sin^2(\omega t - 30°)$

$= 1568\sin^2[120\pi(3.125 \times 10^{-3}) - 30°]$

$= 1568\sin^2(67.5° - 30°) = 1568\sin^2 37.5° = 581\text{W}$

(e) $\text{p.f} = \cos 0° = 1$

(f) $W_R = \dfrac{VI}{2f} = \dfrac{140 \times 5.6}{120} = 6.334$焦耳

8-3 電感中的功率與能量

在純電感電路中如圖 8-6(a)所示，因電流i滯後電壓v90°即其間之相角$\theta = 90°$，設電壓與電流之方程式分別爲

$$v = V_M\sin\omega t$$

$$i = I_M\sin(\omega t - 90°) = -I_M\cos\omega t$$

則

$$p_L = vi = (V_M\sin\omega t)(-I_M\cos\omega t)$$

$$= -\frac{V_M I_M}{2}\sin 2\omega t = -VI\sin 2\omega t \tag{8-12}$$

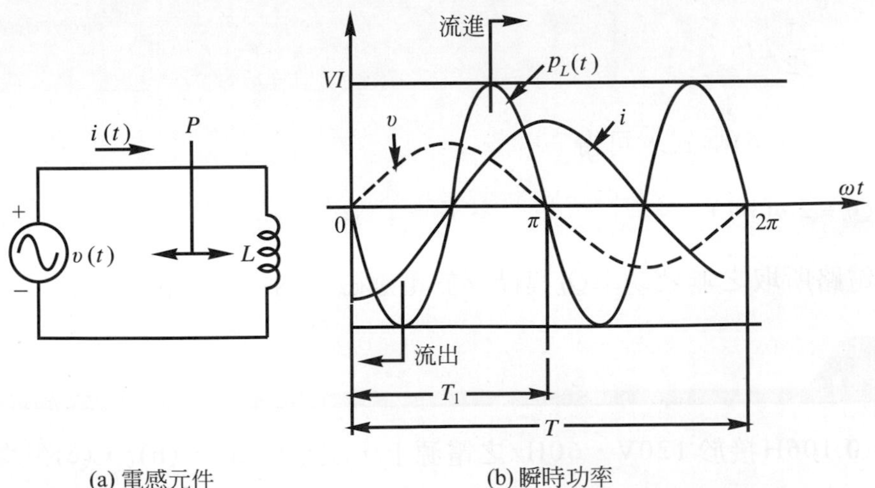

(a) 電感元件　　(b) 瞬時功率

圖 8-6　電感元件之瞬時功率

由(8-12)式可看出瞬時電功率波形亦為一正弦波，其頻率為電源頻率之兩倍，如圖8-6(b)所示，其值作正負轉換。當正值時，電感從電源吸取電能而儲存於磁場內；當負值時，電感將原來儲存之電能釋出，由於該波形正負對稱，故純電感電路所消耗功率之平均值(有效功率)P為零，即

$$P = 0 \tag{8-13}$$

由以上之分析，可見電路在穩態情況下，電感之作用在不斷地自電源吸取電能予以儲存，然後又歸還電源。功率之流動亦復如此。現由(8-13)式可知電感所吸收之平均功率為零，其最大值為**無效(虛)功率(reactive or imaginary power)**，以Q表示之。對電感而言其無效功率為：

$$Q_L = VI = \frac{V^2}{\omega L} = I^2\omega L = \frac{V^2}{X_L} = I^2 X_L \text{乏} \tag{8-14}$$

用以表示往返於電源與電感間之功率，Q與P之性質不同，故以乏(VAR)為無效率之單位予以區別。至於電感在任一瞬間所儲存之能量應為

$$W_L(t) = \frac{1}{2}Li^2 = \frac{1}{2}L \cdot 2I^2\cos^2\omega t = \frac{1}{2}LI^2(1+\cos 2\omega t) \tag{8-15}$$

能量之瞬時值可自零變至做大值LI^2，其平均值為

$$W_L = \frac{1}{T}\int_0^T W_L(t)dt = \frac{1}{T}\int_0^T \frac{1}{2}LI^2(1+\cos 2\omega t)dt$$
$$= \frac{1}{2}LI^2 \tag{8-16}$$

比較(8-14)與(8-16)兩式，可得

$$Q_L = 2\omega(W_L) \tag{8-17}$$

此為電感電路所取之無效功率Q_L與儲存於電感磁場內能量之關係。

例8-4

一電感$L = 0.106$H接於120V，60Hz之電源上，試求(a)X_L，(b)I，(c)平均功率P，(d)P_{max}，(e)i及p之方程式，(f)儲存之能量

解 (a)$X_L = 2\pi fL = 2\pi \times 60 \times 0.106 = 40\Omega$

(b)$\bar{I} = \dfrac{\bar{V}}{jX_L} = \dfrac{120\,\angle 0^\circ}{40\,\angle 90^\circ} = 3\,\angle -90^\circ = 0 - j3\text{A}$

(c)$p = -\,VI\cos 90^\circ = 0$

(d)$P_{\max} = VI = 120 \times 3 = 360\text{W}$

(e)$i = 3\sqrt{2}\sin(377t - 90^\circ)\text{A}$

$p = vi = -\,VI\sin 2\omega t = -\,360\sin(2 \times 377t) = -\,360\sin 754t\text{W}$

(f)$W_L = \dfrac{1}{2}LI^2 = \dfrac{1}{2}(0.106)(3)^2 = 0.477$焦耳

8-4 電容中的功率和能量

在純電容電路中如圖 8-7(a)所示，電流越前電壓 90°，設電壓與電流之方程式分別為：

$$v = V_M \sin\omega t$$

$$i = I_M \sin(\omega t + 90^\circ) = I_M \cos\omega t$$

則

$$P_C = vi = (V_M \sin\omega t)(I_M \cos\omega t)$$

$$= \frac{V_M I_M}{2}\sin 2\omega t = VI\sin 2\omega t \quad (8\text{-}18)$$

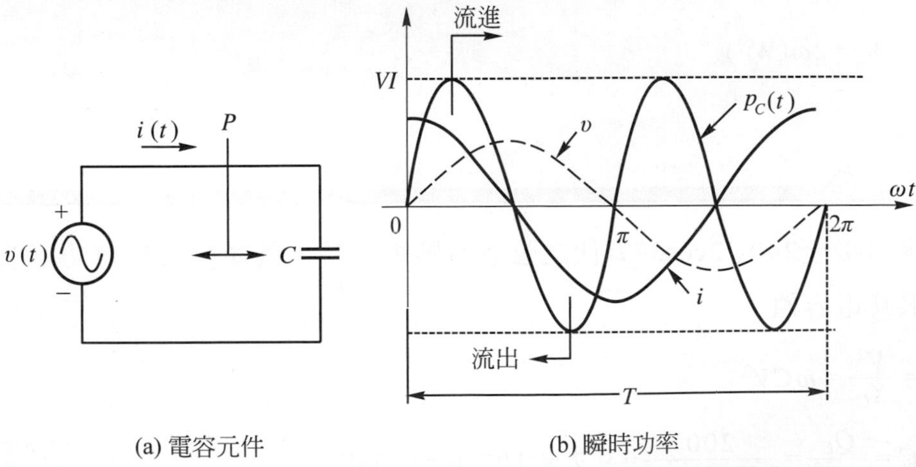

(a) 電容元件　(b) 瞬時功率

圖 8-7　電容元件之瞬時功率

由上式可看出，純電容電路上之瞬時功率波形亦為一正弦波而頻率為電源頻率之兩倍，如圖 8-7(b)所示，和純電感電路相似，故電容電路上所消耗功率即平均值亦為零，即

$$P = 0 \tag{8-19}$$

(8-18)式與(8-12)式相似，其物理原理意義亦同；唯符號相反，因而在同一電路中兩者之作用將相抵。而表示往返於電源與電容所形成之電場間得無效功率Q_c定義為

$$Q_C = VI = V^2\omega C = \frac{I^2}{\omega C} = V^2 B_C = \frac{I^2}{B_C} = \frac{V^2}{|X_C|} = I^2|X_C| \text{乏} \tag{8-20}$$

電容所儲存之瞬時能量為

$$W_C(t) = \frac{1}{2}CV^2 = \frac{1}{2}C2V^2\sin^2\omega t = \frac{1}{2}CV^2(1-\cos 2\omega t) \tag{8-21}$$

其平均值為

$$W_C = \frac{1}{T}\int_0^T W_C(t)dt = \frac{1}{T}\int_0^T \frac{1}{2}CV^2(1-\cos 2\omega t)dt$$
$$= \frac{1}{2}CV^2 \tag{8-22}$$

比較(8-20)與(8-22)兩式，可獲得純電容電路中之無效功率與儲存於電場之能量間之關係為

$$Q_C = 2\omega(W_C) \tag{8-23}$$

例 8-5

將一電容器接至$240\sqrt{2}\cos 377t$伏之弦波電壓電源時，其產生之無效功率Q_C為 200 乏，試求其電容值。

解 $Q_C = \dfrac{V^2}{X_C} = \omega CV^2$

$\therefore C = \dfrac{Q_C}{\omega V^2} = \dfrac{200}{377(240)^2} = 9.2 \times 10^{-6}\text{F} = 9.2\mu\text{F}$

上述R、L、C三種電路元件之功率與能量之情況，可作一個簡單結論：電阻在電路中恆吸收功率和電能，而其電力流程恆從電源流向電阻；電感、電容爲電能儲存元件。就弦波穩態而言，其儲存電能每週期必有兩次爲零值，因此功率及能量以兩倍電源頻率的速度往返於電源與儲能元件間流動，即半週期中電源供電能給儲存電能元件，而另半週期儲存電能元件歸還電能返回電源。同時以後將說明，電容性和電感性儲存電能元件之間，也可以有電能互換，利用兩者間之補償性質，可以獲得各種電路特性。而此項能量往返綜合效果，則正於電抗或電納之綜合效果相似，因而電感與電容所產生的無效功率亦須以正負予以區分。但何者爲正，何者爲負，固無絕對之理由而純因習慣上的規定。若依國際標準則以電容產生的無效功率爲正，電感之無效功率則爲負(美國習用者恰相反)。

8-5 複功率

在8-1節中所得之功率三角形S、P與Q可藉$\overline{V}^*\overline{I}$或$\overline{V}\overline{I}^*$的乘積獲得($\overline{V}^*$，$\overline{I}^*$分別爲$\overline{V}$、$\overline{I}$之共軛)，此乘積之結果爲一般複數，故稱爲**複功率(complex power)**通常以$\overline{S}$表示之；其實數部分爲有效功率P，而虛數部份爲無效功率Q。

設　$\overline{V}=V\angle\alpha$，$\overline{I}=I\angle\alpha+\beta$

則　$\overline{S}=\overline{V}^*\overline{I}=(V\angle-\alpha)I\angle\alpha+\beta=VI\angle\theta$，令$\theta=\beta$

$=VI\cos\theta+jVI\sin\theta=P+jQ$

$\overline{S}$的絕對值爲視在功率，$|S|=VI$，一滯後(I滯後V)相角或電感性電路則Q值爲負；一越前相角或電容性電路則Q值爲正(國際標準)。

由複數之性質知，任何複數量和其本身之共軛複數量的乘積爲該複數絕對值之平方，如$\overline{I}^*\overline{I}=I^2$，$\overline{V}^*\overline{V}=V^2$，故對串聯電路而言，複功率可用下式表示之。

$$\overline{S}=\overline{V}^*\overline{I}=(\overline{Z}\overline{I})^*\overline{I}=\overline{Z}^*\overline{I}^*\overline{I}=I^2\overline{Z}^*=\frac{V^2}{\overline{Z}} \tag{8-24}$$

式中，$\overline{I}$爲電路電流，$\overline{V}$爲外施電壓，$\overline{Z}$爲等值阻抗。同理，對等效並聯電路而言，複功率可表示爲：

$$\overline{S}=\overline{V}^*\overline{I}=\overline{V}^*(\overline{V}\overline{Y})=V^2Y=\frac{I^2}{\overline{Y}^*} \tag{8-25}$$

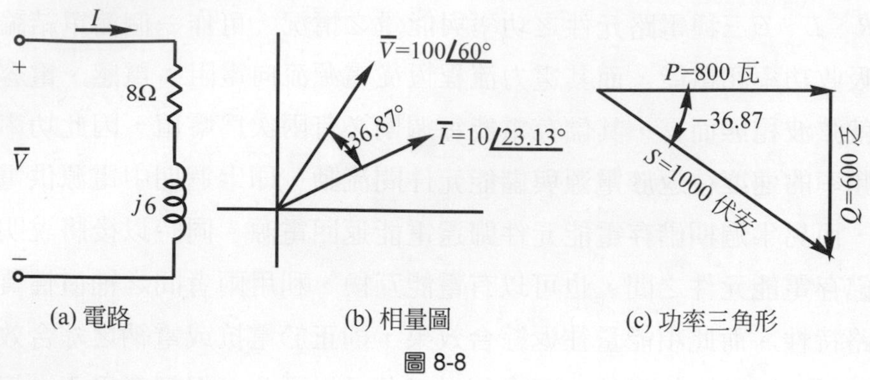

(a) 電路　　(b) 相量圖　　(c) 功率三角形

圖 8-8

例 8-6

$R-L$串聯電路如圖 8-8(a)所示，已知$\overline{V}=100\angle 60°$，$Z=8+j6\Omega$,試求(a)$\overline{I}$；(b)$\overline{S}$；(c)繪其相量圖；(d)繪其功率三角形。

解

(a)$\overline{I}=\dfrac{\overline{V}}{\overline{Z}}=\dfrac{100\angle 60°}{8+j6}=\dfrac{100\angle 60°}{10\angle 36.87°}=10\angle 23.13°=9.2+j3.93\text{A}$

(b)$\overline{S}=\overline{V}^{*}\overline{I}=(100\angle -60°)(10\angle 23.13°)=(1000\angle -36.87°)=(800-j600)\text{VA}$

(c)$\overline{V}$及$\overline{I}$間之相量圖如圖(b)。

(d)功率圖如圖(c)。

例 8-7

一$R-L$並聯電路如圖 8-9(a)所示，已知$\overline{V}=130\angle -50°\text{V}$，試求(a)$\overline{Y}$；(b)$\overline{I}$；(c)$\overline{S}$；(d)串聯等值阻抗；(e)p.f，r.f並繪相量圖與功率圖。

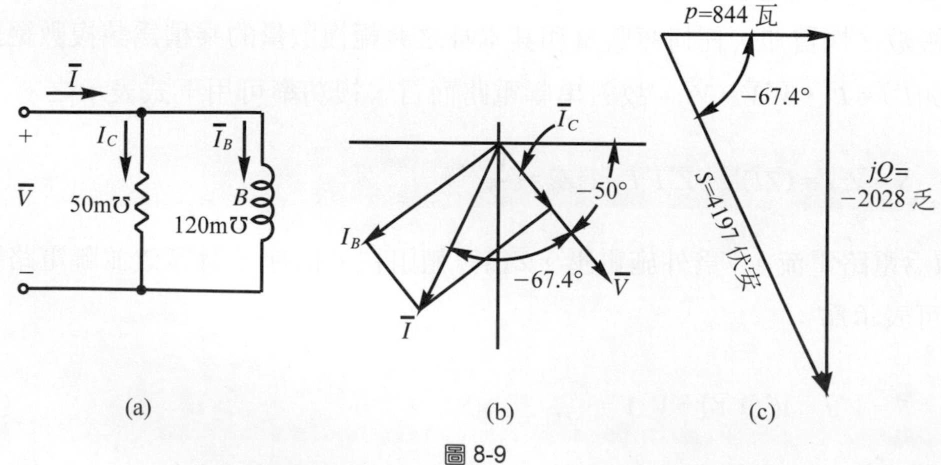

(a)　　(b)　　(c)

圖 8-9

解 (a)$\overline{Y}=G+jB=50-j120=130\angle -67.4°\text{m℧}$

(b)$\overline{I}=\overline{V}\overline{Y}=(130\angle -50°)(130\angle -67.4°)\times 10^{-3}$

$=16.9\angle -117.4°=(-7.78-j15)\text{A}$

(c)$\overline{S}=\overline{V}^*\overline{I}=V^2\overline{Y}=(130)^2(0.13\angle -67.4°)=2197\angle -67.4°$

$=(844-j2028)\text{VA}$

$P=844$瓦， $Q=-2028$乏

(d)$\overline{Z}=\dfrac{1}{\overline{Y}}=\dfrac{1}{0.13\angle -67.4°}=7.69\angle 67.4°=(2.69+j7.1)\Omega$

故原電路之串聯等值電阻$R=2.69\Omega$，串聯等值電抗爲$X=7.1\Omega$。

(e)$\text{p.f}=\dfrac{P}{S}=\dfrac{844}{2197}=0.384$ (滯後)

或 $\text{p.f}=\cos\theta=\cos 67.4°$ (滯後)

$\text{r.f}=\dfrac{|Q|}{S}=\dfrac{2028}{2197}=0.922$ (滯後)

或 $\text{r.f}=\sin\theta=\sin 67.4°$ (滯後)

其相量與功率圖如圖(b)、(c)所示。

例 8-8

$R-L-C$串聯電路如圖 8-10(a)所示已知知$\overline{V}=100\angle 0°$，求(a)各元件之功率與總功率；(b)電路之功率因數；(c)繪相量圖與功率三角形。

解 (a)$\overline{I}=\dfrac{\overline{V}}{\overline{Z}}=\dfrac{100\angle 0°}{6+j7-j15}=\dfrac{100\angle 0°}{6-j8}=\dfrac{100\angle 0°}{10\angle -53°}=10\angle 53°\text{A}$

$P=I^2R=10^2\times 6=600\text{W}$

$Q_L=-I^2X_L=-10^2\times 7=-700\text{VAR}$

$Q_C=I^2X_C=10^2\times 15=1500\text{VAR}$

$Q=Q_L+Q_C=-700+1500=800\text{VAR}$

$\overline{S}=P+jQ=600+j800=1000\angle 53°\text{VAR}$

$\overline{S}=\overline{V}^*\overline{I}=(100\angle 0°)(10\angle 53°)=1000\angle 53°$

$=(600+j800)\text{VA}$ (驗算)

(b)$\text{p.f}=\cos\theta=\cos 53°=0.6$ (越前)

(c)相量圖與功率三角形分別如圖(b)，(c)所示。

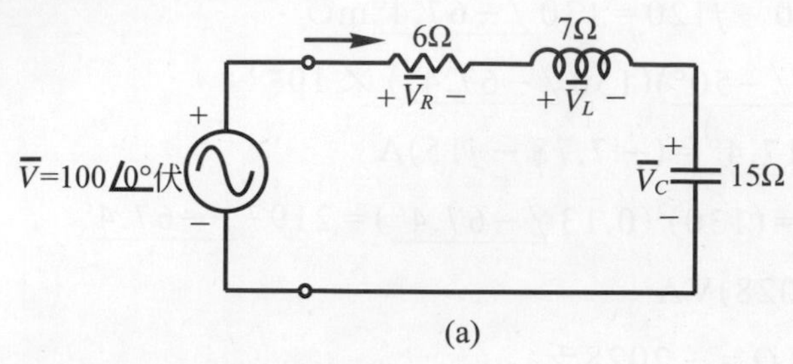

(a)

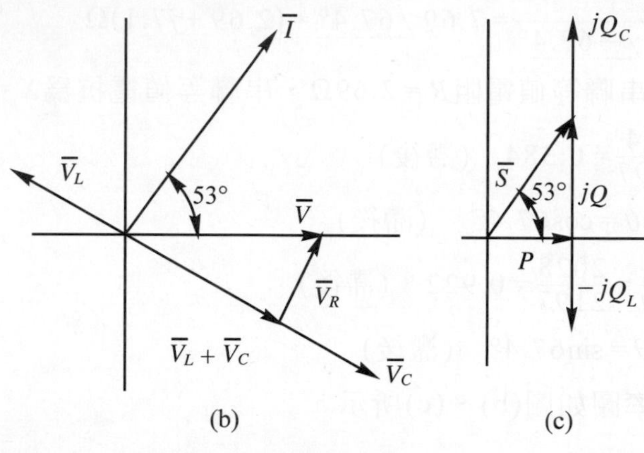

(b) (c)

圖 8-10

例 8-9

兩阻抗並聯如圖 8-11(a)所示，已知$\overline{V}=20\angle 60°$V，$\overline{Z}_1=4\angle 30°\Omega$，$\overline{Z}_2=5\angle 60°\Omega$，試求各支路功率三角形，及總功率三角形。

解 (a)Z_1支路

$$\overline{I}_1=\frac{\overline{V}_1}{\overline{Z}_1}=\frac{20\angle 60°}{4\angle 30°}=5\angle 30°\text{ A}$$

$$\overline{S}=\overline{V}^*\overline{I}=(20\angle -60°)(5\angle 30°)=(100\angle -30°)$$

$$=(86.6-j50)\text{VA}=P_1+jQ_1\text{VA}$$

由$P_1=86.6$，$Q_1=-50$，$S_1=100$ ，繪$\overline{Z}_1$之功率三角形。

(b)Z_2支路

$$\overline{I}_2=\frac{\overline{V}}{\overline{Z}_2}=\frac{20\angle 60°}{5\angle 60°}=4\angle 0°\text{A}$$

$$\overline{S}_2=\overline{V}^*\overline{I}_2=(20\angle -60°)(4\angle 0°)=(80\angle -60°)=(40-j69.2)\text{VA}=P_2+jQ_2$$

由$P_2=40$，$Q_2=-69.2$，$S_1=80$，繪$\overline{Z}_2$之功率三角形。

(c)由(a)、(b)之結果$P_1+P_2=P_T$，$Q_1+Q_2=Q_T$

則　$S_T=P_T+jQ_T$

$P_T=P_1+P_2=86.6+40=126.6\,\text{W}$

$Q_T=-50-69.2=-119.2\text{VAR}$

$S_T=126.6-j119.2=174\,\angle -43.3°\text{VA}$

S_1，S_2及S_T相量圖如圖(b)所示。

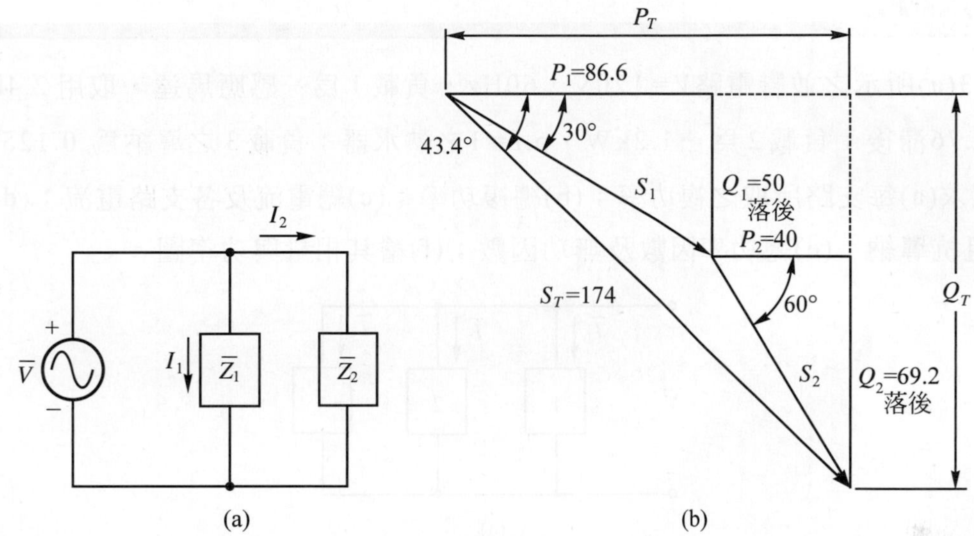

圖 8-11

由上式諸例可見功率三角之相角與阻抗三角形之相角相等，故對較爲複雜之網路可應用複功率求解，如圖 8-12 所示之串並聯電路，各支路上所吸收之總功率爲：

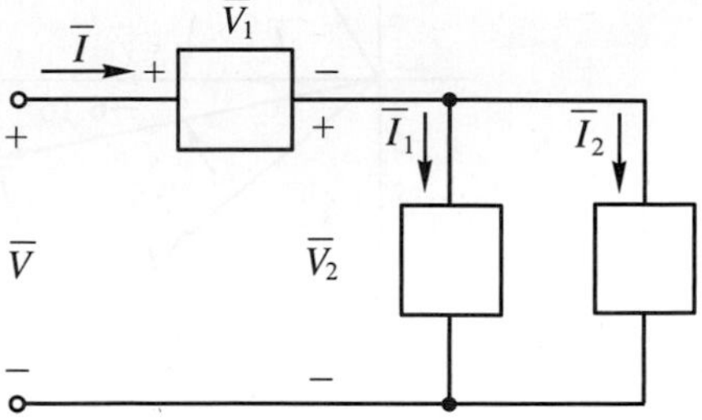

圖 8-12

$$S_T=\overline{V}^*\overline{I}=(\overline{V}_1+\overline{V}_2)^*\overline{I}=\overline{V}_1^*\overline{I}+\overline{V}_2^*\overline{I}$$

$$=\overline{V}_1^*\overline{I}+\overline{V}_2^*(\overline{I}_1+\overline{I}_2)=\overline{V}_1^*\overline{I}+\overline{V}_2^*\overline{I}_1+\overline{V}_2^*I_2$$

$$=S_1+S_2+S_3=\sum_1^3\overline{S}_b \tag{8-26}$$

即總複功率為三分支個別複功率總和，不受並聯之限制，此一結論可擴展於任一複雜的兩端網路，同理網路之總有效功率為各分支路有效功率支總和，其總無效功率為各分支路無效功率之總和，即

$$P_T = \sum_1^n P_b \;;\; Q_T = \sum_1^n Q_b \tag{8-27}$$

例 8-10

圖 8-13(a)所示之並聯電路$V = 120\text{V}$，60Hz，負載 1 為一感應馬達，取用 2.4kW，p.f = 0.76滯後；負載 2 為一 1.2kW，p.f = 1之熱水器；負載 3 之導納為 $0.125\angle 60°$ ℧，試求(a)每支路所取之複功率；(b)總複功率；(c)總電流及各支路電流；(d)每支路之阻抗導納；(e)總功率因數及無功因數；(f)繪其相量與功率圖。

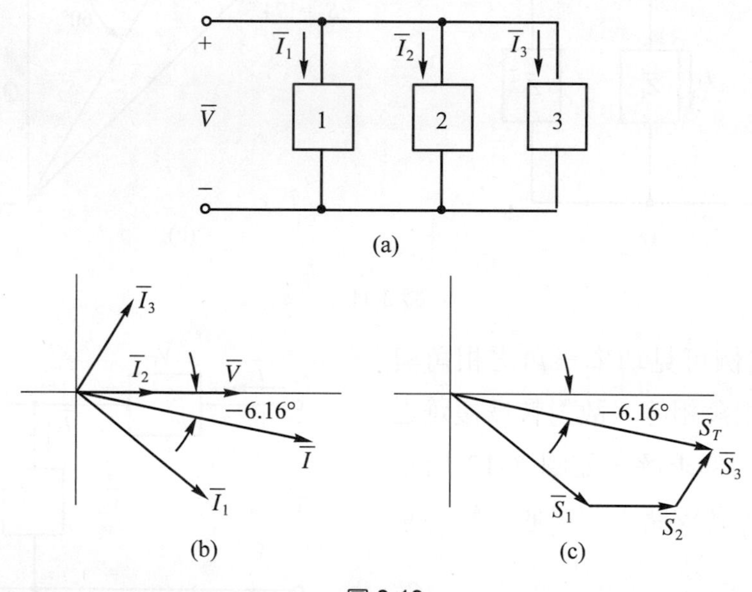

圖 8-13

解 設$\overline{V} = 120\angle 0°$(因外施電壓未規定相角)

(a)負載 1 之 $\text{p.f}_1 = 0.76$，$\theta_1 = \cos^{-1}0.76 = 40.5°$

即$\overline{S}_1$之相角為$-40.5°$

$\overline{S}_1 = (\quad)\angle -40.5° = [2.4 - j(\quad)]\text{KVA}$

由已知條件將上式缺項填充之得

$\overline{S}_1 = (3.16)\angle -40.5° = (2.4 - j2.045)\text{KVA}$

負載 2 之複功率

$\overline{S}_2 = 1.2\ \underline{/0^\circ} = (1.2 + j0)\text{KVA}$

負載 3 之複功率

$\overline{S}_3 = V^2\overline{Y}_3 = 120^2(0.125\ \underline{/60^\circ}) = 1.8\ \underline{/60^\circ} = (0.9 + j1.559)\text{KVA}$

(b)總複功率

$\overline{S}_t = \overline{S}_1 + \overline{S}_2 + \overline{S}_3 = (2.4 - j2.045) + (1.2 + j0) + (0.9 + j1.559)$

$= 4.5 - j0.486 = 4.53\ \underline{/-6.16^\circ}\text{KVA}$

(c) $\overline{I}_1 = \dfrac{\overline{S}_T}{\overline{V}^*} = \dfrac{4530\ \underline{/-6.16^\circ}}{120\ \underline{/0^\circ}} = 37.7\ \underline{/-6.16^\circ} = 37.5 - j4.05\text{A}$

$\overline{I}_1 = \dfrac{\overline{S}_1}{\overline{V}^*} = \dfrac{3160\ \underline{/-40.5^\circ}}{120\ \underline{/0^\circ}} = 26.3\ \underline{/-40.5^\circ} = 20 - j17.08\text{A}$

$\overline{I}_2 = \dfrac{\overline{S}_2}{\overline{V}^*} = \dfrac{1200\ \underline{/0^\circ}}{120\ \underline{/0^\circ}} = 10\ \underline{/0^\circ} = 10 + j0\text{A}$

$\overline{I}_3 = \dfrac{\overline{S}_3}{\overline{V}^*} = \dfrac{1800\ \underline{/60^\circ}}{120\ \underline{/0^\circ}} = 15\ \underline{/60^\circ} = 7.5 + j13\text{A}$

$\overline{I} = \overline{I}_1 + \overline{I}_2 + \overline{I}_3 = (20 - j17.08) + (10 + j0) + (7.5 + j13)$

$= 37.5 - j4.08 = 37.7\ \underline{/-6.2^\circ}\text{A}$ (驗算)

(d)由 $\overline{S} = V^2\overline{Y} = \dfrac{V^2}{\overline{Z}}$ ，$\overline{Z} = \dfrac{V^2}{\overline{S}}$

$\overline{Z}_1 = \dfrac{V^2}{\overline{S}_1} = \dfrac{120^2}{3160\ \underline{/-40.5^\circ}} = 4.56\ \underline{/40.5^\circ} = 3.46 + j2.96\Omega$

$\overline{Y}_1 = \dfrac{1}{\overline{Z}_1} = \dfrac{1}{4.56\ \underline{/40.5^\circ}} = 0.219\ \underline{/-40.5^\circ} = 0.1665 - j0.1421\mho$

$\overline{Z}_2 = \dfrac{V^2}{\overline{S}_2} = \dfrac{120^2}{1200\ \underline{/0^\circ}} = 12\ \underline{/0^\circ} = 12 + j0\Omega$

$\overline{Y}_2 = \dfrac{1}{\overline{Z}_2} = \dfrac{1}{12\ \underline{/0^\circ}} = 0.0833\ \underline{/0^\circ} = 0.0833 + j0\ \mho$

$\overline{Y}_3 = 0.125\ \underline{/60^\circ} = 0.0625 + j0.1082\mho$

$\overline{Z}_3 = \dfrac{1}{\overline{Y}_3} = \dfrac{1}{0.125\ \underline{/60^\circ}} = 8\ \underline{/-60^\circ} = 4 - j6.93\Omega$

總導納 $\overline{Y}_T = \dfrac{\overline{S}_T}{V^2} = \dfrac{4530\ \underline{/-6.16^\circ}}{120^2} = 0.314\ \underline{/-6.16^\circ}\mho$

$= (0.1665 - j0.1421) + (0.0833 + j0) + (0.0625 - j0.1082)$

或 $\overline{Y}_T = 0.312 - j0.0339 = 0.314\ \underline{/-6.16^\circ}\mho$ (驗算)

$\overline{Z}_T = \dfrac{\overline{V}}{\overline{I}} = \dfrac{120\ \underline{/0^\circ}}{37.7\ \underline{/-6.16^\circ}} = 3.18\ \underline{/6.16^\circ} = 3.16 + j0.342\Omega$

(e)p.f $=\cos\theta=\cos 6.16^\circ=0.994$ (滯後)

r.f $=\sin\theta=\sin 6.16^\circ=0.1073$ (滯後)

(f)相量與功率圖分別如圖(b)及(c)所示。

8-6 最大功率轉移定理

將第三章中已討論過得直流電路最大功率轉移定理，推廣至交流電路，若以弦波電源取代直流電源，其原理並無不同，當負載電阻與電源內阻相等($R_L=R_s$)時，負載當獲得最大功率其值爲：

$$P_{\max}=\frac{V^2}{4R_L} \tag{8-28}$$

但對弦波電路而言，其電源之內阻及負載爲純電阻者乃爲一特殊情況，通常一般性的電路多如圖 8-14 所示，其弦波電源內阻抗爲電感性；負載阻抗可能爲電感性或電容性。設電源及其內阻抗爲已知，而負載阻抗之電阻與電感抗成分可以個別調變，使負載電阻上吸收最大功率之一般條件，可由下述獲得

$$\bar{I}=\frac{\bar{V}}{\bar{Z}_s+\bar{Z}_L}=\frac{\bar{V}}{(R_S+R_L)+j(X_S+X_L)}$$

負載電阻所吸收之功率爲：

$$P=I^2R_L=\frac{V^2R_L}{(R_S+R_L)^2+(X_S+X_L)^2} \tag{8-29}$$

先求當X_L變動時獲得最大功率之條件爲：

$$\frac{dP}{dX_L}=\frac{V^2R_L[-2(X_S+X_L)]}{[(R_S+R_L)^2+(X_S+X_L)^2]^2}=0$$

即 $$X_L=-X_S \tag{8-30}$$

此爲一**串聯諧振(resonance)**條件。在滿足該條件，(8-29)式當簡化爲：

$$P=\frac{V^2R_L}{(R_S+R_L)^2} \tag{8-31}$$

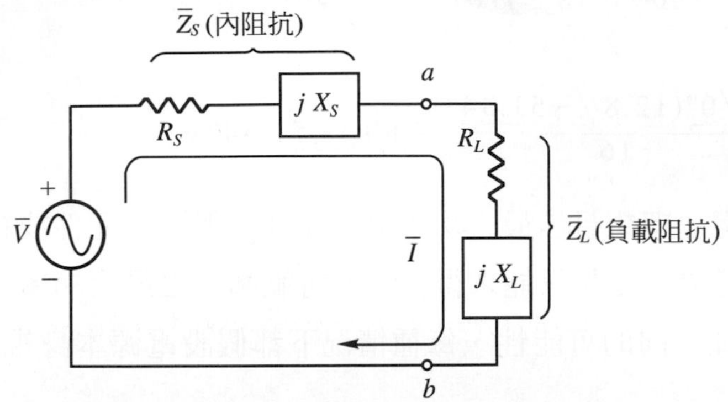

圖 8-14　最大功率轉換得一般情況之電路

此與直流電路情況相同，故負載電阻吸收最大功率之條件為：

$$R_L = R_S \tag{8-32}$$

$$R_L + jX_L = R_S - jX_S \quad 或 \quad \overline{Z}_L = \overline{Z}_S^* \tag{8-33}$$

即調變負載阻抗使其等於電源內阻抗之共軛值時，負載電阻上可獲得最大功率。通稱為**共軛匹配(conjugate match)**或**阻抗匹配(impedance match)**，其最大功率值為

$$P_{\max} = \frac{V^2 R_L}{(2R_L)^2} = \frac{V^2}{4R_L} \tag{8-34}$$

此結果與直流或交流純電阻電路之$P_{\max}$相同。至於負載兩端之電壓則為：

$$\overline{V}_{ab} = \overline{I}\overline{Z}_L = \frac{\overline{V}\overline{Z}_L}{\overline{Z}_S + \overline{Z}_L} = \frac{\overline{V}\overline{Z}_L}{2R} \tag{8-35}$$

而與純電阻電路上負載兩端之電壓為電源電壓之一半者不同。但負載阻抗中得電阻成份上之端電壓適為電源電壓之一半。

例 8-11

若圖 8-14 電路中，$\overline{Z}_S = 8 + j10\Omega$，$\overline{V} = 100\ \underline{/0°}\text{V}$，試求(a)最大功率時之$\overline{Z}_L$；(b)$R_L$上所獲得最大功率值；(c)此時負載兩端之電壓值。

解 (a)$\overline{Z}_L = \overline{Z}_S^* = 8 - j10$

(b)$P_{\max} = \dfrac{V^2}{4R_L} = \dfrac{100^2}{4 \times 8} = 312.5\text{W}$

$$(c)\overline{V}_{ab}=\frac{\overline{V}\overline{Z}_L}{2R_L}=\frac{100\angle 0^\circ(8-j10)}{2\times 8}$$

$$=\frac{100\angle 0^\circ(12.8\angle -51.34^\circ)}{16}=80\angle -51.34^\circ\text{V}$$

共軛匹配乃屬一理想最佳最大功率轉移條件，但由於元件或經濟方面之理由，實用上往往無法達成，於是只能求得在其允可範圍內之最大功率轉移，下述特殊情形況爲討論得幾種不同的可能性，每種情況下都假設電源本身視爲定值。

情況 1：

X_L固定，且$X_L \neq X_S$，R_L可變，其最大功率轉移之條件可由(8-29)式對R_L微分並令其等於零，即：

$$\frac{dP}{dR_L}=\frac{[(R_S+R_L)^2+(X_S+X_L)^2]V^2-2V^2R_L(R_S+R_L)}{[(R_S+R_L)^2+(X_S+X_L)^2]^2}=0$$

或 $$(R_S+R_L)^2+(X_S+X_L)^2-2R_L(R_S+R_L)=0$$

得 $$R_L=\sqrt{R_S^2+(X_S+X_L)^2}=|Z_S+jX_L| \tag{8-36}$$

亦即負載電阻R_L應調變等於電路中，電源定值阻抗加固定之X_L之絕對值。

例 8-12

圖 8-14 所示電路中，已知$\overline{V}=100\angle 0^\circ\text{V}$，$\overline{Z}_S=8+j10\Omega$，負載電抗$X_L$爲$4\omega$(電容性)，試求(a)負載獲得最大功率時$R_L$值爲多少？；(b)最大功率值爲多少？；(c)此刻負載端電壓爲多少？

解 (a)$R_L=|Z_S+jX_L|=|8+j10-j4|=|8+j6|=10\Omega$

$$(b)P_{\max}=I^2R_L=\frac{V^2R_L}{|Z_S+Z_L|^2}=\frac{100^2\times 10}{|18+j6|^2}$$

$$=\frac{100000}{|18.97\angle 19.43^\circ|^2}=\frac{100000}{359.86}=277.885\text{W}$$

當$R_L=9\Omega$時，則$P=\frac{100^2\times 9}{|17+j6|^2}=276.9\text{W}$

當$R_L=11\Omega$時，則$P=\frac{100^2\times 11}{|17+j6|^2}=277.08\text{W}$

可見$R_L=10\Omega$爲最大功率之條件，實爲正確。

$$(c)\overline{V}_{ab}=\overline{I}\overline{Z}_L=\frac{\overline{V}Z_L}{\overline{Z}_s+\overline{Z}_L}=\frac{100\angle 0^\circ}{18+j16}(10-j4)$$

$$=\frac{100\angle 0^\circ(10.77\angle -21.8^\circ)}{18.97\angle 18.43^\circ}=56.77\angle -40.23^\circ \text{ V}$$

就本例而言，當X_L固定不變時之最大功率爲 277.885W，最佳條件下(X_L可變且始$X_L=-X_S$)則其最大功率爲312.5W，因此是否值得將負載之電抗予以調變，需加考慮。

情況 2：

負載電抗X_L可變，電阻R_L固定且$R_L\neq R_s$ ，此種情況前已提及，最大功率之條件爲(8-30)式即$X_L=-X_S$ 。

例 8-13

圖 8-14 電路中，若已知$R_L=10\Omega$，$\overline{V}=100\angle 0^\circ\text{V}$，$\overline{Z}_S=8+j10\Omega$，試求(a)最大功率時$X_L$值爲多少？；(b)最大功率值爲多少？；(c)負載端電壓爲多少？

解 (a)$X_L=-X_s=-10\Omega$

$$(b)P_{\max}=\frac{V^2R_L}{(\overline{Z}_s+\overline{Z}_L)^2}=\frac{(100\angle 0^\circ)^2\times 10}{[(8+j10)(10-j10)]^2}=\frac{10^5}{18^2}=308.64\text{W}$$

$$(c)\overline{V}_{ab}=\overline{I}\overline{Z}_L=\frac{\overline{I}\overline{Z}_L}{\overline{Z}_s+\overline{Z}_L}=\frac{100\angle 0^\circ(14.14\angle -45^\circ)}{18}=78.56\angle -45^\circ\text{V}$$

情況 3：

R_L可變但$X_L=0$，此爲情況 1 之特殊情況，令(8-36)式中之$X_L=0$，即得最大功率之條件

$$R_L=\sqrt{R_s^2+X_s^2}=|Z_s| \qquad (8\text{-}37)$$

例 8-14

與 8-13 同，唯$X_L=0$試求(a)最大功率時之R_L值；(b)最大功率值？；(c)負載端電壓。

解 (a)$R_L=|\overline{Z}_s|=|8+j10|=12.81\Omega$

(b) $P_{\max} = I^2 R_L = \dfrac{V^2 R_L}{|Z_s + R_L|^2} = \dfrac{100^2 \times 12.81}{(8 + j10 + 12.81)^2}$

$= \dfrac{128100}{|20.81 + j10|^2} = \dfrac{128100}{|23.1 \angle 25.66°|} = 240.6\,\text{W}$

(c) $\overline{V}_{ab} = \overline{I}R_L = \dfrac{\overline{I}R_L}{\overline{Z}_s + R_L} = \dfrac{(100 \angle 0°)(12.81 \angle 0°)}{8 + j10 + 12.81}$

$= \dfrac{1281 \angle 0°}{23.1 \angle 25.66°} = 55.4 \angle -25.66°\text{V}$

情況4：

負載阻抗大小可變，但其相角固定不變。實用上如利用變壓器匹配耦合，即祇能改變負載之大小。又如利用完全相同之阻抗單元，則變更單元串聯或並聯之數量，即可改變阻抗之大小而不變其相角。

茲設 $\overline{Z}_L = A \angle \theta = A(\cos\theta + j\sin\theta) = R_L + jX_L$ (8-38)

電路中之電流將爲：

$$\overline{I} = \frac{\overline{V}}{\overline{Z}_S + \overline{Z}_L} = \frac{\overline{V}}{(R_S + A\cos\theta) + j(X_S + A\sin\theta)} \tag{8-39}$$

負載上之功率則爲

$$P = I^2 R_L = \frac{\overline{V}^2 A\cos\theta}{[(R_S + A\cos\theta) + j(X_S + A\sin\theta)]^2} \tag{8-40}$$

最大功率之條件，由 $\dfrac{dP}{dA} = 0$

即 $[(R_S + A\cos\theta)^2 + (X_S + A\sin\theta)^2]V^2\cos\theta$

$- 2AV^2\cos\theta[(R_S + A\cos\theta)\cos\theta + (X_S + A\sin\theta)\sin\theta]$

或 $(R_S + A\cos\theta)^2 + (X_S + A\sin\theta)^2 - 2A\cos\theta(R_S + A\cos\theta)$

$- 2A\sin\theta(X_S + A\sin\theta) = 0$

簡化整理後得

$A^2 = R_S^2 + X_s^2$，或 $A = \sqrt{R_S^2 + X_s^2} = |Z_s|$ (8-41)

情況3爲一相角等於零之阻抗，故可視爲情況4之中特殊情形。

例 8-15

若圖8-14所示之電路$\overline{V}=100\angle 0°\text{V}$，$\overline{Z}_S=8+j10\Omega$，負載阻抗$|Z_L|$依固定相角30°而變化。試求(a)最大功率時之$|Z_L|$值；(b)在此情況下之$P_{\max}$值；(c)負載端電壓。

解 (a)$|Z_L|=|Z_s|=|8+j10|=12.81\Omega$，此時之負載阻抗爲

$$12.81\angle 30°=11.09+j6.4\Omega$$

$$\text{(b)}P_{\max}=I^2R_L=\frac{V^2R_L}{|\overline{Z}_S+\overline{Z}_L|^2}=\frac{100^2\times 11.09}{|(8+j10)+(11.09+j6.4)|^2}$$

$$=\frac{110900}{|25.2\angle 40.7°|^2}=175.1\ \text{W}$$

$$\text{(c)}\overline{V}_{ab}=\overline{I}\overline{Z}_L=\frac{\overline{V}\overline{Z}_L}{\overline{Z}_S+\overline{Z}_L}=\frac{(100\angle 0°)(12.81\angle 30°)}{25.2\angle 40.7°}=50.38\angle -10.7°\text{V}$$

負載阻抗大小不變而相角可變，求其最大功率之條件，先將

$$\overline{Z}_S=As\angle \theta_S=As(\cos\theta_S+j\sin\theta_S)=R_S+jX_S$$

代入(5.41)式，而使

$$P=\frac{V^2A\cos\theta}{A_S^2+A^2+2AA_S\cos\theta(\theta-\theta s)}$$

由 $$\frac{dP}{d\theta}=0$$

得 $$-\left[A_S^2+A^2+2A_SA\cos\theta(\theta-\theta_S)\right]V^2\sin\theta$$
$$-2V^2AA_S\cos\theta\sin(\theta-\theta_S)=0$$

化簡整理得：

$$\sin\theta=-\left(\frac{2A_SA}{A_S^2+A^2}\right)\sin\theta_S \tag{8-43}$$

若(8-41)式之條件已滿足，則$A=|Z_S|=A_S$，則

$$\sin\theta = -\left(\frac{2A^2}{2A^2}\right)\sin\theta_S = -\sin\theta_S$$

或　$\theta = -\theta_S$

所以　$\bar{Z} = A\angle\theta = A_S\angle-\theta_S$ 或 $\bar{Z} = \bar{Z}_S^*$

此即共軛匹配之條件，顯然同時調變負載阻抗之大小與相角，其效果與同時調變其電阻與電抗相同。

例 8-16

若圖 8-14 所示之電路 $\bar{V} = 100\angle 0°$V，$\bar{Z}_S = 8 + j10\Omega$，$\bar{Z}_L = 10\angle\theta\ \Omega$，試求(a) θ 爲何值時可獲得最大功率；(b)最大功率值；(c)負載端電壓。

解 (a) $\bar{Z}_s = 8 + j10 = 12.81\angle 51.34°\Omega$

由(8-43)式，得：

$$\sin\theta = -\left[\frac{2\times 12.81\times 10}{12.81^2 + 10^2}\right]\sin 51.34° = -\left(\frac{256.2}{266}\right)\times 0.78 = -0.751$$

$$\theta = -\sin^{-1}(-0.751) = -48.68°$$

(b)此時之負載阻抗爲

$$\bar{Z}_L = 10\angle-48.68° = 6.6 - j7.51\Omega$$

$$P_{\max} = I^2R_L = \frac{V^2R_L}{|\bar{Z}_S + \bar{Z}_L|^2} = \frac{100^2\times 6.6}{|(8+j10)+(6.6-j7.5)|}$$

$$= \frac{66000}{|14.8\angle 9.67°|^2} = 300.88\text{W}$$

(c) $$\bar{V}_{ab} = \overline{IZ_L} = \frac{\overline{IZ_L}}{\bar{Z}_S + \bar{Z}_L} = \frac{(100\angle 0°)(10\angle-48.68°)}{14.8\angle 9.67°} = 67.57\angle 58.35°\text{V}$$

8-7 功率因數的改善

電力系統中發電設備之容量是取決於負載之視在功率伏安値，直接與負載的功率因數有關，若一電抗性之負載，其有功功率 $P = VI\cos\theta$ 設其功率因數 $\cos\theta$ 過低，則對一定負載的有效功率，其伏安値需要較大之容量，因而需要較大的發電設備，且輸電線路上之損耗亦因功率因數過低而增加；將降低整個電力系統之效率。因此，往往需要將負載之功率因數提高，改善電力系統之效率。將功率因數的改善(Improvement of factor)之優點歸納如下：

1. 減少設備容量。
2. 減少輸電線路上的損耗。
3. 改善電力系統之電壓調整率。
4. 提高生產品質。
5. 節省電費支出(依台電現行規定：用戶每月用電之平均功率因數不及 80%者，每低 1%者則該月份之電費應增加 0.3%；若功率因數超過 80%者，每超過 1%則該月份之電費應減少 0.15%)。

若負載爲純電阻者，則電路上之電壓與電流同相，功率因數角$\theta = 0°$，無效功率$Q = VI\sin 0° = 0$，電源供給之視在功率就等於有效功率。但一般電路之負載並非純電阻性，多有電感存在，因而負載之有效功率常小於視在功率。一發電廠之額定伏安値與負載之有效功率，不能相差太大，即負載之功率因數不可太低，否則電力公司將受到甚大損失。由於一般負載多爲電感性，其功率因數滯後。故功率因數改善之方法爲在負載兩端並聯一電容器，如圖 8-15(a)所示，在未並接電容器前，線路中電壓與電流間之相量關係如圖 8-15(b)所示，電容器並聯後，電流與電壓間之相量關係 8-15(c)所示，圖中

$$\theta_1 = tan^{-1}\frac{\omega L}{R}\ ；\ \theta_2 = tan^{-1}\frac{\omega L - \dfrac{1}{\omega C}}{R}$$

因　$\theta_1 > \theta_2$，故$\cos\theta_2 > \cos\theta_1$　$p.f_2 > p.f_1$

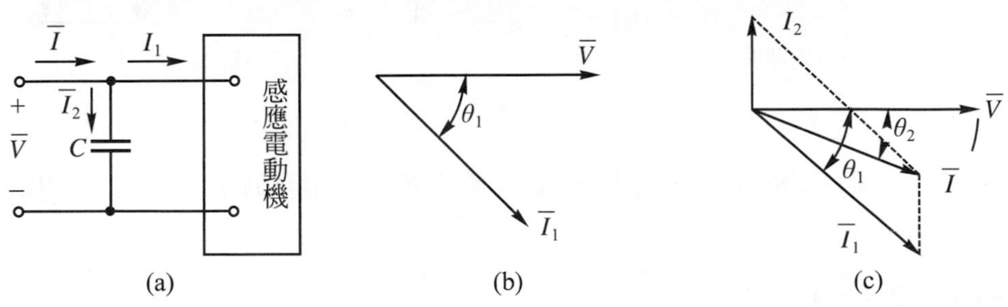

圖 8-15　並聯電容改善功率因數

藉以改善(提高)功率因數，實用上功率因數改善至何程度及所需電容器容量之大小。是本節所研討之要點之一，至於解題之方法分爲：

1. 正交電流法：由圖解求得並聯電容器上應通過之電流I_C，電源電壓已知由歐姆定理求得X_C，進而由$X_C = \dfrac{1}{2\pi fc}$求得電容。
2. 功率三角形法：由圖解求得電容器上應產生之無效功率Q_C，進而由$Q_C = V^2\omega C$求得電容值。
3. 導納三角形法：由圖解求得電容器上應產生之電納B_C，進而由$B_C = \omega C$求得電容值。

每種一方法當然都有其本身之特性，至於應用那一種方法須視已知條件而定。

例 8-17

圖 8-16(a)所示電路，電源爲$220\angle 0°$伏，60 赫；負載電流爲 3.25A，p.f = 0.7滯後，欲改善功率因數至 0.9 滯後，試求所需並聯電容值爲多少？

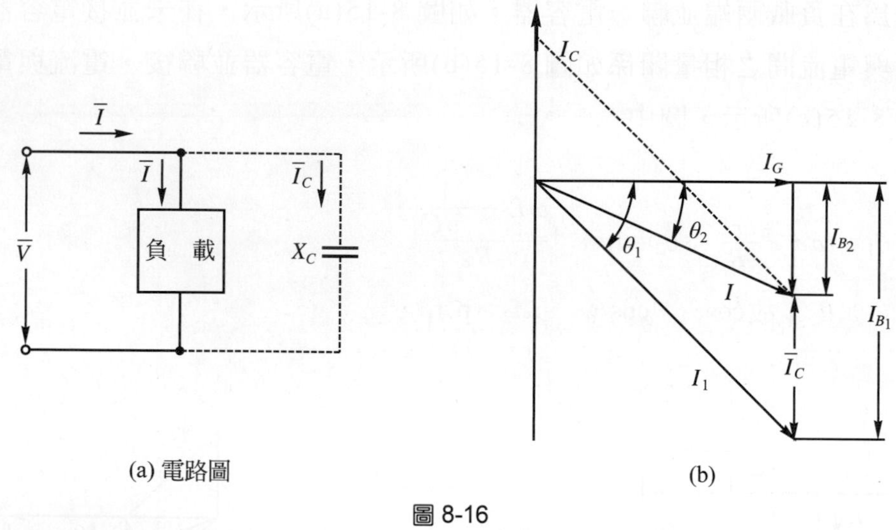

(a) 電路圖　　(b)

圖 8-16

解 分別將改善功率因數前後電壓電流相量圖繪出如圖(b)所示，其有關數據由題意求得如下：

$\theta_1 = \cos^{-1}0.7 = 45.57°$

電流與電壓同相分量I_G爲

$\overline{I}_{G_1} = I_1\cos\theta_1 = 3.25 \times \cos45.57° = 3.25 \times 0.7 = 2.275\text{A}$

與電壓正交分量I_{B1}

$I_{B1} = I_1\sin\theta_1 = 3.25\sin45.57° = 2.32\text{A}$

若 p.f 改善爲 0.9 時，則爲θ_2爲

$\theta_2 = \cos^{-1}0.9 = 25.8°$

改善 p.f 後，與電壓同相分量電流不變，即

$\bar{I}_{G_1} = \bar{I}_{G_2} = 2.275\text{A}$

而與電壓正交分量之電流$\bar{I}_{B_2}$爲

$\bar{I}_{B_2} = \bar{I}_{G_2}\tan\theta_2 = 2.275\tan 25.8° = 1.1\text{A}$

由圖(b)知

$I_C = \bar{I}_{B_1} - \bar{I}_{B_2} = 2.32 - 1.1 = 1.22\text{A}$

或 $I_C = \bar{I}_{G_1}(\tan\theta_1 - \tan\theta_2) = 2.275(\tan 45.57° - \tan 25.8°)$

$= 2.275(1.02 - 0.483) = 1.22\text{A}$

由 $X_C = \dfrac{1}{\omega L} = \dfrac{V}{I_C}$

$\therefore\ C = \dfrac{I_C}{\omega V} = \dfrac{1.22}{377 \times 220} = 14.7 \times 10^{-6}\text{F} = 14.7\mu\text{F}$

例 8-18

如圖 8-17(a)所示，若欲使負載之功率因數改善至 0.9 滯後，所需並聯電容值爲多少？

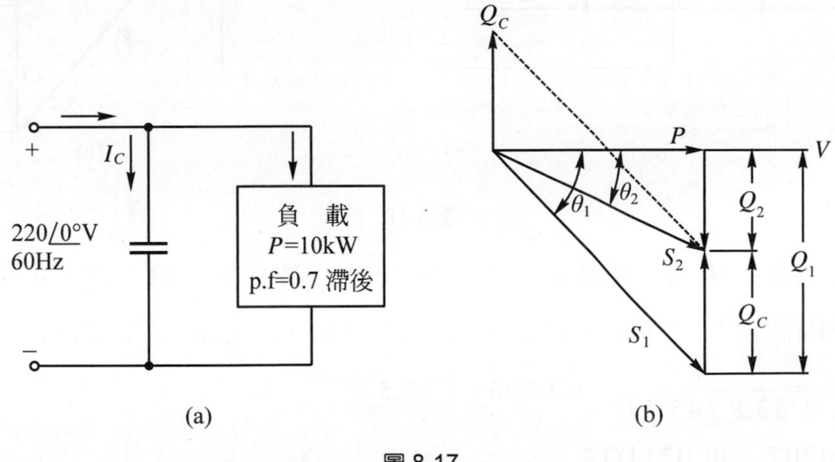

圖 8-17

解 分別繪出改善功率因數前後之功率三角形如圖(b)所示，其有關數據由題意可求得：

$\theta_1 = \cos^{-1}0.7 = 45.57°$

$\theta_2 = \cos^{-1}0.9 = 25.8°$

由圖解求得Q_C得

$$Q_C = Q_1 - Q_2 = P_1(\tan\theta_1 - \tan\theta_2)$$
$$= 10(\tan 45.57° - \tan 25.8°) = 10(1.02 - 0.483)$$
$$= 5.37KVAR = 5370VAR$$

由 $Q_C = V_C I_C = \dfrac{V_C^2}{X_C} = \dfrac{V^2}{X_C} = \omega C V^2$

$\therefore\quad C = \dfrac{Q_C}{\omega V^2} = \dfrac{5370}{377 \times 220^2} = 294.3 \times 10^{-6}\text{F} = 294\mu\text{F}$

例 8-19

圖 8-18(a)所示電路，電源爲$220\angle 0°$伏，60Hz，其負載阻抗爲$33.8\angle 45.57°\Omega$，如欲把功率因數改善爲 0.9 滯後，試求並聯電容值爲多少？

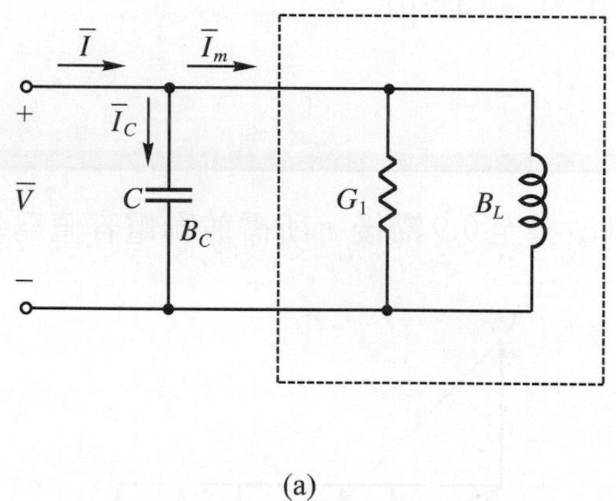

(a)

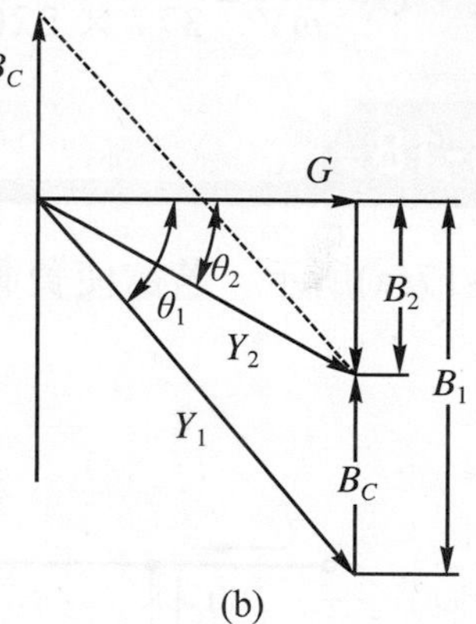

(b)

圖 8-18

解 因改善功率因數爲並聯電路，故將$\overline{Z}$轉換爲$\overline{Y}$較易於計算方便，而後分別把改善功率因數前後之導納之相量圖繪出如圖(b)，其有關數據由題意得

$$\overline{Y}_1 = \frac{1}{\overline{Z}_1} = \frac{1}{33.8\angle 45.57°} = 0.0296\angle -45.57°$$
$$= 0.0207 - j0.0211℧$$

得 $G_1 = 0.0207$，$B_1 = 0.0211$

$\theta_1 = 45.57°$

$\theta_2 = \cos^{-1}0.9 = 25.8°$

由圖(b)視

$B_C = B_1 - B_2 = G_1(\tan\theta_2 - \tan\theta_1)$

$= 0.0207(1.02 - 0.483) = 0.0111℧$

已知$B_C = \omega C$

$\therefore \quad C = \dfrac{B_C}{\omega} = \dfrac{0.0111}{377} = 29.49 \times 10^{-6}\text{F} = 29.49\mu\text{F}$

例 8-20

一供電系統$\overline{V} = 120\angle 0°$伏，60Hz，經由每條爲0.5Ω電阻一對導線供給一$3 + j4\Omega$之負載，試求(a)3Ω電阻上之功率；(b)負載端電壓；(c)線路損失；(d)電壓調整率；(e)若在負載端並聯一電容器使p.f = 1，重作(a)、(b)、(c)、(d)；(f)p.f = 1時所需並聯電容值爲何；(g)並聯電容後線路損失減少爲多少？；(h)並聯電容前後線路壓降各爲多少？；(i)並聯電容前後之輸電效率各爲多少？；(j)通過電容和原負載之電流各爲多少？。

解 本題之簡圖如圖 8-19(a)，其線路電阻合併$R = 0.5 + 0.5 = 1\Omega$

(a)$\overline{I}_1 = \dfrac{\overline{V}}{\overline{Z}} = \dfrac{120\angle 0°}{1 + 3 + j4} = \dfrac{120\angle 0°}{4\sqrt{2}\angle 45°} = 21.2\angle -45°\text{A}$

負載功率爲

$P = I^2 R_L = 21.2^2 \times 3 = 1350\text{W} = 1.35\text{kW}$

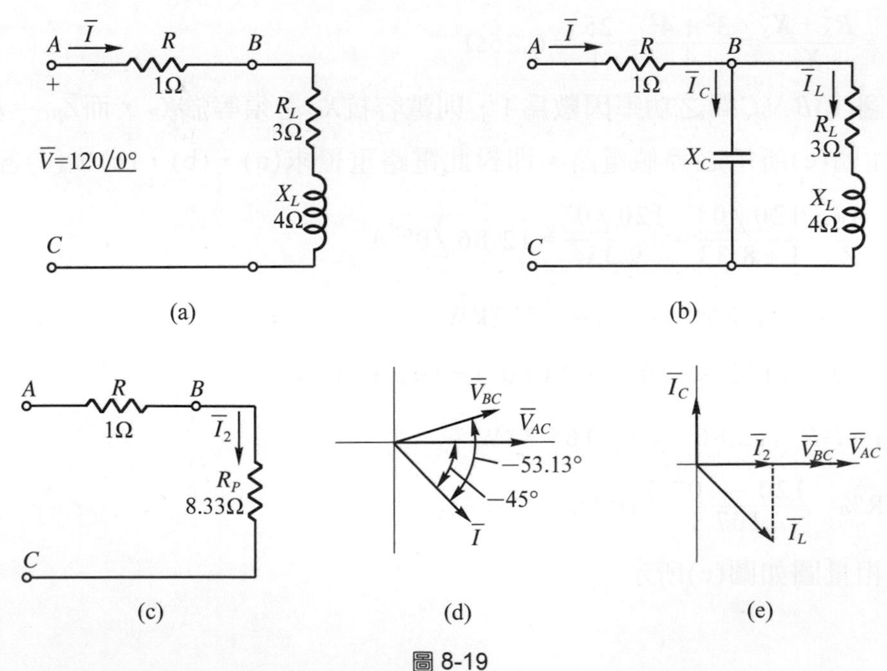

圖 8-19

(b)負載端電壓

$\overline{V}_{BC}=\overline{I}\overline{Z}_{BC}(21.2\angle -45^\circ)(5\angle 53.13^\circ)=106\angle 8.13^\circ\text{V}$

(c)線路損失爲

$P_{AB}=I^2R=21.2^2\times 1=450\text{W}$

(d)電壓調整率之定義爲

$$V.R\%=\frac{V_{NL}-V_{FL}}{V_{FL}}100\% \tag{8-44}$$

上式中　V_{NL}爲無載時端電壓，即電源電壓

V_{FL}爲滿載時端電壓，即V_{BC}

$$V.R\%=\frac{120-106}{106}100\%=13.2\%$$

對用電設備而言，所使用之電壓最好能與其額定電壓一致，可延長設備之壽命。因此電力系統各段之電源往往裝置自動電壓調整器以提高電源電壓，補償線路壓降而保持負載端電壓爲一定值。若無電壓調整設備，則採用低電壓調整率者爲佳。

(e)負載阻抗之並聯等値電阻及阻抗分別爲

$$R_P=\frac{R_S^2+X_S^2}{R_S}=\frac{3^2+4^2}{3}=\frac{25}{3}=8.33\Omega$$

$$X_P=\frac{R_S^2+X_S^2}{X_S}=\frac{3^2+4^2}{4}=\frac{25}{4}=6.25\Omega$$

欲使圖(b)B、C間之功率因數爲1，則電容抗X_C必須等於X_P，而$\overline{Z}_{BC}=R_P=8.33\ \Omega$，如圖(c)所示之等値電路。即對此電路重覆求(a)，(b)，(c)，(d)各節。

(a)$\bar{I}_2=\frac{\overline{V}}{\overline{Z}}=\frac{120\angle 0^\circ}{1+8.33}=\frac{120\angle 0^\circ}{9.33}=12.86\angle 0^\circ\ \text{A}$

$P=I_2^2R_P=12.86^2\times 8.33=1.378\text{kW}$

(b)$\overline{V}_{BC}=\bar{I}_2\overline{Z}_{BC}(12.86\angle 0^\circ)(8.33\angle 0^\circ)=107.1\angle 0^\circ\text{V}$

(c)$P_{AB}=I_2^2R=12.86^2\times 1=165.38\text{W}$

(d)$V.R\%=\frac{120-107.1}{107.1}100\%=12.04\%$

其相量圖如圖(e)所示

(f)所須並聯電容爲

$$C=\frac{1}{\omega X_C}=\frac{1}{377\times 6.25}=424.4\times 10^{-6}\text{F}=424.4\mu\text{F}$$

(g)線路損失減少率

$$=\frac{(\text{無並聯電容時之損失})-(\text{並聯電容後之損失})}{(\text{無並聯電容時之損失})}100\%$$

$$=\left[1-\left(\frac{I_2^2R}{I_1^2R}\right)\right]100\%=\left[1-\left(\frac{12.86}{21.2}\right)^2\right]100\%=63.3\%$$

(h)無並聯電容時線路上壓降爲：

$$\overline{V}_{R_1}=\overline{I}_1R=(21.2\angle -45^\circ)(1\angle 0^\circ)=21.2\angle -45^\circ\text{V}$$

並聯電容後線路上之壓降爲

$$\overline{V}_{R_2}=\overline{I}_2R=(12.86\angle 0^\circ)(1\angle 0^\circ)=12.86\text{V}$$

(i)無並聯電容時之輸電效率爲

$$\eta_1\%=\frac{\text{輸出功率}}{\text{輸入功率}}100\%=\frac{P_{BC}}{P_{AC}}100\%=\frac{1350}{1350+450}100\%=75\%$$

並聯電容後之輸電效率

$$\eta_2\%=\frac{P_{BC}}{P_{AC}}100\%=\frac{1378}{1378+165.38}100\%=89.3\%$$

(j)$\overline{I}_C=\dfrac{\overline{V}_{BC}}{-jX_C}=\dfrac{107.1\angle 0^\circ}{6.25\angle -90^\circ}=17.14\angle 90^\circ\text{A}$

$$\overline{I}_L=\frac{\overline{V}_{BC}}{\overline{Z}_{BC}}=\frac{107.1\angle 0^\circ}{5\angle 53.13^\circ}=21.43\angle -53.13^\circ\text{A}$$

依上述計算結果可見功率因數提高將使

1. 線路電流及線路損失減少。
2. 負載端之電壓升高，電流及功率增加。
3. 改善電壓調整率。
4. 增加輸電效率。
5. 增加等値負載阻抗。

章末習題

1. 一弦波電路，其電壓及電流之瞬時值分別為
$v=140\sin(377t+30°)$V；$i=20\sin(377t-30°)$A
試求：(a)瞬時功率，(b)最大功率，(c)平均功率，(d)無效功率。
2. 一實際線圈接於 100V，60Hz，之弦波電源上已測知通過線圈之電流為 4A 輸至線圈之有效功率為 40W。試求該線圈內之電阻R及電感L之值為多少？
3. 一實際線圈接於 110V，60Hz，之弦波電源上，吸收有效功率為 200W，p.f=0.8,試求該線圈之電流，視在功率及無效功率。
4. 有一烤箱接於 110V 弦波電壓測知其電流為 6A，試求 (a)有效功率P，(b)瞬時最大功率。
5. 一純電阻電路$R=75\Omega$，流經之弦波電流為$i=10\sin 377t$A，試求(a)所消耗之功率，(b)一期週內所耗之能量。
6. 一純電感電路，$L=3$mH，跨接於 50Hz 之弦波電源上，流經之電流為 50mA 試求：(a)供給該電感器之有供功率，(b)無效功率，(c)最大儲存能量。
7. 一純電容電路，$C=26.5\mu$F，跨接於 110V，60Hz 之弦波電源上，試求：(a)供給該電容器之無效功率，(b)視在功率，(c)饋送至電源之最大能量。
8. 一純電容電路跨接於 120V，60Hz 之弦波電源上，已測知視在功率為 100VA，試求該電容器之電容值。
9. 一$R-L$串聯電路，跨接於 120V，60Hz 之弦波電源上，已測知其有效功率為 500W，p.f=0.6滯後，試求：(a)電阻值，(b)電感值。
10. 一電路之弦波電壓、電流有效值測知分別為$V=200\angle 15°$V，$I=5\angle -15°$A，試求其有功功率P及無效功率Q各為多少？
11. 如圖 8-20 所示之電路試求阻抗Z，電感抗X_L；電感L；功率P，及功率 p.f。

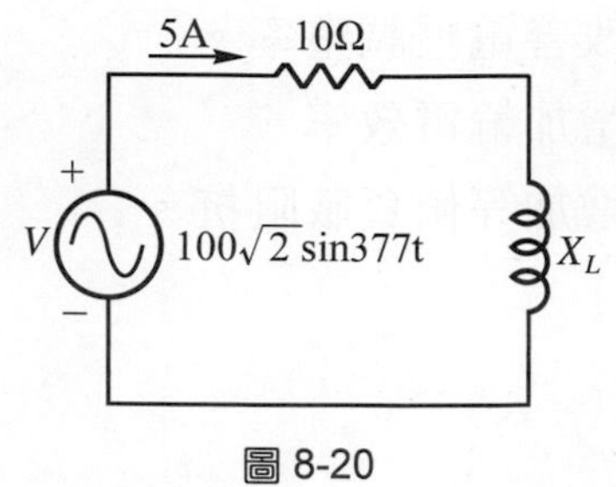

圖 8-20

12. 已知弦波電路中之$v = 50\cos(200t + 25°)$V，$i = 0.5\sin(200t + 70°)$A，試求：(a)功率因數，(b)有效功率，(c)無效功率，(d)視在功率。

13. 如圖 8-21 所示之電路，試求：(a)電阻上之瞬時功率及有效功率，(b)L、C元件上無效功率及瞬時功率，(c)每元件上之視在功率，(d)電路上之瞬時功率，複功率及功率因數，(e)繪出相量圖及功率圖，(f)電阻在弦波電壓一週期內所消耗之能量，(g)L、C所儲存之平均能量與最大能量。

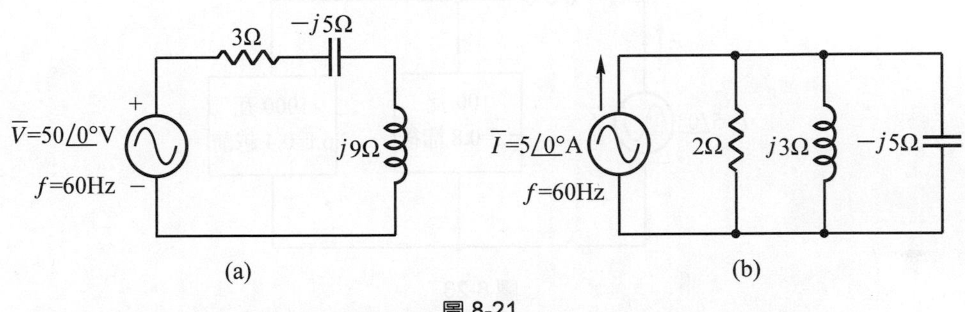

圖 8-21

14. 一電路接於 110V，50Hz之弦波電源上，所取之視在功率爲 2KVA。已知其功率因數爲 0.8 滯後，試求該電路之阻抗值爲多少？

15. 一弦波電流$\bar{I} = 10 - j6$A，流經之阻抗$\bar{Z} = 10 + j80\Omega$，試求其產生之視在功率爲多少？

16. 若一電路中之電流$i = 10\sqrt{2}\sin(377t + 10°)$A，視在功率$S = 500 - j400$VA，試求：(a)外加之電壓，(b)瞬時功率之方程式，(c)功率因數。

17. 一負載接於 100V，60Hz之弦波電源上，其p.f = 0.8越前，電流與電壓同相成份爲 10A，求該負載上產之P、Q及S。

18. 如圖 8-22 所示，試求：(a)總複功率，(b)繪出各負載及總功率之相量圖，(c)電流$\bar{I}$，(d)電路之等值阻抗。

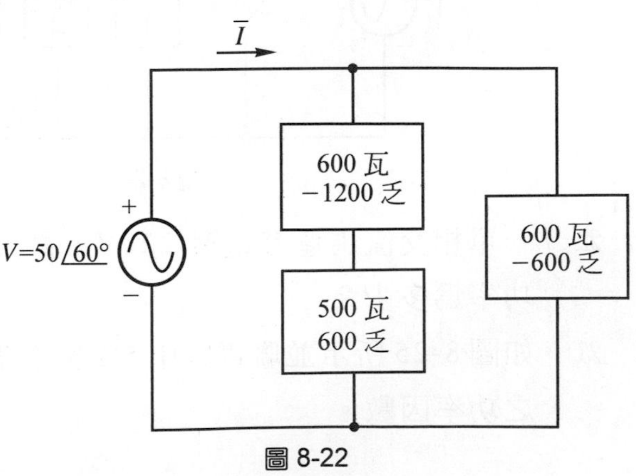

圖 8-22

19. R、L、C串聯電路，已知$R=4\Omega$，$X_L=3\Omega$，$X_C=6\Omega$，接於$100\underline{/0°}$V弦波電壓上，試求：(a)總阻抗，(b)線路電流，(c)各元件上之壓降，(d)有效功率(e)無效功率，(f)功率因數。

20. 如圖 8-23 所示電路中，試求：(a)總複功率$\overline{S}$，(b)繪出各負載及總功率之相量圖，(c)電壓$\overline{V}$，(d)電路之等值導納。

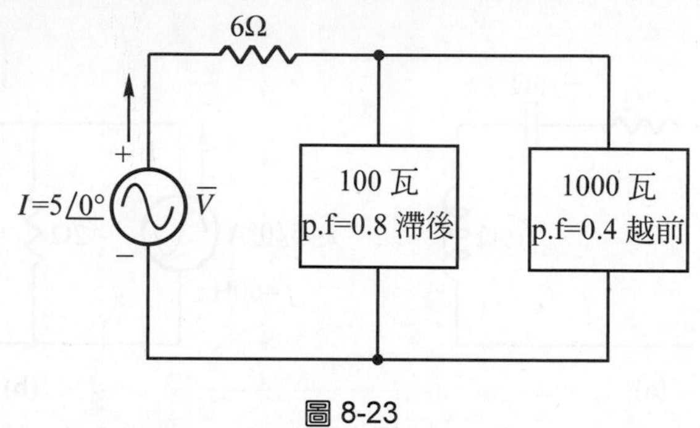

圖 8-23

21. 三個負載並聯接於 220V，60Hz 弦波電壓源上，已知
負載1，15W，　　p.f = 0.6滯後
負載2，20KVAR，p.f = 0.7越前
負載3，10kW，　　p.f = 0.4滯後
如圖 8-24 所示，試求：(a)總複功率(b)電源電壓(c)電壓調整率

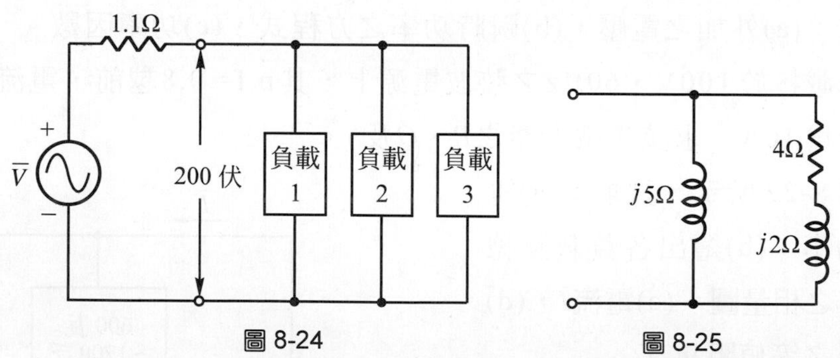

圖 8-24　　圖 8-25

22. 一單相交流馬達其電壓 220V，電流 10A，p.f = 0.8滯後，求此馬達之視在功率爲多少？

23. 如圖 8-25 所示並聯電路中 5Ω電感器上之無效功率爲 8 仟乏，試求該電路中之功率因數。

24. 如圖 8-26 所示電路中 3Ω電阻上所消耗之功率為 667 瓦，全電路則取 3370VA，p.f = 0.94越前，試求阻抗$\overline{Z}$。

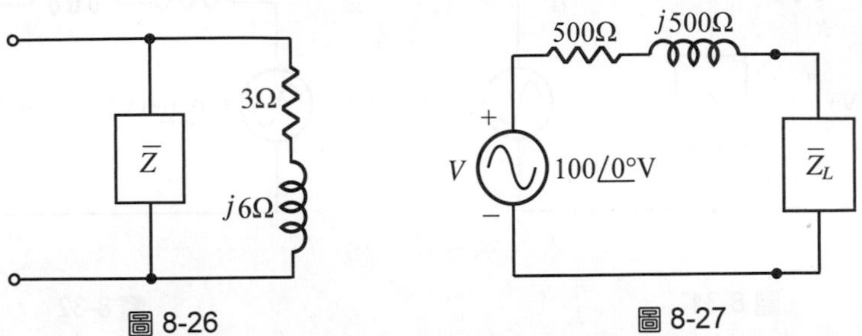

圖 8-26　　圖 8-27

25. 如圖 8-27 所示之電路，試求：(a)欲在負載阻抗$\overline{Z}_L$上獲得最大功率時$\overline{Z}_L$應為多少？(b)此刻負載中功率為多少？

26. 如圖 8-28 所示之電路，試求：(a)欲使負載阻抗$\overline{Z}_L$獲得最大功率時$\overline{Z}_L$應為多少？(b)負載上最大功率為多少，(c)線路上電流I為多少？

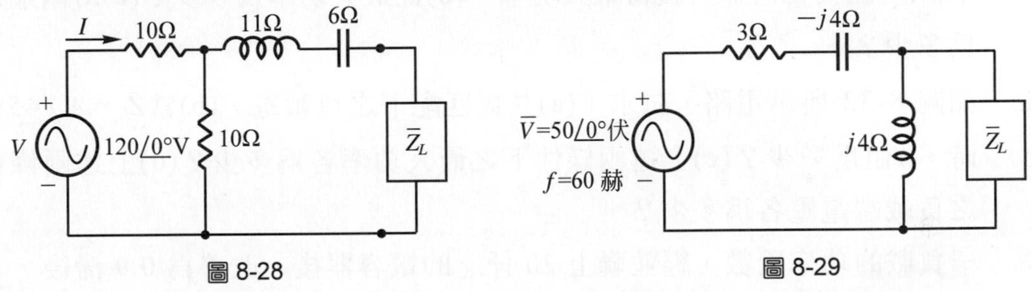

圖 8-28　　圖 8-29

27. 如圖 8-29 所示電路，試求：(a)負載阻抗$\overline{Z}_L$上獲得最大阻抗時之$\overline{Z}_L$值為何？(b)最大功率值為多少？

28. 如圖 8-30(a)、(b)所示電路中Z_L之實數與虛數部均可調變，試求：(a)吸收最大功率時$\overline{Z}_L$值為多少？(b)最大功率值為多少？

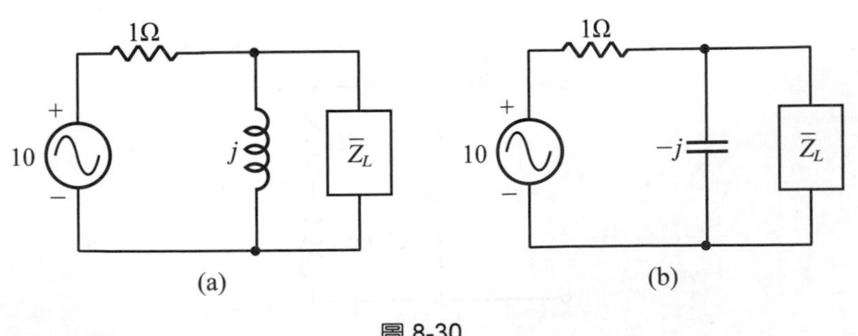

圖 8-30

29. 如圖 8-31 所示電路，欲使負載$\overline{Z}_L$獲得最大功率，則該負載阻抗$\overline{Z}_L$應爲多少？

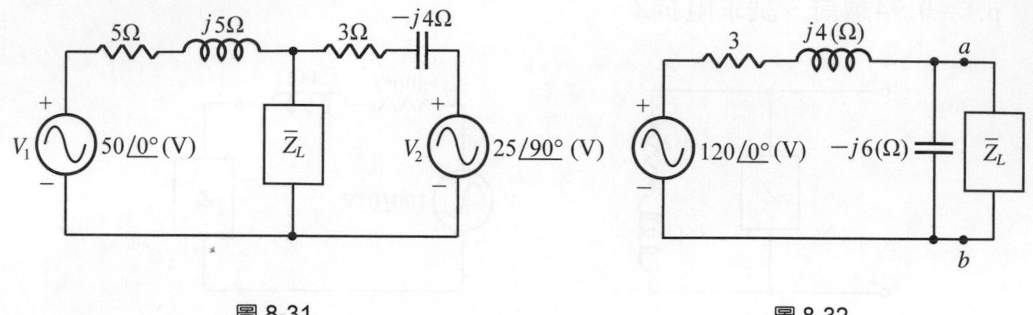

圖 8-31　　　　圖 8-32

30. 設一弦波電壓源$\overline{V}=100\angle 0°$，其內阻抗$\overline{Z}_S=4+j5\Omega$，$R-L$負載中$R_L=5\Omega$，試求：(a)$X_L$爲何值時，$R_L$上始可獲得最大功率，(b)此最大功率爲多少？(c)負載端電壓爲多少？

31. 一弦波電壓源$\overline{V}=100\angle 0°$V，其內阻抗$\overline{Z}_S=4+j5\Omega$，負載爲一純電阻$R_L$，試求(a)$R_L$爲何值時，可獲得最大功率，(b)此最大功率爲多少？(c)R_L兩端電壓爲多少？

32. 如圖 8-32 所示電路，試求：(a)共軛匹配下之負載$\overline{Z}_L$，(b)當$\overline{Z}_L=A\angle 45°(\Omega)$時，$A$值爲多少？(c)上述兩條件下之最大功率各爲多少？(d)上述兩條件下之負載端電壓各爲多少？

33. 一負載的功率因數，經並聯上 20 仟乏的電容器後，改善爲 0.9 滯後，若最後之視在功率爲 185KVA，則原負載視在功率爲多少？

34. 一負載 300kW，p.f = 0.6滯後，茲欲改善至 0.8 滯後，應裝多少 KVAR 之電容器？

35. 如圖 8-33 所示之載阻抗Z_L，並聯一電容器C藉以改善功率因數，試求：(a)原負載之p.f，(b)並聯電容器後之p.f，(c)並聯電容後總電流I減少之百分率。

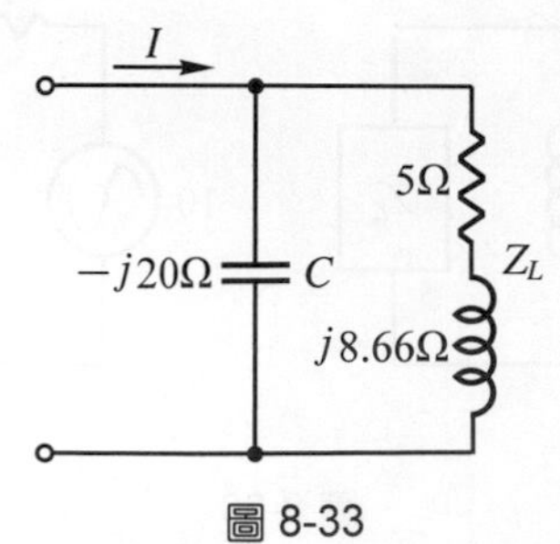

圖 8-33

36. 一220V，60Hz，5Hp之感應馬達，滿載時效率爲80%，功率因數爲0.7茲欲改善爲1，問所需並聯之電容爲多少？

37. 如圖8-34所示(a)求電路之功率因數，(b)若調變6Ω之電阻欲使其p.f＝0.9滯後則該電阻之新值爲多少？

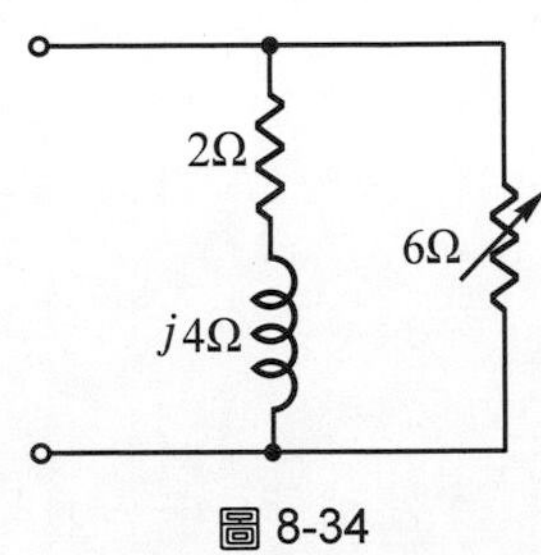

圖 8-34

CHAPTER 9

耦合電路

耦合電路(Coupled circuit)係提供一種電能之傳輸方式，常見者有分壓電路；電阻電容耦合；組合型耦合及互感耦合，本章討論之重點爲互感耦合，此種利用耦合線圈互感作用來完成能量之傳輸，不管在電子電路或電力系統上都扮演重要角色，在第四章討論電感器時，曾對自感與互感作過介紹，本章將深入的討論。

9-1 自感與互感

由法拉第提供之電磁感應現象知，當通過一線圈之電流發生變動，而使線圈本身產生磁鏈變化，此線圈即有感應電動勢，若該電動勢之產生由線圈本身電流引起者，則稱此線圈具有**自感(self indactance)**，換句話說，自感爲一導體(線圈)上，電流變化時而使該導體(線圈)本身產生感應電動勢之現象。

$$v = N\frac{d\phi}{dt} = N\frac{d\phi}{di}\cdot\frac{di}{dt} = L\frac{di}{dt} \tag{9-1}$$

$$L = N\frac{d\phi}{di} \quad 或 \quad L = N\frac{\triangle\phi}{\triangle I} \tag{9-2}$$

上式中：　L為線圈之自感或**電感(inductance)**，單位亨利(Henry-H)

N為線圈之匝數

兩個線圈相鄰放置時，若其中任一線圈中之電流變動時，其所產生之磁鏈至另一線圈而使其產生感應電動勢者稱為**互感(mutual inductance)**，發生互感應之電路稱為**磁耦合電路(magnetic coupling circuit)**，簡稱耦合電路。

如圖 9-1(a)所示，兩個線圈分別為N_1、N_2匝，接電源者稱為原線圈(primary coil)，未接電源者稱為次級圈(secondary coil)，其相互間的位置可使一線圈中之電流發生變化時將影響到另一線圈，以物理觀念分析其間之關係，當原線圈接上電源則流經該線圈之電流為i_1所產生之總磁通量為$\phi_1(\phi_1=\phi_{11}+\phi_{12})$，此磁通量與原線圈之交鏈(Linkage)值為$N_1\phi_1$按法拉第定律，由$N_1\phi_1$之變化，此線圈內將有一自感應電勢$v_{11}$產生。即：

$$v_{11}=\frac{d}{dt}(N_1\phi_1)=\frac{d}{di_1}(N_1\phi_1)\frac{di_1}{dt}=L_1\frac{di_1}{dt} \tag{9-3}$$

若ϕ_1隨i_1成正比變化，則$L_1=\dfrac{d(N_1\phi_1)}{di_1}$為一常數，在此稱為自感係數(電感或自感)，即

$$L_1=\frac{N_1\phi_1}{i_1} \tag{9-4}$$

因次級線圈置於原線圈鄰近，故ϕ_1中必須將有一部分與之相交鏈，令此部分之交鏈磁通為ϕ_{12}，其交融值則為$N_2\phi_{12}$；此交鏈值變更時，在次級線圈上感應之電勢為：

$$v_{12}=\frac{d}{dt}(N_2\phi_{12})=\frac{d}{di_1}(N_2\phi_{12})\frac{di_1}{dt} \tag{9-5}$$

若ϕ_{12}隨i_1成正比變化，則$L_1=\dfrac{d(N_2\phi_{12})}{di_1}$為一常數，在此稱為原線圈對次級線圈之互感係數(互感)以M_{12}表示之，即：

$$M_{12}=\frac{d(N_2\phi_{12})}{di_1} \tag{9-6}$$

同理，如圖 9-1(b)所示，將電源加在次級線圈上，則流經線圈之電流爲i_2其所產生之磁通量爲ϕ_2($\phi_2 = \phi_{22} + \phi_{21}$)，該磁通量與次級線圈相交鏈，則產生自感電勢爲$v_{22}$；一部份磁通$\phi_{21}$與$N_1$線圈交鏈產生互感電勢爲$v_{21}$，其自感與互感值分別爲：

$$v_{22} = \frac{d}{dt}(N_2\phi_2) = \frac{d}{di_2}(N_2\phi_2)\frac{di_2}{dt} = L_2\frac{di_2}{dt}$$

$$L_2 = \frac{d}{di_2}(N_2\phi_2) \tag{9-7}$$

$$v_{21} = \frac{d}{dt}(N_1\phi_{21}) = \frac{d}{di_2}(N_1\phi_{21})\frac{di_2}{dt} = M_{21}\frac{di_2}{dt}$$

$$M_{21} = \frac{d}{di_2}(N_1\phi_{21}) \tag{9-8}$$

(9-6)及(9-8)式中之M_{12}及M_{21}稱爲原線圈對次級線圈及次級圈對原線圈間之互感；互感單位與自感相同，爲**亨利(Henry-H)**。

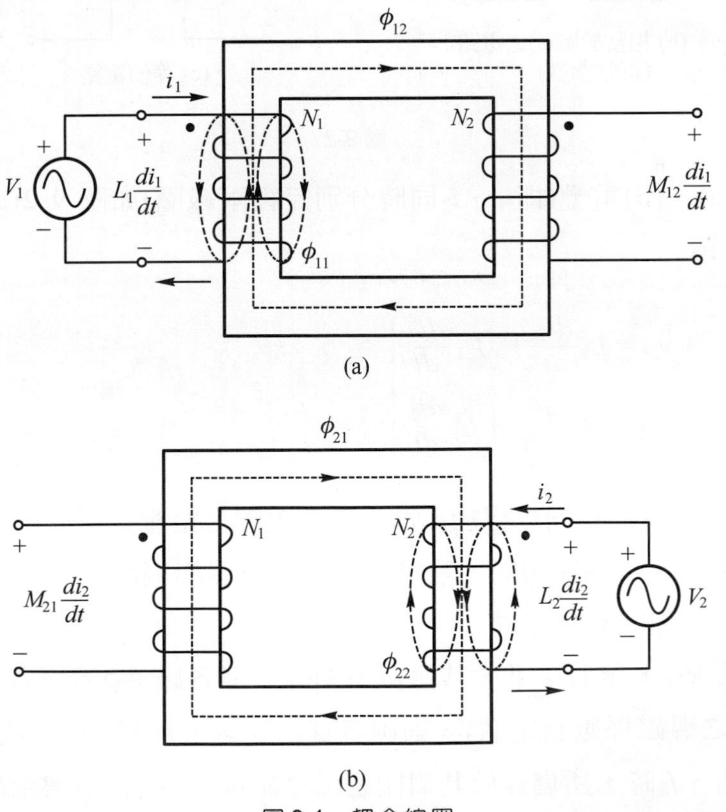

圖 9-1 耦合線圈

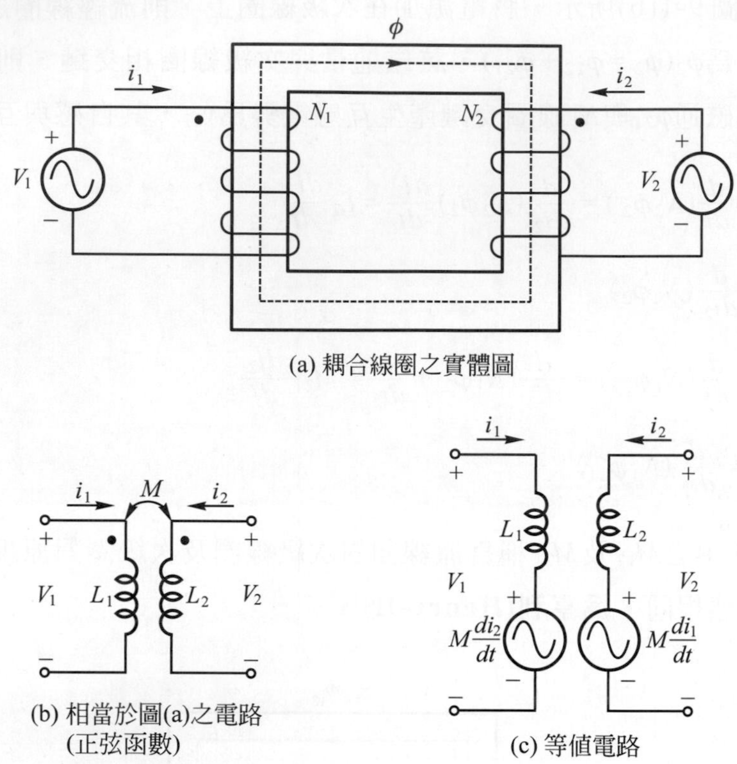

(a) 耦合線圈之實體圖

(b) 相當於圖(a)之電路
(正弦函數)

(c) 等值電路

圖 9-2

將圖 9-1(a)、(b)重疊(即i_1、i_2同時分別流經兩線圈)如圖 9-2(a)所示，兩線圈之端電壓應為：

$$\left.\begin{aligned} v_1 &= v_{11} + v_{21} = L_1\frac{di_1}{dt} + M_{21}\frac{di_2}{dt} \\ v_2 &= v_{12} + v_{22} = M_{12}\frac{di_1}{dt} + L_2\frac{di_2}{dt} \end{aligned}\right\} \tag{9-9}$$

其中，電壓成分因極性相同故相加，即是耦合線圈之電壓與電流間之基本關係，其性質與電路元件之$v-i$關係相同，唯耦合線圈為一四端網路元件，與其他兩端網路之$v-i$僅有一個方程式有所不同。

上述M_{12}及M_{21}，乍看之下，其值似不相等，但各磁通ϕ若與各電流i成正比(兩線圈四周介質之導磁係數為定值)，則兩者實為等值。欲證$M_{12}=M_{21}$，可求兩線圈中之電流各為I_1、I_2時，所儲存於其周圍磁場之能量。令i_1自零增至I_1而維持$i_2=0$，於是其儲存之能量為：

$$W_1 = \int_{i_1=0}^{i_1=I_1} v_1 i_1\, dt = \int_0^{I_1} L_1 i_1\, di_1 = \frac{1}{2} L_1 I_1^2$$

接著維持I_1不變，令i_2自零變至I_2；初級圈能量之增加必爲：

$$W_m = \int_{i_2=0}^{i_2=I_2} v_{12} I_1\, dt = \int_0^{I_2} M_{12} I_1\, di_2 = M_{12} I_1 I_2$$

此刻次級線圈之儲存能量，因I_1不變$\left(\frac{di_1}{dt} = 0\right)$，則

$$W_2 = \int_{I_2=0}^{i_2=I_2} v_2 I_2\, dt = \int_0^{I_2} L_2 i_2\, di_2 = \frac{1}{2} L_2 I_2^2$$

故知總儲存能量爲

$$W = W_1 + W_m + W_2 = \frac{1}{2} L_1 I_1^2 + M_{12} I_1 I_2 + \frac{1}{2} L_2 I_2^2 \tag{9-10}$$

同理，若先維持$i_1 = 0$，令i_2自零增至I_2，再保持$i_2 = I_2$不變，而令i_1自零增至I_1，則其分別儲存之能量W_1、W_2當與上述相同，但互感儲存之能量則以$W_m' = M_{21} I_1 I_2$表示之；其總儲存能量當然不會因電流變化順序更換而有所改變，故$W_m' = W_m$，即：

$$M_{12} = M_{21} = M \tag{9-11}$$

因而(9-9)式可寫成：

$$\left.\begin{aligned} v_1 &= L_1 \frac{di_1}{dt} + M \frac{di_2}{dt} \\ v_2 &= M \frac{di_1}{dt} + L_2 \frac{di_2}{dt} \end{aligned}\right\} \tag{9-12}$$

圖 9-1 中ϕ_1與ϕ_2分別較ϕ_{12}與ϕ_{21}爲大，其差值爲：

$$\phi_{11} = \phi_1 - \phi_{12} \quad 與 \quad \phi_{22} = \phi_2 - \phi_{21} \tag{9-13}$$

上式中：ϕ_{11}，ϕ_{22}稱爲漏磁(leakage flux)，其與磁通量ϕ_1與ϕ_2之比稱爲**漏磁係數(coefficient of leakage)**，則以δ表示之。

$$\left.\begin{aligned} \delta_1 &= \frac{\phi_{11}}{\phi_1} = \frac{\phi_1 - \phi_{12}}{\phi_1} = 1 - \frac{\phi_{12}}{\phi_1} \\ \delta_2 &= \frac{\phi_{22}}{\phi_2} = \frac{\phi_2 - \phi_{21}}{\phi_2} = 1 - \frac{\phi_{21}}{\phi_2} \end{aligned}\right\} \quad (9\text{-}14)$$

δ值恆小於 1，漏磁ϕ_{11}與原線圈之交鏈值$N_1\phi_{11}$與電流i_1之比，即$L_{11}=\dfrac{N_1\phi_{11}}{i_1}$稱為原線圈對次級線圈之**漏感(Leakage Inductance)**，同理次級線圈對原線圈之漏感$L_{22}=\dfrac{N_2\phi_{22}}{i_2}$

$$\left.\begin{aligned} &\because\ \phi_{11} = \delta_1\phi_1 \text{ 與 } \phi_{22} = \delta_2\phi_2 \\ &\therefore\ L_{11} = \delta_1 L_1 \text{ 與 } L_{22} = \delta_2 L_2 \end{aligned}\right\} \quad (9\text{-}15)$$

漏感L_{11}及L_{22}與頻率f間所形成感抗，則稱為**漏抗(leakage reactance)**分別以：X_{11}、X_{22}表示之，即：

$$\left.\begin{aligned} X_{11} &= 2\pi f L_{11} = \omega L_{11} \\ X_{22} &= 2\pi f L_{22} = \omega L_{22} \end{aligned}\right\} \quad (9\text{-}16)$$

兩線圈間之互感與頻率f間所形成之感抗，稱為**互電抗(mutual reactance)**為：

$$X_m = 2\pi f M = \omega M \quad (9\text{-}17)$$

9-2 互感電路

若將圖 9-2(a)中之電流之一i_2方向予以反轉。如圖 9-3(a)所示，則兩個互感之極性必隨著改變，(9-12)式將變為

$$\left.\begin{aligned} v_1 &= L_1\frac{di_1}{dt} - M\frac{di_2}{dt} \\ v_2 &= -M\frac{di_1}{dt} + L_2\frac{di_2}{dt} \end{aligned}\right\} \quad (9\text{-}18)$$

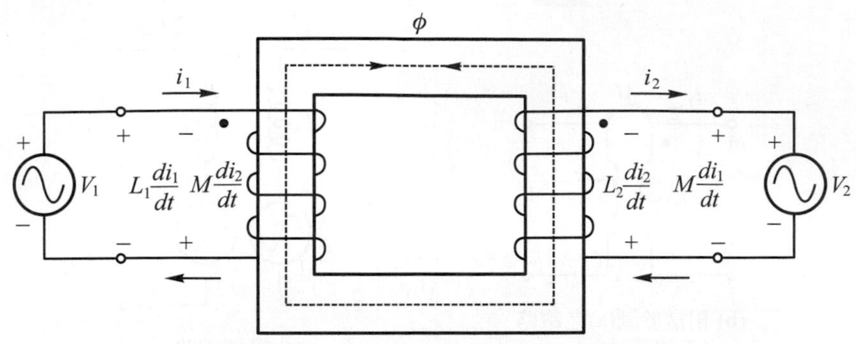

(a) 實體圖

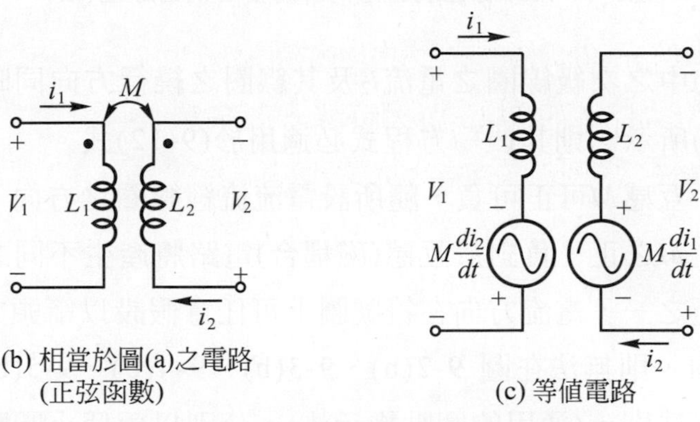

(b) 相當於圖(a)之電路
(正弦函數)

(c) 等值電路

圖 9-3　電流i_2方向反轉後之耦合線圈

上式可視爲圖 7-3 之$v-i$方程，此刻互感M變爲負值，依此方程式可繪出其等值電路如圖(c)所示。另外若將圖 9-2 中任一線圈之繞行方向反轉，其他情況不變，如圖 9-4(a)所示(次級線圈反繞)，則兩互感亦必爲負值，其結果與圖 9-3 相同，故其關係方程式亦適用於(9-18)式。

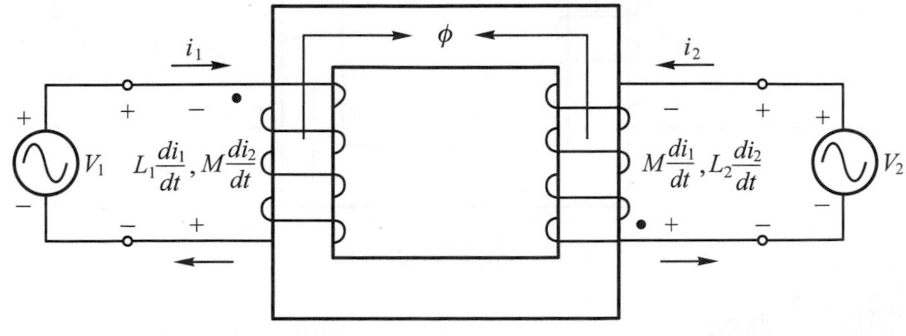

(a) 實體圖

圖 9-4　第二線圈繞行方向反轉後之耦合線圈

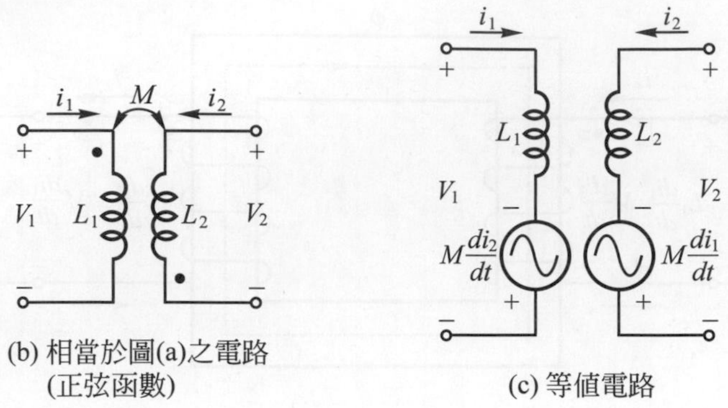

(b) 相當於圖(a)之電路
(正弦函數)

(c) 等值電路

圖 9-4　第二線圈繞行方向反轉後之耦合線圈(續)

若將圖 9-2(a)中之次級線圈之電流i_2及其線圈之繞行方向同時反轉，則其情況不變，如圖 9-5(a)所示，則其$v-i$方程式必適用於(9-12)式。

由上述分析，互感M可正可負，隨所設電流流經線圈之方向，與兩個線圈之相對繞行方向而定，M之正、負對於互感(磁耦合)電路將產生不同之效果，因此爲耦合電路之主要課題之一，電流方向在符號圖上可任意假設以箭頭方向標示之：但兩個線圈繞行之方向，則無法在圖 9-2(b)、9-3(b)、9-4(b)、9-5(b)予以表示。可必須利用一種簡明之法則，(通用的圓點標示法)，分別以兩個小圓點標於線圈近旁之上、下方，此兩點相對位置之取決方式，代表互感線圈在任一瞬間感應電壓之極性，將如下節討論之。

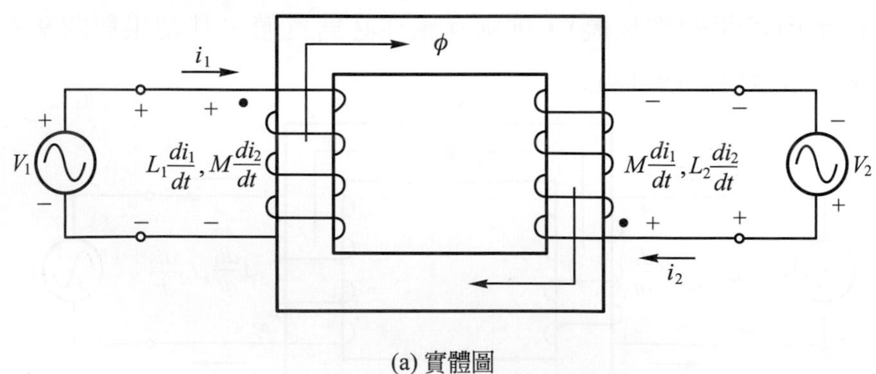

(a) 實體圖

圖 9-5　電流方向及繞行方向同時反轉後之耦合線圈

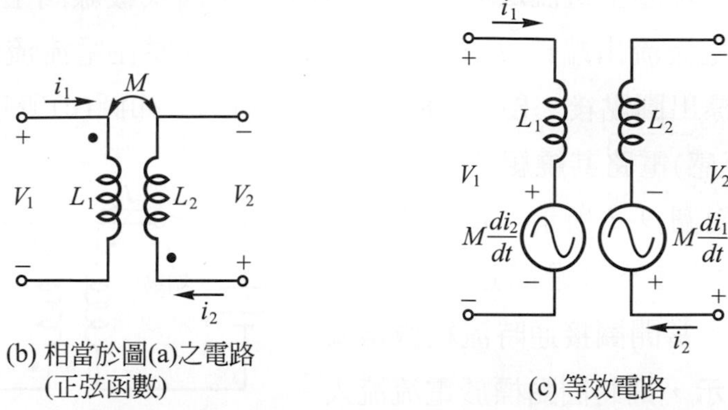

(b) 相當於圖(a)之電路 (正弦函數)　　(c) 等效電路

圖 9-5　電流方向及繞行方向同時反轉後之耦合線圈(續)

9-3 互感的極性

“極性”對弦波電壓而言，是隨時間而變的，並非固定著，所謂互感線圈端點間之極性係指兩個或兩個以上的線圈在同一瞬間其感應電壓相對極性之同、異。若繪出鐵芯(磁路)藉以顯示線圈繞行之方向來決定互感電壓之極性，諸多不便故不實用。爲了簡化電感耦合電路之圖示方式，多採用圓點標示，如圖 9-6(c)所示，圓點記號是標在和互感相同極性之端點，因此要加上圓點符號時，要確知該標點在線圈的那一端，同時，亦可決定出當寫環流方程式時互感電壓之正、負號。

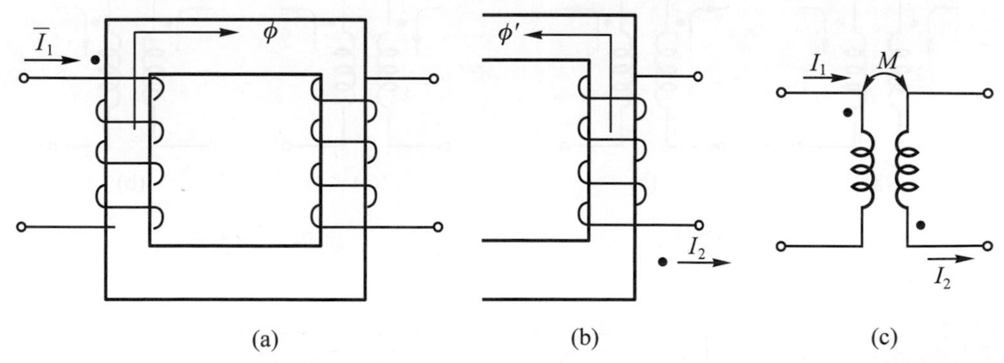

(a)　(b)　(c)

圖 9-6　圓點的標示極性

爲了在耦合電路的線圈上標示圓點，選取其中之一線圈的電流方向，在該線圈電流流入端標上一個點，如圖 9-6(a)所示，其產生磁通方向必與前者磁通方向相反，如(b)圖所示，故先確定第二線圈上產生之磁通ϕ'之方向，恆與ϕ相反，再利用右手定則決定第二線圈上電流之方向如圖(b)所示；因次級線圈上感應之電壓，可視為一電源，故電流流出端為互感電壓之正端，所以要在電流流出端標上一小圓點。當線圈上已標出圓點後，磁路(鐵芯)即不必輸出，如圖(c)所示。

若一耦合(互感)電路其繞組的繞行方向無法確定時，可用圖 9-7 所示之電路測試決定之，圖中直流電壓不可過高通常用一只1.5V之電池即可。當開關接通時流經原線圈電流I的方向如圖示，則將圓點標於電流流入端。在此瞬間，若電壓表指針向正偏轉時，

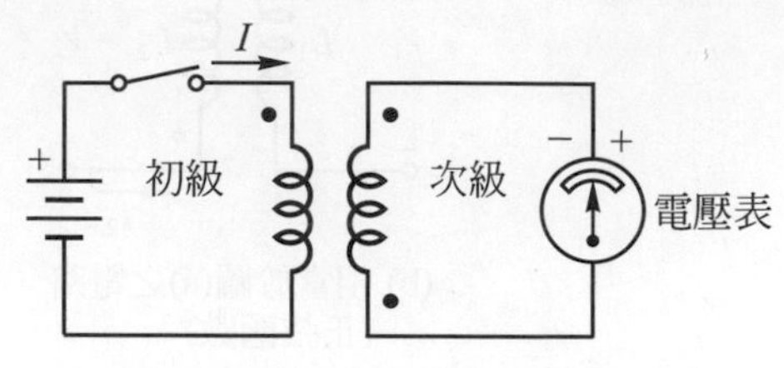

圖 9-7　圓點位置的決定

即將圓點標於次級圈之上端；反之，當開關關閉之瞬間，電壓表指針向負偏轉，則圓點將標於次級圈之下端。上述決定極性之圓點位置法則，對建立網目環流或節點電壓方程式甚有助益。

為決定網目電流方程式中互感電壓的極性，將採用下述圓點規則：

1. 當兩個繞阻的電流i_i、i_2假設其方向均為流入或流出圓點端時如圖 9-8 所示M項的符號與L項的符號相同，則M取正值。
2. 當兩個繞阻的電流i_1、i_2假設其方向分別一電流流入圓點端；另一由圓點端流出如圖 9-9 所示，則M項符號與L項的符號相反，則取M負值。

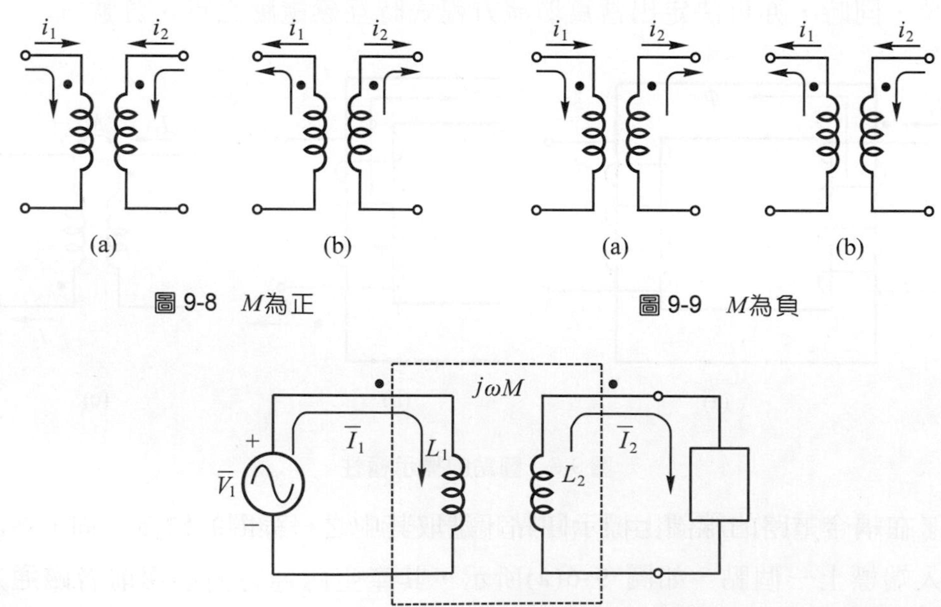

圖 9-8　M為正

圖 9-9　M為負

圖 9-10　標以圓點的耦合電路之網目方程式

例如在圖 9-10 所示電路，$\bar{I}_1$流入圓點端而$\bar{I}_2$流出圓點端，故M項之符號與L項符號相反。該電路之網目方程式以矩陣表示之：

$$\begin{bmatrix} \bar{Z}_{11} & -j\omega M \\ -j\omega M & \bar{Z}_{22} \end{bmatrix}\begin{bmatrix} \bar{I}_1 \\ \bar{I}_2 \end{bmatrix}=\begin{bmatrix} \bar{V}_1 \\ 0 \end{bmatrix} \tag{9-19}$$

再看阻抗耦合電路如圖 9-11 所示，圖中標有兩個正號"+"，其中兩個網目之環流方程式，以矩陣表示之：

$$\begin{bmatrix} \bar{Z}_{11} & -\bar{Z} \\ -\bar{Z} & \bar{Z}_{22} \end{bmatrix}\begin{bmatrix} \bar{I}_1 \\ \bar{I}_2 \end{bmatrix}=\begin{bmatrix} \bar{V}_1 \\ 0 \end{bmatrix} \tag{9-20}$$

兩個環流共用之阻抗$\bar{Z}$方程式中皆取負號，此乃因流經$\bar{Z}$上之電流$\bar{I}_1$與$\bar{I}_2$方向相反。

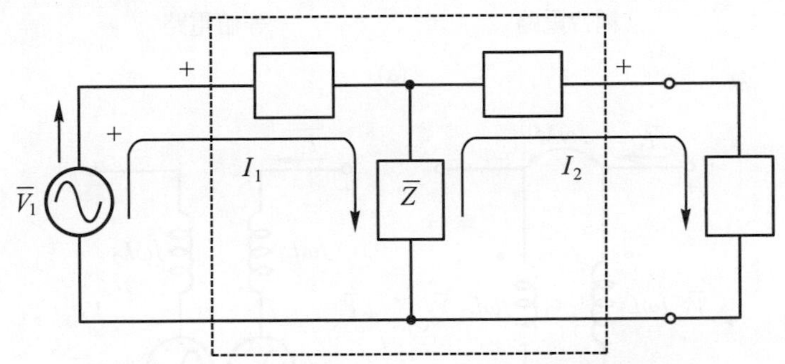

圖 9-11　標以"+"號之阻抗(導電性)耦合電路

比較圖 9-10 及圖 9-11 可看出，若將虛線方框內視爲一暗箱，則兩個除了一個標以圓點"·"；另一則標以正號"+"外，可說完全相同。故知圓點是標明互感的極性(polarity of mutual Inductance)。

9-4 耦合電路的電壓方程式

有關電感耦合電路之電壓方程式，因互感電壓存在的關係，應用網目電流法較爲方便，而不宜應用節點電壓法。如圖 9-2，9-3，9-4 及 9-5 耦合線圈間若以弦波函數電路表示，其瞬時$v-i$方程式，爲(9-12)及(9-15)式。在弦波穩態之情況下，耦合線圈間相量函數電路將由上述四個圖形分別改繪爲圖 9-12(a)、(b)、(c)、(d) 其相量函數方程式將由(9-12)及(9-18)式分別改爲：

$$\left.\begin{aligned}\overline{V}_1 &= j\omega L_1\overline{I}_1 + j\omega M\overline{I}_2 \\ \overline{V}_2 &= j\omega M\overline{I}_1 + j\omega L_2 I_2\end{aligned}\right\} \tag{9-21}$$

$$\left.\begin{aligned}\overline{V}_1 &= j\omega L_1\overline{I}_1 - j\omega M\overline{I}_2 \\ \overline{V}_2 &= -j\omega M\overline{I}_1 + j\omega L_2\overline{I}_2\end{aligned}\right\} \tag{9-22}$$

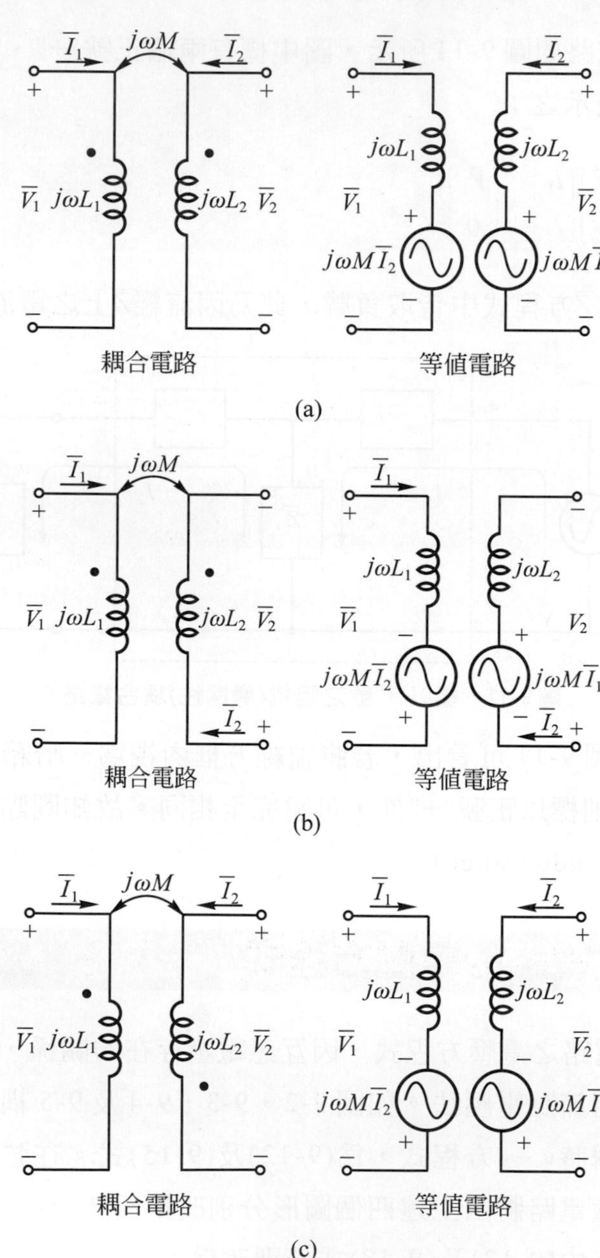

圖 9-12

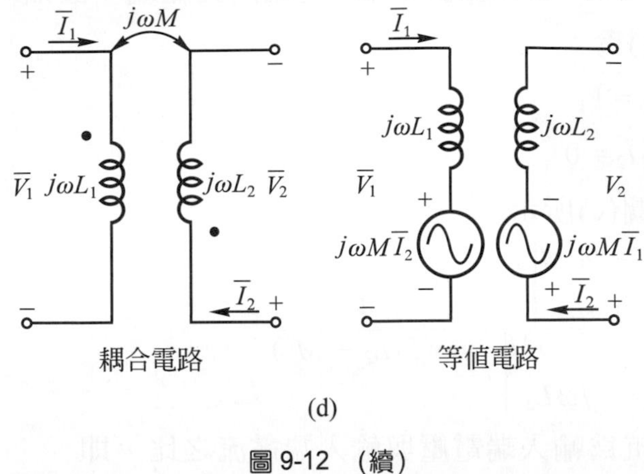

(d)

圖 9-12 (續)

若(9-21)(9-22)式以矩陣表示，則爲

$$\begin{bmatrix} \overline{Z}_{11} & \overline{Z}_m \\ \overline{Z}_m & \overline{Z}_{22} \end{bmatrix}\begin{bmatrix} \overline{I}_1 \\ \overline{I}_2 \end{bmatrix} = \begin{bmatrix} \overline{V}_1 \\ \overline{V}_2 \end{bmatrix} \tag{9-23}$$

及 $$\begin{bmatrix} \overline{Z}_{11} & -\overline{Z}_m \\ -\overline{Z}_m & \overline{Z}_{22} \end{bmatrix}\begin{bmatrix} \overline{I}_1 \\ \overline{I}_2 \end{bmatrix} = \begin{bmatrix} \overline{V}_1 \\ \overline{V}_2 \end{bmatrix} \tag{9-24}$$

上式中，$\overline{Z}_{11} = j\omega L_1$，$\overline{Z}_{22} = j\omega L_2$稱爲線圈之**自阻抗(Self impedance)**，$\overline{Z}_m = jX_m = j\omega M$爲兩線圈間之**互阻抗(mutual impedance)**。

例 9-1

試求圖 9-13(a)所示之耦合電路電壓力方程式及其等值輸入電感。

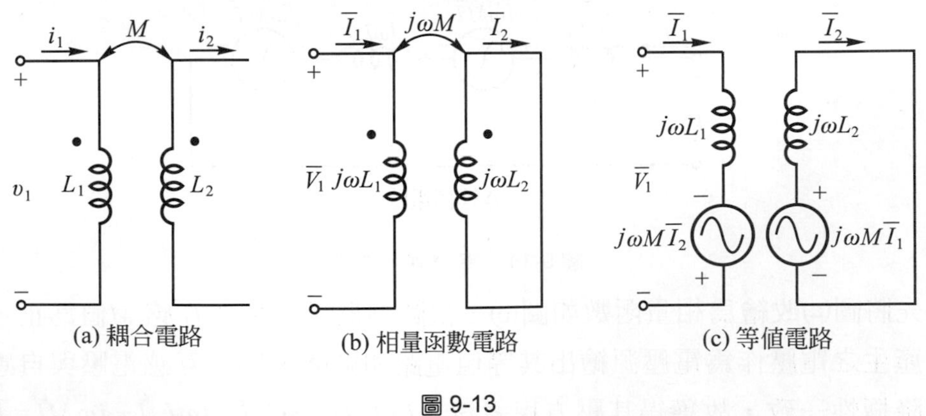

圖 9-13

解 由圓點標示法規則，$\bar{I}_1$流入圓點端；$\bar{I}_2$流出圓點端，故知M值為負，其網目方程式(相量函數)為：

$$j\omega L_1\bar{I}_1 - j\omega M I_2 = \bar{V}_1$$

$$-j\omega M\bar{I}_1 + j\omega L_2\bar{I}_2 = 0$$

其等值電路如圖(c)所示

$$故\bar{I}_1 = \frac{\begin{vmatrix} \bar{V}_1 & -j\omega M \\ 0 & j\omega L_2 \end{vmatrix}}{\begin{vmatrix} j\omega L_1 & -j\omega M \\ -j\omega M & j\omega L_2 \end{vmatrix}} = \frac{L_2\bar{V}_1}{j\omega(L_1L_2 - M^2)}$$

其等值輸入阻抗為輸入端電壓與輸入端電流之比，即

$$\bar{Z}_{eq} = j\omega L_{eq} = \frac{\bar{V}_1}{\bar{I}_1} = \frac{j\omega(L_1L_2 - M^2)}{L_2}$$

$$\therefore 其等值輸入電感為 L_{eq} = \frac{L_1L_2 - M^2}{L^2}$$

例 9-2

試求圖 9-14(a)所耦合電路中，(a)電壓方程式；(b)等值輸入阻抗；(c)等值輸入電感。

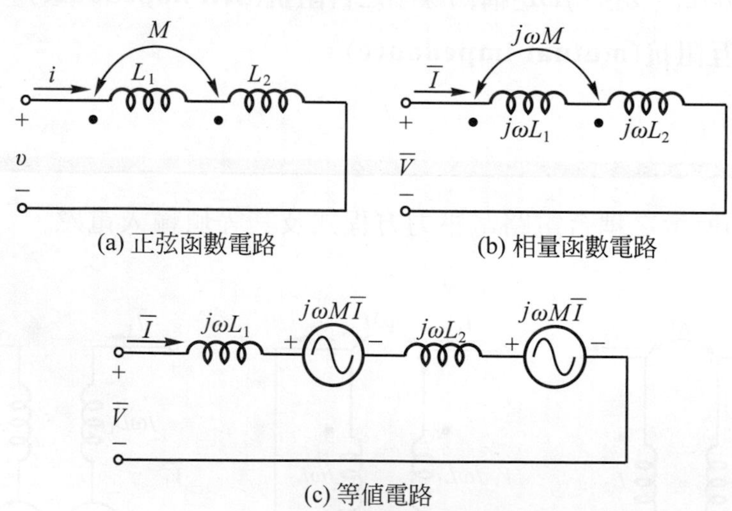

圖 9-14　串聯耦合電路

解 (a)先將圖(a)改繪為相量函數如圖(b)，依圖點標示規則知互感 M值為正，將互感產生之電壓作為電壓源繪出其等值電路如圖(c)，因其互感電壓與自感上之壓降極性一致，故獲得其壓方程式為：$j\omega L_1\bar{I} + j\omega M\bar{I} + j\omega L_2\bar{I} + j\omega M\bar{I} = \bar{V}$

(b)等值輸入阻抗$\overline{Z}_{eq}$為：$\overline{Z}_{eq}=\dfrac{\overline{V}_1}{\overline{I}_1}=j\omega(L_1+L_2+2M)$

(c)等值輸入電感L_{eq}為：$L_{eq}=L_1+L_2+2M$

例 9-3

求圖 9-15(a)的耦合電路之電壓方程式；(b)等值輸入阻抗；(c)等值輸入電感。

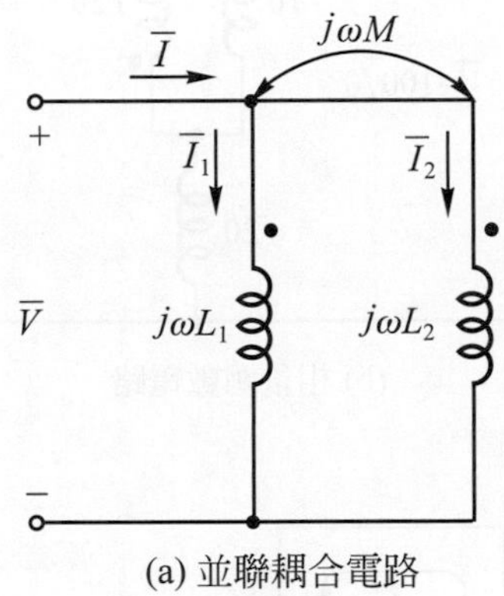

(a) 並聯耦合電路

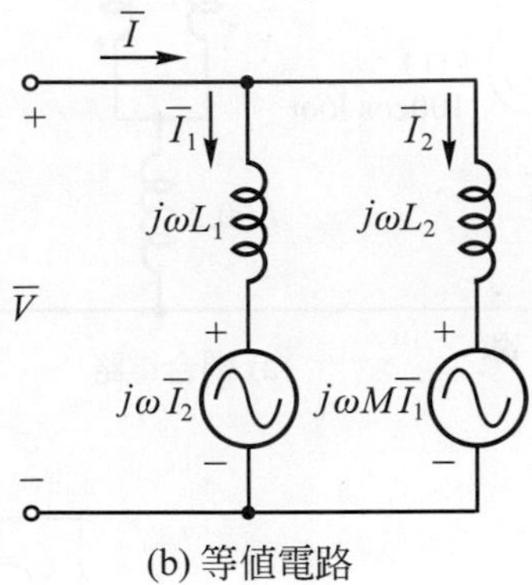

(b) 等值電路

圖 9-15

解 (a)由兩個網目求得並聯耦合電路之電壓方程式為

$$j\omega L_1\overline{I}_1+j\omega M\overline{I}_2=\overline{V}$$

$$j\omega M\overline{I}_1+j\omega L_2\overline{I}_2=\overline{V}$$

(b)解上述聯立方程式求得$\overline{I}_1$、$\overline{I}_2$分別為

$$\overline{I}_1=\frac{(L_2-M)}{j\omega(L_1L_2-M^2)}\overline{V}，\overline{I}_2=\frac{(L_1-M)}{j\omega(L_1L_2-M^2)}\overline{V}$$

輸入電流I為：$\overline{I}=\overline{I}_1+\overline{I}_2=\dfrac{(L_1+L_2-2M)}{j\omega(L_1L_2-M^2)}\overline{V}$

故等值輸入阻抗：$\overline{Z}_{eq}=\dfrac{\overline{V}}{\overline{I}}=\dfrac{j\omega(L_1L_2-M^2)}{(L_1+L_2-2M)}$

(c)等值輸入電感為：$L_{eq}=\dfrac{L_1L_2-M^2}{L_1+L_2-2M}$

例 9-4

試求圖 9-16(a)所示耦合電路中之(a)I_1、I_2；(b)阻抗係數行列式之值。

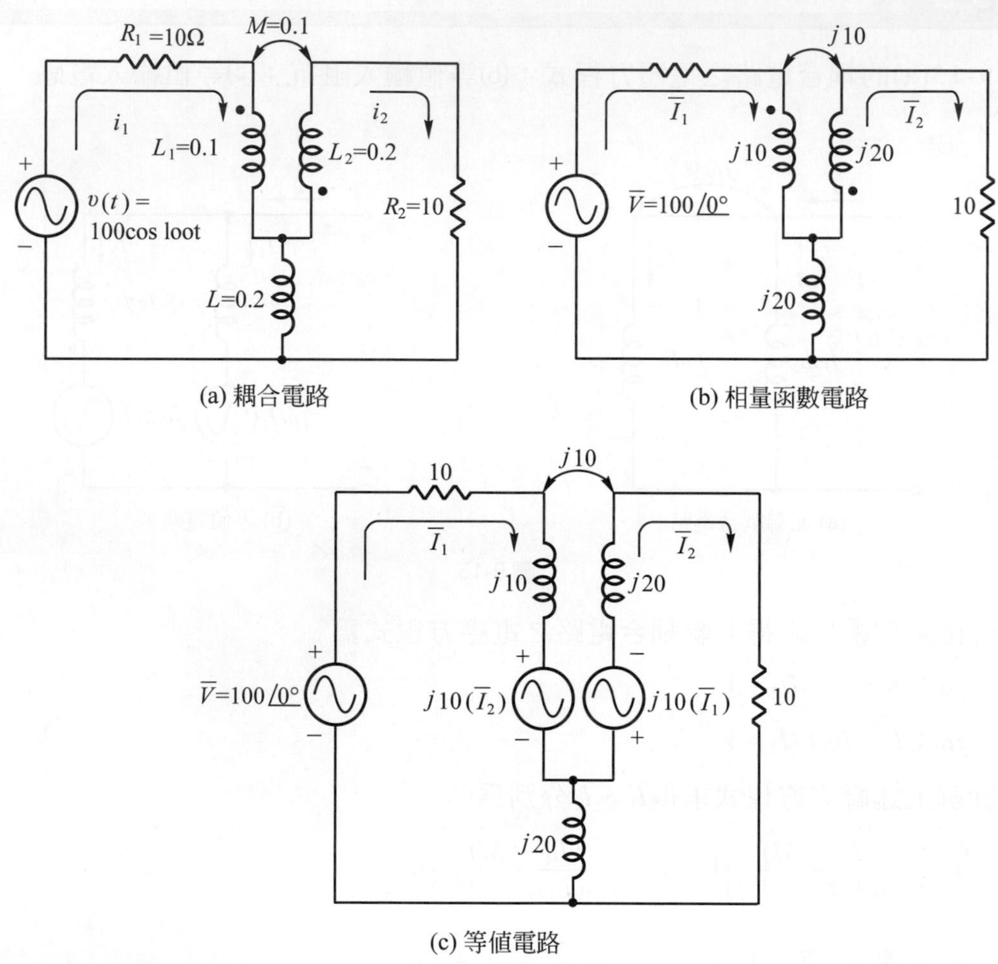

(a) 耦合電路

(b) 相量函數電路

(c) 等值電路

圖 9-16

解 (a)$\omega=100$，得相量函數電路如圖(b)，因此

$\overline{Z}_{11}=10+j10+j20=10+j30$

$\overline{Z}_{12}=j10-j20=-j10$

$\overline{Z}_{22}=10+j20+j20=10+j40$

而網目方程式為

$(10+j30)\overline{I}_1-j10\,\overline{I}_2=100\underline{/0°}$

$-j10\bar{I}_1+(10+j40)\bar{I}_2=0$

解聯立方程得

$$\bar{I}_1=\frac{\begin{vmatrix}100 & -j10\\ 0 & 10+j40\end{vmatrix}}{\begin{vmatrix}10+j30 & -j10\\ -j10 & 10+j40\end{vmatrix}}=\frac{100(10+j40)}{-1000+j700}=\frac{10+j40}{-10+j7}$$

$$=\frac{41.24\angle 76^\circ}{12.2\angle 145^\circ}=3.38\angle -69^\circ=1.21-j3.15\text{A}$$

$$\bar{I}_2=\frac{\begin{vmatrix}10+j30 & 100\\ -j10 & 0\end{vmatrix}}{-1000+j700}=\frac{100(j10)}{1220\angle 145^\circ}=\frac{10000\angle 90^\circ}{1220\angle 145^\circ}$$

$$=0.82\angle -55^\circ=0.47-j0.07\text{A}$$

$\therefore i_1=i_1(t)=3.38\sin(100t-69^\circ)\text{A}$

$i_2=i_2(t)=0.82\sin(100t-55^\circ)\text{A}$

(b) $D_Z=\begin{vmatrix}10+j30 & -j10\\ -j10 & 10+j40\end{vmatrix}$

$=(10+j30)(10+j40)-(-j10)(-j10)$

$=100+j700-1200+100=-1000+j700$

若將任一圓點位置予以變動，則式中之$\bar{Z}_{11}$、$\bar{Z}_{22}$無變化，但M變為負值同時使$\bar{Z}_{12}=-j10-j20=-j30$，因而$\bar{I}_1$、$\bar{I}_2$亦將隨著改變；若圓點位置不變，而將$\bar{I}_2$之方向，$\bar{Z}_{11}$、$\bar{Z}_{22}$仍然不變，但$\bar{Z}_{12}=-j10+j20=j10$，從而由電路之網目電流方程式得

$$(10+j30)\bar{I}_1+j10\bar{I}_2=100\angle 0^\circ$$

$$j10I_1+(10+j40)\bar{I}_2=0$$

由上式可看出$\bar{Z}_{12}$是由$-j10$變為$+j10$，對$\bar{I}_1$並無影響但對$\bar{I}_2$則有改變(由原來之$\bar{I}_2=0.82\angle -55^\circ$變為$\bar{I}_2=-0.82\angle -55^\circ$)即與原方向相反，此項結果，誠屬當然之事。因電路基本結構未變，其實際響應不能因任意設定之電流方向而有所改變。至於標示圓點位置之移動則相當於線圈相對繞行方向之改變，即耦合電路之基本條件改變了。

圖 9-17 所示為一較複雜之三個線圈之耦合電路，其線圈間之互感分別為M_{12}、M_{23}、M_{13}，並以$a-a$、$b-b$及之圓點間位置表示任兩個耦合線圈之相對繞行方向其網目電流方程式中之阻抗係數分別為：

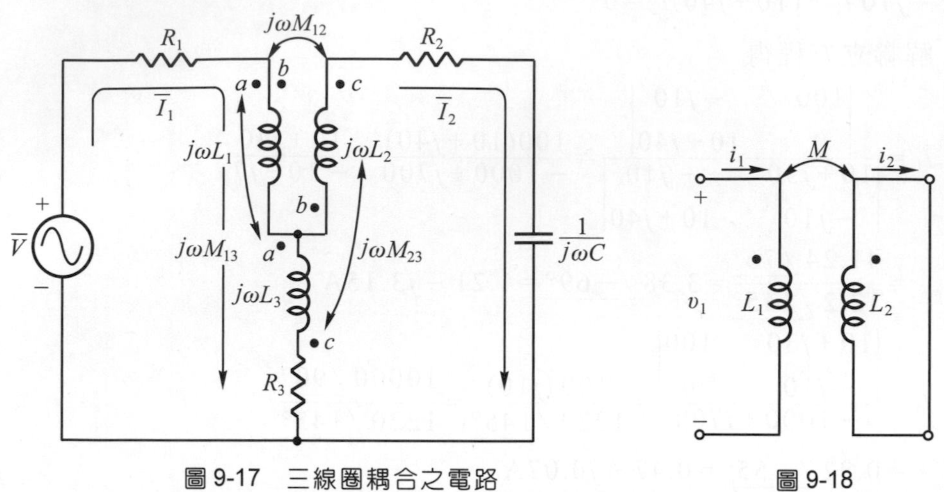

圖 9-17 三線圈耦合之電路　　圖 9-18

$$\overline{Z}_{11} = R_1 + R_3 + j\omega(L_1 + L_3 + 2M_{13})$$

$$\overline{Z}_{12} = \overline{Z}_{21} = -(R_3 + j\omega L_3) - j\omega M_{13} + j\omega M_{12} + j\omega M_{23}$$

$$= -[R_3 + j\omega(L_3 + M_{13} - M_{12} - M_{13})]$$

$$\overline{Z}_{22} = R_2 + R_3 + j\omega(L_2 + L_3 - 2M_{13}) + \frac{1}{j\omega C}$$

9-5 耦合係數

在一電感耦合電路中，兩線圈間任一產生之磁通若能全部與另一線圈相交鏈，則此兩線圈間的耦合作用爲最佳(互感最大)。一般使用上都有導磁性良好的鐵芯以期達到此一目標。兩線圈間互感量之大小，可藉**耦合係數(coefficient of coupling)**來決定，以圖 9-18 所示電路爲例，計算耦合電路中所儲存之能量藉以定出互感量所受到的限制。設輸入該電路之功率爲。

$$p = v_1 i_1 = L_{eq}\frac{di_1}{dt}i_1$$

於時間t秒內所儲存之能量爲

$$W = \int_0^t v_1 i_1\, dt = L_{eq}\int_0^t \frac{di_1}{dt} i_1\, d_t = L_{eq}\int_0^t i_1\, di_1 = \frac{1}{2}L_{eq}i_1^2 \tag{9-25}$$

上述儲存之能量應必爲正，因爲電感爲一被動元件，故其等值電感L_{eq}必大於零，即：

$$L_{eq}=\frac{L_1L_2-M^2}{L^2}\geq 0 \quad 或 \quad L_1L_2-M^2\geq 0$$

$$\therefore \quad M\leq\sqrt{L_1L_2} \tag{9-26}$$

由上式可知M的可能最大值爲$\sqrt{L_1L_2}$，(L_1與L_2的幾何平均值)，其最小值爲零，即當兩個線圈相距較遠，彼此間毫無耦合作用。由此可知兩線圈間之耦合程序可由互感M與其最大值($\sqrt{L_1L_2}$)之比表示之，

$$K=\frac{M}{\sqrt{L_1L_2}}\leq 1 \tag{9-27}$$

由上式可知耦合係數k之最大值爲 1，即兩線圈重疊或非常靠近，使全部的磁通交鏈兩線圈之全部；k之最小值爲0。即兩線圈相距甚遠，彼此間毫無互感作用($M=0$)。

耦合係數的另一定義，參照圖 9-1(a)所示磁通分佈之情形決定之，磁通ϕ_{12}與原線圈之總磁通ϕ_1之比定爲兩線圈間之耦合係數，即：

$$k=\frac{\phi_{12}}{\phi_1} \tag{9-28}$$

當$\phi_{12}=\phi_1$時，則$k=1$；當$\phi_{12}=0$，則$k=0$由(9-6)式

$$M=N_2\frac{d\phi_{12}}{di_1}$$

茲以$\phi_{12}=k\phi_1$代入上式，得：

$$M=N_2k\frac{d\phi_1}{di_1}$$

亦可寫爲

$$M=\frac{N_2}{N_1}k\left(N_1\frac{d\phi_1}{di_1}\right)=\frac{N_2}{N_1}kL_1$$

由耦合線圈之電感與匝數之平方成正比，故上式亦可寫成爲：

$$M = kL_1\frac{N_2}{N_1} = kL_1\sqrt{\frac{L_2}{L_1}} = k\sqrt{L_1L_2}$$

所獲結果與(9-27)式相同。

耦合係數亦可用漏磁係數來分析，茲令$a = \dfrac{N_1}{N_2}$爲兩線圈之**匝數比(turn ratio)**，依定義

$$L_1 = \frac{N_1\phi_1}{i_1} = \frac{N_1}{i_1}(\phi_{11} + \phi_{12}) = \delta_1\frac{N_1\phi_1}{i_1} + a\frac{N_2\phi_{12}}{i_1}$$

$$= \delta_1L_1 + aM_{12} \tag{9-29}$$

同理 $$L_2 = \frac{N_2\phi_2}{i_2} = \frac{N_2}{i_2}(\phi_{22} + \phi_{21}) = \delta_2\frac{N_2\phi_2}{i_2} + \frac{1}{a}\frac{N_1\phi_{21}}{i_2}$$

$$= \delta_2L_2 + \frac{1}{a}M_{21} \tag{9-30}$$

或 $$aM_{12} = (1-\delta_1)L_1，\frac{1}{a}M_{21} = (1-\delta_2)L_2$$

$$M_{12}M_{21} = (1-\delta_1)(1-\delta_2)L_1L_2$$

因實用上視$M_{12} = M_{21} = M$，故

$$M = \sqrt{(1-\delta_1)(1-\delta_2)L_1L_2} = k\sqrt{L_1L_2} \tag{9-31}$$

上式中係數

$$k = \sqrt{(1-\delta_1)(1-\delta_2)} \quad \text{(稱爲耦合係數)} \tag{9-32}$$

耦合係數在耦合電路中所佔之地位甚爲重要，其值全視兩線圈之形狀及位置而定。綜合上述定義得：

$$k = \frac{M}{\sqrt{L_1L_2}} = \sqrt{(1-\delta_1)(1-\delta_2)} \tag{9-33}$$

因漏磁係數δ_1與δ_2不可能大於 1，故k亦不可能大於 1，k值之大小表示兩線圈耦合之緊與鬆，因$k \le 1$，$L_1L_2 \ge M^2$，又因$(L_1 - L_2)^2 \ge 0$，或$(L_1 + L_2)^2 \ge 4L_1L_2$，故

$$M_{12} = M_{21} \le \sqrt{L_1 L_2} \le \frac{1}{2}(L_1 + L_2) \tag{9-34}$$

即兩線圈間之互感值較兩者自感的幾何平均值或代數平均值為小。

例 9-5

如圖 9-19 所示耦合電路，已知$L_1 = 200$毫亨；$L_2 = 400$毫亨；$N_1 = 50$匝，$N_2 = 100$匝，$k = 0.6$，試求：(a)互感M；(b)設磁通ϕ_1之增加率為每秒 450 毫韋時之自感電壓v_{11}及互感電壓v_{12}；(c)設電流i_1之增加率為每秒 2 安之v_{11}及v_{12}。

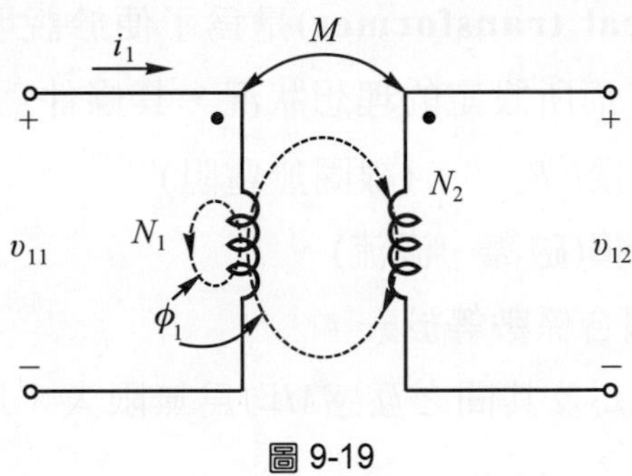

圖 9-19

解 (a)$M = k\sqrt{L_1 L_2} = 0.6\sqrt{(200 \times 10^{-3})(400 \times 10^{-3})}$

$= 0.6\sqrt{8 \times 10^{-2}} = 0.6 \times 2.83 \times 10^{-1} = 170\text{mH}$

(b)$v_{11} = N_1 \dfrac{d\phi_1}{dt} = 50 \times 450 \times 10^{-3} = 22.5\text{V}$

$v_{12} = N_2 \dfrac{d\phi_{12}}{dt} = N_2 k \dfrac{d\phi_1}{dt} = 100 \times 0.6 \times 450 \times 10^{-3} = 27\text{V}$

(c)$v_{11} = L_1 \dfrac{di_1}{dt} = 200 \times 10^{-3} \times 2 = 400\text{mV}$

$v_{12} = M \dfrac{di_1}{dt} = 170 \times 10^{-3} \times 2 = 340\text{mV}$

例 9-6

兩耦合線圈，其自感分別為$L_1 = 200$毫亨；$L_2 = 800$毫亨，耦合係數$k = 0.8$，求其互感及匝數比為多少？

解 $k=\dfrac{M}{\sqrt{L_1L_2}}$

$$M=k\sqrt{L_1L_2}=0.8\sqrt{200\times 800}=320\text{毫亨}$$

$$a=\frac{N_1}{N_2}=\frac{kL_1}{M}=\frac{0.8\times 200}{320}=\frac{160}{320}=\frac{1}{2}$$

9-6 理想變壓器

耦合線圈在電子及電力上之應用稱爲變壓器，可把一電路之電能耦合到另一電路中，故常用於高傳眞收音機中阻抗之匹配及電力系統上隨需要把電壓升高或降低，所謂**理想變壓器(Ideal transformer)**是爲了便於說明變壓器對電能耦合的原理及應用方程式之簡化，而所設定的理想狀況，其條件爲：

1. 電路(線圈)內無銅損$I^2R=0$。(線圈無電阻)
2. 磁路(鐵芯)內無鐵損(磁滯、渦流)。
3. 無漏磁產生，即耦合係數等於一。
4. 兩線圈之自感L_1、L_2及其間之互感M均爲無限大，即不需激磁電流。亦能產生電磁作用。

理想變壓器可由兩線圈於一導磁係數趨近無限大的鐵芯上，如圖 9-20 所示，因設線圈內無電阻耗損及雜散電容之影響，其電流方向及電壓極性如圖中標示，則知其間互感M爲正。由於磁路(鐵芯)之導磁係數爲無限大，所有磁通均與兩線交鏈，且設交鏈於每一線圈的每匝的磁通爲ϕ，而原線圈之繞阻爲N_1匝；次級線圈之繞阻爲N_2匝，則與兩線之總交鏈分別爲ψ_1．ψ_2則：

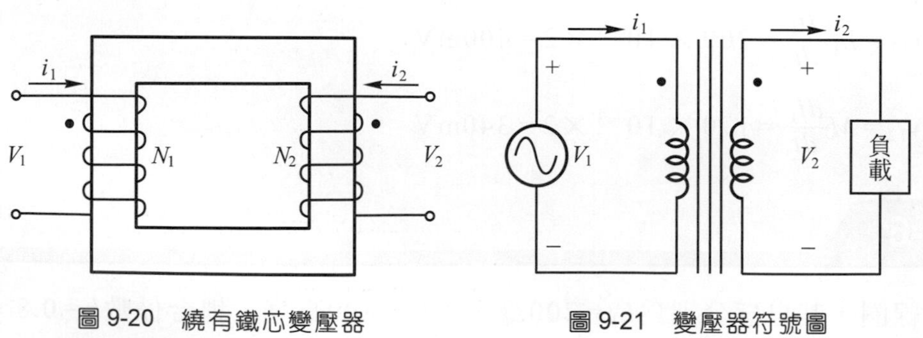

圖 9-20 繞有鐵芯變壓器　　圖 9-21 變壓器符號圖

$$\psi_1 = N_1\phi \quad \text{韋-匝}$$

$$\psi_2 = N_2\phi \quad \text{韋-匝}$$

因 $$v_1 = N_1\frac{d\phi}{dt} = \frac{d\psi_1}{dt}$$

$$v_2 = N_2\frac{d\phi}{dt} = \frac{d\psi_2}{dt}$$

比較上兩式得：

$$\frac{v_1}{v_2} = \frac{N_1}{N_2} = a \tag{9-35}$$

上式中a為原線圈之匝數與次級線圈之匝數比。

兩線圈之電流可以下式表示之

$$\frac{i_1}{i_2} = \frac{-N_2}{N_1} = -\frac{1}{a} \tag{9-36}$$

上式中負號之意義，表示電流i_2之方向與圖示之方向相反，即電流i_1流入標示之圓點，則次級圈電流i_2為流出圓點。這是兩線圈繞阻的理想變壓器條件之一。其符號圖如9-21圖所示，若設次級圈電流i_2之方向流出圓點，則

$$\frac{i_1}{i_2} = \frac{N_2}{N_1} = \frac{1}{a} \tag{9-37}$$

理想變壓器電壓比與電流比需注意其假設之極性及方向，若以有效值之相量表示之則

$$\frac{\overline{V}_1}{\overline{V}_2} = \frac{N_1}{N_2}\text{，}\frac{\overline{I}_1}{\overline{I}_2} = \frac{N_2}{N_1} \tag{9-38}$$

將上兩式相乘，得

$$\overline{V}_1\overline{I}_1 = \overline{V}_2\overline{I}_2 \text{或} \overline{V}_1^*\overline{I}_1 = \overline{V}_2^*\overline{I}_2 \tag{9-38}$$

若圖9-21次級線圈之負載為$\overline{Z}_2$，則：

$$\overline{Z}_2 = \frac{\overline{V}_2}{\overline{I}_2}$$

把$\overline{Z}_2$轉移至原線圈，則由原線圈看進去之負載阻抗爲$\overline{Z}_1$，則：

$$\overline{Z}_1=\frac{\overline{V}_1}{\overline{I}_1}=\frac{\frac{N_1}{N_2}\overline{V}_2}{\frac{N_2}{N_1}I_2}=\left(\frac{N_1}{N_2}\right)^2\frac{\overline{V}_2}{\overline{I}_2}=\left(\frac{\overline{N}_1}{\overline{N}_2}\right)^2\overline{Z}_2$$

故得

$$\frac{Z_2}{Z_1}=\left(\frac{N_2}{N_1}\right)^2=a^2\quad 或\quad \overline{Z}_1=a^2\overline{Z}_2 \tag{9-39}$$

綜合上述結果理想變壓器，原線圈與次級線圈之電壓與兩線圈之匝數成正比；電流與匝數成反比；阻抗與匝數之平方成比例，複功率爲電壓共軛乘電流或電流之共軛乘電壓。

例 9-7

一降壓變壓器其原線圈爲100匝，次級線圈爲20匝，原線圈端接550V弦波電壓；次級線圈接一負載阻抗$\overline{Z}_2=4.4\Omega$，試求(a)次級線圈端電壓$\overline{V}_2$；(b)次級線圈電流$\overline{I}_2$；(c)原線圈電流$\overline{I}_1$；(d)由原線圈看進去之負載阻抗$\overline{Z}_1$。

解 (a)$\overline{V}_2=\overline{V}_1\dfrac{N_2}{N_1}=550\left(\dfrac{20}{100}\right)=110\text{V}$

(b)$\overline{I}_2=\dfrac{\overline{V}_2}{\overline{Z}_2}=\dfrac{110}{4.4}=25\text{A}$

(c)$\overline{I}_1=I_2\dfrac{N_2}{N_1}=25\left(\dfrac{20}{100}\right)=5\text{A}$

(d)$Z_1=Z_2\left(\dfrac{N_1}{N_2}\right)^2=4.4\left(\dfrac{100}{20}\right)^2=110\Omega$

例 9-8

試求圖 9-22(a)所示電路中之$\overline{I}_1$及$\overline{V}_2$

解 由$\overline{Z}_2=5\Omega\quad \overline{Z}_1=\overline{Z}_2\left(\dfrac{N_1}{N_2}\right)^2=5\left(\dfrac{2}{1}\right)^2=20\Omega$

繪出圖(a)之等效電路如圖(b)

則$\overline{I}_1=\dfrac{25}{5+20}=1\text{A}$，$\overline{V}_1=25\left(\dfrac{20}{25}\right)=20\text{V}$

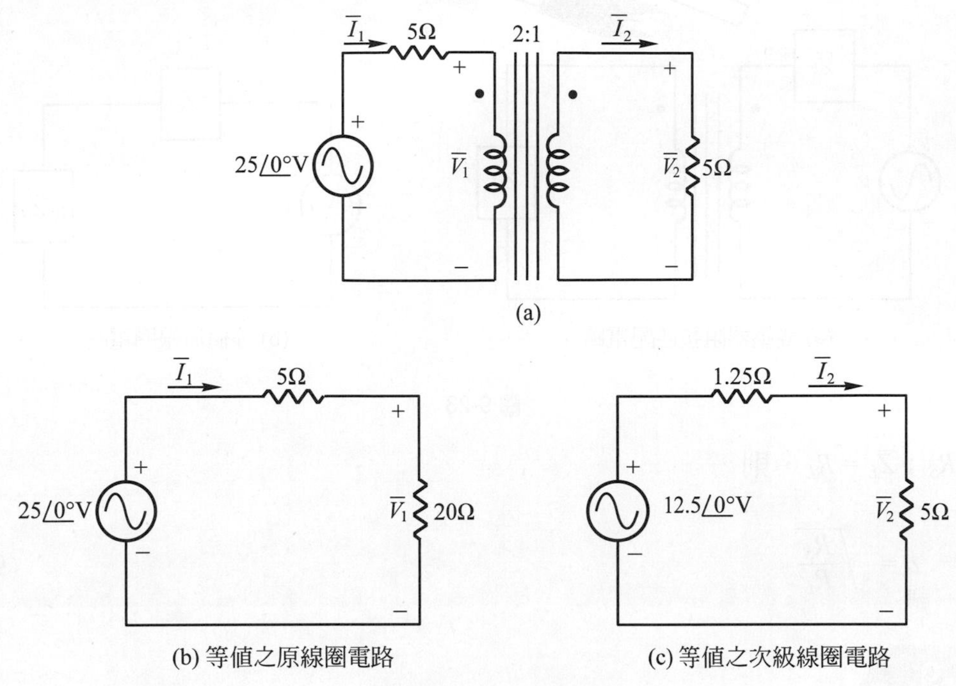

圖 9-22　9-8之電路

而$\overline{V}_2=\dfrac{1}{2}\overline{V}_1=10\text{V}$

亦可由等值電路求$\overline{V}_2$，將電壓源及原電路中之5Ω電阻移轉至次級電路如圖(c)所示，則電壓源爲$\dfrac{1}{2}(25\angle 0°)=12.5\angle 0°\text{V}$，電阻爲$\left(\dfrac{1}{2}\right)^2(5)=1.25\Omega$由分壓定則，得：

$$\overline{V}_2=\frac{5}{1.25+5}(25\angle 0°)=10\angle 0°\text{V}$$

變壓器藉其匝數比平方之比例，轉換阻抗。故可調變變壓器之匝數比以獲最大功率傳輸之目的。如圖 9-23(a)所示之電路。負載阻抗經由N_1：N_2之理想變壓器接至電源，其等值原電壓如圖(b)所示，依最大功率傳輸定理，阻抗匹配之條件爲：

$$a^2|Z_L|=|Z_S| \tag{9-40}$$

因變壓器只能改變其阻抗之大小，故要滿足上式之條件，可知其匝數比a必爲：

$$a=\sqrt{\frac{|Z_S|}{|Z_L|}} \tag{9-41}$$

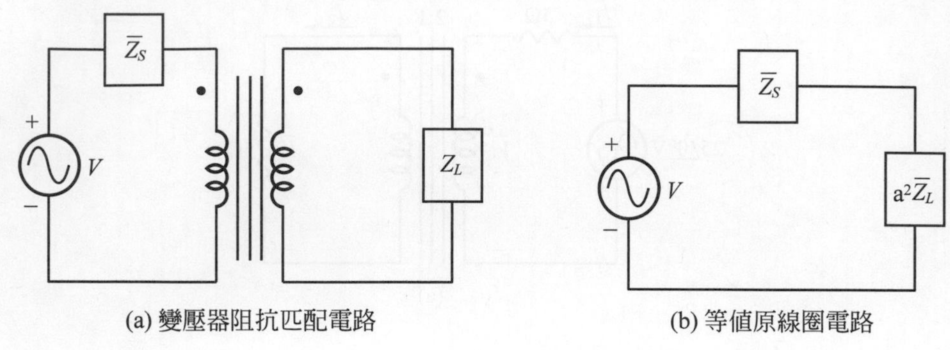

(a) 變壓器阻抗匹配電路　　(b) 等值原線圈電路

圖 9-23

若$\overline{Z}_S = R_S$；$\overline{Z}_L = R_L$，則

$$a = \sqrt{\frac{R_S}{R_L}} \tag{9-42}$$

例 9-9

如圖 9-23 所示若$\overline{V} = 60\angle 0°$V，$\overline{Z}_S = R_S = 1\text{k}\Omega$，$\overline{Z}_L = R_L = 10\Omega$，該變壓器用作阻抗匹配，藉以在負載電阻$R_L$上獲得最大功率，試求：(a)原線圈與次級圈之匝數比；(b)最大傳輸功率爲多少？

解 (a)$a = \sqrt{\dfrac{R_S}{R_L}} = \sqrt{\dfrac{1000}{10}} = 10$

(b)$\overline{I}_1 = \dfrac{\overline{V}}{R_S + a^2 R_L} = \dfrac{60\angle 0°}{1000+1000} = \dfrac{60\angle 0°}{2000\angle 0°} = 0.03\angle 0°\text{A}$

$\overline{I}_2 = a\overline{I}_1 = 0.3\angle 0°\text{A}$

$P_{\max} = I_2^2 R_L = (0.3)^2 \times 10 = 0.9\text{W}$

9-7 反射阻抗

電感耦合電路中，因有互感之存在。而產生一互感電動勢來限制電感器中電流之變化。此結果相當於電路中有一反射作用之阻抗，因而得名。

變壓器可分爲空芯及鐵粉芯兩大類，茲以空芯變壓器來述明反射阻抗之定義，圖 9-24(a)所示爲一空芯變壓器電路，其中R_1、L_1；R_2、L_2分別爲原線圈及次級圈之電阻和電感，M爲兩者間之互感，依圖示環流方向，得網目電流方程式爲：

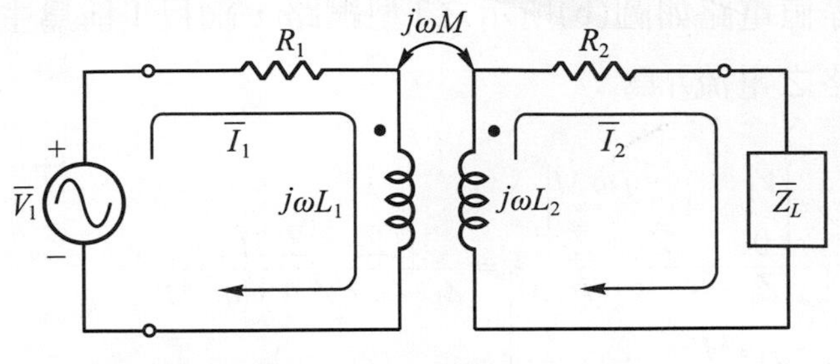

(a) 實際電路

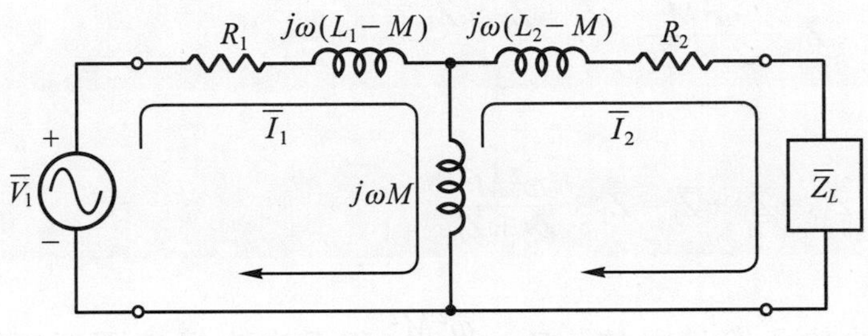

(b) 等値電路(導性耦合)

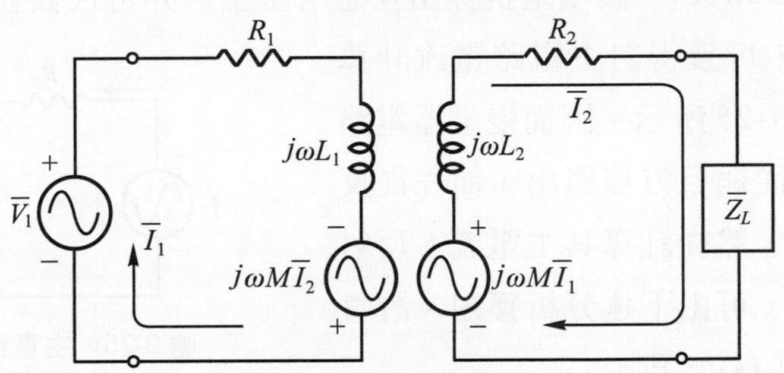

(c) 等値電路(電感耦合)

圖 9-24　空心變壓器

$$(R_1+j\omega L_1)\overline{I}_1-j\omega M\overline{I}_2=\overline{V}_1$$
$$-j\omega M\overline{I}_1+(R_2+j\omega L_2+\overline{Z}_L)\overline{I}_2=0$$

令$\overline{Z}_1=R_1+j\,\omega L_1$，$\overline{Z}_2=R_2+j\,\omega L_2$分別表原、次級線圈內之阻抗則上式可簡化爲

$$\left.\begin{aligned}&\overline{Z}_1\overline{I}_1-j\omega M\overline{I}_2=\overline{V}_1\\&-j\omega M\overline{I}_1+(\overline{Z}_2+\overline{Z}_L)\overline{L}_2=0\end{aligned}\right\}\tag{9-43}$$

由上式可繪出其等值電路如圖(b)所示之T型網路，網目 1 稱爲主電路，網目 2 稱爲副電路，其主電路之電流$\overline{I}_1$爲：

$$\overline{I}_1=\frac{\begin{vmatrix}\overline{V}_1 & -j\omega M\\ 0 & \overline{Z}_2+\overline{Z}_L\end{vmatrix}}{\begin{vmatrix}\overline{Z}_1 & -j\omega M\\ -j\omega M & \overline{Z}_2+\overline{Z}_L\end{vmatrix}}=\frac{(\overline{Z}_2+\overline{Z}_L)\overline{V}_1}{\overline{Z}_1(\overline{Z}_2+\overline{Z}_L)+\omega^2M^2}$$

$$=\frac{\overline{V}_1}{\overline{Z}_1+\dfrac{\omega^2M^2}{\overline{Z}_2+\overline{Z}_L}}=\frac{\overline{V}}{\overline{Z}_1+\overline{Z}_f}=\frac{\overline{V}_1}{\overline{Z}_{1e}} \tag{9-44}$$

$$\text{式中}\quad \overline{Z}_{1e}=\overline{Z}_1+\overline{Z}_f=\overline{Z}_1+\frac{\omega^2M^2}{\overline{Z}_2+\overline{Z}_L} \tag{9-45}$$

$\overline{Z}_{1e}$稱爲變壓器的輸入等值阻抗；$Z_f=\dfrac{\omega^2M^2}{\overline{Z}_2+\overline{Z}_L}$稱爲自次級線圈至原線圈的**反射阻抗 (reflected impedance)**，該項阻抗係由互感所產生。亦可代表互感電壓的效應。

由(9-44)式，可獲得對主電路電流計算的等值電路如圖 9-25 所示。因而變壓器電路之分析，可不必從網目方程導出，而先從反射阻抗計算開始，然從計算其主電流。反射阻抗之一般作用，可由下述分析獲知。設負載阻抗爲$\overline{Z}_L=R_L+jX_L$，則

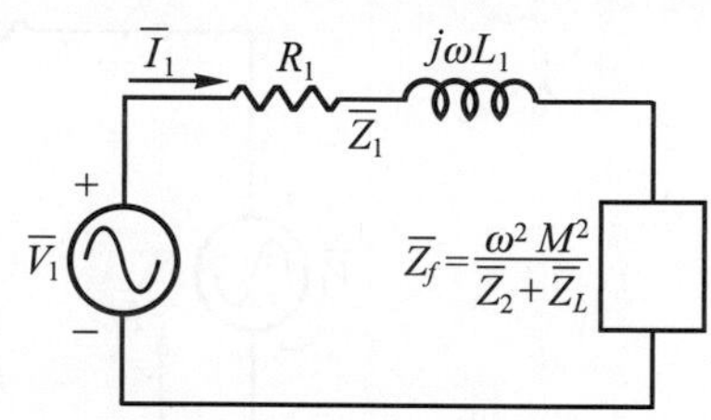

圖 9-25　主電路之等值電路

$$\overline{Z}_f=\frac{\omega^2M^2}{R_2+jX_2+R_L+jX_L}=\frac{\omega^2M^2}{(R_2+R_L)+j(X_2+X_L)}$$

$$=\frac{\omega^2M^2(R_2+R_L)}{(R_2+R_L)^2+(X_2+X_L)^2}-j\frac{\omega^2M^2(X_2+X_L)}{(R_2+R_L)^2+(X_2+X_L)^2} \tag{9-46}$$

上式中，第一項實數，爲反射電阻，永遠爲正，若X_L爲電感抗則第二項虛數爲反射電抗，其符號永與副電路之電抗相反，即副電路之電抗反射至主電路爲負電抗，因而可抵消主電路原有之部份正電抗，使主電路電流增大。此項負電抗之大小將隨頻率之增加而增大，故其性質與容抗不同，但在某一固定之頻率，其作用與容抗相似。

例 9-10

應用反射阻抗求圖 9-26(a)電路中之 $\bar{I}_1$。

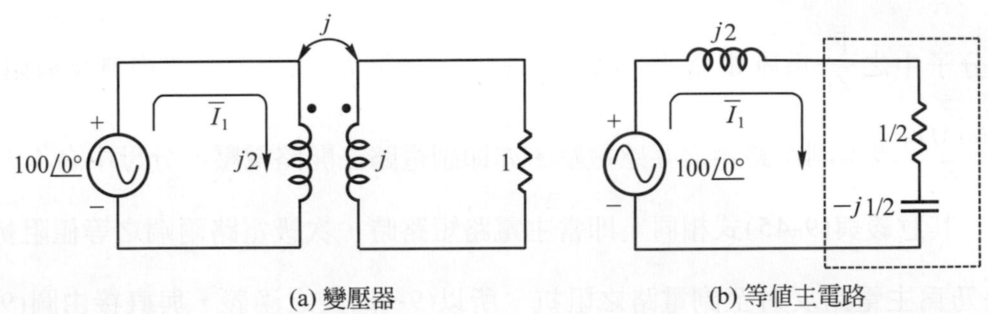

(a) 變壓器　　(b) 等值主電路

圖 9-26　主電路之等值電路

解 原線圈電路內之等值阻抗為：

$$\bar{Z}_{1e}=\bar{Z}_1+\bar{Z}_f=j\omega L_1+\frac{\omega^2M^2}{j\omega L_2+\bar{Z}_L}=j2+\frac{1}{j+1}=j2+\frac{1}{2}-j\frac{1}{2}=\frac{1}{2}+j\frac{3}{2}\Omega$$

依 $Z_{1e}=\bar{Z}_1+\bar{Z}_f=j2+\frac{1}{2}-j\frac{1}{2}$ 繪出其等值電路如圖(b)，由圖(b)

依歐姆定理求得：

$$\bar{I}_1=\frac{\bar{V}}{Z_{1e}}=\frac{100\angle 0^\circ}{\frac{1}{2}+j\frac{3}{2}}=\frac{200\angle 0^\circ}{1+j3}=\frac{200\angle 0^\circ}{3.16\angle 71.6^\circ}=63.3\angle -71.6^\circ\text{A}$$

若沒有次級電路及互感作用時，則原線線圈之電流為：

$$\bar{I}'_1=\frac{\bar{V}}{\bar{Z}_1}=\frac{100\angle 0^\circ}{j2}=50\angle -90^\circ\text{A}$$

由上述知，互感之效應在反射一負電抗至原電路，以減少原電路之電抗而使電流值增加，電流相角變小(由 − 90°變為 − 71.6°)。使負載電阻從電源吸取功率。因此反射阻抗之作用在使功率經過變壓器而傳送至負載。

至於副電路電流 $\bar{I}_2$，在已知 $\bar{I}_1$ 後，可直接由(9-43)式求得，即

$$\bar{I}_2=\frac{j\omega M\bar{I}_1}{\bar{Z}_2+\bar{Z}_L} \tag{9-47}$$

對副電路而言，互感電壓 $j\omega M\bar{I}_1$ 可視為其外加電壓，故得等值電路如圖 9-27(a)所示，若以(9-44)式子 $\bar{I}_1$ 代入上式則得

$$\bar{I}_2 = \frac{j\omega M\bar{I}_1}{\bar{Z}_2 + \bar{Z}_L} = \frac{j\omega M\bar{V}_1}{\bar{Z}_1(\bar{Z}_2 + \bar{Z}_L) + \omega^2 M^2} = \frac{\dfrac{j\omega M\bar{V}_1}{\bar{Z}_1}}{\bar{Z}_2 + \bar{Z}_L + \dfrac{\omega^2 M^2}{\bar{Z}_1}} \tag{9-48}$$

上式分子中之$\frac{\bar{V}_1}{\bar{Z}_1}$爲副電路開路時，主電路中之電流(此刻主電路中無反射阻抗)，所以$\frac{j\omega M\bar{V}_1}{\bar{Z}_1}$表示副電路中之互感電壓，亦即副電路之開路電壓。分母中之$\bar{Z}_2 + \frac{\omega^2 M^2}{\bar{Z}_1}$一項，其意義與(9-45)式相同，即當主電路短路時，次級電路兩端之等值阻抗，而$\frac{\omega^2 M^2}{\bar{Z}_1}$乃爲主電路反射至副電路之阻抗。所以(9-48)式之涵義，與直接由圖(9-24)a中負載端求戴維寧等值阻抗結果是相同的。因而獲得副電路另一等值電路如圖(9-27)b 所示。

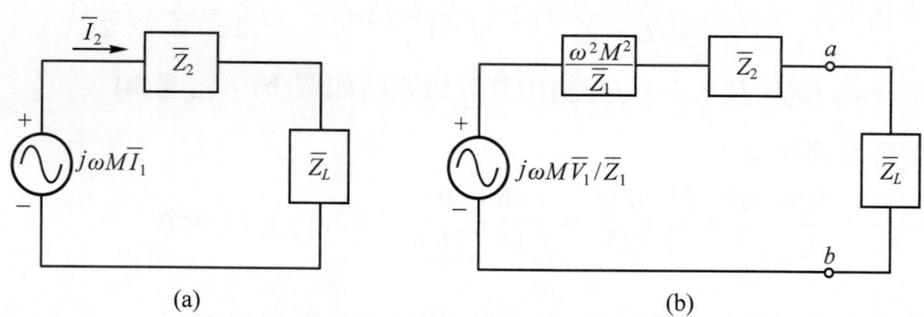

圖 9-27　副電路之等值電路

由(9-47)式可得主、副電路電流$\bar{I}_1$與$\bar{I}_2$之比爲

$$\frac{\bar{I}_1}{\bar{I}_2} = \frac{\bar{Z}_2 + \bar{Z}_L}{j\omega M} = -j\frac{\bar{Z}_2 + \bar{Z}_L}{\omega M} \tag{9-49}$$

而電源電壓與負載端電壓之比爲：

$$\begin{aligned}\frac{\bar{V}_1}{\bar{V}_2} &= \frac{\bar{V}_1}{\bar{Z}_L\bar{I}_2} = \frac{[\bar{Z}_1(\bar{Z}_2 + \bar{Z}_L) + \omega^2 M^2]\bar{V}_1}{j\omega M\bar{Z}_L\bar{V}_1} \\ &= -j\frac{\bar{Z}_1(\bar{Z}_2 + \bar{Z}_L) + \omega^2 M^2}{\omega M\bar{Z}_L}\end{aligned} \tag{9-50}$$

例 9-11

一空芯變壓器已知其各元件常數值及有關數據如下：

$\overline{V}_1 = 100\angle 0°$伏，$\omega = 10^5$弳／秒，$R_1 = 10\Omega$，$R_2 = 2\Omega$

$L_1 = 0.1\text{H}$，$L_2 = 0.01\text{H}$，$M = 0.025\text{H}$，$Z_L = 300 + j0\Omega$

試求：$\overline{I}_1$，$\overline{I}_2$；$\dfrac{\overline{I}_1}{\overline{I}_2}$；$\dfrac{\overline{V}_1}{\overline{V}_2}$。

解

$$\overline{Z}_1 = R_1 + j\omega L_1 = 10 + j10^5 \times 0.1 = 10 + j10000\Omega$$

$$\overline{Z}_2 = R_2 + j\omega L_2 = 2 + j10^5 \times 0.01 = 2 + j1000\Omega$$

$$\overline{Z}_f = \frac{\omega^2 M^2}{\overline{Z}_2 + \overline{Z}_L} = \frac{(10)^{10}(0.025)^2}{2 + j1000 + 300} = \frac{62500}{3.02 + j10} = \frac{62500}{10.45\angle 73.2°}$$

$$= 5983\angle -73.2° = 1729 - j5727.7\Omega$$

$$\overline{I}_1 = \frac{\overline{V}_1}{\overline{Z}_1 + \overline{Z}_f} = \frac{100\angle 0°}{(10 + j10000) + 1729 - j5727.7}$$

$$= \frac{100\angle 0°}{1739 - j4272.3} = \frac{100\angle 0°}{4612.7\angle 67.9°} = 0.0217\angle -67.9°\text{A}$$

$$\overline{I}_2 = \frac{j\omega M\overline{I}_1}{\overline{Z}_2 + \overline{Z}_L} = \frac{(10)^5(0.025)\angle 90° \times 0.0217\angle -67.3°}{302 + j1000}$$

$$= \frac{54.25\angle 22.7°}{1045\angle 73.2°} = 0.052\angle -50.5°\text{A}$$

$$\frac{\overline{I}_1}{\overline{I}_2} = \frac{0.0217\angle -67.9°}{0.052\angle -50.5°} = 0.417\angle -17.4°$$

$$\overline{V}_2 = \overline{I}_2\overline{Z}_L = (0.052\angle -50.5°)(300\angle 0°) = 15.6\angle -50.5°\text{V}$$

$$\frac{\overline{V}_1}{\overline{V}_2} = \frac{100\angle 0°}{15.6\angle -50.5°} = 6.41\angle 50.5°$$

上述對空芯變壓器之分析係以M爲負值所獲結果。現若將線圈之相對繞行方向倒轉使圓點標示位置在任一側有所顚倒；或將電流$\overline{I}_2$之方向反轉，則M值變爲正。這樣對原電路電流而言，因與M^2相關當無影響，而對次級電路電流$\overline{I}_2$則僅變更其方向，而不改變其值大小。因此M值之正負對變壓器耦合電路之分析並不重要。

例 9-12

如圖 9-28(a)所示之電路，試繪一標有圓點之等效電路，並利用此等效電路，求 $-j\,10\Omega$電抗兩端之電壓$\overline{V}_{ab}$。

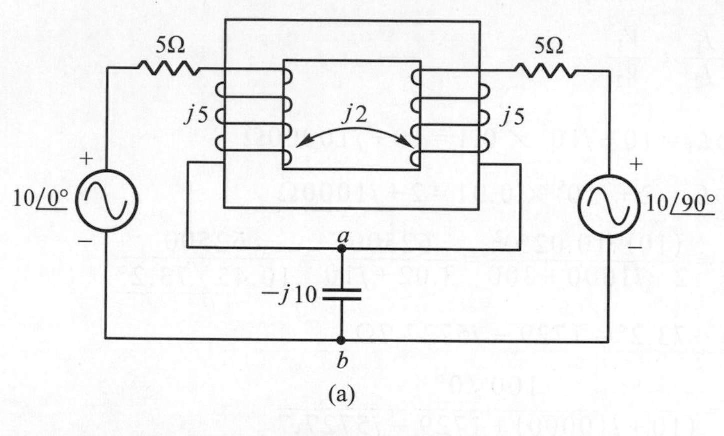

(a)

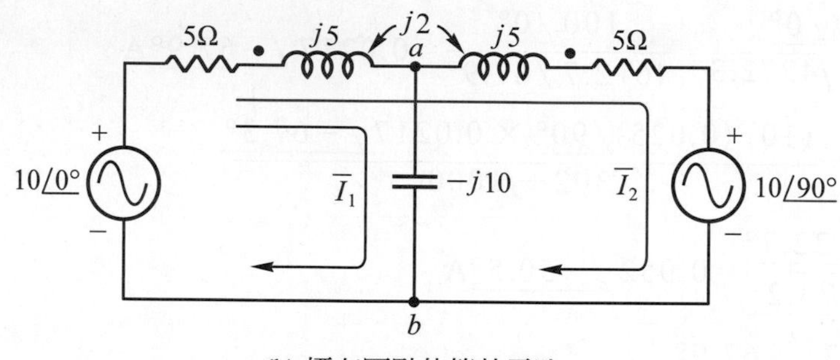

(b) 標有圓點的等效電路

圖 9-28

解 爲了在等值電路上，恰當地標示圓點，只需考慮線圈相對之繞行方向。設有一電流流入左邊線圈的上端，並在此端標一圓點，其產生的磁通方向爲向上的。依楞次定理，右邊線圈產生的磁通亦應爲向上的，再依右手定則，右邊線圈感應產生的電流必由其上端流出，故在此端點上標一圓點，其等效電路如(b)圖所示。共環流方程式爲：

$(5-j5)\overline{I}_1+(5+j3)\overline{I}_2=10\ \underline{/0°}$

$(5+j3)\overline{I}_1+(10+j6)\overline{I}_2=10-j10$

$$\bar{I}_1 = \frac{\begin{vmatrix} 10\angle 0^\circ & 5+j3 \\ 10-j10 & 10+j6 \end{vmatrix}}{\begin{vmatrix} 5-j5 & 5+j3 \\ 5+j3 & 10+j6 \end{vmatrix}} = \frac{(100+j60)-(80-j20)}{(80-j20)-(16+j30)}$$

$$= \frac{20+j80}{64-j50} = \frac{82.5\angle 76^\circ}{81.2\angle -38^\circ} = 1.016\angle 114^\circ \text{A}$$

$\therefore -j10\Omega$電抗上之電壓

$$\bar{V}_{ab} = (-j10)\bar{I}_1 = 10\angle -90^\circ(1.016\angle 114^\circ) = 10.16\angle 24^\circ \text{V}$$

例 9-13

試求圖 9-29(a)所示之相互耦合電路的導性耦合等值電路。

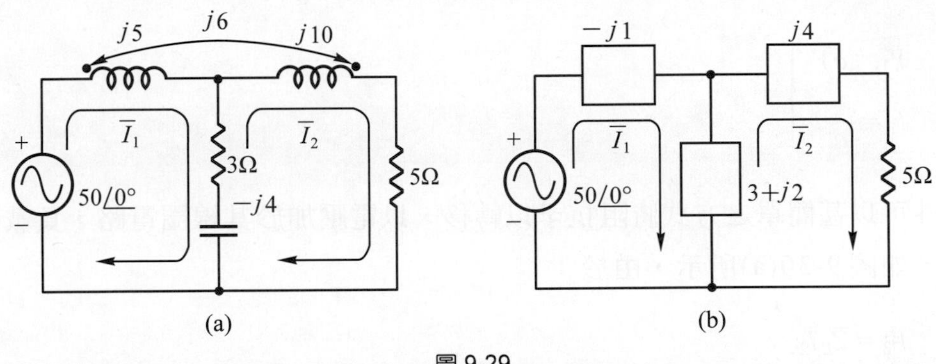

圖 9-29

解 如圖示電流方向及圓點之標示得網目方程式為：

$$\left.\begin{aligned} (3+j1)I_1 - (3+j2)I_2 &= 50\angle 0^\circ \\ -(3+j2)I_1 + (8+j6)I_2 &= 0 \end{aligned}\right\} \Rightarrow \begin{bmatrix} 3+j1 & -3-j2 \\ -3-j2 & 8+j6 \end{bmatrix}\begin{bmatrix} \bar{I}_1 \\ \bar{I}_2 \end{bmatrix} = \begin{bmatrix} 50\angle 0^\circ \\ 0 \end{bmatrix}$$

若將耦合電路之網目電流方向選擇一致(都順時針方向)，則由阻抗矩陣係數 $\bar{Z}_{12} = -3-j2$。因兩網目電流$\bar{I}_1$、$\bar{I}_2$流經此共同阻抗時方向相反故所求的阻抗為 $3+j2$。網目 1 的自阻抗$\bar{Z}_{11} = 3+j1$，所以$-j1$為所求的網目阻抗，$\bar{Z}_{22} = 8+j6$，則$8+j6-(3+j2) = 5+j4$為負載端所需之阻抗，其等值電路如圖(b)所示。

設一實際變壓器其電能之損耗甚微，則可視為原、次級圈內之電阻R_1及R_2為零，即$\bar{Z}_1 \cong j\omega L_1$；$\bar{Z}_2 \cong j\omega L_2$，同時設倆線圈間為密耦合，(耦耦合係數$k=1$)或$M \cong \sqrt{L_1 L_2}$。及所接負載阻抗$\bar{Z}_L \ll \bar{Z}_2$，在此等條件下，(9-49)式及(9-50)式中變壓器之電流比與電壓比，可簡化為：

$$\frac{\bar{I}_1}{\bar{I}_2}=\frac{Z_2+Z_L}{j\omega M}\cong\frac{\bar{Z}_2}{j\omega M}=\frac{j\omega L_2}{j\omega M}=\frac{L_2}{\sqrt{L_1L_2}}=\sqrt{\frac{L_2}{L_1}}=\frac{N_2}{N_1}$$

$$=\frac{1}{a} \tag{9-51}$$

$$\frac{\bar{V}_1}{\bar{V}_2}=\frac{Z_1(Z_2+Z_L)+\omega^2M^2}{j\omega M\bar{Z}_L}=\frac{Z_1Z_2+Z_1Z_L+\omega^2M^2}{j\omega M\bar{Z}_L}$$

$$\cong\frac{-\omega^2L_1L_2+\omega^2L_1L_2+j\omega L_1Z_L}{j\omega MZ_1}$$

$$=\frac{L_1}{M}=\frac{L_1}{\sqrt{L_1L_2}}=\sqrt{\frac{L_1}{L_2}}=\frac{N_1}{N_2}=a \tag{9-52}$$

(9-51)式及(9-52)式所獲結果與理想變壓器相同，故可得

$$\left.\begin{aligned}\bar{V}_1&=a\bar{V}_2\\ I_1&=\frac{1}{a}I_2\end{aligned}\right\}$$

另外可以甚簡單之方式將阻抗予以轉移，以電壓加於其線圈電路，負載接於次級電路，如圖 9-30(a)所示，由於：

$$\bar{V}_2=\bar{Z}_L\bar{I}_2$$

$$\bar{V}_1=a\bar{V}_2=a\bar{Z}_L\bar{I}_2=a\bar{Z}_L(a\bar{I}_1)=a^2\bar{Z}_L\bar{I}_1$$

$$\therefore\frac{\bar{V}_1}{\bar{I}_1}=a^2\bar{Z}_L \tag{9-54}$$

$\frac{\bar{V}_1}{\bar{I}_1}$表示原線圈端之等值阻抗，由此可得原線圈電路之等值電路如圖(b)。若$a>1$則$N_1>N_2$反射阻抗變小，若$a<1$則$N_1<N_2$而反射阻抗變小，即高阻抗永遠在匝數多的一邊。對次級圈電路而言，其電壓爲$V_2=\frac{1}{a}V_1$，故其等值電路如圖(c)所示，此一結果可視爲將電源$\bar{V}_1$自原線圈電路移轉至次級線圈電路時依匝數比而獲知其電壓。總之，電源與阻抗皆可透過理想變壓器可互相轉移，電壓之變化爲$\bar{V}_1=a\bar{V}_2$，阻抗之變化爲$\bar{Z}_1=a^2Z_2$。

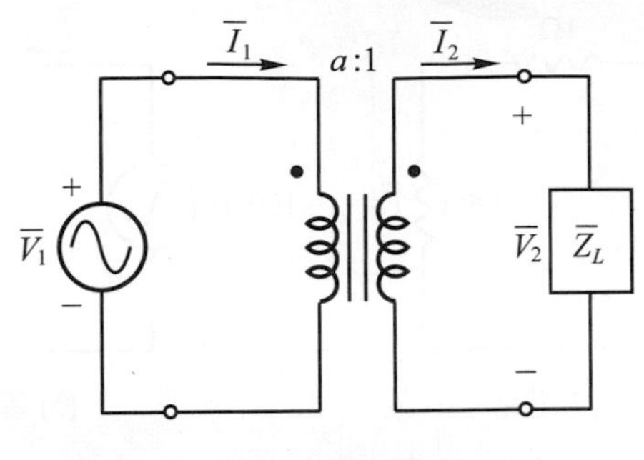

(a) 理想變壓器語負載

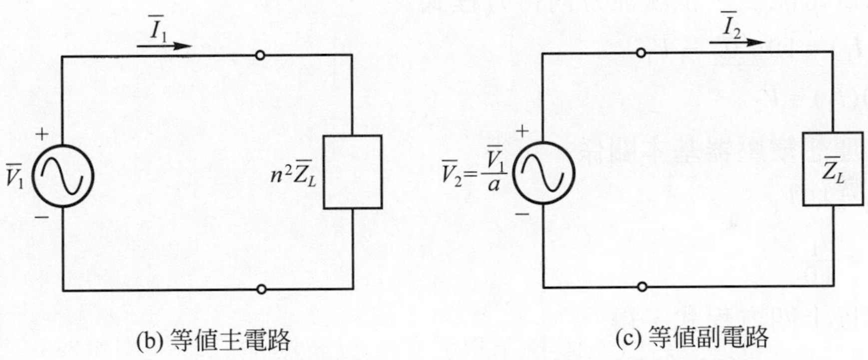

(b) 等值主電路　　(c) 等值副電路

圖 9-30　理想變壓器之特徵

例 9-14

試分別以(a)網目電流法；(b)等值原線圈電路；(c)等值次級線圈電路之觀念，求圖 9-31(a)所示電路負載端電壓$\overline{V}_2$。

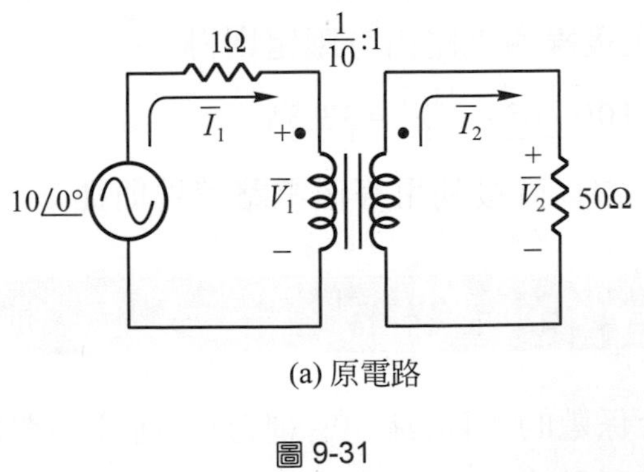

(a) 原電路

圖 9-31

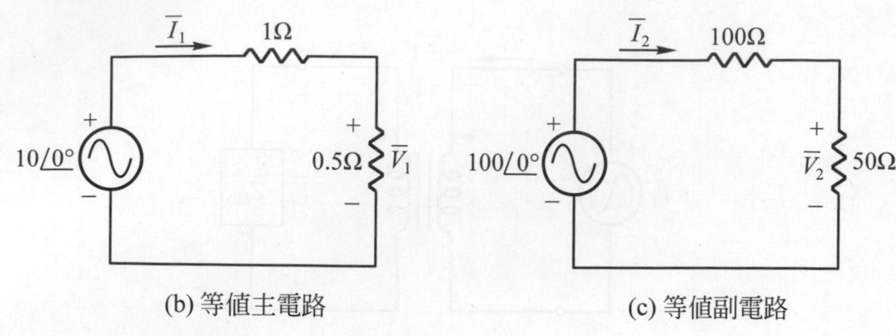

(b) 等值主電路　　(c) 等值副電路

圖 9-31 (續)

解 (a)網目電流法，依環流方向得方程式

$$1(\bar{I}_1) = 10\angle 0^\circ - \bar{V}_1$$

$$50(\bar{I}_2) = \bar{V}_2$$

由理想變壓器基本關係，可得

$$\bar{V}_2 = 10\bar{V}_1$$

$$\bar{I}_2 = \frac{\bar{I}_1}{10}$$

解以上四方程式，得

$$\bar{V}_2 = 10\bar{V}_1 = (10\angle 10^\circ - \bar{I}_1) = 100\angle 0^\circ - 10\bar{I}_1 = 100 - 100\bar{I}_2$$

$$100 - 100\left(\frac{\bar{V}_2}{50}\right) = 100 - 2\bar{V}_2$$

$$\therefore \bar{V}_2 = \frac{100}{30} = 33.3\text{V}$$

(b)由圖(b)等值電路得：

$$\bar{V}_1 = \frac{0.5}{1+0.5} \times 10\angle 0^\circ = \frac{10}{3} = 3.33\text{V}$$

$$\therefore \bar{V}_2 = 10\bar{V}_1 = \frac{100}{3} = 33.3\text{V}$$

(c)從圖(c)之等值次級線圈電路由分壓定則得：

$$\bar{V}_2 = \frac{50}{100+50} \times 100\angle 0^\circ = \frac{100}{3} = 33.3\text{V}$$

比較上述解法，當以直接利用等值電路較為簡捷。

9-8 耦合電路的等效電路

耦合電路依其耦合係數的不同(疏、密耦合)。而分為單位耦合線圈等效電路及任意耦合線圈等效電路討論之。

9-8-1 單位耦合線圈等效電路

9-6 節所述理想變壓器之諸條件中，若耦合線圈間不能滿足L_1、L_2及M均爲無限大的條件，則稱爲單位**耦合線圈(unity-coupled coil)**如圖 9-32(a)所示，其負載爲$\overline{Z}_L$，此處所謂"單位"係指耦合$k=1$，亦即線圈間無漏磁通產生，故各線圈之自感量與匝數平方成正比，因此原、次級線圈之自感量比與其匝數之關係爲

$$\frac{L_1}{L_2}=\left(\frac{N_1}{N_2}\right)^2=a^2 \quad 或 \quad L_1=\left(\frac{N_1}{N_2}\right)^2 L_2=a^2L_2 \tag{9-55}$$

因耦合係數$k=1$，則$M=\sqrt{L_1L_2}$故(9-45)式可寫成

$$Z_1=\overline{Z}_{1e}=R_1+j\omega L_1+\frac{\omega^2L_1L_2}{R_2+j\omega L_2+\overline{Z}_L} \tag{9-56}$$

單位耦合線圈假設無銅損(I^2R)，即$R_1=R_2=0$代入上式得

$$\overline{Z}_1=j\omega L_1+\frac{\omega^2L_1L_2}{j\omega L_2+\overline{Z}_L}=\frac{j\omega L_1(j\omega L_2+\overline{Z}_L)+\omega^2L_1L_2}{j\omega L_2+\overline{Z}_L}=\frac{j\omega L_1\overline{Z}_L}{j\omega L_2+\overline{Z}_L} \tag{9-57}$$

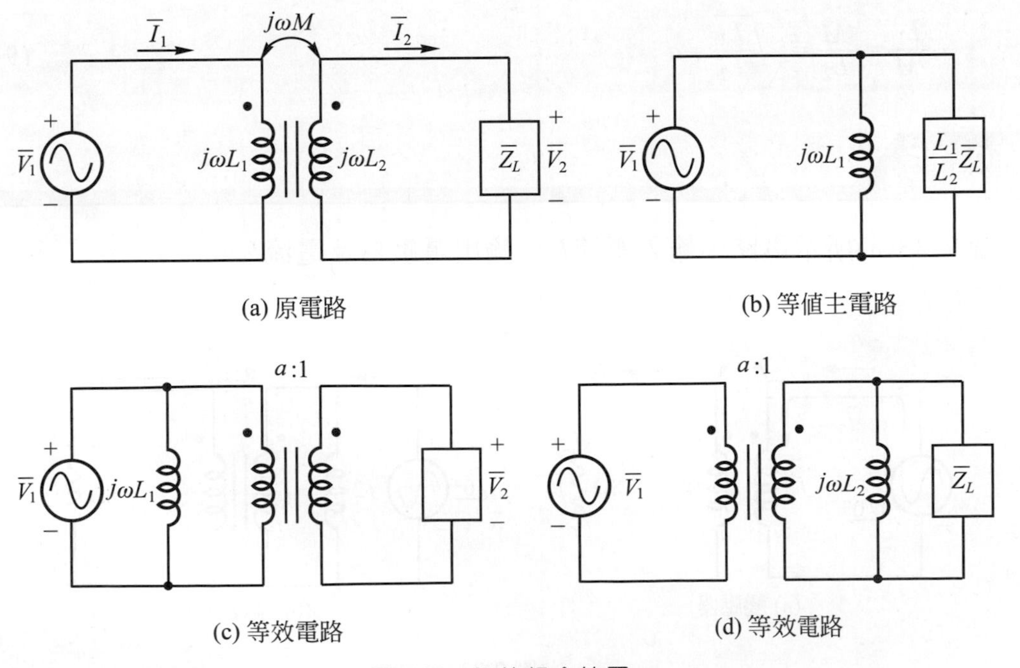

圖 9-32 單位耦合線圈

輸入端導納爲其阻抗之倒數，即：

$$\overline{Y}_1=\frac{1}{\overline{Z}_1}=\frac{j\omega L_2+\overline{Z}_L}{j\omega L_1\overline{Z}_L}=\frac{1}{j\omega L_1}+\frac{L_2}{L_1\overline{Z}_L}=\frac{1}{j\omega L_1}+\frac{1}{\left(\frac{L_1}{L_2}\right)Z_L} \tag{9-58}$$

上式表示其等效電路係由阻抗$j\omega L_1$與$\frac{L_1}{L_2}\overline{Z}_L$並聯組合而成，如圖(b)所示，若將阻抗$\left(\frac{L_1}{L_2}\right)\overline{Z}_L$視爲理想變壓器之輸入阻抗，其匝數比爲$a=\sqrt{\frac{L_1}{L_2}}$，即可得圖(c)之等效電路，又依理想變壓器之理論，將原電路中之阻抗$j\omega L_1$移至次級電路，則在次級電路中之等效阻抗爲$\frac{j\omega L_1}{a^2}=\frac{j\omega L_1}{\left(\frac{L_1}{L_2}\right)}=j\omega L_2$，而得圖(d)之另一等效電路。圖(b)，(c)及(d)中分路電感之意義係表示當次級電路開路(未接負載)時，電源仍需供給一無載電流以產生適當之磁通，使主、副電路產生感應額定電壓。在理想變壓器中則無此分路電感，換句話說，理想變壓器可視爲一對電感爲無限大之耦合線圈，不須激磁電流亦能產生磁通。

此外，由$L_1L_2-M^2=0$及式(9-52)之關係，可得

$$\frac{L_1}{M}=\frac{M}{L_2}=\sqrt{\frac{L_1}{L_2}}=a \tag{9-59}$$

例 9-15

試求圖 9-33(a)所示電路中輸入電流I_1，輸出電壓V_2及電流I_2。

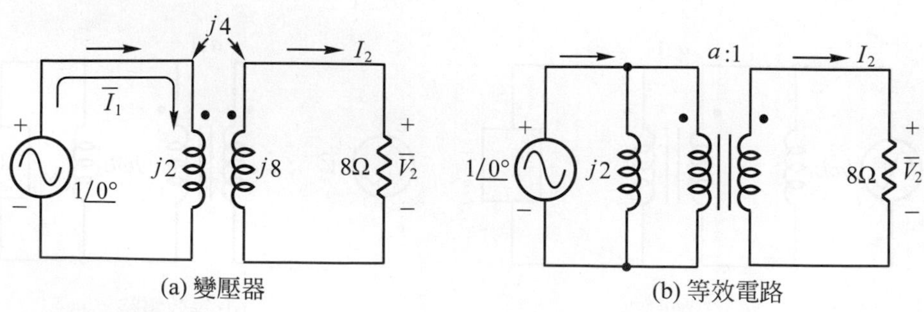

圖 9-33

解 解法 1： 因$k=\frac{M}{\sqrt{L_1L_2}}=\frac{4}{\sqrt{2\times 8}}=1$，爲單位耦合電路，故其等效電路如圖(b)所示，其匝數比爲：

$$a=\sqrt{\frac{L_1}{L_2}}=\sqrt{\frac{j2}{j8}}=\frac{1}{2}$$

反射至主電路之阻抗爲

$$Z_f=a^2\overline{Z}_L=\frac{1}{4}(8\angle 0^\circ)=(2\angle 0^\circ)\Omega$$

電源輸入電流$\overline{I}_1$，爲通過分路電感$j\omega L_1$及反射$\overline{Z}_f$電流之和，即

$$\overline{I}_1=\frac{\overline{V}_1}{j\omega L_1}+\frac{\overline{V}_1}{\overline{Z}_f}=\frac{1}{j2}+\frac{1}{2}=\frac{1}{2}-j\frac{1}{2}=0.707\angle -45^\circ \text{A}$$

其輸出端電壓及電流分別爲

$$\overline{V}_2=\frac{\overline{V}_1}{a}=\frac{1}{\frac{1}{2}}=2\text{V}$$

$$\overline{I}_2=\frac{\overline{V}_2}{\overline{Z}_L}=\frac{2}{8}=0.25\text{A}$$

解法 2： 以網目法求解，則其網目方程式爲：

$$j2\overline{I}_1-j4\overline{I}_2=1\angle 0^\circ$$

$$-j4\overline{I}_1+(8+j8)\overline{I}_2=0$$

$$\text{故得}\overline{I}_1=\frac{\begin{vmatrix}1\angle 0^\circ & -j4\\ 0 & 8+j8\end{vmatrix}}{\begin{vmatrix}j2 & -j4\\ -j4 & 8+j8\end{vmatrix}}=\frac{8+j8}{-16+j16+16}=\frac{8+j8}{j16}$$

$$=\frac{1}{2}-j\frac{1}{2}=0.707\angle -45^\circ \text{A}$$

$$\overline{I}_2=\frac{\begin{vmatrix}j2 & 1\angle 0^\circ\\ -j4 & 0\end{vmatrix}}{j16}=\frac{j4}{j16}=\frac{1}{4}=0.25\text{A}$$

$$\overline{V}_2=\overline{Z}_L\overline{I}_2=8\times 0.25=2\text{V}$$

解法 3： 應用反射阻抗法：

$$\overline{Z}_{1e}=\overline{Z}_1+\frac{\omega^2M^2}{\overline{Z}_2+\overline{Z}_L}=j2+\frac{4^2}{8+j8}=\frac{j16-16+16}{8+j8}$$

$$=\frac{j16}{8+j8}=\frac{j2}{1+j}\Omega$$

$$\overline{I}_1=\frac{\overline{V}_1}{\overline{Z}_{1e}}=\frac{1\angle 0^\circ}{\frac{j2}{1+j}}=\frac{1+j}{j2}=\frac{1}{2}-j\frac{1}{2}=0.707\angle -45^\circ \text{A}$$

由(9-48)式得

$$\bar{I}_2=\frac{\dfrac{j\omega M\bar{V}_1}{\bar{Z}_1}}{\bar{Z}_2+\bar{Z}_L+\dfrac{\omega^2M^2}{\bar{Z}_1}}=\frac{j\left(\dfrac{1}{j2}\right)}{8+j8-j8}=\frac{1}{4}=0.25\text{A}$$

$$\bar{V}_2=\bar{Z}_L\bar{I}_2=8\times0.25=2\text{V}$$

比較上述三種解法，後兩種方法不如解法1利用單位耦合線圈等效電路法簡捷。

9-8-2 任意耦合線圈之等效電路

由於上述單位耦合線圈之計算使用自感與互感較為簡單，故對耦合電路計算常以包括單位耦合線圈之等效電路予以代替，如圖 9-34(a)所示之電路為一任意耦合線圈，其耦合係數$k<1$，且兩線圈自感過大不能與互感配合形成單位耦合線圈，因此若從兩線圈組串聯電感中各減去一部份，則可獲得一個包含原來互感之單位耦合線圈，被減去之電感通稱為繞阻之**漏電感(leakage inductance)**，因其不能與另一線圈相連之漏磁所產生。

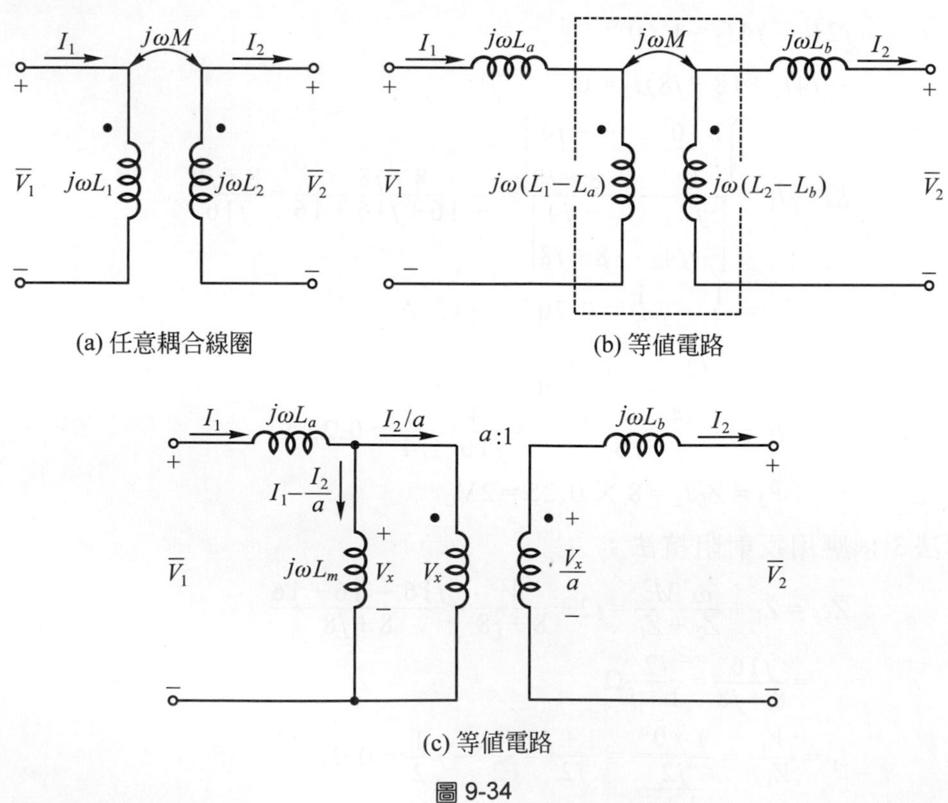

圖 9-34

設L_1及L_2分別減去其漏電感L_a與L_b剩下分別為(L_1-L_a)及(L_2-L_b)適與互感M構成單位耦合，如(b)圖所示，再將此單位耦合線圈，以分路電抗$j\omega L_m$和匝數比為a之理想變壓器來代替如(c)圖所示，若(a)圖與(c)圖等效，則其兩端點之電壓、電流方程式必然相等，由(a)圖電路所獲得之方程式為：

$$\left.\begin{aligned} \overline{V}_1 &= j\omega L_1 \bar{I}_1 - j\omega M \bar{I}_2 \\ -\overline{V}_2 &= -j\omega M \bar{I}_1 + j\omega L_2 \bar{I}_2 \end{aligned}\right\} \tag{9-60}$$

由(c)圖所獲得之方程式為：

$$\left.\begin{aligned} \overline{V}_1 &= j\omega L_a \bar{I}_1 + \overline{V}_x = j\omega L_a \bar{I}_1 + \left(I_1 - \frac{I_2}{a}\right) j\omega L_m \\ &= j\omega(L_a + L_m) I_1 - \frac{j\omega L_m}{a} \bar{I}_2 \\ -\overline{V}_2 &= j\omega L_b \bar{I}_2 - \frac{\overline{V}_x}{a} = j\omega L_b \bar{I}_2 - \frac{1}{a}\left(I_1 - \frac{I_2}{a}\right) j\omega L_m \\ &= -\frac{j\omega L_m}{a} \bar{I}_1 + j\omega\left(L_b + \frac{L_m}{a^2}\right) \bar{I}_2 \end{aligned}\right\} \tag{9-61}$$

若(9-60)式與(9-61)式相等，則其對應之係數必相等，即

$$\left.\begin{aligned} L_1 &= L_a + L_m \\ M &= \frac{L_m}{a} \\ L_2 &= L_b + \frac{L_m}{a^2} \end{aligned}\right\} \tag{9-62}$$

上式中，L_1、L_2和M為已知量，而欲求之未知量為L_a、L_b、L_m和a，但四個未知量僅有三個方程式，視未知量中之一可任意假設，若選定a值，則可求得其他三個，即

$$\left.\begin{aligned} L_m &= aM \\ L_a &= L_1 - L_m = L_1 - aM \\ L_b &= L_2 - \frac{L_m}{a^2} = L_2 - \frac{M}{a} \end{aligned}\right\} \tag{9-63}$$

就數理言(9-62)式中，不論a為何值均成立，而就物理觀點言，電感L_1及L_2必為正，即$L_1 - aM \geq 0$：$L_2 - \dfrac{M}{a} \geq 0$兩條件必均成立，故$a$之範圍可以確定為：

$$\frac{L_1}{M} \geq a \geq \frac{M}{L_2} \tag{9-64}$$

基於下述理由，選擇上式極限之幾何平均值作爲a之值，即

$$a = \sqrt{\left(\frac{L_1}{M}\right)\left(\frac{M}{L_2}\right)} = \sqrt{\frac{L_1}{L_2}} \quad 或 \quad L_1 = a^2 L_2 \tag{9-65}$$

此一選擇優點，爲其能符合使用於單位耦合線圈之a值，同時a亦恰爲線圈之匝數比，即$a = \frac{N_1}{N_2}$，且符合(9-65)式之關係，進而可得下列之關係式：

$$\begin{aligned} L_a &= L_1 - aM = L_2\left(\frac{L_1}{L_2}\right) - aM = a^2 L_2 - aM \\ &= a^2\left(L_2 - \frac{M}{a}\right) = a^2 L_b \end{aligned} \tag{9-66}$$

上式中，a^2L_b爲L_b轉移至主電路後之漏電感，且與主電路中之L_a相等，因此凡歸於同一側之漏感相等。此結論與實驗結果大致相等。

例 9-16

圖 9-35(a)所示，耦合線圈之常數爲$L_1 = 2\text{H}$，$L_2 = 50\text{H}$，$M = 3\text{H}$，試求其等值電路。

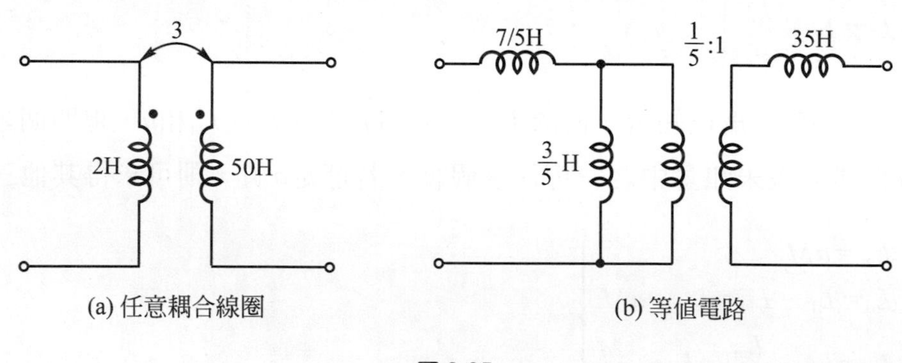

圖 9-35

解 耦合線圈之耦合係數及匝數比分別爲

$$k = \frac{M}{\sqrt{L_1 L_2}} = \frac{3}{\sqrt{2 \times 50}} = \frac{3}{10} = 0.3$$

$$a=\sqrt{\frac{L_1}{L_2}}=\sqrt{\frac{2}{50}}=\frac{1}{\sqrt{25}}=\frac{1}{5}$$

原、次級線圈之漏電感分別為

$$L_a=L_1-aM=2-\frac{3}{5}=\frac{7}{5}\text{H}$$

$$L_b=L_2-\frac{M}{a}=50-3\times 5=35\text{H}$$

其並聯電感(磁化電感)為

$$L_m=aM=\frac{3}{5}=0.6\text{H}$$

由上述各值，可得等值電路如圖(b)所示。

本例雖耦合係數很低，漏感很大但仍可利用理想變壓器等值電路表示。若線圈繞阻內之電阻不予忽略，可將主、副繞阻內之電阻R_1及R_2分別視為與L_a及L_b串聯，則可得圖 9-36 之等效電路。若將副電路之阻抗反射至主電路，或將主電路之阻抗反射至副電路。則其等效電路分別如圖 9-37(a)、(b)所示。

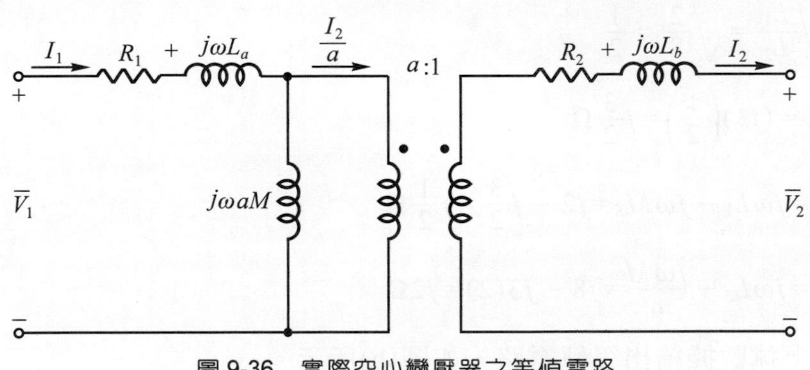

圖 9-36　實際空心變壓器之等值電路

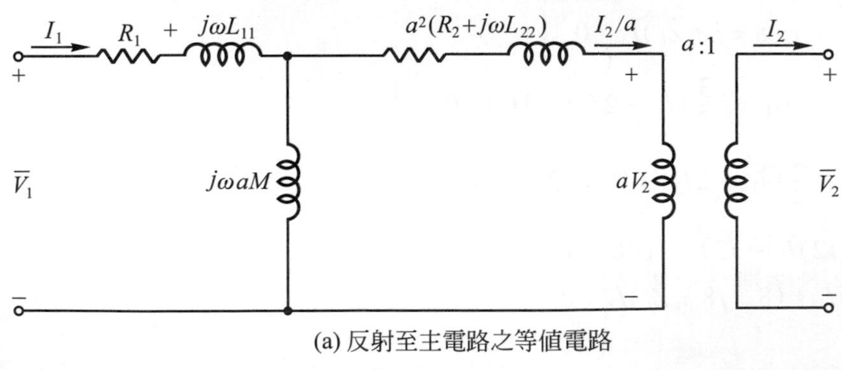

(a) 反射至主電路之等值電路

圖 9-37

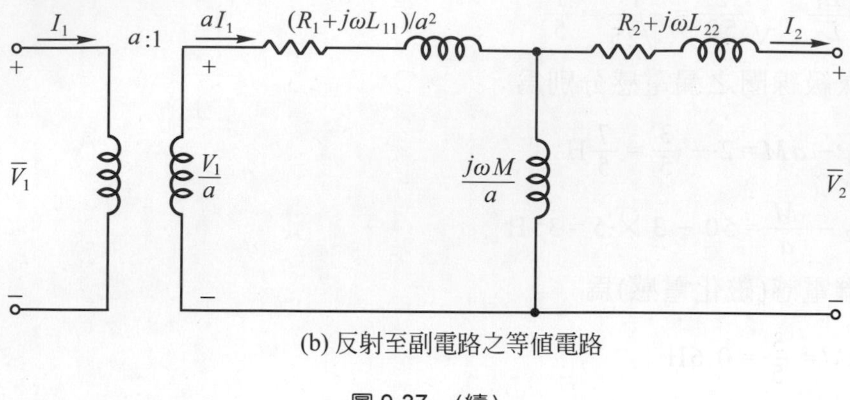

(b) 反射至副電路之等值電路

圖 9-37　(續)

例 9-17

試求圖 9-38(a)所示電路中，空芯鐵變壓器至等值電路；(b)寫出原電路之網目方程；(c)寫出等值電路之網目方程。

解

(a)$a=\sqrt{\dfrac{L_1}{L_2}}=\sqrt{\dfrac{2}{8}}=\dfrac{1}{2}$

$$j\omega M_a=(j3)\left(\frac{1}{2}\right)=j\frac{3}{2}\Omega$$

$$j\omega L_a=j\omega L_1-j\omega M_a=j2-j\frac{3}{2}=j\frac{1}{2}\Omega$$

$$j\omega L_b=j\omega L_2-\frac{j\omega M}{a}=j8-j3(2)=j2\Omega$$

故依上述數據繪出等值電路，如圖(b)所示。

(b)
$$\left.\begin{aligned}&(2+j2)\bar{I}_1-j3\bar{I}_2=100\angle 0^\circ\\&-j3\bar{I}_1+(8+j+\bar{Z}_L)\bar{I}_2=0\end{aligned}\right\}$$

(c)
$$\left.\begin{aligned}&\left(2+j\frac{1}{2}\right)\bar{I}_1+j\frac{3}{2}(\bar{I}_1-2\bar{I}_2)=100\angle 0^\circ\\&-(2)j\frac{3}{2}(\bar{I}_1-2\bar{I}_2)+(8+j2+Z_L)I_2=0\end{aligned}\right\}$$

$$\left.\begin{aligned}&(2+j2)\bar{I}_1-j3\bar{I}_2=100\angle 0^\circ\\&-j3\bar{I}_1+(8+j8+\bar{Z}_L)\bar{I}_2=0\end{aligned}\right\}$$

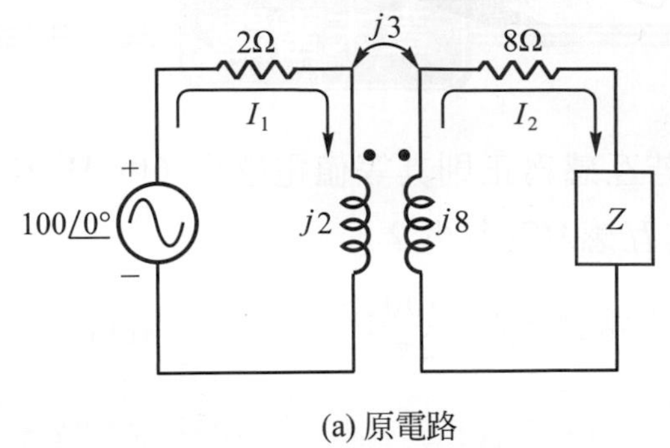

(a) 原電路

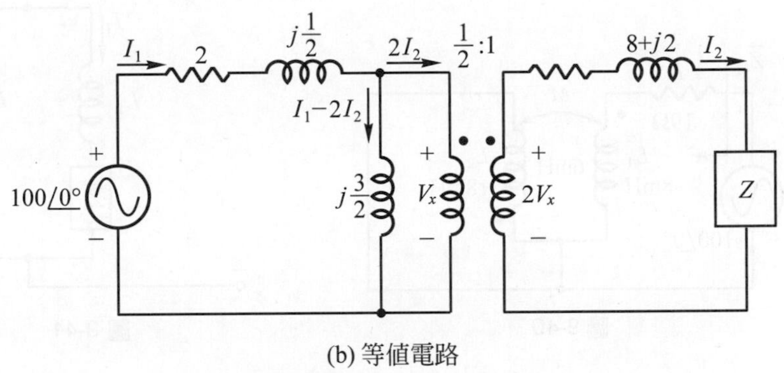

(b) 等值電路

圖 9-38　空心變壓器(單位伏特與歐姆)

由(b)、(c)所獲兩組方程自應相同。可見應用等值電路來分析空芯變壓器，非但不簡便反而較複雜。故本節理論之研討，旨不在此，而在鐵芯變壓器。因鐵芯變壓器，功率損失及漏感均甚少，而其磁化電感極大，且因鐵芯變壓器是一非線性電路，在通常情況下，得以圖 9-39 之線性電路作爲其近似的等效電路俾便於分析。此等效電路僅須增加一電阻R，表示鐵芯部份所消耗之功率，至於爲何與磁化電感並聯，當於電機機械課程中所解釋。

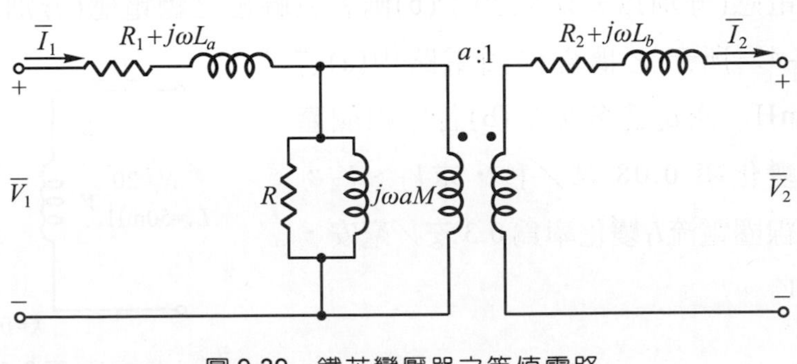

圖 9-39　鐵芯變壓器之等值電路

章末習題

1. 兩線圈相串聯若互感為正則其等值電感為 60mH 若互感為負其等值電感為 40mH，試求其互感M為多少？

2. 如圖 9-40 所示之電路，$f=\dfrac{500}{2\pi}$Hz，試求值阻抗。

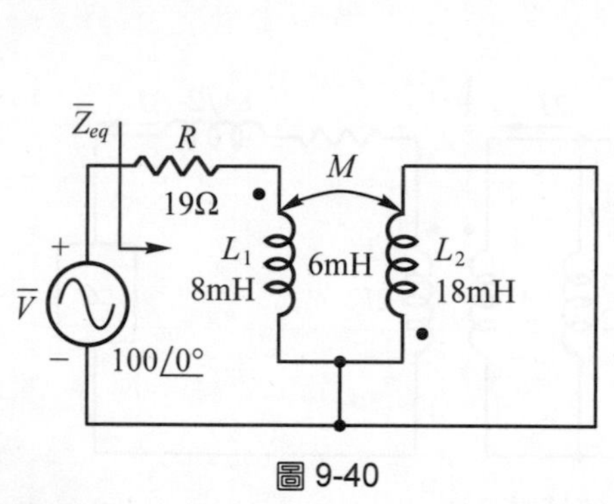

圖 9-40

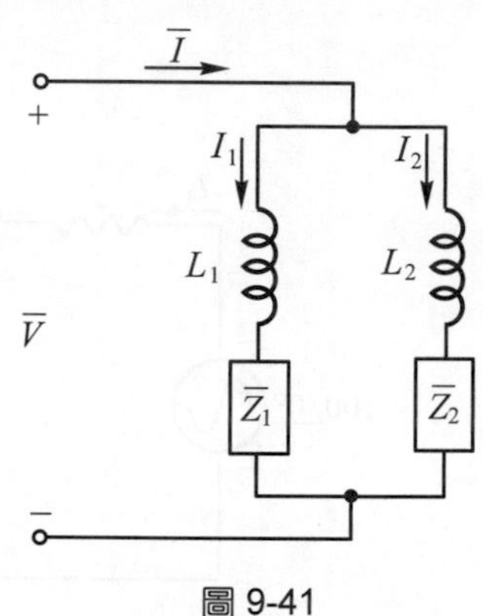

圖 9-41

3. 如圖 9-41 所示電路中$\overline{Z}_1=12-j43.6\Omega$；$\overline{Z}_2=12-j6.4\Omega$；$X_{L1}=18\Omega$；$X_{L2}=32\Omega$互感抗$X_M=9.6\Omega$；$\overline{V}=240\angle 0°$；$f=60$Hz；試求電流 $\overline{I}_1$。

4. 一耦合電路已知$L_1=100$mH；$L_2=200$mH，$N_1=100$匝，$N_2=200$匝其間耦合係數$k=0.8$，試求：(a)互感；(b)$\dfrac{d\phi_1}{dt}=500$毫韋／秒，則V_1為多少？(c)若$\dfrac{di}{dt}=1$安／秒，則$\overline{V}_1$及$\overline{V}_2$為多少？

5. 兩線圈其電感分別為$L_1=6$H，$L_2=4$H，其間互感$M=3$H試求：(a)兩者串聯後之總電感(分別以$\pm M$求之)；(b)兩者並聯後之總電感(分別以$\pm M$求之)。

6. 如圖 9-42 所示之耦合線圈電路中(a)若$M=80$mH，求L_2為多少？(b)若原線圈產生磁通變化率 0.08 韋／秒，求V_1、V_2；(c)若原線圈電流I_1變化率為 0.3 安／毫安，求V_1、V_2。

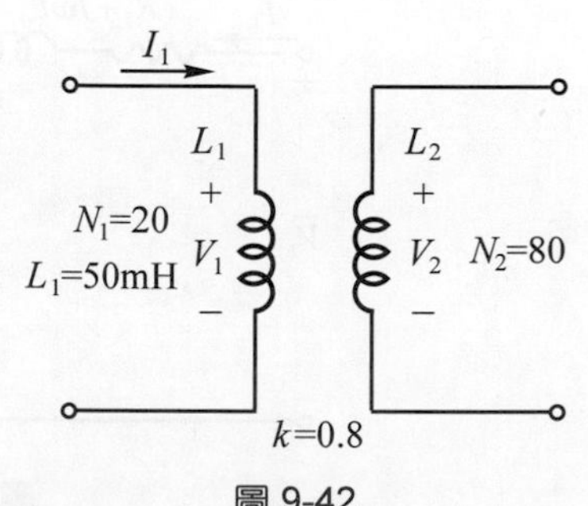

圖 9-42

7. 三個線圈串聯如圖 9-43 所示其電感及互感爲$L_1 = L_2 = L_3 = 10\text{H}$，$M_{12} = M_{23} = M_{13} = 2\text{H}$，試求其等值電感。

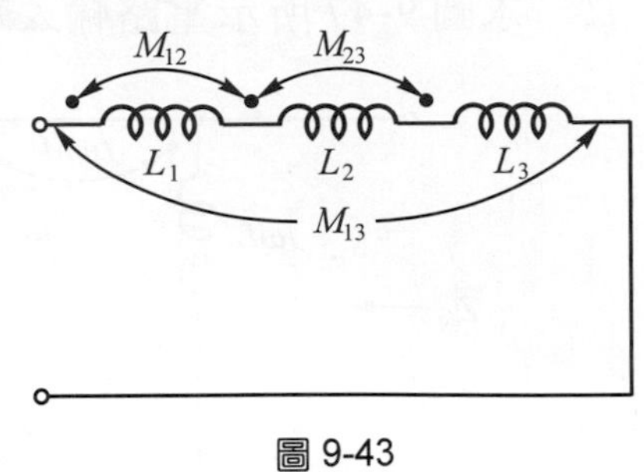

圖 9-43

8. 兩耦合線圈其電感分別爲$L_1 = 0.8\text{H}$；$L_2 = 0.2\text{H}$耦合係數$k = 0.9$試求：(a)互感M；(b)匝數比$\dfrac{N_1}{N_2}$。

9. (a)試求圖 9-44 所示耦合線圈以圓點標示其相對繞行方向之電路簡圖。
(b)分別以M_{12}；M_{23}及M_{13}表示其間之互感，寫出其網目方程式。

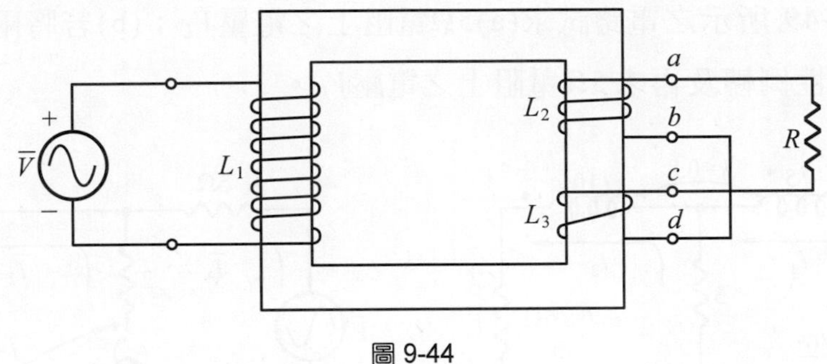

圖 9-44

10. 如圖 9-45 電路其耦合係數$k = 0.5$，試求輸出電壓$\overline{V}_2$。

11. 一耦合電路，如圖 9-46 所示，式繪出標有圓點(極性)的等效電路，並列出相關之方程式。

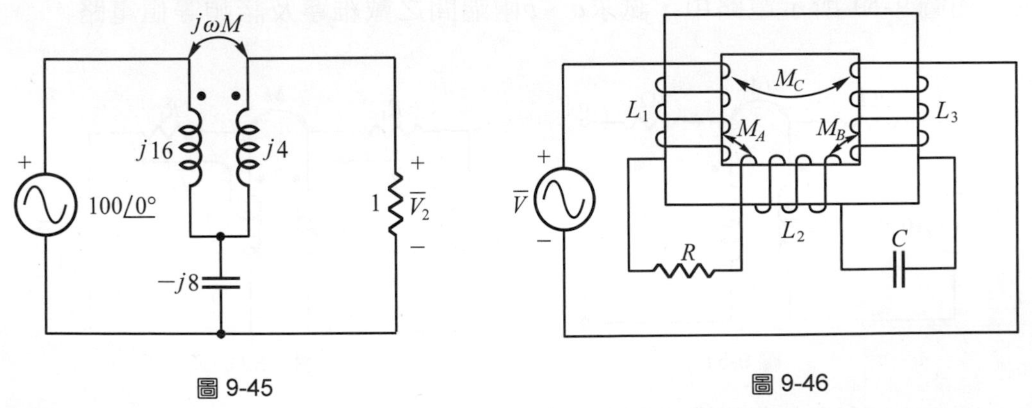

圖 9-45

圖 9-46

12. 求圖 9-47 所示電路輸入端之等值阻抗$\overline{Z}_{eq}$。

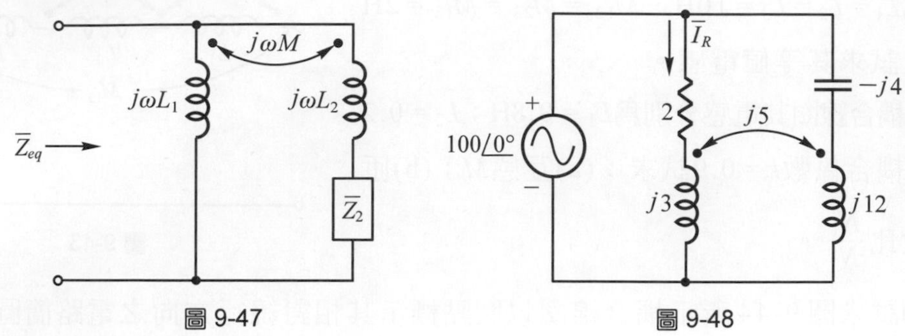

圖 9-47　　圖 9-48

13. 試求圖 9-48 所示電路中之電流$\overline{I}_R$。

14. 如圖 9-49 所示之電路試求(a)5Ω電阻上之電壓$\overline{V}_L$；(b)若將兩線圈中任一線圈的極性倒轉及再求 5Ω電阻上之電壓$\overline{V}_L$。

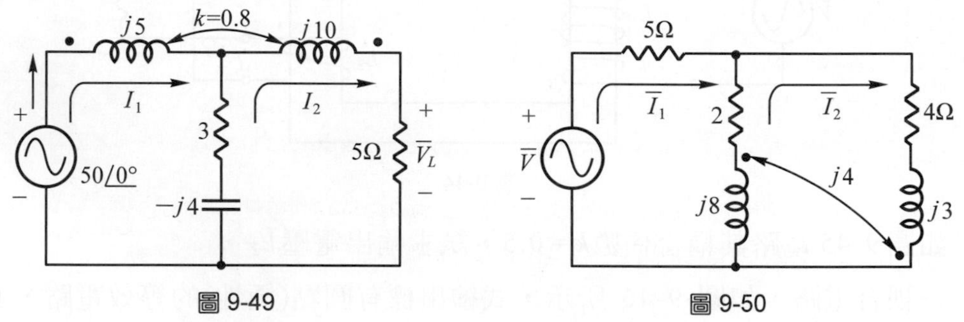

圖 9-49　　圖 9-50

15. 如圖 9-50 所示，試求其耦合等值電路。

16. 如圖 9-51 所示電路中，試求a、b兩端間之戴維寧及諾頓等值電路。

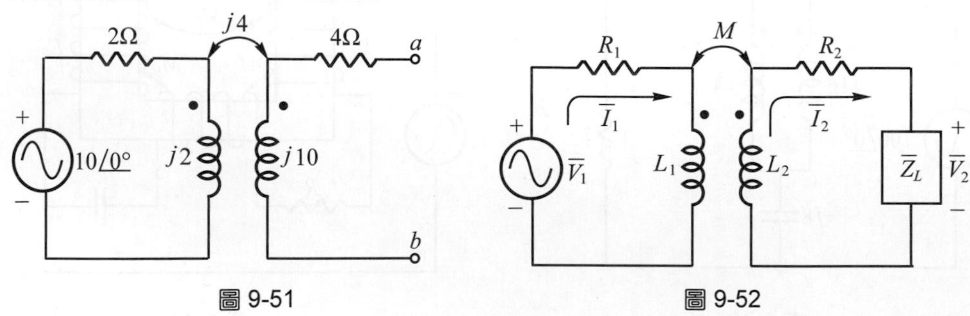

圖 9-51　　圖 9-52

17. 圖 9-52 所示之空芯鐵變壓器，試求：(a)$\overline{I}_1$，$\overline{I}_2$及$\overline{V}_2$；(b)輸入功率(電源所供給之功率)；(c)繪其相量圖，已知

$\overline{V}_1 = 50 \angle 0°$， $\omega = 377$弳／秒

$R_1 = 3.3\Omega$， $L_1 = 0.094\text{H}$

$R_2 = 0.775\Omega$， $L_2 = 0.0108\text{H}$

$M = 0.0256\text{H}$，$\overline{Z}_L = 14.5 + j21.2\Omega$

18. 如圖 9-53 所示電路，若$\overline{I}_1 = 0.1 \angle 0°\text{A}$，試求：$\overline{V}_1$及$\overline{V}_2$。

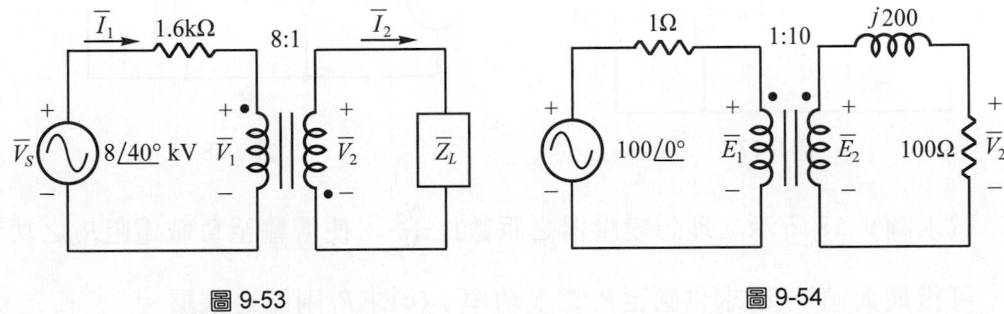

圖 9-53　　圖 9-54

19. 圖 9-54 電路之變壓器設爲一理想變壓器，求：電壓$\overline{V}_2$：(a)試用網目電流法；(b)試用等效次級電路法。

20. 圖 9-55 所示之電路已知揚聲器本身電阻 15Ω，欲使其能吸收最大功率產生最佳效果，選擇變壓器原線圈之電阻爲 540Ω。問所用鐵芯變壓器之匝數比爲何？若次級線圈之匝數爲 40，原線圈之匝數爲多少？

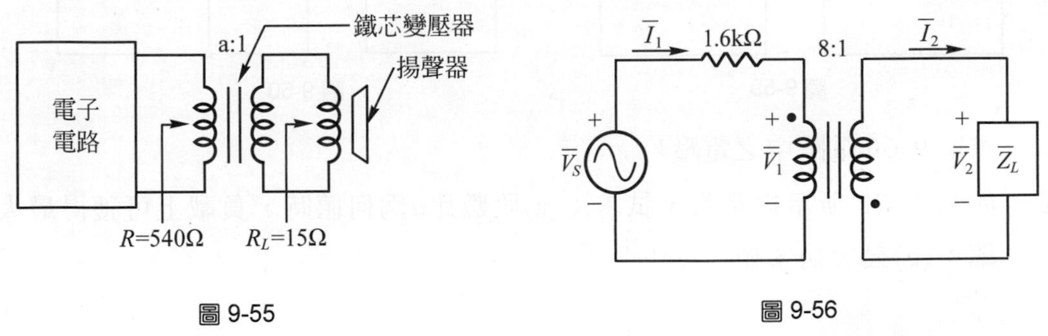

圖 9-55　　圖 9-56

21. 如圖 9-56 所示電路中，已知$\overline{I}_2 = 100 \angle 0°\text{mA}$，$\overline{Z}_L = 6 + j8\Omega$，試求(a)$\overline{V}_2$；(b)$\overline{V}_1$；(c)$\overline{V}_S$；(d)$\overline{Z}_L$上所消耗之功率；(e)1.6kΩ電阻上所消耗之功率。

22. 圖 9-57 所示之電路若$v = 104\sqrt{2}\sin 5000t$V，試求：8Ω電阻上消耗之功率。

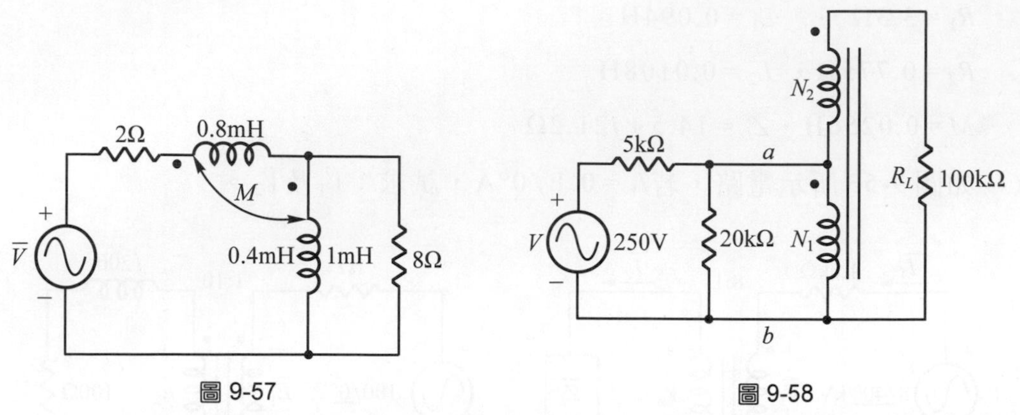

圖 9-57　　圖 9-58

23. 試求圖 9-58 所示之理想變壓器之匝數比$\frac{N_2}{N_1}$。使傳輸至負載電阻R_L之功率，可獲最大值；(b)求供應至R_L之上功率；(c)求R_L兩端之電壓。

24. 試求圖 9-59 電路中原線圈內之電流$\overline{I}_1$。

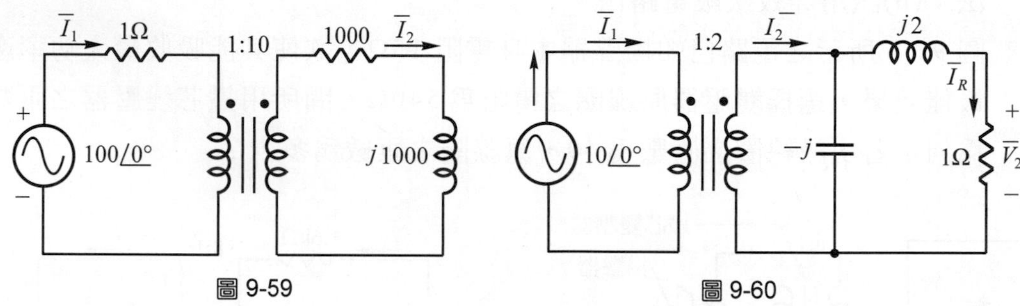

圖 9-59　　圖 9-60

25. 求圖 9-60 電路中之電壓$\overline{V}_2$。

26. 如圖 9-61 所示之電路，試求：(a)匝數比a爲何值時，負載上可獲得最大功率；(b)最大功率值爲多少？

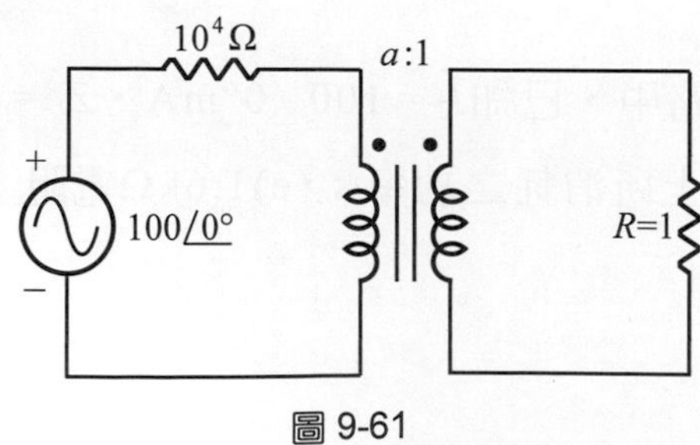

圖 9-61

27. 如圖 9-62 所示之電路求變壓器之匝數比a爲何値時，負載上可獲得最大功率？最大功率値爲多少？

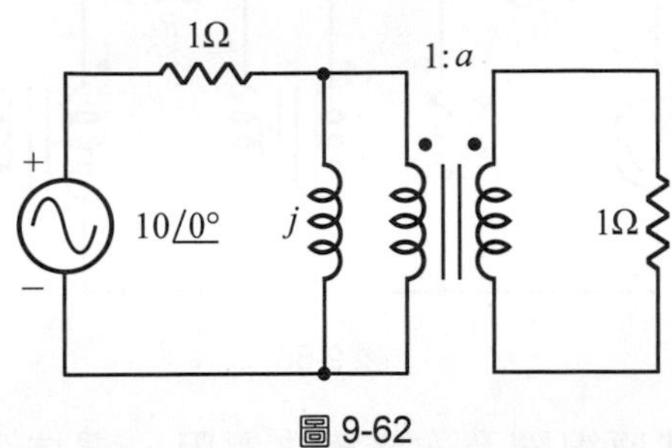

圖 9-62

28. 欲使圖 9-63 電路達成阻抗匹配，求變壓器之匝數比a應爲多少？

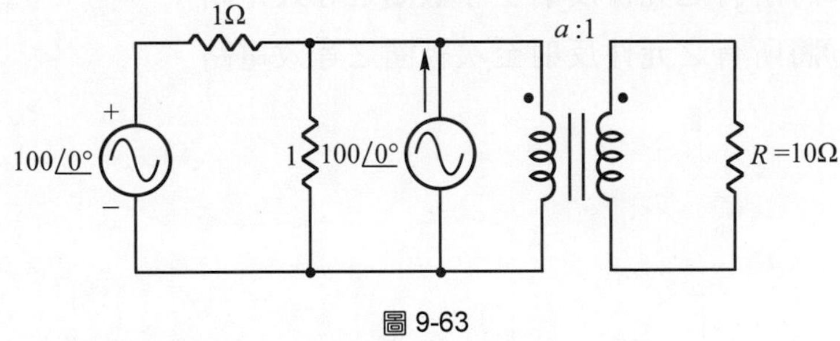

圖 9-63

29. 如圖 9-64 所示之線圈，爲單位耦合，試求電壓$\overline{V}_2$。

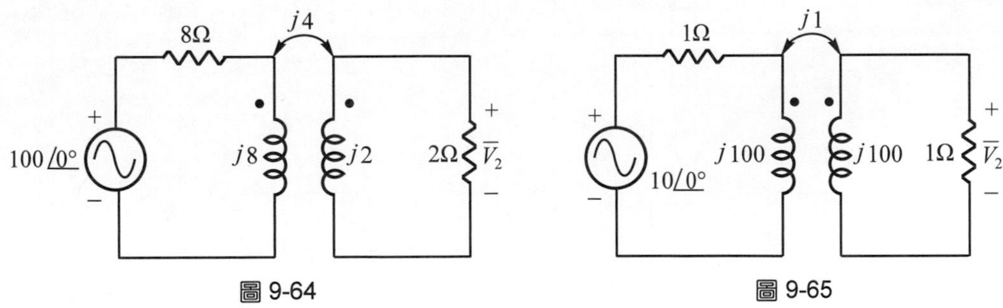

圖 9-64　　圖 9-65

30. 試求圖 9-65 所示電路中之$\overline{V}_2$，(a)用網目電流法；(b)用等效電路法。

31. 如圖 9-66 所示，求每一電阻上所吸收之功率爲多少？

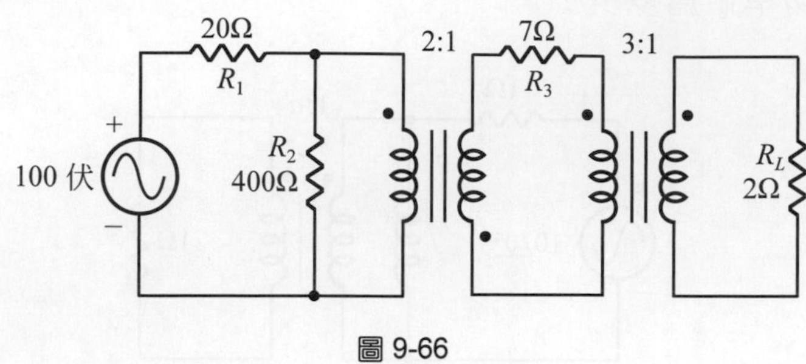

圖 9-66

32. 一空芯耦合電路其原線圈及次級圈之電阻、電抗分別爲$R_1 = 10\Omega$；$X_1 = 100\ \Omega$；$R_2 = 2\Omega$；$X_2 = 25\Omega$；$k = 0.5$。

試求：(a)將所有之元件反射至原線圈之等效電路；

(b)將所有之元件反射至次級圈之等效電路。

CHAPTER 10

對稱平衡三相電路及不平衡三相電路

前幾章所研討的交流電路，僅局限於**單相電路(single-phase circuit)**所謂單相電路具有兩端之交流電路或三端點(單相三線制配電)，其中任兩端之電位差不是同相就是相差 180°之交流電路如圖 10-1 所示；定義**多相電路(poly phase circuit)**爲具有多於兩端以上之電路，同時各端間電位差之頻率相等且相位差相等。目前世界各地之電力系統中，以三相系統爲最普通，故本章以討論三相交流電路爲主，讀者若對三相電路能融會貫通，則其他多相電路自亦能易於瞭解。至於三相交流電爲何受到工業界的重視，因其與單相交流電比較有下述之優點：

1. 效率高、成本低，就同容量製造材料而言，若用同樣材料製造的發電機，三相的容量爲 3VA，則單相爲 2VA，三相容量大 50%。
2. 就電力輸送而言，若以相同之線電壓，輸送相等之功率至相同距離之目的地，若限定銅損相等，則平衡三相制所需銅之重量約爲單相所需之 75%。因而所需支撐高壓輸電線之鐵塔數目亦可減少。
3. 就功率而言，單相供給脈波功率不穩定；但平衡三相系統，則供給之功率爲一定值。

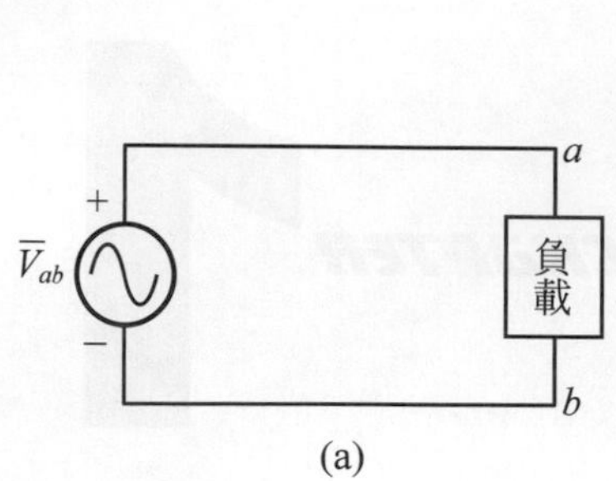

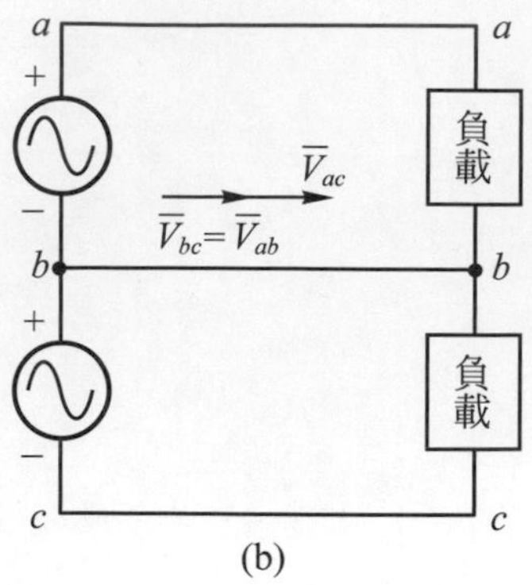

圖 10-1　單相電路

4. 就動力而言，相同的功率之三相馬達較單相馬達，使用較少之材料(銅、鐵及絕緣材料)故體積較小且價格低廉，此外三相馬達可自行起動，而單相馬達則另須起動設備，同時三相馬達運轉平穩。

5. 在需要較大直流電功率之處，三相整流後之**漣波(ripple)**較單相爲小。若利用變壓器之適當連接，可從三相電源獲得各種多相系統。

10-1 三相電源

若把三個單相電壓源接成Y形或△形如圖 10-2(a)、(b)所示，其間之關係滿足下述條件者，即成爲平衡三相電源。

1. 各相電源的內阻抗相等，即

$$\left.\begin{array}{l}\overline{Z}_{s1}=\overline{Z}_{s2}=\overline{Z}_{s3}=Z_{SY}\\ \overline{Z}_{sa}=\overline{Z}_{sb}=\overline{Z}_{sc}=Z_{s\triangle}\end{array}\right\} \quad (10\text{-}1)$$

2. 各相電源電壓絕對值相等，即

$$\left.\begin{array}{l}|V_1|=|V_2|=|V_3|=V_Y\ (Y\text{形})\\ |V_a|=|V_b|=|V_c|=V_\triangle(\triangle\text{形})\end{array}\right\} \quad (10\text{-}2)$$

3. 三相電源電壓在任何瞬間之和等於零(相量和等於零)

$$\left.\begin{array}{l}\overline{V}_1+\overline{V}_2+\overline{V}_3=0\ (Y\text{形})\\ \overline{V}_a+\overline{V}_b+\overline{V}_c=0(\triangle\text{形})\end{array}\right\} \quad (10\text{-}3)$$

絕對值相等之三個相量，若其和爲零，三者間之相角差必爲 120°，依相量相加，將形成一正三角形如圖(c)、(d)、(e)、(f)所示，Y形連接中，若以$\overline{V}_1$爲參考，則三相量間之相位關係有兩種可能。

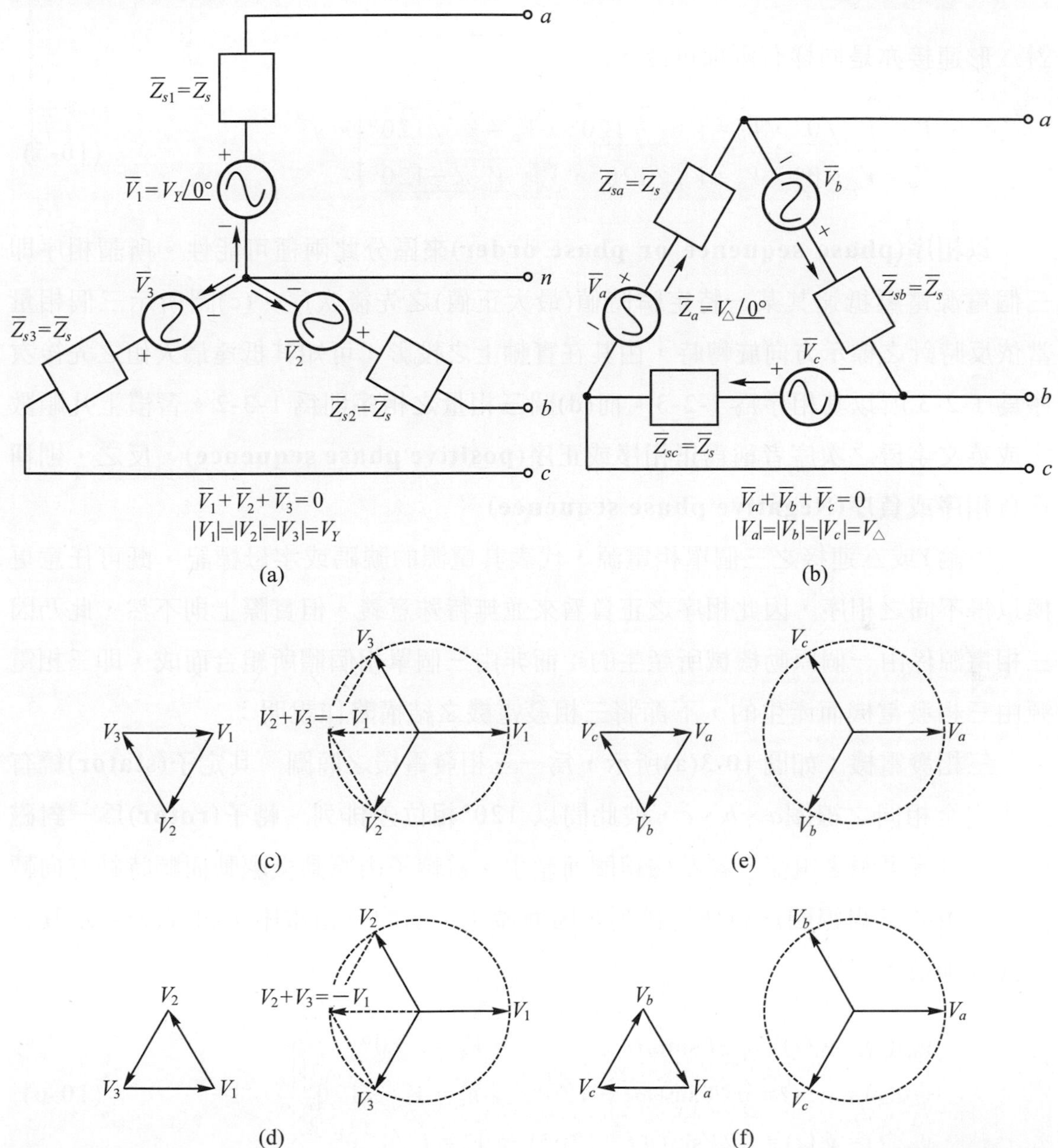

圖 10-2　平衡的三相電源。(a)平衡的三相Y接電源，(b)平衡的三相△接電源，(c)當(a)圖之相序為1-2-3之相位圖，(d)當(a)圖之相序為1-3-2之相位圖，(e)當(b)圖之相序為$a-b-c$之相位圖，(f)當(b)圖之相序為$a-c-b$之相位圖。

即

$$\left.\begin{array}{l}\overline{V}_1 = V_Y\angle 0°，\overline{V}_2 = V_Y\angle -120°，\overline{V}_3 = V_Y\angle 120° \\ \overline{V}_1 = V_Y\angle 0°，\overline{V}_2 = V_Y\angle 120°，\overline{V}_3 = V_Y\angle -120°\end{array}\right\} \quad (10\text{-}4)$$

對△形連接亦是同樣有兩種可能，即

$$\left.\begin{array}{l}\overline{V}_a = V_\triangle\angle 0°，\overline{V}_b = V_\triangle\angle -120°，\overline{V}_c = V_\triangle\angle 120° \\ \overline{V}_a = V_\triangle\angle 0°，\overline{V}_b = V_\triangle\angle 120°，\overline{V}_c = V_\triangle\angle -120°\end{array}\right\} \quad (10\text{-}5)$$

以**相序(phase sequence or phase order)**來區分此兩種可能性。所謂相序即三個電源電壓抵達其某一特定瞬時值(最大正值)之先後次序，(c)圖所示三個相量當依反時針之標示方向旋轉時，由其在實軸上之投影，可知其抵達最大值之先後次序爲 1-2-3 所以其相序爲 1-2-3。而(d)圖三相量之相序則爲 1-3-2。習慣上凡順數字或英文字母之次序者稱爲**正相序**或**正序(positive phase sequence)**，反之，則稱爲**負相序**或**負序(Negative phase sequence)**。

不論Y或△連接之三個單相電源，代表其電源的號碼或字母標記，既可任意更換以得不同之相序，因此相序之正負看來並無特殊意義。但實際上則不然，此乃因三相電源係由一個原動機械所產生的；而非由三個單相個體所組合而成，即三相電源由三相發電機而產生的，下節將三相發電機之結構略作說明：

三相發電機：如圖 10-3(a)所示，爲一三相發電機之簡圖。其**定子(stator)**繞有三組完全相同之線圈a、b、c，彼此間以 120°相位差排列。**轉子(rotor)**爲一對磁極，由直流電源之電流流經激磁線圈而產生。當轉子由原動機驅動而順時針方向轉動時，由於三組線圈爲對稱的排列，因而產生平衡的三相電壓，如圖(c)所示其方程式分別爲：

$$\left.\begin{array}{ll}v_{aa'}(t) = v_a(t) = \sqrt{2}V\sin\omega t & \Rightarrow \overline{V}_a = V\angle 0° \\ v_{bb'}(t) = v_b(t) = \sqrt{2}V\sin(\omega t - 120°) & \Rightarrow \overline{V}_b = V\angle -120° \\ v_{cc'}(t) = v_c(t) = \sqrt{2}V\sin(\omega t + 120°) & \Rightarrow \overline{V}_c = V\angle 120°\end{array}\right\} \quad (10\text{-}6)$$

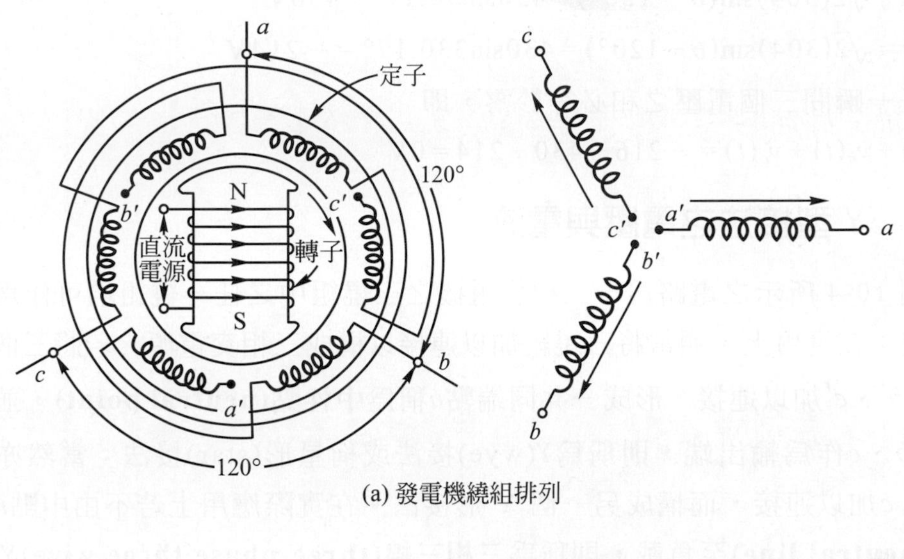

(a) 發電機繞組排列

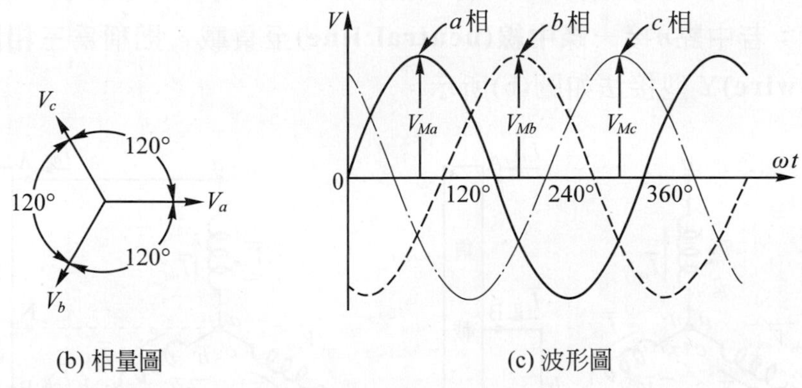

(b) 相量圖 (c) 波形圖

圖 10-3

由定義知，上式之相序為a、b、c次序，故為正序。若把線圈的編號或轉子的轉動方向變動即可獲得負序電壓(a、c、b之次序)。實際上，發電機的轉動方向是固定不變的，故一旦線圈間兩端接好(Y形或△形)端點標示確定後，該機產生電壓之相序即告確定。若欲獲相反之相序，只要在負擔端任意互換兩條接線即可達成。

例 10-1

三相平衡電壓為 304V，60Hz時間為 0 時，令其第一相電壓v_a為參考且為正序。求在時間為 9.73 毫秒時每相電壓之瞬時值，並證明其和為零。

解 $\theta = \omega t = 2\pi ft = 2\pi(60)(9.73 \times 10^{-3}) = 210.17°$

$v_a(t) = \sqrt{2}(304)\sin\theta = 430\sin 210.17° = -216\text{V}$

$v_b(t) = \sqrt{2}(304)\sin(\theta - 120°) = 430\sin 90.17° = 430\text{V}$

$v_c(t) = \sqrt{2}(304)\sin(\theta + 120°) = 430\sin 330.17° = -214\text{V}$

在任一瞬間三個電壓之和必等於零，即

$v_a(t) + v_b(t) + v_c(t) = -216 + 430 + 214 = 0\text{V}$

10-1-1 Y 型接法之電壓與電流

如圖 10-4 所示之電路為一三相發電機之三繞組中之任一繞組均可作為一單相交流電流；在實用上，通常將三繞組加以連接以構成三相交電源。若將三個繞組的終端a'、b'、c'加以連接，形成一共同端點n稱為**中性點(neutral point)**，並以三個始端a、b、c作為輸出端，則稱為Y(wye)接法或稱星形(star)接法；當然亦可將始端a、b、c加以連接，而構成另一個 Y 形接法。在實際應用上若不由中點n另接一根**中線(neutral line)**至負載，則稱為三**相**三**線(three-phase three wire)**Y 型接法如圖(a)所示；若中點n接一條**中線(neutral line)**至負載，則稱為三**相四線(three-phase four-wire)**Y 型接法如圖(b)所示。

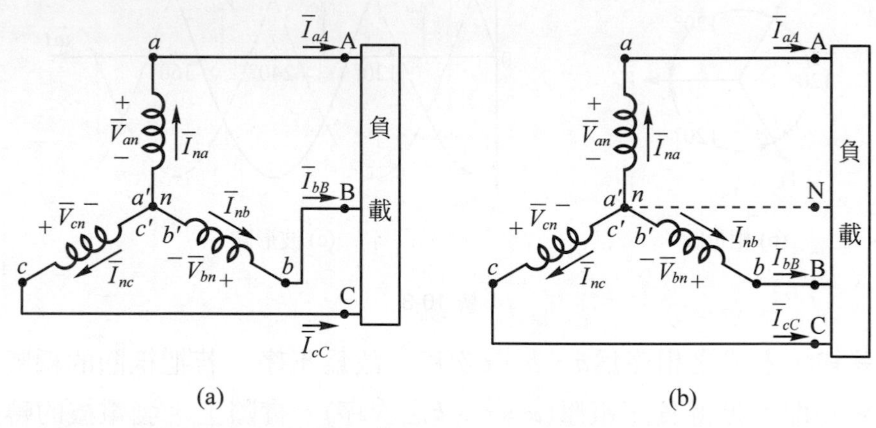

圖 10-4 Y 型接法，(a)三相三線制，(b)三相四線制

三相三線 Y 型接法中，三繞組中之電壓分別為$\bar{V}_{an}$，$\bar{V}_{bn}$，$\bar{V}_{cn}$即各繞組兩端之電壓稱為**相電壓(phase voltage)**；流經三繞組之電流分別為$\bar{I}_{na}$，$\bar{I}_{nb}$，$\bar{I}_{nc}$稱為**相電流(phase current)**。三相電源輸出端a、b、c至負載間之導線稱為線路(Line)，在任兩線路間之電壓或在a，b，c間任兩端之電壓$\bar{V}_{ab}$，$\bar{V}_{bc}$，$\bar{V}_{ca}$稱為**線電壓(line voltage)**，流經線路中之電流$\bar{I}_{aA}$，$\bar{A}_{bB}$，$\bar{I}_{cC}$稱為**線電流(line current)**。

平衡(balanced)三相Y接法之條件為：⑴三線繞組內之阻抗相等，⑵三相電壓之絕對值相等，即$|V_{an}| = |V_{bn}| = |V_{cn}|$，⑶三相電壓之和等於零，即$\bar{V}_{an} + \bar{V}_{bn} + \bar{V}_{cn} = 0$。

由相量及KVL極易獲得相電壓及線電壓間之關係，設三個相電壓分別爲$\overline{V}_{an}$，$\overline{V}_{bn}$，$\overline{V}_{cn}$並設以$\overline{V}_{an}$爲參考(置於水平軸方向)，如圖 10-5 所示，其中每一個電壓之大小相等，即$V_{an}=V_{bn}=V_{cn}$彼此相位相差 120°。爲求得由a至b線電壓$\overline{V}_{ab}$之大小及其相角，若爲正相序，利用KVL由圖示得知

$$\overline{V}_{ab}=\overline{V}_{an}+\overline{V}_{nb} \tag{10-7}$$

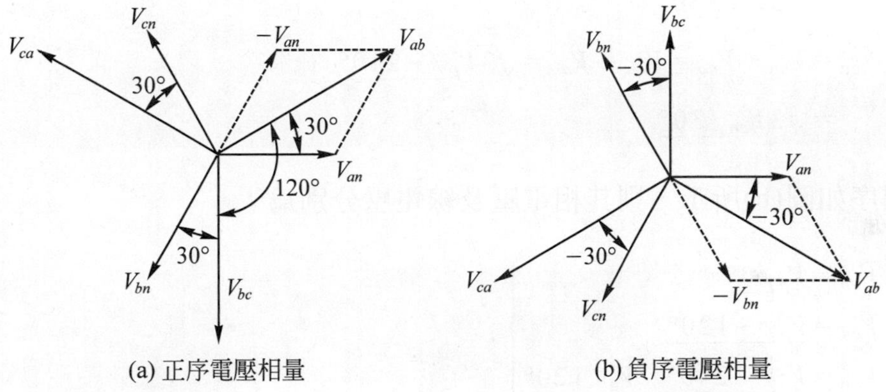

圖 10-5　Y 接三相發電機相電壓與線電壓之相量圖

由上式知，自a至b間之線電壓$\overline{V}_{ab}$等於由a至n之電壓$\overline{V}_{an}$加上n至b之相電壓$\overline{V}_{nb}(-\overline{V}_{bn})$，因此(10-7)式可重寫：

$$\overline{V}_{ab}=\overline{V}_{an}-\overline{V}_{bn} \tag{10-8}$$

在平衡系統中，每一相電壓之大小皆相等，因此有

$$V_{an}=V_{bn}=V_{cn}=V_p \tag{10-9}$$

其中V_p表示爲相電壓：其相量關係爲：

$$\left.\begin{aligned}\overline{V}_{an}&=V_p\angle 0^\circ\\ \overline{V}_{bn}&=V_p\angle -120^\circ\\ \overline{V}_{cn}&=V_p\angle -240^\circ=V_p\angle 120^\circ\end{aligned}\right\} \tag{10-10}$$

將式(10-9)及(10-10)代入(10-8)得：

$$\overline{V}_{ab} = \overline{V}_p\angle 0^\circ - V_p\angle -120^\circ = V_p - V_p(\cos 120^\circ - j\sin 120^\circ)$$

$$= V_p(1 + \frac{1}{2} + j\frac{\sqrt{3}}{2}) = \sqrt{3}V_p\angle 30^\circ = \sqrt{3}V_{an}\angle 30^\circ \tag{10-11}$$

由上式知線電壓$\overline{V}_{ab}$較相電壓$\overline{V}_{an}$越前相角 30°，且$\overline{V}_{ab}$之大小為$\overline{V}_{an}$值之$\sqrt{3}$倍，同理

$$\overline{V}_{bc} = \overline{V}_{bn} + \overline{V}_{nc} = \overline{V}_{bn} - \overline{V}_{cn} = \sqrt{3}V_p\angle -90^\circ$$

$$= \sqrt{3}V_{bn}\angle 30^\circ \tag{10-12}$$

$$\overline{V}_{ca} = V_{cn} + V_{na} = V_{cn} - V_{an} = \sqrt{3}V_p\angle -210^\circ$$

$$= \sqrt{3}V_{cn}\angle 30^\circ \tag{10-13}$$

若為負相序如圖(b)所示，則其相電壓及線電壓分別為：

$$\left.\begin{aligned} \overline{V}_{an} &= V_p\angle 0^\circ \\ \overline{V}_{cn} &= V_p\angle -120^\circ \\ \overline{V}_{bn} &= V_p\angle -240^\circ = V_p\angle 120^\circ \end{aligned}\right\} \tag{10-14}$$

$$\left.\begin{aligned} \overline{V}_{ab} &= \overline{V}_{an} - \overline{V}_{bn} = \sqrt{3}V_{an}\angle -30^\circ \\ \overline{V}_{bc} &= \overline{V}_{bn} - \overline{V}_{cn} = \sqrt{3}V_{bn}\angle -30^\circ \\ \overline{V}_{ca} &= \overline{V}_{cn} - \overline{V}_{an} = \sqrt{3}V_{cn}\angle -30^\circ \end{aligned}\right\} \tag{10-15}$$

不論正序或負序三相平衡電源三個線電壓之和為零即$\overline{V}_{ab} + \overline{V}_{bc} + \overline{V}_{ca} = 0$。

如圖 10-4 所示，因Y型連接電源繞組與線路導體相串聯，故由a、b、c三端點流出之線電流$\overline{I}_{aA}$、$\overline{I}_{bB}$、$\overline{I}_{cC}$分別等於其相電流$\overline{I}_{na}$、$\overline{I}_{nb}$、$\overline{I}_{nc}$，於是可知在平衡三相Y型連接中線電流等於相電流，即

$$\overline{I}_L = \overline{I}_P \tag{10-16}$$

在 Y 型連接，因三繞組之終端接在一起，故在三相三線系統中，依 KCL 知，三相電流之代數和，必等於零，即：

$$\overline{I}_{na} + \overline{I}_{nb} + \overline{I}_{nc} = 0 \tag{10-17}$$

在具有中線之平衡三相四線系統中，三相電流大小相等，且彼此相差 120°，故其相量和亦等於零，即中線上無電流流過。

例 10-2

一Y型連接三相發電機，其相電壓為120V，相電流為10A且滯後其對應之相電壓40°正相序，試以相電壓$\overline{V}_{an}$為參數，繪出相電壓、線電壓及相(線)電流之相量圖。

解 $\overline{V}_{an}=120\angle 0°\text{V}$，$\overline{V}_{bn}=120\angle -120°\text{V}$，$\overline{V}_{cn}=120\angle 120°\text{V}$

$\overline{V}_{ab}=\sqrt{3}V_{an}\angle 30°=207.85\angle 30°\text{V}$

$\overline{V}_{bc}=\sqrt{3}V_{bn}\angle 30°=207.85\angle -90°\text{V}$

$\overline{V}_{ca}=\sqrt{3}V_{cn}\angle 30°=207.85\angle 150°\text{V}$

$I_{aA}=I_{na}=10\angle -40°\text{A}$

$I_{bB}=I_{nb}=10\angle -160°\text{A}$

$I_{cC}=I_{nc}=10\angle 80°\text{A}$

其間關係相量圖如圖 10-6 所示

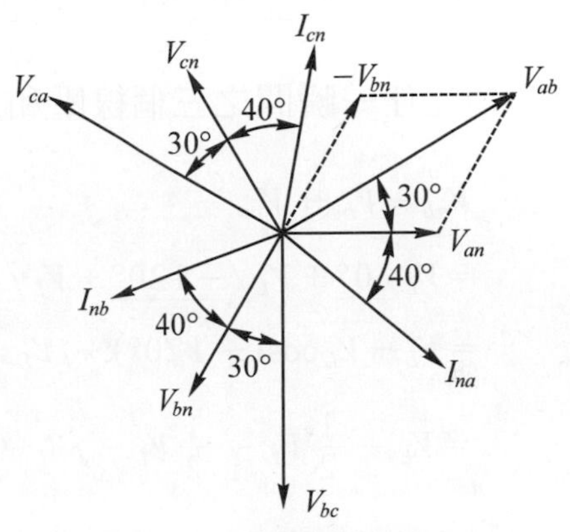

圖 10-6 Y 連接電壓電流相量圖

10-1-2 △型接法之電壓與電流

如圖 10-7(a)所示將三相發電機中之三繞組重新排列，依端點a'與b，b'與c，c'與a之方式連接，再經三線路aA、bB、cC連接至負載，則構成圖(b)所示之△(delta)接法。由圖示知在△型接法中，其相電壓即為線電壓，因此相電壓與線電壓之大小相等，故在△型接法中有：

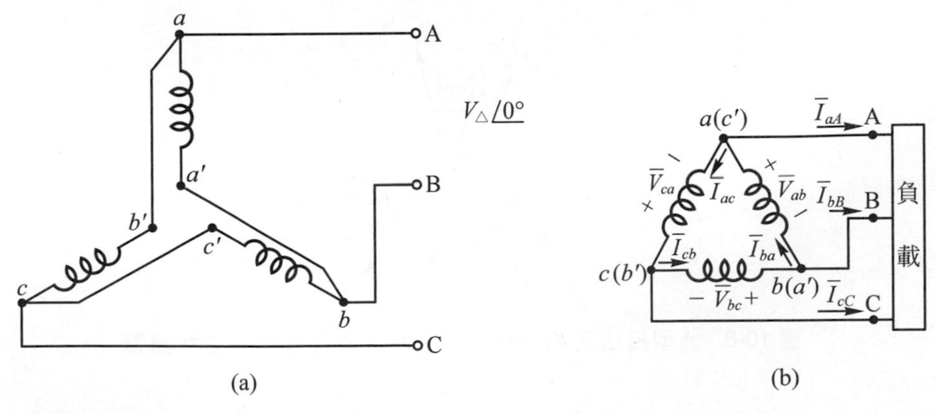

圖 10-7 △型三相接法

$$\overline{V}_L = \overline{V}_P \tag{10-18}$$

在正相序之△型接法中，若以線電壓$\overline{V}_{ab}$為參考(置於x軸上)，則其線壓分別為：

$$\left.\begin{aligned} \overline{V}_{ab} &= V_L \angle 0° \\ \overline{V}_{bc} &= V_L \angle -120° \\ \overline{V}_{ca} &= V_L \angle -240° = V_L \angle 120° \end{aligned}\right\} \tag{10-19}$$

依 KVL 知在任一瞬間之三個線壓和為零，即：

$$\begin{aligned} &\overline{V}_{ab} + \overline{V}_{bc} + \overline{V}_{ca} \\ &= V_L \angle 0° + V_L \angle -120° + V_L \angle 120° \\ &= V_L + V_L \cos(-120°) + jV_L \sin(-120°) + V_L \cos 120° + jV_L \sin 120° \\ &= V_L - \frac{1}{2}V_L - \frac{1}{2}V_L - jV_L\frac{\sqrt{3}}{2} + jV_L\frac{\sqrt{3}}{2} = 0 \end{aligned} \tag{10-20}$$

設為平衡三相系統，即三相阻抗相等，$|\overline{V}_{ab}| = |\overline{V}_{bc}| = |\overline{V}_{ca}|$及$\overline{V}_{ab} + \overline{V}_{bc} + \overline{V}_{ca} = 0$，其相電流如圖示$\overline{I}_{ba}$，$\overline{I}_{ac}$，$\overline{I}_{cb}$之大小相等彼此相差 120°即$|\overline{I}_{ac}| = |\overline{I}_{cb}| = |\overline{I}_{ba}| = I_p$，且均較其對應之相電壓滯後$\theta$度，如圖 10-8 所示正相序則三個相電流分別為：

$$\left.\begin{aligned} \overline{I}_{ba} &= I_p \angle -\theta \\ \overline{I}_{cb} &= I_p \angle -\theta - 120° = I_{ba} \angle -120° \\ \overline{I}_{ac} &= I_p \angle -\theta - 240° = I_p \angle -\theta + 120° = I_{ba} \angle 120° \end{aligned}\right\} \tag{10-21}$$

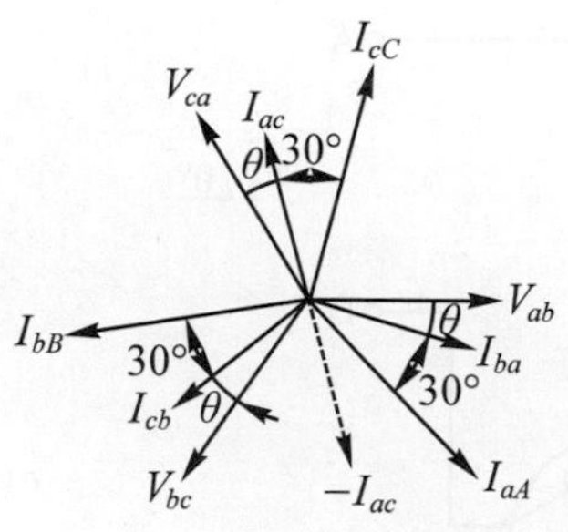

圖 10-8　△型接法正相序線電壓，相電流及線電流之相量圖

由圖 10-7 知△型接法相電流與線電流並不相同，在a節點應用 KCL 得

$$\begin{aligned}\bar{I}_{aA} &= \bar{I}_{ba} - \bar{I}_{ac} = I_p\underline{/-\theta} - I_p\underline{/-\theta+120^\circ} \\ &= [I_p\cos(-\theta) + jI_p\sin(-\theta)] - [I_p\cos(-\theta+120^\circ) + jI_p\sin(-\theta+120^\circ)] \\ &= \sqrt{3}I_p\underline{/-\theta-30^\circ} \qquad (10\text{-}22)\end{aligned}$$

同理可得：

$$\bar{I}_{bB} = \bar{I}_{cb} - \bar{I}_{ba} = \sqrt{3}I_p\underline{/-\theta-150^\circ} \qquad (10\text{-}23)$$

$$\bar{I}_{cC} = \bar{I}_{ac} - \bar{I}_{cb} = \sqrt{3}I_p\underline{/-\theta-270^\circ} \qquad (10\text{-}24)$$

由上述知一組三相平衡相電流產生一組對應之平衡電流彼此相差 120°，且較其對應之相電流滯後 30°，其值爲相電流之$\sqrt{3}$倍，即

$$\bar{I}_L = \sqrt{3}I_p\underline{/-30^\circ} \qquad (10\text{-}25)$$

若爲負相序時線電流，較其對應之相電流越前 30°，其值爲相電流之$\sqrt{3}$倍，(讀者可自行證之)。

10-2 對稱平衡三相系統

上節所述三相電源可連接成 Y 型或△型皆可產生三相平衡電源。若將三個相同的阻抗接成Y型或△型亦形成一平衡三相負載，如圖 10-9(a)、(b)所示，該負載可代表一個整體，如三相馬達(三個繞組相同)亦可由個別單相負載的組合。等值Y接與△接之阻抗變換關係爲

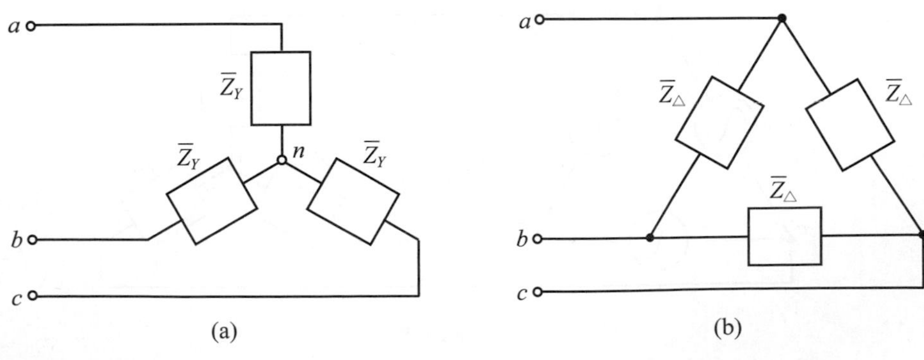

圖 10-9　平衡三相負載

$$\overline{Z}_{\triangle} = 3\overline{Z}_{Y} \quad ,\left(\overline{Z}_{Y} = \frac{1}{3}\overline{Z}_{\triangle}\right) \tag{10-26}$$

由此可知任何三相負載均可以 Y 型或△型表示之。$\overline{Z}_Y$與$\overline{Z}_{\triangle}$稱為相阻抗，其接線端分別為a、b及c，對 Y 接法中之 n 點稱中性點。若平衡三相負載接至三相平衡電源上，即形成一對稱平衡三相系統，對於三相平衡系統計有Y-Y，Y-△，△-Y，及△-△四種連接方式，如圖 10-10 所示，對 Y-Y 接法若為平衡系統則其中性線nn'上並無電流流過。若為不平衡系統時，則nn'間需接一導線以使電流流過，因而有 Y-Y 連接三相三線制及三相四線制之別。

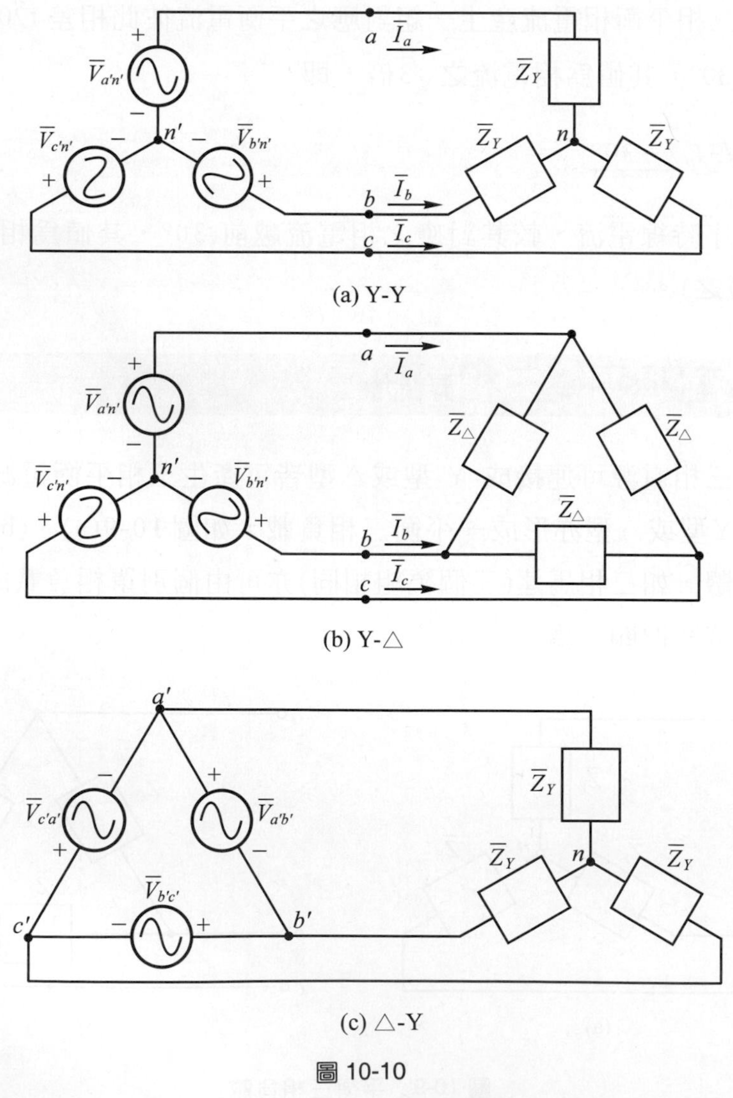

(a) Y-Y

(b) Y-△

(c) △-Y

圖 10-10

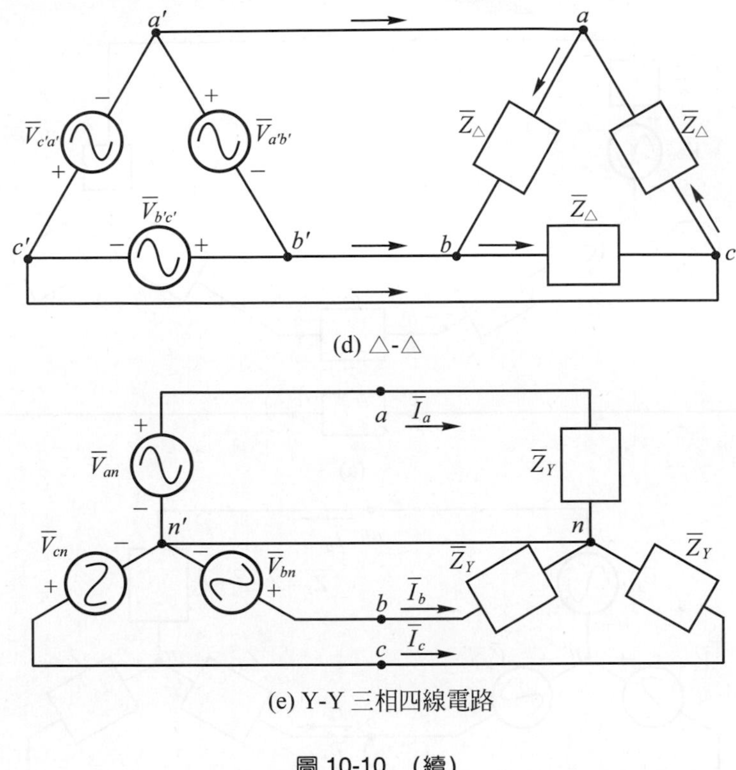

(d) △-△

(e) Y-Y 三相四線電路

圖 10-10 (續)

對於平衡之三相負載，由於$\overline{Z}_{\triangle} = 3\overline{Z}_Y$，故其Y接與△接之負載阻抗可互相變換(△接連之負載在電力系統單線圖中，無法表示要化為等值Y型)，下兩節將分別討論Y型接法及△型接法三相電路。

10-3 Y型接法三相電路

圖10-11(a)所示電路，一以平衡三相Y連接電源由三條相同之導體接於Y連接平衡負載，因三導體上阻抗相等，因此構成一平衡三相電路可將每相串聯的三個阻抗$\overline{Z}_s$，$\overline{Z}_l$及$\overline{Z}$簡化如圖(b)所示之等值Y型負載。設圖(b)中之$\overline{V}_{a'n'}$、$\overline{V}_{b'n'}$、$\overline{V}_{c'n'}$Y型連接發電機之相電壓，$\overline{Z}_Y$相阻抗為已知，欲求其電流$\overline{I}_a$，$\overline{I}_b$及$\overline{I}_c$，則應用KCL於節點n，可得：

$$\overline{I}_a + \overline{I}_b + \overline{I}_c = 0 \tag{10-27}$$

$$\overline{I}_a = \frac{\overline{V}_{an}}{\overline{Z}_Y}\text{，}\overline{I}_b = \frac{\overline{V}_{bn}}{\overline{Z}_Y}\text{，}\overline{I}_c = \frac{\overline{V}_{cn}}{\overline{Z}_Y} \tag{10-28}$$

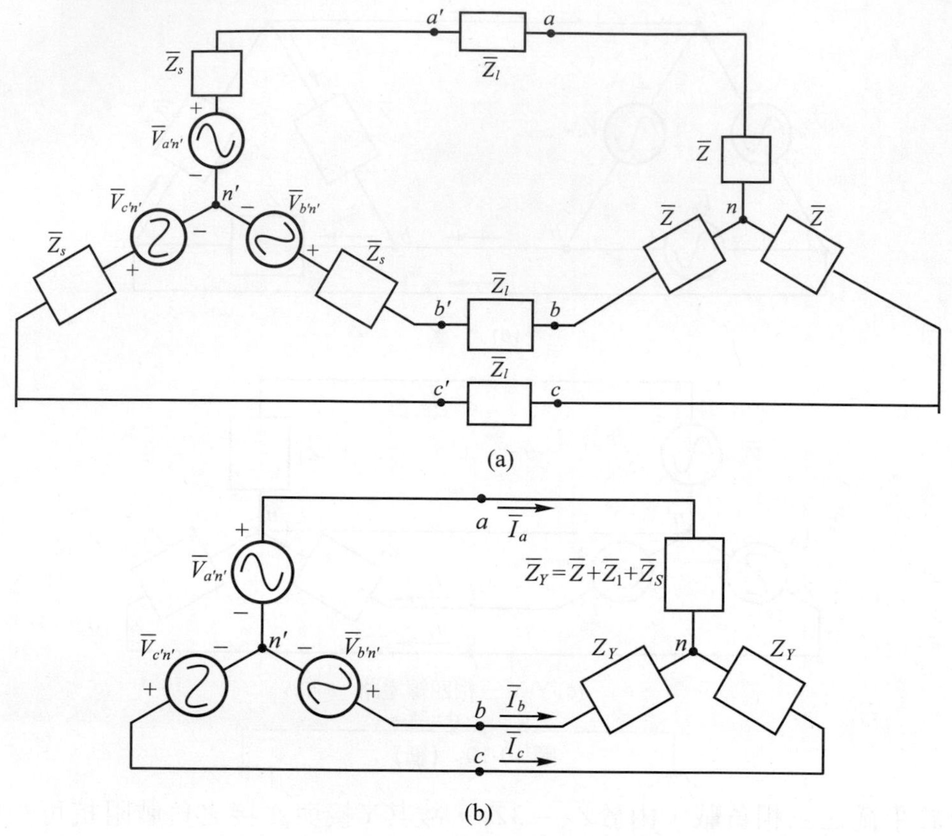

圖 10-11　三相 Y 接平衡三線電路

式中

$$\left.\begin{aligned}\overline{V}_{an} &= \overline{V}_{a'n'} + \overline{V}_{n'n} \\ \overline{V}_{bn} &= \overline{V}_{b'n'} + \overline{V}_{n'n} \\ \overline{V}_{cn} &= \overline{V}_{c'n'} + \overline{V}_{n'n}\end{aligned}\right\} \tag{10-29}$$

將式(10-28)、(10-29)代入式(10-27)得：

$$\frac{\overline{V}_{a'n'}}{\overline{Z}_Y} + \frac{\overline{V}_{b'n'}}{\overline{Z}_Y} + \frac{\overline{V}_{c'n'}}{\overline{Z}_Y} = -\frac{3\overline{V}_{n'n}}{\overline{Z}_Y} = \frac{3\overline{V}_{nn'}}{\overline{Z}_Y}$$

或

$$\overline{V}_{a'n'} + \overline{V}_{b'n'} + \overline{V}_{c'n'} = 3\overline{V}_{nn'} \tag{10-30}$$

但在平衡三相電源中，已知其相電壓的相量和等於零，故

$$\overline{V}_{nn'} = 0 \tag{10-31}$$

由此可知，在一平衡三相電路中，其電源中點與負載中點間之電壓恆等於零，故式(10-29)將變為

$$\left.\begin{aligned}\overline{V}_{an} &= \overline{V}_{a'n'} \\ \overline{V}_{bn} &= \overline{V}_{b'n'} \\ \overline{V}_{cn} &= \overline{V}_{c'n'}\end{aligned}\right\} \tag{10-32}$$

因 Y 連接系統中線電流亦就是其相電流，若負載端之相電壓及相阻抗已知，由歐姆定理可直接求得各線之線電流

$$\left.\begin{aligned}\overline{I}_a &= \frac{\overline{V}_{an}}{\overline{Z}_Y} = \frac{\overline{V}_{a'n'}}{\overline{Z}_Y} \\ \overline{I}_b &= \frac{\overline{V}_{bn}}{\overline{Z}_Y} = \frac{\overline{V}_{b'n'}}{\overline{Z}_Y} \\ \overline{I}_c &= \frac{\overline{V}_{cn}}{\overline{Z}_Y} = \frac{\overline{V}_{c'n'}}{\overline{Z}_Y}\end{aligned}\right\} \tag{10-33}$$

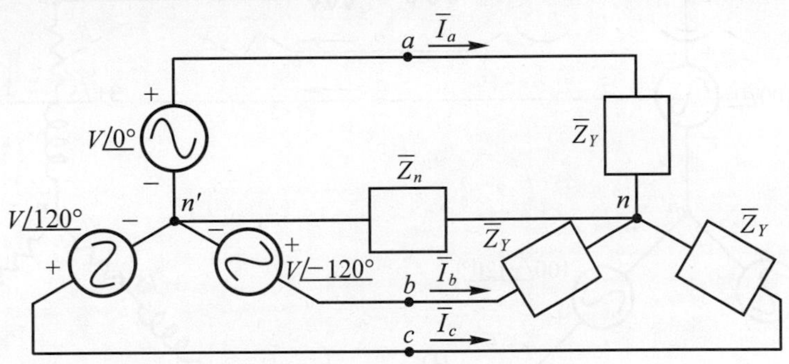

(a) 中線有阻抗之四線電路

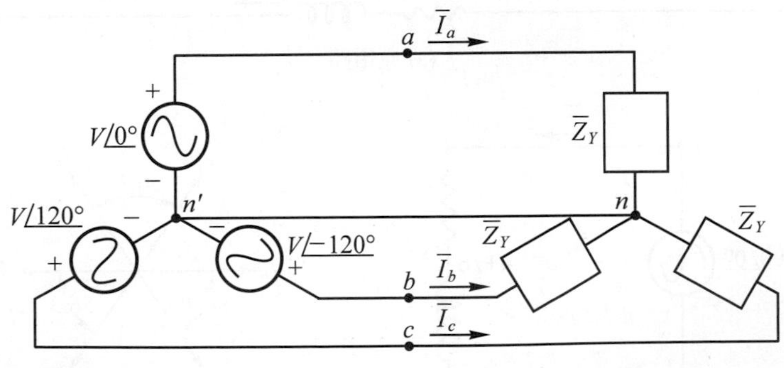

(b) 中點短接之四線電路

圖 10-12　四線 Y 接平衡三相電路

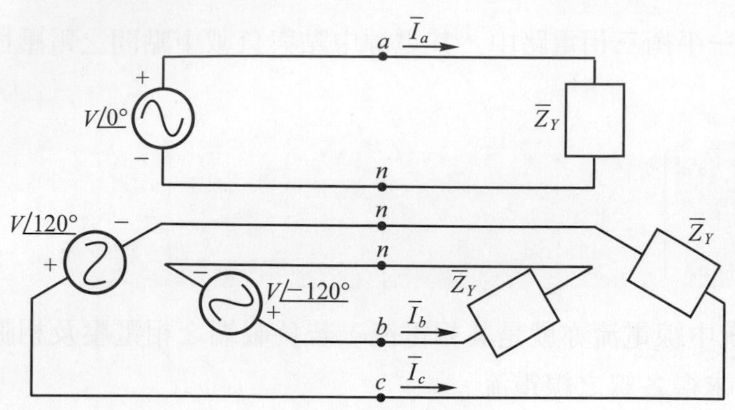

(c) 三個單相電路

圖 10-12　四線 Y 接平衡三相電路(續)

例 10-3

求圖 10-13(a)所示平衡三相電路的線電流，並繪其有關相量圖。

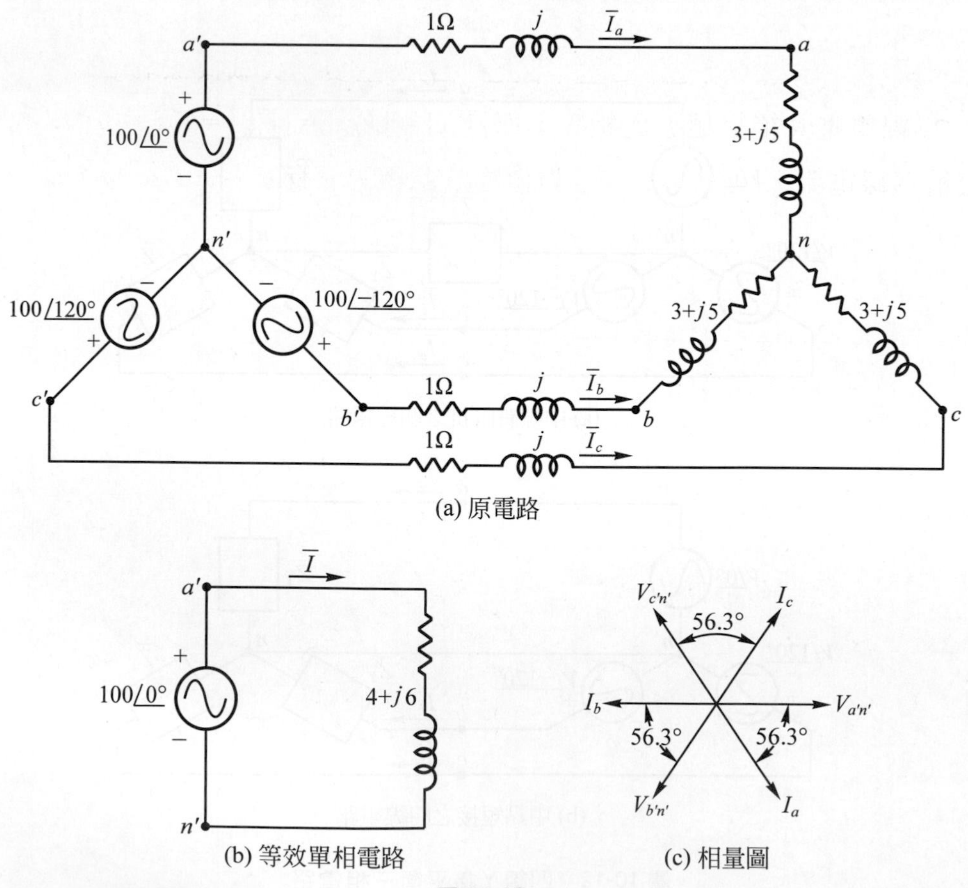

(a) 原電路

(b) 等效單相電路

(c) 相量圖

圖 10-13

解 先繪出其等效單相電路如圖(b)所示，於是

$$\bar{I}_a=\frac{\bar{V}_{a'n'}}{\bar{Z}_Y}=\frac{100\angle 0^\circ}{(1+j)+(3+j5)}=\frac{100\angle 0^\circ}{4+j6}=\frac{100\angle 0^\circ}{7.2\angle 56.3^\circ}=13.85\angle 56.3^\circ\text{A}$$

電源的相序爲正，其他兩電流$\bar{I}_b$、$\bar{I}_c$依次滯後 120°，即

$$\bar{I}_b=\bar{I}_a\angle -120^\circ=13.85\angle -56.3-120^\circ=13.85\angle -176.3^\circ\text{A}$$

$$\bar{I}_c=\bar{I}_a\angle -240^\circ=\bar{I}_a\angle 120^\circ=13.85\angle -56.3+120^\circ=13.85\angle 63.7^\circ\text{A}$$

其相關之相量圖，如圖(c)所示。

10-4 平衡三相系統負載端之線電壓與相電壓及線電流與相電流間之關係

一平衡三相負載如圖 10-14(a)所示，因Y與△可互相轉換爲等值負載關係，故其實際接法屬於何型無關緊要。對於討論流入三端之線電流而言，可任意假設爲Y型或△型。但此兩種接法之線電壓與線電流以及相電壓與相電流與之關係，則有所不同。而此項區別乃三相電路之基本觀念，至爲重要。負載接線端之電壓$\bar{V}_{ab}$、$\bar{V}_{bc}$及$\bar{V}_{ca}$稱爲線電壓其絕對值彼此相等，即$|\bar{V}_{ab}|=|\bar{V}_{bc}|=|\bar{V}_{ca}|=V$；由線端流入負載之電流稱爲線電流，$\bar{I}_a$、$\bar{I}_b$及$\bar{I}_c$其絕對值亦彼此相等，即

$$\left.\begin{aligned}V_P&=|\bar{V}_{an}|=|\bar{V}_{bn}|=|\bar{V}_{cn}|\\I_P&=|\bar{I}_{an}|=|\bar{I}_{bn}|=|\bar{I}_{cn}|\end{aligned}\right\}\quad(10\text{-}34)$$

在平衡△連接下

$$\left.\begin{aligned}V_P&=|\bar{V}_{an}|=|\bar{V}_{bn}|=|\bar{V}_{cn}|\\I_P&=|\bar{I}_{an}|=|\bar{I}_{bn}|=|\bar{I}_{cn}|\end{aligned}\right\}\quad(10\text{-}35)$$

顯然地，Y連接中，線電流即相電流，故

$$\bar{I}=\bar{I}_P\quad(10\text{-}36)$$

而△連接中，其線電壓即相電壓，故

$$\bar{V}=\bar{V}_P\quad(10\text{-}37)$$

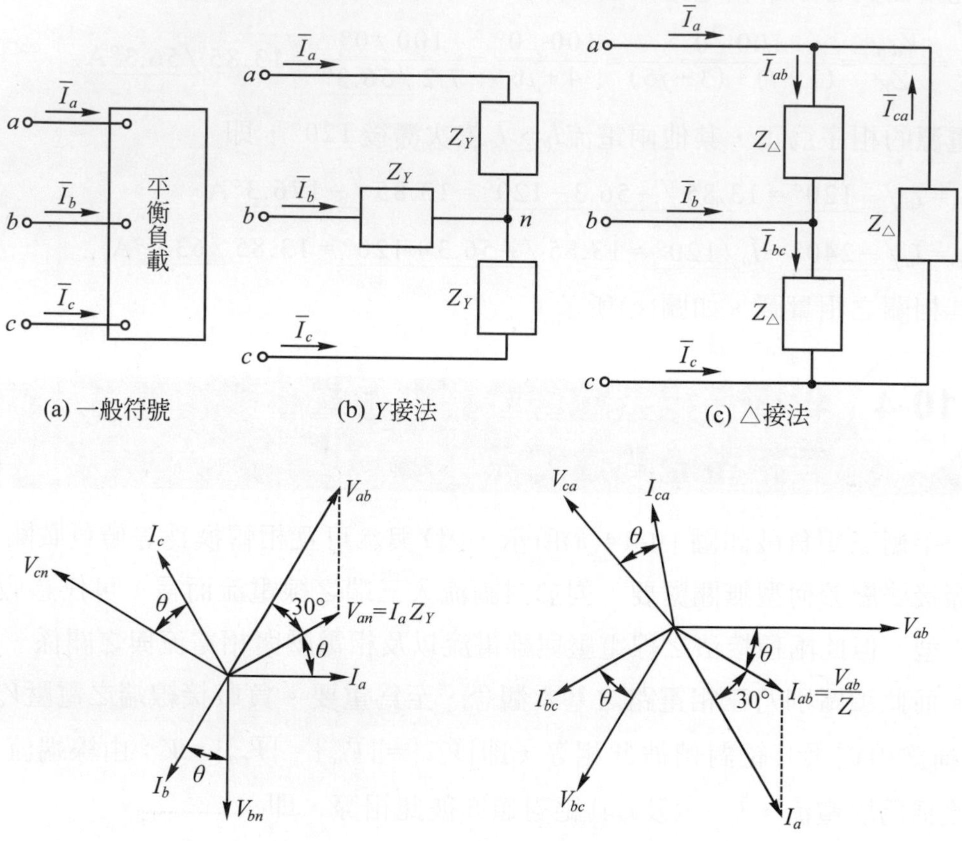

(a) 一般符號　(b) Y接法　(c) △接法

(d) Y負載之線電壓與相電壓(正序)　(e) △負載之線電流與相電流(正序)

圖 10-14　平衡三相負載之電壓與電流

Y連接中之電流，設分別為$\bar{I}_a = I_P\underline{/0°}$，$\bar{I}_b = I_P\underline{/-120°}$，$\bar{I}_c = I_P\underline{/120°}$，則其線電壓之一$\bar{V}_{ab}$由圖(b)可寫為：

$$\bar{V}_{ab} = \bar{V}_{an} + \bar{V}_{nb}$$

其中　$\bar{V}_{an} = \bar{I}_a\bar{Z}_Y$，$\bar{V}_{nb} = -\bar{I}_b\bar{Z}_Y$

故　$\bar{V}_{ab} = (\bar{I}_a - \bar{I}_b)\bar{Z}_Y = (I_P\underline{/0°} - I_P\underline{/-120°})\bar{Z}_Y = \sqrt{3}I_P\bar{Z}_Y\underline{/30°}$

若　$\bar{Z}_Y = Z_P\underline{/\theta}$

則　$\bar{V}_{ab} = \sqrt{3}I_PZ_P\underline{/\theta + 30°}$

線電壓與相電壓的相量關係如圖(d)所示，若以絕對值來表示，則

$$|V_{ab}| = \sqrt{3}I_PZ_P = \sqrt{3}V_P = V_L = V \tag{10-38}$$

此結果與前面所述Y接電源是相同的，其餘兩線電壓$\overline{V}_{bc}$及$\overline{V}_{ca}$以及相序爲負時之關係，可參閱圖 10-5(b)(c)。

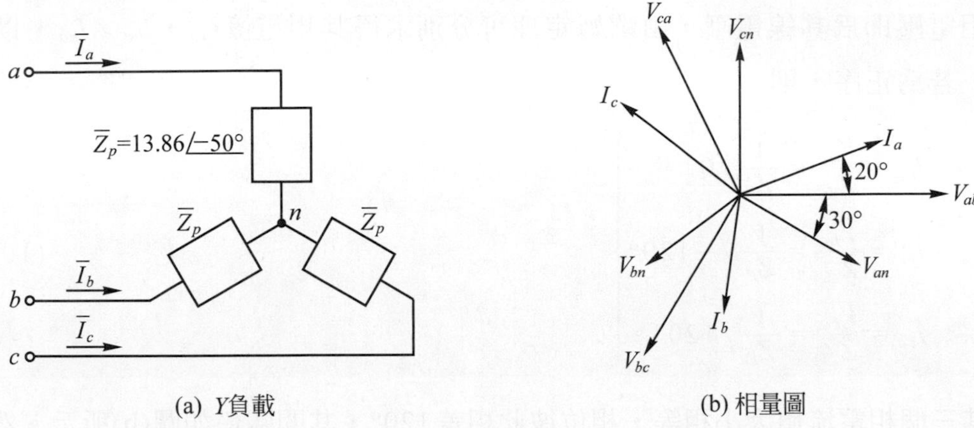

(a) Y負載　　(b) 相量圖

圖 10-15

實用上，通常電力系統中所標明之電壓若無特別提示，皆爲線電壓，以例題說明如下：

例 10-4

平衡三相系統中，已知其線電壓爲 240V，相阻抗$\overline{Z}_P = 13.86 \angle -50° \Omega$，$Y$連接，正序試以$\overline{V}_{ab}$爲參考，求各線電流，並繪出其相量圖。

解 參照圖 10-15(a)及(b)之相量間關係，$\overline{V}_{ab}$之對應相電壓$\overline{V}_{an}$爲

$$\overline{V}_{an} = \frac{1}{\sqrt{3}}\overline{V}_{ab}\angle -30° = \frac{240\angle 0°}{\sqrt{3}}\angle -30° = \frac{240}{\sqrt{3}}\angle -30° \text{V}$$

Y連接的線電流亦即相電流，即

$$\overline{I}_a = \frac{\overline{V}_{an}}{\overline{Z}_P} = \frac{240\angle -30°}{\sqrt{3}(13.86\angle -50°)} = 10\angle 20° \text{A}$$

因三相平衡電路，其餘兩線電流分別爲：

$$\overline{I}_b = I_a\angle -120° = 10\angle 20° - 120° = 10\angle -100° \text{A}$$

$$\overline{I}_c = I_a\angle 120° = 10\angle 20° + 120° = 10\angle 140° \text{A}$$

其線電壓、相電壓及線電流間之相量如圖(b)。

10-5 △型接法三相電路

圖 10-16(a)所示之電路，為一三相平衡△型負載與△型電源接法電路，跨於負載各相電壓即為其線電壓，由歐姆定理可分別求得其相電流$\bar{I}_{ab}$，$\bar{I}_{bc}$，$\bar{I}_{ca}$，以$\bar{I}_{ab}$為參考，若為正序，則

$$\left.\begin{aligned}\bar{I}_{ab}&=\frac{\bar{V}_{ab}}{\bar{Z}_{\triangle}}=\frac{V}{Z_P}\angle 0^\circ\\ \bar{I}_{bc}&=\frac{\bar{V}_{bc}}{\bar{Z}_{\triangle}}=\frac{V}{Z_P}\angle -120^\circ\\ \bar{I}_{ca}&=\frac{\bar{V}_{ca}}{\bar{Z}_{\triangle}}=\frac{V}{Z_P}\angle 120^\circ\end{aligned}\right\} \quad (10\text{-}39)$$

其三個相電流值大小相等，相位彼此相差 120°，其間關係如圖(b)所示。然而，在△型連接負載中，因其線電流與相電流不相等，則於圖(a)中之節點a，依KCL得：

$$\begin{aligned}\bar{I}_{a'a}&=\bar{I}_{ab}-\bar{I}_{ca}=I_P\angle 0^\circ-I_P\angle 120^\circ\\ &=I_P(1+j0)-I_P(-0.5+j0.866)\\ &=I_P(1.5+j0.866)=1.73I_P\angle -30^\circ\\ &=\sqrt{3}I_P\angle -30^\circ=\sqrt{3}I_{ab}\angle -30^\circ\end{aligned} \quad (10\text{-}40)$$

同理，可求得

$$\bar{I}_{b'b}=\sqrt{3}I_P\angle -150^\circ=\sqrt{3}I_{bc}\angle -30^\circ \quad (10\text{-}41)$$

$$\bar{I}_{c'c}=\sqrt{3}I_P\angle 90^\circ=\sqrt{3}I_{ca}\angle -30^\circ \quad (10\text{-}42)$$

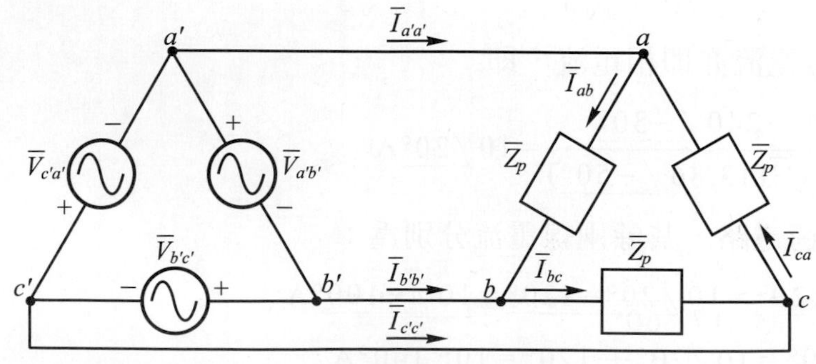

(a) 電路圖

圖 10-16　一△型的負載與一△型的電源之連接電路

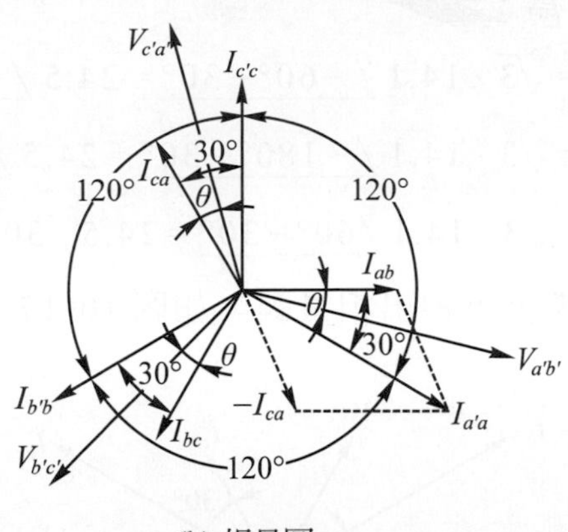

(b) 相量圖

圖 10-16　一△型的負載與一△型的電源之連接電路(續)

由此可知，△連接之負載，其線電流爲相電流之$\sqrt{3}$倍，而相位較其對應之相電流滯後 30°，若爲負序其線電流之相位較其對應之相電流越前 30°(讀者可自行證明之)，不論正、負序線電流與相電流間大小關係皆爲

$$I_L = \sqrt{3} I_P \tag{10-43}$$

圖(b)所示爲△連接負載正序時之相量圖。

例 10-5

若圖 10-16(a)中，$\overline{Z}_P = 17\angle 60°\Omega$，$V = 240$V試求(a)相電流$\overline{I}_{ab}$，$\overline{I}_{bc}$，$\overline{I}_{ca}$，(b)線電流$\overline{I}_{a'a}$、$\overline{I}_{b'b}$及$\overline{I}_{c'c}$。

解　(a)設以電壓$\overline{V}_{a'b'}$爲參考，且爲正序，

即$\overline{V}_{a'b'} = 240\angle 0°$V，$\overline{V}_{b'c'} = 240\angle -120°$

$\overline{V}_{c'a'} = 240\angle 120°$，則各相電流分別爲：

$$\overline{I}_{ab} = \frac{\overline{V}_{a'b'}}{\overline{Z}_P} = \frac{240\angle 0°}{17\angle 60°} = 14.1\angle -60°\text{A}$$

$$\overline{I}_{bc} = \frac{\overline{V}_{b'c'}}{\overline{Z}_P} = \frac{240\angle -120°}{17\angle 60°} = 14.1\angle -180°\text{A}$$

$$\overline{I}_{ca} = \frac{\overline{V}_{c'a'}}{\overline{Z}_P} = \frac{240\angle 120°}{17\angle 60°} = 14.1\angle 60°\text{A}$$

(b)各線之線電流分別爲：

$$\bar{I}_{a'a}=\sqrt{3}\bar{I}_{ab}\underline{/-30°}=\sqrt{3}\cdot 14.1\underline{/-60°-30°}=24.5\underline{/-90°}\text{A}$$

$$\bar{I}_{b'b}=\sqrt{3}\bar{I}_{bc}\underline{/-30°}=\sqrt{3}\cdot 14.1\underline{/-180°-30°}=24.5\underline{/150°}\text{A}$$

$$\bar{I}_{c'c}=\sqrt{3}\bar{I}_{ca}\underline{/-30°}=\sqrt{3}\cdot 14.1\underline{/60°-30°}=24.5\underline{/30°}\text{A}$$

(c)由(a)、(b)兩項所獲結果繪出相量圖，如圖 10-17 所示。

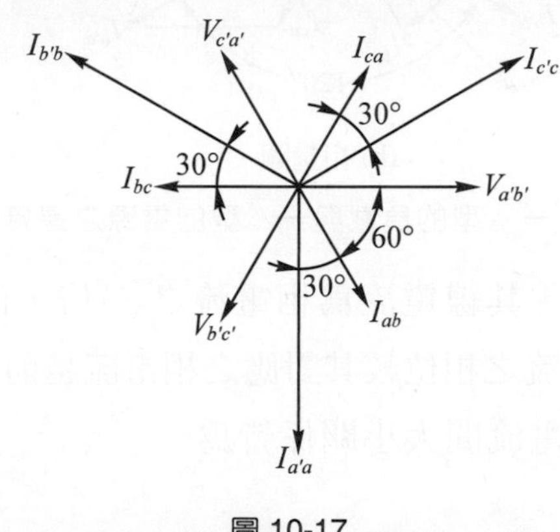

圖 10-17

10-6 三相功率及其量度

三相負載不論是Y連接或△接法，若以S_a、S_b及S_c分別表示每相之複功率，則三相電路之總功率爲

$$\bar{S}=\bar{S}_a+\bar{S}_b+\bar{S}_c \tag{10-44}$$

在平衡系統中，三相個別的複功率是相等的，所以總複功率是每相複功率S_P的三倍，即

$$\bar{S}=3\bar{S}_P=3\bar{V}_P^*\bar{I}_P \tag{10-45}$$

其絕對值也就是通稱的視在功率

$$S=|S|=3V_PI_P.\text{VA} \tag{10-46}$$

若以線電壓及線電流表示之，則

Y連接，$\bar{V}_P=\dfrac{\bar{V}}{\sqrt{3}}$，$\bar{I}_P=\bar{I}$

△連接，$\overline{V}_P=\overline{V}$，$\overline{I}_P=\dfrac{\overline{I}}{\sqrt{3}}$

$$\left.\begin{aligned}S&=3V_PI_P=3\left(\frac{V}{\sqrt{3}}\right)I=\sqrt{3}VI(Y\text{連接})\\S&=3V_PI_P=3V\left(\frac{I}{\sqrt{3}}\right)=\sqrt{3}VI(\triangle\text{連接})\end{aligned}\right\}\tag{10-47}$$

由上述知，不論接法爲Y或△，其視在功率皆爲$\sqrt{3}VI$伏安，式(10-45)可改寫爲：

$$\begin{aligned}\overline{S}&=3V_PI_P\cos\theta-j3V_PI_P\sin\theta\\&=\sqrt{3}VI\cos\theta-j\sqrt{3}VI\sin\theta=P+jQ\end{aligned}\tag{10-48}$$

上式中θ相阻抗$\overline{Z}_P$之阻抗角，亦即相電壓V_P與相電流間之夾角(相位差)；若P爲三相的總實在(有功)功率，P_P爲平衡三相電路每相之功率則：

$$P=3P_P=3V_PI_P\cos\theta=\sqrt{3}VI\cos\theta.\text{W}\tag{10-49}$$

Q爲三相之總無功功率，Q_P爲每相之無功功率則

$$Q=3Q_P=-3V_PI_P\sin\theta=-\sqrt{3}VI\sin\theta.\text{VAR}\tag{10-50}$$

至於三相負載的功率因數，也就是其每相負載的功率因數，即

$$p.f=\cos\theta=\frac{P_P}{S_P}=\frac{P}{S}\tag{10-51}$$

相電壓與電流之比稱爲相阻抗，在平衡三相系統中，相阻抗與三相總複功率間之關係可利用式(10-45)表示如下：

$$\overline{Z}_P=\frac{\overline{V}_P}{\overline{I}_P}=\frac{\overline{V}_P}{\dfrac{\overline{S}}{3\overline{V}_P^*}}=\frac{3V_P^2}{\overline{S}}$$

實用上當分：

$$\left.\begin{aligned}&Y\text{連接}：\overline{Z}_{PY}=\frac{3\left(\dfrac{V}{\sqrt{3}}\right)^2}{\overline{S}}=\frac{V^2}{\overline{S}}\\&\triangle\text{連接}：\overline{Z}_{P\triangle}=\frac{3V^2}{\overline{S}}=3\overline{Z}_{PY}\end{aligned}\right]\tag{10-52}$$

因此，若三相平衡負載的總功率及三相系統的線電壓爲已知，則由此可解出負載的等效 Y 接法或△接法之阻抗。

例 10-6

一平衡三相負載，△連接如圖 10-18(a)所示，自 440V、60Hz 的三相系統中取用 $60\angle{-40^\circ}$ kVA。試求(a)相阻抗；(b)線電流，以$\overline{V}_{ab}$爲參考，相序爲負；(c)等效 Y 型阻抗。

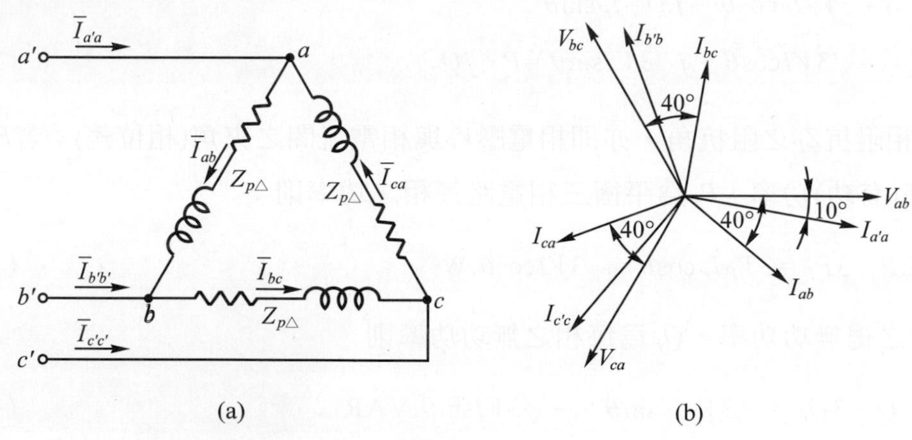

圖 10-18

解 (a)$\overline{Z}_{P\triangle}=\dfrac{3V^2}{\overline{S}}=\dfrac{3(440)^2}{60\times10^3\angle{-40^\circ}}=9.86\angle{40^\circ}\Omega$

此爲一電感性負載。

(b)線電流之大小

$$I=\frac{S}{\sqrt{3}V}=\frac{60\times10^3}{\sqrt{3}\times440}=78.7\text{A}$$

電流電壓間之相量關係如圖(b)所示，故

$$\overline{I}_{a'a}=\sqrt{3}\overline{I}_{ab}\angle{30^\circ}=78.7\angle{-10^\circ}=77.5-j13.66\text{ A}$$

$$\overline{I}_{b'b}=\sqrt{3}\overline{I}_{bc}\angle{30^\circ}=78.7\angle{110^\circ}=-26.9+j73.95\text{A}$$

$$\overline{I}_{c'c}=\sqrt{3}\overline{I}_{ca}\angle{30^\circ}=78.7\angle{-130^\circ}=-50.6-j60.29\text{A}$$

可利用三個線電流之相量和等於零，來驗算獲得之答案正確否。

(c)等效 Y 型之阻抗

$$\overline{Z}_{PY}=\frac{V^2}{\overline{S}}=\frac{(440)^2}{60\times10^3\angle{-40^\circ}}=3.227\angle{40^\circ}\Omega$$

或由$\overline{Z}_{PY}=\dfrac{1}{3}\overline{Z}_{P\triangle}=\dfrac{1}{3}9.68\angle{40^\circ}=3.227\angle{40^\circ}\Omega$

10-6-1　三相電路之瞬時功率

本節將述明在一平衡三相電路中，三相平衡電源供給三相平衡負載的總瞬時功率爲一不隨時間變化的常數，且等於其總實在(平均)功率。但在單相電路中，其瞬時功率具有脈動的性質，這裡特性上的區別是非常重要的，尤其是負載爲一電動機，則三相電動機可產生平穩的力矩，而單相電動機產生脈動的力矩。

設有一平衡三相電路如圖 10-19 所示，負載所吸收的瞬時功率是三相瞬時功率之和，即

$$P(t)=P_{an}(t)+P_{bn}(t)+P_{cn}(t)=v_{an}i_{an}+v_{bn}i_{bn}+v_{cn}i_{cn}$$

設　$v_{an}=\sqrt{2}V_P\cos\omega t$，$v_{bn}=\sqrt{2}V_P\cos(\omega t-120°)$

$$v_{cn}=\sqrt{2}V_P\cos(\omega t+120°) \quad 及 \quad \overline{Z}_{PY}=Z\angle\theta$$

因此相流$\overline{I}_P=\dfrac{\overline{V}_P}{Z\angle\theta}$，而三相電流方程式分別爲：

$$i_{an}=\sqrt{2}I_P\cos(\omega t-\theta)$$
$$i_{bn}=\sqrt{2}I_P\cos(\omega t-\theta-120°)$$
$$i_{cn}=\sqrt{2}I_P\cos(\omega t-\theta+120°)$$

故每相瞬時功率爲

$$\begin{aligned}P_{an}(t)&=v_{an}i_{an}=V_PI_P\cos\omega t\cos(\omega t-\theta)\\&=V_PI_P\cos\theta+V_PI_P\cos(2\omega t-\theta)\\P_{bn}(t)&=v_{bn}i_{bn}=2V_PI_P\cos(\omega t-120°)\cos(\omega t-\theta-120°)\\&=V_PI_P\cos\theta+V_PI_P\cos(2\omega t-\theta-240°)\end{aligned}$$

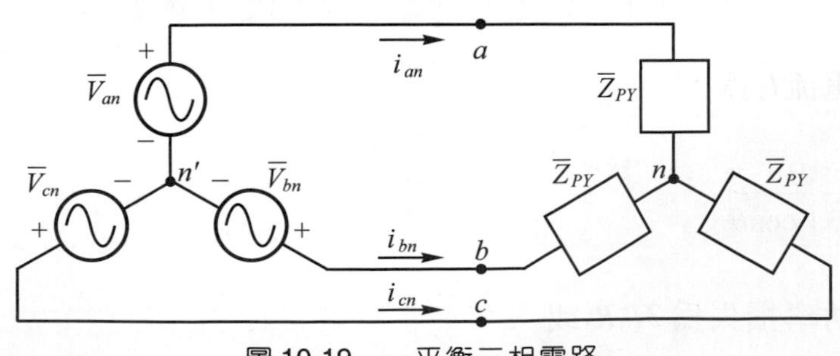

圖 10-19　一平衡三相電路

$$P_{cn}(t)=v_{cn}i_{cn}=2V_PI_P\cos(\omega t+120°)\cos(\omega t-\theta+120°)$$
$$=V_PI_P\cos\theta+V_PI_P\cos2\omega t(\omega t-\theta+240°)$$
$$\because\cos(2\omega t-\theta)+\cos(2\omega t-\theta+240°)+\cos(2\omega t-\theta-240°)=0$$
$$\therefore P(t)=P_{an}(t)+P_{bn}(t)+P_{cn}(t)=3V_PI_P\cos\theta=P \qquad (10\text{-}53)$$

由上式知，三相的瞬時功率爲一常數，且恰等於其實在功率。△連接負載，其結果亦必相同。

10-6-2　平衡三相電路與單相電路之比較

三相系統在電力輸送上比單相系統有較多的優點，摘要比較如下：設某一負載所需功率爲P功率因數爲$\cos\theta$，線電壓爲V，以輸電線路與電源相連接，此負載若分別作單相或三相負載，如圖 10-20(a)(b)所示在單相電路中，其線電流I_1爲：

$$\bar{I}_1=\frac{P}{V\cos\theta}$$

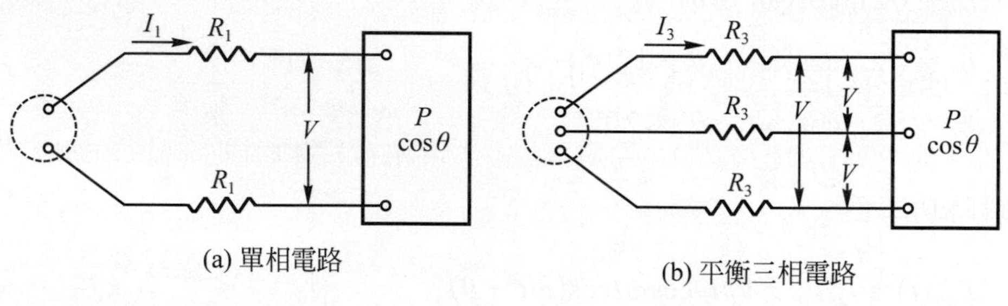

(a) 單相電路　　(b) 平衡三相電路

圖 10-20

兩條線路上的功率損失爲$2I_1^2R_1$或

$$\text{單相功率損失}=\frac{P^2}{V^2\cos^2\theta}2R_1$$

三相電路的線電流I_3爲：

$$I_3=\frac{P}{\sqrt{3}V\cos\theta}$$

三條線路上的功率損失爲 $3I_3^2R_3$或

$$三相功率損失=\frac{P^2}{3V^2\cos^2\theta}3R_3=\frac{P^2}{V^2\cos^2\theta}R_3$$

兩者之比爲：

$$\frac{三相功率損失}{單相功率損失}=\frac{R_3}{2R_1} \tag{10-54}$$

若兩系統採用相同之電纜，則其電阻相等(上述$R_1 = R_3$)，所以三相系統的功率損失僅爲單相系統一半；若設兩系統功率損失相等，則三相系統每條線上的電阻將是單相系統每條線上電阻的兩倍。若兩者線路長度相同，則每條線上的電阻與其截面積成反比。因此三相系統所用每條線的截面積相當單相系統的一半，故其體積亦爲單相的一半，因輸電線條數比爲3：2，故其總體積比爲3：4，即使在線路功率損失相等的條件下，三相系統所需用導體的材料可比單相節省$\frac{1}{4}$，上述結論是依據三相三線制，若爲三相四線制，因中性線上通過的電流，謹爲小量的不平衡電流，只需較細的導線即可，所以仍然比單相制所需材料少。

10-6-3 三相功率的量度計－瓦特表

用以測量功率之儀表，稱爲**瓦特表(watt meter)**，其作用與達松發爾之電壓計相似，以一較大載流線圈取代達松發爾表內之永久磁鐵即成爲瓦特表，如圖10-21(a)所示，共有兩組線圈；測量負載電流之大線圈稱爲**電流線圈(current coil)**，另一與倍壓電阻串聯的線圈稱爲**電壓線圈(voltage coil)**，其符號圖如圖(b)所示。

施於指針的轉矩於流經兩線圈的瞬時電流之乘積成正比。然而，由於機械慣性阻止指針作快速移動，因而瓦特表實際上係與外加力矩的平均值成正比。

瓦特表實際接線如圖(c)所示，當負載電流通過電流線圈之同時，負載兩端之電壓呈現於電壓線圈之兩端，則瓦特表將讀出負載上的平均(有效)功率。注意瓦特表的極性，應使負載電流I_R流入電流線圈的“+”端點及使電位線圈的“+”端點所連接的電位比另一端點高，這樣可使指針向正確方向偏轉。

上述瓦特表，又稱爲**電功率計(electrodynamometer)**，可測量直流和交流的電功率，亦可測量傳輸至負載的非弦波之電功率。

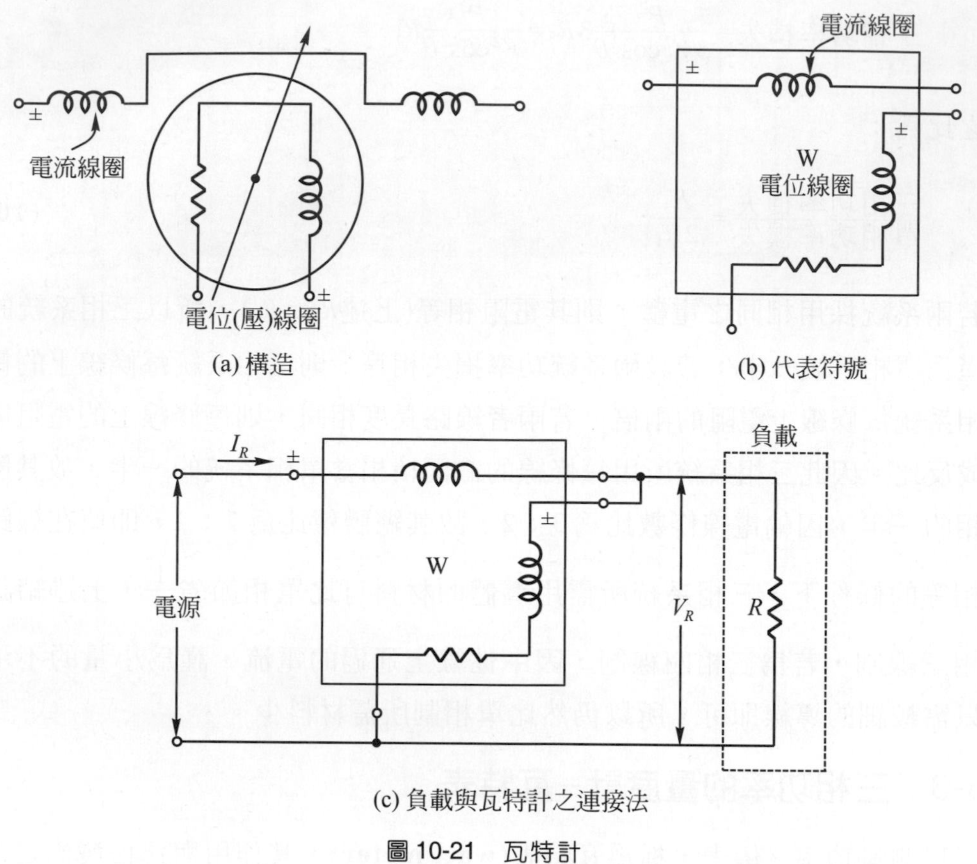

(a) 構造

(b) 代表符號

(c) 負載與瓦特計之連接法

圖 10-21　瓦特計

10-6-4　三相負載總功率之測量

三相電路的有功(平均)功率爲每相之有功功率之和，故若在每相中接一瓦特計，則其讀值之和即爲任何情況之下三相系統之總功率。而在平衡系統中則只須一個瓦特計接在任一相上即將其讀值乘三倍即爲其總功率。但是實際情況，△連接之每一相不便於任意開路串接上瓦特計的電流線圈；而 Y 連接之中性點又未必能引出以供連接電壓線圈之接線，故上述測量法缺乏實用價值，通常較實用之接法如圖 10-22 所示，將三個瓦特計之電流線圈分別串接於各相線路上；電線圈之相同端亦分別接於各相線路上，另一端則共接於“0”點，即三個電壓線圈接成 Y 連接，“0”點爲其中性點。由圖可知，負載所吸收之總有功功率應爲：

$$P=\frac{1}{T}\int_0^T(V_{an}i_{an}+V_{bn}i_{bn}+V_{cn}i_{cn})dt \tag{10-55}$$

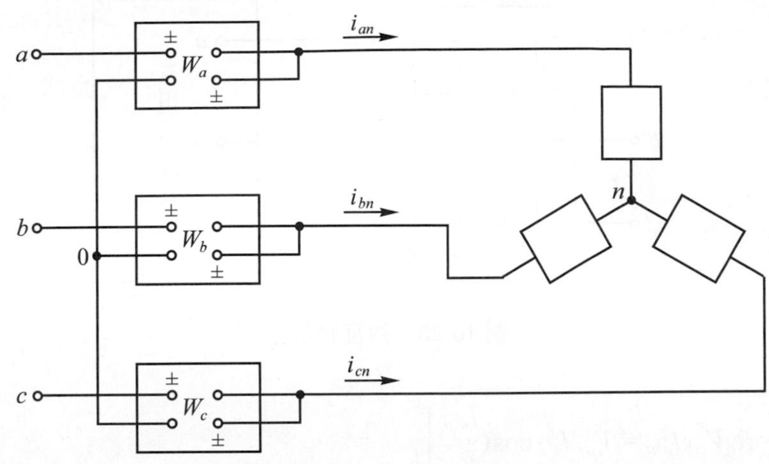

圖 10-22　三瓦特計法

三個瓦特計讀値之和則爲

$$P = W_a + W_b + W_c = \frac{1}{T}\int_0^T (V_{a0}\,i_{an} + V_{b0}\,i_{cn} + V_{c0}\,i_{cn})dt$$

因　$V_{a0} = V_{an} + V_{n0}$，$V_{b0} = V_{bn} + V_{n0}$，$V_{c0} = V_{cn} + V_{c0}$

所以　$$P = \frac{1}{T}\Big[\int_0^T (V_{an}i_{an}+V_{bn}i_{bn}+V_{cn}i_{cn})dt + \int_0^T V_{n0}(i_{an}+i_{bn}+i_{cn})dt \qquad (10\text{-}56)$$

由 KCL 知圖示中$i_{an} + i_{bn} + i_{cn} = 0$，即(10-56)式中第二部份爲零，因而(10-56)式等於(10-55)式，證實該三個瓦特計讀値之和就等於三相負載之總有功功率。以上所述並未假定電流與電壓是否平衡，亦未規定其波形與頻率，而爲一般性質之通式，應用上要滿足上述結果之先決條件爲：⑴流經電壓線圈之電流與其兩端之電壓成正比變化，(一般瓦特計皆能符合)；⑵各電流線圈與電壓線圈之連接方式須相同(瓦特計接線端點上標有“±”)；⑶負載之中性點與電源之中性點未曾連接，以使線電流之和爲零。換言之，此測量法僅適用於三相三線制，(不論負載爲 Y 或△連接)。在此三個先決條件下，用三個瓦特計來測量三相有功功率時，三個電壓線圈之共同接點“0”，並未規定其是否要絕緣及特定地點。若令"0"點與b相線路相連接，則接於b線上之瓦特計之讀値，因跨於其電壓線圈兩端之電壓相等而爲零，該瓦特計讀數爲零當可省掉不接。而剩下兩瓦特計讀値之代數和則仍指示三相有功功率。此接法稱爲兩個瓦特計測量法，如圖 10-23 所示，其讀値依然不受波形、頻率或三相平衡與否的影響。

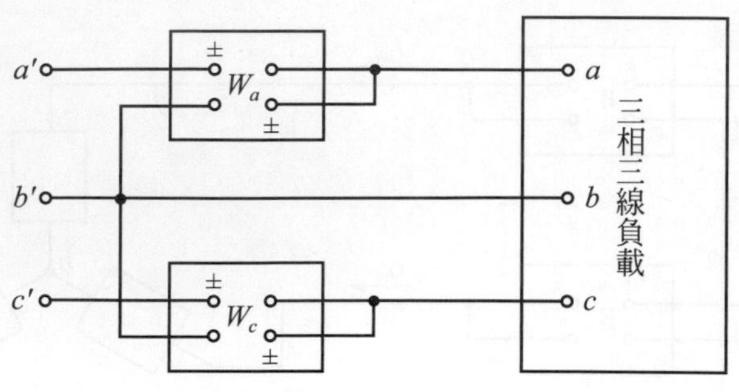

圖 10-23　兩瓦特計法

$$\left.\begin{aligned} W_a &= R_e V_{ab}^* I_{a'a} = V_{ab} I_{a'a} \cos\langle_{V_{ab}}^{I_{a'a}} \\ W_c &= R_e V_{cb}^* I_{c'c} = V_{cb} I_{c'c} \cos\langle_{V_{cb}}^{I_{a'c}} \end{aligned}\right\} \tag{10-57}$$

若將兩瓦特計置於a、b兩線上，則其讀值分別爲

$$\left.\begin{aligned} W_a &= R_e V_{ac}^* I_{a'a} = V_{ac} I_{a'a} \cos\langle_{V_{ac}}^{I_{a'a}} \\ W_b &= R_b V_{bc}^* I_{b'b} = V_{bc} I_{b'b} \cos\langle_{V_{bc}}^{I_{b'b}} \end{aligned}\right\} \tag{10-58}$$

同理，將兩瓦特計置於b、c兩線上，則其讀值分別爲

$$\left.\begin{aligned} W_b &= R_e V_{ba}^* I_{b'b} = V_{ba} I_{b'b} \cos\langle_{V_{ba}}^{I_{b'b}} \\ W_c &= R_e V_{ca}^* I_{c'c} = V_{ca} I_{c'c} \cos\langle_{V_{ca}}^{I_{c'c}} \end{aligned}\right\} \tag{10-59}$$

瓦特計之讀值，因電壓線圈兩端之電壓與流過電流線圈之電流間之相角，可能大於或小於 90°，而有正負之別。故兩瓦特計之代數和，始等於三相之總有功功率。此項讀值正負所以發生，則繫於平衡負載之功率因數，或負載不平衡之程度。因此如何鑑別瓦特計讀值之正負，極爲重要。較簡便之方法是先將兩瓦特計接妥以使其指針偏轉於一定位置，然後再檢查其連接方式即其電壓線圈與電流線圈之"±"標示端之連接方式是否相同；倘若相同則兩者讀者相加；否則應相減。

10-6-5 兩瓦特計測量平衡三相負載之功率

上述(10-57)、(10-58)及(10-59)三式所示，不論負載平衡與否皆適用。若負載平衡時，瓦特計之讀值與負載之阻抗角θ有關。以Y連接平衡負載爲例說明如下，設將兩瓦特計分別置於a、c兩線上，如圖 10-24(a)所示。爲一電感性負載、正相序，其相量關係如圖(b)所示，由此可得兩瓦特計之讀值分別爲：

$$\left.\begin{aligned} W_a &= V_{ab} I_{a'a} \cos\langle_{V_{ab}}^{I_{a'a}} = VI\cos(\theta + 30^\circ) \\ W_c &= V_{cb} I_{c'c} \cos\langle_{V_{ab}}^{I_{c'c}} = VI\cos(\theta - 30^\circ) \end{aligned}\right\} \quad (10\text{-}60)$$

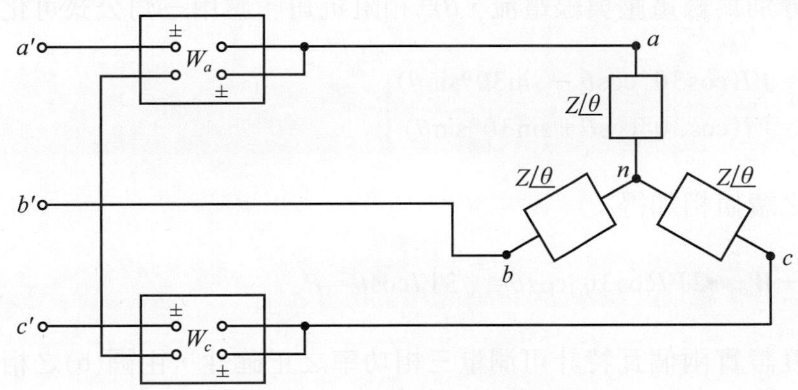

(a) 平衡三相電路

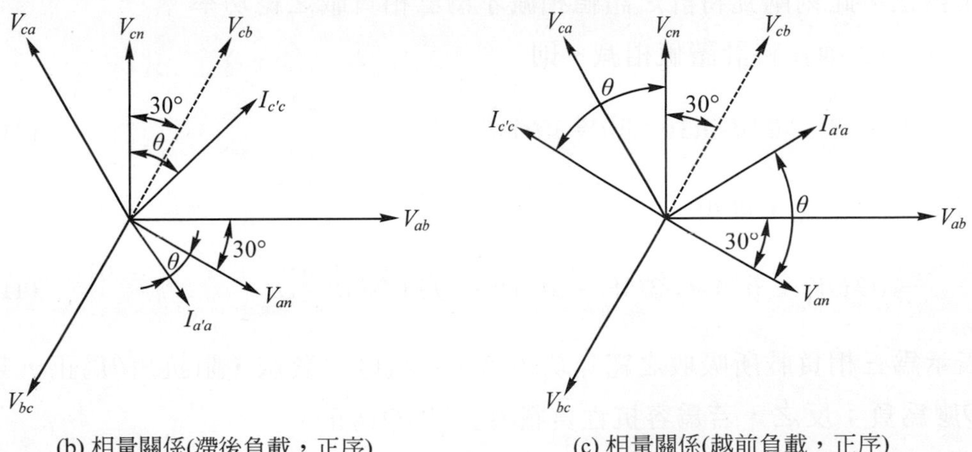

(b) 相量關係(滯後負載，正序)　　(c) 相量關係(越前負載，正序)

圖 10-24　平衡系統之功率量度

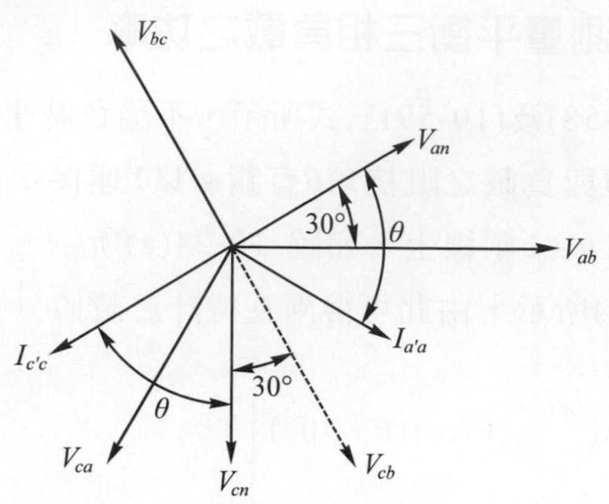

(d) 相量關係(滯後負載，負序)

圖 10-24　平衡系統之功率量度(續)

上式中V與I分別爲線電壓與線電流，θ爲相阻抗角。應用三角公式可化爲

$$\left.\begin{aligned} W_a &= VI(\cos 30°\cos\theta - \sin 30°\sin\theta) \\ W_c &= VI(\cos 30°\cos\theta + \sin 30°\sin\theta) \end{aligned}\right\} \tag{10-61}$$

將兩瓦特計之讀值相加得：

$$W_a + W_c = 2VI\cos 30°\cos\theta = \sqrt{3}VI\cos\theta = P \tag{10-62}$$

上式結果再度證實兩個瓦特計可測量三相功率之正確性，由圖(b)之相量間關係可知當$\theta > 60°$(p.f < 0.5)時，則$\overline{V}_{ab}$與$\overline{I}_{a'a}$間之夾角將大於 90°，而使W_a之讀值爲負，W_c之讀值爲正，此刻兩瓦特計之讀值相減才爲三相負載之總功率。

若將(10-61)式兩瓦特計讀值相減，則

$$W_c - W_a = 2VI\sin 30°\sin\theta = VI\sin\theta \tag{10-63}$$

兩側同用$-\sqrt{3}$乘之，則得

$$-\sqrt{3}(W_c - W_a) = \sqrt{3}(W_a - W_c) = -\sqrt{3}VI\sin\theta = Q \tag{10-64}$$

上式表示爲三相負載所吸收之總無功功率，感抗性之負載，阻抗角θ爲正，其無功功率Q應爲負；反之，若爲容抗性負載θ爲負則Q爲正。

進而由(10-63)及(10-64)兩式，可獲得另一關係式，為：

$$\tan\theta = \frac{Q}{P} = \frac{\sqrt{3}(W_c - W_a)}{W_c + W_a} \quad (10\text{-}65)$$

若兩瓦特計之讀值$W_c > W_a$，則$\theta \geq 90°$，$\tan\theta$為正，θ在第一象限亦應為正，此與原先設定為感抗性負載之阻抗角θ為正相符合。因此若兩瓦特計之讀值分子部份依正序($abcabc\cdots$之次序)相減，則(10-65)式可用來確定負載之性質及相阻抗的相角。

若負載為容抗性，相序為正序，則其平衡三相之相量關係如圖(c)所示，兩個瓦特計讀值分別為：

$$\left.\begin{aligned} W_a &= V_{ab}I_{a'a}\cos\langle_{V_{ab}}^{I_{a'a}} = VI\cos(\theta - 30°) \\ W_c &= V_{cb}I_{c'c}\cos\langle_{V_{cb}}^{I_{c'c}} = VI\cos(\theta + 30°) \end{aligned}\right\} \quad (10\text{-}66)$$

由(10-66)式與(10-60)式比較恰好兩瓦特表之讀值對調，因而知當兩者之讀值$W_a < W_c$，$\tan\theta$為負，負載阻抗角θ亦必為負(θ在第四象限)。

若負載仍為感抗性而相序為負序時，其間相量關係將如圖(d)所示，因而瓦特計之讀值分子部份相減之順序為($acbacb\cdots$)，即(10-65)式則應改為

$$\tan\theta = \frac{\sqrt{3}(W_a - W_c)}{W_a + W_c} \quad (10\text{-}67)$$

將上述兩瓦特計換接至a、b兩相線路上，仍然假設為感抗性負載及正相序，由圖 10-25 所示之相量關係，可獲得兩瓦特計之讀值分別為：

$$\left.\begin{aligned} W_a &= V_{ac}I_{a'a}\cos\langle_{V_{ac}}^{I_{a'a}} = VI\cos(\theta - 30°) \\ W_b &= V_{bc}I_{b'b}\cos\langle_{V_{bc}}^{I_{b'b}} = VI\cos(\theta + 30°) \end{aligned}\right\} \quad (10\text{-}68)$$

若負載性質及相序之條件相同則依(10-59)式a、c兩相線路上瓦特計之讀值相比較，依正序($abcabc\cdots$)之順序為W_c而後為W_a排列，則(10-68)式中之順序為W_a而後W_b，依此類推，若將兩瓦特計換接至b、c兩相線路上，則兩瓦特計之讀值分別為：

$$
\left.\begin{aligned}
W_b &= V_{ba} I_{b'b} \cos\langle_{V_{ba}}^{I_{b'b}} = VI\cos(\theta - 30°) \\
W_c &= V_{ca} I_{c'c} \cos\langle_{V_{ca}}^{I_{c'c}} = VI\cos(\theta + 30°)
\end{aligned}\right\} \tag{10-69}
$$

比照圖10-25，讀者可繪出相量圖，證實之，上述三種不同兩瓦特計之接法將(10-65)式推廣至任何兩相線路上之瓦特計

$$
\begin{aligned}
\tan\theta &= \frac{\sqrt{3}(W_c - W_a)}{W_c + W_a} = \frac{\sqrt{3}(W_a - W_b)}{W_a + W_b} \\
&= \frac{\sqrt{3}(W_b - W_c)}{W_b + W_c}
\end{aligned} \tag{10-70}
$$

若相序爲負時，將(10-67)式推廣爲：

$$
\begin{aligned}
\tan\theta &= \frac{\sqrt{3}(W_a - W_c)}{W_a + W_c} = \frac{\sqrt{3}(W_c - W_b)}{W_c + W_b} \\
&= \frac{\sqrt{3}(W_b - W_a)}{W_b + W_a}
\end{aligned} \tag{10-71}
$$

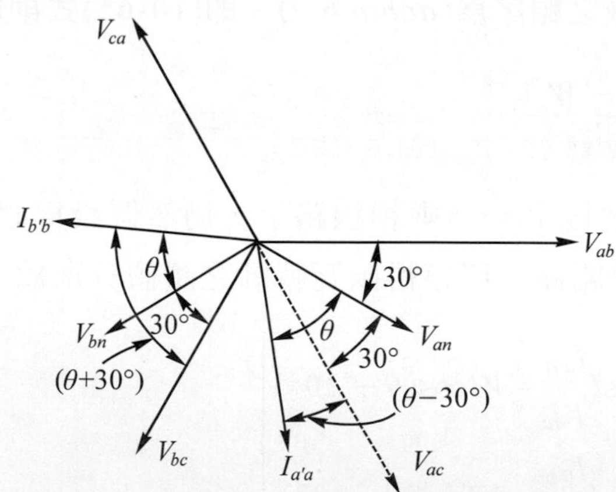

圖 10-25　確定a、b二線瓦特計讀值之相量圖

以上有關兩瓦特計測量平衡三相功率之分析，雖假設負載爲Y連接，若改爲△連接其結果亦必相同(讀者可自行證實)，就上述分析可獲結論爲：

1. 應用兩個瓦特計測量平衡三相系統之功率時，不論相序之正負，負載的性質爲何及瓦特計所接的位置在何相，其讀值必爲：

$$W_1 = VI\cos(\theta + 30°)$$
$$W_2 = VI\cos(\theta - 30°)，(W_1 < W_2) \quad (10\text{-}72)$$

2. 上式兩瓦特計讀值 W_1、W_2 較小者可能爲負值，因而測量時應先檢驗瓦特計之接法以決定其值之正負，然後決定將兩讀值相加或相減而獲得所測量之總功率。
3. 若欲同時確定負載之性質及功率因數，則須先確定系統之相序，然後依瓦特計所接之位置，由(10-70)式及(10-71)式中選取適當之一式序予應用。

功率因數對兩瓦特計讀值之效應，兩瓦特計之讀值如(10-71)式則爲功率因數角 θ 之函數，其變化如表 10-1 所示，當兩個瓦特計之讀值均爲正且相等時，負載爲純電阻性；當一瓦特計讀值爲零時，負載之因功率因數爲 0.5；當兩瓦特計讀值相等而符號相反時，負載爲純電抗性。以表 10-1 中之 p.f 及 $\frac{W_1}{W_2}$ 兩欄之數值，繪出曲線如圖 10-26 所示。從 $\frac{W_1}{W_2}$ 比值之計算即可在曲線上直接確定負載之功率因數，該曲線之應用當負載性質爲已知時，否則其性質尚須用其他方法予以確定。

表 10-1

θ	0°	30°	60°	90°
$p.f$	1	0.866	0.5	0
W_1	$\frac{\sqrt{3}}{2}VI$	$\frac{1}{2}VI$	0	$-\frac{1}{2}VI$
W_2	$\frac{\sqrt{3}}{2}VI$	VI	$\frac{\sqrt{3}}{2}VI$	$\frac{1}{2}VI$
$\frac{W_1}{W_2}$	1	$\frac{1}{2}$	0	-1

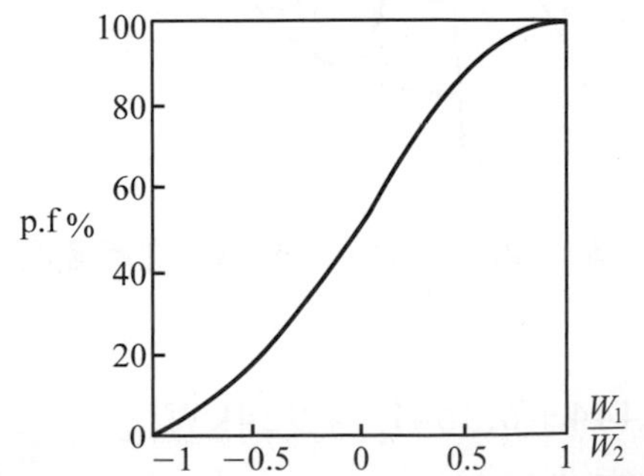

圖 10-26　功率因數對瓦特讀值比之曲線

例10-7

一△連接負載其相阻抗$\overline{Z}_p = 12 \angle 70° \Omega$，線電壓爲 240V 相序爲正，求:(a)$a$、$c$兩相線路上接瓦特計其讀値各爲多少？(b)總有功功率爲多少？(c)總無功功率爲多少？(d)若將兩瓦特計改接在a、b兩相線路上其讀値爲何？

解 △連接$V = V_p$，其線電流爲：$I = \sqrt{3}I_p = \dfrac{\sqrt{3}V_p}{Z_p} = \sqrt{3}\dfrac{240}{12} = 34.64\text{A}$

已知其阻抗角$\theta = 70°$

(a)依上述分析，負載爲感抗性正序條件下，a、c兩相線路上瓦特計之讀値分別爲：

$W_c = VI\cos(\theta - 30°) = 240 \times 34.64\cos(70° - 30°) = 6.368\text{kW}$

$W_a = VI\cos(\theta + 30°) = 240 \times 34.64\cos(70° + 30°) = -1.444\text{kW}$

若配合相量圖求解，如圖 10-27 所示，則不易發生錯誤，W_a之讀値爲$\overline{I}_{a'a}$與$\overline{V}_{ab}$及$\cos\langle_{V_{ab}}^{I_{a'a}}$之乘積，其間之夾角爲 100°，$W_c$之讀値爲$\overline{I}_{c'c}$與$\overline{V}_{cb}$及$\cos\langle_{V_{cb}}^{I_{c'c}}$之乘積，其間之夾角爲$(70° + 30°) - 60° = 40°$。

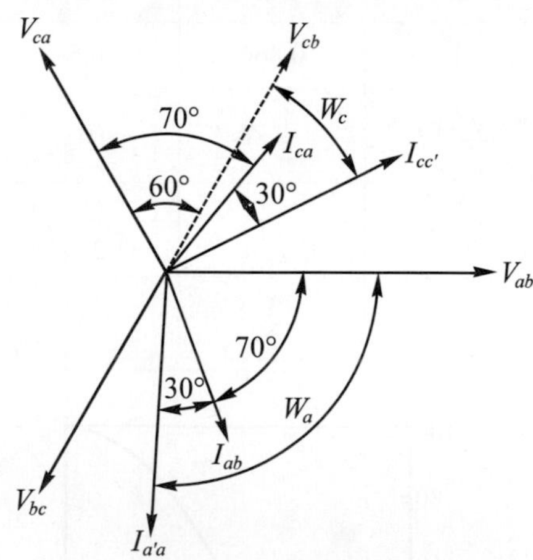

圖 10-27　確定瓦特計讀值之相量圖

(b)總功率爲

$P = W_a + W_c = (-1.444 + 6.368) = 4.924\text{kW}$

此計算結果，可用下式校對

$$P=S\cdot\cos\theta=\frac{3V^2}{Z_P}\cos\theta=\frac{3(240)^2}{12}\cos70°=4.925\text{kW}$$

(c)總無功功率爲

$$q=-\sqrt{3}(W_c-W_a)=-\sqrt{3}[6.368-(-1.444)]=-13.5\text{KVAR}$$

(d)$W_a=6.368\text{kW}\quad W_b=-1.444\text{kW}$

例 10-8

一平衡三相系統已知其線電壓爲 240V，正相序，a、c兩相線路上兩瓦特計的讀值分別爲：

$W_c=6.368\text{kW}$，$W_a=-1.444\text{kW}$

試求：(a)負載之性質及 p.f；(b)負載之複功率S；(c)等效△與Y阻抗。

解 (a)$\tan\theta=\dfrac{\sqrt{3}(W_c-W_a)}{W_c+W_a}=\dfrac{\sqrt{3}(6.368+1.444)}{6.368-1.444}=\dfrac{13.5}{4.924}=2.74$

$$\theta=\tan^{-1}2.74=70°$$

p.f $=\cos70°=0.342$(電感性)

(b)$S=P+jQ=4.924-j13.5=14.4\angle-70°\text{KVA}$

(c)$\bar{Z}_{P\triangle}=\dfrac{3V^2}{\bar{S}}=\dfrac{3(240)^2}{14.4\times10^3\angle-70°}=\dfrac{3\times57600}{14400\angle-70°}=12\angle70°\Omega$

$$\bar{Z}_{PY}=\frac{V^2}{\bar{S}}=\frac{57600}{14400\angle-70°}=4\angle70°\Omega$$

10-7 其他多相電路

平衡多相系統中，用途較廣的三相系統已作介紹，其他的多相電路，常見者有二相、四相、六相及十二相等雖不用於電力系統，但在自動控系統中常被用到，本節針對二相及四相制討論之，其他多相系統可依次類推。

圖 10-28(a)所示之電路，爲一平衡二相制，與單相三線制相似，唯一區別是其相電壓$\bar{V}_{a'n'}$及$\bar{V}_{b'n'}$間之相位差爲 90°，而非 180°。若$\bar{V}_{a'n'}$越前，則爲正序，反之則爲負序。電源之中點與負載中點以中線相連接，若以$\bar{V}_{a'n'}$爲參考電壓，可得圖(b)所示之相量關係，其線電壓爲：

$$\left.\begin{aligned}\overline{V}&=\overline{V}_{a'b'}=\overline{V}_{a'n'}-\overline{V}_{b'n'}=\sqrt{2}\overline{V}_p\underline{/45^\circ}\ (\text{正序})\\ \overline{V}&=\sqrt{2}\overline{V}_p\underline{/-45^\circ}\ (\text{負序})\end{aligned}\right\}\tag{10-73}$$

兩中點間的電壓$\overline{V}_{n'n}$亦可證明為零，因此其相電流分別為：

$$\left.\begin{aligned}\bar{I}_{an}&=\frac{\overline{V}_{an}}{\overline{Z}}\\ \bar{I}_{bn}&=\frac{\overline{V}_{bn}}{\overline{Z}}\end{aligned}\right\}\tag{10-74}$$

中線上電流為：

$$\bar{I}_{nn'}=\bar{I}_{na}+\bar{I}_{nb}=-(\bar{I}_{an}+\bar{I}_{bn})\tag{10-75}$$

二相平衡系統中線上之電流不等於零，為與其他多相平衡系統不同之處。

例10-9

設圖 10-28(a)中之相電壓$V_p=200\text{V}$，$\overline{Z}=20\underline{/30^\circ}\Omega$，求各線上這電流各為多少？設為正相序。

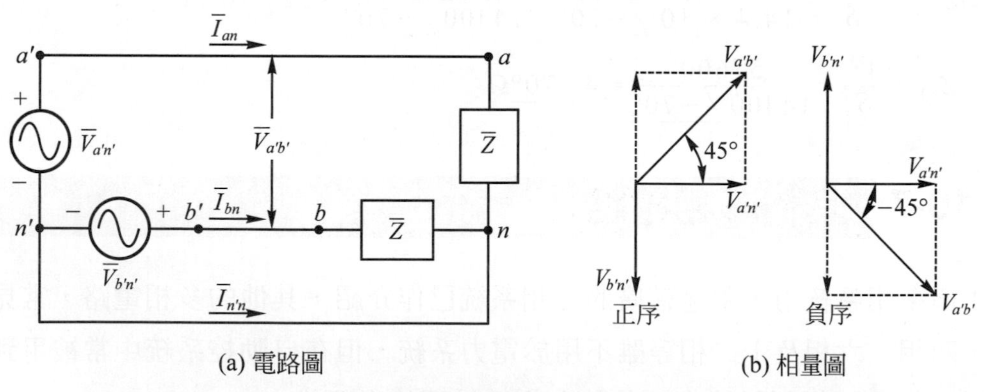

圖 10-28　平衡二相系統

解　以$\overline{V}_{an}$為參考電壓

$$\bar{I}_{an}=\frac{\overline{V}_{an}}{\overline{Z}}=\frac{200\underline{/0^\circ}}{20\underline{/30^\circ}}=10\underline{/-30^\circ}=8.66-j5\text{A}$$

$$\bar{I}_{bn}=\frac{\overline{V}_{bn}}{\overline{Z}}=\frac{200\underline{/-90^\circ}}{20\underline{/30^\circ}}=10\underline{/-120^\circ}=-5-j8.66\text{A}$$

$$\bar{I}_{n'n} = \bar{I}_{na} + \bar{I}_{nb} = (-8.66 + j5) + (5 + j8.66)$$

$$= -3.66 + j13.66 = 14.14 \angle 105° \text{A}$$

二相制平衡電壓可由二相發電機產生，或由單相電源經分相器而獲得，亦可由三相電源利用變壓器組合而得到。二相電動機比單相電動機有較大的起動力矩，伺服馬達多採用二相電源，平衡二相系統之總複功率為：

$$\bar{S} = 2\bar{V}_P^* \bar{I}_P \tag{10-76}$$

其絕對值或視在功率為

$$S = 2V_P I_P = 2\left(\frac{V}{\sqrt{2}}\right) I = \sqrt{2}VI \tag{10-77}$$

其相阻抗

$$\bar{Z}_P = \frac{\bar{V}_P}{\bar{I}_P} = \frac{\bar{V}_P}{\dfrac{\bar{S}}{2\bar{V}_P^*}} = \frac{2\bar{V}_P^2}{\bar{S}} = \frac{2\left(\dfrac{\bar{V}}{\sqrt{2}}\right)^2}{\bar{S}} = \frac{\bar{V}^2}{\bar{S}} \tag{10-78}$$

圖 10-29(a)所示為一四相制系統，由兩個二相制組合而成。利用星形接法可得到 10 個電壓，如圖(b)相量所示，其中有四個相電壓，$\bar{V}_{an}$、$\bar{V}_{bn}$、$\bar{V}_{cn}$及$\bar{V}_{dn}$；四個線電壓$\bar{V}_{ab}$、$\bar{V}_{bc}$、$\bar{V}_{cd}$及$\bar{V}_{da}$和兩個大小相等相位差為 90°形成二相制的電壓$\bar{V}_{ac}$、$\bar{V}_{bd}$。10 個電壓三種不同數值($V_{4\phi}$為相電壓，V為線電壓，$V_{a\phi}$為二相之相電壓)其間關係為：

$$\bar{V} = \sqrt{2}\bar{V}_{4\phi} = \frac{\bar{V}_{2\phi}}{\sqrt{2}} \tag{10-79}$$

其總複功率為：

$$\bar{S} = 2\bar{V}_{2\phi}^* \bar{I}_{2\phi} = 4\bar{V}_{4\phi}^* \bar{I}_{4\phi} \tag{10-80}$$

其總複功率之絕對值(視在功率)為：

$$|\bar{S}| = 4\left(\frac{V}{\sqrt{2}}\right) I = \sqrt{8}VI$$

因 $\bar{I} = \bar{I}_{2\phi} = \bar{I}_{4\phi}$

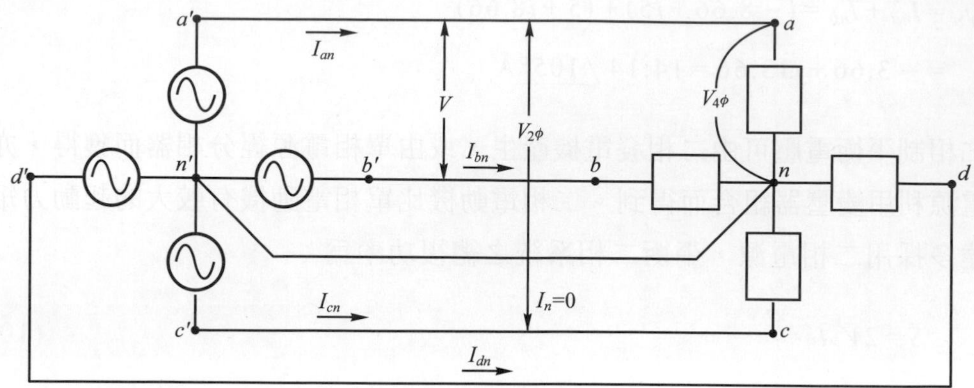

(a) 星形接法

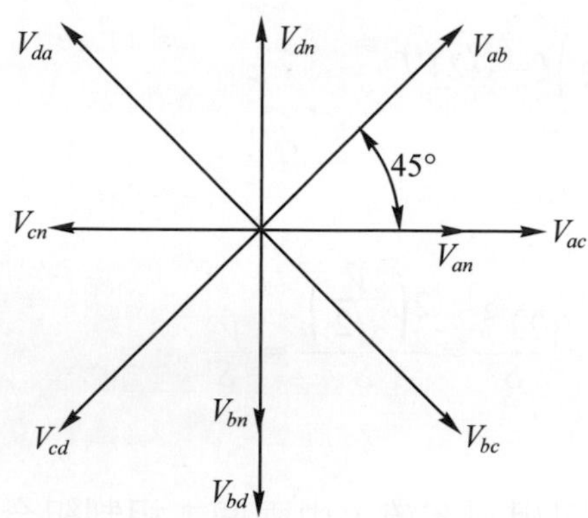

(b) 電壓相量(正序)

圖 10-29　平衡四相系統

四相制負載之相阻抗為：

$$\overline{Z}_P = \frac{\overline{V}_{4\phi}}{\overline{I}_{4\phi}} = \frac{\overline{V}_{4\phi}}{\dfrac{\overline{S}}{4\overline{V}^*_{4\phi}}} = \frac{4V^2_{4\phi}}{\overline{S}} \tag{10-81}$$

對於星形接法，因$\overline{V}_{4\phi} = \dfrac{\overline{V}}{\sqrt{2}}$，故

$$\overline{Z}_{p(*)} = \frac{4\left(\dfrac{\overline{V}}{\sqrt{2}}\right)^2}{\overline{S}} = \frac{2V^2}{\overline{S}} \tag{10-82}$$

對於網形接法，因$\overline{V}_{4\phi} = \overline{V}$，故

$$\overline{Z}_p = \frac{4V^2}{\overline{S}} \tag{10-83}$$

例 10-10

如圖 10-30(a)所示，為一四相星形連接電源電路，其線電壓$V=400$V四相網形連接負載所吸收之總複功率為$80\angle -60°$KVA，試求：(a)相電流；(b)線電流；(c)相阻抗。

解

(a)負載上之相電流I_p為：$\bar{I}_p=\dfrac{\bar{I}}{\sqrt{2}}=\dfrac{\frac{\bar{S}}{\sqrt{8}\bar{V}}}{\sqrt{2}}=\dfrac{\bar{S}}{4\bar{V}}=\dfrac{80\times 10^3}{4\times 100}=50\text{A}$

(b)總電流I為：$\bar{I}=\sqrt{2}\bar{I}_p=\sqrt{2}\cdot 50=70.7\text{A}$

(c)相阻抗Z_P為：$\bar{Z}_P=\dfrac{4V^2}{\bar{S}}=\dfrac{4\times 400^2}{80\times 10^3\angle -60°}=8\angle 60°\Omega$

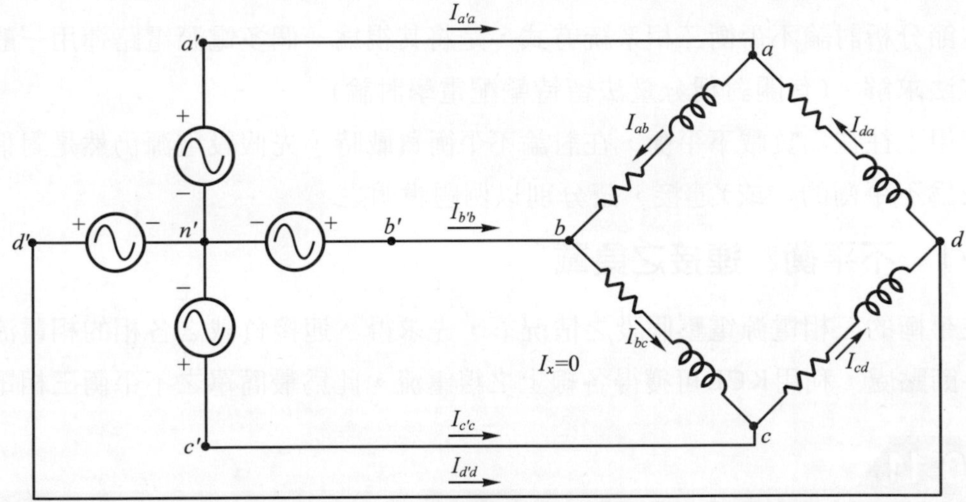

(a) 電路圖

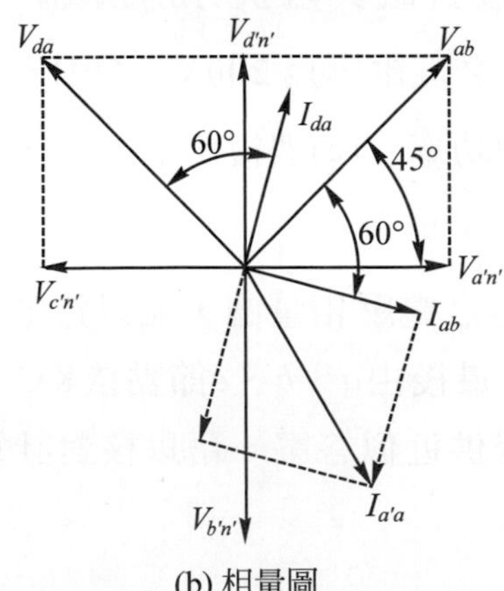

(b) 相量圖

圖 10-30

10-8 不對稱電源和不平衡負載

若三相系統中之三個負載不同(負載阻抗大小性質不一)或三個電壓不對稱則稱為三相不平衡系統，在上述對稱平衡三相系統中各相及各線電壓、電流間之關係是大小相同彼此相差120°；其線電壓與相電壓間之關係大小差$\sqrt{3}$倍相位差為±30°(Y連接，相位差視正、負序而異)；線電流與相電流之關係大小差$\sqrt{3}$倍相位差為∓30°(△連接，相位差視正、負序而異)。具有固定關係。運算較易；然而在不平衡三相系統中，由於電源之對稱、負載之不平衡，或兩者同時存在，致失去原有的對稱性，當無法再利用簡易方法運算與分析，其步驟較平衡三相電路繁雜。

本節分析討論不平衡三相系統方式，是將其視為一個多電源電路運用一般所熟習的方法求解。(有關對稱分量法留待輸配電學討論)

實用上往往為負載不平衡，在討論不平衡負載時，先假設電源仍然是對稱的，而負載為不平衡的△或Y連接，茲分別以例題說明之。

10-8-1 不平衡△連接之負載

在平衡的三相電源電壓假設之情況下，先求得△連接負載之各相的相電流，而後在各節點處，利用KCL可獲得各線上之線電流，此為最簡單之不平衡三相電路。

例10-11

圖 10-31(a)所示為一△連接負載其阻抗分別為$\bar{Z}_{ab}=25\angle 40°\Omega$，$\bar{Z}_{bc}=10\angle 0°\Omega$，$\bar{Z}_{ca}=20\angle -60°\Omega$，三相平衡之線電壓為200V，60Hz 正相序。以$\bar{V}_{ab}$為參考試求：(a)各線線電流；(b)每相之複功率；(c)總複功率；(d)若相序改為負相序重求：(a)、(b)、(c)。

解 先繪出正序以$\bar{V}_{ab}$為參考之電壓相量圖，並以近似之相量關係表示對應產生之相電流$\bar{I}_{ab}$、$\bar{I}_{bc}$、$\bar{I}_{ca}$。最後由a、b、c節點依KCL求得線電流$\bar{I}_{a'a}$、$\bar{I}_{b'b}$、$\bar{I}_{c'c}$如圖(b)所示，此圖可提供近似答案、藉以核對計算之結果。

(a)各相相電流分別為：

$$\bar{I}_{ab}=\frac{\bar{V}_{ab}}{\bar{Z}_{ab}}=\frac{200\angle 0°}{25\angle 40°}=8\angle -40°=6.128-j5.142\text{A}$$

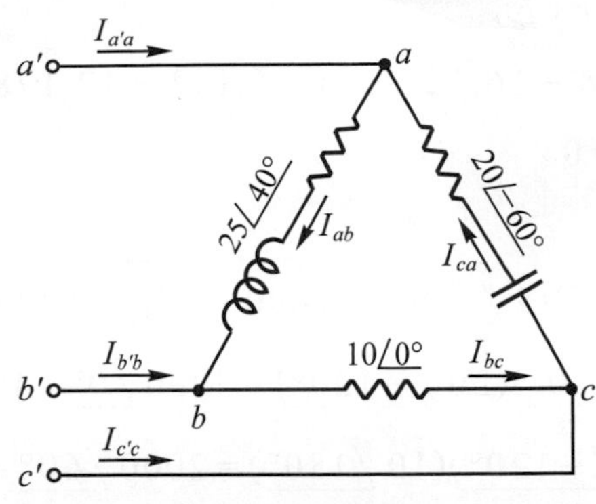

(a) 不平衡之△

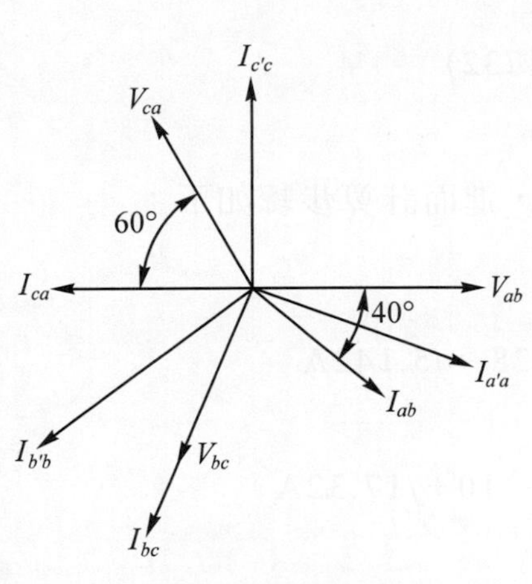

(b) 正序相量圖

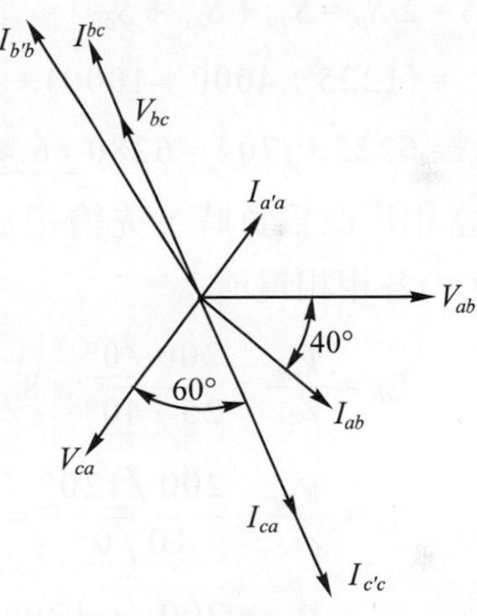

(c) 負序相量圖

圖 10-31

$$\bar{I}_{bc}=\frac{\bar{V}_{bc}}{\bar{Z}_{bc}}=\frac{200\angle -120°}{10\angle 0°}=20\angle -120°=-10-j17.32\text{A}$$

$$\bar{I}_{ca}=\frac{\bar{V}_{ca}}{\bar{Z}_{ca}}=\frac{200\angle 120°}{20\angle -60°}=10\angle 180°=-10+j0\text{A}$$

各線電流分別為

$$\bar{I}_{a'a}=\bar{I}_{ab}+\bar{I}_{ac}=\bar{I}_{ab}-\bar{I}_{ca}=(6.128-j5.142)-(-10+j0)$$
$$=16.128-j5.142=16.93\angle -17.68°\text{A}$$

$$\bar{I}_{b'b}=\bar{I}_{bc}-\bar{I}_{ab}=(-10-j17.32)-(6.128-j5.142)$$
$$=-16.128-j12.178=20.21\angle -142.95°\text{A}$$

$$\bar{I}_{c'c}=\bar{I}_{ca}-\bar{I}_{bc}=(-10+j0)-(-10-j17.32)$$
$$=0+j17.32=17.32\angle 90°$$

驗算：$\Sigma\bar{I}=\bar{I}_{a'a}+\bar{I}_{b'b}+\bar{I}_{c'c}$

$=(16.128-16.128)+j(-5.142-12.178+17.32)$

$=0+j0=0$

(b)各相之複功率為：

$\bar{S}_{ab}=\bar{V}^{*}_{ab}\bar{I}_{ab}=(200\angle 0°)(8\angle -40°)=1600\angle -40°=1225-j1028\text{VA}$

$\bar{S}_{bc}=\bar{V}^{*}_{bc}\bar{I}_{bc}=(200\angle 120°)(20\angle -120°)=4000\angle 0°=4000+j0\text{VA}$

$\bar{S}_{ca}=\bar{V}^{*}_{ca}\bar{I}_{ca}=(200\angle -120°)(10\angle 180°)=2000\angle 60°=1000+j1732\text{VA}$

(c)三相總複功率為：

$\bar{S}=\Sigma\bar{S}_p=\bar{S}_{ab}+\bar{S}_{bc}+\bar{S}_{ca}$

$=(1225+4000+1000)+j(-1028+1732)$

$=6225+j704=6280\angle 6.45°\text{VA}$

(d)當相序改為負時，先繪相量圖如圖(c)，進而計算步驟如下：

(a')各相相電流：

$$\bar{I}_{ab}=\frac{\bar{V}_{ab}}{\bar{Z}_{ab}}=\frac{200\angle 0°}{25\angle 40°}=8\angle -40°=6.128-j5.142\text{A}$$

$$\bar{I}_{bc}=\frac{\bar{V}_{bc}}{\bar{Z}_{bc}}=\frac{200\angle 120°}{10\angle 0°}=20\angle 120°=-10+j17.32\text{A}$$

$$\bar{I}_{ca}=\frac{\bar{V}_{ca}}{\bar{Z}_{ca}}=\frac{200\angle -120°}{20\angle -60°}=10\angle -60°=5-j8.66\text{A}$$

各相線電流：

$\bar{I}_{a'a}=\bar{I}_{ab}-\bar{I}_{ca}=(6.128-j5.142)-(5-j8.66)$

$=1.128+j3.518=3.69\angle 72.2°\text{A}$

$\bar{I}_{b'b}=\bar{I}_{bc}-\bar{I}_{ab}=(-10+j17.32)-(6.128-j5.142)$

$=-16.128+j22.462=27.65\angle 125.68°\text{A}$

$\bar{I}_{c'c}=\bar{I}_{ca}-\bar{I}_{bc}=(5-j8.66)-(-10+j17.32)$

$=15-j25.98=30\angle -60°\text{A}$

(b')各相之電壓與電流關係，並不因相序之正、負而有改變，故每相之複功率保持不變。

(c')三相之總複功率亦保持不變。

由本例題得知相序之正、負顛倒，可改變不平衡△連接負載相電流之角度，同時改變線電流之大小及相角，但對於每相之功率及總功率並無影響。

10-8-2 不平衡三相四線 Y 連接負載

三相四線制爲低壓單相配線所適用，設計上雖力求單相負載平均分配於三相，但是各單相負載不可能同時使用，勢必發生不平衡情況，此種不平衡電路之分析，仍視電源爲平衡電壓，則各負載上之相電壓因受中線之連接，亦必爲一平衡之電壓，因而各相之電壓及阻抗已知，電流、功率之求法與不平衡△連接負載相類似，以例題說明如下：

例 10-12

圖 10-32(a)所示爲一不平衡Y連接負載，其阻抗分別爲$\overline{Z}_{an}=8\angle 30°\Omega$，$\overline{Z}_{bn}=4\angle -50°\Omega$，$\overline{Z}_{cn}=6\angle 20°\Omega$，外接平衡線電壓爲 208V，若以$\overline{V}_{ab}$爲參考，試分別以正、負序求：(a)各線線電流：(b)中線上電流：(c)總有功功率。

解 (a)先分別繪出正、負序相電壓及線電壓之相量如圖(b)、(c)，

平衡相電壓爲$\dfrac{208}{\sqrt{3}}=120\text{V}$，各相電流亦即線電流(以$\overline{V}_{ab}$爲參考，即

$\overline{V}_{ab}=208\angle 0°\text{V}$，$\overline{V}_{an}=120\angle -30°\text{V}$，正序)依歐姆定理得

$$\overline{I}_{a'a}=\overline{I}_{an}=\frac{\overline{V}_{an}}{\overline{Z}_{an}}=\frac{120\angle -30°}{8\angle 30°}=15\angle -60°=7.5-j12.99\text{A}$$

$$\overline{I}_{b'b}=\overline{I}_{bn}=\frac{\overline{V}_{bn}}{\overline{Z}_{bn}}=\frac{120\angle -150°}{4\angle -50°}=30\angle -100°=-5.209-j29.64\text{A}$$

$$\overline{I}_{c'c}=\overline{I}_{cn}=\frac{\overline{V}_{cn}}{\overline{Z}_{cn}}=\frac{120\angle 90°}{6\angle 20°}=20\angle 70°=6.84+j18.79\text{A}$$

(b)中線電流

$$\overline{I}_{nn'}=\overline{I}_{an}+\overline{I}_{bn}+\overline{I}_{cn}$$
$$=(7.5-j12.99)+(-5.209-j29.54)+(6.84+j18.79)$$
$$=9.131-j23.74=25.44\angle -69°\text{A}$$

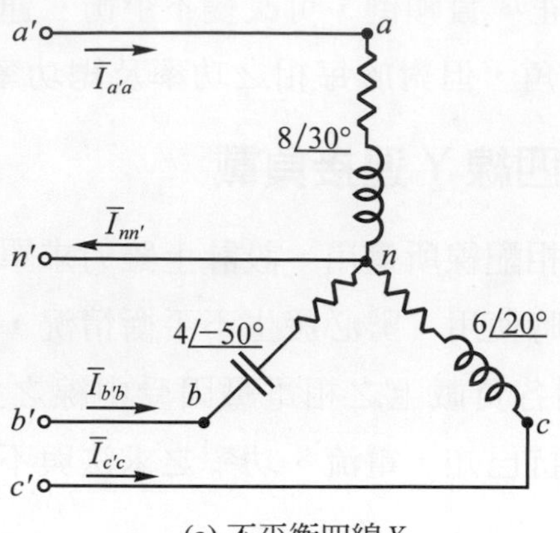

(a) 不平衡四線 Y

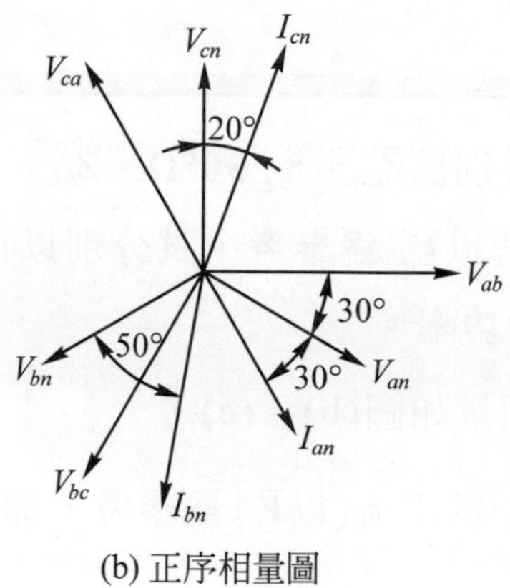

(b) 正序相量圖

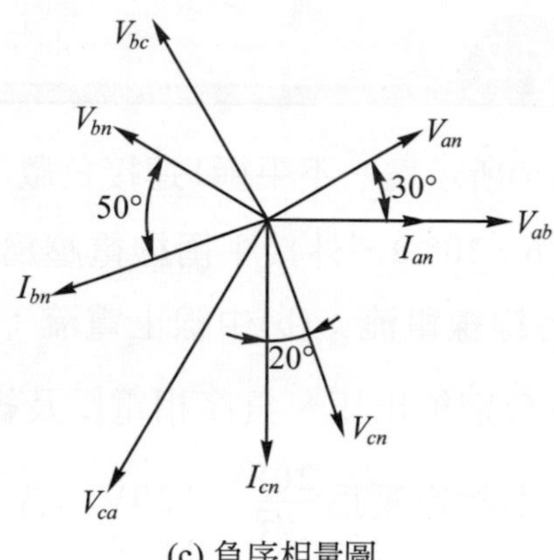

(c) 負序相量圖

圖 10-32

(c)每相之平均功率或有功功率爲

$P_{an} = I_{an}^2 R_{an} = (15)^2(6.928) = 1559\text{W}$

$P_{bn} = I_{bn}^2 R_{bn} = (30)^2(2.571) = 2314\text{W}$

$P_{cn} = I_{cn}^2 R_{cn} = (20)^2(5.638) = 2255\text{W}$

總功率$P = \Sigma P_p = 1559 + 2314 + 2255 = 6128\text{W}$

當相序爲負時

(a)$\overline{I}_{an} = \dfrac{\overline{V}_{an}}{\overline{Z}_{an}} = \dfrac{120\angle 30°}{8\angle 30°} = 15\angle 0° = 15 + j0\text{A}$

$\overline{I}_{bn} = \dfrac{\overline{V}_{bn}}{\overline{Z}_{bn}} = \dfrac{120\angle 150°}{4\angle -50°} = 30\angle 200° = -28.19 - j10.26\text{A}$

$\overline{I}_{cn} = \dfrac{\overline{V}_{cn}}{\overline{Z}_{cn}} = \dfrac{120\angle -90°}{6\angle 20°} = 20\angle -110° = -6.84 - j18.79\text{A}$

(b)$\bar{I}_{n'n}=\bar{I}_{an}+\bar{I}_{bn}+\bar{I}_{cn}$

$=(15+j0)+(-28.19-j10.26)+(-6.84-j18.79)$

$=-20.03-j29.05=35.28\angle-124.6°\text{A}$

(c)每相之電流與電阻其大小均未變，故每相之功率與總功率將 保持不變。其複功率也相同。(答案與正相序相同)

由本例得知，相序之正、負，對於在平衡電壓下供給不平衡三相四線Y連接負載，並不改變每相之功率及總功率，因正、負序相電壓$\bar{V}_{bn}$、$\bar{V}_{cn}$相角之改變，以致其對應電流之相角及中線上電流大小和相角均有改變。

10-8-3　不平衡三相三線 Y 連接負載

若將上圖 10-32(a)中的中線去掉，或中線發生斷路故障時，則Y連接負載端之相電壓不再平衡，而成爲相阻抗與相序之複雜函數。此類電路之分析，當以Y-△變換，位移中性點法或網目法較爲便捷，分別以例題說明如下：

例 10-13

將 10-12 圖 10-32(a)中的中線去掉，仍以$\bar{V}_{ab}$爲參考，分別以正、負序求：(a)各線線電流；(b)各相相電壓；(c)每相之功率及總功率。

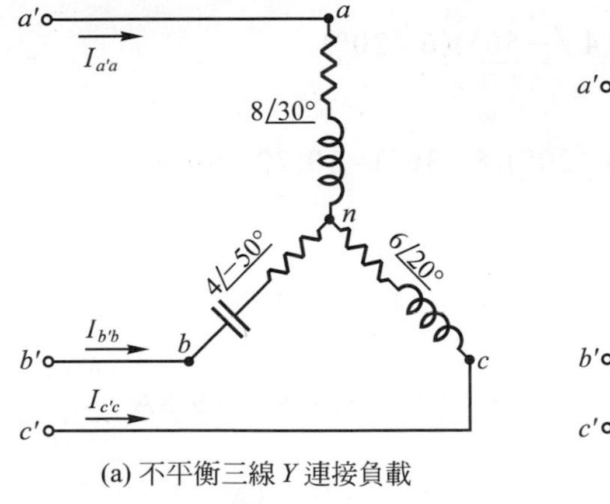

(a) 不平衡三線 Y 連接負載

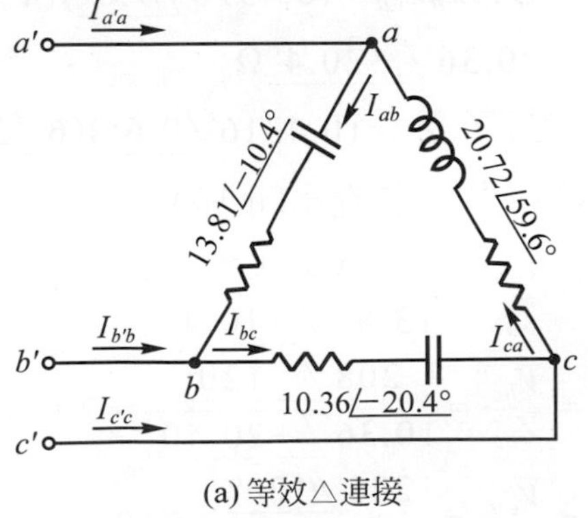

(a) 等效△連接

圖 10-33

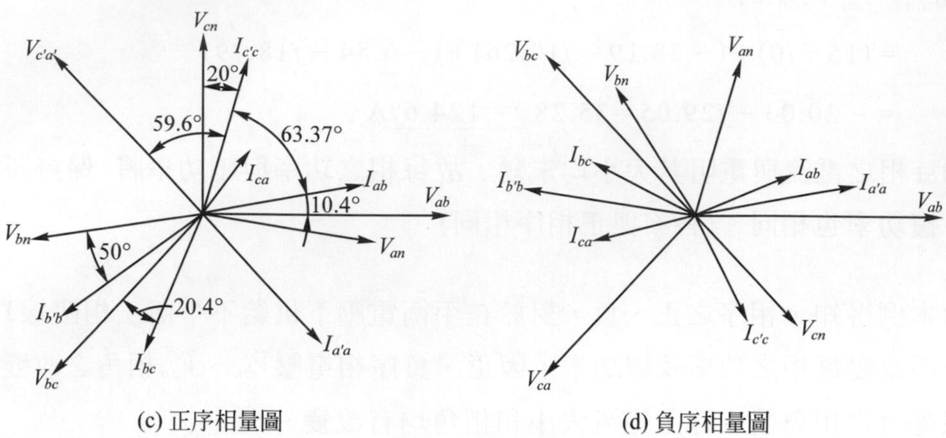

(c) 正序相量圖　　(d) 負序相量圖

圖 10-33　(續)

解 先將Y連接負載轉換為等值△連接負載如圖(b)所示，並繪出正、負序之關係相量圖如圖(c)、(d)所示。

(a)原 Y 連接負載導納之和為：

$$\Sigma\overline{Y}=\overline{Y}_{an}+\overline{Y}_{bn}+\overline{Y}_{cn}$$

$$=(0.1083-j0.0625)+(0.1607+j0.1915)+(0.1566-j0.057)$$

$$=0.4256+j0.072=0.4316\angle 9.6°\text{℧}$$

換算為等效△接阻抗分別為：

$$\overline{Z}_{ab}=\frac{\Sigma\overline{Y}}{\overline{Y}_{an}\overline{Y}_{bn}}=\Sigma\overline{Y}\overline{Z}_{an}\overline{Z}_{bn}=(0.4316\angle 9.6°)(8\angle 30°)(4\angle -50°)$$

$$=13.81\angle -10.4°\Omega$$

$$\overline{Z}_{bc}=\Sigma\overline{Y}\overline{Z}_{bn}\overline{Z}_{cn}=(0.4316\angle 9.6°)(4\angle -50°)(6\angle 20°)$$

$$=10.36\angle -20.4°\Omega$$

$$\overline{Z}_{ca}=\Sigma\overline{Y}\overline{Z}_{cn}\overline{Z}_{an}=(0.4316\angle 9.6°)(6\angle 20°)(8\angle 30°)=20.72\angle 59.6°\Omega$$

等效△之相電流為(正序)

$$\overline{I}_{ab}=\frac{\overline{V}_{ab}}{\overline{Z}_{ab}}=\frac{208\angle 0°}{13.81\angle -10.4°}=15.06\angle 10.4°=14.81+j2.719\text{A}$$

$$\overline{I}_{bc}=\frac{\overline{V}_{bc}}{\overline{Z}_{bc}}=\frac{208\angle -120°}{10.36\angle -20.40°}=20.08\angle -99.6°=-3.349-j19.8\text{A}$$

$$\overline{I}_{ca}=\frac{\overline{V}_{ca}}{\overline{Z}_{ca}}=\frac{208\angle 120°}{20.72\angle 59.6°}=10.04\angle 60.4°=4.959+j8.73\text{A}$$

線電流分別爲：

$\bar{I}_{a'a}=\bar{I}_{ab}-\bar{I}_{ca}=(14.8+j2.719)-(4.959+j8.73)$

$=9.851-j6.011=11.54\angle -31.39°\text{A}$

$\bar{I}_{b'b}=\bar{I}_{bc}-\bar{I}_{ab}=(-3.349-j19.8)-(14.8+j2.719)$

$=-18.159-j22.59=28.93\angle -128.88°\text{A}$

$\bar{I}_{c'c}=\bar{I}_{ca}-\bar{I}_{bc}=(4.959+j8.73)-(-3.349-j19.8)$

$=8.308+j28.53=29.72\angle 73.77°\text{A}$

驗算：$\Sigma\bar{I}=\bar{I}_{a'a}+\bar{I}_{b'b}+\bar{I}_{c'c}$

$=(9.851-18.159+8.308)+j(28.53-6.011-22.59)$

$=0+j0$

(b)等效△連接之線電流亦即原Y連接阻抗中所通過之電流，故原Y接之相電壓爲：

$\bar{V}_{an}=\bar{I}_{a'a}\bar{Z}_{an}=(11.54\angle -31.39°)(8\angle 30°)=92.32\angle -1.39°$

$=92.29-j2.24\text{V}$

$\bar{V}_{bn}=\bar{I}_{b'b}\bar{Z}_{bn}=(28.93\angle -128.88°)(4\angle -50°)$

$=115.7\angle -178.88°=-115.7-j2.26\text{V}$

$\bar{V}_{cn}=\bar{I}_{c'c}\bar{Z}_{cn}=(29.72\angle 73.77°)(6\angle 20°)=178.3\angle 93.77°$

$=-11.72+j178\text{V}$

上述解答是否正確，可以相電壓與線電壓間之關係予以核對。即

$\bar{V}_{ab}=\bar{V}_{an}+\bar{V}_{nb}=(92.29-j2.24)+(115.7+j2.26)$

$=207.99+j0.02\cong 208\angle 0°\text{V}$

$\bar{V}_{bc}=\bar{V}_{bn}+\bar{V}_{nc}=(-115.7-j2.26)+(11.72-j178)$

$=-103.98-j180.26\cong 208\angle -120°\text{V}$

$\bar{V}_{ca}=\bar{V}_{cn}+\bar{V}_{na}=(-11.72+j178)+(-92.29+j2.24)$

$=-104.01+j180.24\cong 208\angle 120°\text{V}$(故可視爲正確)

(c)每相之功率

$P_{an}=I_{a'a}^2R_{an}=(11.54)^2(6.93)=922.8\text{W}$

$P_{bn}=I_{b'b}^2R_{bn}=(28.93)^2(2.57)=2151\text{W}$

$P_{cn}=I_{c'c}^2R_{cn}=(29.72)^2(5.64)=4981\text{W}$

總功率

$P=\Sigma P_p=P_{an}+P_{bn}+P_{cn}=922.8+2151+4981=8054.8\text{V}$

當相序爲負時之各項解答如下：

(a)$\bar{I}_{ab} = 15.06\angle 10.4° = 14.81 + j2.719\text{A}$

$\bar{I}_{bc} = 20.08\angle 140.4° = -15.49 + j12.8\text{A}$

$\bar{I}_{ca} = 10.04\angle -179.60° = -10.04 - j0.1647\text{A}$

$\bar{I}_{a'a} = \bar{I}_{ab} - \bar{I}_{ca} = (14.81 + j2.719) - (-10.04 - j0.1647)$

$= 24.85 + j2.8837 = 25\angle 6.62°\text{A}$

$\bar{I}_{b'b} = \bar{I}_{bc} - \bar{I}_{ab} = (-15.49 + j12.8) - (14.81 + j2.719)$

$= (-30.28 + j10.081) = 31.9\angle 161.59°\text{A}$

$\bar{I}_{c'c} = \bar{I}_{ca} - \bar{I}_{bc} = (-10.04 - j0.1647) - (-15.49 + j12.8)$

$= 5.43 - j12.965 = 14.06\angle -67.27°\text{A}$

(b)$\bar{V}_{an} = \bar{I}_{a'a}\bar{Z}_{an} = (25\angle 6.62°)(80\angle 30°) = 200.1\angle 36.62°$

$= 160.6 + j119.3\text{V}$

$\bar{V}_{bn} = \bar{I}_{b'b}\bar{Z}_{bn} = (31.9\angle 161.59°)(4\angle -50°) = 127.6\angle 111.59°$

$= -46.97 + j118.7\text{V}$

$\bar{V}_{cn} = \bar{I}_{c'c}\bar{Z}_{cn} = (14.06\angle -67.27°)(6\angle 20°) = 84.36\angle -47.27°$

$= 57.24 + j61.97\text{V}$

(c)$P_{an} = I_{a'a}^2 R_{an} = (25)^2(6.93) = 4330\text{W}$

$P_{bn} = I_{b'b}^2 R_{bn} = (31.9)^2(2.57) = 2615\text{W}$

$P_{cn} = I_{c'c}^2 R_{cn} = (14.06)^2(5.64) = 1115\text{W}$

總功率

$P = \Sigma P_p = P_{an} + P_{bn} + P_{cn} = 4330 + 2615 + 1115 = 8060\text{W}$

將以上兩例中所獲結果列於表 10-2 中比較之。

表 10-2

	$\bar{I}_{a'a}$	$\bar{I}_{b'b}$	$\bar{I}_{c'c}$	$\bar{I}_n$	$\bar{V}_{an}$	$\bar{V}_{bn}$	$\bar{V}_{cn}$	P_{an}	P_{bn}	P_{cn}	P
4 線 Y，正序	15	30	20	25.4	120	120	120	1559	2314	2255	6128
4 線 Y，負序	15	30	20	33.3	120	120	120	1559	2314	2255	6128
3 線 Y，正序	11.54	28.9	29.7		92.3	116	178	923	2151	4980	8055
3 線 Y，負序	25	32	14.1		200	127.6	84	4330	2615	1115	8059

值得注意的，當三相四線Y連接不平衡負載，中線發生斷路障時，其相電壓不再平衡，在正序時$\overline{V}_{cn}$過高，超過額定電壓甚多可能導致設備損壞；在負序時，則$\overline{V}_{an}$特高，$\overline{V}_{cn}$甚低，一般言之，電壓過高或過低對電器設備之運用，均非適宜，各相之功率，雖因正、負序而有所變動，但其總功率不變。至於數值不盡相同是運算上取捨之誤差。

由 10-13 負載端相電壓之變動，可看由三相三線Y連接之負載平衡與否，而有甚大差異。以另一形式之相量圖，將兩種情況予以比較。設在Y連接平衡負載，接於三相平衡電壓時，其線電壓與相電壓間關係，在正、負相序下分別如圖 10-34 (a)、(b)所示，三個平衡線電壓構成一正三角形ABC，而連接三角形之重心及各項點之相量，則分別代表三個平衡的相電壓，故此重心即表示負載之中點n，也代表電源之中點n'；在三相Y連接平衡系統中不論有否中線連接，兩中點間之電壓$V_{n'n}=0$，所以相量圖中，n'與n兩點必重疊在一起。

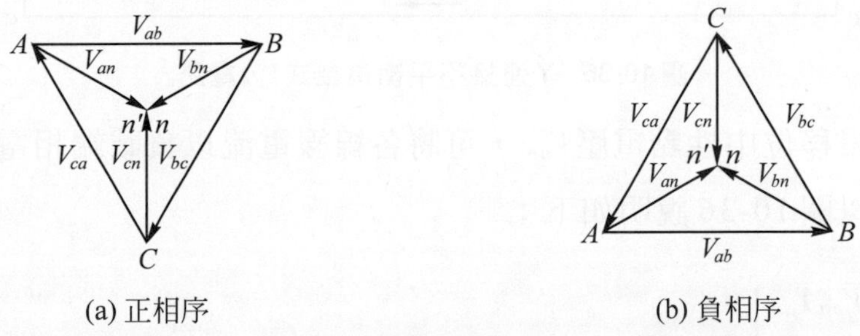

圖 10-34　三相三線平衡Y連接負載之電壓相量

當 Y 連接負載不平衡時，雖三相電源電壓仍保持平衡，而在負載端因相電壓不再平衡，所以圖中之n點不可能再與n'重疊，將隨負載不平衡程度而將處於任何一點，可能在三角形以內，亦可能在三角形之外如圖 10-35(a)、(b)所示，表示系統中兩中點間電位不同，必存在一電位差$V_{n'n}$通稱爲位移中點電壓，可以下述相量關係求得

$$V_{nn'}=\overline{V}_{na}+\overline{V}_{a'n'}=-\overline{V}_{an}+V_{a'n'} \tag{10-84}$$

$V_{nn'}$係以負載電壓表示之，若能設定出一個關係，使其與負載端相電壓無關，則 10-3 中欲求之電壓、電流可直接獲得。

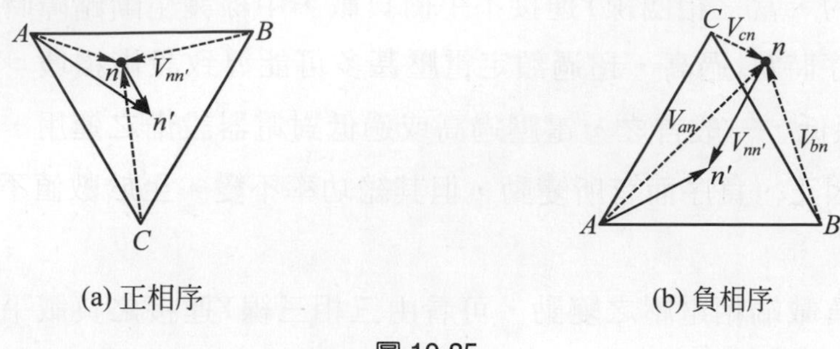

圖 10-35

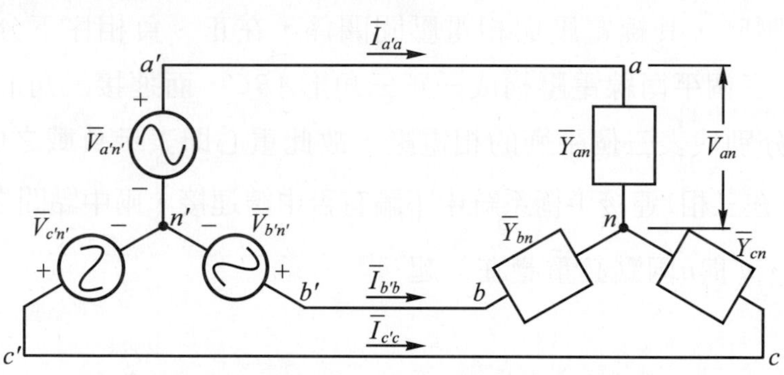

圖 10-36　Y 連接不平衡負載式 $V_{n'n}$ 電路

爲便於求得移位中性點電壓 $V_{nn'}$，可將各線線電流以負載端相電壓和負載等導納表示之。茲以圖 10-36 說明如下：

$$\left.\begin{aligned}\overline{I}_{a'a} &= \overline{V}_{an}\overline{Y}_{an}\\ \overline{I}_{b'b} &= \overline{V}_{bn}\overline{Y}_{bn}\\ \overline{I}_{c'c} &= \overline{V}_{cn}\overline{Y}_{cn}\end{aligned}\right\} \tag{10-85}$$

以圖中 n 點，引用 KCL 得

$$\overline{I}_{aa'} + \overline{I}_{bb'} + \overline{I}_{cc'} = 0$$

即

$$\overline{V}_{an}\overline{Y}_{an} + \overline{V}_{bn}\overline{Y}_{an} + \overline{V}_{cn}\overline{Y}_{cn} = 0 \tag{10-86}$$

由(10-84)式知

$$\left.\begin{aligned}\overline{V}_{an} &= \overline{V}_{a'n'} + \overline{V}_{n'n}\\ \overline{V}_{bn} &= \overline{V}_{b'n'} + \overline{V}_{n'n}\\ \overline{V}_{cn} &= \overline{V}_{c'n'} + \overline{V}_{n'n}\end{aligned}\right\} \tag{10-87}$$

將(10-87)式代入(10-86)式得：

$$(V_{a'n'}+V_{n'n})\overline{Y}_{an}+(\overline{V}_{b'n'}+\overline{V}_{n'n})\overline{Y}_{bn}+(\overline{V}_{c'n'}+\overline{V}_{n'n})\overline{Y}_{cn}=0 \quad (10\text{-}88)$$

由此可求得位移中性點電壓，為

$$\overline{V}_{nn'}=\frac{\overline{V}_{a'n'}\overline{Y}_{an}+\overline{V}_{b'n'}\overline{Y}_{bn}+\overline{V}_{c'n'}\overline{Y}_{cn}}{\overline{Y}_{an}+\overline{Y}_{bn}+\overline{Y}_{cn}} \quad (10\text{-}89)$$

由上式中各相電壓為已知，同時$\overline{Y}_{an}$、$\overline{Y}_{bn}$、$\overline{Y}_{cn}$分別為不平衡負載阻抗$\overline{Z}_{an}$、$\overline{Z}_{bn}$、$\overline{Z}_{cn}$之倒數，故位移的中性點電壓可求出。因此可求得負載端之相電壓$\overline{V}_{an}$、$\overline{V}_{bn}$、$\overline{V}_{cn}$，進而可求得線電流$\overline{I}_{a'a}$、$\overline{I}_{b'b}$及$\overline{I}_{c'c}$。

例 10-14

試以位移中性點法，10-13 中線電流及其負載端之相電壓。

解 (a)相序、電源以$\overline{V}_{ab}$為參考，則各相相電壓分別為：

$$V_{a'n'}=\frac{208\angle -30^\circ}{\sqrt{3}}=120\angle -30^\circ \text{V}$$

$$V_{b'n'}=120\angle -150^\circ \text{V}$$

$$V_{c'n'}=120\angle 90^\circ \text{V}$$

$$\overline{V}_{nn'}=\frac{\overline{V}_{an'}\overline{Y}_{an}+\overline{V}_{bn'}\overline{Y}_{bn}+\overline{V}_{cn'}\overline{Y}_{cn}}{\overline{Y}_{an}+\overline{Y}_{bn}+\overline{Y}_{cn}}$$

$$=\frac{120\angle -30^\circ\left(\frac{1}{8\angle 30^\circ}\right)+120\angle -150^\circ\left(\frac{1}{4\angle -50^\circ}\right)+120\angle 90^\circ\left(\frac{1}{6\angle 20^\circ}\right)}{(0.1083-j0.0625)+(0.1607+j0.1915)+(0.1566-j0.057)}$$

$$=\frac{(7.5-j12.99)+(-5.209-j29.54)+(6.84+j18.8)}{0.4316\angle 9.6^\circ}$$

$$=\frac{9.13-j23.74}{0.4316\angle 9.6^\circ}=\frac{25.44\angle -68.96^\circ}{0.4316\angle 9.6^\circ}=58.933\angle -77.96^\circ$$

$$=12.293-j57.64\text{V}$$

$$\overline{V}_{an}=\overline{V}_{an'}+\overline{V}_{n'n}=\overline{V}_{an'}-\overline{V}_{nn'}=120\angle -30^\circ-58.933\angle -77.96^\circ$$

$$=(103.92-j60)-(12.293-j57.64)=90.92-j2.4$$

$$=90.95\angle -1.5^\circ \text{V}$$

$$\bar{I}_{a'a}=\bar{V}_{an}\bar{Y}_{an}=90.95\underline{/-1.5^\circ}\left(\frac{1}{8\underline{/30^\circ}}\right)=11.36\underline{/-31.5^\circ}\text{A}$$

$$\bar{V}_{bn}=\bar{V}_{bn'}-\bar{V}_{nn'}=120\underline{/-150^\circ}-58.933\underline{/-77.96^\circ}$$

$$=(-103.92-j60)-(12.293-j57.64)$$

$$=-116.23-j2.36=116.255\underline{/-178.8^\circ}\text{V}$$

$$\bar{I}_{b'b}=\bar{V}_{bn}\bar{Y}_{bn}=116.255\underline{/-178.8^\circ}\left(\frac{1}{4\underline{/-50^\circ}}\right)=29.06\underline{/-128.8^\circ}\text{A}$$

$$\bar{V}_{cn}=\bar{V}_{cn'}-\bar{V}_{n'n}=(0+j120)-(12.293-j57.64)$$

$$=-12.293+j177.64=178.06\underline{/93.96^\circ}\text{V}$$

$$I_{c'c}=\bar{V}_{cn}\bar{Y}_{cn}=178.06\underline{/93.96^\circ}\left(\frac{1}{6\underline{/20^\circ}}\right)=29.68\underline{/73.96^\circ}\text{A}$$

(b)負相序

$$\bar{V}_{an'}=12\underline{/30^\circ}，\bar{V}_{bn'}=120\underline{/150^\circ}，\bar{V}_{cn'}=120\underline{/-90^\circ}$$

$$\bar{V}_{nn'}=\frac{\bar{V}_{an'}\bar{Y}_{an}+\bar{V}_{bn'}\bar{Y}_{bn}+\bar{V}_{cn'}\bar{Y}_{cn}}{\bar{Y}_{an}+\bar{Y}_{bn}+\bar{Y}_{cn}}$$

$$=\frac{120\underline{/30^\circ}\left(\frac{1}{8\underline{/30^\circ}}\right)+120\underline{/150^\circ}\left(\frac{1}{4\underline{/-50^\circ}}\right)+120\underline{/-90^\circ}\left(\frac{1}{6\underline{/20^\circ}}\right)}{0.4316\underline{/9.6^\circ}}$$

$$=\frac{15+(-28.2-j10.26)+(-6.84-j18.3)}{0.4316\underline{/9.6^\circ}}$$

$$=\frac{-20.04-j29.06}{0.4316\underline{/9.6^\circ}}=81.79\underline{/-134.2^\circ}=-57-j58.4\text{V}$$

$$\bar{V}_{an}=\bar{V}_{an'}-\bar{V}_{n'n}=(103.923+j60)-(-57-j58.6)$$

$$=160.923+j118.6=199.89\underline{/36.40^\circ}\text{V}$$

$$\bar{I}_{a'a}=\bar{V}_{an}\bar{Y}_{an}=199.89\underline{/36.40^\circ}\left(\frac{1}{8\underline{/30^\circ}}\right)=24.98\underline{/6.40^\circ}\text{A}$$

$$\bar{V}_{bn}=\bar{V}_{bn'}-\bar{V}_{n'n}=120\underline{/150^\circ}-(-57-j58.6)$$

$$=-103.92+j60+57+j58.6=-46.92+j118.6$$

$$=127.5\underline{/111.58^\circ}\text{V}$$

$$\bar{I}_{b'b}=\bar{V}_{bn}\bar{Y}_{bn}=127.5\underline{/111.58^\circ}\left(\frac{1}{4\underline{/-50^\circ}}\right)=31.88\underline{/161.58^\circ}\text{A}$$

$$\overline{V}_{cn}=\overline{V}_{cn'}-\overline{V}_{n'n}=(0-j120)-(-57-j58.6)=57-j61.4$$
$$=83.78\angle -47°\text{V}$$
$$\overline{I}_{c'c}=\overline{V}_{cn}\overline{Y}_{cn}=83.78\angle -47°\left(\frac{1}{6\angle 20°}\right)=13.96\angle -67°\text{A}$$

10-9 不平衡三相電路的網目解法

不平衡三相電路亦可用網目電流法求解，其運算方式與單相多源電路相同，且不管電源與負載平衡與否，均可採用網目電流排出其電壓方程式，解方程式先求得網目電流進而由網目電流求出各線電流。參照圖 10-37，設網目電流分別$\overline{I}_1$及$\overline{I}_2$；各線電流分別爲$\overline{I}_{a'a}$、$\overline{I}_{b'b}$及$\overline{I}_{c'c}$。先寫出兩個網目方程式。

$$\left.\begin{aligned}(\overline{Z}_{an}+\overline{Z}_{bn})\overline{I}_1-\overline{Z}_{bn}\overline{I}_2=\overline{V}_{a'b'}=\overline{V}_{ab}\\-\overline{Z}_{bn}\overline{I}_1+(\overline{Z}_{bn}+\overline{Z}_{cn})\overline{I}_2=\overline{V}_{b'c'}=\overline{V}_{bc}\end{aligned}\right\}\tag{10-90}$$

解聯立方程式得：

$$\overline{I}_1=\frac{\overline{V}_{ab}(\overline{Z}_{bn}+\overline{Z}_{cn})+\overline{V}_{bc}\overline{Z}_{bn}}{\overline{Z}_{an}\overline{Z}_{bn}+\overline{Z}_{bn}\overline{Z}_{cn}+\overline{Z}_{cn}\overline{Z}_{an}}=\frac{\overline{V}_{ab}\overline{Z}_{cn}+(\overline{V}_{ab}+\overline{V}_{bc})\overline{Z}_{bn}}{\overline{Z}_{an}\overline{Z}_{bn}+\overline{Z}_{bn}\overline{Z}_{cn}+\overline{Z}_{cn}\overline{Z}_{an}}$$
$$=\frac{\overline{V}_{ab}\overline{Z}_{cn}-\overline{V}_{ca}\overline{Z}_{bn}}{\overline{Z}_{an}\overline{Z}_{bn}+\overline{Z}_{bn}\overline{Z}_{cn}+\overline{Z}_{cn}\overline{Z}_{an}}\tag{10-91}$$
$$\overline{I}_2=\frac{\overline{V}_{bc}\overline{Z}_{an}-\overline{V}_{ca}\overline{Z}_{bn}}{\overline{Z}_{an}\overline{Z}_{bn}+\overline{Z}_{bn}\overline{Z}_{cn}+\overline{Z}_{cn}\overline{Z}_{an}}\tag{10-92}$$

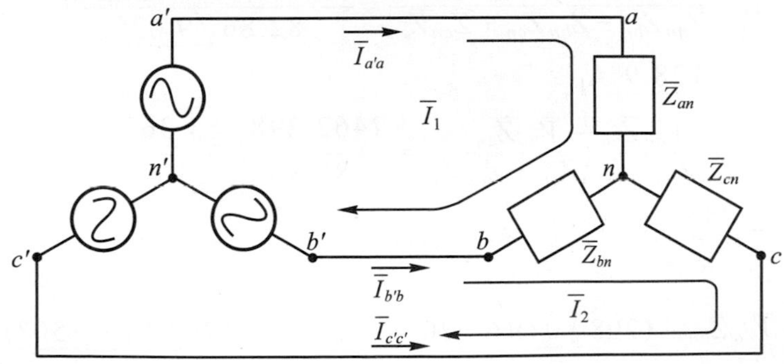

圖 10-37　三線不平衡Y連接電路

由網目電流可獲得Y連接負載之線電流。

$$\left.\begin{aligned}&\bar{I}_{a'a}=\bar{I}_1\\&\bar{I}_{b'b}=\bar{I}_2-\bar{I}_1=\frac{\bar{V}_{bc}\bar{Z}_{an}-\bar{V}_{an}\bar{Z}_{cn}}{\bar{Z}_{an}\bar{Z}_{bn}+\bar{Z}_{bn}\bar{Z}_{cn}+\bar{Z}_{cn}\bar{Z}_{an}}\\&\bar{I}_{c'c}=-\bar{I}_2\end{aligned}\right\}\tag{10-93}$$

例10-15

試用網目電流法，重解10-13。

解 (a)正序，由(10-91)式，分別先計算其分子與分母之數值，再求出各網目電流。

$$\begin{aligned}\bar{V}_{ab}\bar{Z}_{cn}-\bar{V}_{ca}\bar{Z}_{bn}&=(208\angle 0^\circ)(6\angle 20^\circ)-(208\angle 120^\circ)(4\angle -50^\circ)\\&=1248\angle 20^\circ-832\angle 70^\circ\\&=(1172.7+j426.8)-(284.5+j781.8)\\&=888-j355=956\angle -21.8^\circ\end{aligned}$$

$$\begin{aligned}&\bar{Z}_{an}\bar{Z}_{bn}+\bar{Z}_{bn}\bar{Z}_{cn}+\bar{Z}_{cn}\bar{Z}_{an}\\&=(8\angle 30^\circ)(4\angle -50^\circ)+(4\angle -50^\circ)(6\angle 20^\circ)+(6\angle 20^\circ)(8\angle 30^\circ)\\&=32\angle -20^\circ+24\angle -30^\circ+48\angle 50^\circ\\&=(30-j10.94)+(20.8-j12)+(30.9+j36.8)\\&=81.7+j13.86=82.86\angle 9.63^\circ\end{aligned}$$

$$\bar{I}_{a'a}=I_1=\frac{956\angle -21.8^\circ}{82.86\angle 9.63^\circ}=11.5\angle -31.4^\circ\text{A}$$

$$\begin{aligned}\bar{I}_{b'b}&=\bar{I}_2-\bar{I}_1=\frac{\bar{V}_{bc}\bar{Z}_{an}-\bar{V}_{ab}\bar{Z}_{cn}}{\bar{Z}_{an}\bar{Z}_{bn}+\bar{Z}_{bn}\bar{Z}_{cn}+\bar{Z}_{cn}\bar{Z}_{an}}=\frac{2397.2\angle -119.289^\circ}{82.86\angle 9.63^\circ}\\&=28.9\angle -128.9^\circ\text{A}\end{aligned}$$

$$\begin{aligned}\bar{I}_{c'c}&=-\bar{I}_2=\frac{\bar{V}_{ca}\bar{Z}_{bn}-\bar{V}_{bc}\bar{Z}_{an}}{\bar{Z}_{an}\bar{Z}_{bn}+\bar{Z}_{bn}\bar{Z}_{cn}+\bar{Z}_{cn}\bar{Z}_{an}}=\frac{2462.298\angle 83.36^\circ}{82.86\angle 9.63^\circ}\\&=29.72\angle 73.76^\circ\text{A}\end{aligned}$$

(b)負序

$$\begin{aligned}\bar{V}_{ab}\bar{Z}_{cn}-\bar{V}_{ca}\bar{Z}_{bn}&=(208\angle 0^\circ)(6\angle 20^\circ)-(208\angle -120^\circ)(4\angle -50^\circ)\\&=1248\angle 20^\circ-832\angle -170^\circ\\&=(1172.7+j426.8)-(-819.4-j144.47)\\&=1992+j571.3=2072\angle 16^\circ\end{aligned}$$

$$\bar{I}_{a'a}=\frac{2072\ \angle 16^\circ}{82.8\ \angle 9.6^\circ}=25\ \angle 6.4^\circ\text{A}$$

$$\bar{I}_{b'b}=\frac{\bar{V}_{bc}\bar{Z}_{an}-\bar{V}_{ab}\bar{Z}_{cn}}{82.8\ \angle 9.6^\circ}=\frac{2644.9\ \angle 171.2^\circ}{82.8\ \angle 9.6^\circ}=31.9\ \angle 162^\circ\text{A}$$

$$\bar{I}_{c'c}=\frac{\bar{V}_{cn}\bar{Z}_{bn}-\bar{V}_{bc}\bar{Z}_{an}}{82.8\ \angle 9.6^\circ}=\frac{1157.5\ \angle -57.5^\circ}{82.8\ \angle 9.6^\circ}=14\ \angle -67^\circ\text{A}$$

所求各線電流與 10-13 相同，各相功率及總功率之計算從略。

10-10 不平衡三相電路功率之測量

在 10-6 節中所述平衡三相電路功率及其量度，用兩個瓦特計測量三相功率，不論負載平衡與否，均可適用。即(10-67)、(10-58)及(10-59)式仍可用於不平衡負載功率之量度；唯功率因數，三相既不相同，因而各有其個別之功率因數。對於整體三相負載而言，則依定義，即爲總有功功率與總視在功率之比或總複功率相角之餘弦值。以例題說明之。

例 10-16

圖 10-38(a)所示之電路若爲正序，且以$\bar{V}_{ab}$爲參考，試求：(a)每相之功率；(b)兩瓦特計之讀值；(c)三相負載之功率因數。

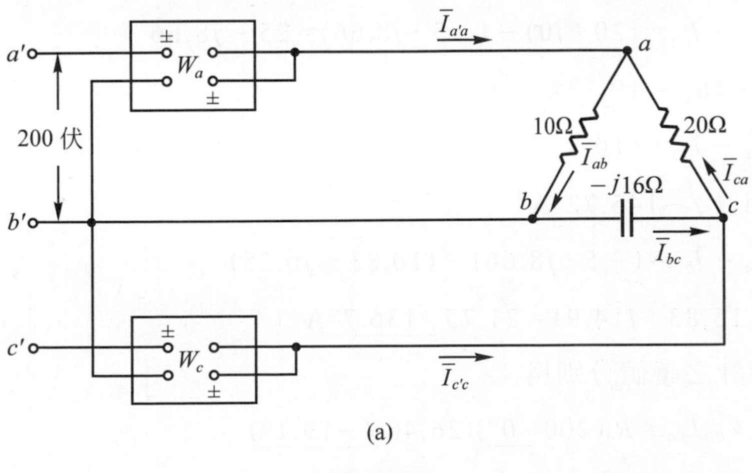

(a)

圖 10-38

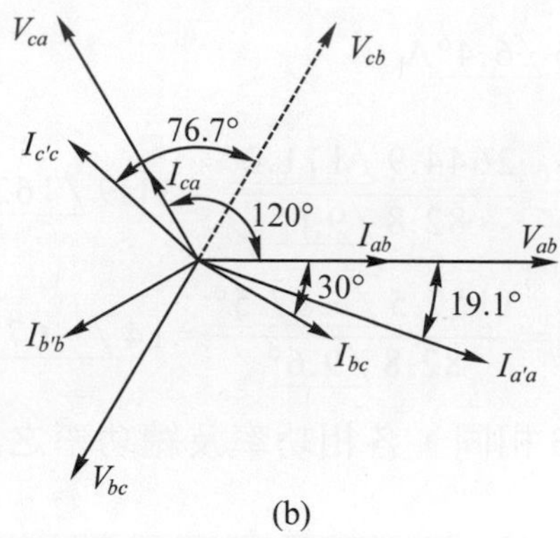

(b)

圖 10-38 （續）

解

(a) $P_{ab} = \dfrac{V_{ab}^2}{R_{ab}} = \dfrac{200^2}{10} = 4000\text{W} = 4\text{kW}$

$P_{bc} = 0$

$P_{ca} = \dfrac{V_{ca}^2}{R_{ca}} = \dfrac{200^2}{20} = 2000\text{W} = 2\text{kW}$

$P = \Sigma P_p = 4 + 0 + 2 = 6\text{kW}$

(b) $\bar{I}_{ab} = \dfrac{\bar{V}_{ab}}{\bar{Z}_{ab}} = \dfrac{200\angle 0°}{10\angle 0°} = 20\angle 0° = 20 + j0\text{A}$

$\bar{I}_{bc} = \dfrac{\bar{V}_{bc}}{\bar{Z}_{bc}} = \dfrac{200\angle -120°}{16\angle -90°} = 12.5\angle -30° = 10.83 - j6.25\text{A}$

$\bar{I}_{ca} = \dfrac{\bar{V}_{ca}}{\bar{Z}_{ca}} = \dfrac{200\angle 120°}{20\angle 0°} = 10\angle 120° = -5 + j8.66\text{A}$

$\bar{I}_{a'a} = \bar{I}_{ab} - \bar{I}_{ca} = (20 + j0) - (-5 + j8.66) = 25 - j8.66$

$= 26.46\angle -19.1°\text{A}$

$\bar{I}_{b'b} = \bar{I}_{bc} - \bar{I}_{ab} = (10.83 - j6.25) - (20 + j0) = -9.17 - j6.25$

$= 11.1\angle -145.72°\text{A}$

$\bar{I}_{c'c} = \bar{I}_{ca} - \bar{I}_{bc} = (-5 + j8.66) - (10.83 - j6.25)$

$= -15.83 + j14.91 = 21.75\angle 136.7°\text{A}$

兩瓦特計之讀值分別為

$W_a = R_e\bar{V}_{ab}^*\bar{I}_{a'a} = R_e(200\angle 0°)(26.46\angle -19.1°)$

$= (200)(26.46)\cos 19.1° = 5000\text{W} = 5\text{kW}$

$W_c = R_e\overline{V}^*_{cb}\overline{I}_{a'a} = R_e(200\ \underline{/-60°})(21.75\ \underline{/136.7°})$

$= (200)(21.75)\cos 76.7° = 1000\text{W} = 1\text{kW}$

$P = W_a + W_c = 5 + 1 = 6\text{k}$　(與(a)計算之結果相同)

(c)三相之複功率爲

$\overline{S}_{ab} = \overline{V}^*_{ab}\overline{I}_{ab} = (200\ \underline{/0°})(20\ \underline{/0°}) = 4\ \underline{/0°} = 4 + j0\text{kVA}$

$\overline{S}_{bc} = \overline{V}^*_{bc}\overline{I}_{bc} = (200\ \underline{/120°})(12.5\ \underline{/-30°}) = 2.5\ \underline{/90°}$

$= 0 + j2.5\text{kVA}$

$\overline{S}_{ca} = \overline{V}^*_{ca}\overline{I}_{ca} = (200\ \underline{/-120°})(10\ \underline{/120°}) = 2000\ \underline{/0°}\text{VA}$

$= 2 + j0\text{kVA}$

$\overline{S} = \overline{\Sigma S_p} = 6 + j2.5 = 6.5\ \underline{/22.6°}\text{kVA}$

$\text{p.f} = \cos 22.6° = 0.923$

在此值得一提的是對三相平衡負載，可得利用兩個瓦特計之讀值求得某無功功率$[Q = \sqrt{3}(W_a - W_c)]$；但負載不平衡時則不可利用，若將本例中$W_a$及$W_c$之讀值代入(10-63)式得無功功率$Q$爲：

$$Q = \sqrt{3}(W_a - W_c) = 1.73(5 - 1) = 6.92\text{kVAR}$$

顯然與該系統之無功功率$Q = 2.5\text{kVAR}$不符。但若取兩瓦特計讀值公式之虛數部之和，則爲：

$$Q_a = |\overline{V}_{ab}| \cdot |\overline{I}_{a'a}| \sin\angle^{V_{ab}}_{I_{a'a}} = (200)(26.46)\sin(-19.2°)$$

$$= 5292\sin(-19.2°) = -1730 = -1.73\text{kVAR}$$

$$Q_c = |\overline{V}_{cb}| \cdot |\overline{I}_{c'c}| \sin\angle^{V_{cb}}_{I_{c'c}} = (200)(21.75)\sin 76.72°$$

$$= 4350\sin 76.72° = 4230 = 4.23\text{kVAR}$$

$$Q_a + Q_c = -1.73 + 4.23 = 2.5\text{kVAR}$$

此結果恰與該系統所求之無功功率相符合，此乃因瓦特計在不平衡負載電路上之讀值，其相關兩複數之和可化爲：

$$W_a + W_c = \overline{V}^*_{ab}\overline{I}_{a'a} + \overline{V}^*_{cb}\overline{I}_{c'c}$$
$$= \overline{V}^*_{ab}(\overline{I}_{ab} + \overline{I}_{ac}) + \overline{V}^*_{cb}(\overline{I}_{ca} + \overline{I}_{cb})$$
$$= \overline{V}^*_{ab}\overline{I}_{ab} + \overline{V}^*_{bc}\overline{I}_{bc} + (\overline{V}^*_{cb} + \overline{V}^*_{ba})\overline{I}_{ca}$$
$$= \overline{V}^*_{ab}\overline{I}_{ab} + \overline{V}^*_{bc}\overline{I}_{bc} + \overline{V}^*_{ca}\overline{I}_{ca}$$
$$= \overline{S}_{ab} + \overline{S}_{bc} + \overline{S}_{ca} = \overline{S} \qquad (10\text{-}94)$$

若將兩瓦特計改接至a、b兩相或b、c兩相線路上。其讀值之和及由讀值換算所獲之無功功率必相同讀者可自行證明之。

章末習題

1. 三相平衡電路已知電壓為 350V，60Hz，負相序且以a相電壓為參考，試求當$t = 12m$sec之電壓瞬時值，並證明三相電壓之和為零。
2. 三相平衡電源其電壓為240V，60Hz，正相序以a相電壓為參考，當$t = 6m$sec時各相電壓瞬時值為多少？
3. 一平衡Y連接阻抗$\overline{Z}_{PY} = 20\angle 40°\Omega$接於440V，60Hz 三相電源上正序以$\overline{V}_{ab}$為參考，試求：(a)相電壓；(b)線電流；(c)繪出相量圖。
4. 三個平衡阻抗△連接，$\overline{Z}_{P\triangle} = 42\angle -35°\Omega$，接於350V，60Hz之正序電源上，以$\overline{V}_{bc}$為參考，試求：(a)各相電流；(b)各線電流；(c)繪出其相量圖。
5. 一△連接三相發電機，其線電壓為220V，線電流為20A，p.f= 0.85滯後，試求：(a)相電壓；(b)相電流；(c)有功功率。
6. 一平衡Y連接負載之相阻抗為$6\angle 45°\Omega$，接於三相四線之負相序電源，已知其線電壓為208V，以相電壓$\overline{V}_{an}$為參考試求各線電流(包括中線)及負載有功功率。
7. 一平衡三相三線系統之線電壓為 480V，正相序Y連接負載阻抗為$65\angle -20°\Omega$，試求各線線電流及總複功率。

8. 圖 10-39 所示爲一平衡Y連接負載，正相序其線電流與線電壓之相量圖，線電壓爲 208V，線電流爲 10A，試求每相阻抗爲多少？

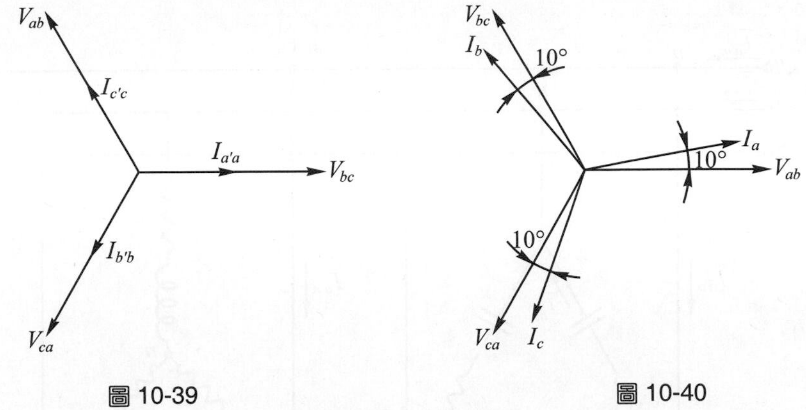

圖 10-39　　圖 10-40

9. 圖 10-40 所示爲一平衡△連接負載，負相序，其線電壓爲 120V，線電流爲 17.3A，試求每相阻抗爲多少？

10. 如圖 10-41 所示，$\overline{Z}_{\triangle}=6-j8\Omega$，正序，以相電流$\overline{I}_{ab}$爲參考，(a)試繪出相電流，線電流、線電壓間之相量圖；(b)線電壓與其對應之線電流間之夾角爲$(\theta+30°)$或$(\theta-30°)$？

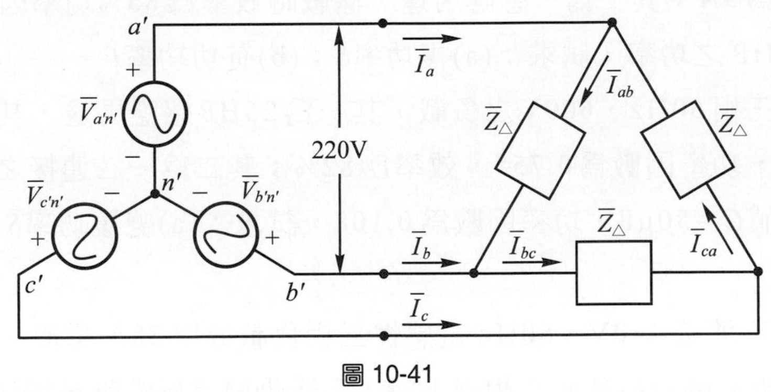

圖 10-41

11. 一 480V，50HP 之三相感應馬達，滿載時效率爲 85%，功率因數爲 0.8，試求其等值Y阻抗。

12. 一 208V，25HP 之三相感應馬達，滿載時效率 82%，功率因數爲 0.75，試求其等值△阻抗。

13. 一240V，60Hz三相平衡電路，供給兩組並聯負載，分別為△、Y連接如圖10-42所示，正序以$\overline{V}_{ab}$為參考，試求總電流。

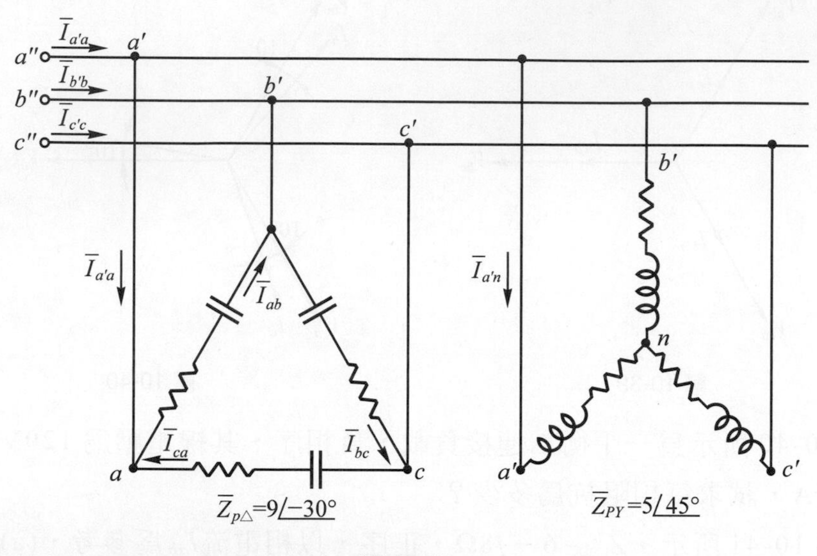

圖 10-42

14. 兩個60Hz三相並聯負載，其一為△連接之電容組，每相電容$C=25\mu$F，其線電流為5A；其二為一感應馬達，滿載時效率為85%功率因數為0.76，輸出8.05HP之功率，試求：(a)複功率$\overline{S}$；(b)有功功率P。

15. 兩平衡三相60Hz，600V之負載，其一為25HP感應馬達，其負載為滿載值之80%，功率因數為0.755，效率為82%；其二為一△連接之電容器組。生相電容值$C=50\mu$F，功率因數為0.108，試求：(a)總複功率$\overline{S}$；(b)總線電流$\overline{I}$。

16. 一平衡Y連接440V，60Hz電感性三相負載取用25A電流。當以△連接之電容器組並聯跨接於此三相線上時，系統仍屬電感性唯電流減少為20.6A，而$P=15$kW，求電容器組，每相之電容$C_{P\triangle}$值。

17. 圖 10-43 所示，爲一同步馬達 Y 連接等效電路，自三相電路取用$30\angle 40°$ KVA，電源與馬達連線間之阻抗爲$0.191+j0.331\Omega$，求電源端之線電壓應爲多少？

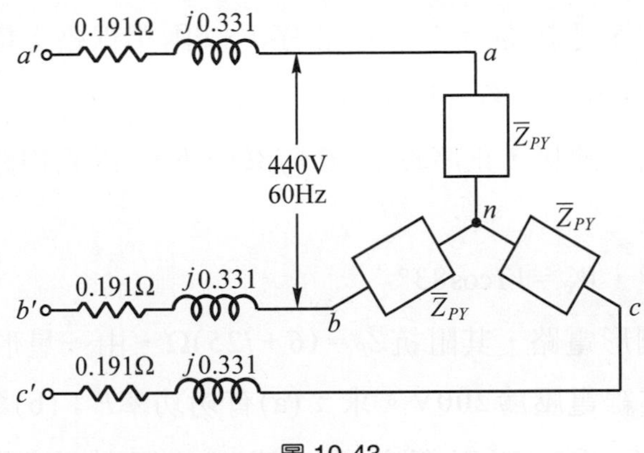

圖 10-43

18. 一三相 Y 連接感應馬達 480V，80HP，滿載效率爲 80%，功率因數 0.8 滯後，若以兩瓦特計測量其功率，其讀值各爲多少？

19. 一三相△連接感應馬達 208V，60Hz，30Hz，滿載效率爲 85%，功率因數爲0.75，茲以兩瓦特計測量其功率，其讀值各爲多少？

20. 欲使 10.19 題中之功率因數提高爲 0.9 滯後，問所需並聯△連接電容器之電容值爲多少？

21. 一平衡三相電路線電壓爲 100V，60Hz，正相序，b、c兩相線路上接瓦特計，其讀值分別爲$W_b=836$W，$W_c=224$W，試求△連接負載之相阻抗。

22. 一平衡三相負載之阻抗爲$16.3\angle -41°\Omega$Y連接，其電源電壓爲 120V，60Hz，正相序若a、b兩相線路上接瓦特計，其讀值各爲多少？

23. 將上題改爲負相序，並將兩瓦特計改接在b、c兩相線路上，其讀值各爲多少？

24. 一平衡三相負載，接於 173.2V，60Hz，三相正序電源上，若a、b兩相線路上接瓦特計，若其讀值分別爲－301W及 1327W，試求該負載之等值Y阻抗。

25. 一三相平衡負載，△連接，$\overline{Z}_{P\triangle}=50\angle 30°\Omega$，以阻抗爲$0.67+j0.8\Omega$之導線接於 208V，60Hz 三相電源上，試求負載端之線電壓爲多少？

26. 一三相平衡電路，正序用兩瓦特計測量其功率，瓦特計之讀值分別爲 75kW 及 15kW，試求：(a)總有功功率；(b)總無功功率；(b)總視在功率；(d)功率因數。

27. 試證平衡三相電路中之瞬時功率$P(t)$爲一不隨時間變化之定值。

28. 三相平衡負載 Y 連接$\overline{Z}_{PY}=4+j3\Omega$正序$a$、$b$兩相線路上接瓦特計試證其讀值分別爲$W_a=VI\cos 7°$；$W_b=VI\cos 67°$。

29. 三相平衡負載△連接，正序$\overline{Z}_{P\triangle}=6+j8\Omega$，$b$、$c$兩相線路上接瓦特計，試證其讀值分別爲

$W_b=VI\cos 23°$，$W_c=VI\cos 83°$

30. 一平衡四相網形電路，其阻抗$\overline{Z}_P=(6+j25)\Omega$，由一星形接法之四相交流發電機供電，其線電壓爲 200V。求：(a)有功功率P；(b)線電流I。

31. 圖 10-44 所示爲一不平衡負載△連接其阻抗分別爲$\overline{Z}_{ab}=40\angle 30°\Omega$，$\overline{Z}_{bc}=10\angle -90°\Omega$，$\overline{Z}_{ca}=20\angle 36.87°\Omega$，接於 400V，60Hz 三相平衡電源上，以$\overline{V}_{ab}$爲參考，(a)試分別以正序及負序求$\overline{I}_{a'a}$；(b)求總有功功率。

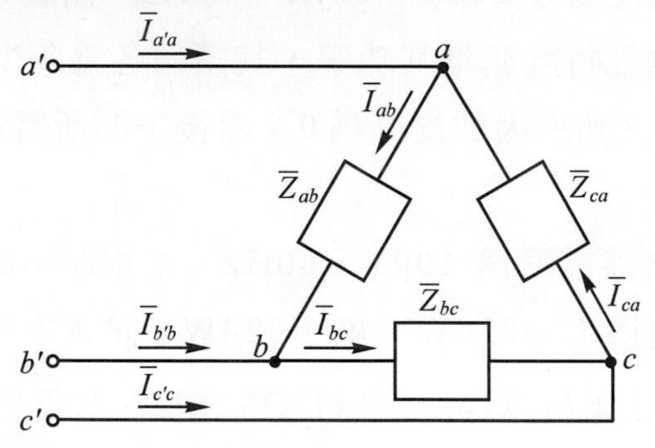

圖 10-44

32. 一 600V，60Hz 三相平衡電源，供給一△連接不平衡負載，其阻抗分別爲$\overline{Z}_{ab}=20\angle 0°\Omega$，$\overline{Z}_{bc}=20\angle 60°\Omega$，$\overline{Z}_{ca}=20\angle -90°\Omega$，以$\overline{V}_{ab}$爲參考、正相序求：(a)$\overline{I}_{a'a}$；(b)有功功率$P$；(c)總複功率；(d)相電流之相序是否與相電壓之相序相同？試說明其原因。

33. 三相四線Y連接不平衡負載，接於 400V，60Hz 三相平衡電源上已知各相負載阻抗分別爲：$\overline{Z}_{an}=10\angle -90°\Omega$，$\overline{Z}_{bn}=20\angle 90°\Omega$，$\overline{Z}_{cn}=10\angle 0°\Omega$若以$\overline{V}_{ab}$爲參考，試求：(a)正相序；(b)負相序時之各線上之電流及總有功功率。

34. 上題中若中性線開路，試求：(a)正相序；(b)負相序之三相電壓；(c)總有功率是否與上題相同？(d)相序不同時之總有功功率是否相同？

35. 圖10-45所示，爲一簡單的相序指示器，由兩相個同之燈泡和一個電容器(電感器亦可)構成一個不平衡Y連接負載，藉兩個燈泡不同之亮度可測知其相序。爲使燈光亮度有明顯之差別，電容器之容抗值應選擇與燈泡之電阻值相等，設$\overline{Z}_{an}=\overline{Z}_{bn}=1\angle 0°\Omega$，$\overline{Z}_{cn}=1\angle -90°\Omega$，線電壓爲100V，60Hz，在不同之相序下試比較I_{an}及I_{bn}大小。

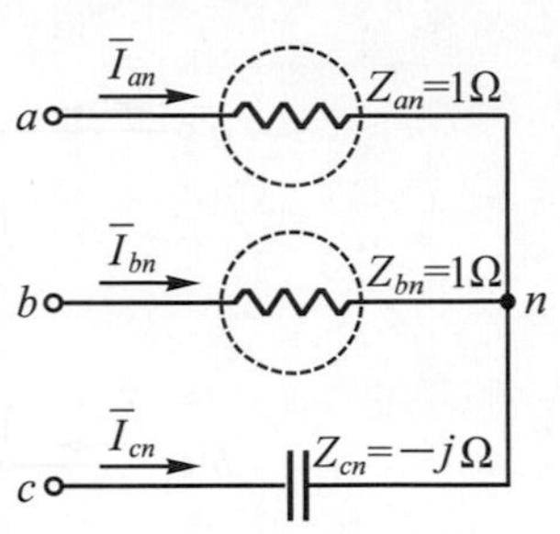

圖10-45 一簡單之相序指示器

36. 三相三線Y連接不平衡負載，其相阻抗分別爲$\overline{Z}_{an}=20\angle 0°\Omega$，$\overline{Z}_{bn}=5\angle -60°\Omega$，$\overline{Z}_{cn}=10\angle 30°\Omega$此阻抗接於208V，60Hz三相平衡電源上。電壓表已測得，負載端之相電壓分別爲$V_{an}=96.6\text{V}$，$V_{bn}=113.5\text{V}$，$V_{cn}=195\text{V}$，用圖解中性點移位法求其相序並計算電流及中性點間之電位$V_{nn'}$。

37. 三相不平衡負載△連接如圖10-46所示，接於200V，60Hz三相平衡電源上。正序以$\overline{V}_{ab}$爲參考，試求兩瓦特計之讀值及總功功率。

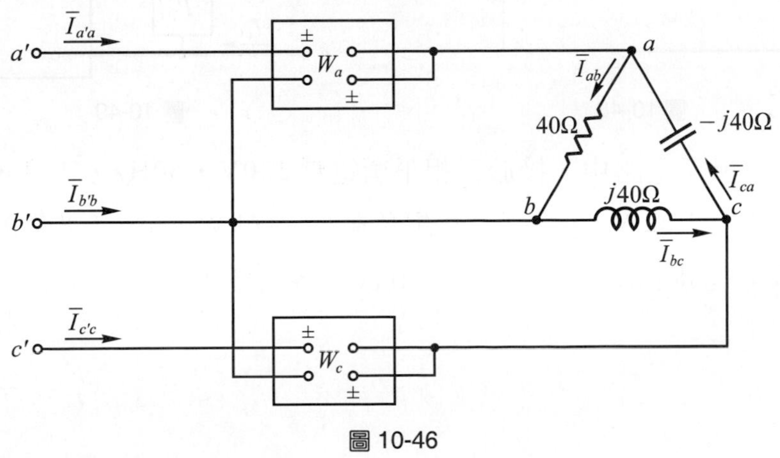

圖10-46

38. 三相不平衡Y連接負載如圖 10-47 所示，接於三相平衡電源上，線壓為 440V，60Hz 負相序，以$\overline{V}_{ab}$為參考，求兩瓦特計之讀值。

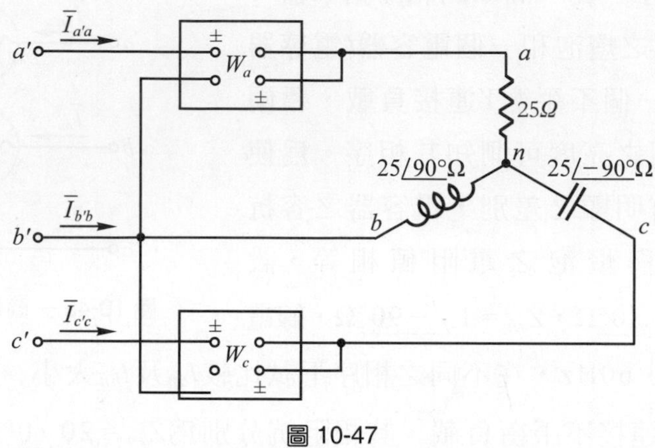

圖 10-47

39. 圖 10-48 所示之電路中，b相開路，設外加三相平衡電壓為 200V，60Hz，正相序試求b相開路兩端電壓$\overline{V}_{nb}$。

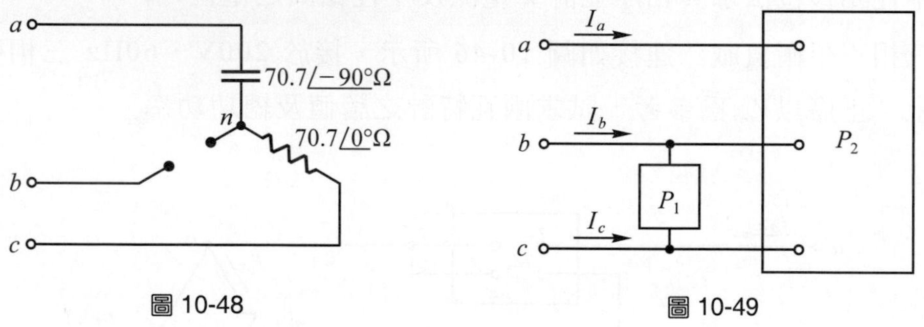

圖 10-48　　圖 10-49

40. 圖 10-49 所示電路中，接於三相平衡電壓 220V，60Hz，正序，已知其中單相負載$P_1 = 2.2$kW，p.f= 1；三相負載$P_2 = 16$kW，p.f= 0.8滯後，試求各線電流及a、b兩相線路上接瓦特計其讀值各為多少？

CHAPTER 11

非正弦波的分析

前數章所述交流電路中之電壓、電流及功率皆以正弦波爲準、然而日常所見之週期性交流，有的其波形非正弦變化，凡是任何與正弦波相異的波形均稱爲非正弦波，如方波、三角波、鋸齒波…等。本章之目的是非正弦波之電壓及電流，利用**傅立葉級數(Fourier series)**轉換爲正弦波之合成波，以正弦波的分析方法爲基礎，來研討非正弦波之電壓、電流、功率及功率因數。

11-1 基波與諧波

兩個或兩個以上不同頻率之弦波，其合成波形爲一非正弦波。其仍爲一具有週期性之波形。此**複合波(Complex wave)**所包含之各不同頻率之弦波成分中，其頻率分別爲某一基準頻率之整數倍，且具有此基準頻率之弦波即稱爲**基波(fundamental)**，其他頻率爲此基準頻率倍數之弦波則稱爲**諧波(harmonics)**，基波亦稱爲一次諧波，如在，$v(t)=A_1\cos\omega_0 t+A_2\cos 2\omega_0 t+A_3\cos 3\omega_0 t$之電壓波形中，其中$A_1\cos\omega_0 t$爲基波，$A_2\cos 2\omega_0 t$爲二次諧波，$A_3\cos 3\omega_0 t$爲三次諧波，式中$A_1$、$A_2$及$A_3$分別爲各諧波之波幅。

各弦波成分波幅不同時，其合成波形亦當不同，如圖 11-1(a)、(b)、(c)三圖中皆表示由三次諧波形成之複合波，其中基波相同，均爲$v_1(t)=2\cos\omega_0 t$，而三次諧波則分別$v_{3a}(t)=1\cos3\omega_0 t$，$v_{3b}(t)=1.5\cos3\omega_0 t$，$v_{3c}(t)=1\sin3\omega_0 t$。由圖示知合成波形之頻率與基波相同，而波幅與相位關係則與各所有之諧波成分有關，顯然地應用適當之弦波函數組合，可獲得一非弦波函數之性質。

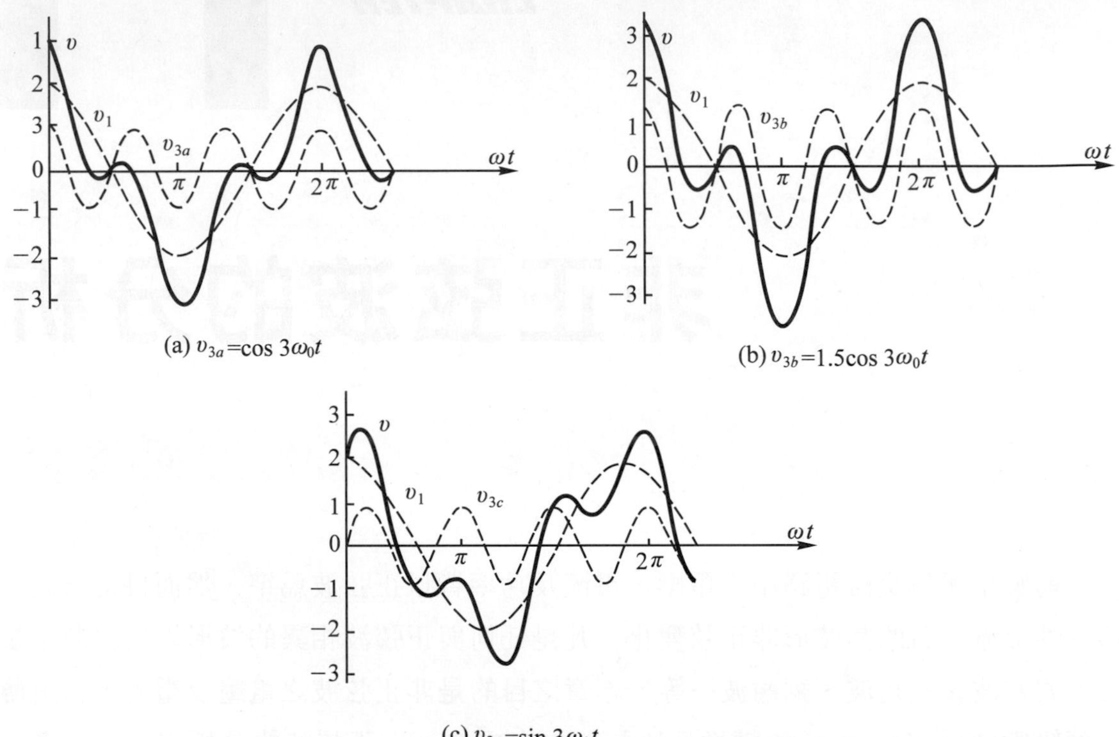

圖 11-1　基波與三次諧波之複合波，基波為$v_1=2\cos\omega t$，
而三次諧波則為$\cos3\omega_0 t+1.5\cos3\omega_0 t+\sin3\omega_0 t$

11-2 對稱及非對稱波

一週期性函數，依其波形對座標原點或、橫軸間之關係分爲對稱和非對稱波，前者係指其波形對原點或某一軸具有對稱者，後者則無任何對稱關係。茲簡述對稱之基本性質，藉以瞭解兩者間之區別。

任一週期函數，若其週期爲T，則均可以下式表示之。

$$f(x)=f(x+T) \tag{11-1}$$

即對任何x點而言，經過一週期T後其波形之大小及變化情況完全相同。依其波形與時間之關係分為下述四類分別討論之。

1. 軸線對稱：

   通稱為**偶函數對稱(even function symmetry)**，此類波形垂直軸之兩邊為對稱，如圖 11-2 所示，各圖之波形均可以數學式表示如下：

$$f(x)=f(-x) \tag{11-2}$$

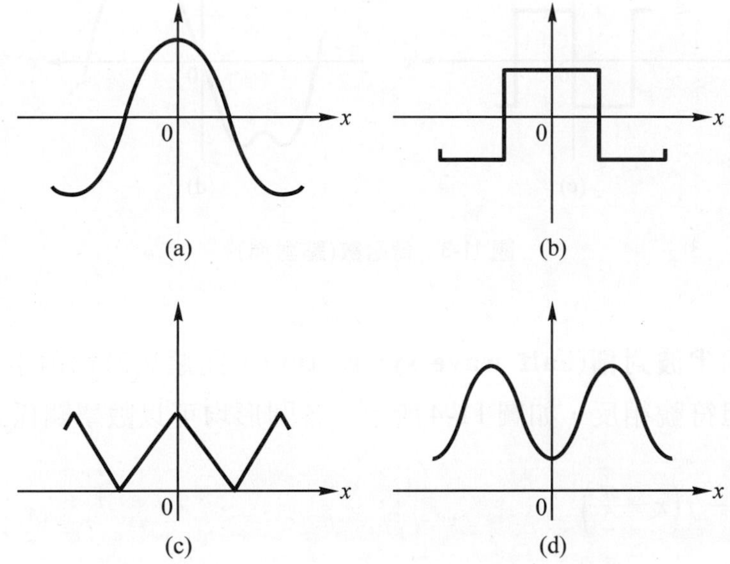

圖 11-2 偶函數(軸線對稱)

式中表示函數f在x處之值與在$-x$處之值相同。例如：$f(x)=x^4+x^2+2$及所有的餘弦函數均為偶函數對稱。

2. 點對稱

   通稱為**奇函數對稱(odd function symmetry)**，此類函數之波形對原點具有對稱性質，如圖 11-3 所示，各圖形均可以數學關係式表示如下：

$$f(x)=-f(-x) \tag{11-3}$$

式中表示函數f在x處之值與在$-x$處之負值相同，例如：$f(x)=x^5+x^3+x$及所有的正弦函數均屬奇函數對稱。

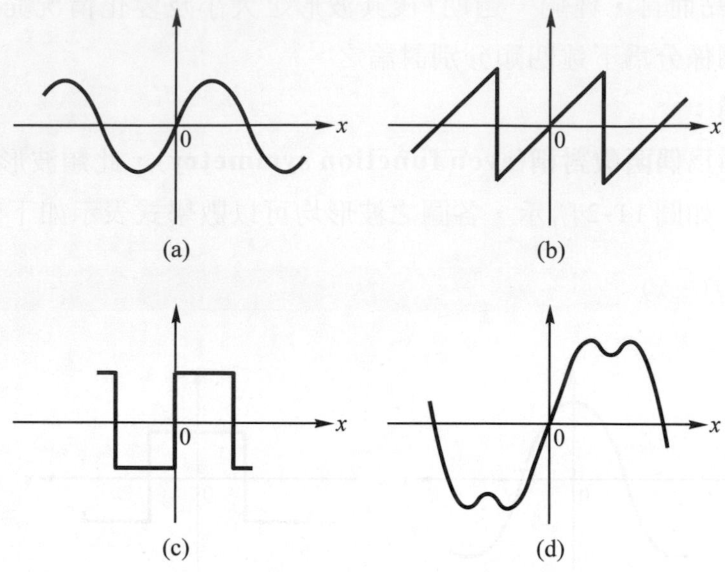

圖 11-3 奇函數(點對稱)

3. 鏡對稱

通稱**半波對稱(half wave symmetry)**，此類波形為兩半波之形狀完全相同，但符號相反，如圖 11-4 所示，各圖形均可以數學關係式表示如下：

$$f(x) = -f\left(x + \frac{\pi}{2}\right) \tag{11-4}$$

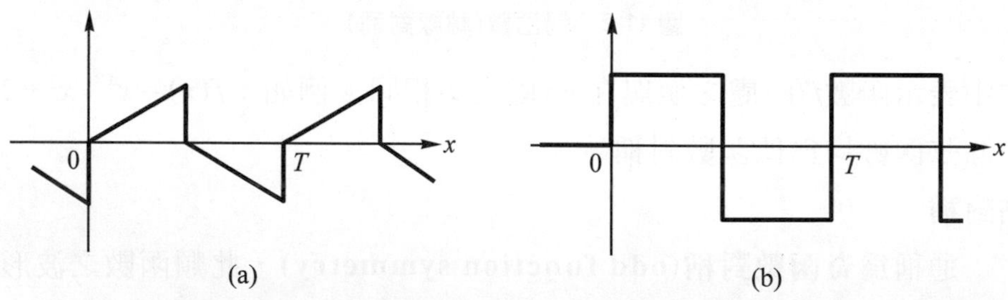

圖 11-4 具有半波對稱性質之波形

4. 四分之一波對稱：

一波形同時為偶函數對稱與半波對稱，即該波形同時滿足：

$$f(x) = f(-x) \quad 與 \quad f\left(x + \frac{\pi}{2}\right) = -f(x)$$

兩條件時，稱爲偶四分之一對稱，如圖 11-5(a)所示。若一波形同時爲奇函數對稱與半波對稱，即該波形同時滿足：

$$f(x) = -f(-x) \quad 與 \quad f\left(x + \frac{\pi}{2}\right) = -f(x)$$

之條件時，稱爲奇四分之一波對稱，如圖 11-5(b)所示。

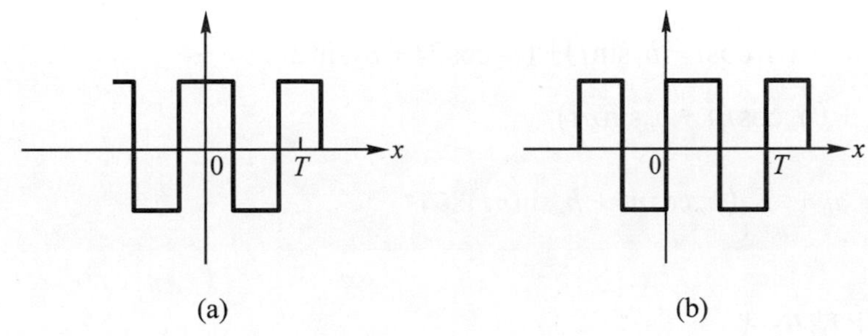

圖 11-5　四分之一波對稱

一波形若不能滿足上述對稱條件者即爲一非對稱波，凡對稱波皆可利用其對稱關係之性質，可簡化週期性非正弦波之分析，將在下節中討論之。

11-3 傅氏級數

依傅立葉氏所首創之原理：任一單值之週期函數$f(t)$，在一週期內，若其中只含有限數之有限值的間斷點，**極大(Maxima)**或**極小(minima)**，則可展開爲一無限級數。即：

$$\begin{aligned} f(t) = {} & a_0 + a_1\cos\omega_0 t + a_2\cos 2\omega_0 t + \cdots + a_n\cos n\omega_0 t + \cdots \\ & + b_1\sin\omega_0 t + b_2\sin 2\omega_0 t \cdots + b_n\sin n\omega_0 t + \cdots \end{aligned} \tag{11-5}$$

上式爲傅立葉級數之一般式，共分爲三部份：

1. 爲直流部分，即a_0項。
2. 連續之餘弦波部分，含有基本頻率f_0之基本波，而其他各項爲此基本頻率f_0倍數之諧波。
3. 連續之正弦波部份，含有基本頻率f_0之基本波，及頻率爲f_0倍數之各諧波。

式中ω_0爲基本角頻率，其與週期T及基本頻率f_0間之關係爲$\omega_0=\dfrac{2\pi}{T}=2\pi f_0$，而$a_0$、$a_1$、$a_2$、……$a_n$及$b_1$、$b_2$、……$b_n$等爲常數，稱爲傅氏係數，其值依$n$及$f(t)$而定，將於下節分析。

一週期性之非弦波波形，其分解後之諧波波形，並不因横軸單位之不同而有所區別，爲簡便計，令$\omega_0=1$，此時式(11-5)可簡化爲：

$$\begin{aligned}f(t)&=a_0+(a_1\cos t+b_1\sin t)+(a_2\cos 2t+b_2\sin 2t)+\cdots\\&\quad+(a_n\cos nt+b_n\sin nt)\\&=a_0+\sum_{n=1}^{\infty}(a_n\cos nt+b_n\sin nt)\end{aligned}\tag{11-6}$$

利用三角和差化積公式

$$\begin{aligned}c_n\sin((nt)+\theta_n)&=c_n\sin nt\cos(\theta_n)+c_n\cos(nt)\sin(\theta_n)\\&=c_n\cos(\theta_n)\sin(nt)+c_n\sin(\theta_n)\cos(nt)\end{aligned}$$

與(11-6)式中第n項$a_n\cos nt+b_n\sin nt$比較之則得

$$b_n=c_n\cos\theta_n\text{，}a_n=c_n\sin\theta_n\text{，}c_n=\sqrt{a_n^2+b_n^2}\text{，}\theta_n=\tan^{-1}\frac{a_n}{b_n}$$

∴傳立葉級數可寫爲

$$f(t)=a_0+c_1\sin(t+\theta_1)+c_2\sin(2t+\theta_2)+\cdots+c_n\sin(nt+\theta_n)\tag{11-7}$$

當需要原來的時間函數時，只須將ω_0再插入即可，傅氏級數之實用價值，在於常見非正弦波級數均能迅速收斂，當諧波次數愈高時，其波幅變得愈小，因此可藉少數諧波近似法表示原來之週期性非正弦波，11-6(a)所示之方波，可視爲由圖(b)、(c)、(d)及(e)所示之一次、三次、五次和七次諧波所合成之近似波。

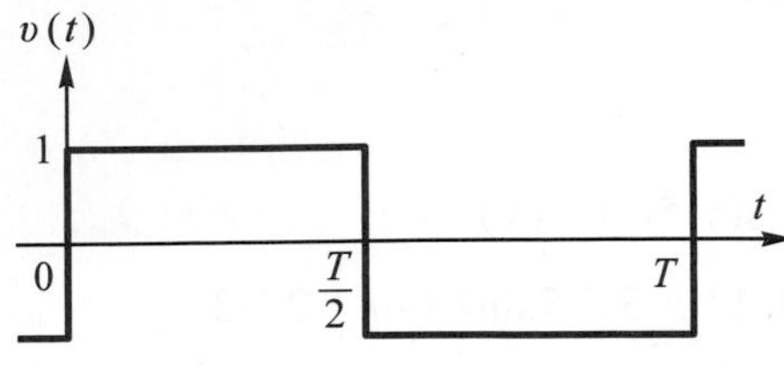

(a) 方波

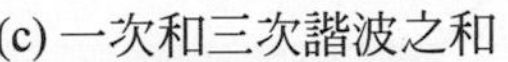
(c) 一次和三次諧波之和

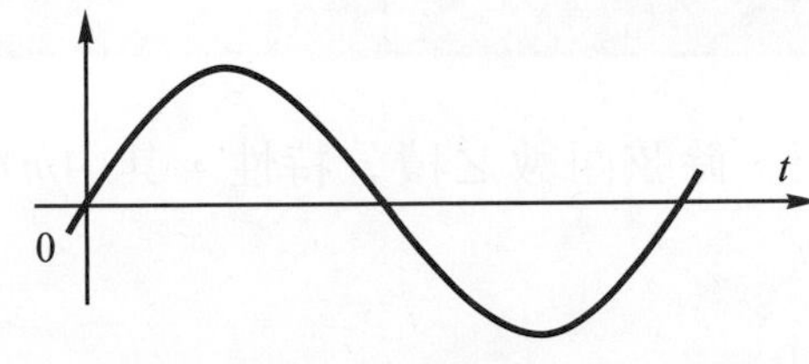

(b) 一次諧波

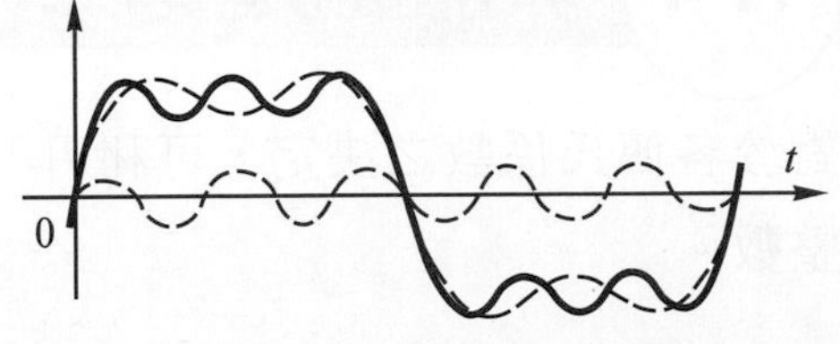

(d) 一次，三次和五次諧波之和

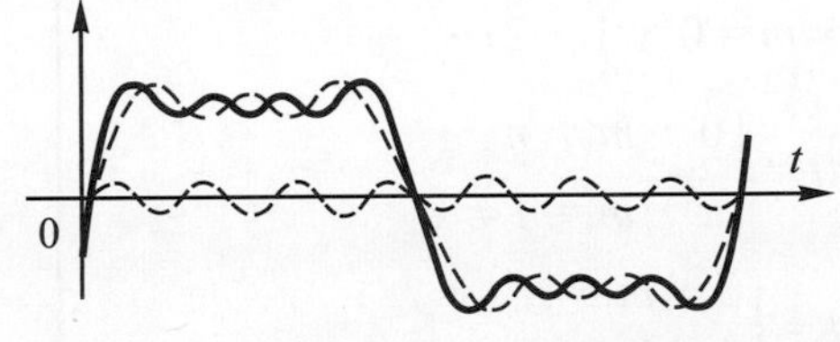

(e) 一次，三次，五次和七次諧波之和

圖 11-6　方波之傅立葉級數

例 11-1

一非正弦波電流波形方程式為：

$i=(48\sin\omega t-36\cos\omega t)+(-7.7\sin 3\omega t-6.4\cos 3\omega t)+(-2.25\sin 5\omega t-3\cos 5\omega t)$

試以三角關係式來表示。

解　因 $a_0=0$

$c_1=\sqrt{a_1^2+b_1^2}-\sqrt{36^2+48^2}=60$

$c_3=\sqrt{a_3^2+b_3^2}=\sqrt{6.4^2+7.7^2}=10$

$c_5=\sqrt{a_5^2+b_5^2}=\sqrt{2.25^2+3^2}=3.75$

相角分別為：

$\theta_1=\tan^{-1}\dfrac{a_1}{b_1}=\tan^{-1}\dfrac{-36}{48}=-36.85°$

$\theta_3=\tan^{-1}\dfrac{a_3}{b_3}=\tan^{-1}\dfrac{6.4}{-7.7}=140.2°$

$$\theta_5 = \tan^{-1}\frac{a_5}{b_5} = \tan^{-1}\frac{-3}{-2.25} = 23.3°$$

故得電流方程式爲：

$$i = a_0 + c_1\sin(\omega t + \theta_1) + c_3\sin(3\omega t + \theta_3) + c_5\sin(5\omega t + \theta_5)$$
$$= 60\sin(\omega t - 36.85°) + 10\sin(3\omega t + 140.2°) + 3.75\sin(5\omega t + 23.3°)$$

11-4 非正弦波之數學分析

對於各傅氏係數之決定，可利用下列正、餘弦函數之積分特性，其中m與n均爲正整數。

$$\left.\begin{aligned}
&\int_0^{2\pi}\cos mt\,dt = 0\text{，}m \neq 0\\
&\int_0^{2\pi}\sin mt\,dt = 0\text{，}m = 0\text{，}1\text{，}2\cdots\\
&\int_0^{2\pi}\cos mt\cos nt\,dt = \begin{cases}0\text{，}m \neq n\\ \pi\text{，}m = n \neq 0\end{cases}\\
&\int_0^{2\pi}\sin mt\sin nt\,dt = \begin{cases}0\text{，}m \neq n\\ \pi\text{，}m = n \neq 0\end{cases}\\
&\int_0^{2\pi}\sin mt\cos nt\,dt = 0\text{，包括 0 在內之全部 } m \text{ 及 } n
\end{aligned}\right\} \quad (11\text{-}8)$$

將(11-5)式在一週期內予以積分

$$\int_0^{2\pi} f(t)dt = \int_0^{2\pi} a_0 dt + \int_0^{2\pi} a_1\cos t dt + \int_0^{2\pi} a_2\cos 2t dt + \cdots$$
$$+ \int_0^{2\pi} b_1\sin t dt + \int_0^{2\pi} b_2\sin 2t dt + \cdots$$

上式中等號右側除第一項外，餘均等於零，故

$$\int_0^{2\pi} f(t)dt = a_0 2\pi \quad \text{或} \quad a_0 = \frac{1}{2\pi}\int_0^{2\pi} f(t)dt$$

上式中a_0爲函數$f(t)$之平均值或直流成份。

若(11-5)式中，乘以$\cos t$，而後在週期內予以積分，則：

$$\int_0^{2\pi} f(t)\cos t dt = \int_0^{2\pi} a_0\cos t dt + \int_0^{2\pi} a_1\cos^2 t dt + \int_0^{2\pi} a_2\cos\cos 2t dt + \cdots$$
$$+ \int_0^{2\pi} b_1\cos t\sin t dt + \int_0^{2\pi} b_2\cos t\sin 2t dt\cdots$$

上式中等號右側各項中除 a_1 那項外，其餘均爲零，故

$$\int_0^{2\pi} f(t)\cos t dt = a_1\pi \quad \text{或} \quad a_1 = \frac{1}{\pi}\int_0^{2\pi} f(t)\cos t dt \tag{11-10}$$

上式表示 a_1 等於 $f(t)$ 乘以 $\cos t$ 後，爲其平均值之兩倍，同理，可求得其他係數，分別爲：

$$a_n = \frac{1}{\pi}\int_0^{2\pi} f(t)\cos nt dt \tag{11-11}$$

$$b_n = \frac{1}{\pi}\int_0^{2\pi} f(t)\sin nt dt \tag{11-12}$$

應注意的是(11-8)式中之 a_0，並非(11-10)式中 $n=0$ 時之値，因

$$a_n\Big|_{n=0} = \frac{1}{\pi}\int_0^{2\pi} f(t)dt$$

故

$$a_0 = \frac{1}{2\pi}\int_0^{2\pi} f(t)dt = \frac{1}{2}a_n\Big|_{n=0} \tag{11-13}$$

由此得知傅氏級數之直流成份，亦有用 $\frac{a_0}{2}$ 形式者，此時之 a_0 遂可包含於(11-11)式之內。

若不採用標準化之形式，則各係數之算式分別爲

$$a_0 = \frac{1}{T}\int_0^{T} f(t)dt = \frac{1}{T}\int_{-\frac{T}{2}}^{\frac{T}{2}} f(t)dt \tag{11-14}$$

$$a_n = \frac{2}{T}\int_0^{T} f(t)\cos n\omega_0 t dt = \frac{2}{T}\int_{-\frac{T}{2}}^{\frac{T}{2}} f(t)\cos n\omega_0 t dt \tag{11-15}$$

$$b_n = \frac{2}{T}\int_0^{T} f(t)\sin n\omega_0 t dt = \frac{2}{T}\int_{-\frac{T}{2}}^{\frac{T}{2}} f(t)\sin n\omega_0 t dt \tag{11-16}$$

根據以上各計算公式，一週期函數之是否可用傅氏級數表示，當繫於下列條件

$$\int_0^{T} |f(t)| dt < \infty \tag{11-17}$$

否則，傅氏係數即不可能存在。換言之，$f(t)$ 應在一週內可絕對予以積分之函數。

例11-2

求圖 11-7 所示正方波之傅氏級數，若波形之週期由2π秒改為1微秒，則傅氏級數又為何？

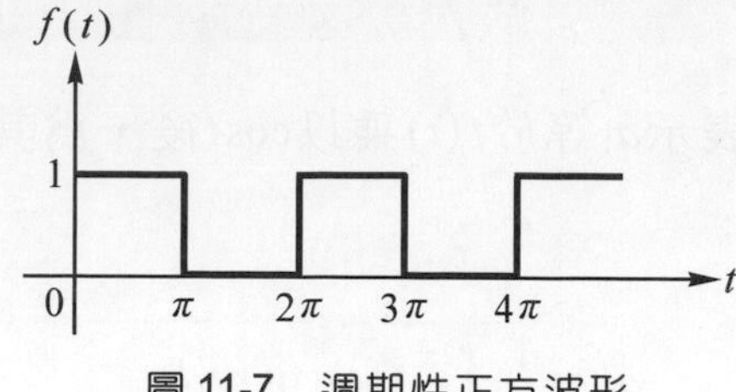

圖 11-7　週期性正方波形

解　此波形之函數$f(t)$可由下式表示之：

$$f(t)=\begin{cases}1，0<t<\pi\\0，\pi<t<2\pi\end{cases}$$

傅氏係數之計算如下：

$$a_0=\frac{1}{2\pi}\int_0^{2\pi}f(t)dt=\frac{1}{2\pi}\left[\int_0^{2\pi}(1)dt+\int_\pi^{2\pi}(0)dt\right]=\frac{1}{2\pi}(\pi)=\frac{1}{2}$$

$$a_n=\frac{1}{\pi}\int_0^{2\pi}f(t)\cos ntdt=\frac{1}{\pi}\left[\int_0^{\pi}\cos ntdt+\int_\pi^{2\pi}(0)dt\right]=\frac{1}{\pi}\left[\frac{\sin nt}{n}\right]_0^\pi=0$$

$$b_n=\frac{1}{\pi}\int_0^{2\pi}f(t)\sin ntdt=\frac{1}{\pi}\left[\int_0^{\pi}\sin ntdt+\int_\pi^{2\pi}(0)dt\right]$$

$$=\frac{1}{\pi}\left[\frac{-\cos nt}{n}\right]_0^\pi=\begin{cases}0\quad，n\text{為偶數}\\\frac{2}{n\pi}\quad，n\text{為奇數}\end{cases}$$

故該方波傅氏級數為

$$f(t)=\frac{1}{2}+\frac{2}{\pi}\left(\sin t+\frac{\sin 3t}{3}+\frac{\sin 5t}{5}+\cdots\right)$$

此級數中的直流成分，基波、三次諧波及三者之合成波分別繪出如圖 11-8 所示，雖僅取三項，已足顯示其與正方波形相當接近。當然項次取的愈多，愈接近原正方波。

若$T=1\mu\text{s}$，則$\omega_0=\frac{2\pi}{T}=2\pi\times10^6$弳/秒，其相當之傅氏級數為

$$f(t)=\frac{1}{2}+\frac{2}{\pi}\left(\sin 2\pi\times10^6t+\frac{\sin 6\pi\times10^6t}{3}+\frac{\sin 10\pi\times10^6t}{5}+\cdots\right)$$

其波形僅須將一週期2π，改換為10^{-6}秒即可。

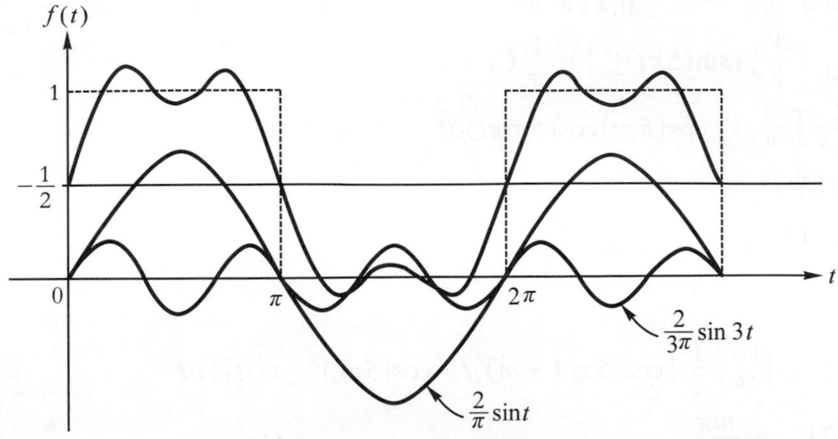

圖 11-8 正方波傅氏級數之部份和

例 11-3

設一半波整流電路之輸出電壓如圖 11-9(a)所示，試求其傅氏級數。

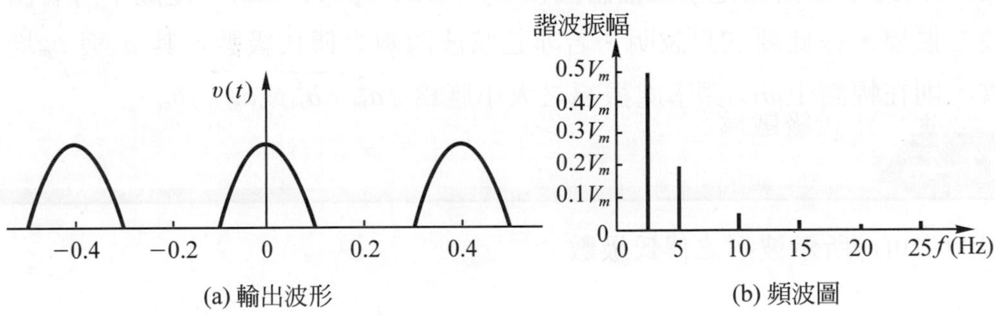

(a) 輸出波形　　(b) 頻波圖

圖 11-9 弦波輸入半波整流之圖

解 由圖 11-9(a)波形中可看出，週期$T=0.4$秒，$f_0=2.5\text{Hz}$，$\omega_0=5\pi$弳／秒。

此波形在一週期內之函數可以下式表示之。

$$v(t)=\begin{cases} V_m\cos 5\pi t，0\le t\le 0.1 \\ 0 \qquad\qquad 0.1\le t\le 0.3 \\ V_m\cos 5\pi t，0.3\le t\le 0.4 \end{cases}$$

顯然，若週期選擇於$t=-0.1$至0.3，則函數之表示式較簡，即

$$v(t)=\begin{cases} V_m\cos 5\pi t，-0.1\le t\le 0.1 \\ 0 \qquad\qquad ，0.1\le t\le 0.3 \end{cases}$$

上述兩種表示式，均可獲得相同之正確結果，唯採用後者較簡，其計算如下：

$$a_0 = \frac{1}{0.4}\int_{-0.1}^{0.3} v(t)dt = \frac{1}{0.4}\left[\int_{-0.1}^{0.1} V_m \cos 5\pi t dt + \int_{0.1}^{0.3}(0)dt\right]$$

$$= \frac{1}{0.4}\cdot\frac{V_m}{5\pi}[\sin(5\pi t)]_{0.1}^{0.1} = \frac{1}{\pi}V_m$$

$$a_m = \frac{2}{0.4}\int_{-0.1}^{0.1} V_m \cos(5\pi t)\cos(5\pi m t)dt$$

當$m = 1$時，

$$a_1 = 5V_m\int_{-0.1}^{0.1}\cos^2(5\pi t)dt = \frac{V_m}{2}$$

當$m \neq 1$時，

$$a_m = 5V_m\int_{-0.1}^{0.1}\frac{1}{2}\{\cos[5\pi(1+m)]t + \cos[5\pi(1-m)t]\}dt$$

或$a_m = \dfrac{2V_m\cos\dfrac{m\pi}{2}}{\pi(1-m^2)}$

同理，可求得$b_m = 0$，可知此情況下傅氏級數並無正弦項存在，由分析獲知，軸對稱波形之正弦項係數值均為零，本例所求之傅氏級數

$$v(t) = \frac{V_m}{\pi} + \frac{V_m}{2}\cos 5(\pi t) + \frac{2V_m}{3\pi}\cos(10\pi t) - \frac{2V_m}{15\pi}\cos(20\pi t) + \frac{2V_m}{35\pi}\cos(30\pi t)\cdots$$

圖(b)為此半波整流電壓之**幅譜圖(amplitude spectrum)**，從圖中可看出各諧波之振幅，在此要加以說明，若非正弦波函數之傅氏級數，其 a_m與 b_m均不為零，則在幅譜上$m\omega_0$頻率處振幅之大小應為$\sqrt{a_m^2 + b_m^2}$或$a_m + jb_m$。

例 11-4

試求圖 11-10(a)所示波形之傅氏級數。

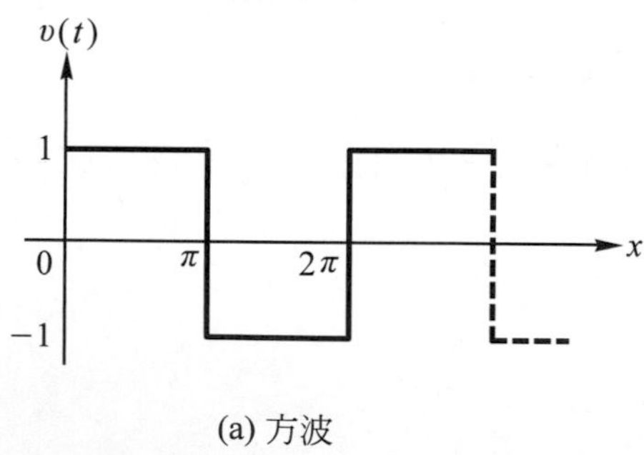

(a) 方波

(b) 幅波

圖 11-10

解 圖示波形可以下式表示之。

$$v(t) = \begin{cases} 1，(0 < t < \pi) \\ -1，(\pi < t < 2\pi) \end{cases}$$

$$a_0=\frac{1}{2\pi}\left[\int_0^{\pi}(1)dt+\int_{\pi}^{2\pi}(-1)dt\right]=0$$

$$a_m=\frac{1}{\pi}\left[\int_0^{\pi}(1)\cos(mt)dt+\int_{\pi}^{2\pi}(-1)\cos(mt)dt\right]=0$$

$$b_m=\frac{1}{\pi}\left[\int_0^{\pi}(1)\sin(mt)dt+\int_{\pi}^{2\pi}(-1)\sin(mt)dt\right]$$

$$=\frac{1}{m\pi}\left\{-[\cos(mt)]_0^{\pi}+[\cos(mt)]_{\pi}^{2\pi}\right\}=\frac{1}{m\pi}(1-2\cos(m\pi)+\cos(m2\pi))$$

$$=\begin{cases}0\text{，}m\text{為偶數}\\ \dfrac{4}{m\pi}\text{，}m\text{為奇數}\end{cases}$$

$$\therefore v(t)=\frac{4}{\pi}\left(\sin t+\frac{1}{3}\sin(5t)+\frac{1}{7}\sin(7t)+\cdots\right)$$

例11-5

試求圖 11-11(a)所示鋸齒波之傅氏級數。

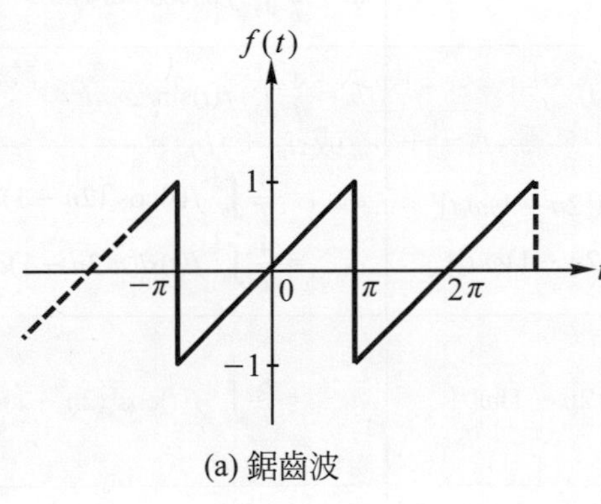

(a) 鋸齒波

$\frac{2}{\pi}$
0 1 3 5 7 9
基頻倍數
(b) 幅譜

圖 11-11

解 圖示波形可用下式表示之

$$f(t)=\frac{t}{\pi}\text{，}(-\pi<t<\pi)$$

$$a_0=\frac{1}{2\pi}\int_{-\pi}^{\pi}\frac{t}{\pi}dt=0$$

$$a_n=\frac{1}{\pi}\int_{-\pi}^{\pi}\frac{t}{\pi}\cos(nt)dt=\frac{1}{\pi^2}\left[\frac{1}{n^2}co(sn)t+\frac{t}{n}\sin(nt)\right]_{-\pi}^{\pi}$$

$$=\frac{1}{\pi^2}\left[\frac{1}{n^2}(\cos(n\pi)-\cos(n\pi))+\frac{1}{n}(\pi\sin(n\pi)+\pi\sin(n\pi))\right]=0$$

$$b_n=\frac{1}{\pi}\int_{-\pi}^{\pi}\frac{t}{\pi}\sin(nt)dt=\frac{1}{\pi^2}\int_{-\pi}^{\pi}t\sin(nt)dt=\frac{1}{\pi^2}\left[\frac{1}{n^2}\sin(nt)-\frac{t}{n}\cos(nt)\right]_{-\pi}^{\pi}$$

$$= \frac{2}{n^2\pi^2}(\sin n\pi - n\pi\cos n\pi) = \begin{cases} -\dfrac{2}{n\pi}, \text{當 } n \text{ 爲偶數時} \\ \dfrac{2}{n\pi}, \text{當 } n \text{ 爲奇數時} \end{cases}$$

∴圖(a)所示鋸齒波之傅氏級數爲

$$f(t) = \frac{2}{\pi}\left(\sin t - \frac{1}{2}\sin(2t) + \frac{1}{3}\sin(3t) - \frac{1}{4}\sin(4t)\right)$$

本例中所示之非正弦波爲奇函數對稱波形，其平均値爲零，因此級數中僅含正弦項。

細觀上述各例題，當易發現對非正弦波與傅氏級數間之若干關係，將其間關係摘列於表 11-1 中，供運算時參考。

表 11-1　對稱週期性波形之傅氏級數

對稱性	條件	傅氏級數	傅氏係數
軸線對稱(偶函數)	$f(t)=f(-t)$	$f(t)=a_0+\sum_{n=1}^{\infty} an\cos(n\omega_0 t)$	$a_0=\frac{1}{T}\int_0^T f(t)dt$ $a_n=\frac{1}{T}\int_0^{\frac{T}{2}} f(t)\cos(n\omega_0 t)dt$
點對稱(奇函數)	$f(t)=-f(-t)$	$f(t)=\sum_{n=1}^{\infty} b_x\sin(n\omega_0 t)$	$b_n=\frac{4}{T}\int_0^{\frac{T}{2}} f(t)\sin n\omega_0 t dt$
鏡對稱(半波)	$f(t)=-f(t+\frac{T}{2})$	$f(t)=\sum_{n=1}^{\infty}[a_{2n-1}\cos([2n-1)\omega_0 t]$ $+b_{2n-1}\sin((2n-1)\omega_0 t]]$	$a_{2n-1}=\frac{4}{T}\int_0^{\frac{T}{2}} f(t)\cos[(2n-1)\omega_0 t]dt$ $a_{2x-1}=\frac{4}{T}\int_0^{\frac{T}{2}} f(t)si[n(2n-1)\omega_0 t]dt$
偶四分之一波	$f(t)=f(-t)$ $f(t)=-f\left(t+\frac{T}{2}\right)$	$f(t)=\sum_{n=1}^{\infty} a_{2n-1}\cos([2n-1)\omega_0 t]$	$a_{2n-1}=\frac{8}{T}\int_0^{\frac{T}{4}} f(t)\cos[(2n-1)\omega_0 t]dt$
奇四分之一波	$f(t)=-f(-t)$ $f(t)=-f\left(t+\frac{T}{2}\right)$	$f(t)=\sum_{n=1}^{\infty} b_{2n-1}\sin[(2n-1)\omega_0 t]$	$b_{2n-1}=\frac{8}{T}\int_0^{\frac{T}{4}} f(t)\sin[(2n-1)\omega_0 t]dt$

例 11-6

試以對稱關係，求圖 11-12(a)所示三角波形之傅氏級數。

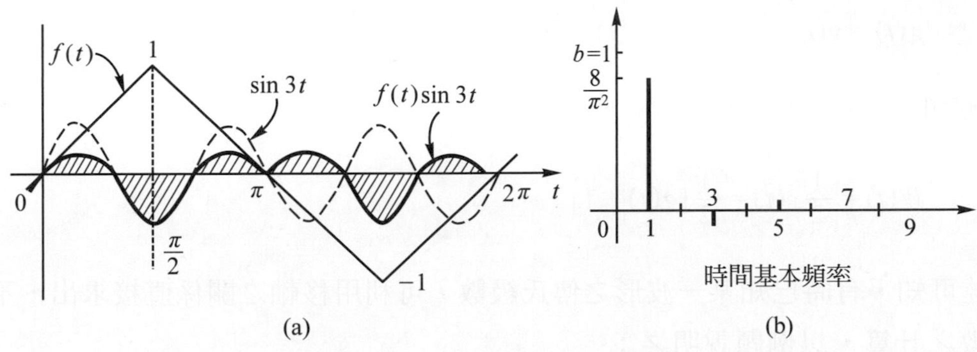

圖 11-12　三角形波及其幅譜圖

解 因圖示三角波係半波對稱，故無偶次諧波存在，其原點為零，波形為奇函數波形，所以無常數項及餘弦項存在，由此所獲得之傅氏級數為

$f(t)=b_1\sin t+b_3\sin 3t+b_5\sin 5t+\cdots$

依所示波形，僅需考慮 $t=0$ 與 $\frac{\pi}{2}$ 間之波形表示式為

$$f(t)=\frac{2t}{\pi}$$

$$b_n=\frac{1}{\pi}\int_0^{2\pi}f(t)\sin(nt)dt=\frac{4}{\pi}\int_0^{\frac{T}{2}}f(t)\sin(nt)dt$$

$$=\frac{4}{\pi}\int_0^{\frac{T}{2}}\frac{2t}{\pi}\sin(nt)dt=\frac{8}{\pi^2}\int_0^{\frac{T}{2}}t\sin(nt)dt$$

$$\text{或}\ b_n=\begin{cases}\dfrac{8}{\pi^2 n^2}，n=1,5,9\cdots\\[2ex]\dfrac{-8}{\pi^2 n^2}，n=3,7,11\cdots\end{cases}$$

11-4-1　軸的選擇

因對稱波形的分析較簡單，故可藉移軸方式使函數且有對稱性質，以新軸為準計算完成後，再轉變恢復原軸，如圖 11-13(a)所示為一不對稱之方波，可先選擇一適當之軸使其成為圖(b)之奇數波形或圖(c)偶函數波形，其各圖均有一定之關係存在，如圖(c)可由圖(b)向右移 $\frac{1}{4}$ 週期。故其間之關係為

$$u(t) = g\left(t + \frac{T}{4}\right)\text{，或}g(t) = u\left(t - \frac{T}{4}\right)$$

將圖(b)向上移動 1 單位而成為圖(d)，故兩者間之關係為

$$g(t) = v(t) - 1 \quad \text{或} \quad v(t) = g(t) + 1$$

圖(e)亦可由圖(b)獲得，其間關係為

$$W(t) = \frac{1}{2}v(t) = \frac{1}{2}[g(t) + 1]$$

由上述可知，有時已知某一波形之傅氏級數，可利用移軸之關係直接求出，不必再經級數之計算，以例題說明之：

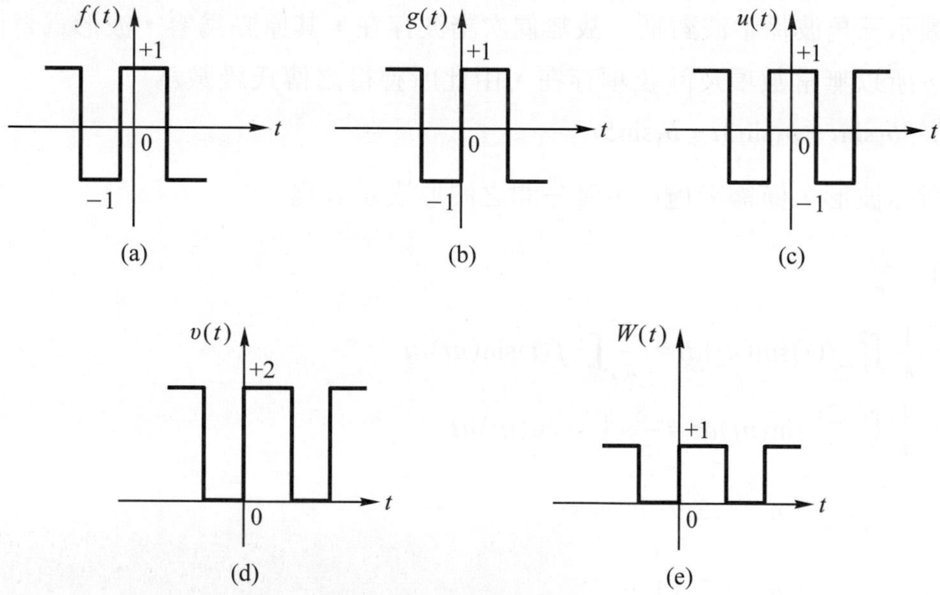

圖 11-13　軸之選擇

例 11-7

試求圖 11-14(a)所示之鋸齒波之傅氏級數。

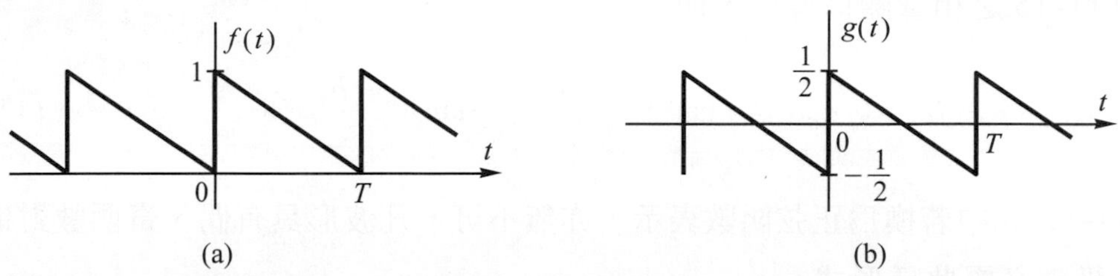

圖 11-14　鋸齒波形

解 先將圖(a)中之波形向下移動$\frac{1}{2}$單位，或將橫軸向上移動$\frac{1}{2}$單位，而成爲一奇數，如圖(b)所示，其間之關係爲

$$g(t)=f(t)-\frac{1}{2} \quad \text{或} \quad f(t)=g(t)+\frac{1}{2}$$

因圖(b)爲一奇函數波形，$a_0=0$，$a_n=0$，僅有正弦項存在，即可設

$$g(t)=\sum_{n=1}^{\infty} b_n \sin(n\omega_0 t)\text{，}\omega_0=\frac{2\pi}{T}$$

式中係數b_n 值由表 11-1 得知爲

$$b_n=\frac{4}{T}\int_0^{\frac{T}{2}} g(t)\sin(n\omega_0 t)dt=\frac{4}{T}\int_0^{\frac{T}{2}}\left(\frac{1}{2}-\frac{t}{T}\right)\sin(n\omega_0 t)dt$$

$$=\frac{4}{T}\left[\frac{\sin(n\omega_0 t)}{T(n\omega_0)^2}-\left(\frac{1}{2}-\frac{t}{T}\right)\frac{\cos(n\omega_0 t)}{n\omega_0}\right]_2^{\frac{T}{2}}=\frac{1}{n\pi}$$

$$\therefore f(t)=\frac{1}{2}+g(t)=\frac{1}{2}+\sum_{n=1}^{\infty} b_n\sin(n\omega_0 t)$$

$$=\frac{1}{2}+\frac{1}{\pi}\left[\sin(\omega_0 t)+\frac{1}{2}\sin 2\omega_0 t+\frac{1}{3}\sin(\omega_0 t)+\cdots\right]$$

11-4-2　傅氏級數之另一表示法

前述(11-5)式中爲傅氏級數之一般式，可簡化爲

$$f(t)=a_0+\sum_{n=1}^{\infty}\left[a_n\cos(nt)+b_n\sin(nt)\right] \tag{11-18}$$

在實用上，常將各正、餘弦同次諧波予以合併，較爲適宜，此爲傅氏級數第二種三角形表示法。

$$f(t) = c_0 + \sum_{n=1}^{\infty} c_n \cos(nt + \phi_n) \quad (11\text{-}19)$$

式中$c_0 = a_0$，c_n為n次諧波之振幅，ϕ_n為n次諧波之相角。c_n及ϕ_n與a_n及b_n間之關係，可藉圖 11-15 之相量關係導出，即

$$c_n = a_n - jb_n = \sqrt{a_n^2 + b_n^2}\angle \tan^{-1}\frac{-b_n}{a_n}，\phi_n = \tan^{-1}\frac{-b_n}{a_n} \quad (11\text{-}20)$$

(11-19)式中若換為正弦函數表示，亦無不可，凡波形具有偶、奇函數對稱者，其傅氏級數必屬此種形式。

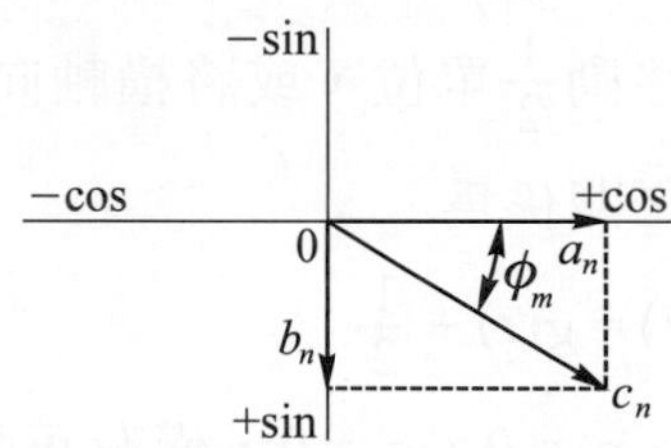

圖 11-15　諧波之相量關係

11-4-3　頻譜

任一非弦波可利用各諧波之振幅與相角間關係的繪圖，(11-19)式中C_n作為n次諧波及頻率$n\omega_0$之函數所繪出之圖稱為**幅譜(amplitude spectrum)**。同樣以ϕ_n與$n\omega_0$之函數所繪出之圖稱為**相譜(phase spectrum)**，因n為整數，故C_n與ϕ_n對諧波頻率之關係並非連續數且為一分立之**變數(discrete Variable)**，所以幅譜與相譜通常合稱分立**頻譜(discrete spectrum)**或**線譜(line spectrum)**，圖 11-16 所示分別為方波及三角波之頻譜。

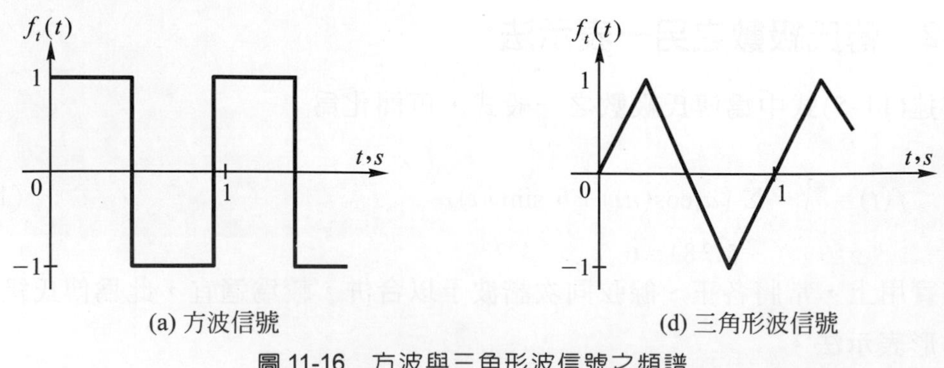

(a) 方波信號　　(d) 三角形波信號

圖 11-16　方波與三角形波信號之頻譜

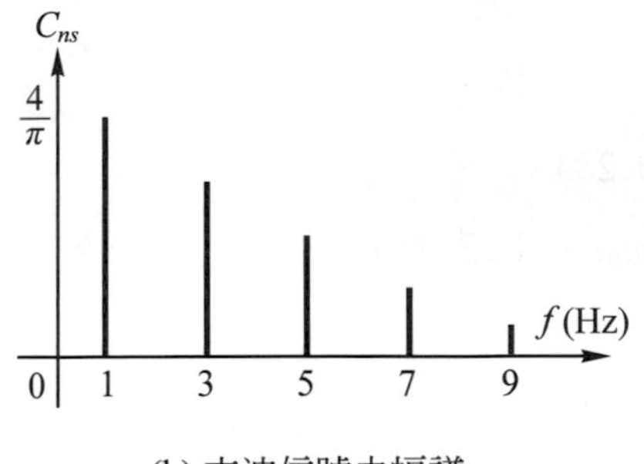

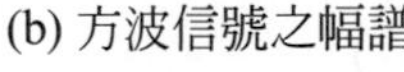
(b) 方波信號之幅譜

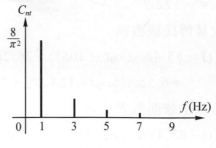

(e) 三角形波信號之幅譜

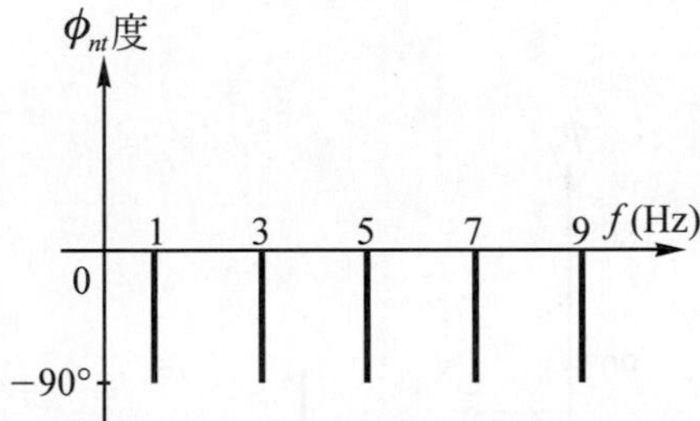

(c) 方波信號之相譜

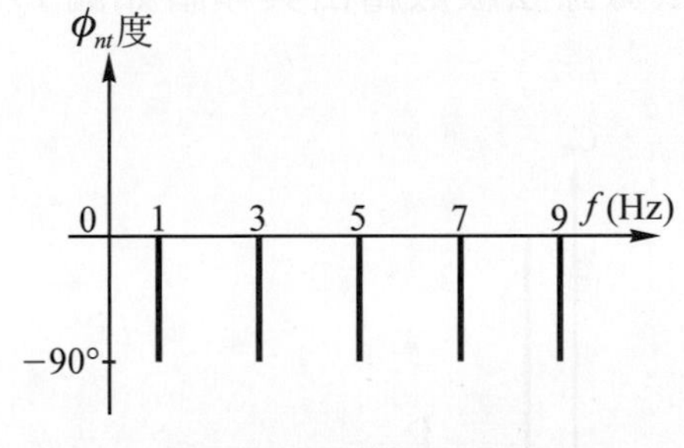

(f) 三角形波信號之相譜

圖 11-16　方波與三角形波信號之頻譜(續)

例11-8

一半對稱波形，經以數字積分法分析之結果為：

$a_1 = -22.11$，$b_1 = 82.45$，$a_3 = 26.2$，$b_3 = -0.92$

$a_5 = -3.65$，$b_5 = -5.38$，$a_7 = -1.29$，$b_7 = 2.01$

試求以餘弦函數表示其傅氏級數與頻譜。

解 由(11-20)式得:

$c_1 = -22.11 - j82.45 = 85.4\angle -105°$

$\phi_1 = -105°$

$c_3 = 26.2 - j(-0.92) = 26.2\angle 2°$

$\phi_3 = 2°$

$c_5 = -3.65 - j(-5.38) = 6.5\angle 124.2°$

$\phi_5 = 124.2°$

$c_7 = -1.29 - j2.01 = 2.39\angle -122.7°$

$\phi_7 = -122.7°$

故其傅氏級數爲

$f(t) \simeq 85.4\cos(\omega_0 t - 105°) + 26.2\cos(3\omega_0 t + 2°)$

$\quad + 6.5\cos(5\omega_0 t + 124.2°) + 2.39\cos(7\omega_0 t - 122.7°)$

若以正弦函數表示之則爲

$f(t) = 85.4\sin(\omega_0 t - 15°) + 26.2\sin(3\omega_0 t + 92°)$

$\quad + 6.5\sin(5\omega_0 t - 145.8°) + 2.39\sin(7\omega_0 t - 32.7°)$

依據餘弦級數繪出其頻譜如圖 11-17 所示。

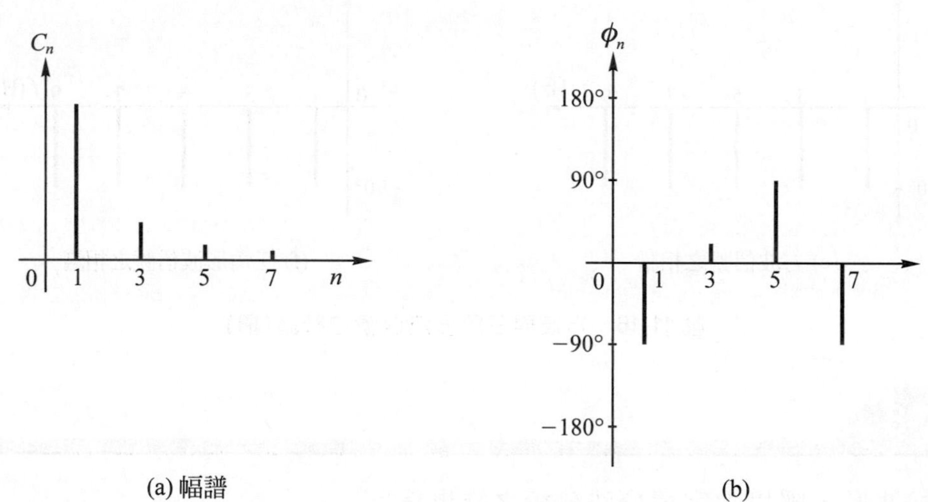

(a) 幅譜　　(b)

圖 11-17　11-8 之頻譜

式(11.19)中之ϕ_n爲n次諧波之相角，即以該級諧波之週期作爲 360°所量度之角度。但原波形或基波之一週期，相當於二次諧波之兩個週期，n次諧波之n個週期，因而基波相角之每一度，相當於二次諧波之二度，n階諧波以n度，若以r_n爲以基波角度爲準之相角，則

$$\phi_n = nr_n \qquad (11\text{-}21)$$

因而(11-9)式，又可寫爲

$$f(t) = c_0 + \sum_{n=1}^{\infty} c_n \cos n(t + r_n) \qquad (11\text{-}22)$$

若將波形圖之原點向右移動以基波爲準之θ角度，或將波形向左移動一角度，顯然波形本身無所變動，但傅氏級數則變爲

$$g(t)=c_0+\sum_{n=1}^{\infty} c_n\cos n(t+r_n+\theta) \tag{11-23}$$

比較(11-22)，(11-23)兩式，可見兩完全相同之波形，除應有相同級次之諧波，相同之對應諧波幅度外，各對應諧波間之相角差應等於以基波爲基準之同一角度，若各對諧波之幅度並不相同，但保持一定之比，其他條件不變，在此情況下，兩波亦稱具有相同之形狀，或稱爲相同之波形。故當須判斷兩個波相是否形同時，應由下述條件觀察之：(1)諧波級次是否相同；(2)各對應諧波是否有一定之比；(3)相角問題，可將一波形移動其基波使其與另一波形之基波相同，此時若各對應諧波均相同，則該兩波形爲相同波形。

例 11-9

試判斷下列兩方程式之波形是否相同？

$f(t)=100\sin(\omega_0 t+30°)-50\sin(3\omega_0 t-60°)+25\sin(5\omega_0 t+40°)$

$g(t)=10\sin(\omega_0 t-60°)+5\sin(3\omega_0 t-150°)+2.5\cos(5\omega_0 t-140°)$

解 (1)兩波形之諧波級次相同。

(2)兩波形之波幅比爲$\dfrac{100}{10}=\dfrac{50}{5}=\dfrac{25}{2.5}=10$

(3)若將$g(t)$向左移動90°，使其基波與$f(t)$之基波相同，或將基波相角加90°，則三次諧波應加90°×3＝270°，五次諧波90°×5＝450°，因之$g(t)$變爲

$$\begin{aligned} g(t)&=10\sin(\omega_0 t+30°)+5\sin(3\omega_0 t+120°)+2.5\cos(5\omega_0 t-50°)\\ &=10\sin(\omega_0 t+30°)-5\sin(3\omega_0 t-60°)+2.5\sin(5\omega_0 t+40°) \end{aligned}$$

其各諧波均與$f(t)$同相。兩波形既已滿足三個條件，故知爲相同波形。

解決相角問題之另一方法，可將$f(t)$與$g(t)$改爲式(11-23)形式

$$\begin{aligned} f(t)&=100\sin(\omega_0 t+30°)+50\sin(3\omega_0 t+120°)+25\sin(5\omega_0 t+400°)\\ &=100\sin(\omega_0 t+30°)+50\sin3(\omega_0 t+40°)+25\sin5(\omega_0 t+80°) \end{aligned}$$

$$\begin{aligned} g(t)&=10\sin(\omega_0 t-60°)+5\sin(3\omega_0 t-150°)+2.5\sin(5\omega_0 t-50°)\\ &=10\sin(\omega_0 t-60°)+5\sin3(\omega_0 t-50°)+2.5\sin5(\omega_0 t-10°) \end{aligned}$$

其間各對應諧波之相角差均爲90°，故兩波形相同。

11-5 非正弦波之有效值

依交流電有效值的定義，任何週期性交變波形函數$f(t)$之有效值，通稱均方根值，即為：

$$\sqrt{\frac{1}{T}\int_0^T [f(t)]^2 dt}$$

若應用傅氏級數表示非弦波之有效值，使用式(11.19)之形式，並設電流為：

$$i(t) = I_0 + \sum_{n=1}^{\infty} I_{mn}\cos(n\omega_0 t + \phi_n) \tag{11-24}$$

上式中，I_0為$i(t)$之直流成分，I_{mn}為n次諧波之最大值，ϕ_n為n次諧波之相角，為簡便計，將時間標尺定為$\omega_0 = 1$則

$$i(t) = I_0 + \sum_{n=1}^{\phi} I_{mn}\cos(nt + \phi_n) \tag{11-25}$$

故$i(t)$之有效值為

$$I = \sqrt{\frac{1}{T}\int_0^T [i(t)]^2 dt} = \sqrt{\frac{1}{2\pi}\int_0^{2\pi}\left[I_0 + \sum_{n=1}^{\infty} I_{mn}\cos(nt+\phi_n)\right]^2 dt}$$

其中因

$$\int_0^{2\pi} I_0^2 dt = 2\pi I_0^2$$

$$\int_0^{2\pi} I_{mn}^2 \cos^2(nt+\phi_n) dt = \pi I_{mn}^2$$

$$\int_0^{2\pi} I_{mn}\cos(nt+\phi_n) I_{mk}\cos(kt+\phi_k) = 0$$

$$\int_0^{2\pi} I_0 I_{mn}\cos(nt+\phi_n) dt = 0$$

故 $$I = \sqrt{\frac{1}{2\pi}\left[2\pi I_0^2 + \pi\sum_{n=1}^{\infty} I_{mn}^2\right]} = \sqrt{I_0^2 + \frac{1}{2}\sum_{n=1}^{\infty} I_{mn}^2}$$

$\because \sqrt{\frac{1}{2}I_{mn}^2}$為$n$次諧波之有效值$I_n$。所以週期性電流之有效值簡化為

$$I=\sqrt{\sum_{n=0}^{\infty} I_n^2}=\sqrt{I_0^2+I_1^2+I_2^2+\cdots+I_k^2+\cdots} \quad (11\text{-}26)$$

由上式知，電流之有效值僅與各諧波之有效值有關，而不受各諧波相角ϕ_n之影響，其與數個相同頻率電流之合成效果不同。

同理，若非正弦波電壓方程式為

$$v(t)=V_0+\sum_{n=1}^{\infty} V_{mn}\cos(nt+\beta_n) \quad (11\text{-}27)$$

則其有效值為

$$V=\sqrt{\sum_{n=0}^{\infty} V_n^2}=\sqrt{V_0^2+V_1^2+V_2^2+V_3^2+\cdots V_k^2+\cdots} \quad (11\text{-}28)$$

例 11-10

設一電路之電壓及電流方程式分別為

$v=141.4\sin(t-60°)-56.6\sin(3t-30°)+35.4\sin(5t-90°)\text{V}$

$i=28.28\sin(t-30°)+17\sin(3t-90°)\text{A}$

試求電壓及電流之有效值。

解 電壓有效值為：

$$V=\sqrt{V_1^2+V_3^2+V_5^2}=\sqrt{\left(\frac{141.4}{\sqrt{2}}\right)^2+\left(\frac{56.6}{\sqrt{2}}\right)^2+\left(\frac{35.4}{\sqrt{2}}\right)^2}$$

$$=\sqrt{10000+1600+625}=110.6\text{V}$$

電流有效值為：

$$I=\sqrt{I_1^2+I_3^2}=\sqrt{\left(\frac{28.28}{\sqrt{2}}\right)^2+\left(\frac{17}{\sqrt{2}}\right)^2}=\sqrt{400+144}=23.3\text{A}$$

例 11-11

一非正弦波電壓，包含有基波及三次諧波，其有效值為 130V，已知其基波之有效值為 120V，試求三次諧波之有效值為多少？

解 $V=\sqrt{V_1^2+V_3^2}$

$130=\sqrt{120^2+V_3^2}$

$V_3^2=130^2-120^2=2500$

$\therefore V_3=\sqrt{2500}=50\text{V}$

11-6 非正弦波所產生的功率和功率因數

11-6-1 功率

若一電路所流經之電流及其端電壓，分別爲下述之非正弦波。

$$v(t)=V_0+V_{m1}\sin(\omega t+\beta_1)+V_{m2}\sin(2\omega t+\beta_2)+\cdots$$

$$i(t)=I_0+I_{m1}\sin(\omega t+\phi_1)+I_{m2}\sin(2\omega t+\phi_2)+\cdots$$

則該電路所吸收的平均功率爲

$$\begin{aligned}P&=\frac{1}{2\pi}\int_0^{2\pi}v\cdot i\,dt\\&=\frac{1}{2\pi}\int_0^{2\pi}\{[V_0+V_{m1}\sin(\omega t+\beta_1)+V_{m2}\sin(2\omega t+\beta_2)]+\cdots]\\&\quad\cdot[I_0+I_{m1}\sin(\omega t+\phi_1)+I_{m2}\sin(2\omega t+\phi_2)+\cdots]\}dt\end{aligned}$$

式中各項積分之結果，分別爲

1. 兩常數項V_0與I_0積的平均值爲V_0I_0。
2. 兩個頻率不同正弦波的積，如

   $[V_{mn}\sin(n\omega t+\beta_n)]\cdot[I_{mk}\sin(k\omega t+\phi_k)]$

   其一週之平均值爲零。
3. 常數項V_0或I_0各電流諧波或各電壓諧波之積，如

   $I_0V_{mn}\sin(n\omega t+\beta_n)$或$V_0I_{mn}\sin(n\omega t+\phi_n)$

   其一週之平均值爲零。
4. 電壓諧波與電流諧波頻率相同者之積，如

   $[V_{mn}\sin(n\omega t+\beta_n)]\cdot[I_{mn}\sin(n\omega t+\phi_n)]$

   其一週之平均值爲$\dfrac{V_{mn}I_{mn}}{2}\cos[\beta_n-\phi_n]$

故知

$$\left.\begin{aligned} P &= \frac{1}{2\pi}\int_0^{2\pi} vi\,dt = V_0 I_0 + \frac{V_{m1} I_{m1}}{2}\cos(\beta_1 - \phi_1) + \cdots \\ &= V_0 I_0 + V_1 I_1 \cos(\beta_1 - \phi_1) + V_2 I_2 \cos(\beta_2 - \phi_2) + \cdots \\ &= V_0 I_0 + \sum_{n=1}^{\infty} V_n I_n \cos(\beta_n - \phi_n) = P_0 + P_1 + P_2 + \cdots \end{aligned}\right\} \qquad (11\text{-}29)$$

或 $$P = I_0^2 R + \Sigma I_n^2 R \qquad (11\text{-}30)$$

由上式可看出非正弦波穩態電路中，所吸收電功率的平均值爲頻率相同各諧波電壓、電流相乘平均值之和，但電壓與電流頻率不相同的，其功率平均值爲零。

11-6-2 功率因數

其定義與弦波電路相同，即一交流非正弦波電路之功率因數爲其平均功率與視在功率之比。

$$\text{p.f} = \frac{\text{平均功率}}{\text{視在功率}} = \frac{P}{VI}$$

將式(11-26)，(11-28)及(11-29)代入上式得

$$\text{p.f} = \frac{V_0 I_0 + \sum\limits_{n=1}^{\infty} V_n I_n \cos(\beta_n - \phi_n)}{\sqrt{\sum\limits_{n=0}^{\infty} V_n^2} \cdot \sqrt{\sum\limits_{n=0}^{\infty} I_n^2}} \qquad (11\text{-}31)$$

若電壓及電流各次諧波之相角均相同，即$\beta_n = \phi_n$，同時

$$\frac{V_0}{I_0} = \frac{V_1}{I_1} = \frac{V_2}{I_2} = \cdots = \frac{V_n}{I_n} = k$$

則 $$\text{p.f} = \frac{V_0 I_0 + V_1 I_1 + V_2 I_2 + \cdots}{\sqrt{\sum\limits_{n=0}^{\infty} V_n^2} \cdot \sqrt{\sum\limits_{n=0}^{\infty} I_n^2}} = \frac{k \sum\limits_{n=0}^{\infty} I_n^2}{k\sqrt{\sum\limits_{n=0}^{\infty} I_n^2} \cdot \sqrt{\sum\limits_{n=0}^{\infty} I_n^2}} = 1$$

由此可見欲滿足非正弦電路 p.f = 1之條件，則其電壓及電流波形必爲相同形狀，顯然地僅有純電阻電路始能滿足此條件，因一般*RLC*電路僅能對某一諧波頻率發生諧振，且對電壓及電流各次諧波之比值不能保持一定，故對非弦波電路而言，只要具有電抗成分存在，即不可能使綜合功率因數爲1。

例 11-12

試求下列電壓及電流波所產生之(a)平均功率，(b)功率因數。

$v(t)=100\sin(10t+20°)-50\sin(30t+70°)+25\sin 50t$ V

$i(t)=20\sin(10t-40°)+15\sin(30t+40°)+10\cos(50t-60°)$A

解 (a)$P=P_1+P_2+P_3$

$$=\frac{100\times 20}{2}\cos[20°-(-40°)]$$

$$+\frac{(-50)(15)}{2}\cos(70°-40°)+\frac{25\times 10}{2}\cos(0°-30°)$$

$$=1000\cos 60°-375\cos 30°+125\cos(-30°)=283.5\text{W}$$

(b)電壓及電流之有效值分別爲

$$V=\sqrt{\frac{1}{2}(100^2+50^2+25^2)}=81\text{V}$$

$$I=\sqrt{\frac{1}{2}(20^2+15^2+10^2)}=19.04\text{A}$$

$$\therefore \text{p.f}=\frac{P}{VI}=\frac{283.5}{81\times 19.04}=0.1838=18.38\%$$

任何線性電路對非正弦波問題的分析，當按下述步驟行之：

1. 求出非正弦波的傅氏級數。
2. 求線性電路各次諧波成分。
3. 將各次諧波成分相加，即爲所求。

舉例說明，如圖 11-18 所示，設$v(t)$爲一非正弦波電壓，方塊表示一個被動線性電路，求該電路中電流$i(t)$之步驟爲：先求出$v(t)$之傅氏級數，其各次諧波之成分如圖示相當無數串聯之電壓源同時作用於電路上，再求對應於各諧波電壓之諧波電流，而後將各次諧波之電流成分相加即可。若電流是非正弦波之電流源其傅氏級數之各項可視爲無數並聯之電流源作用於電路上，求電路內某部分之電壓方法也是如此。

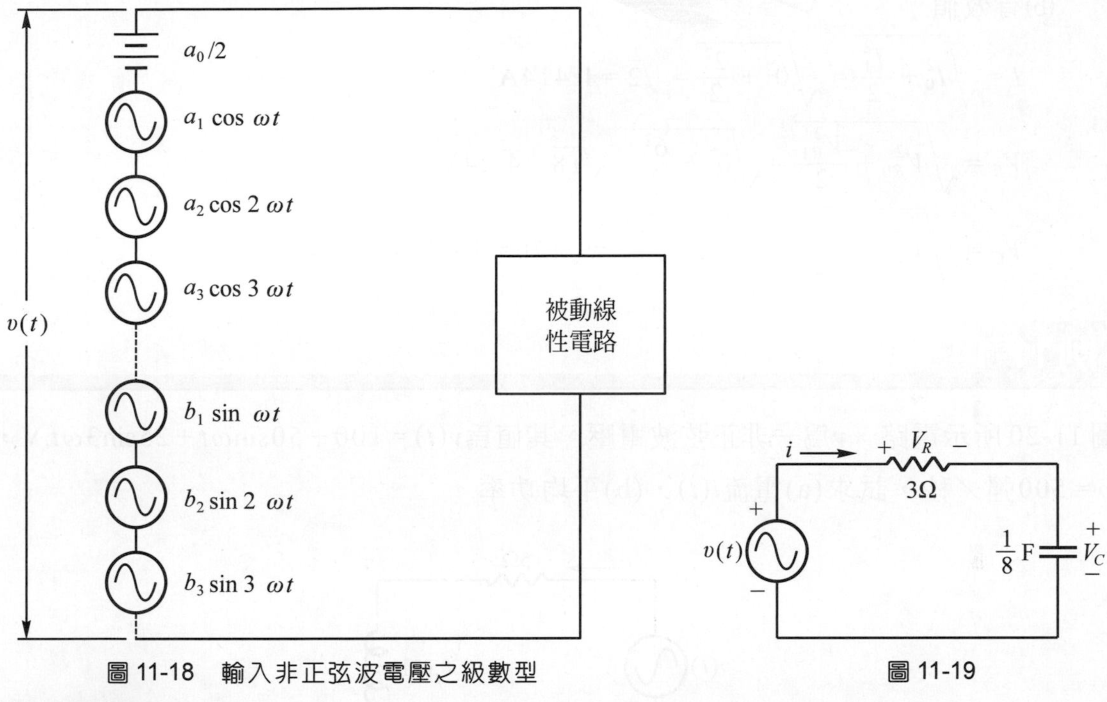

圖 11-18　輸入非正弦波電壓之級數型

圖 11-19

例 11-13

圖 11-19 電路中，若$v(t)=12+10\sin 2t$試求(a)瞬時值電流$i(t)$，電壓$v_R(t)$及$v_C(t)$，(b)有效值電流I，電壓V_R及V_G。

解 (a)先考慮 12 伏直流成分，當充電抵達穩態時，則

$I_0=0$，$V_{R0}=0$，$V_{C0}=12\text{V}$

對於$10\sin 2t$之交流成分，其阻抗

$$\overline{Z}=R-jX_C=3-j\frac{1}{2\times\frac{1}{8}}=3-j4=5\angle{-53^\circ}\ \Omega$$

$$\bar{I}_1=\frac{\overline{V}_1}{\overline{Z}}=\frac{\frac{10}{\sqrt{2}}\angle 0^\circ}{5\angle{-53^\circ}}=\sqrt{2}\angle 53^\circ\text{A}$$

$$\overline{V}_{R1}=\bar{I}_1R=3\sqrt{2}\angle 53^\circ\text{V}$$

$$\overline{V}_{C1}=\bar{I}_1X_C=(\sqrt{2}\angle 53^\circ)(4\angle{-90^\circ})=4\sqrt{2}\angle{-37^\circ}\text{V}$$

$$\therefore i(t)=0+2\sin(2t+53^\circ)\text{A}$$

$$v_R(t)=0+6\sin(2t+53^\circ)\text{V}$$

$$v_C(t)=12+8\sin(2t-37^\circ)\text{V}$$

(b)有效值

$$I=\sqrt{I_0^2+\frac{I_1^2}{2}}=\sqrt{0^2+\frac{2^2}{2}}=\sqrt{2}=1.414\text{A}$$

$$V_R=\sqrt{V_{R0}^2+\frac{V_{R1}^2}{2}}=\sqrt{0^2+\frac{6^2}{2}}=\sqrt{18}=4.24\text{V}$$

$$V_C=\sqrt{V_{C0}^2+\frac{V_{C1}^2}{2}}=\sqrt{12^2+\frac{8^2}{2}}=\sqrt{176}=13.27\text{V}$$

例11-14

圖11-20所示電路，v為一非正弦波電壓，其值為$v(t)=100+50\sin\omega t+25\sin3\omega t$ V，$\omega=500$弳／秒，試求(a)電流$i(t)$，(b)平均功率。

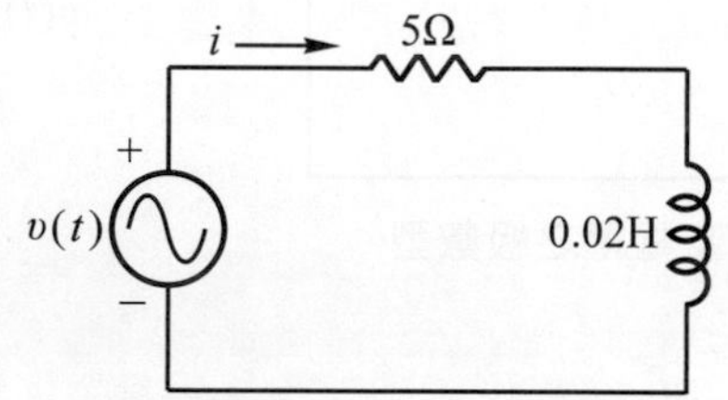

圖 11-20 RL串聯電路，加一非弦波電壓

解 方法一：先求出各諧波頻率電路之等值阻抗，而後始能求出其對應成分之電流。當$\omega=0$時，$\overline{Z}=R=5\Omega$，故電流之直流成分為

$$I_0=\frac{\overline{V}_0}{\overline{Z}}=\frac{100}{5}=20\text{A}$$

當$\omega_1=500$弳／秒時，

$\overline{Z}_1=5+j(0.02)(500)=5+j10=11.18\angle 63.4^\circ\ \Omega$。

$$i_1=\frac{V_{1m}}{|Z_1|}\sin(\omega t-\theta_1)=\frac{50}{11.18}\sin(\omega t-63.4^\circ)$$

$$=4.47\sin(\omega t-63.4^\circ)\text{ A}$$

當$\omega_3=3\times500=1500$弳／秒，

$\overline{Z}_3=5+j30=30.4\angle 80.54^\circ\ \Omega$

$$i_3=\frac{V_{3m}}{|Z_3|}\sin(3t-\theta_3)=\frac{25}{30.4}\sin(3\omega t-80.54^\circ)$$

$$=0.822\sin(3\omega t-80.54^\circ)\text{ A}$$

其瞬時值電值$i(t)$為

$$i(t)=20+4.47\sin(\omega t-63.4^\circ)+0.822\sin(3\omega t-80.54^\circ)\text{ A}$$

其有效值電流爲

$$I=\sqrt{20^2+\frac{(4.47)^2}{2}+\frac{(0.822)^2}{2}}=20.26\ \text{A}$$

故在 5Ω電阻下消耗之功率爲

$$P=I^2R=(20.26)^2\times 5=2052\ \text{W}$$

方法二：跨於電阻上的電壓以級數表示之

$$v_R(t)=Ri(t)$$

$$=100+22.4\sin(\omega t-63.4°)+4.11\sin(3\omega-80.54°)\text{V}$$

故 $V_R=\sqrt{100^2+\frac{1}{2}(22.4)^2++\frac{1}{2}(4.11)^2}=101.3\text{V}$

$$P=\frac{V_R^2}{R}=\frac{101.3^2}{5}=2052\text{W}$$

方法三：分別求出各諧波頻率之功率，而後相加即所求之答案。

$\omega=0$時，$P_0=V_0I_0=100\times 20=2000\text{W}$

$\omega=500$時，$P_1=\frac{1}{2}V_1I_1\cos\theta_1=\frac{1}{2}(50)(4.48)\cos 63.4°$

$=50.1\text{W}$

$3\omega=1500$時，$P_3=\frac{1}{2}V_2I_3\cos\theta_3$

$=\frac{1}{2}(25)(0.823)\cos 80.54°=1.69\text{W}$

$\therefore P_T=P_0+P_1+P_3=2000+50.1+1.69=2052\text{W}$

例 11-15

試求圖 11-21 電路中之穩態電流$i(t)$。

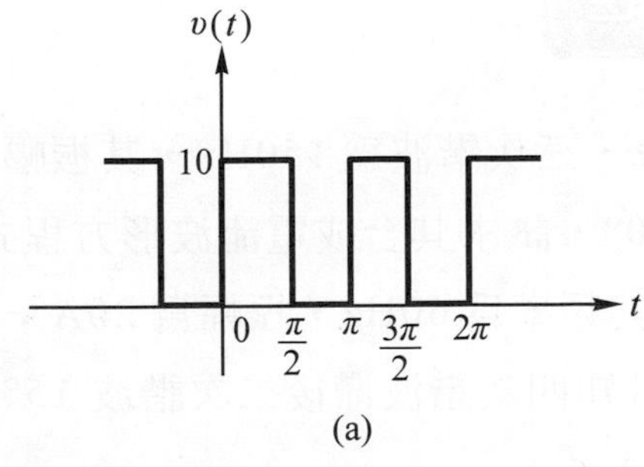

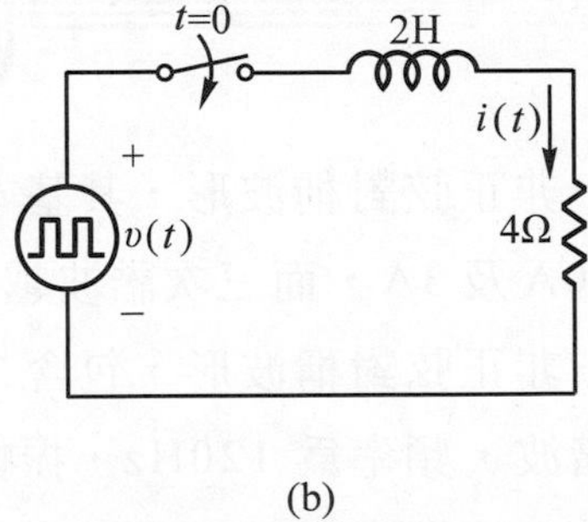

圖 11-21

解 先求電源之傅氏級數，由圖示波形知，其週期$T=\pi$，故$\omega_2=2$，則

$$a_0=\frac{1}{\pi}\int_0^{\frac{\pi}{2}}10dt=\frac{1}{\pi}\left(10\times\frac{\pi}{2}\right)=5$$

$$a_n=\frac{2}{\pi}\int_0^{\frac{\pi}{2}}10\cos n\omega_0 t dt=\frac{20}{\pi}\int_0^{\frac{\pi}{2}}\cos 2nt dt=\frac{10}{n\pi}[\sin 2t]_0^{\frac{\pi}{2}}=0$$

$$b_n=\frac{2}{\pi}\int_0^{\frac{\pi}{2}}10\sin 2nt dt=\frac{-10}{n\pi}[\cos nt]_0^{\frac{\pi}{2}}=\begin{cases}0\text{，}n\text{爲偶數}\\ \dfrac{20}{n\pi}\text{，}n\text{爲奇數}\end{cases}$$

故輸入電壓波形之傅氏級數爲

$$v(t)=5+\frac{20}{\pi}\sum_{n=1}^{\infty}\frac{\sin 2nt}{n}\ (n\text{爲奇數})$$

對n次諧波之阻抗爲

$$\overline{Z}_n=4+j(n\omega_0)L=4+j(2n)=4+j4n\Omega$$

而n次諧波之電流爲

$$\overline{I}_{mn}=\frac{\overline{V}_{mn}}{\overline{Z}_n}=\frac{\frac{20}{n\pi}\angle 0^\circ}{4+j4n}=\frac{5}{n\pi(1+jn)}$$

改爲時間函數，則

$$i_n(t)=\frac{1}{n\pi}\frac{5}{\sqrt{1+n^2}}\sin(2nt-\tan^{-1}n)=\frac{5}{\pi(1+n^2)}\left(\frac{\sin 2nt}{n}-\cos 2nt\right)$$

電流之直流成分爲$\frac{5}{4}=1.25$ A

$$\therefore i(t)=1.25+\frac{5}{\pi}\sum_{n=1}^{\infty}\left[\frac{\sin 2nt}{n(1+n^2)}-\frac{\cos 2nt}{1+n^2}\right]\text{，}(n\text{爲奇數})$$

章末習題

1. 一非正弦對稱波形，其基本波爲 50Hz，三次諧波爲 150Hz，其振幅分別爲 10A 及 3A，而三次諧波越前基本波 20°，試求其合成電流波形方程式。
2. 一非正弦對稱波形，包含二次諧波，其頻率爲 60Hz，振幅爲 20A；及四次諧波，頻率爲 120Hz，振幅爲 5A，且知四次諧波滯後二次諧波 15°，試求其合波形之電流方程式(以弳度表示之)。

3. 試求圖 11-22 正方波形之傅氏級數。

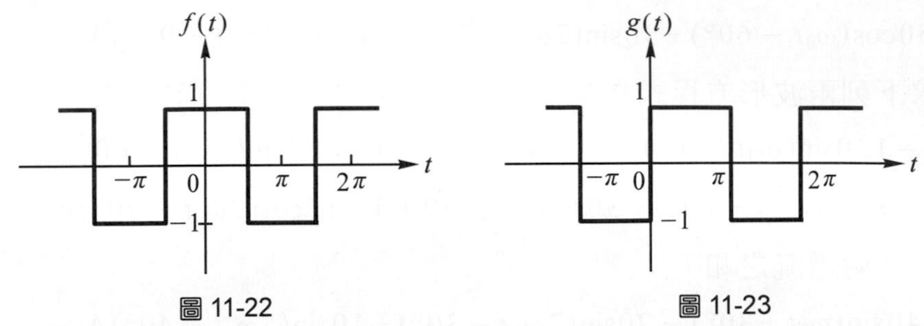

圖 11-22　　圖 11-23

4. 試求圖 11-23 正方波形之傅氏級數。

5. 試求圖 11-24 所示波形之傅氏級數，若該波形之週期為 100μs，其級數又為何？

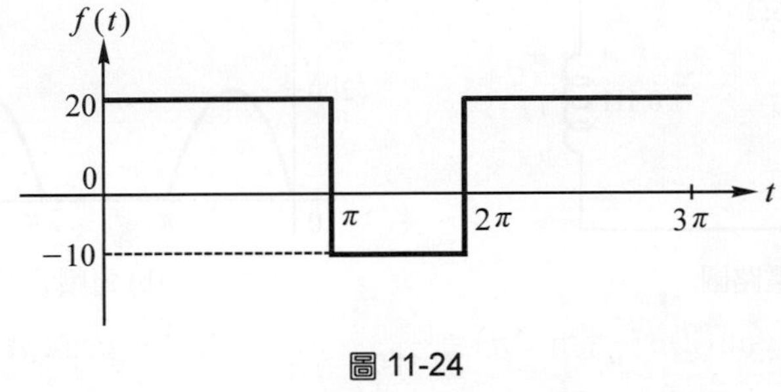

圖 11-24

6. 試求圖 11-25 所示波形之傅氏級數。

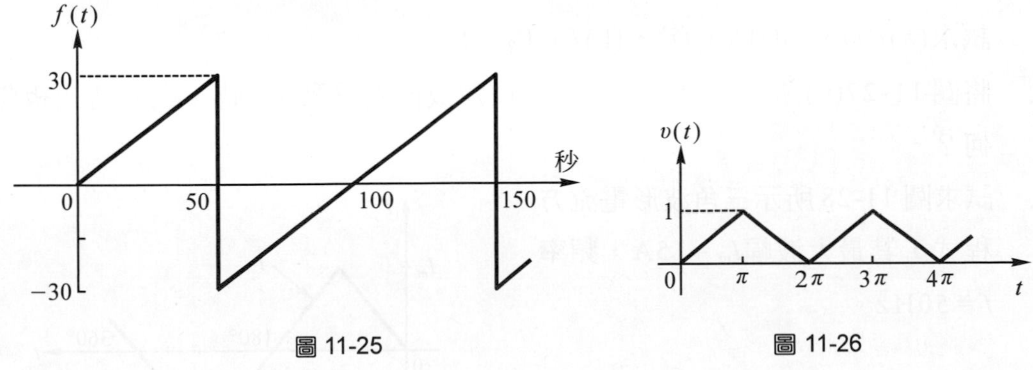

圖 11-25　　圖 11-26

7. 試求圖 11-26 所示波形之傅氏級數，若其週期為 1ms，其級數又為何？

8. 試比較下列兩波形是否相同？

$v = 100\sin(\omega_0 t + 70°) - 60\sin(2\omega_0 t - 30°) + 30\sin(3\omega_0 t - 60°)\text{V}$

$i = 50\cos(\omega_0 t - 60°) + 30\sin(2\omega_0 t + 70°) - 15\cos(3\omega_0 t - 90°)\text{A}$

9. 試求下列兩波形方程式之有效值，所產生之功率及功率因數。

$v(t) = 120\sin(\omega_0 t + 70°) - 60\sin(2\omega_0 t - 30°) + 30\sin(3\omega_0 t - 60°)\text{V}$

$i(t) = 60\cos(\omega_0 t - 60°) + 30\sin(2\omega_0 t + 70°) - 15\cos(3\omega_0 t - 90°)\text{A}$

10. 求下列兩電流之和。

$i_1 = 40\sin(\omega_0 t + 30°) - 20\sin(2\omega_0 t - 30°) + 10\sin(3\omega_0 t - 40°)\text{A}$

$i_2 = 30\cos\omega_0 t + 20\cos(2\omega_0 t - 60°) + 20\cos(3\omega_0 t + 50°)\text{A}$

11. 如圖 11-27 所示電路中，輸入電壓$v(t)$為：

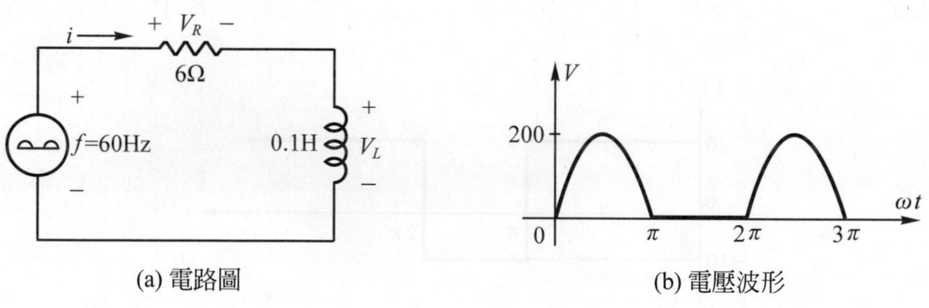

(a) 電路圖　　(b) 電壓波形

圖 11-27

$$v(t) = 0.318V_m + 0.5V_m\sin\omega t - 0.212V_m\cos 2\omega t$$
$$- 0.0424V_m\cos\omega t - \cdots$$

試求(a)$i(t)$，$v_R(t)$及$v_L(t)$，(b)I，V_R，V_L。

12. 將圖 11-27(b)所示之半波整流波形向左或向右移動 90°時，則其傅氏級數如何？

13. 試求圖 11-28 所示三角波形電流方程式，其最大波幅$I_m = 15\text{A}$，頻率$f = 50\text{Hz}$。

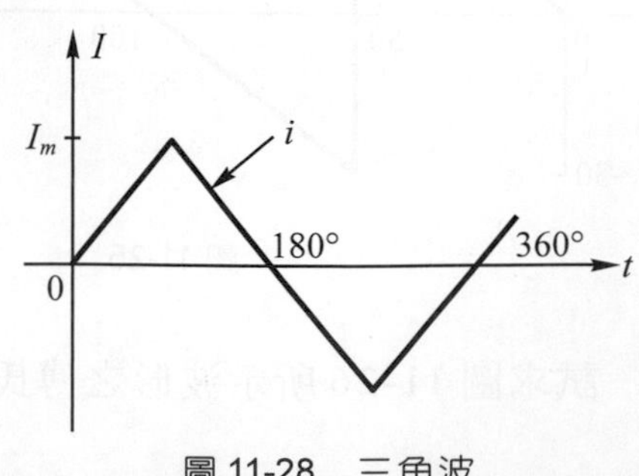

圖 11-28　三角波

14. 一非正弦波電壓$v(t) = 50 + 100\sin(400t + 30°) + 50\sin(12200t - 45°)$伏，加於圖 11-29 所示之電路上。試求安培計及伏特計之讀值，並求電路之功率因數。

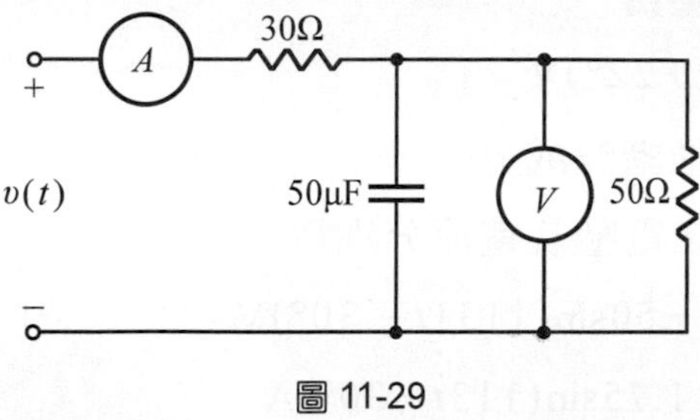

圖 11-29

15. 圖 11-30 電路中之電流源為$i(t) = 14.14\sin 377t - 2.82\sin(1131t + 20°)$安，試求(a)電壓$v(t)$；(b)功率及功率因數。

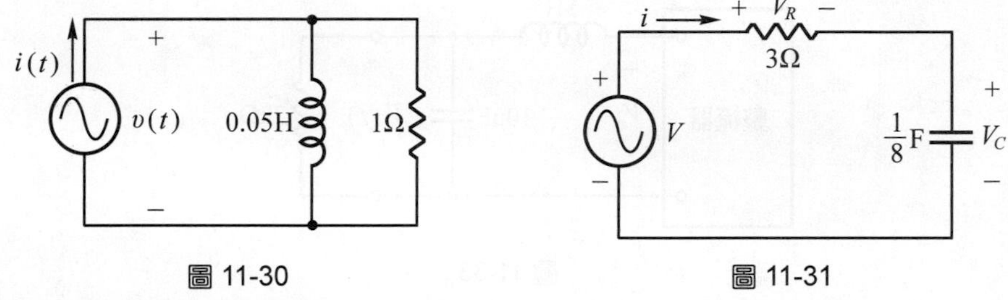

圖 11-30　　圖 11-31

16. 如圖 11-31 所示電路中，若輸入電壓$v = 12 + 10\sin 2t$V，試求(a)電流i，(b)電壓v_C，(c)電流有效值I，(d)電壓有效值V_C。

17. 試求圖 11-32 中，(a)$i_1(t)$，$i_2(t)$及$i_t(t)$；(b)總平均功率，設電壓源為
$v(t) = 141.4\sin\omega t + 35.35\sin(3\omega t + 30°) - 14.14\sin(5\omega t - 30°)$V

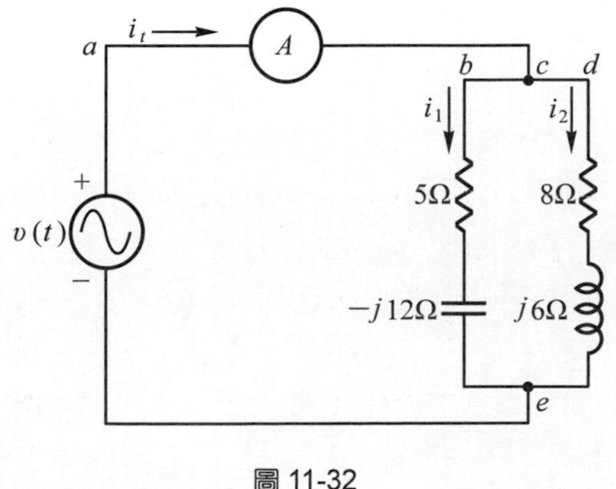

圖 11-32

18. 一電路所通過之電流爲

$i(t) = 20\sin\omega_0 t + 6\sin(3\omega_0 t - 60°) - 1.4\cos(5\omega_0 t + 82°)$A

已知三次諧波電壓爲

$v_3(t) = 42\sin(3\omega_0 t + 22°)$V

試求電壓波之其他諧波成分。

19. 一RLC串聯電路之電壓及電流分別爲

$v(t) = 100\sin 377t + 50\sin(1131t - 30°)$V

$i(t) = 10\sin 377t + 1.75\sin(113t + 30°)$A

試求平均功率及功率因數。

20. 一電源供給器電路如圖 11-33 所示，其全波整流輸出之電壓V_r爲：

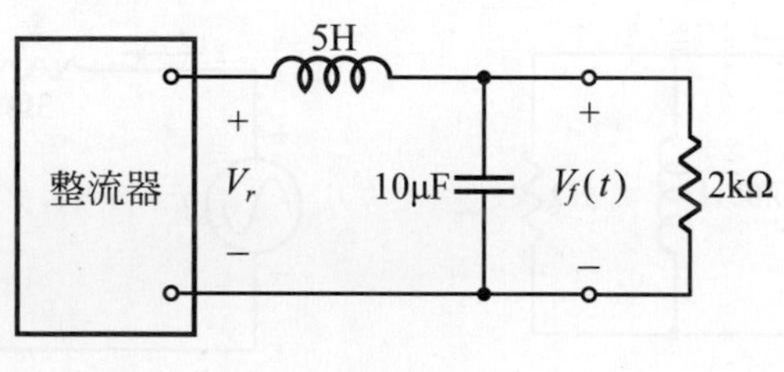

圖 11-33

$$v_r = \frac{2}{\pi}V_m\left(1 + \frac{2}{3}\cos 2\omega_1 t - \frac{2}{15}\cos 4\omega_1 t + \cdots\right)\text{V}$$

$\omega_1 = 377$弳／秒，試求濾波後之電壓$v_f(t)$

參考文獻

1. 吳添壽、曾繼紹，“電工原理”大行出版社。
2. 蘇百增“基本電學”復文書局。
3. 夏少非“電路學”國立編譯館。
4. 夏少非“電路學”三民書局。
5. 劉濱達“電路學”東華書局。
6. 許瑞銘“電路學”復文書局。
7. 鄭坤輝“電路學”前峰出版社。
8. 蔡有龍“工程電路學”國家出版社。
9. 李建海、王信雄“電路學精要”東華書局。
10. 曲毅民“電路學”全華。
11. Skilling "Electrical Engineering circuits".
12. Theodoref. Bogart. Jr. "Eletric circuits".
13. Charles A. Desorer & Ernest s. Kuh "Basic ciruit Theory".
14. James W. Nilsson "Electric circuits".
15. Russell M.Kerchner & George F. Corcoran "Alterrating current circuits".

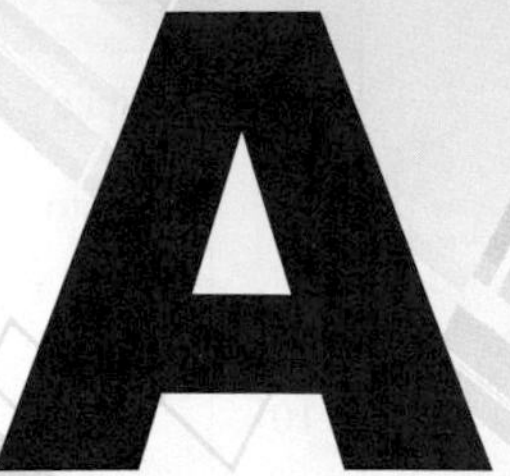

CHAPTER A

附錄

附錄一　希臘字母

大寫	小寫	讀音	大寫	小寫	讀音
Α	α	Alpha	Ν	ν	Nu
Β	β	Beta	Ξ	ξ	Xi
Γ	γ	Gamma	Ο	o	Omicron
Δ	δ	Delta	Π	π	Pi
Ε	ε	Epsilon	Ρ	ρ	Rho
Ζ	ζ	Zeta	Σ	σ	Sigma
Η	η	Eta	Τ	τ	Tau
Θ	θ	Theta	Υ	υ	Upsilon
Ι	ι	Iota	Φ	ϕ	Phi
Κ	κ	Kappa	Χ	χ	Chi
Λ	λ	Lambda	Ψ	ψ	Psi
Μ	μ	Mu	Ω	ω	Omega

附錄二　單位所用的字首及意義

值	字首	符號	中文名稱	值	字首	符號	中文名稱
10^1	deka	dk	拾	10^{-1}	deci	d	分
10^2	hecto	h	佰	10^{-2}	centi	c	厘
10^3	kilo	K 或 k	仟	10^{-3}	milli	m	毫
10^4			萬	10^{-4}			絲
10^5			十萬	10^{-5}			忽
10^6	mega	M	百萬	10^{-6}	micro	μ	微
10^8			億	10^{-7}			纖
10^9	giga	G	十億	10^{-8}			沙
10^{12}	tera	T	兆	10^{-9}	nano	n	奈，毫微
				10^{-10}	angstrom	Å	埃
				10^{-11}			渺
				10^{-12}	pico	p	皮，微微
				10^{-15}	femto	f	飛毫微微
				10^{-18}	atto	a	阿微微微

附錄三　單位換算

平面角

單位	°(度)	′(分)	″(秒)	弧度	轉
1 度＝	1	60	3600	1.745×10^{-2}	2.778×10^{-3}
1 分＝	1.666×10^{-2}	1	60	2.909×10^{-4}	4.630×10^{-5}
1 秒＝	2.778×10^{-2}	1.667×10^{-2}	1	4.848×10^{-6}	7.716×10^{-7}
1 弧度＝	57.30	3438	2.063×10^5	1	0.1592
1 轉＝	360	2.16×10^4	1.296×10^6	6.283	1

長度

單位	厘米	米	仟米
1 厘米＝	1	10^{-2}	10^{-5}
1 米＝	100	1	10^{-3}
1 仟米＝	10^{5}	1000	1
1 吋＝	2.540	2.540×10^{-2}	2.540×10^{-5}
1 呎＝	30.48	0.3048	3.048×10^{-4}
1 哩＝	1.609×10^{5}	1609	1.609

單位	吋	呎	哩
1 厘米＝	0.3937	3.281×10^{-6}	6.214×10^{-5}
1 米＝	39.37	3.281	6.214×10^{-4}
1 仟米＝	3.937×10^{4}	3281	0.6214
1 吋＝	1	8.333×10^{-2}	1.578×10^{-5}
1 呎＝	12	1	1.894×10^{-4}
1 哩＝	6.336×10^{4}	5280	1

※線規用之長度密爾(mil)，1 密爾 $= \frac{1}{1000}$ 吋

面積

單位	米^2	厘米^2	呎^2	吋^2	圓釐
1 平方米＝	1	10^{4}	10.76	1550	1.974×10^{9}
1 平方厘米＝	10^{-4}	1		0.1550	1.974×10^{5}
1 平方呎＝	9.290×10^{-2}	929.0	1	144	1.933×10^{8}
1 平方吋＝	6.452×10^{-4}	6.452		1	1.873×10^{6}
1 圓釐＝	5.067×10^{-10}			7.854×10^{-7}	1

1 平方哩＝2.788×10^{8}呎^2＝640畝　1 畝＝43,600 呎^2

1 邦＝10^{-28}米^2

※ 1 圓密爾=1 密爾之平方(線規上用之圓面積)

體積

單位	米^2	厘米^3	升	呎^3	吋^3
1 立方米＝	1	10^6	1000	15.31	6.102×10^4
1 立方厘米＝	10^{-6}	1		3.531×10^{-5}	6.102×10^{-2}
1 立＝	1.000×10^{-3}	1000	1	3.531×10^{-2}	61.02
1 立方呎＝	2.832×10^{-2}	2.832×10^4	28.32	1	1728
1 立方吋＝	1.639×10^{-5}	16.39		5.787×10^{-4}	1

1 加侖(美)＝4夸脫(美)＝8品脫(美)＝128兩(美)＝231 吋^3

1 加侖(英)＝277.42 吋^3

1 升＝1仟克水在其最大密度時的體積＝1000.028 厘米^3

質量

單位	克(gm)	公斤(kg)	slug	amu(原子質量)
1 克＝	1	0.001	6.852×10^{-5}	6.024×10^{23}
1 公斤＝	1000	1	6.852×10^{-2}	6.024×10^{26}
1 slug＝	1.459×10^4	14.59	1	8.789×10^{27}
1 amu＝	1.660×10^{-24}	1.660×10^{-27}	1.137×10^{-28}	1
1 盎司＝	28.35	2.835×10^{-2}	1.943×10^{-3}	1.708×10^{25}
1 磅＝	453.6	0.4536	3.108×10^{-3}	2.732×10^{26}
1 噸＝	9.072×10^5	907.2	62.16	5.465×10^{29}

單位	盎司(oz)	磅(lb)	噸(ton)
1 克＝	3.527×10^{-2}	2.205×10^{-3}	1.102×10^{-6}
1 公斤＝	35.27	2.205	1.102×10^{-3}
1 slug＝	514.8	32.17	1.609×10^{22}
1 amu＝	5.855×10^{-26}	3.660×10^{-27}	1.829×10^{-30}
1 盎司＝	1	6.250×10^{-2}	3.125×10^{-5}
1 磅＝	16	1	0.0005
1 噸＝	3.2×10^4	2000	1

時間

單位	年	日	小時	分	秒
1 年＝	1	365.2	8.766×10^{3}	5.259×10^{5}	3.156×10^{7}
1 日＝	2.738×10^{-3}	1	24	1440	8.640×10^{4}
1 小時＝	$1.141 \times 10^{-.4}$	4.167×10^{-2}	1	60	3600
1 分＝	1.901×10^{-6}	6.944×10^{-4}	1.667×10^{-3}	1	60
1 秒＝	3.169×10^{-8}	1.157×10^{-4}	2.778×10^{-4}	1.667×10^{-2}	1

速率

單位	呎／秒	仟米／小時	米／秒
1 呎／秒＝	1	1.097	0.3048
1 仟米／小時＝	0.9113	1	0.2778
1 米／秒＝	3.281	3.6	1
1 哩／小時＝	1.467	1.609	0.4470
1 厘米／秒＝	3.281×10^{-2}	3.6×10^{-2}	0.01
1 節＝	1.688	1.852	0.5144

單位	哩／小時	厘米／秒	節
1 呎／秒＝	0.6818	30.48	0.5925
1 仟米／小時＝	0.6214	27.78	0.5400
1 米／秒＝	2.237	100	1.944
1 哩／小時＝	1	44.70	0.8689
1 厘米／秒＝	2.237×10^{-2}	1	1.944×10^{-2}
1 節＝	1.151	51.44	1

1 節＝1哩／小時　1 哩／分＝88.02呎／秒＝60.00哩／小時

力

單位	dyne 達因	NT 牛頓	lb 磅
1 dyne =	1	10^{-5}	2.248×10^{-6}
1 NEWTON =	10^5	1	0.2248
1 pound =	4.448×10^5	4.448	1
1 pounda =	1.383×10^4	0.1383	3.108×10^{-2}
1 gram-force =	980.7	9.807×10^{-3}	2.205×10^{-3}
1 kilogram-force =	9.807×10^5	9.807	2.205

單位	pdl	gf	kgf
1 dyne =	7.233×10^{-5}	1.020×10^{-3}	1.020×10^{-5}
1 NEWTON =	7.233	102.0	0.1020
1 pound =	32.17	453.6	0.4536
1 pounda =	1	14.10	1.410×10^{-2}
1 gram-force =	77093×10^{-2}	1	1.001
1 kilogram-force =	70.93	1000	1

功率

單位	Btu／小時	呎磅／秒	馬力
1 Btu／小時 =	1	0.2161	3.929×10^{-4}
1 呎磅／馬力 =	4.628	1	1.818×10^{-3}
1 馬力 =	2545	550	1
1 卡／秒 =	14.29	3.086	5.613×10^{-3}
1 仟瓦 =	3413	737.6	1.341
1 瓦特 =	3.413	0.7376	1.341×10^{-3}

單位	卡／秒	仟瓦	瓦特
1Btu／小時 =	7.000×10^{-2}	2.930×10^{-4}	0.2930
1 呎磅／馬力 =	0.3239	1.356×10^{-3}	1.356
1 馬力 =	178.2	0.7457	745.7
1 卡／秒 =	1	4.186×10^{-3}	1.186
1 仟瓦 =	238.9	1	1000
1 瓦特 =	0.2398	0.001	1

電荷

單位	絕對庫侖	安培小時	庫侖	靜庫侖
1 絕對庫侖 =	1	2.778×10^{-3}	10	2.998×10^{10}
1 安培小時 =	360	1	3600	1.079×10^{18}
1 庫侖 =	0.1	2.778×10^{-4}	1	2.998×10^{9}
1 靜庫侖 =	3.336×10^{-11}	9.266×10^{-14}	3.336×10^{-10}	1

1 電子電荷 = 1.602×10^{-19}庫侖

能量、功、熱

單位	英熱單位	爾格	磅呎	馬力小時	焦耳	卡
1 英熱單位	1	1.055×10^{10}	777.9	3.929×10^{-4}	1055	252.0
1 爾格	9.481×10^{-11}	1	7.376×10^{-8}	3.725×10^{-14}	10^{-7}	2.389×10^{-8}
1 呎磅	1.285×10^{-3}	1.356×10^{7}	1	5.051×10^{-7}	1.356	0.3239
1 馬力小時	2545	2.685×10^{13}	1.980×10^{5}	1	2.685×10^{5}	6.414×10^{5}
1 焦耳	$9.481\times 10^{4}_{E}$	10^{7}	0.7376	3.725×10^{-7}	1	0.2389
1 卡	3.968×10^{-3}	4.186×10^{7}	3.087	1.559×10^{-6}	4.186	1
1 仟瓦小時	3413	3.6×10^{-13}	2.655×10^{6}	1.341	3.6×10^{6}	8.601×10^{5}
1 電子伏特	1.519×10^{-22}	1.602×10^{-12}	1.182×10^{-19}	5.967×10^{-26}	1.602×10^{-19}	3.827×10^{-20}
1 百萬電子伏特	1.519×10^{-16} 1.519	1.602×10^{-6} 8.987	1.182×10^{-13} 6.629	5.967 $\times 10^{-20}$3.348	1.602 $\times 10^{-13}$8.987	3.827×10^{-14} 2.147

(續前表)

單位	仟瓦小時	電子伏特	百萬電子伏特	仟克	原子質量單位
1 英熱單位	2.930×10^{-4}	6.585×10^{21}	6.585×10^{15}	1.174×10^{-14}	7.074×10^{12}
1 爾格	2.778×10^{-14}	6.242×10^{11}	6.242×10^{5}	1.113×10^{24}	670.5
1 呎磅	3.766×10^{-7}	8.464×10^{16}	8.464×10^{12}	1.509×10^{-17}	0.092×10^{2}
1 馬力小時	0.7457	1.676×10^{25}	1.676×10^{19}	3.988×10^{-11}	1.800×10^{16}
1 焦耳	2.778×10^{-7}	6.242×10^{18}	6.242×10^{12}	1.113×10^{-17}	6.705×10^{9}
1 卡	1.163×10^{-6}	2.613×10^{19}	2.613×10^{13}	4.659×10^{-17}	2.807×10^{10}
1 仟瓦小時	1	2.247×10^{25}	2.270×10^{19}	4.007×10^{-11}	2.414×10^{16}
1 電子伏特	4.450×10^{-26}	1 1	10^{-5}	1.783×10^{-38}	1.074×10^{-3}
1 百萬電子伏特	4.450 $\times10^{-20}$ 2.497	10^{6} 5.61 5.610	1 5.610	1.783 $\times10^{-30}$ 1	1.074 $\times10^{-3}$ 6.025

電流

單位	絕對安培	安培	靜安培
1 絕對安培(逸)＝	1	10	2.998×10^{10}
1 安培=	0.1	1	2.998×10^{9}
1 靜安培=	3.336×10^{-11}	3.336×10^{-10}	1

電位、電動勢

單位	絕對伏特	伏特	靜伏特
1 絕對伏特(★)＝	1	10^{-8}	3.336×10^{-11}
1 伏特＝	10^{8}	1	3.336×10^{-3}
1 靜伏特＝	2.998×10^{10}	299.8	1

電阻

單位	絕對歐姆	歐姆	靜歐姆
1 絕對歐姆(★)＝	1	10^{-9}	1.113×10^{-21}
1 歐姆＝	10^{9}	1	1.113×10^{-12}
1 靜歐姆＝	8.987×10^{20}	8.987×10^{11}	1

電感

單位	絕對亨利	亨利	微亨利	毫亨利	靜亨利
1 絕對亨利(★)＝	1	10^{-9}	0.001	10^{-6}	1.013×10^{21}
1 亨利＝	10^{9}	1	10^{6}	1000	1.113×10^{12}
1 微亨利＝	1000	10^{-6}	1	0.001	1.113×10^{18}
1 毫亨利＝	10^{6}	0.001	1000	1	1.113×10^{14}
1 靜亨利＝	8.987×10^{20}	8.987×10^{11}	8.987×10^{17}	8.987×10^{14}	1

電容

單位	絕對法拉	法拉	微法拉	靜法拉
1 絕對法拉(★)＝	1	10^{9}	10^{15}	8.987×10^{20}
1 法拉＝	10^{-9}	1	10^{6}	8.987×10^{11}
1 微法拉＝	10^{-15}	10^{-6}	1	8.987×10^{5}
1 靜法拉＝	1.113×10^{-21}	1.113×10^{-12}	1.113×10^{-6}	1

附錄四　指數函數表

x	e^{-x}	x	e^{-x}	x	e^{-x}
0.00	1.000	0.20	0.819	0.40	0.670
0.01	0.990	0.21	0.811	0.41	0.664
0.02	0.980	0.22	0.803	0.42	0.657
0.03	0.970	0.23	0.795	0.43	0.651
0.04	0.961	0.24	0.787	0.44	0.644
0.05	0.951	0.25	0.779	0.45	0.638
0.06	0.942	0.26	0.771	0.46	0.631
0.07	0.932	0.27	0.763	0.47	0.625
0.08	0.923	0.28	0.756	0.48	0.619
0.09	0.914	0.29	0.749	0.49	0.613
0.10	0.905	0.30	0.741	0.50	0.607
0.11	0.896	0.31	0.733	0.51	0.601
0.12	0.887	0.32	0.727	0.52	0.595
0.13	0.878	0.33	0.719	0.53	0.589
0.14	0.869	0.34	0.712	0.54	0.583
0.15	0.861	0.35	0.705	0.55	0.577
0.16	0.852	0.36	0.698	0.56	0.571
0.17	0.844	0.37	0.691	0.57	0.566
0.18	0.835	0.38	0.684	0.58	0.560
0.19	0.836	0.39	0.677	0.59	0.554

(續前表)

x	e^{-x}	x	e^{-x}	x	e^{-x}
0.60	0.549	1.00	0.368	1.40	0.247
0.61	0.543	1.01	0.364	1.41	0.244
0.62	0.538	1.02	0.361	1.42	0.242
0.63	0.533	1.03	0.357	1.43	0.239
0.64	0.527	1.04	0.353	1.44	0.237
0.65	0.522	1.05	0.350	1.45	0.235
0.66	0.517	1.06	0.346	1.46	0.232
0.67	0.512	1.07	0.343	1.47	0.230
0.68	0.507	1.08	0.340	1.48	0.228
0.69	0.502	1.09	0.336	1.49	0.225
0.70	0.497	1.10	0.333	1.50	0.223
0.71	0.492	1.11	0.330	1.51	0.222
0.72	0.487	1.12	0.326	1.52	0.219
0.73	0.482	1.13	0.323	1.53	0.217
0.74	0.477	1.14	0.320	1.54	0.214
0.75	0.472	1.15	0.317	1.55	0.212
0.76	0.468	1.16	0.313	1.56	0.210
0.77	0.463	1.17	0.310	1.57	0.208
0.78	0.458	1.18	0.307	1.58	0.206
0.79	0.454	1.19	0.304	1.59	0.204
0.80	0.449	1.20	0.301	1.60	0.202
0.81	0.445	1.21	0.298	1.61	0.200
0.82	0.440	1.22	0.295	1.62	0.198
0.83	0.436	1.23	0.292	1.63	0.196
0.84	0.432	1.24	0.289	1.64	0.194
0.85	0.427	1.25	0.287	1.65	0.192
0.86	0.423	1.26	0.284	1.66	0.190
0.87	0.419	1.27	0.281	1.67	0.188
0.88	0.415	1.28	0.278	1.68	0.186
0.89	0.411	1.29	0.275	1.69	0.185
0.90	0.407	1.30	0.273	1.70	0.183

(續前表)

x	e^{-x}	x	e^{-x}	x	e^{-x}
0.91	0.403	1.31	0.270	1.71	0.181
0.92	0.399	1.32	0.267	1.72	0.179
0.93	0.395	1.33	0.264	1.73	0.177
0.94	0.391	1.34	0.262	1.74	0.176
0.95	0.387	1.35	0.259	1.75	0.174
0.96	0.383	1.36	0.257	1.76	0.172
0.97	0.379	1.37	0.254	1.77	0.170
0.98	0.373	1.38	0.252	1.78	0.169
0.99	0.372	1.39	0.249	1.79	0.167
1.80	0.166	2.20	0.111	2.60	0.074
1.81	0.164	2.21	0.110	2.61	0.074
1.82	0.162	2.22	0.109	2.62	0.072
1.83	0.160	2.23	0.108	2.63	0.072
1.84	0.159	2.24	0.106	2.64	0.071
1.85	0.157	2.25	0.105	2.65	0.071
1.86	0.156	2.26	0.104	2.66	0.070
1.87	0.154	2.27	0.103	2.67	0.069
1.88	0.153	2.28	0.102	2.68	0.069
1.89	0.151	2.29	0.101	2.69	0.068
1.90	0.150	2.30	0.100	2.70	0.067
1.91	0.148	2.31	0.099	2.71	0.067
1.92	0.147	2.32	0.098	2.72	0.066
1.93	0.145	2.33	0.097	2.73	0.065
1.94	0.144	2.34	0.096	2.74	0.065
1.95	0.142	2.35	0.095	2.75	0.064
1.96	0.141	2.36	0.094	2.76	0.063
1.97	0.139	2.37	0.093	2.77	0.063
1.98	0.138	2.38	0.093	2.78	0.062
1.09	0.137	2.39	0.092	2.79	0.061
2.00	0.135	2.40	0.091	2.80	0.061

(續前表)

x	e^{-x}	x	e^{-x}	x	e^{-x}
2.01	0.134	2.41	0.090	2.81	0.060
2.02	0.133	2.42	0.089	2.82	0.060
2.03	0.131	2.43	0.088	2.83	0.059
2.04	0.130	2.44	0.087	2.84	0.058
2.05	0.129	2.45	0.086	2.85	0.058
2.06	0.127	2.46	0.085	2.86	0.057
2.07	0.126	2.47	0.085	2.87	0.057
2.08	0.125	2.48	0.084	2.88	0.056
2.19	0.124	2.49	0.083	2.89	0.056
2.10	0.122	2.50	0.082	2.90	0.055
2.11	0.121	2.51	0.081	2.91	0.054
2.12	0.120	2.52	0.080	2.92	0.054
2.13	0.119	2.53	0.080	2.93	0.053
2.14	0.118	2.54	0.079	2.94	0.053
2.15	0.116	2.55	0.078	2.95	0.052
2.16	0.115	2.56	0.077	2.96	0.052
2.17	0.114	2.57	0.077	2.97	0.051
2.18	0.113	2.58	0.076	2.98	0.051
2.19	0.112	2.59	0.075	2.99	0.050
3.00	0.050	3.40	0.033	3.80	0.022
3.01	0.049	3.41	0.033	3.81	0.022
3.02	0.049	3.42	0.033	3.82	0.022
3.03	0.048	3.43	0.032	3.83	0.022
3.04	0.048	3.44	0.032	3.84	0.021
3.05	0.047	3.45	0.032	3.85	0.021
3.06	0.047	3.46	0.031	3.86	0.021
3.07	0.046	3.47	0.031	3.87	0.021
3.08	0.046	3.48	0.031	3.88	0.021
3.09	0.046	3.49	0.031	3.89	0.020
3.10	0.045	3.50	0.030	3.90	0.020

(續前表)

x	e^{-x}	x	e^{-x}	x	e^{-x}
3.11	0.045	3.51	0.030	3.91	0.020
3.12	0.044	3.52	0.030	3.92	0.020
3.13	0.044	3.53	0.029	3.93	0.020
3.14	0.043	3.54	0.029	3.94	0.029
3.15	0.043	3.55	0.029	3.95	0.019
3.16	0.042	3.56	0.028	3.96	0.019
3.17	0.042	3.57	0.028	3.97	0.019
3.18	0.042	3.58	0.028	3.98	0.019
3.19	0.041	3.59	0.028	3.99	0.019
3.20	0.041	3.60	0.027	4.00	0.018
3.21	0.040	3.61	0.027	4.01	0.018
3.22	0.040	3.62	0.027	4.02	0.018
3.23	0.040	3.63	0.027	4.03	0.018
3.24	0.039	3.64	0.026	4.04	0.018
3.25	0.039	3.65	0.026	4.05	0.017
3.26	0.038	3.66	0.026	4.06	0.017
3.27	0.038	3.67	0.025	4.07	0.017
3.28	0.038	3.68	0.025	4.08	0.017
3.29	0.037	3.69	0.025	4.09	0.017
3.30	0.037	3.70	0.025	4.10	0.017
3.31	0.037	3.71	0.024	4.11	0.016
3.32	0.036	3.72	0.024	4.12	0.016
3.33	0.036	3.73	0.024	4.13	0.016
3.34	0.035	3.74	0.024	4.14	0.016
3.35	0.035	3.75	0.024	4.15	0.016
3.36	0.035	3.76	0.023	4.16	0.016
3.37	0.034	3.77	0.023	4.17	0.015
3.38	0.034	3.78	0.023	4.18	0.015
3.39	0.034	3.79	0.023	4.19	0.015
4.20	0.015	4.60	0.010	5.00	0.007
4.21	0.015	4.61	0.010	5.05	0.006
4.22	0.015	4.62	0.010	5.10	0.006

(續前表)

x	e^{-x}	x	e^{-x}	x	e^{-x}
4.23	0.015	4.63	0.010	5.15	0.006
4.24	0.014	4.64	0.010	5.20	0.006
4.25	0.014	4.65	0.010	5.25	0.005
4.26	0.014	4.66	0.009	5.30	0.005
4.27	0.014	4.67	0.009	5.35	0.005
4.28	0.014	4.68	0.009	5.40	0.005
4.29	0.014	4.69	0.009	5.45	0.004
4.30	0.014	4.70	0.009	5.50	0.004
4.31	0.013	4.71	0.009	5.55	0.004
4.32	0.013	4.72	0.009	5.60	0.004
4.33	0.013	4.73	0.009	5.65	0.004
4.34	0.013	4.74	0.009	5.79	0.003
4.35	0.013	4.75	0.009	5.75	0.003
4.36	0.013	4.76	0.009	5.80	0.003
4.37	0.013	4.77	0.008	5.85	0.003
4.38	0.013	4.78	0.008	5.90	0.003
4.39	0.012	4.79	0.008	5.95	0.003
4.40	0.012	4.80	0.008	6.00	0.002
4.41	0.012	4.81	0.008	6.05	0.002
4.42	0.012	4.82	0.008	6.10	0.002
4.43	0.012	4.83	0.008	6.15	0.002
4.44	0.012	4.84	0.008	6.20	0.002
4.45	0.012	4.85	0.008	6.25	0.002
4.46	0.012	4.86	0.008	6.30	0.002
4.47	0.011	4.87	0.008	6.35	0.002
4.48	0.011	4.88	0.008	6.40	0.002
4.49	0.011	4.89	0.008	6.45	0.002
4.50	0.011	4.90	0.007	6.50	0.002
4.51	0.011	4.91	0.007	6.55	0.001
4.52	0.011	4.92	0.007	6.60	0.001

(續前表)

x	e^{-x}	x	e^{-x}	x	e^{-x}
4.53	0.011	4.93	0.007	6.65	0.001
4.54	0.011	4.94	0.007	6.70	0.001
4.55	0.011	4.95	0.007	6.75	0.001
4.56	0.010	4.96	0.007	6.80	0.001
4.57	0.010	4.97	0.007	6.85	0.001
4.58	0.010	4.98	0.007	6.90	0.001
4.59	0.010	4.99	0.007	6.95	0.001
7.00	0.001	8.00	0.000	9.00	0.000
7.05	0.001	8.05		9.05	
7.10	0.001	8.10		9.10	
7.15	0.001	8.15		9.15	
7.20	0.001	8.20		9.20	
7.25	0.001	8.25	0.000	9.25	0.000
7.30	0.001	8.30		9.30	
7.35	0.001	8.35		9.35	
7.40	0.001	8.40		9.40	
7.45	0.001	8.45		9.45	
7.50	0.001	8.50	0.000	9.50	0.000
7.55	0.001	8.55		9.55	
7.60	0.001	8.60		9.60	
7.65	0.000	8.65		9.65	
7.70	0.000	8.70		9.70	
7.75	0.000	8.75	0.000	9.75	0.000
7.80		8.80		9.80	
7.85		8.85		9.85	
7.90		8.90		9.90	
7.95		8.95		9.95	
				10.00	

附錄五　中國線規(C.W.G.)

直徑 (mm)	截面積 (mm^2)	最大直流電阻(20°C) (Ω/km)
0.40	0.1257	142.9
0.45	0.1590	113.0
0.50	0.1964	91.44
0.55	0.2376	75.59
0.60	0.2827	63.53
0.65	0.3318	54.13
0.70	0.3848	46.67
0.80	0.5027	35.73
0.90	0.6362	28.23
1.00	0.7854	22.97
1.20	1,131	15.88
1.40	1,539	11.67
1.60	2,011	8.931
1.80	2.545	7.057
2.00	3.142	5.657
2.30	4.155	4.278
2.60	5.309	3.348
2.90	6.605	2.691
3.15	7.794	2.289
3.20	8.042	2.210
3.50	9.621	1.847
3.70	10.57	1.653
4.00	12.57	1.414
4.30	14.52	1.224
4.50	15.90	1.118
5.00	19.64	0.905
5.50	23.76	0.7481
6.00	28.27	0.6287
6.50	33.18	0.5357
7.00	38.18	0.4619
8.00	38.48	0.3536
9.00	50.27	0.2794
10.00	63.62	0.2263
12.00	78.54	0.1572

附錄六　銅導線之美國標準線規及電阻值

線號	直徑(MILS)	面積(圓密爾)	在 25°C時銅線每 1000 呎之歐姆數
0000	460.00	212,000	0.0500
000	410.00	168,000	0.0630
00	365.00	133,000	0.0795
0	325.00	106,000	0.1000
1	289.30	83,090	0.1264
2	257.60	66,370	0.1593
3	229.40	52,640	0.2009
4	204.30	41,740	0.2533
5	181.90	33,100	0.3195
6	162.00	26,250	0.4028
7	144.30	20,820	0.5080
8	128.50	16,510	0.6405
9	114.40	13,090	0.8077
10	101.90	10,380	1.0180
11	90.74	8,234	1.284
12	80.81	6,530	1.619
13	71.96	5,178	2.042
14	64.08	4,107	2.575
15	57.07	3,357	3.247
16	50.82	2,583	4.094
17	45.26	2,048	5.163
18	40.30	1,624	6.510
19	35.89	1,288	8.210
20	31.96	1,022	10.35
21	28.46	810.10	13.05
22	25.35	642.40	16.46
23	25.57	509.50	20.76
24	20.10	404.00	26.17
25	17.90	320.40	33.00
26	15.94	254.10	41.62
27	14.20	201.50	52.48
28	12.64	159.80	66.17

(續前表)

線號	直徑(MILS)	面積(圓密爾)	在 25°C時銅線每 1000 呎之歐姆數
29	11.26	126.70	83.44
30	10.03	100.50	105.2
31	8.928	79.70	132.7
32	7.950	63.21	167.3
33	7.080	50.13	211.0
34	6.305	39.75	266.0
35	5.615	31.52	335.0
36	5.000	25.00	423.0
37	4.453	19.83	533.4
38	3.965	15.72	672.6
39	3.531	12.47	848.1
40	3.145	9.88	1,069.0

附錄七　磁場與電場之比較

電場	磁場
①電力線ψ(電通)　(庫倫)	①磁力線Φ(磁通)　(韋伯)
②兩電荷作用力$F=\frac{Q_1Q_2}{4\pi\varepsilon r^2}$　(牛頓)	②兩磁力極作用力$F=\frac{M_1M_2}{4\pi\mu r^2}$　(牛頓)
異性相吸，同性相斥	異性相吸，同性相斥
③電場強度 $E=\frac{F}{Q}$(伏特／公尺)(牛頓／庫倫)	③電場強度$H=\frac{F}{M}$　(牛頓／韋伯)
④電通密度 $D=\frac{\psi}{A}$　(庫倫／平方公尺)	④磁通密度 $B=\frac{\Phi}{A}$　(韋伯／平方公尺)
⑤電阻$R=\rho\frac{l}{A}$　(歐姆)	⑤磁阻$\mathcal{R}=\frac{l}{\mu A}$　(Rel)
⑥$D=\varepsilon E$	⑥$B=\mu H$

附錄八　磁路與電路之比較

磁路	電路
磁動勢$F\ (=NI=H\ell)$	電動勢V
磁通Φ	電流I
磁阻$\mathcal{R}=\dfrac{\ell}{\mu A}$	電阻$R=\rho\dfrac{\ell}{A}$
磁通密度$B=\dfrac{\Phi}{A}$	電流密度$\dfrac{I}{A}$
導磁係數μ	導電係數$\dfrac{I}{\rho}$
洛蘭定律$\Phi=\dfrac{F}{\mathcal{R}}$ 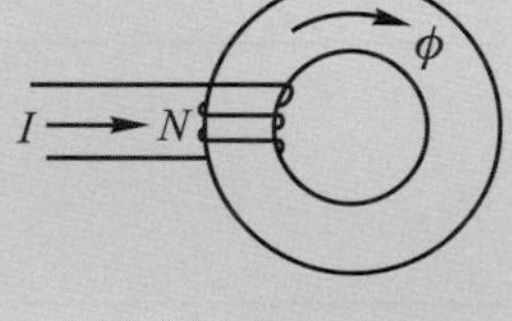	歐姆定律$I=\dfrac{V}{R}$ 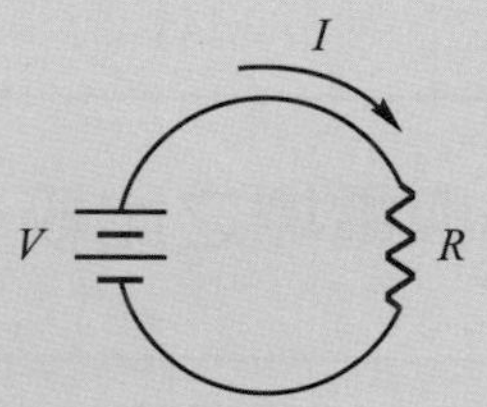

附錄九　磁路及磁通密度之有關單位

	MKS 制	CGC 制	英制
Φ	weber(韋伯)	maxwell(馬克斯威)	line(線)
B	tesla(特斯拉) (webers/m^2 韋伯／平方公尺)	gauss(高斯) [maxwells/cm^2 (馬克斯威／平方公分)]	lines/in^2 (線／平方吋)
Φ	1 韋伯＝10^8馬克士威＝10^8線		
B	1 特斯拉＝10^4高斯＝6.542 × 10^4線／平方吋		
A	1 平方公尺＝10^4平方分＝1550平方吋		

附錄十　理想電感器及電容器的一些重要特性對照表

電感器	電容器
1. $v=L\frac{di}{dt}$ (V)	1. $v=\frac{1}{C}\int_{t_0}^{t} tidt+v(t_0)$ (V)
2. $i=\frac{1}{L}\int_{t_0}^{t} vdt+i(t_0)$ (A)	2. $i=C\frac{dv}{dt}$ (A)
3. $p=vi=Li\frac{di}{dt}$ (W)	3. $p=vi=Cv\frac{dv}{dt}$ (W)
4. $W_e=\frac{1}{2}Li^2$電能	4. $W_m=\frac{1}{2}Cv^2$磁能
5. 不許端電流瞬間變化	5. 允許端電流瞬間變化
6. 允許端電壓瞬間變化	6. 不許端電壓瞬間變化
7. 對定值(直流)電流視同短路	7. 對定值(直流)電流視同開路

本表所列方程式都是根據無源符號慣例得到。

附錄十一　t 等於時間常數 τ 的整數倍時 $e^{-\frac{t}{\tau}}$ 的值

τ	$e^{-\frac{t}{\tau}}$	τ	$e^{-\frac{t}{\tau}}$
τ	3.6788×10^{-1}	6τ	2.4788×10^{-3}
2τ	1.3534×10^{-1}	7τ	9.1188×10^{-4}
3τ	4.9787×10^{-2}	8τ	3.3534×10^{-4}
4τ	1.8316×10^{-2}	9τ	1.2341×10^{-4}
5τ	6.7379×10^{-3}	10τ	4.5400×10^{-5}

國家圖書館出版品預行編目資料

電路學 / 曲毅民編著. -- 四版. -- 新北市：全華圖書, 2016.12

面 ； 公分

ISBN 978-986-463-428-6

1.CST：電路

448.62 105023455

電路學

作者 / 曲毅民

發行人 / 陳本源

執行編輯 / 劉暐承

出版者 / 全華圖書股份有限公司

郵政帳號 / 0100836-1 號

印刷者 / 宏懋打字印刷股份有限公司

圖書編號 / 0594702

三版四刷 / 2023 年 11 月

定價 / 新台幣 540 元

ISBN / 978-986-463-428-6 (平裝)

全華圖書 / www.chwa.com.tw

全華網路書店 Open Tech / www.opentech.com.tw

若您對書籍內容、排版印刷有任何問題，歡迎來信指導 book@chwa.com.tw

臺北總公司(北區營業處)

地址：23671 新北市土城區忠義路 21 號

電話：(02) 2262-5666

傳真：(02) 6637-3695、6637-3696

南區營業處

地址：80769 高雄市三民區應安街 12 號

電話：(07) 381-1377

傳真：(07) 862-5562

中區營業處

地址：40256 臺中市南區樹義一巷 26 號

電話：(04) 2261-8485

傳真：(04) 3600-9806(高中職)

(04) 3601-8600(大專)

✂（請由此線剪下）

歡迎加入 全華會員

● 會員獨享

會員享購書折扣、紅利積點、生日禮金、不定期優惠活動…等。

● 如何加入會員

填妥讀者回函卡直接傳真（02）2262-0900 或寄回，將由專人協助登入會員資料，待收到 E-MAIL 通知後即可成為會員。

如何購買 全華書籍

1. 網路購書

全華網路書店「http://www.opentech.com.tw」，加入會員購書更便利，並享有紅利積點回饋等各式優惠。

2. 全華門市、全省書局

歡迎至全華門市（新北市土城區忠義路 21 號）或全省各大書局、連鎖書店選購。

3. 來電訂購

(1) 訂購專線：(02) 2262-5666 轉 321-324

(2) 傳真專線：(02) 6637-3696

(3) 郵局劃撥（帳號：0100836-1　戶名：全華圖書股份有限公司）

※ 購書未滿一千元者，酌收運費 70 元。

全華網路書店 www.opentech.com.tw
E-mail: service@chwa.com.tw

※ 本會員制如有變更則以最新修訂制度為準，造成不便請見諒。

行銷企劃部　收

23671 新北市土城區忠義路 21 號
全華圖書股份有限公司

（請由此線剪下）

讀者回函卡

填寫日期：　/　/

姓名：＿＿＿＿ 生日：西元＿＿＿年＿＿＿月＿＿＿日 性別：□男 □女

電話：（　）＿＿＿＿ 傳真：（　）＿＿＿＿ 手機：＿＿＿＿

e-mail：（必填）＿＿＿＿

註：數字零，請用 Φ 表示，數字 1 與英文 L 請另註明並書寫端正，謝謝。

通訊處：□□□□□＿＿＿＿

學歷：□博士 □碩士 □大學 □專科 □高中・職

職業：□工程師 □教師 □學生 □軍・公 □其他

學校／公司：＿＿＿＿ 科系／部門：＿＿＿＿

・需求書類：

□ A. 電子 □ B. 電機 □ C. 計算機工程 □ D. 資訊 □ E. 機械 □ F. 汽車 □ I. 工管 □ J. 土木

□ K. 化工 □ L. 設計 □ M. 商管 □ N. 日文 □ O. 美容 □ P. 休閒 □ Q. 餐飲 □ B. 其他

・本次購買圖書為：＿＿＿＿ 書號：＿＿＿＿

・您對本書的評價：

封面設計：□非常滿意 □滿意 □尚可 □需改善，請說明＿＿＿＿

內容表達：□非常滿意 □滿意 □尚可 □需改善，請說明＿＿＿＿

版面編排：□非常滿意 □滿意 □尚可 □需改善，請說明＿＿＿＿

印刷品質：□非常滿意 □滿意 □尚可 □需改善，請說明＿＿＿＿

書籍定價：□非常滿意 □滿意 □尚可 □需改善，請說明＿＿＿＿

整體評價：請說明＿＿＿＿

・您在何處購買本書？

□書局 □網路書店 □書展 □團購 □其他＿＿＿＿

・您購買本書的原因？（可複選）

□個人需要 □幫公司採購 □親友推薦 □老師指定之課本 □其他＿＿＿＿

・您希望全華以何種方式提供出版訊息及特惠活動？

□電子報 □ DM □廣告（媒體名稱＿＿＿＿）

・您是否上過全華網路書店？（www.opentech.com.tw）

□是 □否 您的建議＿＿＿＿

・您希望全華出版那方面書籍？＿＿＿＿

・您希望全華加強那些服務？＿＿＿＿

～感謝您提供寶貴意見，全華將秉持服務的熱忱，出版更多好書，以饗讀者。

全華網路書店 http://www.opentech.com.tw　　客服信箱 service@chwa.com.tw

2011.03 修訂

親愛的讀者：

感謝您對全華圖書的支持與愛護，雖然我們很慎重的處理每一本書，但恐仍有疏漏之處，若您發現本書有任何錯誤，請填寫於勘誤表內寄回，我們將於再版時修正，您的批評與指教是我們進步的原動力，謝謝！

全華圖書　敬上

勘誤表

書號		書名		作者	
頁數	行數	錯誤或不當之詞句		建議修改之詞句	

我有話要說：（其它之批評與建議，如封面、編排、內容、印刷品質等・・・）

電路學

曲毅民　編著

全華圖書股份有限公司